“十三五”国家重点图书出版规划项目
国家社会科学基金项目（10BZS052）

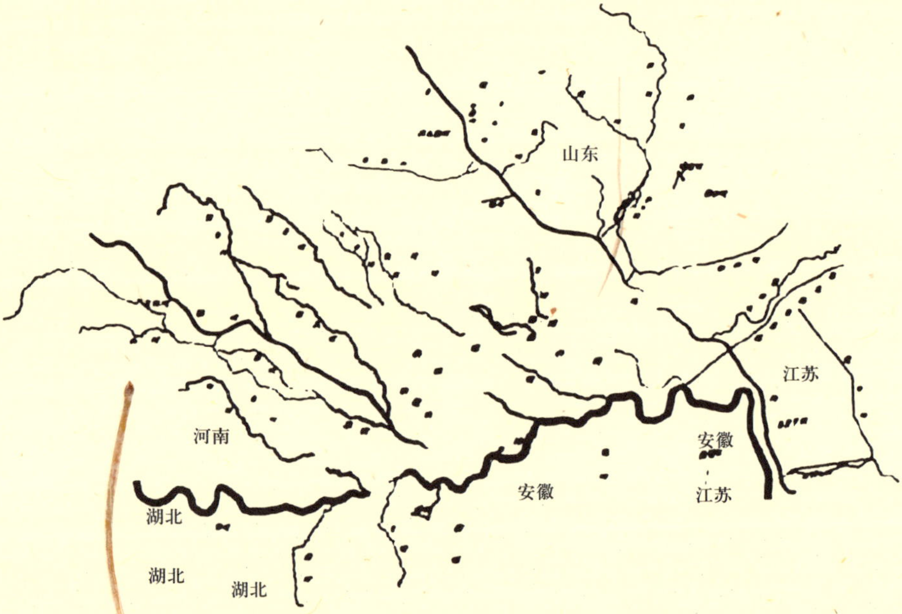
山东
江苏
安徽
江苏
河南
安徽
湖北
湖北
湖北

淮河流域环境变迁史

吴海涛 等著

黄山书社

图书在版编目(CIP)数据

淮河流域环境变迁史/吴海涛著.—合肥：黄山书社，2017.5

ISBN 978-7-5461-6377-2

Ⅰ.①淮…　Ⅱ.①吴…　Ⅲ.①淮河流域-流域环境-变迁-研究　Ⅳ.①X321.254

中国版本图书馆 CIP 数据核字(2017)第 109983 号

淮河流域环境变迁史　　吴海涛　等著

出 品 人　王晓光
选题策划　赵国华　汤吟菲
责任编辑　周振华　周挺启
责任印制　戚　帅
装帧设计　观止堂_未　氓
出版发行　时代出版传媒股份有限公司(http://www.press-mart.com)
　　　　　黄山书社(http://www.hspress.cn)
地址邮编　安徽省合肥市蜀山区翡翠路 1118 号出版传媒广场 7 层 230071
印　　刷　安徽新华印刷股份有限公司
版　　次　2017 年 11 月第 1 版
印　　次　2019 年 2 月第 2 次印刷
开　　本　700mm × 1000mm　1/16
字　　数　550 千
印　　张　30
书　　号　ISBN 978-7-5461-6377-2
定　　价　98.00 元

服务热线　0551-63533706
销售热线　0551-63533761
官方直营书店(https://hsss.tmall.com)

目　录

绪　论

一、近年来淮河流域历史研究的学术回顾

淮河流域地处我国中东部，包括湖北、河南、安徽、山东、江苏五省 40 个地区（市），是中国重要的粮棉油生产基地和能源基地，也是京沪、京九、陇海、京福、连霍等重要铁路公路纵横交汇地区。淮河被称为“中国大江大河中最难治理的河流”，其流域具有自然和社会的多重过渡性特征，是我国传统农业区，在中华文明的形成和发展过程中具有独特的地位。当今，淮河流域是一片欠发达而又人口密集的相对落后地带，“三农”问题严重，其社会经济发展水平被喻为我国中东部地区的“谷地”。随着历史学界对区域社会历史研究的重视，特别是以江河流域为研究区域范围的逐渐兴起，学者们从不同的视野对淮河流域历史进行了多角度的探讨，取得了丰硕成果。安徽省社科联已主办了八届淮河文化学术研讨会，域内阜阳师范学院等高校和科研机构也在积极探研淮河流域经济、社会、文化等方面的问题，研究成果不仅有大量的学术专著、论文，还有相当数量的硕博学位论文，以及研究报告等。本书选择其中主要论著述介如下：

经济开发研究方面：学者们对淮河流域经济开发史甚为关注，有关成果相对较多。邹逸麟在《黄淮海平原历史地理》①一书中，从植被、土壤、人口、灾害、水系、湖泊、农业开发和城市等方面探讨了黄淮海平原的历史变迁。淮河水利委员会编撰的《淮河志·淮河综述志》②，分自然地理、淮河水系、社会经济、自然灾害四部分，较为详尽地综述了淮河流域自然和社会经济历史状况。王鑫义

---

① 安徽教育出版社 1993 年版。

② 科学出版社 2000 年版。

主编的《淮河流域经济开发史》[①]全面系统地论述了淮河流域自上古到鸦片战争前经济发展的基本面貌，探讨了影响淮河流域经济发展的各种因素。吴春梅等从近代淮河流域农业生产方式的演变、农产品商品化和农村市场、工业、交通运输业、商业、城市和金融、导淮方略及其实践等方面探讨了近代淮河流域经济开发历程[②]。臧世骅编纂的《中国淮河流域民间工匠习俗》[③]一书，共10卷188个条目。作者利用多年"田野作业"获得的第一手资料，从民俗学角度介绍和研究淮河流域匠行、匠人习俗等方面问题。宋豫秦等著《淮河流域可持续发展战略初论》[④]，总结了淮河流域社会经济等发展现状与演变过程，剖析了当前淮河流域人地系统的基本特征和所存在的主要矛盾与冲突，对淮河流域可持续发展的程度进行了客观地评估，论证了淮河流域可持续发展的战略目标和实施对策。吴海涛在《淮北的盛衰：成因的历史考察》[⑤]一书中，从水利事业兴废、自然灾害多发、战乱和人口迁徙等方面探讨了历史上淮北地区由盛转衰的主要原因。韩茂莉、吴宏岐、王社教和马雪芹等从农业历史地理学的角度进行研究，涉及淮河流域个别时段的农业开发。

航运及农田水利研究方面：航运史及农田水利建设史是学者关注的另一重要问题。水利部淮河水利委员会的唐元海等编撰的《淮河水利简史》[⑥]，简要论述了从远古到新中国建立前淮河水利发展的历程。马茂棠主编的《安徽航运史》[⑦]，有很多章节述及从古到今淮河流域的航运。宁远等人主编的《淮河流域水利手册》[⑧]，全面而又比较集中地反映了淮河流域自然地理环境、水资源和水旱灾害特性、治理开发规划及新中国的治淮成就。水利部淮河水利委员会编撰的《淮河治理与开发志》[⑨]，分淮河防洪工程、沂沭泗河防洪工程、除涝治碱、灌溉供水、水土保持、航运六大部分，记述了淮河工程历经的史实，客观反映了古、今治淮历史，重点介绍了新中国治淮的巨大成就。康复圣编著的《淮河沧桑》[⑩]，是研究淮河水利史一些重要问题的文稿汇编。

---

① 黄山书社2001年版。

② 吴春梅等：《近代淮河流域经济开发史》，科学出版社2010年版。

③ 文史出版社2001年版。

④ 化学工业出版社2003年版。

⑤ 社会科学文献出版社2005年版。

⑥ 水利电力出版社1990年版。

⑦ 安徽人民出版社1991年版。

⑧ 科学出版社2003年版。

⑨ 科学出版社2004年版。

⑩ 中国科学技术出版社2003年版。

自然灾害研究方面：因淮河流域是自然灾害多发区，其自然灾害史也引起学界的关注。水利部编纂的《清代淮河流域洪涝档案史料》①，从各类文献中辑录了清代淮河流域水灾的史料，为研究提供了便利。韩昭庆在《黄淮关系及其演变过程研究》②一书中，分析了黄河与淮河的关系演变过程，重点探讨了黄河南泛夺淮入海及其影响。马俊亚在《被牺牲的"局部"：淮北社会生态变迁研究（1680—1949）》③中，认为明代中后期中央政府为了维持漕运这一"大局"，把黄河之水全部逼入淮河河道，并在极不适宜修筑水库的平原地区建立了洪泽湖，以冲刷黄河泥沙。在此后的近300年里，洪泽湖的面积不断被人为地扩大。整个淮北被视为"局部利益"被有意地牺牲掉，使得淮北从唐代以前生态良好的鱼米之乡，演变成明、清至民国时期的穷山恶水之地；从发达的手工纺织业地区退化为纺织绝迹的经济边缘地带；从"家诗书、户礼乐"的文化沃土，变成了杀人越货的寇盗乐园；从精英辈出的人文荟萃之地，沦为苦力的来源地。陈业新则探讨了明代至民国时期近500年皖北地区的灾害和灾害环境下的社会应对④。胡惠芳从自然环境变动、自然环境社会控制的基本主张、自然环境社会控制、民间团体对自然环境的治理与保护、自然环境社会控制的绩效分析等方面探讨了民国时期淮河中下游地区环境变动与社会控制⑤。赵明奇主编的《徐州自然灾害史》⑥，从正史、方志、实录、奏折等史料中比勘集录了有史以来至1949年徐州及其附近地区的自然灾害史料。张秉伦等主编的《淮河和长江中下游旱涝灾害与旱涝规律研究》⑦，考察了历史上淮河流域自然灾害的发生及其规律，讨论了厄尔尼诺、太阳黑子活动与淮河流域旱涝灾害的关系，提出了预防旱涝灾害的对策，并辑录了正史中水旱灾害的史料。

文化史研究方面：相对于经济史研究而言，淮河流域文化史研究有待加强。胡阿祥和张文华的《河流文明丛书：淮河》从河流文明的角度认为：淮河是一条被严重污染的河，是一条被束缚了自由的河，是一条充满人文色彩与神文意蕴的河，是一条屡受欺凌与打压的河，是一条艺术的河、军事的河、悲壮的河……自然的淮河，清澈过，碧蓝过，甘甜过，美丽过；现实的淮河，却流淌着无尽的忧

---

① 中华书局1988年版。

② 复旦大学出版社1999年版。

③ 台湾大学出版中心2010年版。

④ 参见陈业新：《明至民国时期皖北地区灾害环境与社会应对研究》，上海人民出版社2008年版。

⑤ 参见胡惠芳：《淮河中下游地区环境变动与社会控制（1912—1949）》，安徽人民出版社2008年版。

⑥ 气象出版社1994年版。

⑦ 安徽教育出版社1998年版。

患！人文的淮河，纷飞的战火、剽疾的民风、繁盛的经济、斑斓的艺术，曾谱出壮阔起伏的旋律；当今的淮域，却精彩已经远去，辉煌只是回忆[①]！陈广忠在《两淮文化》[②]中，从地域角度探讨了淮河流域文化概况。他的《淮河传》[③]，按年代顺序，综合历史、地理、文化、民俗等学科知识，展现了淮河流域历史文化。池子华在《中国流民史》[④]中，探讨了近代淮北流民现象。李修松主编的《淮河流域历史文化研究》[⑤]，论述了淮河流域的史前文化、古国族、淮夷、道家文化、历史人物、淮系集团等。李景江等主编的《淮河文化概观》[⑥]一书，论述了淮河流域历史文化变迁。此外，有部分学者从战争和历史地理角度探研淮河流域历史。美国学者 Elizabeth. J. Perry 著有 *Rebels and Revolutionaries in NorthChina, 1845—1945* [⑦]，认为近代淮北经常发生叛乱和滋生土匪的背景是淮北地理环境、人口密度、农作物构成等自然因素所致。

上述可知，近年来淮河流域历史的研究，无论是成果的数量和质量，还是研究的深度和广度，都取得了一定的成绩。研究领域涉及经济开发、航运水利、自然灾害、文化和历史地理等方面，然而关于淮河流域生态环境变迁的研究仍显薄弱。经济史研究虽已达到一个新阶段，仍需加强研究：一方面，各个时期、各专题研究存在不平衡的现象；另一方面，就研究角度而言，或仅从农业历史地理角度，或仅从水利史角度，或是仅考察其经济发展概况，而对历史时期淮河流域治乱兴衰与中央政权间的关系研究则未予重视，对流域农村经济盛衰的深层次原因、社会和劳动力的变迁、农民心理变迁及农民战争的多角度探讨等问题研究不够深入，研究内容仅仅是就淮河而淮河。研究程度方面，应突破仅限于某个方面的表述，对淮河流域经济社会与文化盛衰演变的深层次原因、由环境压力而致民众心理文化层面的变迁、封建政府决策影响等问题的探究还不够深入。研究视角方面，不应仅局限于淮河流域，应以淮河流域社会与环境变迁及其社会影响为个案，进而探讨中国历史上类似地区文明的盛衰演变。

---

① 参见胡阿祥、张文华：《河流文明丛书：淮河》，江苏教育出版社 2010 年版。

② 辽宁教育出版社 1995 年版。

③ 河北大学出版社 2001 年版。

④ 安徽人民出版社 2001 年版。

⑤ 黄山书社 2001 年版。

⑥ 安徽文艺出版社 2000 年版。

⑦ Stanford University Press, Stanford California: Stanford Universivy Press 1980.

二、本书的主要内容和主要观点

全书共分八个部分，主要内容是：以 12 至 19 世纪淮河流域社会和环境变迁为研究对象，主旨在考察中国历史上原本相对发达的文明之地演变为相对落后地区的主要原因。本书主要探讨：历史时期淮河流域社会与环境变迁的主要表现及其根源；元明清时期封建政府为保漕运而牺牲地方利益、强制迁徙等决策行为对淮河流域的影响；社会与环境变迁对该区域生产方式、人地关系、产业结构、交通地位、城镇建设等方面的影响；社会与环境变迁而致该区域民众心理、民风民俗、民间信仰以及基层社会组织方式等社会深层方面的变迁；淮河流域灾害对当时政局的影响及政府、社会对灾害环境的适应与应对行为。

在金元明清时期（1128—1855 年）七个世纪的时间里，狂暴不羁的黄河给该区域带来巨大的生态环境灾难，使数度辉煌之区变为“十年九灾”之地，且使其物质、社会层面发生巨变。由于统治者确保漕运、护陵等“国策”和消极治河的失误，黄河、淮河、运河间的关系复杂交织，淮河问题渐而凸显，该流域成为大局利益下的牺牲者，政府也为治理黄河、淮河、运河背上了沉重的包袱。环境压力不但影响民众的经济生活，并且还深入他们的心理，使其生产积极性、积储意识、恋土情感、民俗风情等文化层面同样发生变化，更使得区域“人才”匮乏，不利于经济社会发展。政府强制、无节制开发和生态环境变迁使该区域人地关系演变剧烈，致使该区域渐而相对衰落，还为民间宗教和秘密结社的兴起提供了土壤，以致该地不断出现“暴乱”。明初淮河流域大量移民的迁入与融入程度、政区规划的调整、都城的迁徙等都对该区域社会产生重大的影响。社会环境和生态环境的恶化、王朝整体利益和地方局部利益的冲突和失调、应对社会危机处理的不当等因素是文明发生演变的主要原因。

本书主要观点如下：

第一，通过对导致淮河流域环境变迁主要原因的分析，认为自 1128 年至 1855 年，黄河长达 700 多年决、溢夺淮入海，使淮河流域沧桑巨变，淤平了河湖，吞没了良田、城镇，改变了当地的自然地理环境。更甚者，它给淮河流域社会经济的发展带来了极大的负面影响，使原本发达的经济区变为经济相对落后地区。用地理视角历史地观察黄淮区域河道水系变迁的空间层次，视今日之黄河故道为中轴，以北至苏北运河，南至淮河干流及数百年间经历黄泛洗礼的淮北地貌与支流为现实背景，皆折射出人们适应自然环境、平衡社会变迁、协调历史惯性的努力追求。元明清三朝均对“治河”给予了高度重视，然而诸多措施均是为确保漕运畅通，加之明代保陵的需要，更使黄河、淮河、运河之间的关系复杂化。主要原因是，自金元两朝以来，中国的政治中心逐渐固定在黄河以北的今北京地区，而王朝经济重心在江南地区。淮河流域已不再是政府的粮仓，而只是政府的运道必经地。换言之，在金元明清时期，淮河流域既不是政治要地，又非“膏脂”之区，在与其他地区的利益博弈中，当然被封建政府作为牺牲者。根据其人地关系演进状态，可以将其人地关系的演变分为三个阶段：先秦时期、秦汉至北宋时期和金元明清时期。元明清时期其人地关系已演变为严重不协调状态。黄河南泛、战乱较多、农业生产结构单一是对其人地关系影响较大的几个因素。以清朝河务问题为个案，剖析统治者的治河体系及其成效，可以看出，由于河政腐败严重，尽管清政府在河防中投入了巨额的治水经费，却没能真正地消除黄河、淮河的水灾，反而使黄河、淮河流域，尤其是淮河中下游的水利条件越来越恶化，并造成这一地区整个生态系统的崩溃。历史时期黄河长达几个世纪的夺淮和人类的农业活动导致淮河流域人地系统严重不协。从明清到近代，由于自然环境的改变，加之单一的农业景观格局，使该区生态系统的脆弱性增强，农业生产条件恶化，经济社会的渐而衰落是必然结果。

第二，淮河灾害主要来自黄河灾害，治淮离不开治黄，在黄河、淮河、运河三方问题搅在一起时更是如此。以《清高宗实录》及治黄河图为中心，以论述清乾隆朝黄河干流河道堤防治理及决策过程为治河个案，可以认知当时政府为治河也付出了努力和巨大代价。宋元以降，历代对于黄河的治理，不同时期经历了“避洪”“限洪”“防洪”“调洪”的演变过程，先后采用“堵”“疏”“分”“合”“束”等多种方法，但由于黄河的复杂性，单一的治理方法不能解决问题，必须采取多方面工程建设及实行各种措施综合治理。清乾隆时代绘制的专题河图，即作为河道治理专题河图，贯穿于整个乾隆朝黄河河道治理过程。乾隆帝作为系列地（河）图阅览者，集河图编绘指导设计者和河道工程决策指挥者于一身，将治黄工程图——御览朱批地图——系列治黄组图三者联系为一体，构筑成乾隆时期多维立体治河决策与执行体系，较为完整的形成了清代盛世时期治理黄河变迁的历史画卷。黄河干流河道堤防的建设，成为关联整个黄淮区域及黄淮运综合一体治理的主干。重大关键工程的决断更需各项综合技术的准确及时运用。通过阅览河图并进行专业评议决策，对河道工程的知识背景要求甚高。尽管存在非现场实地指挥及河图决策相对滞后现象，一定程度上影响了河工实际效能，但总体而言，乾隆帝借助河图决策运作有其必然性和特殊性，在整个乾隆时期黄河治理过程中功不可没。乾隆朝六十年间（1736—1795 年），黄淮灾害频发，决堤为害，但黄河干流河道主流相对通畅则是主基调。以现存史料系统定义乾隆朝河图，或可归纳为乾隆时期为治理黄淮运河道，以绘制河道工程水利图为专题并系列展现图示河工综合整治过程，进呈乾隆帝御览、御批圈画批复的绘图贴说。对于乾隆朝治河方略得与失的探讨，离不开乾隆帝治水理念及宏观地域空间中的国家秩序。

第三，寿州水利及芍陂治理的沿革发展史与其在中国水利史及历史、地理中的区域定位相互关联，通过寿州水利史和安丰塘史的阐述，可认知流域人民面对环境的奋斗个案，可更好地认识当代史。今日之安丰塘是一座“中型水库”，历史文化内涵则应重在自古以来传承至今的芍陂人文意义。一座存在于皖西淠东干渠上的安丰塘被现代人赋予以“人工永久性淡水湖泊”的社会意义，是因其与重视自然与环境保护的安徽省重点湿地的确定原则相一致。当代更关注安丰塘灌区的配套工程及寿县安丰塘（芍陂）全国重点文物保护单位的保护范围和建设控制地带，灌区注重上、下游，干、支渠的合理布局及周边民生需求，以及政府及文物管理部门强调古建筑及历史建筑物的有效保护，实际上与湿地的确定原则和主要效益相得益彰。由孙叔敖兴修芍陂及大业陂（今霍邱东北水门塘）的地域历史文化意义，在于以现代五座大型水库群和淠史杭综合水利工程为主体的皖西水利为基础，正成为引领江淮水利文化枢纽的重要载体。明清地方官府组织的水利兴修，其间多以官民互动的态势进行，历史上始终存有许多正、负两方面鲜明对比案例，是区域性水利地方文化特征组成部分。寿州水利的兴衰过程往往与芍陂水利的盛衰相同步，通常以水源、陂田、堤坝、水门即时存在程度与芍陂工程兴修规模相联系。寿州及芍陂水利工程的意义在于，在明确时间和区域范围界限的前提下，寿州南部及芍陂周边乡村社会文化的意义、内涵与史上芍陂废湖为田与退田还湖的多次循环交汇，生态水环境均衡与否，在不同时代被赋予不同功能和结论。事实证明，寿州水利利益相关各方相互保持协调时期，即构成一个相对稳定的水利共同体。维护正常芍陂渠系水道框架与水资源相对合理配置方式的畅通，是寿州水文化的基石，是有序完善水利文化，传承并保持历史与现实环境之间常态接触的核心内容。

第四，流域环境变迁的主要表现形式之一是灾害多发及经济变迁。通过对灾害的研究可以揭示出一定社会的诸多本质的内容，如官府和社会的应对，以及经济的深度衰退等。可以说，灾害的发生易导致经济发展的滞缓甚至衰退，而经济发展的滞缓甚至衰退又减弱了抗击灾害的能力,二者之间极易形成一个恶性循环,进而推动环境发生变迁。元明以来,淮河流域灾害频发,诸如水灾、旱灾与蝗灾等,具有显著的时空特征、地区特征,以及连续性特征等。灾害造成的巨大危害,不仅滞缓了经济社会的发展,而且引发社会动荡,危及政权统治。因此,当灾害发生时,政府、社会会采取各种应对和救济的措施。应当在一定程度上肯定这些保障和救助措施,尤其是社会和民间组织应对灾害时的表现。北宋时期淮河流域商贸繁盛,主要表现在:一是商品种类的增多和商品流通地域的扩大;二是形成了由城市、镇市及乡村墟市构成的多层次、网络状的区域性市场;三是商业资本扩大。金统治时期,受灾害以及宋金战争的影响,淮河流域的商业活动总体趋于萧条,交通不畅,并且在淮河南北沿岸出现了榷场贸易和走私贸易相并行的非正常局面。元明清时期,地区之间商业往来不再受任何限制,不同地区物资交流得到扩大,特别是大运河的畅通为商业发展提供了有利的条件。尽管个别地区的商业发展条件受到不利影响,但整体上看,随区域农业、手工业经济的发展,淮河流域商贸仍在发展,不少领域超过以前。宋元以降,受环境变迁的影响,淮河流域的农业也发生变迁,主要表现在:一是民众因救荒由种植麦稻逐渐增加种植耐旱、高产作物;二是为改善生活,种植经济植物,使商品性农业有所发展。以纺织业为个案,可以较为全面地梳理淮河流域传统产业盛衰的轨迹:唐宋时期淮北地区纺织业是当时全国最发达地区之一,产生了许多精品;金元以降,淮北地区纺织业在曲折中发展,相对渐而落后,更落后于江南地区。其衰退的主要原因有黄河泛淮并导致的灾害多发、移民、战乱、惰性习惯等。

第五,从历史地理学角度探讨,淮河流域环境变迁影响明清淮河中游城镇分布差异。淮河干流自西向东流,淮北主要支流颍、涡河水系自西北而南,流向向淮河干流中轴倾斜。明代颍、涡河沿岸城邑受黄河南泛影响很大,相对而言,淮河干流沿岸主要政区治所受波及范围与程度有限,但可从两者非对称性区域差异中,寻找出其相对可比性。傍水濒河且取土于隍而筑城,城邑或立于两河交汇,或建于一河两岸,各城在扩建增修方面,诸如历次筑城时间、原因及所建城池规模与长、高、宽、深,黄淮洪灾与汛期涝害对城建的影响和差异,夯土筑城向用砖包砌城墙的建筑趋势的转型,入城水道与城墙相交之处开设水关,及部分城市因势利导,集防洪、航运于一体,把护城河与周边河流相互引通,都体现出明人因地制宜的有效尝试。黄河的决溢使颍、涡河与淮河干流沿岸城市的生存空间受到相当程度的局限。尽管汛期集中降雨是导致黄淮区域城市积水成灾,城墙墙体损毁的主要原因之一,但至明后期及清咸丰五年,黄淮一体呈梯次流向态势并未改变。嘉靖二十二年(1543 年)黄河河决睢州引发洪水,使涡河水系沿岸城市受灾,之后,蒙城被迫缩小城区面积以避水,甚至还影响到位于淮河干流的五河县城。明末泗州城因黄河河床抬高,黄河倒灌清口,及加固高家堰,提高洪泽湖水位以"蓄清敌黄"等原由被水患长期袭扰,而"保陵优先",又使原本非局部整治可见成效的黄淮治理及泗州城的迁徙,增加一决定性的"祖陵因素"。闭合的城墙与黄淮水患,对明人认知城市防洪与迁徙的空间带来深刻影响,其具体差异则视常态与动态波动起浮程度、范围而定。这一区域沿岸城市环境的变迁,直接或间接与水害频率和水量的变化相关联,这表明明人始终在城市景观重建与黄淮自然灾异的群发性之间努力寻求平衡。环境变迁与社会应对个案之间具体研究,同样应关注生存空间扩展变化对环境及对地区县域城镇化水平的影响。诚然,着重于结合明清以降淮河中游历史地图内容数据的地理分析,利用其空间、图像、可视化、超文本的历史表述,强化对区域生态及地区历史地理变迁趋向的认识。

第六,以明清皖北的文教为研究主题,兼及社会经济文化等诸多方面。以皖北方志资料为基础,采用统一标准,并从历史地理学的角度加以具体分析,结合区域环境和时代背景,希图通过元明清皖北文教的实际状况探寻其变迁趋势。明清时期皖北虽然也有教育成就较为出色的州县,以及教育成果丰硕的显赫世家,但与文教昌盛的地区相比,整体上还是落后的。不过,这里民风犷悍,尚武之风盛行,武科成绩非常突出。通过系统地统计分析得出,皖北文教不仅存在着明清两代的纵向差距,还存在着巨大的区域内部的横向差距。通过探析造成差距的原因,展示了文教与其赖以存在的物质基础和社会文化基础的关系。皖北在中国书院史上影响并不大,但皖北书院的起源并不晚。清代皖北书院的建设,官员的作用非常关键,这与明清皖北环境日趋恶化、经济凋敝的社会现实是相符合的。在以科举成绩作为衡量明清地方教育成就成为最可行方案的情况下,可得出的结论是:明清皖北的教育成就在安徽地区处于落后状态,皖北区域内科举成绩差距也比较大。从时间上看,清代科举成绩不如明代,皖北文教水平与全省的差距进一步拉大了。之所以明清时期皖北的教育落后于全省,而且落后的趋势越来越明显,乃至影响到近代皖北一系列社会事业发展,这既是皖北整体环境恶化的结果,也不可否认国家政治边缘化的副作用。

第七,淮河流域环境变迁也致使流域内风俗文化变迁。通过对史料与文献收集整理,强调梳理相关历史文献与细致系统整理及实证相结合,充分利用现有资料钩沉比对,有利于丰富和拓宽研究黄河故道历史文化思路。通过史料的拼接建构,复原围合之中的城市内部形态结构框架、规模,亦是探寻明清淮河流域城市政治、文化、价值观念、信仰习俗与周边生态环境关联变迁的过程。以河流水系为文化研究参照主体的学术价值在于,不仅可对不同时期尤其是宋金至近代以来相关治河整体背景,及影响区域文化构筑的黄淮河流特质与地理环境的有机化解,而且可形成区分黄淮区域乡土文化相对连贯性、可比性、衔接融合重叠点及差异分界。依据淮河流域现行行政区划为框架,重新整合历史时期区域文化空间分布规律,可进一步明确其文化分区的宗教、民俗、方言等文化要素的沿革特征。对神祇的祭祀与崇拜,既可反映生态环境,又是文化变迁的重要表征之一。清代前中期,特别在乾隆年间,其干流的决溢和合龙总是与治水过程中祭祀河神之礼仪互为始终,并将其置于官僚体系之中,祭祀河神的功利性往往弥漫于整个治河阶段,从而将世俗性的建庙祭河与超自然的敬神仪式行为融而为一。围绕"保漕护堤"这一中心"国策",明清时期官方赋予黄淮下游地区沿岸各地祭水祀神的诸多功能,其在内容、形式上的变化都与民间私自结社及传统宗教信仰组织存在明显差异,既反映出政治体制下人地关系的相互整合,同时又是其以各自独有的方式努力协调天、地、人三者关系的结果。明清时期淮河流域婚俗发生了较大的更移,表现在:一是贞节观虽为多数妇女所接受,但有些守寡妇女选择再婚;二是婚姻礼仪既有传承,又显现出适应性选择;三是下层民众的婚姻困难较多,导致婚姻形式有适应性取舍。元明清时期,淮河流域逐渐形成民众尚武的风气,主要原因有四个方面:一是黄河夺淮造成民众苦难深重,诱发了民众对社会不满而尚武;二是部分州县有尚武的传统,在灾害环境下迅速向全淮河流域蔓延;三是民众流徙不定,乞讨他乡,尚武少文;四是地方官员缺少遏制尚武风气之良策,使其长时段地流行。

第八,元明以降,淮河流域一带出现了广泛而深刻的社会变迁,这种社会变迁是多种因素共同长期作用的结果,它不仅受到前述自然环境变迁的影响,更取决于人口迁移、宗族、匪患以及生态环境、社会环境变迁等社会因素。历史上淮河流域既是一个民众移出的地区,又是一个大规模民众移入的地区。民众移出的原因多为躲避战乱,主要是前往南方。该地区出现的人口稀少、土地荒芜的情况,又吸引了众多的外地民众迁入,主要是山西、山东等地的民众。历史时期人口迁移深刻地影响了淮河流域地区的生产方式及民风民俗、语言,改变了原有的经济结构、社会结构,一定程度上影响了该地区经济社会的发展进程,加速了该地区的社会变迁。这主要体现在三个方面:一是易引发资源抢夺,形成流民,激化社会矛盾,破坏社会稳定;二是导致财富逐步减少,以及生产方式、经营理念、生活方式等日渐落后,改变了原有的经济结构;三是促使民风民俗趋于多元化、复杂化,方言出现新的特征。以晚清民国时期淮河流域社会变迁为背景,以捻党为主要考察对象,可以较为全面地探讨这一区域内宗族的特征及其对社会变迁的影响。淮河流域的宗族既有宗族所共有的特征,其内部结构又有特殊性,同时具有鲜明的地域特征和时代特色:一是从内部结构上看,晚清民国时期淮河流域的宗族内部贫富差距很大,他们大多"筑圩立寨",成为一方割据势力;二是从地域特征上看,晚清民国时期淮河流域的宗族发展历史并不长,他们大多是明初从外地迁入,到晚清时期形成规模;三是从时代背景上看,晚清民国时期淮河流域的宗族大都建有自己的武装,据地自保,具有强烈的防御自卫意识。晚清民国时期淮河流域宗族的发展及其活动加快了这一地区社会变迁,主要体现在四个方面:一是社会经济方面,宗族武装之间激烈对抗及其长期的社会动荡,造成该地区大量的人口伤亡,并沉重打击了宗族势力,严重破坏了该地区的社会环境,阻碍了该地区社会经济的发展;二是乡村结构方面,由于宗族势力进一步受到冲击,国家权力乘机渗透到乡村,打破了原有的乡村控制格局;三是社会文化方面,晚清民国时期包括宗族文化在内的淮河流域一带地区文化发展,遭到严重摧残,导致该地区曾一度繁荣的社会文化出现衰败;四是社会习俗方面,恶劣的生存环境严重影响了该地区的社会习俗,文事日衰,剽悍、好勇、尚武等逐渐成为主流。以捻党为中心,对元明之后尤其是晚清淮河流域的匪患与治理作一梳理,可以从中理出匪患与这一区域社会变迁的内在联系。晚清时期,淮河流域一带形成了极为严重的匪患,具有活动频繁、规模大、政治目标较为明确、以区域性活动为主、宗族色彩鲜明等特点,引发了社会持续动荡,主要原因是灾荒不断、官府腐败、民众关系紧张等。为此,清王朝采取了派兵进剿、抚慰收编、组建团练、赈灾济民等措施,但是成效甚微。晚清淮河流域匪患问题没有能够有效解决,至民国时期更为严重,严重阻碍了这一地区经济社会发展,加速了这一地区社会变迁,成为这一地区长期以来经济社会发展滞缓、文化凋敝的一个重要原因。从一个较长时段,以捻党为主要考察对象,探讨元明以降生态环境、社会环境与淮河流域社会变迁的内在联系,可以为探讨淮河流域环境变迁提供一个新的视角。

余论部分,将淮河文明与世界其他大河文明比较可知,淮河文明和尼罗河文明、两河文明、印度河文明等其他大河文明一样,其出现得益于优越的自然环境,其衰落与外力入侵和人类过度开发、破坏自然大有关系。与其他大河文明相比,淮河文明有两大不同点:一是其发生发展深受黄河和长江文明的影响;二是它的衰落与黄河的南侵直接相关。大河文明兴衰的比较对目前淮河的治理和环境保护有重要的启示:第一,优越的地理环境是大河文明的诞生、发展与繁荣的前提,只有保护好区域的自然环境,人与自然和谐相处,文明才能得到可持续发展;第二,在保护和治理淮河生态问题时,需要构建"大淮河"的观念和治理思路;第三,治理淮河要以人为本,尽可能以淮河流域的民众利益为核心;第四,尝试引入第三方组织协调解决沿淮各省区之间的矛盾与冲突以及资金技术等问题,使得淮河问题尽量脱离利益各方的牵制,寻求更妥善的解决之道;第五,在治理淮河污染上需要建立补偿机制。淮河航运在不同的历史时期对经济社会的发展起到了重要作用。随着新式交通的兴起,虽然受到来自铁路运输的冲击,但是淮河航运仍发挥重要作用,并迈出了近代化的一步。目前,淮河航运存在着一定的问题,如规划失当、缺乏合作机制、标准化程度低、资金投入不足等。结合这些问题,我们提出建立淮河流域内外合作机制、加强基础设施建设、加大资金投入、调整产业沿淮布局等发展淮河航运的建议。经过 60 多年的淮河治理,在防洪除涝体系建设、水资源开发利用、水资源保护及水污染防治、水利管理与改革等方面成效显著,淮河流域基本建成了防洪、除涝、灌溉、供水、水产、航运、发电等多方面综合利用的水利工程和非工程体系,流域减灾兴利能力得到了显著的提高。新时期淮河治理也面临着诸多新问题,治理的任务仍很艰巨,主要表现在:一是淮河流域防洪除涝标准低,防洪体系尚不完备,防洪防涝仍是今后治淮的重中之重;二是淮河流域水资源短缺,配置能力不足,用水效率不高,供需矛盾大,成为流域经济发展的主要困难;三是淮河流域水污染严重,实现淮河水体变清的任务仍然艰巨;四是淮河流域水系复杂,跨行政区域河流多,历史上遗留水事故问题多,水管理存在的困难也较多。从可持续发展的角度而言,淮河的治理应该重点考虑的是如何在流域生态环境可以维持的前提下,满足淮河流域,乃至其他地区更多人口永续地发展:一要坚持"蓄泄兼顾",实行兴利除弊结合、开源节流并重、防洪抗旱并举的治水方针;二要进一步加强和完善防洪除涝体系建设;三要搞好水资源的开发利用和优化配置;四要坚持把水环境治理和保护提高到重要的战略地位;五要构建可持续发展战略的保障机制。

三、本书的学术价值与基本思路

本书是国家社会科学基金项目“淮河流域环境变迁史”（编号 10BZS052）的研究成果。本书将研究范围和时段限定在 12 世纪初至 19 世纪中叶，以皖北和豫东为主要考察地区，主要是基于如下的考虑：

其一，本书尽管涉及整个淮河流域，但主要以皖北和豫东地区为研究区域。该区域是淮河干流的北部流域，即汝河、颍河、涡河、北淝河、浍河、濉河等淮北支流流域，地形、气候、物产、民俗等很相近。早在唐宋时期，淮河便成为公认的南北文化的界线①。现代地理学兴起后，秦岭——淮河成为公认的南北自然地理的分界线，实际上也是人文地理的分界线②。《晏子春秋》也曾载：“橘生淮南时为橘，生于淮北则为枳。”现今人们习惯上也以淮河为南、北方的界线。同时，经济区域不同于行政区域，而长久以来，研究区域经济史者习惯于以行政区域为范围，如此便难以揭示经济区域的独特性与完整性。本书主要以皖北、豫东所在的淮北平原为研究对象，就是认识到其可作为真正的同一区域。

其二，12 世纪至 19 世纪该区域社会环境变迁巨大。自 1128 年，宋东京留守杜充为避免与金兵作战，掘开黄河南岸大堤，使黄河水南流入淮，直到 1855 年黄河北决铜瓦厢，黄河长达 700 多年南泛夺淮入海，是该区域生态恶化期，其经济文化在两汉、隋唐、北宋时期在全国所处的优势地位已不再有，从此该区域自然灾害多发，水利事业由兴而废，战乱频仍，社会经济发展迟滞。该区域的鸿沟、汴河等河流水系在中国航运史上曾扮演过重要角色，因黄河南泛而致淮北运道淤废而渐失航运价值。京杭大运河、海运等运输兴起后，该区域的交通地位随之低落。以确保“济漕运”为主的治河思想，使淮河问题凸显，该区域渐被边缘化，成为国家利益的牺牲者。12 世纪女真人入主中原，该区域成为金与南宋的边境区，大批人口南迁；元末农民战争和在此地爆发的捻军运动，使当地人口骤减；明初大移民和清朝的人口大增等历史现象，使此时段该地人地关系演变较大。长此以往，当地人民的长久居住意识、积储意识、可持续发展意识淡漠，生产结构单一，进而形成了得过且过、懒散、不重土等性格特征。

其三，该流域地处我国中东部南北之中，且承东启西，是多重过渡地带，面

---

① 陈正祥：《中国文化地理》，三联书店 1983 年版，第 5 页。

② 金其铭：《中国人文地理概论》，陕西人民教育出版社 1990 年版，第 489 页。

积约27万平方公里,耕地面积约占全国的1/8,粮食产量约占全国的1/6,人口约1.7亿,人口密度居全国各大河流域之首。在历史上这一地区曾几度辉煌:政治上,其曾为两汉、魏晋、隋唐的政治腹地和北宋的王畿之地;经济上,它是两汉、隋唐、北宋的粮仓及唐、宋、元、明、清诸朝运输的生命线;文化上,它是老学、玄学的发源地。而自宋以后直至近代,淮河流域的经济社会和文化发展渐渐衰落,由具有"走千走万,不如淮河两岸"之誉变为"穷山恶水地瘠民贫"之地。在现代中国,淮河流域的社会发展密切关系着国家的中部崛起战略。该流域被国家确定为重点治理的流域之一,而淮河问题"症结"的形成恰是在12至19世纪。在淮河流域经济社会盛衰变迁的种种因素中寻找出某些具有规律性的方面,总结经验教训,找出症结所在,并为类似地区的可持续发展提供历史借鉴,是一个既有学术价值又有现实意义的课题。

本书选定这长达7个世纪的中长时段,是力求对该区域的社会环境变迁轨迹作一比较全面的考察,以期能够完整地把握其变迁过程和特点。但由于受资料等条件的制约,在行文中会对某些时段或某些论题有所侧重。

本书以马克思主义唯物史观理论为指导,主要从历史学的角度,并运用环境史学、社会学、历史地理学、经济学和心理学的理论方法及研究成果,对淮河流域在12世纪至19世纪700多年间的环境变迁作一深入的考察,以探讨环境变迁对社会经济、民众心理以及社会文化等方面所带来的影响。本书把"社会"与"环境"视为一个不可分割的整体,将生态环境因素视为社会运动的能动参与因素与变量,其考察的重点是人类社会与生态环境之间的互动变迁关系。本书还将进行不同地域间不同层面的比较和同一地域间不同时期的比较,综合进行宏、中、微观研究,既有定量又有定性,以求对该区域历史有较全面的认识。该区域社会经济盛衰的变迁是一个漫长的过程,而影响这种变迁的因素又是至为复杂和不断变化的。探讨这一地区何以由盛转衰,既是一个重大的区域历史问题,同时也体现出对现实的关注,是史学研究的根本方向之一。在传统农业区域,区域经济在历史上长期发展不平衡所形成的后果和遗留下来的某些问题,现在仍强烈地影响着该区域的开发。本书通过尽可能详细的史料挖掘,尽可能详尽可靠的史实揭示,不仅可对以前的认识更加清晰,且有利于明确哪些是现实开发的基础和条件,哪些是现实发展的阻力和包袱。

本书的基本思路是:首先,探讨导致历史上淮河流域社会与环境变迁的主要历史动因,其次,考察该区域在环境压力下社会变迁最基础最本质的表现及其社会变迁的深度和过程,再次,探讨该区域成为政府"包袱"的原因及危害,以及引起地方冲突与合作的模式，最后比较分析类似地区文明演变的主要因素。

本书的重点与难点是：重点是对淮河流域在 12 至 19 世纪 700 多年间的兴衰轨迹、社会与环境变迁的原因和影响作深入的考察，不但涉及经济社会等物质层面，而且涉及民众心理、风俗、信仰等文化层面。学界有关本书所涉及领域的前期研究成果少，特别是关于淮河流域文化层面变迁的研究成果更少，不利于借鉴，是难点之一。该流域战乱和自然灾害频发，所保留的家谱和方志等历史资料很少，其他相关资料分散，是难点之二。同时，研究成果需有资鉴性。本书探讨的重点虽在古代，由于这一区域地位的重要性和经济的欠发达状况至今未能改变，故本书旨在不仅使人们对该区域的历史有更深入全面的了解，而且能对当今该区域经济社会的可持续发展产生重要的参考和借鉴价值。

本书的创新之处是：其一，传统观点认为地理因素，特别是黄河长期夺淮入海造成了淮河流域的多灾多难。其实，人为保漕运、护陵需要、消极治河才是黄河侵淮的主因。流域因经济社会落后而人才匮乏、人们心理文化层面的变迁等加剧了文明衰退。其二，在时段选择方面，12 至 19 世纪是淮河流域经济社会发展相对迟滞期，是淮河“症结”形成期，是该区域社会变迁剧烈期，是研究较薄弱处。探讨该时段历史，有利于探究该区域盛衰转变的深层次根源。其三，在服务社会层面，淮河流域综合治理关系着国家的科学发展，本书着力厘清淮河问题的根本症结所在，以利资鉴。其四，本书分环境变迁原因、治水个案、经济变迁、城镇分布差异、教育变迁、风俗文化变迁和社会变迁等专题论述，力避与学界前人已研究的与环境问题直接相关的气候、地貌、植被等自然变化相重复，并不同于完全以时间为主线“史”的论述。

第一章 环境变迁的主要成因

淮河流域环境变迁是一个长期的演变过程,由多方面因素叠加而致,其中,既有客观因素,也有人为因素,还有统治者的不作为、乱作为等。本章选取黄河泛淮、统治者治河,以及域内人地关系演变等三个方面,同时以清代河务问题为个案,对淮河流域环境变迁的原因进行梳理和剖析。

一、黄河长期泛淮

黄河南泛侵淮的最早历史记载是西汉文帝十二年(前 168 年),“冬十二月,河决东郡”①。此后,河溢、河决侵淮事件不断见诸史籍。黄河自东汉至唐后期处于相对“安澜期”,其间虽有黄河东南决入淮河的事件发生,决口处却能及时得到堵塞,所以未对淮河流域造成太大的影响。

关于黄河长期大规模夺淮的起始时间,清人胡渭认定为金明昌五年(1194年),“其历久而不变至今五百余岁,河淮并为一渎,则自金明昌五年始耳”②。水利部黄河水利委员会编《黄河水利史述要》和邹逸麟先生主编《黄淮海平原历史地理》等以宋高宗建炎二年(1128 年)杜充决河为黄河长期夺淮之始,“(建炎二年)十一月,乙未,东京留守杜充闻有金兵,乃决黄河入清河(指泗水)以沮寇,自是河流不复矣”③。黄河长期夺淮的终止时间是清咸丰五年(1855 年),时黄河在今兰考铜瓦厢决口,掉头北去,由山东利津入海,结束了长达 700 多年的连

① 《汉书》卷四《文帝纪》。
② [清]胡渭:《禹贡锥指》卷一三。
③ [宋]李心传:《建炎以来系年要录》卷一八。

续泛淮。

本书在参考《中国水利史纲要》《淮河综述志》《黄河史论丛》中相关表格的基础上，资料经进一步核实，将主要历史记载中自1128年至1855年间黄河决溢南泛的情况列表如下：

表1.1　　黄河决溢南泛表

时间	灾情	资料来源
宋建炎二年（1128年）	杜充决黄河，自泗水入淮，为河南流不复之始。	《建炎以来系年要录》卷一八。
金大定十一年（1171年）	河决王村，南京孟、卫州界多被其害。	《金史》卷二七《河渠志·黄河》。
金大定二十年（1180年）	河决弥漫至归德府，河势益南。	《金史》卷二七《河渠志·黄河》。
金明昌五年（1194年）	河决阳武故堤，灌封丘而东。	《金史》卷二七《河渠志·黄河》。
金承安五年（1200年）	河道东南流，至徐州入泗入淮河道。	《金史》卷二七《河渠志·黄河》。
金兴定五年（1221年）	砀山南东西三百里间多支分流河水，徐州三面皆河水。	《金史》卷二七《河渠志·黄河》。
金正大七年（1230年）	汴京东北河南决。	《金史》卷二七《河渠志·黄河》。
金正大八年（1231年）	河决归德西北之敖游堌。	《金史》卷二七《河渠志·黄河》。
宋绍定五年（1232年）	蒙古兵决归德城北河堤，城四面皆水，自睢水东南流。	《宋史纪事本末》卷九〇。
宋端平元年（1234年）	蒙古兵决河淹开封一带宋兵。河水南至杞县三叉口，分三支，主流自涡河入淮。	《宋史纪事本末》卷九一。
元至元二十年（1283年）	怀孟、河南等路河水涌溢，坏民田一千六百七十余顷。河决原武，泛杞，灌太康。	《元史》卷五〇《五行志一》。
元至元二十二年（1285年）	南京等五路河水坏田三千余顷。	《元史》卷五〇《五行志一》。

续表

时间	灾情	资料来源
元至元二十三年（1286年）	河决开封、祥符、陈留、杞、太康、通许、鄢陵、扶沟、尉氏、洧川、阳武、延津、中牟、睢州等十五处。	《元史》卷六五《河渠志·黄河》。
元至元二十四年（1287年）	汴梁路河水溢，害稼。	《元史》卷五〇《五行志一》。
元至元二十五年（1288年）	汴梁路阳武县诸处，河决二十二所，漂荡麦禾房舍。太康、通许、杞三县，陈、颍二州皆被害。	《元史》卷六五《河渠志·黄河》。
元至元二十七年（1290年）	六月，河溢太康，没民田三十一万九千亩。十一月，河决祥符，太康、通许二县，陈、颍二州大被其患。	《元史》卷五〇《五行志一》。
元至元二十八年（1291年）	河后泛滥，堤埽横溃，归德、睢州、汴梁水及城下。	《元史》卷五〇《五行志一》。
元元贞二年（1296年）	河决杞、封丘、祥符、宁陵、襄邑、开封。	《元史》卷五〇《五行志一》。
元大德元年（1297年）	河决汴梁，发民夫三万五千塞之。归德徐州，邳州宿迁、睢宁、鹿邑三县，河南许州临颍、郾城等县，睢州襄邑，太康、扶沟、陈留、开封、杞等县，河水大溢，漂没田庐。	《元史》卷五〇《五行志一》。
元大德二年（1298年）	河决蒲口，凡九十六所，泛溢汴梁、归德二郡。	《元史》卷五〇《五行志一》。
元大德九年（1305年）	汴梁思齐口河决。归德府宁陵、陈留、通许、扶沟、太康、杞县河溢。	《元史》卷五〇《五行志一》。
元皇庆元年（1312年）	归德睢阳县河溢。	《元史》卷五〇《五行志一》。
元皇庆二年（1313年）	河决陈、亳、睢三州，开封、陈留等县。	《元史》卷五〇《五行志一》。
元延祐二年（1315年）	河决郑州，坏汜水县治。	《元史》卷五〇《五行志一》。

续表

时间	灾情	资料来源
元延祐三年（1316年）	颍州太和县河溢。	《元史》卷五〇《五行志一》。
元延祐五年（1318年）	河决杞县小黄村口，滔滔南流，莫能御遏，陈、颍濒河膏腴之地浸没，百姓流散。	《元史》卷六五《河渠志·黄河》。
元延祐七年（1320年）	开封县[河]复决二处。	《元史》卷六五《河渠志·黄河》。
元泰定二年（1325年）	河溢汴梁，睢州河决。	《元史》卷五〇《五行志一》。
元泰定三年（1326年）	二月，归德府河决。七月，河决郑州，漂没阳武等县民一万六千五百余家。亳州河溢。	《元史》卷五〇《五行志一》。
元泰定四年（1327年）	八月，汴梁河溢，漂民居一千九百余家。睢州河溢；夏邑县河溢。	《元史》卷五〇《五行志一》。
元天历元年（1328年）	河决砀山、虞城二县。	《元史》卷六五《河渠志·黄河》。
元至顺三年（1332年）	汴梁之睢州、陈州、开封、兰阳、封丘诸县河水溢。	《元史》卷五〇《五行志一》。
元元统元年（1333年）	黄河大溢，河南水灾。	《元史》卷五一《五行志二》。
元顺帝至元元年（1335年）	河决汴梁封丘县。	《元史》卷五《五行志二》。
元顺帝至元三年（1337年）	汴梁兰阳、尉氏二县，归德府皆河水泛溢。	《元史》卷五一《五行志二》。
元至正二年（1342年）	黄河水溢，睢州大水。归德府睢阳县因黄河为患，民饥。	《元史》卷五一《五行志二》。
元至正四年（1344年）	黄河溢、决堤，虞城、砀山等地被灾，民老弱昏垫，壮者流离四方。	《元史》卷六五《河渠志·黄河》。
元至正五年（1345年）	十月，黄河泛溢。	《元史》卷五一《五行志二》。

续表

时间	灾情	资料来源
元至正六年（1346年）	黄河决。	《元史》卷五一《五行志二》。
元至正十一年（1351年）	河决归德府永城县，坏黄陵冈岸。	《元史》卷五一《五行志二》。
元至正十六年（1356年）	河决郑州河阴县，官署民居尽废，遂成中流。	《元史》卷五一《五行志二》。
明洪武元年（1368年）	河决曹州双河口。	《明史》卷八三《河渠志·黄河上》。
明洪武八年（1375年）	河决开封太皇寺堤。	《明史》卷八三《河渠志·黄河上》。
明洪武十四年（1381年）	河决原武、祥符、中牟。	《明史》卷八三《河渠志·黄河上》。
明洪武十五年（1382年）	七月，河决朝邑、荥泽、阳武。	《明史》卷八三《河渠志·黄河上》。
明洪武十七年（1384年）	河决开封，又决杞县。	《明史》卷八三《河渠志·黄河上》。
明洪武二十三年（1390年）	河决归德、开封，径夏邑、永城。	《明史》卷八三《河渠志·黄河上》。
明洪武二十四年（1391年）	河水暴溢，决原武，东经开封城北五里，又东南由陈州、项城、太和、颍州、颍上，东至寿州正阳镇，全入于淮，而贾鲁故道遂淤。	《明史》卷八三《河渠志·黄河上》。
明洪武二十五年（1392年）	复决阳武，泛陈州、中牟、原武、封丘、祥符、兰阳、陈留、通许、太康、扶沟、杞县十一州县。	《明史》卷八三《河渠志·黄河上》。
明洪武三十年（1397年）	八月，河决开封，城三面皆水。	《明史》卷八三《河渠志·黄河上》。
明永乐二年（1404年）	河水坏开封城。	《行水金鉴》卷一八。
明永乐三年（1405年）	河水坏温县堤四十丈。	《行水金鉴》卷一八。

续表

时间	灾情	资料来源
明永乐五年（1407年）	黄河泛滥河南，伤濒河苗稼。	《行水金鉴》卷一八。
明永乐八年（1410年）	河决开封，坏城二百余丈，民被患者万四千余户，没田七千五百余顷。	《明史》卷八三《河渠志·黄河上》。
明永乐十四年（1416年）	河决开封州县十四，经怀远，由涡河入于淮。	《明史》卷八三《河渠志·黄河上》。
明宣德元年（1426年）	黄、汝二水溢，淹开封十州县及汝州、嵩县。	《明史》卷二八《五行志一》。
明宣德三年（1428年）	河溢郑州、祥符、陈留等地。	《行水金鉴》卷一八。
明宣德六年（1431年）	开封、中牟、祥符、太康等八县黄河决，淹田五千二百余顷。	《明史》卷八三《河渠志·黄河上》。
明正统二年（1437年）	河溢漫决开封，河决阳武、原武、荥泽三县三十余处。	《行水金鉴》卷一八。
明正统三年（1438年）	河决阳武。	《明史》卷八三《河渠志·黄河上》。
明正统十年（1445年）	睢州、祥符、杞县、陈留等地河决。	《行水金鉴》卷一九。
明正统十三年（1448年）	河决荥阳县而东抵项城，遂达于太和，由界沟税子铺等集，东至界牌达和西南，达颖州正阳，注于淮。	《行水金鉴》卷一九。
明景泰四年（1453年）	河复决开封新塞口之南。	《明史》卷八三《河渠志·黄河上》。
明天顺五年（1461年）	河决开封土城。	《明史》卷二八《五行志一》。
明成化十三年（1477年）	黄河溢，淹睢州等地。	《行水金鉴》卷一九。

续表

时间	灾情	资料来源
明成化十四年（1478年）	河南等处黄河水溢，平陆成川，禾稼淹没，人畜漂流，死者不可胜纪。冲决开封护城堤五十丈，居民被灾者五百余家。	《行水金鉴》卷一九。
明弘治二年（1489年）	河决开封及金龙口，南决者一支入涡，一支入颍。	《明史》卷八三《河渠志·黄河上》。
明弘治三年（1490年）	白昂北堵，东南分疏。入涡、入颍，又通汴、睢，入淮泗。	《明史》卷八三《河渠志·黄河上》。
明弘治四年（1491年）	黄河溢开封，归德被灾。	《行水金鉴》卷二〇。
明弘治六年（1493年）	黄河南流由荥泽至陈州及由归德至亳州入涡俱淤。	《明史》卷八三《河渠志·黄河上》。
明弘治十一年（1498年）	河决归德，与别支会流，经宿州、睢宁等处，通由南宿迁小河口流入漕河。	《行水金鉴》卷二一。
明正德四年（1509年）	南向各支尽淤。	《行水金鉴》卷二二。
明正德五年（1510年）	河复决黄陵冈，入贾鲁河，溢横流，直抵丰沛。	《明史》卷八三《河渠志·黄河上》。
明嘉靖九年（1530年）	河决曹县，东南支流经虞城县至砀山县，合古迹黄河出徐州。	《行水金鉴》卷二三。
明嘉靖十三年（1534年）	河决赵皮寨分支入淮，金河南徙。	《明史》卷八三《河渠志·黄河上》。
明嘉靖十六年（1537年）	河经仪封、归德、睢州、夏邑、永城、亳州入涡水。	《行水金鉴》卷二四。
明嘉靖十七年（1538年）	河决考城自归德南入淮。	《行水金鉴》卷二四。
明嘉靖十九年（1540年）	黄河南徙，决野鸡岗，由涡河经亳州入淮。	《明史》卷八三《河渠志·黄河上》。
明嘉靖二十四年（1545年）	河决野鸡岗而南至泗州合淮，遂溢蒙城、五河、临淮等县。	《明史》卷八三《河渠志·黄河上》。

续表

时间	灾情	资料来源
明嘉靖二十六年（1547年）	河又决曹县，水入城二尺。徐、萧、砀大水。	《淮系年表》九。
明隆庆三年（1569年）	河决沛县，自考城、虞城、曹、单、丰、沛至徐州，坏田庐无算。	《明史》卷二八《五行志一》。
明隆庆四年（1570年）	河决萧县崔家口、邳、睢等地，徐、沛、萧、砀均大水。	《淮系年表》十。
明隆庆五年（1571年）	河决灵璧，支流散溢，大势下睢宁出小河口，而匙头湾八十里正河悉淤。	《明史》卷八三《河渠志·黄河上》。
明隆庆六年（1572年）	河涨自徐、砀至淮扬，一夕丈余，下流悉成巨浸。邳、睢、宿等地被灾尤甚。	《淮系年表》十。
明万历元年（1573年）	河决徐州、沛县，徐、萧、砀大水。	《淮系年表》十。
明万历二年（1574年）	徐、萧河溢，砀山大水。	《淮系年表》十。
明万历三年（1575年）	河决砀山及邵家口。	《明史》卷八四《河渠志·黄河下》。
明万历十七年（1589年）	河溢萧县睢宁桃源，平地丈余。	《淮系年表》十。
明万历二十年（1592年）	河决徐州，邳、宿等地大水。	《淮系年表》十。
明万历二十五年（1597年）	河决黄堌口，溢夏邑、永城等地。	《行水金鉴》卷三九。
明万历二十九年（1601年）	河决商丘，全河南注出符离小河，旋由浍河入淮。蒙城黄水泛，颍州大水。	《明史》卷八四《河渠志·黄河下》。
明万历三十一年（1603年）	河决单县、沛县等地。	《明史》卷八四《河渠志·黄河下》。
明万历三十四年（1606年）	河决萧县。	《明史》卷八四《河渠志·黄河下》。

续表

时间	灾情	资料来源
明万历三十五年（1607年）	陈家楼以上河溢多口，徐属州县汇为巨浸，萧、砀尤甚。黄水决入淮，五河县大水三载。	《淮系年表》十。
明万历四十四年（1616年）	河决开封，经陈留入亳州涡河。	《明史》卷八四《河渠志·黄河下》。
明天启元年（1621年）	河决灵璧双沟。	《明史》卷八四《河渠志·黄河下》。
明天启三年（1623年）	河决徐州，睢河等并淤，吕梁城南隅陷，沙高平地丈许，双沟决口亦满，上下百五十里悉成平陆。	《明史》卷八四《河渠志·黄河下》。
明崇祯七年（1634年）	河决沛县。	《淮系年表》十。
明崇祯九年（1636年）	河决徐州，溢萧、丰两县。	《明史》卷八四《河渠志·黄河下》。
明崇祯十五年（1642年）	李自成围开封，守臣掘黄河朱家寨灌之，贼侦觉移营高岸，乃大决马家口，灌开封城，溺死三十余万人。河势由鄢陵、鹿邑入涡达淮，故道涸竭。	《淮系年表》十。
明崇祯十六年（1643年）	开封马家决口复溃，迄明亡未塞。	《明史》卷八四《河渠志·黄河下》。
清顺治元年（1644年）	河道经开封、归德、徐州、邳州至清河入淮。	《清史稿》卷一二六《河渠志·黄河》。
清顺治二年（1645年）	河决流通集，侵淤运道，下流徐、邳，淮阳亦多冲决。	《清史稿》卷一二六《河渠志·黄河》。
清顺治九年（1652年）	河决封丘大王庙，冲杞县城，复决邳州、祥符。	《清史稿》卷一二六《河渠志·黄河》。
清顺治十一年（1654年）	河复决大王庙。	《清史稿》卷一二六《河渠志·黄河》。
清顺治十四年（1657年）	河决祥符。	《清史稿》卷一二六《河渠志·黄河》。

续表

时间	灾情	资料来源
清顺治十五年(1658年)	河决阳武。	《清史稿》卷一二六《河渠志·黄河》。
清顺治十七年(1660年)	河决陈州、虞城等地。	《清史稿》卷一二六《河渠志·黄河》。
清康熙元年(1662年)	河决开封,灌祥符、中牟、阳武、杞、通许、尉氏、扶沟七县。淮阳自是岁以灾告。	《清史稿》卷一二六《河渠志·黄河》。
清康熙二年(1663年)	河决睢宁。	《清史稿》卷一二六《河渠志·黄河》。
清康熙三年(1664年)	河决杞县、祥符。	《清史稿》卷一二六《河渠志·黄河》。
清康熙四年(1665年)	河决上游,灌虞城、永城、夏邑。	《清史稿》卷一二六《河渠志·黄河》。
清康熙六年(1667年)	河决桃源、萧县,沿河州县悉受水患。	《清史稿》卷一二六《河渠志·黄河》。
清康熙十年(1671年)	河溢萧县。	《清史稿》卷一二六《河渠志·黄河》。
清康熙十一年(1672年)	河决萧县、邳州,又溢虞城。	《清史稿》卷一二六《河渠志·黄河》。
清康熙十三年(1674年)	河决砀山。	《淮系年表》十一。
清康熙十四年(1675年)	河决徐州、宿迁、睢宁,复灌清河治,民多流亡。	《清史稿》卷一二六《河渠志·黄河》。
清康熙十六年(1677年)	河决毛城铺,砀、萧及宿州大水。	《淮系年表》十一。
清康熙十七年(1678年)	河决萧县,砀山县大水,宿州被灾。	《淮系年表》十一。
清康熙二十年(1681年)	河决皂河口,是后数年频岁河决,宿州民多流亡。	《淮系年表》十一。

续表

时间	灾情	资料来源
清雍正元年（1723年）	河决郑州、中牟，刘家寨南入贾鲁河。	《清史稿》卷一二六《河渠志・黄河》。
清雍正三年（1725年）	河决睢宁县朱家海，宿、睢、桃、虹、泗五州县地多沙淤。	《淮系年表》十一。
清乾隆元年（1736年）	河涨，由砀山南下，堤多冲塌。砀、萧、宿、永被水。	《清史稿》卷一二六《河渠志・黄河》。
清乾隆十六年（1751年）	河决阳武。	《清史稿》卷一二六《河渠志・黄河》。
清乾隆十八年（1753年）	河决铜山，冲塌内堤、缕越堤二百余丈，南注灵、虹诸邑，入洪泽湖，夺淮而下。	《清史稿》卷一二六《河渠志・黄河》。
清乾隆二十五年（1760年）	河溢徐州。	《淮系年表》十二。
清乾隆二十六年（1761年）	河决阳武、祥符等处，决十五口，大溜直趋贾鲁河。	《清史稿》卷一二六《河渠志・黄河》。
清乾隆三十一年（1766年）	河决铜山，黄水由睢宁、宿州、灵璧、虹县入洪泽湖。	《淮系年表》十二。
清乾隆四十三年（1778年）	河决仪封十六堡，宽七十余丈，地在诸口上，掣溜湍急，由睢州、宁陵、永城直达亳州之涡河入淮。	《清史稿》卷一二六《河渠志・黄河》。
清乾隆四十五年（1780年）	河决考城，全河俱夺，亳州、蒙城等处被淹。	《淮系年表》十二。
清乾隆四十八年（1783年）	河决睢宁，睢水故道全没。凤阳等处受淹，亳州被灾较重。	《淮系年表》十二。
清乾隆四十九年（1784年）	河决睢州。	《清史稿》卷一二六《河渠志・黄河》。
清乾隆五十二年（1787年）	河决睢州，由涡、肥入淮。	《淮系年表》十二。
清乾隆五十五年（1790年）	河溢砀山。砀、萧水。黄水逆灌夏邑、永城二县减水沟河。	《淮系年表》十二。

续表

时间	灾情	资料来源
清嘉庆元年（1796 年）	河决砀山。	《淮系年表》十三。
清嘉庆二年（1797 年）	河决砀山南岸。	《淮系年表》十三。
清嘉庆三年（1798 年）	河决睢州，分流经亳州向南入淮。	《淮系年表》十三。
清嘉庆十八年（1813 年）	河决睢州，大溜由亳涡达淮，全归洪泽湖。	《淮系年表》十三。
清嘉庆二十四年（1819 年）	河决兰阳、仪封，全河由涡入淮。	《淮系年表》十三。
清道光二十一年（1841 年）	河决祥符，大溜全掣，水围省城，河溜由归德、陈州折入涡会淮注洪泽湖。	《清史稿》卷一二六《河渠志・黄河》。
清道光二十三年（1843 年）	决中牟，水趋朱仙镇，历通许、扶沟、太康入涡会淮。	《清史稿》卷一二六《河渠志・黄河》。
清道光二十五年（1845 年）	河决桃源，邳、宿大水。	《清史稿》卷一二六《河渠志・黄河》。
清文宗咸丰元年（1851 年）	河决丰县、砀山；淮河改道入江之始。	《淮河志》第一卷。
清文宗咸丰三年（1853 年）	黄河丰北决口塞而复决，灌南四湖，济宁等州县受灾。	《淮河志》第一卷。
清文宗咸丰五年（1855 年）	河决铜瓦厢，改道夺大清河入海。	《淮河志》第一卷。

关于此表需作说明的是：表中对历史记载中常出现的某某地水灾或大水等条目，未予列入，因这些水灾由何而起，多语焉不详。因此，表中不可避免地将有些由黄河决溢而致的水灾遗漏。从上表可以看出，自公元 1128 年至 1855 年黄河长期夺淮的 728 年中，黄河决溢南泛侵扰淮河流域较明显的达 145 次。元、明、清时期，黄河有时岁岁南决，甚至同时有多处决溢，所造成的危害越来越严重。

黄河泛淮时，多以分流或漫流的形式存在于淮北平原，故黄河的流路并非线状，而是呈现出面状分布①。黄河长期夺淮所经线路主要有泗河、汴河、濉河、涡河和颍河等五条泛道。造成黄河长期泛淮的主要原因，除因黄河含沙量大，流域汛期集中等自然因素外，还有不少人为原因，如因黄河河床较高，淮北地势低平，且自西北向东南略倾斜，为封建统治者在战时人为决河、以水代兵创造了条件。为害最烈时，西自开封，东到海滨，北自黄河，南到淮河，东西千里，南北数百里，皆为黄水浸泛之区。

黄河长期泛淮，使淮北地区自然环境变化较大。关于此，邹逸麟、唐元海、韩昭庆等学者已有不少研究成果，主要体现在前文介绍的有关著作中，兹不赘述。本书则主要以“黄河故道”为例探讨黄泛带来的环境变迁。

历史上黄河泛滥对今安徽省境淮河以北广大地区影响深远，广义而言，伴随黄河不断南泛及黄河夺泗、汴、濉、涡、颍等入淮进程，黄河南泛范围涉及皖北、豫东。黄河故道是动态的故道，黄淮区域内河道治理存在共性与差异，进一步深化了人们对黄淮概念的客观认同。明清治河专书、方志、文集等对“黄淮”的多种方式理解和记载，逐渐使“黄淮区域”作为一整体地理名称的存在环境约定俗成。黄河河道干流堤防、主流的形成及相关治河策略的确定和历代政府重视程度，则取决于当时具体相关政策走向。黄河干流与支流间往往因河道自然迁徙而相互转换，直至明代万历六年（1578 年）前后，黄河干流堤坝逐步形成于今豫东南、鲁西南、并经行今皖北砀山、萧县、灵璧北界及苏北一线。对黄河故道的主观认知，则随时地变迁存有差别。明清治河文献、方志及河图中故道名称各异，即有“大黄河”“小黄河”“贾鲁故道”“旧黄河”“故黄河”“淤黄河”等多种称谓并存，对确定识别黄河流经不同时间、路线、方位具有重要作用。鉴于故道多随黄河泛道流向而变更，其故道形成年代及流经时间差异，自宋代以来至明初，多处黄河泛道已不可确考。现今公认明清黄河故道，始于清咸丰五年（1855 年）黄河干流自河南铜瓦厢北徙之后，是历史上黄河泛流过程的重要组成部分，也是历史上黄河大改道离我们最近的一次。区分识别黄河故道时空及地域存在方式的前后差别尤为主要，即清咸丰五年前黄河干流是以流动的水体为主要存在方式，之后随着黄河北徙，原有干流河道则逐渐转化为以相对固态河床遗存为主的态势。前者指黄河治理，后者则为治理黄河故道，两者是相互关联的不同概念，因而有必要在宏观把握整个黄淮区域黄河变迁及河道治理基础上，准确定义历史时期黄淮地区治理黄河与故道整治的时空微观和狭义。

---

① 韩昭庆：《黄淮关系及其演变过程研究——黄河长期泛淮期间淮北平原湖泊、水系的变迁和背景》，复旦大学出版社 1999 年版，第 32—45 页。

通过对黄淮区域背景之下黄河干、支流流向变迁过程的研究，分析各地域黄泛土壤的叠加、整合及成因，不同时期实施黄淮运河道治理举措对形成故道方位流向影响甚深，尤其是主导治河重大方针政策的制定，诸如“北堵南疏”“引水济运”“保漕护陵”“束水攻沙”“分黄导淮”等，成为各不同阶段奉行治河之准绳。清康熙年间黄河干流以砀山毛城铺为代表的减水泄洪闸坝体系的建立，亦是黄淮运一体化治理的有效延伸。同时，以“徐城水志”为泄洪标尺，也对皖北濉河水系宿州、灵璧、虹县周边地区生态环境产生长期负面效应。因此，研究探寻黄河故道的变迁轨迹必须与古代官方及民间坚持不懈的治理黄、淮、运进程紧密联系。实际上，南宋以来政治、经济中心南迁与黄河南泛对沿黄下游地区冲积的加剧，就逐渐进入有别于今的黄、淮融合及宏观意义上的“黄淮区域”时期。政治、军事及社会矛盾的烙印，成为地区由盛转衰的主要成因之一。宋、金以淮河为界南北割据，体现于交通漕运层面则表现为唐、宋汴渠（河）的淤废。元代开掘京杭大运河，河、运一体及徐、吕二洪，则开启了河漕行运时代。明初洪武及永乐初期，以洪武二十四年（1391年）黄河主道改流颍河入淮为时间段，这一时期治河举措的转折以迁都北京及重新疏通京杭运河为时间点。治黄与大运河“河漕”“闸漕”治理及制定治河策略之间相互影响，明代中期，正统十三年至景泰七年（1448—1456年）、弘治二年至弘治十八年（1489—1505年）、正德三至四年（1508—1509年）、嘉靖五年至嘉靖十三年（1526—1534年）等，皆可视为观察黄河故道成立及避免河患袭扰漕运河道的重要动态时间窗。黄河南泛皖北，颍、涡、濉水系再成故道，其形成黄河泄洪通道及再次成为静态故道的间隔时间，则视黄泛规模、范围和反复持续时间而定。随着时间推移，沿河经流地区形成叠加覆盖的辐射冲积层，淮河干流以北各入淮河道因此存在不同程度的“被黄河”现象，在黄河南泛时期已较频繁。值得关注的是，“被黄河河道”含义存有三种主要形状：一是曾被黄河夺流之当今颍、涡河等干流；二是相当部分已被黄河淤没且现今不存的淮北水系；三是目前存留之咸丰五年黄河干流北徙后故道地貌遗存。这表明，明万历六年（1578年）黄河河道相对稳固之前，安徽省境黄河干流与泛道、河道及河床时常纠结于凝固与流动之间。明中后期嘉靖、万历年间，对皖北河道变迁影响深远的河工大事都与故道流向形成有因果关系。由此可见，故道含义的变迁在不同时期、不同区域被赋予的实际内容因时因地而异。应役于黄河与漕运的徐州及属县漕运夫役众多，定量分析其员额及工食银的增减与黄河、漕河改道和演变，同样是探索地区微观机理差别与社会趋势影响的有效途径之一。万历年间位于黄河干流的萧县、砀山城先后毁于河患并异地重建，但凸现洪灾危害的事例，之前及之后并未终止，皖北地区自然与人居环境皆因此受到不同程度的损害。咸丰之后，为黄河干流完全断流后故道地貌形成期，原先河政及漕运体系也随之面目全非。近代以来，黄河故道地貌进入"淮河流域"时期，并以水系分水岭的形态存在于淮北大地。

划分黄淮水利地理区位的基础无法忽略历史时期河道水系固有形态的存在。1855 年黄河北徙后残存的河床地貌，成为沂、沭、泗水系与淮河的分水岭，用文字试图复原元代开筑京杭大运河以来黄河"河漕"，及运河苏北段河道演变与空间转换过程，只是表明当今淮河干流及以北皖北地区，作为黄河南泛受水成灾的重要区域，与黄运在豫东南、鲁西南、苏北线状分布及叠加格局长期交错密切关联。用地理视角，历史地观察黄淮区域河道水系变迁的空间层次，视今日之黄河故道为中轴，以北至苏北运河、南至淮河干流及数百年间经历黄泛洗礼的淮北地貌与支流为现实背景，皆折射出人们适应自然环境、平衡社会变迁、协调历史惯性的努力追求。

根据历史时期河道水系的固有形态，黄淮水利地理区位可分为：

其一，黄河干流中心区。

东汉永平十三年(70 年)，王景治黄、汴分流功成，黄河东北行，砀、萧一带得免黄患。宋金之后，黄河南泛时，黄河河道形成干流固定，河槽相对曲折滞后，以明万历六年(1578 年)潘季驯第三次出任河道总督，全面治理黄河河道，堤防中心线相对稳定为起始。时间上可将黄河故道划分为黄河干流故道历经宋、金、元至明前中期黄河夺汴、泗、濉、涡、颍泛淮，明后期至咸丰五年(1855 年)，及黄河北徙后至现今三个大阶段。其在各时期行河时间、流量强弱、决溢和治理方式、取向都存在明显差异。明万历六年之前黄河下游主流在黄淮平原泛区南摆北徙，河道难固定。元末贾鲁受命，疏、浚、塞并举，至正十一年(1351 年)河复故道，经由砀山、萧县赵家圈自彭城由泗入淮。嘉靖末年，黄河决溢，丰、沛、砀、萧及周边滞洪淤积，河道大乱，皖北黄河故道因河徙而变，时至明崇祯年间(1628—1644 年)，流经皖北的黄河干流河道筑防已固定，因而已见当时对自河南虞城境入砀山城南之"故黄河"方位、流向的明确记载①。清咸丰五年至 2015 年共 160 年，为黄河北徙后故道环境，地貌及地形遗存变迁及治理阶段，其中包括近几十年来干流故道安徽境内"故黄河水系"的综合整治。

其二，黄河南泛亚区。

淮河干流以北，汴河、濉河、涡河、颍河水系，因地势呈西北向东南倾斜，河

① 明崇祯十二年(1639 年)本《砀山县志》前卷。

流受黄河南泛冲击影响,其漫溢之水辐射皖北后流注淮河。安徽省境北部自宋、金以来深受黄河南泛侵袭,淮河以北、沙颍河以东诸河流水系皆成黄流入淮通道。淮北区域水系混乱,其南泛亚区亦以万历六年为划分时间点,亦可分为三个主要阶段。之前为黄河在皖北区域夺汴,短期夺颍为干,长期夺颍、涡等河为支入淮时期。黄河干流河道固定河槽后,期间 280 年,皖北平原涝灾范围除与汛期持续降水程度相关之外,黄泛亚区洪灾来源多自黄河固定河道决溢之水。咸丰五年后,黄河南侵来水决泛规模、方向相对有限,其时间下限至 1938 年为阻日军进攻之花园口人为决堤并形成"黄泛区"。因黄河南泛流向时间、方向地域差异,亚区内皖北境又可分为颍、涡水系和濉河水系两个分区。明初,据《大明一统志》卷七记载:"黄河旧自太和县界流入,经颍州北门城下,东流至寿州正阳镇注淮,正统十二年(1447 年)上流淤塞,惟西华境一支入颍,合流下达于淮泗。"[①]相对明弘治年间(1488—1505 年)刘大夏兴筑黄河北岸太行堤,"北堵南疏"体现了明代中期最高决策者用筑建阻水大堤的方式防御河水北决袭扰会通河运道的决心。其"南疏",黄泛之水流向的下游,皖北因河而灾,首当其冲。明代隆庆、万历年间,兴筑、加固黄河河道干流堤防,实施黄淮运一体化综合整治,奉行"保漕护陵"政策。清初已除去"护陵因素",保漕固堤,强化"束水攻沙"并维护砀山、萧县下游徐州城市防洪的同时,康熙十九年(1680 年)靳辅在干流创建以砀山毛城铺为首的黄河河道减水坝、闸系统,其下泄分流之水沿南岸濉河水系河湖入洪泽湖助清敌黄。清乾隆四十七年(1782 年)安徽巡抚曾受谕令,亲自履勘颍河上源贾鲁河及涡河,预筹泄洪路径。乾隆四十九年(1784 年)九月,因河南睢州(今商丘)一带"土质浮松,实难建立石坝"[②],乾隆帝只得放弃干流减水泄洪。乾隆时期,虽在皖北亳州、宿州、砀山、萧县等地通过兴修水利一定程度缓解了淤涝灾害,但其多是治漕行为主体下的局部疏浚工程。至嘉庆十二年(1807 年),毛城铺减水坝闸共持续运转 120 余年,其后沿濉河水系砀山、萧县、宿州、灵璧、虹县等地仍长期被视为"泄水廓道"。治理经费紧缺则是制约疏浚、挑通减黄引河周边生态环境的主要原因之一。据《南河成案续编》记载,道光四年(1824 年)灵璧及萧县、砀山等地河道整修不得不奉上谕准拨运库商捐积土银、安徽水利款内息银及于江宁司库正项银内借款给办[③]。与遭遇

---

① 明天顺五年(1461 年)刻本《大明一统志》卷七《凤阳府 · 山川》。

② 《清高宗实录》卷一二一五,乾隆四十九年九月壬午。

③ 中国水利水电科学院水利史研究室编校:《再续行水金鉴 · 黄河卷一》,湖北人民出版社 2004 年版,第 173—175 页。

黄河决溢南泛颍、涡水系一样，水患及环境变迁造成人民流离，环境移民屡见不鲜，政府不得不赈济并蠲免银两。黄河北徙后至民国初年，皖北水利仍长期处于失修状态。

其三，南北京杭运河中心线区域。

元代京杭运河开通后，开始形成依凭南北运河河道为命脉的中心线区域，尤其在明永乐九年（1411年）重新疏浚后开通之京杭大运河，已成为具有重要导向意义的大动脉，其重大意义影响了明清两代。自嘉靖末年黄河决泛，造成昭阳湖以西运道淤废，隆庆元年（1567年）另在昭阳湖东建成南阳新河，万历三十三年（1605年）再开成泇运河。至康熙二十五年（1686年），靳辅于黄河北岸遥堤、缕堤间开凿中运河，最后于康熙四十二年（1703年）完成于河督张鹏翮。从明后期至清前期，为躲避黄泛，运河河道中心线逐渐东向位移，前后历经140余年。黄运河道虽逐渐远离皖北地域，但漕运体制的盛衰，征收漕赋的积弊，直接、间接导致区位地缘邻近的皖北各地，数百年间"因河而变"。其萧、砀一带风俗物产，"盖自河水荡决，黄沙无垠，徐下邑多被其患，向所诸物产，或荒淤不复生。民赖贸迁为用，而川渠不常达，陆运艰阻。河既北徙，内产告匮，外物罕通，徐之民益贫困"①。

其四，黄河干流与京杭运河时空汇聚交错中心带。

此一时期自元代开通京杭运河，至康熙年间运河河漕段完全脱离黄河河道。其中元末明初及明前、中期运道曾因缺水源，出现过不同程度的河道干涸，时常需求引河水以济。其间利用部分"河漕"行运，还交错包括万历六年至康熙年间黄运干流河道固定及新修运道中心线偏东移位时期。明清实行府、州、县政区及河道总督双轨并行管理模式下的河道治理，皆根据实际调整辖权，明确职责。受行政辖区及地理区位双重影响，砀山、萧县以及灵璧北界地区通过引水济运、兴修河堤、输出河工夫役、提供物料等方式，直接参与了"国家行为"的建设。"河漕"及会通河段闸漕乃维系明廷之命脉，为缓解徐州洪、吕梁洪供水紧张之状况，明廷联络贾鲁河、汴河沿途相关州县，引黄河、沁河水源以济河漕。从弘治年间王琼《漕河图志》、嘉靖七年杨宏《漕运通志》及嘉靖、万历《徐州志》等有关记载分析，至嘉靖初，砀山、萧县沿河一带众多浅、堡、渡、村、店、镇、巡检司应运而生，分布有序。因不同时期河道各河工用役目的和人员数量规模差异，徐属丰、沛、萧、砀各县中，萧县、砀山距河区位地理的地缘分布，相当程度上影响了其在劳动力输出配置中的比重。萧县、砀山等地的夫役，为维护正常运

① 同治《徐州府志》卷一〇《舆地考》。

转,承载牵挽着过往漕船的重负,以获取安身立命的生存需要。正视黄淮整体背景之下的区划方式,亦应视其为黄河、运河变迁过程不可或缺的重要组成部分。尽管从皖北区域结构的横剖面去考察,有特定时间、地域范围的局限,但黄泛亚区及位于黄运河漕上游边缘地区的皖北为此所付代价则是周期性和持续性的。

其五,淮河干流。

淮河干流作为黄河泛流的受水南界,在不同时期干流受水区段方位、方式,流量程度等差别明显。长时序纵观,可分为淮河干流独流入海时期,黄淮合为一流时期及咸丰年间之后淮河下游主流入长江时期,即"初,淮自安东云梯关入海,无旁溢患。迨与黄会,黄水势盛,夺淮入海之路,淮不能与黄敌,往往避而东"①,但有清一代,"淮病而入淮诸水泛溢四出,江、安两省无不病",且治河重点主要"经营于淮、黄交汇之区,致力綦勤,糜帀尤巨"②。

相对清咸丰初期淮河干流下游江苏段河道走向发生重大改道,安徽省境淮河干流与淮北水系之关系错综复杂。黄河对淮河干流的影响主要体现于淮北地区入淮河流的变迁过程,颍河及以东涡、濉等淮北主要河流都曾规模及程度不等的,在不同时期成为黄流泛道,即"黄泛归淮"。以濉河水系为例,其下游河道的淤废,直接影响淮河以北原有各支流入淮干流的数量、分布和流量的形态构成。究其原因,清乾隆朝时"伏查宿、灵、虹等处,所以每年被水之由,缘豫省虞、夏、商、永四邑之水毕汇于宿州,所恃从宣泄者惟濉河一道"③。咸丰年间黄河北徙后,淮北支流与淮河干流横向空间联系因此发生变化,废黄河以南至淮河干流之间,皖北水利治理目的重心及功能亦随之相应调整,以"故黄河水系"为代表的淮北水利工程,成为地区兴修项目的重要组成部分。

黄河南泛夺淮与淮河中游土壤、植被和水利环境之间的变迁巨大。自宋以来黄河南泛主流漫溢于淮河以北各主要支流,淮北河道亦随之泥沙淤积严重,对淮河中游生态环境及水利的开发利用造成了严重影响。安徽省淮河以北地区,其自然地理区属"华北平原半旱生落叶阔叶林区","淮河以北及淮河南岸河漫滩地带的皖北平原亚区,地势坦荡辽阔,为华北平原的南部,海拔多在20—50米",平原北部深受黄河泛滥影响,自西北向东南微倾。土壤类型及植被"近代

① 《明史》卷八七《河渠志五》,中华书局1974年点校本。

② 《清史稿》卷一二八《河渠志三》,中华书局1977年点校本。

③ [清]高晋:《南巡盛典》卷四五《河防》,乾隆二十二年(1757年)八月初六日吏部右侍郎裘曰修等奏。

沉积物覆盖深厚，在排水不畅的低洼和微凹地区有盐碱土和砂礓土分布。农垦历史悠久，自然植被多已无存，现为人工栽培的侧柏、杨、柳、泡桐、刺槐、榆等"①。新中国治淮时期，洪水及汛期形成涝渍灾害使淮北平原许多支流口淤塞，上游沟洫基本淤平。"皖北地区北部多盐碱、南部多涝渍。盐碱地处于近代黄泛冲积层上，大部分为花碱土"，其宿州以南"砂礓黑土区有少部分碱化潮土及碱化青黑土，砂礓黑土是皖北地区的主要土壤之一，占50%以上。由于黄河夺淮，许多支流河道淤塞，经常泛滥改道，交互沉积，形成淮北平原上许多大小不一的碟形封闭洼地。每到汛期，洼地积水，群众多称为'湖地'"②。而近代以来淮河干流正阳关至五河河段河槽，"历经黄河夺淮和多次南泛，排泄能力因淤浅而锐减，大洪水时漫溢于南岸岗脚与河岸之间的湖洼和北岸淮北平原沿河洼地之间，水面宽达6—8公里"③。关于黄河南泛夺淮与水利环境变迁之间的关系，后文还将论及。

二、历代治河方略与淮河问题的产生

本部分主要分析元明清三朝治理黄河方略，以揭示其与淮河问题产生之间的关系。元代和清代及明代的大部分时间都是定都于今北京，因此当时政治中心在北方，而经济重心在南方，所以，京杭大运河的开建很有必要。元代先后开挖了济州河、会通河、通惠河，形成了北起北京，南至杭州，纵贯南北的京杭大运河。元朝开凿的京杭大运河，虽在元朝收效不甚显著，但对后世意义重大。明、清京杭大运河，均是在此基础上发展起来的，"元人始创为之，非有所因也。元人为之而未大成，用之而未得其大利。至国朝益修理而扩大之。前元所运，岁仅数十万，而今日极盛之数，则逾四百万石焉，盖十倍之矣。……若夫元之为此河，河成而不尽以通漕，盖天假元人之力以为我朝用"④。正是因为京杭大运河于政府意义重大，尤其是于明清两朝，政府为保漕运，在黄河治理上实行抑河南

① 《中国大百科全书·中国地理》，中国大百科全书出版社1993年版，第7页。

② 水利部淮河水利委员会：《淮河治理与开发志》第三章《皖北地区治理》，科学出版社2004年版，第356页。

③ 安徽省地方志编纂委员会：《安徽省志·水利志》，第二章《淮河干流治理》，方志出版社1999年版，第34页。

④ ［明］陈邦瞻：《元史纪事本末·运漕》，王树民点校本，中华书局1979年版。

行的方针，人为地加重黄河长期夺淮的局面，为淮河流域带来了深重灾难。

（一）元代治河与漕运

元代黄河决溢频仍，流路紊乱，形同金代，不同的是，黄河下游河段逐步南移、西移。元代治河方案是保北不保南，因为黄河北决会影响到会通河的正常运行，故南岸多留水口，听任黄河水在涡河、颍河及濉河等河流之间穿行。据《元史》记载，从元初至元时期到元末至正时期的90多年中，黄河决溢年份达40个以上。在元代中前期，黄河泛道在淮河流域主要有三条：一条是经故汴水泛道；另一条主要是经陈留、通许、杞县、太康等地注涡河入淮河；第三条是经中牟、尉氏、鄢陵、扶沟等地注颍河入淮河。可到元中期以后，涡、颍两河口相继淤塞。随泥沙淤塞河道，黄河决溢之水顺地势漫流南徙，事关国计民生。元统治者也征用贤能修治，可未能奏效。

元至正十一年（1351年），元政府任命贾鲁治河。贾鲁主持进行了两大工程，所修两条河道皆被后人称为"贾鲁河"。一条是流经砀山、萧县的贾鲁河运道。此河动用军民工11万人，前后"共八个月即舟楫通行"[①]。胡渭称贾鲁治河是"奏功神速，前古所未有"[②]。贾鲁开凿这条河的主要精神是堵塞北流，牵挽河道向东南。经贾鲁治理的河道，行经原武（今原阳西南）黑洋山、阳武（今原阳）、封丘荆隆口、中滦镇，至开封陈桥镇，又经仪封黄陵冈（今兰考东北、曹县西南交界处），又经曹县新集、商丘丁家道口、虞城马牧集、夏邑（今下邑）司家道口、韩家道口，经萧县赵家圈，出徐州小浮桥入运（即泗水）[③]。第二条"贾鲁河"开修于至正十六年（1356年），是自郑州引黄河经开封南朱仙镇南下，疏浚并沟通颍、蔡、许、汝等地的天然河道，既分流黄河水势，又兼通漕运。此河确产生了上述效果，但由于对黄河泥沙、水文、河流等缺乏科学全面的认识，无力根治河患，加之元末战乱，河政废弛，黄河河道依然变化无常，其夺泗、夺涡、夺颍河入淮的大势不变。从元末到明初，黄河下游河道在鲁西南至颍河一线以东的地区之间来回摆动。

元代的漕粮北运以运河和海运为两大主干，两者相比，又以海运为主。可当时海运风险较大，时有"人船俱溺者"。元统治者也意识到"漕船泛河则失少，

---

① ［清］顾祖禹：《读史方舆纪要·至正河防记》，中华书局1957年重印原刊本。

② ［清］胡渭：《禹贡锥指》卷一三，邹逸麟整理，上海古籍出版社1996年版。

③ 邹逸麟：《黄淮海平原历史地理》，安徽教育出版社1993年版，第109页。

泛海则损多"①。于是,元世祖于至元十九年(1282年)开挖了济州河。济州河开通后,虽然便利了漕运,但还是要绕一段海路,且济州河"水浅舟大,恒不能达",当时"江淮岁漕米百万石于京师",通过济州河漕运的仅"三十万石"②。元政府只得于至元二十六年和至元二十八年分别开挖会通河和通惠河,但由于水源不足,岸狭水浅,有的河段地势较高,又因管理不善等原因,以致会通河"每岁之运,不过数十万石,非若海运之多也。是故终元之世,海运不罢"③。而海运则"岁漕东南粟,由海道以给京师,始自至元二十年,至于天历、至顺,由四万石以上增而为三百万以上,其所以为国计者大矣"④。

直到明代迁都北京后,为转运江南漕粮,除建立了一套严密的漕运制度外,又通过浚挖会通河、罢海运等方式,使京杭大运河河运进入成熟时期,河运也更关乎明、清两朝国计。

(二)明代治河与护陵

明代治河方案经历了初期"分流"、中期白昂、刘大夏的"北堤南分"及明末潘季驯"束堤治河"等几个阶段。总体而言,明代治河仍以前代的"顺河势"为主,故黄河下游遗迹遍及淮北平原颍河以东的广大区域及鲁西南地区。

明代国都迁至北京后,联系北京和江南财富重地的京杭大运河成为国脉所系。正如彭云鹤先生所指:自明迁都北京,"直至鸦片战争前,明、清两朝中央政府对全国绝大部分地区的有效统治,则主要是通过京杭大运河为主体的水运网络之漕运而实现的"⑤。

明代前中期以"挽黄保运"为治河策略,分别采取"黄运分治""分流保运""引黄避运""借河行运"等措施。

明代为保运河畅通,惧怕黄河改道北去或向北决口,因为黄河改道北去,这样从徐州到清河一段的黄河与运河合而为一的河道将得不到黄河水的接济,从而造成漕运中断;黄河北决,将冲淤山东境内的会通河和昭阳湖运道。而黄河南行,在淮河以北广大地区多支分流,不仅不会冲击运道,反而其黄水还可资助运河,虽对淮河流域民生有害,但对保运有利。所以,明代前期治黄多采取北堵

---

① 《元史》卷六五《河渠志二》,中华书局1976年点校本。

② 《元史》卷一二《世祖纪九》,中华书局1976年点校本。

③ [清]傅泽洪:《行水金鉴》卷一〇二,商务印书馆《万有文库国学基本丛书》本。

④ 《元史》卷九七《食货志五》,中华书局1976年点校本。

⑤ 彭云鹤:《明清漕运史》,首都师范大学出版社1995年版,第93页。

南疏，抑河南行夺淮的方针。

以黄河夺颍为例，明代黄河入注颍河的明确历史记载首次发生于洪武八年（1375年），此后，洪武二十四年（1391年）至永乐九年（1411年）黄河主流夺颍达20年[①]。弘治二年（1489年）河决开封，十分之三的溃水再次南注颍河和涡河。为了保护运河，弘治三年白昂及继任的河官刘大夏治河时都曾疏浚颍、涡河道以分杀水势，这次入颍维持了六年多时间。

明初，黄河下游主流基本上自河南开封而东，经商丘、砀山至徐州，夺泗水，至清河注淮，东流入海。至洪武二十四年（1391年），“河水暴溢，决原武黑洋山，东经开封城北五里，又东南由陈州、项城、太和、颍州、颍上，东至寿州正阳镇，全入于淮，而贾鲁河故道遂淤”[②]。主流在颍河泛流20余年。永乐十四年（1416年），黄河在开封决口，泛及14州县，主流经亳县（今亳州谯城）、涡阳、蒙城至怀远，“由涡河入于淮”[③]，泛流30多年。

明孝宗时户部侍郎白昂治理黄河采取北堵南疏的方针，在北岸，自阳武，沿封丘、祥符、兰阳、仪封等县筑一道阳武长堤，以防黄河水北流，冲击张秋运道。在南岸，“引中牟决河出荥泽阳桥以达淮，浚宿州古汴河以入泗，又浚睢河自归德饮马池，经符离桥至宿迁以会漕河……使河流入汴，汴入睢，睢入泗，泗入淮，以达海”[④]。明孝宗为确保每年1万艘以上漕船通航，把400万石的粮食运到北京，进一步采取“挽黄保运”的方针，强使黄河向南，不使北去，认为黄河南流，“坏民田庐”算不了什么，要是北溃，一旦淤运，就关系“国计”。所以，明孝宗一再告戒臣僚：“朕念古之治河，只是除民之害，今日治河乃是恐防运道，致误国计，其所关系，盖非细故。”[⑤]刘大夏等治河大臣，照此行事，多次在北岸修堤，抑河南行。

刘大夏治河时，于弘治八年（1495年）堵塞了黄陵岗、荆隆口等处决口，并采取“北岸筑堤，南岸分流”，迫使黄河水南流入淮，防御黄河北窜[⑥]。刘大夏于黄河北岸建筑长达三百六十里的“太行堤”，西起胙城（今河南延津县境），经滑县、长垣、东明、曹县、单县，直抵徐州[⑦]；同时又筑荆隆等口新堤一百六十里，西

① 韩昭庆：《黄淮关系及其演变过程研究》，复旦大学出版社1999年版，第55页。
② 《明史》卷八三《河渠志一》，中华书局1974年点校本。
③ 《明史》卷八三《河渠志一》，中华书局1974年点校本。
④ 《明史》卷八三《河渠志一》，中华书局1974年点校本。
⑤ ［清］傅泽洪：《行水金鉴》卷二〇，商务印书馆《万有文库国学基本丛书》本。
⑥ ［清］谷应泰：《明史纪事本末》卷三四《河决之患》，中华书局1977年版。
⑦ ［清］谷应泰：《明史纪事本末》卷三四《河决之患》，中华书局1977年版。

起于家店，经铜瓦厢至小宋集，大小二堤相翼，迫使黄水南流入淮，防御黄河北窜。不到10年，弘治十八年（1505年）时，涡、颍两河即相继淤塞。嘉靖六年（1527年），河决曹、单，再度“冲入鸡鸣台，夺运河，沛地淤填七八里，粮艘不进”①。为保漕运，明王朝又相继修筑单、丰、沛三县长堤和孙家渡河堤，抑河南行。至嘉靖十三年，黄河在兰阳赵皮寨决口，“南向亳、泗、归、宿之流骤盛，东南向梁靖口之流渐微。梁济岔河口东出，谷亭之流遂绝。自济宁南至徐沛，数百里间，运河悉淤，闸面有没入泥底者，运道阻绝”②。

同时，黄河水向南泛流，泗州水患加剧，明祖陵受到威胁，明祖陵在淮河入洪泽湖口不远的古泗州城郊，皇陵位于临淮的凤阳。明朝统治者保陵、护陵的需要，使得黄河、运河、淮河间的关系愈加复杂。总河刘天和等竭力主张堵塞南流，开浚黄河向东的其他支流，引黄入贾鲁故道，经砀山、萧县至徐州以济运河，但屡浚屡淤。自此后，黄河在北自曹县、单县，南至徐州、砀山这个大区域内，或南或北，窜扰泛滥，负责治河的官吏六年六换，束手无策，宣告了单纯消极北堤南分的夺淮保运方策的失败。该措施不但使淮北主要河流淤浅，而且使本来深广的中下游淮河河槽淤浅，造成淮水下流不畅，易在中上游造成泛滥之灾。

隆庆以后，治河多是在黄河南北两岸筑堤，特别是潘季驯出任总理河道都御史以后，实行“束水攻沙”的治水方略，大筑黄河南北堤防，束水归槽。同时，大筑高家堰，以蓄淮水出清口刷黄。黄、淮、运关系开始有了新的变化，但明代保运的治水总方针始终未变。由于保运，黄河夺淮的局面没有根本改变。

万历六年（1578年）潘季驯第三次被起用为总理河漕兼提督军务，并准其享有“便宜行事，不加中制”的权利。他沿黄、淮、运各地调查研究，总结了前人治河的经验教训，提出了“筑堤障河，束水归槽；筑堰障淮，逼淮注黄。以清刷浊，沙随水去”③的治水主张。他认为“黄不旁决而冲槽力专”，“淮不旁决而会黄力专”，“使黄、淮力全，涓滴悉趋于海，则力强且专，下流之积沙自去，海不浚而辟，河不挑而深……”④因为“水分则势缓，势缓则沙停，沙停则河饱”，而“水合则势猛，势猛则沙刷，沙刷则河深”⑤。他把筑高家堰作为治淮、治河的首务。此即为“束水攻沙”“蓄清刷黄”之策略，并为清代所沿用。

“蓄清刷黄”即是自武家墩经大小涧至阜陵湖，修筑洪泽湖“高家堰”大堤

---

① 《明史》卷八三《河渠志一》，中华书局1974年点校本。
② ［明］刘天和：《问水集》，《四库全书》本。
③ 《明史》卷八四《河渠志二》，中华书局1974年点校本。
④ 《明史》卷八四《河渠志二》，中华书局1974年点校本。
⑤ ［明］潘季驯：《河防一览·河议辩惑》，《四库全书》本。

三十公里,以抬高洪泽湖中淮河水位,再借以冲刷黄河浑水,“于是筑高堰堤,起武家墩,经大小涧、阜陵湖、周桥、翟坝,长八十里,使淮不得东。又以淮水北岸有王简、张福二口泄入黄河,水力分,清口易淤浅,且黄水多由此倒灌入淮,乃筑堤捍之。使淮无所出,黄无所入,全淮毕趋清口,会大河入海”①。一时“两河归正,沙刷水深,海口大辟,田庐尽复,流移归业,禾黍颇登,国计无阻,而民生亦有赖矣”②。黄、淮安流了五六年多,收到了一定效果。潘季驯第一次把黄、淮、运联在一起,提出“通漕于河,则治河即以治漕;会河于淮,则治淮即以治河;合河、淮而同入于海,则治河、淮即以治海”③的思想。这与以前抑河南行夺淮消极的保运方策不同,把治河与治运,治河与治淮,治河、治淮与治海口,兴利与除害结合起来,统一规划,综合治理,对减少黄、淮水患,保护漕运起了很大的作用。

可是,潘季驯治河只限于下游一带,对于泥沙来源的中游地区未加治理,即没有标本兼治。源源不断的泥沙,只靠“束水攻沙”这一措施,不可能将泥沙全部输送入海,势必有一部分泥沙淤积在下游河道里。同时,黄强淮弱这一基本事实使得“蓄清刷黄”的措施很难长久维持下去,黄、淮、运交汇在清口一隅,若“淮强固可刷黄,而过盛则运堤莫保,淮弱末由济运,黄流又有倒灌之虞”④。黄水倒灌洪泽湖则致使清口淤塞。此措施最终不仅没冲刷走运河中的淤泥,反而淤高了洪泽湖底,加重了淮河中下游的灾害发生程度。清口淤塞则使淮河没有出路,必然四处决溢,中游凤、泗一带,频年被淹受灾。

淮河流域频繁发生的洪水灾害严重威胁着明代祖陵和皇陵的安全。为护陵、保运,杨一魁等提出了“分黄导淮”之策,“乃建武家墩经河闸,泄淮水由永济河达泾河,下射阳湖入海。又建高良涧及周桥减水石闸,以泄淮水,一由岔河入泾河,一由草子湖、宝应湖下子婴沟,俱下广洋湖入海。又挑高邮茆塘港,通邵伯湖,开金家湾,下芒稻河入江,以疏淮涨,而淮水以平”⑤。“分黄导淮”工程虽收到“泗陵水患平,而淮、扬安矣”的效果,但不能解决黄河、淮河的淤决问题,更甚者,它打乱了苏北水系,给淮河下游地区带来了洪水灾难。特别是高家堰地势高峻,三闸一开,洪水滔滔东下,滨海盐场尽被淹没,田庐漂荡,生灵溺毙。

---

① 《明史》卷八七《河渠志五》,中华书局 1974 年点校本。

② ［明］潘季驯:《河防一览·河工告成疏》,《四库全书》本。

③ ［清］傅泽洪:《行水金鉴》卷三二,商务印书馆,《万有文库国学基本丛书》本。

④ 《清史稿》卷一二八《河渠志三》,中华书局 1977 年点校本。

⑤ 《明史》卷八七《河渠志》五,中华书局 1974 年点校本。

（三）清代治河与保漕

清代仍沿用“蓄清刷黄”和“分黄导淮”之策，对淮河流域局势影响深远。清人治河坚守“束堤治河”的方针，基本上将黄河固定在潘季驯围堵的“废黄河”一线上，一旦发生决河事件，一般执行“旋塞”的方案，多是当年堵塞，鲜有跨年堵塞的，故“独流”是清代黄河迥异于明代的一大特点。

清代和明代一样，漕运“仰给江南”，每年从运河调运江南漕粮不少于四百万石，因此清代对黄河、淮河的治理，仍以保漕为先决条件，治河是为了保漕。清代前中期，黄河下游河道仍基本上维持明末的河线，为了保漕，不得不治黄，继续采用“蓄清刷黄”的方策。但由于黄强淮弱，“蓄清刷黄”仍无法改变黄河下游河床日益淤高的总趋势，淮水入黄的清口逐渐被淤塞。每当黄淮并涨之时，淮水泛滥，危害整个淮河中下游地区，在清代的漫长岁月里黄河对淮河的侵袭达到了最严重的地步。

清初，黄河侵淮严重，几乎无岁不决，灾害异常频繁。康熙皇帝执政以后，就“以三藩及河务、漕运为三件大事，夙夜廑念，曾书而悬之宫中柱上”①。当时“黄河南行，淮先受病，淮病而运也病”②，黄河不治，将直接影响漕运和淮河，故“治黄即所以治淮，而治淮莫先于治河”③。治河、导淮、保漕三位一体，进行综合治理。因此，在清代，治清口、筑高堰、浚海口等项巨大工程，既是治黄工程，又是治淮和治运工程。

康熙十六年（1677 年），安徽巡抚靳辅被任命为河道总督。靳辅就任河道总督后，首先接受幕客陈潢的建议，跋涉险阻，上下数百里，“遍阅黄淮形势及冲决要害”④，了解黄、淮决溢漫流及河道残破的情况。他为了寻求治理淮河、黄河的对策，注重现场调查研究，向有实践经验的人求教，甚至连“兵民以及工匠夫役人等，凡有一言可取，一事可行者……莫不虚心采择”⑤。通过调查研究，靳辅提出了“治河之道，必当审其全局，将河道运道为一体，彻头彻尾而合治之”⑥的治河方略。靳辅基本上继承了潘季驯“束水攻沙”的治河策略。因此，在靳辅十

① 《清圣祖实录》卷一五四，康熙三十一年二月，伪满洲国务院影印本，日本大藏株式会社出版。

② 《清史稿》卷一二七《河渠志二》，中华书局 1997 年点校本。

③ 《清史稿》卷一二八《河渠志三》，中华书局 1997 年点校本。

④ ［清］靳辅：《治河方略》卷九，《中国水利珍本丛书》第 2 辑。

⑤ ［清］靳辅：《靳文襄公奏疏》卷一，《四库全书》本。

⑥ ［清］靳辅：《靳文襄公奏疏》卷一，《四库全书》本。

多年的治水过程中，以浚淤、筑堤、塞决为主，其中主要治水工程有治理淮河入海河道、治理清口和修高家堰。

淮河本独流入海，且以前入海道河床深广。黄河长期夺淮后，至康熙时入海口已由原入海口云梯关东移一百多里，河床与海口都被淤浅。靳辅指出："自清江浦至海口，约长三百里，向日河面在清江浦石工之下，今则石工与地平矣，向日河身深三四丈不等，今则深者不过八九尺，浅者仅二三尺矣，黄河淤运河也淤，今淮安城堞，于河底矣。运河淤，清口与烂泥浅尽淤，今洪泽湖底渐成平陆矣。现在之河身既已垫高若此，而黄流裹沙之水，自西北万里而来，昼夜不息，一至徐邳宿桃等处，即便缓弱散漫，河沙无日不加积，河身无日不加高，不及早大为修治，则不待洪泽湖渐成陆地，将见南而运河，东而清江浦以下，淤沙日甚，必至三面壅遏而黄流无去路矣。则势必冲突内溃，河南山东两省恐俱有沦胥及溺之忧，彼时虽费千万金钱，也难克期补救。"①他认为治理黄、淮、运已刻不容缓，并提出了"因势利导，随时制宜"的主张。他采用"疏浚筑堤"并举的办法，挑挖了清江浦至海口的河道工程，在清口至高家堰的小河两旁，离水二十丈，各挑引河一道，泄淮水入海。经过靳辅的治理，使原随地散漫的河水"束于堤内，则一往奋迅，刷沙有力，然后海口停积之病去矣"②。靳辅治理淮河入海道，在当时具有一定的作用，但是新辟河道不可能摆脱黄河泥沙的淤积，没有根本解决淮水出路问题。

清口原为泗水入淮之口，黄河夺淮后演化为淮河经洪泽湖入黄河之口。明清两代都重视对清口的治理，主要是为了使淮水会黄刷沙，一举解决淮水出路和黄水淤积，并保漕运通畅。清初，由于"淮流东决，黄水倒灌之后，将此一带河身渐淤成陆，向之汪洋巨侵者，今只有宽十余丈，深五六尺至一二尺不等小河一道矣"③。为治理清口，靳辅指挥先在清口外修筑土坝切断黄水，然后分头开挖张福口、帅家庄、裴家场、烂泥浅四道引河，加上三汊引河，共五道引河，这是洪泽湖有引河之始。靳辅为解决黄水倒灌淤塞运口问题，决定改道运口，"移南运口于烂泥浅之上，自新庄闸(也称天妃闸)西南挑河一(新河)至太平坝，又自文华寺永济河头起挑河一，南经七里闸，转而西南，也接太平坝，俱达烂泥浅。引河内两渠并行，互为月河，以舒急流，而烂泥浅一河，分十分之二佐运，仍挟十分

① [清]靳辅：《河治方略》卷六，《中国水利珍本丛书》第2辑。

② 乾隆《淮安府志》卷六《河防》。

③ [清]靳辅：《靳文襄公奏疏》卷一，《四库全书》本。

之八射黄,黄不内灌,并难抵运口。是由重过淮,扬帆直上,如履坦途"①。为了改善运道,保证漕运畅通,靳辅又于康熙十七年(1678 年)大挑淮扬运河,增筑运堤,堵塞决口。康熙二十六年(1687 年),在黄河北岸开挖中河,使漕运避开黄河险程。自此,京杭运河上南来北往的船只,出清口只需渡过二十余里的黄河,便从仲家庄运口驶入中运河,"中河安流,舟楫甚便"②。

乾隆五十年(1785 年)连续两年大旱,清口淤滞,漕船浅搁。嘉庆年间,清口淤高,淮水不能刷黄,仅可入运,洪泽湖五坝逐渐冲坏,从此淮水入江的局面不可阻挡。为济运,只好疏浚清口,又于御黄坝口门及新挑河尾各设草闸,先引清水灌入,再移进漕船,闭河尾闸,后启御黄闸出舟,这就是道光年间实行的"灌塘济运"。由于黄河淤积问题最终未能解决,清口漕运已经是越来越困难了。

(四)洪泽湖的变迁

洪泽湖的变化及淮河中下游水系的紊乱既是导致淮河流域多洪涝灾害的重要原因之一,同时也是淮河流域生态环境恶化的主要表现之一。

洪泽湖是淮河中下游的枢纽,它承接中游淮河干流及其南北支流的来水,并将来水经淮河下游输送入海。洪泽湖是由人工筑堤拦洪蓄水而形成的,其前身是淮河流出低谷区后形成的宽阔的河谷洼地,其变化与湖堤的沿革有非常密切的关系,"水涨则增堤,堤高水又涨"③。洪泽湖的进一步扩大和最后形成,与黄河长期夺淮和明、清两代治水方针有着直接关系。明代前期,黄河夺淮日久,黄河挟带泥沙日益在淮河下游淤积,使淮水尾闾不畅,水位抬高,逐渐在洪泽湖一带聚集,湖面越来越宽阔。明后期,黄河由开封、徐州一线入泗水,在清口会黄,淮河受黄河顶托,水位急剧增高,洪泽湖高家堰一带的土堤只得逐渐增筑,以成为防止淮河洪水的屏障。嘉靖三十一年(1552 年)九月,河道都御史曾钧等提出"增筑高家堰长堤"④的方策。隆庆六年(1572 年),总督漕运王宗沐修筑了高家堰,防止淮河东侵,以保护淮安和运河的安全。

由于当时淮河入海水道的逐渐淤浅,淮水下泄越来越困难,湖内蓄水量增加,原来低矮的高家堰土堤,已不能阻挡洪水东侵,运堤溃决,影响漕运。潘季

---

① 《清史稿》卷一二七《河渠志二》,中华书局 1977 年点校本。

② 《清史稿》卷一二七《河渠志二》,中华书局 1977 年点校本。

③ 杨达源、王云飞:《近 2000 年淮河流域地理环境的变化与洪灾》,《湖泊科学》第 7 卷第 1 期。

④ 《明史》卷八三《河渠志一》,中华书局 1974 年点校本。

驯于万历六年(1578年)第三次出任总河时,乃定“蓄清刷黄”之策。在武家墩以南,越城以北,在原有高家堰基础上,筑了六十里长的土堤,抬高了洪泽湖水位,使其专出清口刷黄,合流入海。洪泽湖已不再仅是淮河的防洪屏障,而主要变为拦蓄淮水,与治黄济运联系起来。

清人治河专注独流,淮北平原基本上摆脱了自黄河南徙以来的黄河洪水恣意肆虐的困境,但是黄河善淤的本性没有得到缓解,且淤积的速度又超过前代,稍发大水,受束缚的洪水行洪不畅,即发生漫溢、决口的事件。所以,清代黄河灾害并没有结束,灾难只是发生了空间上的位移而已,尤其是淮河中游一线,这些地区受洪泽湖抬高水位的梗阻,沦为积涝之区。为让河水顺利通过黄河下游日益抬高的河道,对黄、淮交汇处的清口的治理成为关键,而清口之上,担当“蓄清刷黄”的洪泽湖成为重中之重。洪泽湖主要功能即是蓄水攻沙,其水位首先必须满足高于其下游黄淮合流的水位,但是,随着泥沙的淤积,下游河道是不断垫高的,而洪泽湖的水位因之不断提高。

清代黄淮下游入海水道淤浅更加严重,不仅淮水下泄不畅,黄水反而倒灌入洪泽湖。康熙十五年(1676年)时,清江浦外黄河石工已经淤没,黄河河身也由原来深6—13米淤浅到1—3米,“清口与烂泥浅尽淤”,“洪泽湖底渐成平陆”[①]。靳辅出任河督时,对洪泽湖性能作了进一步解释,明确了洪泽湖对淮河径流的调节作用,认为只有使湖水位保持高于黄河的优势,以防倒灌,才能实现“蓄清刷黄”和“蓄水济运”的目的。他除培修高家堰残破堤岸,堵塞高家堰各决口,接筑周桥以南至翟坝土堤二十五里外,还在高家堰大堤“创建周桥、高良涧、武家墩、唐埂、古沟东西减水坝,共六座”[②]。通过靳辅的系统整治,洪泽湖进一步扩大,已形成一座庞大的人工水库。

随着黄河淤积程度的增加扩大,高家堰大堤仍在继续增筑,直到乾隆十六年(1751年),整个大堤北至武家墩,南到蒋坝镇,长“一万七千五百丈”的临湖面都筑了石工墙。大堤上的滚水坝也由康熙三十九年(1700年)的3座增至5座,命名为仁、义、礼、智、信五坝。

徐士传先生根据大量历史文献资料,推算出不同历史时期洪泽湖堤顶海拔高程分别是:公元200年为9.15米,1415年为9.77米,1826年为17.20米[③]。可以看出自公元200年至1415年的1215年中,泽湖堤顶高仅增加0.57米;而自

① [清]靳辅:《靳文襄公奏疏》卷一,《四库全书》本。

② [清]傅泽洪:《行水金鉴》卷六五,商务印书馆《万有文库国学基本丛书》本。

③ 徐士传:《洪泽湖大堤高程变化史考》,《淮河志通讯》1986年第4期。

1415年至1826年的411年中，洪泽湖大堤高程却增加了7.43米。这是明清“蓄清刷黄”的结果，同时也说明洪泽湖水位的不断增高。洪泽湖年最高水位的变化是：792年为6.98米，1832年约为16.42米①，湖面水位增加了9.44米。淮河中下游河床比降小，湖面水位抬升如此之高，必定抬高了淮河干流的水位，影响两岸各支流的排水，进一步加剧了淮河中游两岸的内涝。

可见，由于黄河长期夺淮，黄、淮下游河床日益淤高，两河水流不畅，而运河又在此交汇，势必影响运道。元明清时期，特别是明清两代为解决这一突出矛盾，只有竭力扩大洪泽湖，大筑高家堰，以抬高洪泽湖水位，使淮水出清口，会黄水攻沙，借以冲刷河身，推涤海淤，使两河安流入海，短期内解决了淮河洪水出路问题，减轻了水害。但由于黄强淮弱，加以黄水泥沙量大，仅靠淮水冲刷，始终改变不了黄水倒灌淤垫总趋势。“蓄清刷黄”的政策曾起到一定的作用，但无疑要对洪泽湖周围和淮河中、下游地区造成灾难。“蓄清刷黄”并没有从根本上扭转河床的淤积趋势，黄河河床日益淤高，运口受阻，淮水不能外出，反而经常受到黄水倒灌。由于淮河中、下游许多支流河床因黄泛淤塞，排水不畅，每到夏秋即洪涝成灾。

咸丰元年（1851年），洪泽湖受阻于下游抬高的河势，湖水只得经原高家堰东南的三河口，再经高邮、宝应等地河湖，流至扬州入长江。三河坝冲毁后，终年不闭，遂成通口，形成淮河改道入江的新局面。至此，黄河夺淮不但使淮河流域背上沉重的灾害包袱，而且，淮河失去自身独流入海的路径，转由长江入海，河水下流不畅，淮河两岸极易发生涝灾，同时，流动滞缓的河水也不易排污。

上述可知，明清两代政府的核心利益是维护京杭运河漕运的安全。在此保运为重的指导思想下，加之明代的护陵需要，淮河成为保运、护陵的牺牲品，淮河中下游地区的社会生态遭到严重的破坏。为了蓄清刷黄济运，本来尾闾顺畅、独流入海的淮河被人为地截去整个下游，变成为中间低、两头高的河型，且借道长江入海。为维持运河航道的畅通，经常需要闭闸蓄水，这时淮河中上游及各支流来水无法宣泄，只得使整个中游成为滞洪区。在人为操纵下，黄河没有北决，“河之决必在河南，既决之后，不南浸全淮，即北冲齐鲁。冲全淮者，溃散于颍、亳、徐、宿，而患在田庐民业；冲齐鲁者，横激于曹、濮、单、郓，而患在运道堤防。然淮近而身大，决入淮者，患小而治速。漕远而身小，决入漕者，患大而治难”②。此可谓淮河中下游水患的根由。

---

① 徐士传：《洪泽湖的年最高水位》，《淮河志通讯》1986年第2期。

② ［清］朱铉：《河漕备考》（雍正三年抄本）卷三，《续修四库全书》本。

非但明清两代,自金元两朝以来,中国的政治中心逐渐固定在黄河以北的今北京地区,而王朝经济重心在江南地区。淮河流域已不再是政府的粮仓,而只是政府的运道必经地。换言之,在金元明清时期,淮河流域既不是政治要地,又非"膏脂"之区,在与其他地区的利益博弈中,当然被封建政府作为牺牲者。

三、淮河流域人地关系的演变

淮河流域是我国传统农业经济区,在历史时期曾扮演重要角色,可如今被喻为我国中东部地区经济发展的"谷地","三农"问题严重,人地关系紧张。淮河流域当前的人地关系是与历史时期环境变迁互为因果且不断积累的结果。根据其人地关系演进状态,本书主要分析其在元明清时期的演变。

(一)元代之前淮河流域人地关系简况

早在先秦时期,淮河流域人口稀少,农业生产方式呈低级形态,生产力不发达,对自然环境的影响有限,直到春秋时期,其农业开发的程度仍很低下,荒芜土地很多,原始生态环境良好,人地关系处于低级协调时期。

淮河流域的地理和气候条件很适宜原始农业的产生和发展。淮河流域新石器时代的先民主要居住在台地、丘岗等地势相对高且靠近水源的地区,农业生产范围有限。随着生产工具的改进,进入锄耕农业阶段后,农业得以向更广泛的地区发展。考古工作者在河南舞阳贾湖、郑州大河村、汝州李楼、江苏赣榆盐仓城、安徽五河壕城镇等处均发现新石器时代的稻作遗存,在河南许昌丁庄、山东滕县北辛、江苏邳县大墩子等处均发现新石器时代的粟作遗存。

夏、商、西周时期,淮河流域因地势低洼潮湿,水泽纵横,草莽丛生,经济开发程度还是有限的。春秋时期由于铁制农具和牛耕的使用,使淮河流域农业发展加快。战国时期,铁器使用进一步普及,牛耕进一步推广,淮北地区尤其如此,使农田的拓展更加迅速,荒地越来越少,农田的经营已转向精耕细作。战国时,流域农业开发进入了新的发展阶段,《战国策》载,魏国"庐田庑舍,曾无刍牧牛马之地",宋国则"无长木",可知当时的农业生产活动已对自然生态系统造成严重的干扰破坏。至战国中期,楚国控制淮河流域大部分地区,战国后期,淮河流域更成为楚国的政治重心,势必加速淮河流域的经济开发。楚国曾行"令贵人往徙广虚之地"①,以利开荒拓田。

秦汉魏晋南北朝时期淮河流域的经济有所发展,可淮南、淮北发展不平衡。汉代淮北地区人口激增,农垦大为发展,平原可耕地大多辟为农田,甚至一些陂、泽、湖、沼地也被开垦,人地关系相对协调。淮南地区人地关系仍处于低级协调时期。隋唐、北宋时期淮河流域成为国家重要经济区,人地关系呈基本协调状态。此时期发生的几次战乱,使大量人口迁移和死亡,表现为以人口子系统衰退为特征的人地关系失调,但未从根本上影响淮河流域的经济发展进程。

隋唐时期,虽有隋末农民战争和唐安史之乱的影响,可总体上看,淮河流域不失为国家重要经济区之一。唐玄宗时"天下以江淮为国命"②,说明淮河流域和东南地区已成为唐朝政治命脉和经济命脉。北宋都汴京(今河南开封),淮河流域地近王畿,且部分地区属王畿之区,政治和经济地位大为提高,经济繁荣,仍是国家重要经济区之一。宋政府实施募民耕植政策,垦田面积增加,荒地大为减少,使"治平以前,地多山林,人少耕植"的京西之地,"自熙宁中,四方之民,辐凑开垦,环数千里,并为良田"③,甚至有些卤碱之地也"悉垦为田"④。

金人南下侵宋之时,淮河流域社会经济惨遭破坏,"初,敌纵兵四掠,东及沂、密,西至曹、濮、兖、郓,南至陈、蔡、汝、颍,北至河朔,皆被其害。杀人如刈麻,臭闻数百里。淮泗之间,亦荡然矣"⑤。"自靖康丙午岁金狄乱华,六七年间,山东、京西、淮南等路,荆榛千里"⑥,淮南"民去本业,十室而九,其不耕之田,千里相望"⑦。战乱使淮河流域人地关系很不协调,人口急剧减少,田地大量荒芜,"陈、颍去京不及四百里,民居稀阔,农事半废,蔡、息之间,十去八九"⑧。宋金对峙几十年后,两淮地区仍然是"兵息既久,而疮痍尚存;丰年虽屡,而啼号或未免。……市井号为繁富者,才一二郡,大概如江浙一小小聚落尔"⑨。尽管宋、金统治者在自己的统治区也采取诸如放兵归农、招流民垦荒、兴修水利、屯田等措施,促进了两淮地区农业生产的恢复与发展,可总体发展水平不如北宋

① 《吕氏春秋·贵卒》。
② 《全唐文》卷七三杜牧《上宰相求杭州启》。
③ [清]徐松辑:《宋会要辑稿·食货》九之一三。
④ 《宋史》卷一八二《食货》下四。
⑤ [宋]李心传:《建炎以来系年要录》卷四。
⑥ [宋]庄绰:《鸡肋编》卷中。
⑦ [宋]汪藻:《浮溪集》卷二《论淮南屯田》。
⑧ 《金史》卷一〇八《把胡鲁传》。
⑨ [宋]仲并:《浮山集》卷四《蕲州任满陛对札子》。

时期。

(二)元明清时期淮河流域人地关系不协

自金朝始的几次战乱和黄河连续七百年的南泛夺淮入海,使淮河流域人口数量和耕地面积数量变化巨大,加之清朝人口激增、土地滥垦等因素,使这一时期人地关系成为严重失调时期。淮河流域经济社会从此相对渐而衰落。

蒙金战争和蒙宋战争时期,淮河流域再次成为激烈的战场,社会经济遭到巨大的破坏。蒙古军在最初的进攻中,“所过无不残灭,两河山东数千里,人民杀戮几尽,金帛子女牛羊马畜皆席卷而去,屋庐焚毁,城郭丘墟”①。不少地方“城无居民,野皆榛莽”,“荒城残堡,蔓草颓垣,狐独啸聚其间”②。蒙古军还掳掠大批居民作“驱口”,“徙遗民实北边”,“河南初破,俘虏者不可胜计”③,造成淮北地区人口大量散亡,土地荒芜。蒙古军“散处州郡间,营帐所在,大致驿骚,伐桑蹂稼,生意悴然”④。战争不仅破坏了仅有的部分农田,而且蒙古军将还不断“分拨牧马草地”,更使大量农田被废。直至元统治两淮三十年后,包括淮河流域在内的黄河以南,长江以北,汉水以东,“在前南北边徼,中间歇闲岁久,膏肥有余,虽有居民,耕种甚是稀少”⑤。

忽必烈即位后,改变以前变农田为牧场的做法,重视农业生产,采取减免租税等措施鼓励开发两淮荒地,利于淮河流域农业生产的恢复和发展,其发展水平超过金统治时期。元初采取招民垦荒、兴办屯田等措施,使两淮荒地大量得到开垦,“今汉沔淮颍上,率多创开荒地”⑥。随着荒地的大量开垦,淮河流域人民还开辟了很多沙田、架田、淤田、梯田、圩田,与沙争地,与水争地,与山争地,“江淮之间,地多泽薮,或濒水,不时淹没,妨于耕种。其有力之家,度视地形,筑土作堤,环而不断,内容顷亩千百,皆为家也。后值诸将屯戍,因令兵众分工起土,亦效此制”⑦。上述措施使耕地面积增加,许多“民疏土旷”之区,在元前期已是“丘陵原隰,垦辟殆尽”,“民生日集,丛榛灌莽,尽化膏腴”⑧。元代中叶,河

---

① [宋]李心传:《建炎以来朝野杂记》卷一九《鞑靼款塞》。
② [元]陆文圭:《墙东类稿》卷一二。
③ [元]苏天爵:《元文类》卷五七。
④ [元]王恽:《秋涧集》卷四八《史天泽家传》。
⑤ [元]王恽:《秋涧集》卷九一《开种两淮地土事状》。
⑥ [元]王祯:《农书》卷一一。
⑦ [元]王祯:《农书》卷二。
⑧ [元]苏天爵:《元文类》卷一七《知许州刘侯民爱铭》。

南行省"总计官民熟垦荒田一百一十八万七百六十九顷"①,位居十省之首。

元末明初的战乱,使淮河流域人口流散,土地荒芜,社会经济呈一派萧条景象。黄河以南之地,经元末丧乱,"十年之间,耕桑变为草莽"②,"长淮以北,鞠为茂草"③。明朝在龙兴之地置凤阳府,辖淮河流域大部,采取鼓励垦荒、减免赋役、移民屯田、兴修水利等政策倾斜和优惠措施,以促进淮河流域经济社会的恢复与发展。令"苏、松、嘉、湖、杭五郡"民众,"往临濠开种,就以所种田为己业,官给牛、种、舟、粮以资遣之,仍三年不征税。于是,徙者凡四千余户"④。后"复徙江南民十四万于凤阳"⑤,这些措施使明初淮河流域人口数量迅速增长、耕地面积大量增加。

进入明中叶以后,随土地兼并激烈、赋役负担沉重、统治日益腐朽,加之水灾频频,淮河流域经济社会发展迟滞,甚至陷入倒退境地,"远近失业,自弘治以后,流亡者过半……加以协济重役,征科蠹政,闾野萧条"⑥。明代中叶,淮河流域出现人口大量逃亡,耕地面积骤减现象。景泰三年(1452年),"河南、开封等府并南直隶凤阳府等处,今岁水涝,田禾无收,积年在彼逃民,俱各转徙,赴济宁、临清各处趁食,动以万计"⑦。洪武初年,凤阳府"编民十有四万也。自时厥后,旧志尚有丁口四万七千八百五十余口,万历六年(1578年),则仅存一万三千八百九十四口"⑧。明前期凤阳府拥有41万顷荒地被开垦,至弘治十五年(1502年),该府耕地面积仅有61263顷⑨。以致"凤、淮土广人稀,加以水灾,民半逃亡"⑩。

明末清初的战乱再次使淮河流域人口锐减、土地抛荒、城乡残破。如颍上县"自崇祯九年后,寇兵屠劫、疫死、逋外户口十七八九,村舍丘墟,里甲残破。有一乡竟缺一二里,一里仅存二三人者。荒去其七,熟仅存三。至人丁则十止一二,虽虚存十九里之名,却无七八里之实"⑪。商城县"明末寇、蝗为灾,瘟疫

① 《元史》卷九三《食货志一》。
② [明]王圻:《续文献通考》卷二《田赋》。
③ 光绪《凤阳府志》卷五《帝语篇七》。
④ 《明实录·太祖实录》卷五三"洪武三年六月辛巳"条。
⑤ 《明史》卷七七《食货一·户口》。
⑥ 嘉靖《光山县志》卷一《风土志·风俗》。
⑦ 《明实录·英宗实录》卷二二四"景泰三年十二月壬辰"条。
⑧ 天启《凤阳新书》卷四《赋役篇第二》。
⑨ 万历《明会典》卷一七《户部田·田土》。
⑩ 《明实录·神宗实录》卷五八"万历五年正月乙酉"条。
⑪ 顺治《颍上县志》卷二《建置志·乡图》。

频加,有一里而无一户者,有一户而无一丁者,不胜凋残之甚”,原有59663名人丁,至清初竟有51784名人丁逃亡[①]。亳州在明朝时曾有耕地7299多顷,至清朝顺治时有5306顷成为无主荒地,土地抛荒竟达百分之七十以上[②]。

清统治者为巩固其统治,制订了减免赋役等鼓励发展农业生产的措施,颁布了较为具体详细的垦荒法令,淮河流域大面积荒地得到垦殖。顺治十四年“庐、凤等府开垦荒田三千余顷”[③]。顺治十一年至顺治十八年,阜阳县开垦荒地达800余顷。康熙年间更加大了垦田力度,自康熙元年至雍正十一年的70年中,阜阳县先后开垦荒田6906顷[④]。随社会渐趋稳定和耕地面积增加,淮河流域人口也急剧增长。沈丘县自清初“数十年来,承平日久,户口繁多,教化日新”,出现了“村庄棋布,户口百倍于前”的现象[⑤]。六安州从顺治十四年至康熙五十年(1657—1711)“历次共增人丁七千七百一十三丁”[⑥]。济宁州“顺治元年共册报一万七千五百九十丁,十年至十四年,新增三千三百,共二万八百九十。康熙元年至八年新增二千四十三丁”[⑦]。部分地区出现“人稠地满”的现象[⑧]。大别山区和江淮丘陵地区在历史时期林木葱郁,至乾隆时也是“人烟辐辏,崇山悉开”。乾隆五十一年光山县“农民力作地半腴硗,南境多山田,缘岩被陇斜畛侧町,几乎无土不辟。北路平畴广衍,亦无隙地之旷”[⑨]。

到乾隆朝,土地的开垦已基本达到饱和状态。甚至在黄泛区、湖泊低洼地,人们开垦出了“水去则耕,水来则渔的沙地、湾地和湖田”[⑩]。由于人口的激增,土地开垦过剩,影响了生态平衡,有些地方水土流失严重,从而加剧了水患的发生。根据曹树基先生推算,明洪武二十六年(1393年)徐州府的人口约为21.3万,到乾隆四十一年(1776年)已达295.4万[⑪]。而耕地的增长大大落后于人口的增长,再加上土地兼并日益剧烈,地少人多,无田可耕的矛盾越来越尖锐,在乾隆中叶“水陆可耕之地,俱经垦辟无余”[⑫]。在这种情况下,人们开始毁林开

---

① 康熙《商城县志》卷四《食货志·户口》。
② 顺治《亳州志》卷一《田赋考》。
③ 《清世祖实录》卷一一三“顺治十四年十一月丁巳”条。
④ 道光《阜阳县志》卷四《食货志·田赋》。
⑤ 乾隆《沈丘县志》卷首。
⑥ 乾隆《六安州志》卷五《户口》。
⑦ 道光《济宁直隶州志》卷三之一《食货志·户口》。
⑧ 乾隆《寿州志》卷四《水利》。
⑨ 乾隆《光山县志·风俗》。
⑩ 光绪《泗虹合志》卷一《舆地志·山川》。
⑪ 曹树基:《中国人口史·清时期》,复旦大学出版社2001年版,第87页。
⑫ 《清高宗圣训》卷八〇《爱民十一》。

田,围湖造田,致使河湖面积日益缩小,夏秋大汛,水无所受,漫溢奔流,造成重大灾难。

(三)影响淮河流域人地关系的主要因素

以下几种因素对淮河流域人地关系影响甚大:首先是黄河泛淮。12世纪前,即常有黄河东南决入淮河的事件发生,但决口处能及时得到堵塞,所以未对淮河流域造成太大的影响。自12至19世纪,黄河多流行今河道以南,与淮河一道汇流入海,是为黄河长期夺淮时期,也是对淮北人地关系影响最大的时期。北宋熙宁十年(1077年),黄河决口夺淮,"坏官亭、民舍数万,田三十万顷"①。元泰定帝时亳州"泰定三年十二月河溢,漂民舍八百余间,坏田二千三百顷"②。康熙六年(1667年)黄河在萧县石将军庙等处决口,旋即"又决桃源黄家嘴,已塞复决,沿河州县悉受水患,清河冲没尤甚,三汊河以下水不没骭。黄河下游即阻,水势尽注洪泽湖,高邮水高几二丈,城门堵塞,乡民溺毙数万"③。黄河水的南泛,使淮北大面积农田被毁,人口溺毙或流亡,严重影响到原有人地关系的相对稳定。汉唐时期淮河流域湖沼星罗棋布(先秦时期更是如此),随12世纪黄河南泛开始,淮河流域的湖沼布局发生重大变化,对淮河流域生态环境影响很大。

其次是战乱。淮河流域地处我国东部之中,具有重要的战略地理特征。在统一王朝时,淮河流域是西北和北方政治中心与东南财富重地交通的必经之地;在南北政权割据时,淮河流域成为双方争夺的要地,是攻略和防御的战区,"当取天下之日,河南在所必争;及天下既定,而守在河南"④。重要的战略位置是淮河流域战乱多发的主要原因之一。淮河流域的战乱既有统治集团之间的战争,又有北方少数民族的进攻,同时还有农民起义。冀朝鼎先生指出:"淮河流域的地理位置,就命定它成了南北之间的要道和军屯与内战的中心。在这种环境中,大型的灌溉设施容易遭到破坏,而且发展永久性的建筑工程也是不可能的。由于淮河流域成了战神祭坛之地,因而,只要人们的努力无法改变它这

---

① [宋]李焘:《续资治通鉴长编》卷二八三。
② 光绪《亳州志》卷一九《杂志类·祥异》。
③ 《清史稿》卷一二六《河渠志一·黄河》。
④ [清]顾祖禹:《读史方舆纪要》卷四六《河南》一。

种并没有什么值得羡慕的地位时，它也就失去了成为基本经济区的希望。”①

战争无论是正义的还是非正义的，客观上都带来巨大的破坏，包括生灵涂炭、城镇毁灭、田园荒芜、生态环境恶化等。如东汉初平四年（193 年），曹操率军攻打徐州军阀陶谦，回师途中，大开杀戒，“凡杀男女数十万，鸡犬无余，泗水为之不流”②。“安史之乱”过后，“东至郑、汴，达于徐方，北自覃怀，经于相土，人烟断绝，千里萧条”③。后晋开运三年（946 年），辽军进逼开封，晋将在城内“纵兵大掠，贫民乘之，亦争入富室，杀人取其货，二日方止，都城为之一空”④。辽军占领开封后，“纵胡骑四出，以牧马为名，分番剽掠，谓之‘打草谷’。丁壮毙于锋刃，老弱委于沟壑，自东、西两畿及郑、滑、曹、濮，数百里间，财畜殆尽”⑤。金天兴元年（1232 年）三月，蒙古兵进攻开封，“连续十六昼夜，内外死者，以百万计”⑥。

农民起义和农民战争虽然推动了社会的进步，但客观上也带来很大的破坏。隋末农民战争后，“自伊洛以东，暨乎海岱，灌莽巨泽，苍茫千里，人烟断绝，鸡犬不闻，道路萧条，进退艰阻”⑦。黄巢军和唐军在陈（今河南淮阳）作战 300 多日，“于是自唐、邓、许、汝、孟、洛、郑、汴、曹、濮、徐、兖数十州，毕罹其毒”，“关东仍岁无耕稼，人饿倚墙壁间，贼俘人而食，日杀数千”⑧。

战乱不但使大量土地荒芜，而且致使人口数量急剧变化，或被杀戮，或被役使，同时战乱促发了移民，包括战争中的外徙和战后的迁入，这一切都使得人地关系急剧变化。

再次是单一的农业生产结构。自汉朝始，特别是唐、北宋、明、清的大部分时间段里，淮河流域多出现人稠地狭的情况。在正常年代，人口增长与密集化是历史事实，而淮河流域土地资源存量又相对有限，尤其是淮北平原地区更是如此。这时缓解人地紧张关系的可行道路应该是单一粮食种植方式的改变和生产效益的提高，而其中最重要的是土地利用结构的科学化、合理化与多样化。长期以来，淮河流域形成我国传统农业区，虽有种植桑麻和中药材现象，可主要

---

① 冀朝鼎：《中国历史上的基本经济区与水利事业的发展》第六章，中国社会科学出版社 1981 年版。

② 《后汉书》卷七三《陶谦传》。

③ 《旧唐书》卷一二〇《郭子仪传》。

④ 《资治通鉴》卷二八五《后晋纪六》。

⑤ 《资治通鉴》卷二八六《后汉纪一》。

⑥ ［明］冯琦：《宋史纪事本末》卷九〇《蒙古取汴》。

⑦ 《旧唐书》卷七一《魏徵传》。

⑧ 《旧唐书》卷二〇〇下《黄巢传》。

是种植粮食作物,生产方式较为单一,土地利用率不高,人地关系常处于紧张状态。土地资源存量不足,迫使人们向植被茂密的丘陵和山地及平原地区的河湖滩地进军,进而导致生态环境恶化,自然灾害频发,更加剧了人地关系的不协调。

同时,在战乱和自然灾害时期,淮河流域劳动力不足,人们往往实行粗放的耕作方式,黄河南泛时更是如此,如乾隆《郯城县志》载:“自明季以来,三经残破杀伤,复经饥荒、地震灾害,其所存一二孑遗,视明末仅存四分之一,盖丁少而地荒矣。又或硗确斥卤之地,所收甚薄,加以杂派、徭役、蝗蝻、水旱,有弃地而远徙异域者。”又如光绪《菏泽县志·风俗》载:“曹土浮薄,民间务农不勤,粪力视江浙仅六分之一,视济兖仅三分之一。”这种粗放的农业经营方式不利于地力的恢复和养护,影响土壤结构的改善。土地的贫瘠迫使人们在更大范围内采取广种薄收式的耕种,最终陷入越穷越垦、越垦越穷的恶性循环,人地关系处于不和谐状态。

历史时期黄河长达几个世纪的夺淮和人类的农业活动是淮河流域人地系统的主要驱动力。从明清到近代,由于自然环境的改变,加之单一的农业景观格局,使该区生态系统的脆弱性增强,农业生产条件恶化,经济社会的渐而衰落是必然结果。

四、清代河务问题与淮河水灾治理的成效

(一)清代河务问题的产生及对河务的管理

有清一代,黄河频繁决溢,决溢后的黄河水多借道淮河水系入海,这不但造成淮河水系的极度紊乱,破坏了淮河流域原有的生态环境,也使淮河中下游淮北地区人民的生命、财产遭到重大的损失。为了维系清政府的统治,清朝政府也不得不认真考虑黄河、淮河水灾的治理问题,清代的河务问题由此产生。

实质上,所谓的河务问题反映出的是清代河务管理(主要是黄河、淮河、运河)与河务管理成效之间的突出矛盾。一方面是清朝政府对河务管理非常重视,且投入巨大,如康熙皇帝临政后,鉴于黄河水灾频发,下定决心治理黄河,几

年之后还不断敦告臣下:“朕听证后,以三藩及河务、漕运为三大事,书宫中柱上。”[①]同时在黄河治理中,康熙皇帝还乘六次南巡之机,亲临实地视察河工,与河臣探讨治河方案。乾隆皇帝也经常告诫臣下:“河工关系民命,未深知而谬定之,庸碌者惟遵旨而谬行之,其害何可胜言哉。”[②]嘉庆、道光也凡是有关河务诸如堤防岁修、防汛抢险、兴修新工、堵修决口、河道疏浚、河官奖惩等,均亲自过问,关注备至[③]。在河工投入方面,河工经费往往也占清朝财政收入相当大的比重。据陈桦先生研究,仅道光年间,有数据可查的河工用费就高达 4200.73 万两[④]。而据魏源在《圣武记》中的记述,当时清政府的常例支出大体维持在每年 3,200 万两白银的水平上[⑤]。另一方面是河务管理中河政的腐败问题严重,治理不但没有达到预期的效果,问题反而越来越严重,主要表现为乾隆以后,黄河决堤的次数越来越多,如从嘉庆元年(1796 年)到宣统三年(1911 年)115 年间黄河决溢 91 次;从道光二十年(1840 年)到宣统三年的 70 年间,决溢 65 次,几乎一年一次;光绪朝 33 年间决溢 43 次,超过一年一次[⑥]。由此造成黄河的形势日益恶化,并对淮河中下游淮北地区生态环境产生恶劣的影响。

清代的河务管理主要是通过河道总督来完成的。河道总督是管理河务的最高长官,亦称“总河”。从河道总督的延续上看,顺治元年(1644 年),“署总河,驻济宁”,这就是清代最早的河官。至雍正八年(1730 年),在全国共计设立北河、南河、东河三河道总督,其中海河水系由北河总督管理,江苏、安徽两省的黄河、淮河和运河由南河总督管理,河南、山东两省的黄河和运河由东河总督管理。雍正九年,给三河道总督配以副职,即北河副总河、东河副总河、南河副总河,清代的河务系统由此基本形成。乾隆朝以后,随着时间的推移,河道总督和副总河的职位屡有兴废。乾隆二年(1737 年),废副总河。乾隆十四年(1749 年),废直隶河道总督。咸丰八年(1858 年),废南河河道总督及其机构。光绪二十四年(1898 年),废东河河道总督,不久又置,后最终在光绪二十八年(1902 年)连同机构一起废止。清代最后十年,“河务无专官”[⑦]。

---

① 《清史稿》卷二七九,中华书局 1977 年版,第 10122 页。

② [清]张廷玉:《清朝文献通考》卷三九,浙江古籍出版社 2000 年版,第 5222 页。

③ 朱凤祥:《中国灾害通史·清代卷》,郑州大学出版社 2009 年版,第 64 页。

④ 同上。

⑤ 清政府的财政支出由两部分组成:常例支出与例外支出。常例支出是指有固定项目、固定数额,可以预先计划的财政支出,类似于今天财政学所讲的“预算支出”。见陈桦《清代的河工与财政》,《清史研究》2005 年第 8 期,第 34 页。

⑥ 朱凤祥:《中国灾害通史·清代卷》,郑州大学出版社 2009 年版,第 60 页。

⑦ 《清史稿》卷一一六,中华书局 1977 年版,第 3341 页。

清代河道总督作为治理河务的最高行政长官,具体的职能为“统摄河道漕渠之政令,以平水土通朝贡漕天下利运率,以重臣主之,权尊而责亦重”①。其职责范围除了负责各种治河事物,诸如疏通河道、抗洪防灾、筑堤修坝等,同时亦在地方的综合治理方面发挥重要的作用。河道总督直接受命于朝廷,被赋予强大的职权,如掌管由朝廷调拨的治河专项经费,安排处置一般性的河务工程,审理河工案件,考核、举荐、参纠甚至直接任免所属官员等。河道总督管辖之下设有专门的河道总督衙门,以此作为河道总督的临时办事机构。河道总督衙门下设11个专负其责的管理河道的机构,称为“管河道”,简称为“河道”。河道下属机构为厅,厅下设有汛。道、厅、汛构成为总督以下文职、武职两大系统。文职下属的厅与地方的府州同级,属官为同知、通判等;汛为县级,属官为县丞、主簿等。武职则有河标副将、参将等统率厅、汛,厅设守备等职,汛设千总等职。各厅、汛均有大量夫役。全国11河道一共下设35厅、108汛。厅、汛均有各自的河务、防汛区域②。

总之,以河道总督为首的河务管理机构,加上清代岁修制、抢修制等的制定和实施,以及约束各级河官法令法规的出台等,一起构建了清代江河尤其是黄河、淮河等河务管理总的管理体系,并成为以后清代整个国家政府体系运作的一个有机组成部分。而这一管理体系运作是否有成效,对清代的河政以及黄河、淮河水灾治理的影响十分巨大。

(二)清代河务中的各种弊端

清代嘉庆、道光朝以后,王朝中落,腐败现象十分严重,构成清代整个官僚体系中一环的河务管理体系也是如此,可以说已经形成了一种去除不掉的通病,即“河务习气”,史称:“自乾隆季年,河官习为奢侈,帑多中饱,浸至无岁不决。又以漕运牵掣,当其事者无不蹶败。”③以至于清代河政中的各种弊端丛生。河务管理体系的各种弊端反过来又导致黄河、淮河水灾治理中的各种问题产生。这些弊端突出地表现在以下几个方面:

第一,河官们的生活奢靡之极

清嘉道以后,政府财政收入将近三分之一用于河工,几乎是“竭天下之财赋

① [清]康基田:《河渠纪闻》卷一三,台北文海出版社1970年版,第423页。

② 张德泽:《清代国家机关考略》,中国人民大学出版社1981年版,第234页。

③ 汪胡桢、吴慰祖:《清代河臣传》卷三,中国水利工程学会1937年版,第147页。

以事河"[1]。但如此巨大的河工开支,不但没能减少河患,河患次数反倒越来越多,原因就在于大量的河防经费并没有真正用于河防工程,而是被河官挥霍、浪费掉了。晚清薛福成曾对这种现象有所揭露:"竭生民之膏血以供贪官污吏之骄奢淫僭。"[2]这种情况在时人的笔下多有记述。黄鸿寿编《清史记事本末》卷四五"咸丰时政"中记载:"南河岁费五六百万金,然实用工程者,什不及一,余悉以供官吏之挥霍。"[3]金安清的《水窗春呓》在记述河官的生活时说:"各河员起居服食与广东之洋商、两淮之盐商等。凡春闱榜下之庶常及各省罢官之游士,皆以河工为金穴,视其势力显晦为得贶之多寡。"[4]鲁一同的《通甫类稿》卷二中也说:"一饭之费,八口数月之食也;一衣之费,中人一家之产也。"[5]薛福成的《庸盦笔记》卷三还详细记述了河官宴客时的讲究和排场。据其说,河官宴客"往往酒阑人倦,各自引去,从未有终席者"[6]。一次宴席,有道"豚脯",大家觉得味道精美,无不叹赏。席间,一客起身如厕,"忽见数十死豚枕藉于地,问其故,则向所食之豚脯一碗,即此数十豚之背肉也。其法闭豚于室,每人手执竹竿追而挟之,豚叫号奔绕,以至于死,亟割取其背肉一片,萃数十豚,仅供一席一宴。盖豚被挟将死,其全体菁华,萃于背脊,割而烹之,甘脆无比,而其余肉,则皆腥臭失味,不堪复食,尽委之沟渠矣"。客闻之叹息,宰夫熟视而笑说:何处来此穷措大,眼光如豆。我到才数月,手挟数千豚……鹅掌的做法是,"笼铁于地,而炽炭于下,驱鹅践之,环奔数周而死,其菁华萃于两掌,而全鹅可弃也,每一席所需不下数十百鹅。有驼峰者,选健壮骆驼,缚之于柱,以沸汤灌其背,立死,其菁华萃于一峰,而全驼可弃。每一席所需不下三四驼"[7]。诸如此类,其他如猴脑、鱼羹等菜的做法、吃法也是既残忍,又奢侈,一席花费无数,仅仅"席间之柳木牙签……亦开报至数百千"[8]。

河官的奢侈生活还体现在穿戴、娱乐方面。金安清的《水窗春呓》中尚有如下的记述:河厅之官皆披皮裘,这些河厅官员身上之皮裘"率不求于市,皆于夏秋间各辇数万金出关购全狐皮归,毛片颜色皆均净无瑕,虽京师大皮货店无其

---

① [清]魏源:《魏源集》(上),中华书局1976年版,第365页。
② [清]薛福成:《庸盦笔记》卷三,江苏人民出版社1983年版,第5页。
③ 黄鸿寿:《清史纪事本末》卷四五"咸丰时政",北京图书馆出版社2003年版,第309页。
④ [清]金安清:《水窗春呓》卷下,中华书局1984年版,第34页。
⑤ 王振忠:《河政与清代社会》,《湖北大学学报》1994年第2期。
⑥ [清]薛福成:《庸盦笔记》卷三,江苏人民出版社1983年版,第71页。
⑦ 同上。
⑧ [清]金安清:《水窗春呓》卷下,中华书局1984年版,第41页。

完美也"。衣服则是在苏杭绸缎商那里定做的,"每年必自定花样颜色,使机坊另织,一样五件,盖大衿、短衿、一果园、外褂、马褂也"。佩带之品离不开金玉珠宝,"珠翠金玉则更不可胜计,朝珠、带板、攀指动辄千金"①。此外,他们还整天沉浸在歌舞升平之中,各河首厅均包养戏班,"自元旦至除夕,无日不演剧,自黎明至夜分,虽观剧无人,而演者自若"②。这真可以说就是当时河官们生活的写照,读来简直令人瞠目结舌。

第二,河官们大肆侵吞河防经费

奢侈靡费的生活必然与腐败、贪污联系在一起。腐败、贪污是封建社会的痼疾。清嘉庆、道光后,各级官员贪污严重,屡禁不止。腐败、贪污的手段多样,如有的直接贪污治河经费,有的向上虚报、多请公款,有的偷工减料、层层克扣等。这种现象即使在政治较为清明的康熙时期也不例外。

康熙二十三年(1684 年),康熙皇帝南巡时视察了南河总督辖区的高家堰,当时他就说:"朕前番差人出来看工,俱是瞎看,是看银子罢了。"③时任两江总督的周馥对此的解释是"星使勘工,多有受贿赂、变是非者,鲜获实济"④。作为管理并直接支配百万、乃至千万治河经费的河官,在长期缺乏有效监督体制的环境中,他们的腐败、贪污之种种劣行,已让人们不堪听闻。

赵世显任 14 年的总河,据当时的云南布政使李卫奏称其任总河期间,贪财纳贿,卖官鬻爵,从不考虑国计民生,"而其所恃者,结纳廷臣,年送规例。故穷奢极欲,毫无忌惮"⑤。赵世显所用之人,多为其门客帮闲、光棍蠹吏,"甚至道厅与堂官崔三结为兄弟,微员认为假子。是以卖官惟论经管钱粮之多寡,以定价之高低,且题补多系赊账,止取印领一纸。补缺后,勾通开销照领全楚,则为干员。再有美缺,复又题升。凡有才能而顾品行者,概不援引"⑥。这还是在清朝初年。

雍正时河政积弊日益严重,他决心惩治贪污、整饬河政,为此钦点了齐苏勒这样尽心尽职的大臣为河督。据齐苏勒于雍正四年(1726 年)三月向雍正帝奏称,从前河员领去帑银,而物料工程,大多无实据,等到被人揭发出来,亏空已达数十万两,"臣细察其由,无非指称办料名色,将领去帑银,营私肥己,兼以请银

---

① [清]金安清:《水窗春呓》卷下,中华书局 1984 年版,第 41—42 页。
② [清]薛福成:《庸盦笔记》,江苏人民出版社 1983 年版,第 72 页。
③ 同上。
④ [清]周馥:《治水述要》卷四,1922 年秋浦周氏校刻本,第 72 页。
⑤ 同上。
⑥ 黎世序等:《续行水金鉴》第 1 册,商务印书馆 1936 年版,第 128 页。

时,转详之道员,批发之总河,各扣十分之一二。致领银入手,已耗十分之五六,欲其办料足数,修工有据,不可得矣”[①]。经过齐苏勒、嵇曾筠等人对河政积弊的整治,雍正时期的河政积弊受到一定程度的抑制。

乾隆时河政积弊进一步发展。乾隆曾非常形象地把冒领国家治河经费的河员比作给人看病必要开方赚钱的黑心医生。乾隆十七年(1752 年)八月的一则给军机大臣的上谕说:“从来河员,乐于工作,可图领帑开销。不讲则已,讲则非浚即筑,必有当兴之工。有如医者,有疾无疾,诊必有方……河工似此无益之费,不知凡几。”[②]河臣富勒赫的奏折中也记述了在堵筑口门,兴举大工,以及物料价值并办工杂费方面的较多陋习,有薪水饭食之需,有棚厂灯烛之费,有暗中折扣虚出之弊等,“种种消耗,总入于工料之中。事竣后按照所费,虚捏造册,以符漕规”[③]。时河工同知董廷柱家私巨富,将河工钱粮冒销至数十万之多。乾隆谕旨:“可一面纠参,一面搜察其宦资,必使其囊橐一空,庶几警戒不法。”[④]

嘉庆、道光时河政积弊已经积习相沿,牢不可破。嘉庆十七年(1812 年)九月的上谕称:“南河文武官员,欺诈成风,冀图兴工糜帑,藉以渔利饱囊。积习相沿,牢不可破。试思河工设立官弁兵夫,岁给俸饷,原责其实力防守,俾河工安全无事。乃伊等视俸饷为故常,转冀大工屡兴,不但可以侵肥获利,并藉为升迁捷径。甚至援引亲友,滥邀官职,种种恶习,不可枚举。”[⑤]道光六年(1826 年)十一月的上谕称:“河工需费,为度支之大端。近年例拨岁修抢修银两外,复有另案工程名目,自道光元年以来,每年约需银五六百万两。昨南河请拨修堤建坝等项工需一百二十九万,又系另案外所添之另案。而前此高堰石工,以及黄河挑工,耗费又不下一千余万之多。”[⑥]

晚清河政积弊已属司空见惯。据欧阳昱《见闻琐录》记载:“自来国家发河工银,河督去十之二,河道、河厅、师爷、书办、青役,以次亦各去十之二。银百两,经层层侵剥,仅有二十余两,为买料给工费。加之,罚轻赏重。决口时,河员俱革职,令效力赎罪,极之充发而止。及合龙后,又皆开复赦归。善夤缘者,甚

---

① 黎世序等:《续行水金鉴》第 1 册,商务印书馆 1936 年版,第 154—155 页。

② 黎世序等:《续行水金鉴》第 2 册,商务印书馆 1936 年版,第 286 页。

③ 引自金诗灿:《清代中期的河工弊政及其治理》,《华北水利水电学院学报》(社科版)2012 年第 5 期。

④ 引自曹松林:《雍正朝河政述论》,《江南大学学报(人文社科版)》2007 年第 1 期。

⑤ 黎世序等:《续行水金鉴》第 13 册,商务印书馆 1936 年版,第 1372 页。

⑥ 中国水利水电科学院水利史研究室编校:《再续行水金鉴 · 黄河卷》,湖北人民出版社 2004 年版,第 438—439 页。

反得保举进职。故选官得河员者，莫不贺曰：'此发财升官之要途也。'"①当时甚至流传着这样一首民谣："黄河决口，黄金万斗。"河官们为了侵吞河款，中饱私囊，希望黄河决口，"以有险工有另案为己幸"，"久不溃决，则河员与书办及丁役，必从水急处私穿一小洞，不出一月，必决矣，决则彼辈私欢，谓从此侵吞有路矣"②。同治七年（1868 年），黄决荥泽，时决口三十余丈不过，由于"查料及买土者，通用作弊，上下交欺"，"钱粮料物不凑手，以至水淹严重，形势大变"，一个月以后，决口宽达二百余丈③。

由于侵吞公费现象严重，清廉的官员必然遭受排挤、打击。同治、光绪年间，清廉正直的苏廷魁任河道总督。期间，黄河在河南境内决口，他与河南巡抚一起奏请 100 万两银子堵塞。堵决中，他亲自督工，买料，工程结束后，还剩 30 万两。巡抚主张瓜分，苏廷魁不肯，奏缴还部。巡抚"未遂其欲，恨甚"，上奏章弹劾苏廷魁，户部也对苏廷魁的做法切齿痛恨，原因是向来河工告成，无不浮冒虚报者，外得十分之七，大小瓜分，以三分贿部。于是，户部想方设法在奏折中挑出"不合例数条，同参"，这位不同流合污的官员结果却是"竟革职归"④。类似之事，时有发生。

第三，河官们玩忽职守，敷衍塞责，官僚主义成风

清朝河政中的官僚主义也十分严重，尤其是晚清。从当时的情况看，河政中的官僚主义主要表现为：河官大多昏庸无为、不负责任、任人唯亲、地方主义严重等。

河督是河政的主要官员，应该说对河政负有主要的职责。但从晚清历任河督来看，精通水利、清廉简朴的干练之人实在太少。包世臣在《论治河优劣》中尖锐地评论，"自潘、靳之后莫能言治河者，其善者防之而已"，"至河堤之深浅，堤面之高下，问之司河事者，莫能知其数"，"测量实水，则与报文悬殊，问之司河事者，莫能言其故"⑤。据《清史稿》统计，自 1840 年至 1901 年河督裁撤的六十一年间，共有三十余人任过河督一职，平均二年一次，其中任职最长的为钟祥（1840—1849 年），二度出任河督的有李鹤年（1876—1881 年，1887—1888 年），其他多数任职不到一年，甚至数月。由于河督交替频繁，使本来就缺乏统一管

① ［清］欧阳昱：《见闻琐录》，岳麓书社 1986 年版，第 167—168 页。

② ［清］魏源：《魏源集》（上），中华书局 1976 年版，第 388 页。

③ 李文海等：《近代中国灾荒纪年》，湖南教育出版社 1990 年版，第 273 页、64 页。

④ ［清］欧阳昱：《见闻琐录》，岳麓书社 1986 年版，第 91 页。

⑤ 水利部黄河水利委员会黄河志总编室编：《历代治黄文选》，河南人民出版社 1989 年版，第 378 页。

理的河政更加缺乏治理的长远规划，由此也反映出多数河官的昏庸无为、不负责任。

道光二十一年（1841 年）六月，黄河在河南祥符决口。据前往江苏赴任途经河南的按察使李星沅记述，河督文冲"视河工为儿戏，饮酒作乐"，与同在一省的河南巡抚牛鉴"久不相能"，专搞摩擦，"厅官禀报置不问，至有大决"。决口后，又提出迁省会，"听其泛滥，以顺水性"，"汴人欲得其肉而食之，恶状可想"①。黄河决口，洪水下注涡河、淝河、沙河等河进入皖北。同年七月，道光皇帝连发数谕命安徽巡抚程楙采采取防护措施，并将安徽境内水情、灾情及时上报，但是程楙采毫无反应，直到一个月后方才上报灾情，而且内容简单，对皖北水情、灾情轻描淡写，对道光帝敷衍塞责。这使得道光帝很是不满，严厉斥责，这位皖抚才详细上奏了灾情，清朝政府直至八月中下旬方才根据灾情进行救灾。《安徽省志》称程楙采"性刚正而善最笃夕"，乃是一名能臣②。但他在一个多月的时间中没有上报灾情，使道光帝和清朝政府不知具体灾情，无法做出对策。这次黄河决口始于道光二十一年六月十六日，直至道光二十二年二月初八决口才被堵住。

河政中不顾大局，打击异己的现象也不少见。同治十年（1971 年）秋，黄河在山东郓城侯家林决口，清廷任命河督乔松年与山东巡抚丁宝桢一同前去勘办。当时的山东代理巡抚文彬苦于境内百姓灾难深重，在未得清廷发布谕旨之前，就已经着手堵筑决口的工作了，乔松年由此找到了推诿职责的口实。他向朝廷上奏说："现在文彬已委候补州府薛书堂总司其事，应即由文彬督饬兖、沂、漕道，及薛书堂遴派委员，分投赶办"，"一切工作悉请该署抚督饬办理"③。当时在家养病的山东巡抚丁宝桢听说此事后非常愤怒，指斥道："河臣职司河道，疆臣身任地方，均责无旁贷，松年一概诿之地方，不知用意所在！"不过尽管如此愤怒，丁宝桢还是于翌年春"亲赴工次，择日开工"④。光绪二十七年（1901 年）冬，河务专家扬州堤工局总办丁葆元被委派主持淮扬运河高、宝交界处工程。第二年，丁葆元正在赶办筑坝放水事宜。此时两江总督一职由刘坤一换成了张之洞。丁葆元得知此讯，"惊惧万状"。因为丁葆元曾率员查办过张之洞被劾事由，与张结下了怨隙⑤。后张之洞刚莅任，"果有严札前来，督责一般迎合者，又

① ［清］李星沅：《李星沅日记》，中华书局 1987 年版，第 279、283 页。
② 安徽省地方志编纂委员会：《安徽省志·大事记》，方志出版社 1998 年版，第 48 页。
③ 贾国静：《清代河政体制演变论略》，《清史研究》2011 年第 3 期。
④ 同上。
⑤ ［清］退庵居士：《梦蕉亭杂记》卷二，1925 年刻本，第 6 页。

复布散谣言,谓观察(丁葆元)购料不实,用人不当。观察乃功名之士,利害切身,忧与劳积,身膺重病。此项要工几败垂成"[①]。

官僚主义也表现在河政中任人唯亲、地方主义严重。晚清河政机构无限膨胀。数额甚巨的河工经费使河务成为"利益之渊薮",各色人等趋之若鹜。康熙年间,东河只有四厅,南河六厅。到了道光时期,东河十五厅,南河二十二厅。凡南岸、北岸皆析一为二。厅设而营从之,文武数百员,河兵万数千,皆数倍其旧。机构的庞大势必造成冗员充斥,一方面河官们自行聘任的幕友、亲戚、佣人等外工人数急剧地增加,另一方面河防衙门里又招养了一大批幕友、食客。据载:"每署幕友数十百人,游客或穷困无聊,乞得上官一名片,以投厅汛各署,各署无不延请,有为宾主数十年迄未识面者。"[②]这样一来,治河工程竟然变成了无数闲人的庇护所。

生活上的奢侈靡费,经济上的贪污腐败,政治上的官僚主义等,这些都是清朝河政中出现的严重弊端。这些腐朽现象反过来又严重影响了清朝政府河政行为的实际效果。

(三)河务弊端对淮河水灾治理的影响

清代所构建的整个河务管理体系,是清代整个国家政府体系运作的一个有机组成部分,这一管理体系运作的是否有效对于维系清政府的政治统治,对于处在整个河务管理体系下黄河、淮河流域社会经济、政治、文化的发展,对于这一地区人民大众生命财产均关系重大。这一点,应该说清政府十分清楚,并也对河务问题极度重视,治河也曾取得阶段性的成果。

清朝康熙年间,黄河经过靳辅的治理,改变了清初以来河患严重的局面,确保了数十年黄河的安澜与平静。雍正时,黄河经过齐苏勒、嵇曾筠的整治,堤防建设质量和防洪能力有了很大的提高。乾隆朝通过重点打击河政中的腐败现象,河务的形势基本上也是安稳的。同时,清政府随着财力的增长,对河政的投入也越来越大,如乾隆时期两河岁修用银每年约五百万[③],而道光年间,有数据可查的河工用费就高达 4200.73 万两。但由于河务弊端历久成习,虽经严肃整治,效果不佳,问题反而越来越严重,已经成为清政府的严重负担,并对黄河、淮

① [清]退庵居士:《梦蕉亭杂记》卷二,1925 年刻本,第 7 页。
② [清]薛福成:《庸盦笔记》,江苏人民出版社 1983 年版,第 73 页。
③ 金诗灿:《清代中期的河工弊政及其治理》,《华北水利水电学院学报》(社科版)2012 年第 5 期。

河流经地区——淮北（淮河中下游）社会经济、政治、文化的发展产生重大影响，造成这一区域内人民群众生命财产的重大损失。

在黄河（淮河）水患和河务腐败问题的共同影响下，黄河、淮河流经地区——淮北渐成中国水灾最为频繁的地区之一，淮河流域也由宋元时期的“两岸鱼米香，瓜果熟”，变成后世被称作“十年倒有九年荒”的贫穷、落后之地。据有学者的研究，顺治至雍正朝92年中，黄河仅在江苏的淮北地区，中运河的河道变迁达10次，沂水河道变迁6次，睢水河道变迁2次，沭水河道变迁1次，黄河减水道变迁6次。到乾隆时代，黄河河道向北迁徙，向北岸溃溢8次，南岸溃溢12次。嘉、道年间，“黄河迭为患，王营减坝尤易掣动大溜。又淮不刷黄，大河日垫”。民国初年，华洋义赈会的专家们认为，从农作物的损失和饥荒灾害的程度来看，皖北与苏北淮河流域的水灾在中国首屈一指①。

黄河（淮河）水患和河务腐败对人民生命财产造成的损失影响也十分巨大。据记载，同治七年（1868年），黄河在河南荥泽决口，由于河工办事人员“唯利是图，不顾要工”，“钱粮要物不凑手，以致水渐广，形势大变”②。而据河员奏报，这一年的8月23日决口的口门不过三十余丈，但六天后刷宽到九十余丈，一个月以后，刷宽口门达三百丈。显然，这是没能及时堵住决口的结果。

光绪十三年（1887年），黄河在郑州下汛决口，郑州以下黄河断流，这次黄水淹及河南、安徽、江苏三省数十州县，数百万灾民无家可归。据说，这次决口是由一个大鼠洞引起的。当初夫头估价需钱二百仟，但厅员发价时层层回扣，其中河署管理工料的幕友李竹君私吞大部分费用，工人只到手四十仟，只好用树枝架入洞内，盖上土敷衍了事。后来正好大溜顶中，由此处决口③。李竹君“平日克扣侵渔，以致堤薄料缺”，当河工出现险情时，“河干上曾无一束之秸，一撮之土”，众人只得眼睁睁地看着黄河决口，“束手待溃”④。

光绪二十三年（1897年），苏北大水，灾民达数十万之多，据统计，“赈务所活灾黎不过十之二三”，余则“转徙道殣”，“城县村落，十室九空”。御史郑思赞分析其原因时认为，灾象已显，地方县官“自顾考成，竟以中稔上报”，等到灾情十分严重时，仍“征收无异往日”，以致“筹款之缓”，灾民得不到及时救济，饿死

---

① 马俊亚：《清代官场政治与淮北的治水成效》，见吴海涛主编《皖北文化研究集刊》第1辑，黄山书社2009年版，第13页。

② 李文海等：《近代中国灾荒纪年》，湖南教育出版社1990年版，第273页。

③ 王振忠：《河政与清代社会》，《湖北大学学报》（哲社版）1994年第2期。

④ 李文海等：《近代中国灾荒纪年》，湖南教育出版社1990年版，第273页。

无数。因此他说:“沟壑之民不死于天灾而死于人事。”①广大人民群众的生命财产就这样成了河政腐败的牺牲品。

上述可知,清代河务问题与淮河水灾治理的成效之间关系十分密切,所谓的河务问题,其突出特点就是清政府河务官员的腐败与黄河、淮河水灾治理成效之间的突出矛盾。清朝在对黄河、淮河流域等水灾治理中,河务官员中的各种腐败现象层出不穷,许多大灾、巨灾或是官员们玩忽职守,敷衍塞责所致,或是官员们精心策划、实施的结果。维持黄河、淮河流域频繁的灾害,可以说是河务官员们向清朝中央政府攫取巨额河防经费的重要手段,一旦水不为害,国家停止投入大量的治水资金,官员们也就失去了生财的机会。由此带来的恶果则是,清朝政府尽管在黄河、淮河水灾治理中投入了巨额的治水经费,却没能真正地消除这一地区的水灾,反而使黄河、淮河流域,尤其是淮河中下游的水利条件越来越恶化,并造成这一地区整个生态系统的崩溃。孙中山先生曾经明确地指出:“中国人民遭到四种巨大的长久的苦难:饥荒、水患、疾病、生命和财产的毫无保障……所有一切的灾难只有一个原因,那就是普遍的又是有系统的贪污。这种贪污是产生饥荒、水灾、疾病的主要原因。”②清代河务中暴露出的问题正好印证了孙中山先生的话。

五、结语

黄河是中华民族的母亲河,孕育了伟大的中华文明。她又是世界上含沙量最大的河流,流域汛期集中,中下游堤岸松软,所以又以“善淤、善决、善徙”而闻名于世。一般认为,以宋高宗建炎二年(1128 年)杜充决河为黄河长期夺淮之始。自 1128 年至 1855 年,黄河长达 700 多年决、溢夺淮入海,使淮河流域沧桑巨变,淤平了河湖,吞没了良田、城镇,改变了当地的自然地理环境。更甚者,它给淮河流域社会经济的发展带来了极大的负面影响,使原本发达的经济区变为经济相对落后地区。黄河泛淮改变了淮河流域原有的水系,形成了一个“黄淮区域”。根据历史时期河道水系固有形态,“黄淮区域”可分为“黄河干流中心区”“黄河南泛亚区”“南北京杭运河中心线区域”“黄河干流与京杭运河时空汇

① 朱凤祥:《中国灾害通史·清代卷》,郑州大学出版社 2009 年版,第 290 页。

② 《孙中山全集》卷一,中华书局 1981 年版,第 89 页。

聚交错中心带”和“淮河干流”等五种类型。历史上黄河泛滥对今安徽省境淮河以北广大地区影响深远，广义而言，伴随黄河不断南泛及黄河夺泗、汴、濉、涡、颍等入淮进程，黄河南泛范围涉及皖北、豫东。黄河南泛皖北，之后，颍、涡、濉水系再成故道，其形成黄河泄洪通道及再次成为静态故道的间隔时间，则视黄泛规模、范围和反复持续时间而定。随着时间推移，沿河经流地区形成叠加覆盖的辐射冲积层，淮河干流以北各入淮河道因此存在不同程度的“被黄河”现象，在黄河南泛时期已较频繁。封建政府决策更使淮河流域环境问题凸显。元明清时期，京杭大运河的开通，便利了北方政治中心与南方经济中心之间的联系。特别是在明清时期，大运河漕运事关国计。当时政府的诸多治河措施是为确保漕运畅通，加之明代保陵的需要，更使黄河、淮河、运河之间的关系复杂化。封建政府的决策行为使本自独流入海的淮河改道主要由长江入海，使淮河流域成为十年九灾之区。人地关系不协，既是环境影响的结果，又加聚了环境问题的产生。淮河流域是我国传统农业经济区，其当前相对紧张的人地关系是历史时期不断积累的结果。根据其人地关系演进状态，可以将其人地关系的演变分为三个阶段：先秦时期、秦汉至北宋时期和金元明清时期。元明清时期其人地关系已演变为严重不协调状态。黄河南泛、战乱较多、农业生产结构单一是对其人地关系影响较大的几个因素。清朝的河务管理体系是清朝官方政治系统的重要组成部分，对维系清政府的统治意义重大。但由于河政腐败问题严重，尽管清政府在河防中投入了巨额的治水经费，却没能真正地消除黄河、淮河的水灾，反而使黄河、淮河流域，尤其是淮河中下游的水利条件越来越恶化，并造成这一地区整个生态系统的崩溃。

第二章　政府治河的努力
——以清乾隆朝黄河干流河道堤防治理及决策过程为例

淮河灾害主要来自黄河灾害，治淮离不开治黄，元明清政府为治河也付出了努力和巨大代价，在黄河、淮河、运河三方问题搅在一起时更是如此。本章以《清高宗实录》及治黄河图为中心，论述清乾隆朝黄河干流河道堤防治理及决策过程。

有清一代，河道堤防与工程治理过程中，“阅图治河”现象大量存在。回溯清康乾以来的重大治河工程模式，以河图示意、模拟、决策河工过程，至关重要。乾隆朝时期，河图绘制及使用过程的一贯性与乾隆帝治河举措、思想密不可分。凭依史料还原乾隆年间“河图”在治河过程中的不可替代的重要作用，以图为展示定位整个乾隆朝治黄工程艰辛历程提供编年有序的视角。河图绘制符号和语言应包括图形符号、色彩、文字等内容，其中河图图形符号主要表现为反映河道工程图特定图形记号与贴说文字。以治理黄河工程图为中心，乾隆帝通过“谕军机大臣”以及君臣对话等方式，借助河图的绘制、阅览、传递，获取大量形象直观的河工即时信息，并将治河方案由驿吏迅速传谕河督属臣。其具体涉及整个乾隆时期黄河干流培固堤防、疏浚河道、堵塞决口、闸坝泄洪、引黄济运、放淤固堤、挑挖引河等诸多项目领域的决策。河图功能的多样性还表现在，作为治理河道的图示凭证，河图与奏折已成为乾隆帝及督抚大臣回顾援引、比照检索河工的“图文档案”。鉴于堵口工程的复杂程度不可预测，重大决口堵筑往往累积迭加数十个不同版次图祥。雍正年间为提高河工效率，分设江南河道、河东河道以便分区段有效管理。至乾隆朝，江南、河东辖境在执行河务过程中，充分体现出两者既遥相呼应又矛盾不断的现状。而黄河干流的治理与黄淮运一体化综合整治策略始终紧密关联，体现在决策机制贯彻执行、河防道厅汛官制与辖区地名相互对应及干流堤坝建设与城市防洪体系的构筑诸多层面的协调配合。与自然决溢不同,利用干流减泄闸坝于南北两岸分泄洪水,尽管一定程度上有助于保堤护坝,但对泄水廊道下游沿河地区生存环境则产生长期负面效应。基于黄河自然地理空间环境与官方河道管理机制的有效结合,多维视角观察乾隆朝黄河治理和区域地理生态环境的构成,对于宏观分析清政府黄河干流治河对策与治黄保漕制约作用之间症结所在,以及比对错综复杂的黄河地缘关系和管理结构,皆可与乾隆时代黄淮地域水环境空间、河工水利治理变迁进程相互映照。

相关研究成果主要有黄河干流治理研究,包括姚汉源关于明清河工泥沙利用及固堤放淤研究以及张含英关于明清时期黄河堤防体制研究,涉及调整河槽、逼溜挑坝、堵塞串沟、裁弯引河、挑浚河道等治河措施①。有关明清地图与黄淮运河道河工图方面的研究已见较多成果,其中,李效聪《欧洲收藏部分中文古地图叙录》相关河流湖泊图部分亦是叙录重点之一,侯仁之在序中认为,“这是第一部较全面地介绍并研究海外中国古地图的专著”②。河工舆图的分析及黄淮区域河图研究方面,已有相关论著、论文较为详细地对黄河、运河河工图在治河与河政中的重要作用进行了图文分析和考证梳理③。乾隆时代政府及官方治水行为下的操作执行和实施,可从清宫档案、实录和朱批奏折中,题解出乾隆朝治河方略、河图绘制方式的具体流程。以《清高宗实录》为基础史料,相对全面梳理、分析乾隆时期治理黄河干流河道堤防并反映治黄的决策流程尚未详见于学界,因而有必要立体系统地回顾这一时期治黄河图绘制符号和语言、空间方位与要素特征及阅图治河决策相关过程。

---

① 姚汉源:《黄河水利史研究》第四编,黄河水利出版社 2003 年版。张含英:《明清治河概论》第六、九章,水利电力出版社 1986 年版。

② 李效聪在前言中指出,“黄河、运河等河流全程图或交汇图在清代地图中大量增加,是有清一代重视治理黄河以保障漕运的反映”,以第 39 页乾隆中叶《江苏南河图》和第 41 页提及乾隆三十九年至四十九年(1774—1784 年)《黄运河交会图》为例证。国际文化出版社 1996 年版。

③ 李效聪:《黄淮运的河工舆图及其科学价值》,《水利学报》2008 年第 8 期。李效聪、席会东:《淮安运河图考》,第三章乾隆朝淮安运河图考中,利用多幅美国国会图书馆藏乾隆时期河图,通过《乾隆朝黄河下游闸坝图》之《御坝木龙图》显示,清口左黄河南岸布设有六架木龙,且每架木龙用缆绳拴固于河岸。中国书籍出版社 2008 年版,第 126 页。王大庆:《明代河图与黄淮水利》,《淮河文化新探》,合肥工业大学出版社 2006 年版,第 327—339 页。席会东:《清康熙绘本〈黄河图〉及相关史实考述》,《故宫博物院院刊》2009 年第 5 期。王大庆:《康熙朝河图与黄淮水利》,《淮河文化纵论》,合肥工业大学出版社 2008 年版,第 356—367 页。席会东:《台北故宫藏雍正〈豫东黄河全图〉研究》,《中国历史地理论丛》2011 年第 3 期。席会东:《高斌〈南河图说〉与乾隆首次南巡》,《中国历史地理论丛》2012 年第 2 期。孙果清:《乾隆二十六年河南黄河决口泛滥情形图》,《地图》2012 年第 2 期。席会东:《欧洲所藏清代〈南河图〉研究》,涉及乾嘉道时期南河辖境黄、运河道水利,《中国国家博物馆馆刊》2011 年第 7 期。

一、河东河道

作为黄河干流地域名称的指代空间，河图绘制呈现出地理空间方位具体指向与河防工程相互对应关联密切的特征。清顺治元年总河官衙机构驻地即设于济宁，康熙十六年至康熙二十六年（1677—1687年）曾短暂移驻清江浦，之后，雍正七年（1727年）作为总督河南山东河道驻地所在，至清光绪二十四年（1898年）裁省，寻复置，光绪二十八年再省。借助于《清高宗实录》等相关史料记载，可从中获知乾隆帝阅图判读“东河”“南河”治河工程及指挥决策重要河工的主要流程。“阅图决策”模式，即借助详细阅读河工图、绘图贴说，提问、分析并在河图上用朱笔标记圈画，传谕并发交负责督办河工官员阅看，反馈存疑并对重要关键之处提出存在问题，再次谕令说明的过程。

（一）河图图形符号信息与所表示物象含义之间的对应关系
——河东河道辖境之黄河堵口

分布于地图上地名、河道名、水工名的关键地点，地名聚合之处往往即是河工关注焦点。显然，确定图示内容、周边地缘环境关系及其对策之间的选择很重要。黄河决堤之后，堵口与复堤至关重要。决口水差小时多采用上坝头进占至决口另一端合龙，即“独龙过江”。决口面大且堵筑工程复杂，堵口工程技术类型多样，多采取双坝进占或三坝进堵。乾隆时期的黄河水利工程技术在实践中不断进步，积累了丰富的工程技术经验，有许多技术治理颇具特色，但凡重大工程，乾隆帝则全程参与制定堵口方案设计及决策。

乾隆十七年（1752年）六月，豫省阳武漫口水深二丈，十六堡大坝水深四丈。乾隆帝批览原图，认为似应于十六堡大坝之东另开引河以分水势，但未悉确实情形如何，即询问以大学士衔管河道总督事高斌，可否开挖引河，“着一面办理，一面奏闻，亦不必因有此旨故为迁就，其朱笔画出原图一并发交阅看”。因属臣上传河图绘制水准不一，如若出现与奏折内容互相矛盾之处，乾隆帝则将原图退回，并令其重新绘制。同月，乾隆帝就据顾琮、蒋炳奏，查办阳武善后工程于五堡三坝所估筑格堤并绘图进呈一折而言，认为“所奏殊属糊涂……其黄河与新筑之堤相去几何，堤在河之何岸折内既未声明，图中亦未签贴，殊不明晰，着将原图发还，令其另行详细声明绘图贴说具奏，其原图仍令一并随折进呈，其不可缓之工着即一面办理”①。据史料记载，阅看河图处理河务已成为乾隆帝日常政务内容之一。乾隆二十六年八月河南杨桥决口后，河流夺溜直归贾鲁河，河势渐趋东南为害，急堵杨桥漫口为当时第一紧要务，乾隆帝检看河图后感言“幸朕于初报时即命裘曰修、刘统勋、兆惠等先后赴豫董办”，“着传谕裘曰修、刘统勋、兆惠督同该抚等加紧速筹妥办，总以堵筑归槽为全河利害关键，仍一面将河溜各情形详悉绘图贴说迅速奏闻”，虽“已于图内河身曲处用朱笔指画……但不知该处道里远近、地势高下若何，难以遽为悬定。着传谕刘统勋等及该督抚速行相度情形，商榷等办，一面具折奏闻图并发，至张师载单内数条并交刘统勋等酌量办理”②。对乾隆帝而言，河图的经世致用在于，与属臣上疏奏折相比，凡遇河防大事，可凭借“绘图贴说”最终决策河工大势走向。乾隆四十五年十一月，在堵筑考城决口之时，河东河道总督李奉翰奏称坝工口门只剩四丈，大河水势蓄高七尺五寸，内容含混。“至折内所称塌蛰之处系属西坝，但其情形若何，引河是否仍然畅流，何以不行绘进图说，着传谕李奉翰等即将坝工实在情形详悉绘图贴说呈览”③。

乾隆五十二年（1787年），睢州下汛十三堡黄水漫溢，乾隆帝命阿桂前往河南会同新任河东河道总督兰第锡等商办堵筑事宜，指示道：“现在正河既经断流，何不趁时将李六口引渠再行挑挖，倍加宽深，将来睢州十三堡堵合后，俾大溜顺势逼入李六口引渠，形势既为径直且可引溜北趋，南岸堤工不致着重。”④商丘以东虞城、曹单各汛旧河，每次大水均较上游积多二三尺，并有出槽串沟情形，乾隆帝认为“此或河身内有淤浅处所，以致不能畅达，着兰第锡、毕沅即将该处实在情形绘图贴说呈览”，后分析缘由，因“商丘各汛自十堡新河尾以西滩面尚低，每长水四、五尺即致出槽漫滩，是以积长较少。商丘以东老河身两岸陡耸，水势收束易于壅高，是以积长多于上游”⑤。综观整个乾隆朝，每逢重大决口之时，及时传递堵口汛息并及时反馈尤显重要，君臣之间凭借“六百里加紧”，频繁往来于北京皇城与河工工地，又以乾隆后期此类情形较为突出。尽管乾隆朝人、财、物投入巨大，但当时对河工的乐观预期与实际堵筑工程曲折艰难情况形

① 《清高宗实录》卷四一七，乾隆十七年六月丙午。
② 《清高宗实录》卷六四二，乾隆二十六年八月戊寅。
③ 《清高宗实录》卷一一一八，乾隆四十五年十一月甲申。
④ 《清高宗实录》卷一二八五，乾隆五十二年七月甲申。
⑤ 《清高宗实录》卷一二九二，乾隆五十二年十一月戊寅。

成较大反差，治理危患严重的黄河河道堤防已成为影响这一时期黄淮区域府县及京杭运河安危的重大问题。

（二）治河经验与图像记忆的纠结

1.仪封决口

乾隆中后期黄河干流因反复决溢，重大河工不断，其中仪封与青龙岗大决口工程影响颇大。堵口期间，乾隆帝及时凭借河图绘制及图示河工方位，判读堵口进展，跟踪堤坝建筑进度，指导决策河工治理。初期指挥，就图指示并传谕高晋等“一面赶做，一面详悉绘图贴说迅速呈进”，阅览上呈河图后，一方面，及时应对并判读“如此旨到时已经合龙固佳”，另一方面，利用河图布置封堵工程及有效利用坠埽等河工技术筑堤。仪封决口至乾隆四十三年（1778 年）十月，当时乐观认为，“其东坝以下，本有冲刷宽深沟槽二百余丈，只须接连以下再挑一千三百余丈，即达入正河。挑成后，两坝进埽，则水势就近引入沟槽，滞溜东趋，漫口自易堵闭”①。乾隆四十三年十一月，乾隆帝言：“何不将西坝之埽酌收向东，东坝之埽酌展向西，使为兜袖之势……因于仿存图样内用朱笔标记，圈出即可合龙之处，着发交高晋等阅看，如此旨到时已经合龙固佳，否则照朕标记之图悉心妥酌为之。”②之后，又认为“今口门不及十丈，需埽无多而溜紧深急，切不能到底，或可仿每埽用大铁锚八只坠下之法……此旨到时如已经合龙自属甚善，知尚未得手，即将图内所指东西兜袖及铁锚坠埽之法迅速酌行”③，并将此意由六百里加紧传谕。但“至十六日仅存口门三丈九尺，意谓十七日准可合龙，乃西坝忽又裂缝……自应将拟办情形绘图呈览，朕亦得就图指示，着传谕高晋等一面赶做，一面详悉绘图贴说迅速呈进”④，此旨由六百里加紧发往，仍着由驿复奏，同时还叮嘱如合龙后即由六百里加紧复奏。封堵工程进入相持阶段后，一波三折，施工乐观情绪渐远。乾隆四十三年秋七月，命袁守侗前往河南，会同河东河道总督姚立德查办河务。乾隆四十四年正月，西坝复有蛰塌，“阅图内所绘拟开之引沟稍南，仍恐纡留尚不能得势，因用朱笔向北改直标识……着袁守侗等将南河将备，自正月初六日以后，每日如何竭力办工之处详细记明，俟合龙时

① 《清高宗实录》卷一〇六八，乾隆四十三年十月辛酉。
② 《清高宗实录》卷一〇七一，乾隆四十三年十一月乙卯。
③ 《清高宗实录》卷一〇七一，乾隆四十三年十一月戊申。
④ 《清高宗实录》卷一〇七四，乾隆四十四年正月戊戌。

一并缮折开单具奏”。当月，“又阅图内十七堡下拦黄坝一道甚不合理”[①]，因于图内坝身用朱笔标记发往河工，为确保漫口合龙坚实并将开坝放出之水引归正河，此河图亦由六百里加紧传谕，并令将筹办情形由驿复奏。至二月，又得袁守侗等奏报，二十八日东坝门埽忽又蛰塌，直冲西首正坝，共塌开口门四十八丈。乾隆帝依据大学士阿桂所奏，认为“此奏与朕前此指示处似觉相合，着即将朱批原图仍行发往，令阿桂与袁守侗等详细体勘讲究，将应作何施工，可望有成之处切实据奏”[②]，并六百里传谕由驿快马驰奏。当时引河已移向十堡施工，新挑引河成为全河关键，乾隆帝在“阅览昨日进到图样”后认为，必须挑挖极宽极深方能得引溜之益，所办之拦黄坝名为筑坝，其实即系移堵口之工于此，仍须进埽合龙，“着将新筑坝工详晰绘图贴说，并将现办坝身丈尺较旧宽厚若干及两袖头拟加厚若干一并开明具奏”[③]。六百里加紧发往，后驰驿复奏。乾隆帝对于河图及图示河工细节的把握尤为重视，试图以此扭转工程进度大局，以至于“六百里加紧”频繁。“又阅原图内有草坝一道，系因旧引河至其处归入正河筑以拦御倒漾之水，今既改从上游另挑引河，则河身内不宜复有草坝拦阻，自应亟速拆去俾得引溜畅达。……所有朱笔批示原图及此旨，并着由六百里加紧发往，仍着将指示查办情形即行由驿覆奏”[④]。至乾隆四十四年四月，乾隆帝谕以河南巡抚袁守侗为河东河道总督，时“坝工进埽，照图内朱笔标识自新做坝台起斜向西南进埽，俾挑大溜由东北趋注引河，庶开放掣溜更为顺利，至进埽合龙亦照朱笔横识处施工”[⑤]。当年年终，即乾隆四十四年十二月，又命侍郎德成至河南会办河工。仪封工程后期，尽管决策层已竭尽全力，但河工进展仍难遂人愿，河图作为反映河道工程诸要素空间方位、特征的有效决策工具，其特定图形记号与贴说文字也已被反复应用，乾隆帝心态、情绪亦随工程态势有所变化。乾隆四十五年（1780 年）正月，乾隆帝谕军机大臣，斥责道：“德成乃欲于屡经决裂处所做工镶坝，并欲将现为垂成之工弃而不用，是其执谬不通，实出情理之外……昨袁守侗、德成所进图说并着另绘一分寄与阿桂等阅看。”[⑥]再六百里加紧传谕知之。由以上不同时间段各工“六百里加紧”频传可知，当时仪封河工之急切。

此次河工堪称乾隆朝最大堵截黄河决泛工程之一，乾隆帝全程关注并指

---

① 《清高宗实录》卷一〇七四，乾隆四十四年正月乙卯。
② 《清高宗实录》卷一〇七六，乾隆四十四年二月辛酉。
③ 《清高宗实录》卷一〇七六，乾隆四十四年二月壬戌。
④ 《清高宗实录》卷一〇七六，乾隆四十四年二月戊辰。
⑤ 《清高宗实录》卷一〇八〇，乾隆四十四年四月丁卯。
⑥ 《清高宗实录》卷一〇九八，乾隆四十五年正月乙丑。

挥。虽然其间堵筑兴修工程的指导思想、理论往往与实际情况相脱节，但亦体现了这一时期人们对治黄水利科技达到的最高认识水平，从而为之后黄河干流治理提供了宝贵经验，同时，其黄河河道及河防堤坝整治过程中所反映出的问题和教训，都对后期黄河水利建设起到借鉴作用。

2.青龙岗决口

封堵决口工程功亏一篑的现象，不仅发生在仪封河工，而后在青龙岗决堤堵筑过程中同样如此，屡堵屡塌。堵闭漫口与筑堤改渠的实际功效，往往与河工物象与方位的位移而变化。乾隆四十七年（1782年）二月，为及时掌握青龙岗坝工及挑溜进展情形，乾隆帝"详阅图内形势，若将引河移在现筑二坝之下，引溜东注孔家庄，接入引河故道似比现在引河之处较为得力……并将朱笔标识原图发寄阅看"①。六百里加紧传谕。后又"详加披图"，用朱笔画书发交阿桂等阅看，如何照此接镶做坝，即一面办理一面奏闻，"设或阿桂等询将南岸宣泄处所妥为筹划，使下游百姓得早迁徙不致失所为要"②。并令六百里加紧，迅速复奏。通常黄河主溜趋向决口口门时，上游同侧适当地应修建挑水坝，长度、方向以引至河中泓为宜。乾隆四十七年四月，又谕，"至昨日阿桂等奏，于上游另觅善地……若已勘得地面商有成局，即速绘图具奏，若一时不能得地，或仍与决口以下向孔家庄，照依发去图内折角之处斜向东南开挖引河接入故道，或另作挑水坝一道"。六百里加紧，各谕令知之。大学士三宝等议覆钦差大学士阿桂等奏称，祥符八堡、十六堡、张家油房、曲家楼等处屡次漫溢，"当于青龙冈以上南岸堤内履勘测量，自兰阳三堡起向东地势就下……堤筑数尺后，即于兰阳三堡老堤刨挖宽深，缺口导水进内由引渠下注，从商丘七堡出堤归入正河"，其曲家楼漫口自可堵闭。工程一波三折，之后乾隆帝决定"阿桂所奏并详阅所进原图，自属实在情形，应如所奏行……或捱秋汛水退时再行开工"③。乾隆帝除询问现办河工筑堤改渠之外，是否还别有长策，获悉阿桂等奏兰阳三堡建堤改河，"今览所奏图说……自应照所奏办理，至嵇璜所称缓至秋间开工之处，亦为斟酌事势"④，并六百里加紧各谕令知之。工程后在阿桂督导下，从兰阳三堡大堤外开引河导注成功，由商丘七堡归入正河。

---

① 《清高宗实录》卷一一五〇，乾隆四十七年二月戊辰。

② 《清高宗实录》卷一一五一，乾隆四十七年二月丙戌。

③ 《清高宗实录》卷一一五五，乾隆四十七年四月壬午。

④ 《清高宗实录》卷一一五五，乾隆四十七年四月庚寅。又，据《清史稿》卷三三六，唐侍陛传，堵口工程时值屡筑屡塌，唐侍陛奉疏调赴工，曰："今全河下注，非土埽所能当，欲逆挽归正道，难矣。但于南岸上游百里外开引河，至商丘归正河，则不与急流争，其全势易掣。工成，被诏嘉奖。"

河南仪封与青龙岗决口是乾隆时期河东河道辖境两次大范围决口，堵筑过程耗资耗时巨大且政府为此投入了大量人力。从史料记载内容看，乾隆皇帝全程协调了黄河堵筑工程的决策指挥，而河督及地方大员亦参与者众，包括高晋、袁守侗、姚立德、德成、李奉翰、嵇璜、阿桂等。乾隆一朝数十年间历任河道总督者多，从任职于仪封与青龙岗河工期间的河督履历中，可获知河政体制尤其是河臣任免事宜独特之处，即所谓“世袭”现象。高晋为雍正朝和乾隆初江南河道总督高斌之子，李奉翰为乾隆二十九年河东河道总督，乾隆三十年又调任江南河道总督李宏之子，嵇璜之父为雍正朝河南山东、江南河道总督嵇曾筠。纵观六十年间，父子、叔侄乃至祖孙三代世袭河务为官、治理黄河干流事迹记录翔实。河官的命运起浮往往与其治河业绩互为因果。乾隆四十三年冬，高晋主修仪封埽工蛰陷，“部议夺官，仍命留任”。河东河道总督姚立德则运气不佳，因仪封治河屡筑屡冲，“命夺官，仍留工效力自赎。四十五年，责令回籍”，协助高晋筹堵仪封漫口的袁守侗于乾隆四十四年四月则被授河东河道总督。值得关注的是，这两次河工的督办钦差是乾隆皇帝的宠信权臣阿桂，其奉命上传下达，由翰林院掌院学士负责塞河事宜，其权责自然高于河东河道、江南河道了。

（三）绘图贴说与河南、山东段治黄工程
——挑挖引河

在堵筑黄河决口过程中，时常多种工程技术相结合，挑挖引河，即经人工开挖河道，使河水由引河改流工程。作为巩固河道堤防一重要治河步骤，挑挖引河成功与否可直接影响整个堤工环节功效，其具体步骤多于干涸河槽内用人工开挖出一条引水渠道，使主流改循此道流去。通常于主流之外另行开挖之新河，实际是一河流局部改道工程。

引河河工同样需“绘图贴说，详晰据实履奏”，而河图图形符号传递的空间信息即是图形视觉应用的具体体现。在河南辖境，黄河南岸郑州、中牟一带，地居险要。乾隆七年（1742 年）八月，“其下游中牟九堡对岸沙滩，河头河尾，形势俱顺，先经题请兴挑，现已引溜成河。唯上游来童寨对岸沙滩彼时尚未坐湾，故未议挑。今上湾姚五家庄河头，有吸川之形，下湾侯七家庄复有建瓴之势，急应挑挖引河”[①]。乾隆十年四月，河南下南河厅属祥符汛南岸十三堡临河埽坝，“今查得北岸范家滩南做成兜湾，河头已有吸川之形。下至徐家场滩势湾曲，河

① 《清高宗实录》卷一七二，乾隆四十七年四月庚寅。

尾又有建瓴之势。应乘时挑挖引河一道”①。认为经挑挖后全黄大溜可分泄东趋,河南岸十三堡要工可得以巩固。在山东辖境黄河山东曹县段,据河东河道总督白钟山奏:“曹县崔家坝工程最为险要,臣防汛查勘,见西首微有溜势向南,随督令开挑引渠一道,河水骤长,顷刻冲刷宽深,大溜南徙。崔家坝一带二百余丈埽坝,数载未平之险工,得免冲激,谨绘图奏呈。”②堵筑决口,开挖引河之时,目的明确,即在原先河道淤积段开挖新河道,修筑挑水坝,以分散堵口工程时洪水流量,乾隆帝借助河工图得以指挥远在千里之外的黄河堵口工程,而动辄万余民夫劳力,可知其工程浩大。“青龙冈至孔家庄迤南旧河身一千五、六百丈淤与老滩相平……现在确估分头赶办,于东省附近地方雇拔民夫一万名挑挖,俾引河速得挑成大溜全入正河”,后“阅此次进到挑挖引河图内,两头用朱笔圈点标记,着照此一律加展宽深”,并“着将原图发交李奉翰等阅看遵照办理,仍将拟开引河宽深丈尺详悉覆奏”③。青龙冈河工、兰阳十二堡及陈福庄引河时期,乾隆帝之治河谕令往往与朱笔修改河图贴说一并成为后阶段河道治理工程的详细指令。若不及时绘图进呈工程进度,即责令迅速报告情况,同时,对于最新治河动态始终保持关注。“阿桂等奏坝工情形一折,据称现将青龙冈起至孔家庄、容华寺、杨家堂七千余丈引河一律展挑宽深”,质问“谕令阿桂等即绘具画说呈览,何以尚未据奏到?着传谕阿桂等即将现在筹办之处详细绘图,并将日内工次情形迅速覆奏”④。乾隆帝重视河图图形符号的空间分布及相互关系,关注其中黄河堤距、河身长度变化、比降变化与淤积状况的关系,认为,兰阳十二堡放水归入新河之处,“所筑新堤最为著重,必须加培高厚坚实”,并在图上亲手绘制,“昨奏报折内亦未据绘图呈览,因用朱笔将河身堤形画出并将河身向南吃紧处圈记,发交阿柱等阅看”,并“着详晰绘图贴说,迅速具奏”⑤。乾隆五十年五月二十日辰刻,即将陈福庄引河启发之际,乾隆帝认为,所奏尚未明晰,其引河开放后究竟能否掣动溜势,高家寨河形将来能否断流等尚存疑问,“着该督等会同熟商,绘图贴说,详晰据实履奏……所有旧存绘图朱批原图及阿桂等前奏、开挑引河图俱着发交兰第锡等阅看,将此由六百里加紧传谕知之”⑥。正是由于凭借及时修正河道工程图以掌握最新河工动态,乾隆帝才得以从中获取重要河工

① 《清高宗实录》卷二三九,乾隆十年四月辛酉。
② 《清高宗实录》卷五一九,乾隆二十一年八月乙丑。
③ 《清高宗实录》卷一一三八,乾隆四十六年八月庚辰。
④ 《清高宗实录》卷一一四六,乾隆四十六年十二月甲戌。
⑤ 《清高宗实录》卷一一七七,乾隆四十八年三月丁巳。
⑥ 《清高宗实录》卷一二三二,乾隆五十年六月戊子。

信息并以此保持治河决策的连贯执行。因此，“河图贴说”模式不仅联系河工发生所在地与远隔千里，以乾隆帝为首的朝廷中央决策层，且其行之有效并贯穿于整个乾隆朝始终。在执政末年，针对虞城十四堡挑挖引渠，乾隆帝关注道：“但阅绘进图样大河河面甚宽，而所谓引渠止宽十五丈，河溜自从宽阔处所，并溜南趋，所挑引渠未免窄狭，究恐不能多滞大溜。或于斜对十五堡顶冲地方，添挖引河一道归入引渠，则河溜南趋十四五堡坐湾时，有此引河足资分减，自必顺势下注引渠。已于图内用朱笔标识，着发交李奉翰等阅看。”①从史料记载看，乾隆朝始终视治理黄河干流为一有机整体，就乾隆帝使用河督用人谋略而言，善于将“东河”“南河”之职交差换位，从而确保治河政策的连续和联成一体。白钟山早在雍正十三年(1735 年)即为江南河道总督，至乾隆朝又任职至乾隆七年(1742 年)十二月，还曾于乾隆七年十二月至乾隆十一年十三月和乾隆二十一年十月至乾隆二十六年三月出任河东河道总督，而李宏、李奉翰、兰第锡等河督职权履行范围皆类似于此。

黄河下游地区历来是政府防治黄泛的重点区域，整治黄河下游干流河道堤防则是重中之重。实际上，乾隆朝黄河的“治”“防”结合，以防为主治河策略的具体执行情况且因人而异，贯彻落实过程中，涉及河工区段的诸多环境差异明显，黄河治理技术层面的争议不断，但并没有影响政府治河机构始终如一的治黄战略方针。河东河道辖境官制体系，其以治理黄河干流为地缘背景结构，自成一脉，或可称其为“东河系”。同样，在江南河道辖区，“南河系”的运作亦不例外。

二、江南河道

雍正七年(1727 年)，改总河为总督江南河道，驻清江浦。“南河”作为地域治河机构名称的存在空间，直至黄河北徙后之清咸丰八年(1858 年)。《清高宗实录》保留有乾隆朝治理黄河史实的大量记录，甚至包括乾隆帝与属臣之间许多对白及心理流露，尤其是黄河干流河道整治过程的真实记载，史料详尽。相关“南河”治河“上谕”及政令指示的发布、奏疏的批示，以及“阅图贴说”有序使用，皆为分析乾隆朝治河决策史事过程提供了依据。

① 《清高宗实录》卷一四五五，乾隆五十九年六月丙子。

黄河治理工程在乾隆朝有着强大的社会需求，政府投入兴修工程必需的财力、物力、工匠和民工等劳力皆很大，其组织运作和维护水平代表国家在水利建设上负有的社会职能。乾隆时期“南河区域”兴修大量的、颇具规模的水利工程，皆与政府“保漕护运”国策相一致。现存清代河图及相关史料可以证明，通过图说标记补充地图图示信息的方式在治河过程中已广泛使用。分析河督进呈河图贴说、御览河图及御笔圈画批复，可从中知晓河臣与乾隆帝相互回应主要过程，而乾隆帝的“问题意识”始终贯穿于整个黄河重要河工的整个流程。

（一）河工专业技术背景下的“南河”辖境黄河决口堵筑
——以黄淮运河道治理为背景

淮安府阜宁县陈家浦漫口处所，位于黄淮并流河段即云梯关以下五十余里，黄河尾闾，逼近海口。而陈家浦下十余里向无堤工，多系芦苇荡地。乾隆十年（1745 年）八月，漕运总督顾琮和河督白钟山认为“应于上首筑遥堤，直接老滩高处以束水势，力半功倍”①。乾隆认为应堵筑，未然，不可推诿白钟山，同时又责言白钟山以工程钱粮为重，殊不知河臣重任，岂止是工程钱粮。陈家浦漫口合龙后，十一月，两江总督尹继善奏称：“相度地势，令于来春兴工，圈筑重堤一道，保障堤身。”②乾隆十一年正月，江南河道总督白钟山又奏：“陈家浦堤工原议正堤后接筑重堤，业经勘估赶筑，至该处河势坐湾，堤下河流川激。应于对岸开挑引河，以分水势，但必须河势兜曲，形如倒钩方可施工。今查北岸河形，虽稍有湾曲，仍系淤浅坦坡，并无兜曲倒钩之势，施工甚难。现指示道厅等，饬令兵夫，在对岸坦坡之处相机挑挖，以顺河势。”③乾隆十八年九月，河决南河辖境铜山张家马路。当年十一月，根据尚书舒赫德所奏铜山漫口进埽情形，熟悉堵口施工合龙过程及技术流程的乾隆皇帝，建议堵御回溜与遏绝奔流，而这一时期黄河河工已出现软厢埽堵口技术，“因朱笔画出并传谕舒赫德等，迄今未见覆奏”。寻奏得知，“前试放引河相机宣泄……臣等商办埽坝系用月弯挑溜式，现在溜水和平，又得大引河分流夺势，自可指日成功”④。

乾隆朝后期，因河湖水势续长，桃源厅属南岸之司家庄，及外河厅属北岸王

---

① 《清高宗实录》卷二四七，乾隆十年八月己巳。

② 《清高宗实录》卷二五三，乾隆十年十一月丁酉。

③ 《清高宗实录》卷二五七，乾隆十一年正月丙申。

④ 《清高宗实录》卷四五一，乾隆十八年十一月丁丑。

营减坝迤下烟墩两处又复漫溢，乾隆帝“阅所进图内，司家庄漫口虽止四十余丈，而河湖连成一片，势甚浩瀚，究属可虞，此处应速行堵闭。……至黄河北岸李家庄、汤家庄、王营减坝迤下烟墩漫口数处，距海不远，且有盐河顶阻”①。认为不妨依次办理，并六百里谕令知之。随后，两江总督李世杰、江南河道总督李奉翰、安徽巡抚书麟奏：“桃源司家庄漫口，奉谕首先趱堵。臣等查该处对岸上游顾家庄滩势兜湾，得吸川形势，拟挑引河一道，引黄河大溜北趋……谨绘图贴说呈览。”②乾隆五十一年八月，黄河四处漫口中烟墩一处已于八月初一日堵合断流，乾隆帝再次传谕“司家庄对岸顾家庄滩上，抽挑引河曾否挑浚开放引溜北趋……其李家庄等处坝工现已镶做几分，是否于九月内一律完竣之处，迅速覆奏，并着该督将现在堵合之烟墩头坝工，及挑挖司家庄对岸顾家庄引河一并绘图贴说呈览”③。两年多之后，黄河又一次在徐州至淮安段险工决口，书麟等奏黄河睢宁南岸周家楼漫溢，口门计宽二百三十余丈，乾隆认为该督等“请于上游对岸酌挑引渠引溜北趋所为甚当，其西坝上首修筑挑水埽坝之处亦已于所进图内用朱笔画去，该督等拟筑埽坝处所与前朱笔标志地方相距若干丈，着该督等查明具奏，并将能否遵照前旨于西裹头筑坝挑溜之处覆勘会商据实奏闻”④。

乾隆朝河工及堵口技术的成熟，对后世治河工程影响深远。“堵口技术发展到18世纪（清乾隆朝后期），形成了用沉厢式修埽进占一整套完整的施工程序和技术要求，以致现在堵口工程中仍沿用埽工堵口的名辞、术语”⑤。

（二）介于城市防洪与下游泄水廓道之间的黄河堤防减泄闸坝

作为乾隆年间黄河干流河防体系的重要组成部分，黄河减泄坝闸得到了进一步改善完备。乾隆元年（1736年），河水大涨，由黄河南岸砀山毛城铺闸口下泄，南流经流萧县、宿州、灵璧、虹县、睢宁等州县。乾隆八年之前，南河辖境黄河北岸，丰县李道华楼至徐州大谷山九十里未筑黄河大堤，并留有泄水土坝，之后始筑堤。乾隆十八年九月，河决徐州铜山张家马路，冲塌内堤，南注灵璧、虹县等，由洪泽湖入淮。乾隆二十三年，又补筑自大谷山至黄村坝大坝，石林坝仍留用。乾隆三十二年曾重建大谷山至苏家山碎石滚坝，长五百二十丈。在淮安

① 《清高宗实录》卷一二五八，乾隆五十一年七月丙辰。

② 《清高宗实录》卷一二六一，乾隆五十一年闰七月戊子。

③ 《清高宗实录》卷一二六二，乾隆五十一年八月辛亥。

④ 《清高宗实录》卷一三三三，乾隆五十四年六月戊寅。

⑤ 国家防汛总指挥部组编：《防汛手册》，中国科学技术出版社1992年版，第461页。

府境，乾隆三十八年、四十七年曾两次移建位于清河县境黄河北岸王家营减水坝。乾隆三十八年四月初三日，据高晋等奏，淮安以下黄河北岸安东县十堡汛地方堤工坐蛰漫水，“当将王营减坝开放，业经抢筑断流。其口稍大一二处，亦已将次堵住”，乾隆帝认为“该督等随饬开放上游王营减坝，俾得宣泄分势，办理甚合机宜”[①]。但观乾隆年间及之后，黄河南岸长期减泄之河水对皖北、苏北生态环境造成了深刻影响。

在黄河南岸砀山境，以毛城铺为首的减泄坝闸尤为重要。乾隆四年（1739年）六月，河臣高斌将官庄、杨家楼等处迎溜逼堤支河，尽行堵御，仅由郭家口、定国寺引河二道，同入毛城铺。“于毛城铺旧坝口门另作草坝，口门宽三十六丈，堆填乱石，约二里许，以减黄涨……请于郭家口之西增挑引河一道，长二千八十三丈；郭家口之东增挑引河一道，长七百六十丈，每岁麦秋后开放。至毛城铺之草坝，口门太窄，应将草坝乱石尽行平彻，仍复靳辅石砌裹头大坝旧规”[②]。数年之后，江南河道总督白钟山认为，徐属南岸之毛城铺石坝，分泄黄水异涨，保护徐州城一带，系黄河一大关键，“但近来南岸日渐淤高，北岸渐低，未免侧注北岸石林等处。前之毛城铺虑其泄水过多，目下又虑其太少，此毛城铺宣泄机宜，当随时筹酌也”[③]。乾隆八年五月，经大学士等议覆：“毛城铺之减水坝固宜量为疏通，以保北岸新工。但分泄过多则黄水日进，五湖等处不免日渐淤垫……既议将倒勾河道开通顺直，坝门不用乱石填高，其将来不致进水过多”[④]。至乾隆十一年，南河辖境泄洪路径及各处闸坝附近水志状况为，“黄河则有徐州城外石堤可验，清河则有洪湖、山盱石滚坝可验，以此较量，酌定启避，各工俱有遵循。如黄河南岸砀山县之毛城铺坝”，“至黄河北岸，如宿迁县之竹络坝，引黄入运”，“其清河县之王营减坝泄水入运盐河，安东县之马家港，泄水入民便河……又，中河之刘老涧坝，泄水入六塘河”[⑤]。乾隆四十年十月，两江总督高晋筹办丁家集防护河工，“黄水大局已定，惟毛城铺过水年甚一年，尤为异涨……于丁家集对岸开挑引河，俾溜势北趋，全河改由北岸东下，并大挑倒钩河岸以资分泄”[⑥]。对于黄河干流启闭制度，在嵇璜条奏河工事宜中，仍认为以前高斌奏定之标尺，即以徐城水志长至七尺开放为准，“至王家山天然闸，非异涨不得轻

---

① 《清高宗实录》卷九三二，乾隆三十八年四月辛丑。
② 《清高宗实录》卷九四，乾隆四年六月己卯。
③ 《清高宗实录》卷一八九，乾隆八年四月癸丑。
④ 《清高宗实录》卷一九二，乾隆八年五月甲申。
⑤ 《清高宗实录》卷二六六，乾隆十一年五月丁酉。
⑥ 《清高宗实录》卷九九四，乾隆四十年十月庚戌。

开，峰山四闸，请仍照旧堵闭，不必更张"[①]。时至乾隆三十六年七月间，汛势甚大，黄河河防工程危险，随即开放王营减坝以泄黄涨，各工均获平稳，"上游之桃源、宿迁、邳、睢、丰、砀各堤漫水渗水之处，均经随时抢筑无虞"[②]。

黄河干流汛情紧急之时，南北各闸同时泄洪则已成常态，徐城志桩一度成为衡量这一区域生态水环境变迁的标尺。对于萨载等督办睢宁县郭家渡漫口情形，乾隆帝认为，"徐城志桩长水至一丈四尺余寸，徐州两厅属工程处处危险，已将毛城铺、苏家山及峰山各闸并上游天然闸俱全行启放"[③]，并传谕萨载等迅速查明据实奏覆。南河辖界分流泄洪还引发乾隆皇帝浮想联翩，以至于谕令属臣在上游河南辖境河道，勘察、兴建减水闸坝，分泄黄河漫涨之水。乾隆四十九年七月，睢州下汛二堡新堤因大河涨水，塌宽七八十丈。据兰第锡等奏，正河溜势尚未全掣，现赶紧裹护不令塌宽，阿桂亦奉旨速赴睢州督办堵塞事宜。乾隆帝"反覆思维治河之道，堤防与疏宣并重……将添设减水坝是否有益"，"六百里传谕知之，所有前日朕朱批及本日兰第锡奏到之图，并两次奏折俱着寄与阿桂等阅看"[④]，后经"臣等逐段看视，土性浮松实难建立石坝，外滩亦无可排倒钩之处……既恐盛涨时引水不畅未足以资分泄，徒然有名无实，若于大汛分泄得力处建设，恐坝基不固易致倾圮"。其后采取补救措施，并"经臣兰第锡绘图具奏，蒙朱批指示，彼时因水势弥漫未能施工，今睢州漫口下段应挑引河现在加挑宽深，若再将上游仪封境内高家寨河北官亭一带正河，遵奉前谕重加挑深取直，引溜北注，则上下河道可以畅行"[⑤]。

事实上，乾隆时期虽在皖北亳州、宿州、砀山、萧县等地通过兴修水利在一定程度上缓解了淤涝灾害，但其多是治漕行为主体下的局部疏浚工程。常态化的黄河减泄启放，使"毛城铺、峰山闸、虞城一带掣溜迅速，河底冲刷益深，去路通畅"[⑥]。但多年运作之后，江南河道总督兰第锡奏称："至睢宁境内之峰山四闸地高过水无多，铜山境内之天然闸离河太近，闸下地形低洼……惟砀山境内之毛城铺坝系碎石砌成，石坝外圈筑土坝……殊碍宣泄，臣等酌将淤嘴挑除顺势，西土坝照旧用料裹护以资拦御。"[⑦]随着时间推移，毛城铺外滩亦发生变迁，

---

① 《清高宗实录》卷四五三，乾隆十八年十二月庚戌。
② 《清高宗实录》卷八八九，乾隆三十六年七月乙卯。
③ 《清高宗实录》卷一一一〇，乾隆四十五年七月戊子。
④ 《清高宗实录》卷一二一一，乾隆四十九年七月辛巳。
⑤ 《清高宗实录》卷一二一五，乾隆四十九年九月壬午。
⑥ 《清高宗实录》卷一二九二，乾隆五十二年十一月丙子。
⑦ 《清高宗实录》卷一三二九，乾隆五十四年五月乙酉。

黄河原由张王庄以南行走，乾隆五十四年，秋汛水涨，将张王庄以北冲出新河一道，旧河淤浅，大溜全由新河行走。乾隆帝针对“图内淤堑之处即系旧河口，该督等并未将旧河口绘出，转于窦家寨地方向杀南分注支流画一河口，究竟该处新、旧河口是一是二？……仍着将朱笔图发交书麟、兰第锡阅看，着即另行详细展宽，绘图贴说呈览”①。乾隆五十五年后，黄河减泄坝闸体系中，睢宁县境黄河南岸峰山四闸中，头、四两闸已久闭不用。

（三）黄运治理、设置木龙与陶庄引河
——以黄运及清口治理为中心

乾隆年间的黄河下游干流河道整治与护滩工程是黄河堤防体系的重要组成部分，防范河滩险情并进行有针对性的控导处理一直是黄河河工的重点。利用人工扎制木龙技术治理黄河河槽被广泛采用，试图以使用木制河工机械木龙最大限度达到标本兼治的功效，这一现象或可称之为乾隆时期的木龙“技术流”。

1.“木龙”治河经过与陶庄引河缘起

位于黄淮交会之区的清口水利枢纽，为河防第一要工。木龙之制轫始于宋，史载“天禧五年（1021 年），陈尧佐知滑州，以西北水坏城，无外御，筑大堤又叠埽于城北，复就凿横木下垂木数条，置水旁以护岸，谓之木龙，当时赖焉”。后因年代久远，其制法已失传。木龙的作用与功能，据《木龙书》载，“以挑截黄溜，辄刷对岸而淤本工”，置水旁以护岸者功效明显，“且力可移河”。清李昞《木龙书·题定河工木龙成规》记有详细编扎制造样式、尺寸、大小及过程。

乾隆年间黄淮干流木龙设施的使用可分为三个时期：其一，乾隆四年至乾隆十六年高宗首次南巡。李昞重新编扎木龙成功并投入使用，时人期望其治河挑溜护堤功能，更与当时陶庄引河再次开挑密切关联。因清口北岸陶庄涨滩，挑逼黄溜南射清口，每当淮水稍弱易于倒灌。自康熙年间陶庄屡挑引河，因北岸涨沙日宽，大溜益复南趋而工未成，雍正时期亦曾开挑与清口御坝接筑工程并行，力图调控水位，然黄常强而淮常弱，倒灌之患时不能免。乾隆四年大学士鄂尔泰奉命勘河，曾提议再次开挖陶庄引河，因汛长漫滩，引河赶挑不及，筑坝亦难施工。乾隆四年至乾隆十三年前使用木龙挑逼黄溜的主要治理方法、过程，详见于乾隆十三年本《木龙书》中《木龙纪略》：“即于四年（1739 年）十月委

① 《清高宗实录》卷一三四二，乾隆五十四年十一月戊戌。

令先办木龙护盘各一架，安设试看，辄能挑溜停淤。五年正月，奏请添建，钦奉朱批且试行之……设木龙护盘五架，连前七架，合力挑刷，节年改扎添设，迄今十载。前此北岸陶庄旧滩量长八百丈，宽三四十丈至一百九十五丈，今已全行刷去，并刷旧挑引河，积土南岸，御坝业经环涨沙滩，现种柳数万株，成活茂盛，其头、二、三坝并清口西坝迤上护岸埽工之外悉涨，沙洲宽二三十丈至百余丈，长九百余大，清黄交会处所河面展宽二百余丈，清水出口较前更畅，会黄注海顺轨东流，鲜有抵触，倒灌之患前议引河坝工悉可节省，无庸挑筑。乾隆七年，夏秋清黄交涨，高一丈五六尺……晒即于东坝内赶扎木龙一架以护坝基坝外，捆编长筏破开洄溜以杀水势，更扎栏木二十道，搪护坝内一带□道堤岸，先是运口南堤被冲，料物阻水急切难运，乃就里河编长筏横亘水面，属之两岸役夫隔河取土运料，从筏上往来如履坦途……此数年来建设木龙之本末与清口南北两岸坍涨之情形也。”此外，《木龙书》还记有乾隆十二年黄淮干流木龙安设情形：“复于安东西门险工建设木龙二架，护盘二架，又桃源烟墪汛办木龙护盘各一架，此二处俱已化险为平，埽工稳固，又外河王家营、宿迁孟城庵两处顶冲各办木龙护盘二架，挑溜留淤保固堤岸，此又各处增设木龙之成效也。”①其二，乾隆十六年至乾隆四十一年，乾隆帝南巡之时，曾以先后两次阅木龙的方式，表达对于黄运交汇处河道堤防的关注。清口至海口黄淮并流河段为木龙安置重点区段，时人对“木制护岸机械”，即木龙的使用充满期待并有目的地积极推广，也在一定程度上发挥了木龙的机能。其三，乾隆四十一年陶庄新河至乾隆末年。乾隆四十年之际，清口仍在增建木龙，但功效有限，据光绪《淮安府志》记载：“自五年（1740年）后，木龙日增，陶庄积土渐刷，然河势终未北趋，去清口近仍有倒灌之患，至四十一年，高晋、萨载请于陶庄上积土北，复开引河，使黄水绕北下注，清水至周庄与黄会，二渎并流，绘图入告，从之。”②

实际上，陶庄引河开成后不久亦淤塞，乾隆四十五年南巡后，而不得不于乾隆四十六年再展陶庄引河。这一时期，以木龙挑溜护岸依然沿用，安置方位亦随实地工程需要发生变化，南巡之时，木龙功效虽得到乾隆帝的首肯，但其仅作为经济有效且功能有局限性的治黄方法之一，直至乾隆朝后期仍在使用。

2.河滩放淤与木龙分布

乾隆时期，为防黄河主溜离开重点防守险工地段，使用木龙的木结构护岸

① ［清］李晒：《木龙书》（不分卷），《故宫珍本丛刊》第223册，海南出版社2001年版。《木龙书》内容还包括：御制木龙诗、恭迎圣驾南巡诗、木龙颂、木龙图说、木龙成规等。

② 光绪《淮安府志》卷五《河防·黄河》。

装置,尤其在以清口为中心的河道堤岸,用以挑溜护堤较为普遍。安置木龙巩护堤岸,通常是在河堤前按照尺寸比例所埋木框内,填以河卵石以抵消水流冲击的力量。木龙的平面形状包括有小型锯牙形和大型马头形。乾隆四年(1739年)五月戊午,大学士鄂尔泰等奏请挑陶庄引河。清口西坝对岸,旧为陶庄河岸老滩,其东北转角正对清口东岸卞家庄,黄水至此,北阻河滩,南逼清水。他认为:“挑成之后,待大溜盛涨,相机开放,清水可以畅出,直至惠济祠下,再与黄会,以达到清黄并行顺下之势。”①乾隆五年正月,江南河道总督高斌奏称:“有效力州同李昞,曾得秘传木龙之法。请于南岸造木龙数架,则大溜自可挑开,黄河移趋北岸,效力甚速。……自安设以来,河溜自行开去,从未一旁龙滩,已有明验。臣审查情形,一龙之力不足以远挑黄溜,尽使避南趋北。尚应与西坝以上再设木龙一架,以相关应,必能大得其力。”②因使用这种以竹缆绑扎木材九层做的木龙效果很好,因而此后在适用河滩广为使用,木龙建筑物的淤滩功效也被乾隆帝所关注,并被推广至黄河下游多处河滩设置。乾隆十三年七月,时任江南河道总督的周学健疏称:“宿迁县黄河南岸孟城庵一带堤工,对河北岸上游马陵山嘴挺出,挑溜南趋,该工随成顶冲之势,甚为险急,必须编扎木龙护盘二架。又,清河县北岸王家营地方,外临黄河内逼盐河,河势坐湾,兼对岸涨出沙滩,逼溜大趋,其势甚险要,必须编扎护盘一架。”③

乾隆二十二年白钟山调任江南河道总督之后,在进行清口水利治理时,挑挖引渠与设置木龙并举,“现在大汛将届,黄强淮弱,运道攸关。查清口对岸陶庄向有淤滩一段,近更加宽阻黄,以致溜愈南趋。应于彼处一面挑切滩嘴,一面于兜湾处挖引渠一道,分引溜势。并将南岸清口以上木龙,再加接扎宽长,庶挑溜开行,湖流畅出,可助抵黄之力”④。而清口附近一直是木龙置放集中之地,且新建及接长木龙之工不断,“查乾隆三十年,遵旨于陶庄添设木龙一架,臣高晋当经攒办,计长五十丈,正值伏秋大汛,颇收挑溜之益。臣李宏于秋汛后,复会同高晋查勘南岸,新建木龙迤下,淤出滩长一百九十七丈,北岸陶庄积土尾段,刷去长十余丈。臣等复加相度,又将新建木龙接长十丈,挑溜护摊更为得力”⑤。乾隆朝江南河道辖境河图中,多清晰绘有木龙方位、数量,并与河臣奏折一起上呈乾隆皇帝批阅。乾隆三十六年高晋已兼署漕运总督,授文华殿大学士,兼礼

---

① 《清高宗实录》卷九二,乾隆四年五月戊午。

② 《清高宗实录》卷一〇九,乾隆五年正月辛未。

③ 《清高宗实录》卷三一九,乾隆十三年七月辛丑。

④ 《清高宗实录》卷五八六,乾隆二十四年五月壬辰。

⑤ 《清高宗实录》卷八一〇,乾隆三十三年五月己未。

部尚书,可称位高权重,但仍任江南河道总督之职,奏称:“清口东岸平成台地方,因四月内清黄并弱致生淤滩……及阅所绘图样,则淤浅处所适当清黄交汇之冲,若听其淤积,日久必致清水不能畅出……今陶庄对岸旧设木龙,节年未以员其利,现在似可毋庸多设,或于清口外淤沙之处相度形势,将旧有木龙移建一具以资挑溜之用。”[①]阅览河图过程中,乾隆帝始终关注清口木龙的设置及移位,乾隆三十八年七月,“清口新建木龙挑溜刷淮,黄水直逼北岸陶庄,积土之下刷去旧滩,现在清水直抵惠济祠迤下……阅图内新建木龙紧对陶庄,溜势现已北趋,著有成效,今于图内用朱笔圈记,明年似应将旧建第二架木龙移置其地,则挑溜护滩更为得力”[②]。

乾隆朝河道总督与技术官僚二者之间使命、分工看似为截然不同的角色,从某种程度而言,当政东河、南河总督长期运作经验部分弥补了其河工技术欠缺的局限,黄河木龙从制造、使用、维护到布局的复杂过程,始终是河官、河工及技术官员集思广益、充分合作、共同努力的结晶。

3.清口各坝与木龙设置

在乾隆时期,以河图图示木龙建筑作用,始终贯彻于木龙作为黄河下游放淤生滩有效治理的整个过程。乾隆四十一年(1776年)七月,乾隆帝披阅图内所绘引河形势,尚觉太窄,并于图内批示:“再,图说内称俟引河开就应于对岸另筑挑水坝挑溜引注新河等语,朕意似可将第四木龙略移向上,在朱圈记出之处安置便可借以挑留,但未知能得力否,又就图内河流形势而论,于新开引河似可再移向上,于第二木龙对岸径直开下似更便捷……并着高晋等一并详加勘度据实覆奏。”[③]挑水坝多位于河堤迎溜处,自河岸伸向河中修坝,以挑溜远行,防护堤岸。御黄坝,乾隆四十一年开挑陶庄新河后,黄河河道北移,将御黄坝下移一百六十丈,于平成台处建筑,连坝基共同八十二丈。乾隆四十四年又下移二百九十丈,于惠济祠前建坝,长一百六十八丈。随着各坝启用标准的制订和不断完善,一定程度上达到了有效利用木龙与清口各坝设施的合理配置。乾隆帝阅览新呈河图及所绘木龙时,发现图中河北岸长有嫩淤一带,即令及时解决。于是,“因于其处用朱笔标记,急宜将此一带嫩滩切去,使其不复停淤,则南岸新添之木龙挑溜自更得力,河流必日渐北趋”,着传谕高晋、萨载及此时即速实力遵

① 《清高宗实录》卷八八五,乾隆三十六年五月庚申。
② 《清高宗实录》卷九三八,乾隆三十八年七月己巳。
③ 《清高宗实录》卷一〇一二,乾隆四十一年七月壬申。

办,“将朱批两图发往,由五百里传谕知之”①。三年之后,“至阅进到图内南岸御桩亭之西现在溻崖,该处距挑水坝西边木龙不远,恐渐溻渐近,未免于木龙有碍,自宜设法小心保护为要,因于图内用朱笔点记”。“再阅挑水坝东边木龙之下虽有旧堤两道,今若从东边木龙接至顺黄坝一带,再添筑新堤一道,则河流更直,似不虑其复逼旧堤,因亦于图内用朱笔尖记两头……除将朱笔标识原图照样另绘,朱批李奉翰折钞寄阿桂令其审酌具奏外,并着将原图发交萨载,会同李奉翰详悉履勘妥酌具奏”②。

上例乾隆帝图示谕批木龙方位之际,时值李奉翰于乾隆四十六年正月调任江南河道总督后,其任职初期随即采取奏定南河汛员、酌增河兵、移改运河闸官、运河汛员等举措,而以木龙治河正是其中之一。乾隆朝黄河河工之际,河臣往往奏折与河图同时并举。对于奏折失实之处,乾隆帝曾谕批:“本日李奉翰奏请扎木龙护滩挑溜一折……初阅之竟似于清口添设木龙,及阅图中新扎木龙处所乃在顺黄坝排水坝之西,去清口甚远,折内所称清口请添木龙措辞失实。”③乾隆帝对于河臣的使用一贯是恩泽与惩处并举。乾隆四十九年南巡时,李奉翰任南河总督有功“奖其勤劳,赐骑都尉世职”,而在乾隆五十年又因清口运道阻塞降三品顶戴,后“寻命复之”。从乾隆五十六年六月南河河道总督兰第锡奏折中得知:“顺黄坝上下共有木龙五架,又,陈家庄新生埽工,前河臣李奉翰奏明估扎木龙一架。嗣因顺黄坝头四、二架渐淤,经奏明移改,并于陈家庄加筑挑水坝。惟顺黄坝二、三、五木龙身外,现又渐挂淤滩,必须起拆移扎。其陈家庄工头,自筑挑水大坝,木龙渐亦被淤,应将工头木龙移于工尾改扎,长四十丈,以资挑溜。”④可见,整个乾隆时期,木龙虽经使用日久淤没,仍可移改置换,始终作为治理河道的有效工具而广泛使用。

回顾陶庄引河治理始末,乾隆帝对此颇为自得,言道:“逮乾隆己未岁,予命大学士鄂尔泰视河仍持开引河之议,而河臣、河员率以为难行……予以为陶庄之引河不开终无救清口倒灌黄流之善策,但南巡四次未至其地,用是耿耿于怀……及萨载之任,与督臣商晋亲履其地,测量高下曲直、头尾宽岸,绘图贴说以闻。朕复详酌形势,以朱笔点记,往返相商者不啻数次。议既定,适于去岁九月十六日兴工,以今岁二月十五日乘春汛水长之候放流入新河,而旧河筑拦黄

① 《清高宗实录》卷一〇四二,乾隆四十二年十月甲辰。
② 《清高宗实录》卷一一三四,乾隆四十六年六月甲戌。
③ 《清高宗实录》卷一二一二,乾隆四十九年八月庚寅。
④ 《清高宗实录》卷一三七五,乾隆五十六年六月壬寅。

坝以御之。既放之后，新河顺轨安流直抵周家庄始会黄东下，去清口较昔远。”①可知乾隆时期严谨绘图贴说、严格制图精度的流程，即是准确规范河工精度、施工质量的过程。其矛盾表现在，河图上呈与送达的时间滞后现象，与要求相对精确的实际程度不相符合。因此，通过连续往返绘图贴说并最大限度掌握动态的可视信息，是有效缩短各方时空间隔的有效方法。

对于黄运关系的准确把握，借助于河图不失为一行之有效的方法。东西两坝是指堤岸断缺处的上游一端在口门的西侧，下游旳一端在东侧。束清坝本名兜水坝，乾隆四十六年建于运口北，以使清水多入运河。每年汛期拆展以泄湖水，冬初接筑，蓄水济运。乾隆四十八年七月，乾隆帝还“着传谕萨载、李奉翰将中河口及李家庄新河各该处现在水势情形若何详晰绘图具奏”②。乾隆五十年九月，据萨载等奏，新建东西坝以外之临黄坝尚未启拆，应俟拔船、漕船将次到淮后开放临黄坝工，以便各船渡黄前进，并绘图呈览贴说。乾隆帝要求“务将东首坝工照朱笔标出处所启拆，使水向东北顺趋下注，自不致有倒灌之虞方为妥善，着将此六百里传谕知之，所有朱笔标识原图并着发交阅看”③。而“着发交阅看”目的在于，之后河工方案须与朱笔标绘之后的河图保持一致。乾隆五十七年，束清坝移建于里外河厅交界处。至乾隆朝后期，清口治黄济运工程中，木龙作用仍无法替代。乾隆五十三年三月，两江总督书麟、江南河道总督李奉翰奏：“外河厅清口顺黄坝上下黄河南岸，原存木龙五架，自上年睢州十三堡漫溢后，各架木龙均干搁河滩，缆扣松朽，依黄四复趋故道，木龙外俱有沙淤，挑溜未能得力，应将从前头二两架木龙，移上六十丈，扎第一架，离下九十丈，扎第二架。均照原长三十丈，又离下九十丈，扎第三架，又下八十丈，扎第四架，均改长四十丈。再将第五架，改扎五十丈。现饬该厅将淤沙木植尽力取出，并酌添木料，赶紧督办。”④

由上可知，乾隆时期木龙在黄河河工的广泛使用不仅颇具时代特征，且其空间分别主要集聚于南河辖区徐州至淮安、清口及清口以下黄淮干流河道三个区段，同时也是黄淮运治理的核心地带。利用木龙治河与清人以河图治河虽方式有别但目标一致，皆为有效改善治河项目环境的重要举措和努力。

---

① 《清高宗实录》卷一〇三四，乾隆四十二年六月丁酉。
② 《清高宗实录》卷一一八四，乾隆四十八年七月丁酉。
③ 《清高宗实录》卷一二五〇，乾隆五十年九月戊申。
④ 《清高宗实录》卷一三〇一，乾隆五十三年三月壬辰。

（四）乾隆时期黄河水利之泥沙利用与引黄济运的方式
——以放淤固堤、落淤治河与引水济运为例

"善决"为黄河之习性。建筑并巩固河道堤防为黄河修防之重，同时，经广泛实践之后，将黄河"善淤"习性借以规模有序利用，推行"用洪"及"落淤固堤"之法，在乾隆时期已被普遍采用。清乾隆年间，黄河干流堤岸时常使用放淤固堤之法，即引用多泥沙的黄河水，使之淤垫沿河洼涝地方，用以加固堤防，"所用方法是旧堤背圈筑月堤，把旧堤斜开两缺口，开倒钩引河引浑水由上口入月堤内塘澄淤，清水由下口排入正河，逐渐把内塘淤平"①。据姚汉源《明清主要固堤放淤统计》表内显示，自明万历元年（1573 年）起，到清光绪十六年（1890 年），共计 86 次，其中乾隆元年（1736 年）至乾隆六十年（1795 年）止，黄河河段共计进行大小规模不等固堤放淤达 56 次之多。

黄河固堤放淤主要存有埽后放淤、决口坑塘放淤、御溜救险放淤、涨水刷决缕堤，内塘成为水戗，澄淤和决口堵筑之大坝、二坝、三坝间放淤五种形式。资料显示，黄河干流固堤放淤呈现三大特征：一是在黄河南岸放淤次数又明显多于河段北岸；二是江南河道总督辖境放淤规模及次数多于河东河道辖域；三是固堤放淤工程多与黄河堵口及堤防工程同时进行。乾隆四年（1739 年）六月，黄河在铜山县南、北岸，桃源县南岸，山阳县南岸和安东县北岸实施固堤放淤。鄂尔泰认为放淤及滩地开引河是治水良策，"于引河无用之处放淤培岸，今铜沛厅属南岸之七里沟、北岸之茅家山，外河厅南岸之杨家马头，放淤已成。桃源厅南岸之颜家庄，外河厅南岸之真武庙，海防厅南岸之大菱陵、龚家营、童家营、山安厅北岸之大飞，现在放水皆已成淤"②。乾隆帝曾多次借助于河图参与并指挥放淤固堤工程，关注河道淤垫情况，论及铜山县南岸及张家马路等处河工，"此次伏汛连前共长至一丈三、四尺，大溜奔腾浩瀚，实内涨盛，上下各厅工程如夏家马路、张家马路等处在在险要……再阅图内张家马路堤后塘内水深八九尺至一丈一二尺不等，恐伤及堤根，亦为可虑，此时如能放淤使水去泥澄壅护堤根固为尽善"③。由于黄河河道堤工多为系统工程，放淤固堤往往需多次反复进行才可达到效果，此次张家马路放淤直至次年再续放淤后，秋汛已淤出水面，堤外另

① 姚汉源：《黄河水利史研究》"中国古代泥沙利用之四"，黄河水利出版社 2003 年版，第 514 页。

② 《清高宗实录》卷九四，乾隆四年六月己卯。

③ 《清高宗实录》卷一一八五，乾隆四十八年七月丙辰。

生新滩。

黄河水多沙善淤，引黄济运河道易淤难浚早已成为共识，但在乾隆年间，经权衡得失之后，又曾几度决策引河济运。乾隆三十九年（1775 年）九月引黄河水北上济运即是其中一例，乾隆帝得悉河东河道总督姚立德所奏，自潘家屯可开引河，挹注微湖，为早日挑挖，“谕令高晋，速行速赴潘家屯，相度筹办。着传谕姚立德，即由东昌迅速驰赴该处，会同高晋详加履勘”，但其前提是“必须无误来春运道”[①]。对于引黄助湖济运，有大臣提出不同意见，大学士、两江总督高晋等覆奏：“前查潘家屯引黄助湖事宜，实因微湖蓄水甚少，明春泉源旺盛与否，难以豫定，引黄助湖实为有益无损。……若徐城志桩长至七尺以上，即行堵闭，非若毛城铺于大汛长水时开放分泄异长可比。”[②]引水河工还涉及徐州水志并与之相互参照，据《河防纪略》记载，乾隆三十九年，“微山湖浅，（姚）立德请开徐州北岸潘家屯引黄助运，上难之。命高晋勘议，高晋议建碎石滚坝，坝外建束水堤，并钳口草坝于屯之东南米家庄开渠二千余丈，避溜倒钩，疏坝内耿家旧河五千九百三十丈，引河两岸筑堰护田庐。徐州水志消至六尺，时启坝长至七尺以上，闭之，如所议行”[③]。而在乾隆四十九年，亦曾开黄河北岸铜山县茅家山引河，引黄水由房亭河出彭家河济运，后屡经启放。在淮安清口方面，乾隆五十年九月，“据阿桂奏到筹办清口情形，借黄水以送回空、蓄清水以济重运，并于清口筑坝煞住及陶庄河尾另开口门各节，已屡经降旨令其相机妥办，绘图贴说呈览矣。从前治河之道惟有导清拦黄不使倒灌，今转引黄水入清口以资浮送自属下策，但该处既经淤沙梗塞，舍此别无引水之善策”[④]。由此看来，乾隆帝清醒意识到避害趋利并赖黄行运，引河济运举措，效果利少弊多，矛盾之中，实为迫不得已的权宜之计。

《清高宗实录》显示，乾隆朝黄河干流洪泛灾害多，政府虽及时应对但重大河工仍频繁发生。就空间距离而言，本章称河南山东河道辖境为上游，江南河道辖境为下游，而黄河决溢或交替或上下游同时暴发。黄河决泛灾害对河干南北区域的损害程度，即黄泛持续时间的长短往往取决于河工堵筑的时间早晚。治黄的复杂性不仅表现在受黄河汛期及季节性气候等客观因素影响，政府相关治河部门应对突发性黄灾的治理举措必须顾及防黄保运和黄淮运一体化综合

① 《清高宗实录》卷九六七，乾隆三十九年九月二十九日。

② 《清高宗实录》卷九六九，乾隆三十九年十月甲辰。

③ ［清］孙鼎臣：《河防纪略》卷一。

④ 《清高宗实录》卷一二三九，乾隆五十年九月辛酉。

整治策略。因此,由乾隆帝直接监督河官职事、定夺治河决策便成为水到渠成、理所当然。

三、乾隆时期治河决策机制

凡遇军国大政,乾隆帝与奉召面议的军机大臣及九卿会议商讨对策,以集思广益。河道治理,尤其涉及黄淮运整治事务,亦成为贯彻乾隆朝始终的重要组成内容,从而形成了以乾隆皇帝为核心,军机大臣及议政辅臣参与会议,共同制定河道治理方案,最后由乾隆皇帝决定执行的中枢决策机制。乾隆朝档案、实录、起居注中,凡重要河工,多明确记载有乾隆帝谕军机大臣商议具体治理事宜的决策过程。涉及黄河干流河道堤防治理、决溢河口封堵工程和黄淮运城市防洪,河政辖区、职官等诸多重要环节。影响乾隆朝治河政策走向的细节,不仅取决于河道决漫迁徙的自然属性,而更多相关整个乾隆时期黄运、黄淮、黄淮运关系整体布局。乾隆朝,凡重要河政事务皆由君臣会议或臣工会议议定,但同时指挥调度"东河""南河"重大决策事物,其统筹全局之能力,则非乾隆帝莫属。同样,在黄淮水环境大背景下,河道治理过程中利用河图以达"乾坤独创",其初衷意在减轻洪水造成的损害程度。上谕,则多由工部、内阁大学士及军机大臣等撰拟。"谕军机大臣"成为文献中最能直接体现乾隆朝治河决策,尤其是乾隆帝治河思想过程的关键词。相关制订治河具体事项的决策过程,其层次主要包含河督、总督、巡抚或相关主管重要属臣级别,其运作方式包括以下几种。

(一)君臣会议

1.凭借奏疏文牍由驿递传送商议

通常先由河道总督等奏疏请旨,后经乾隆帝批示。或先由乾隆帝谕旨,而后大臣遵旨议奏,再由乾隆帝批示。乾隆帝与"南河""东河"总督等议决河道治理政务,通常以此为方式。而先奏后批,则常见于《清高宗实录》"着依议行"。乾隆十八年(1753年)十月,铜山南岸黄河漫决后,乾隆帝按图筹划,"为今之计惟有从断流处所,去弯取直,开挖引河,使正流由故道而东……传谕策楞等,令用以工代赈之法,以徐属灾民鸠工开挖”[1]。因地势难以施工,后又改口称“前次图中朱笔所画,乃就图中形势而言,初无成见……惟有详细相度情形,或于开口上下附近可以酌量施工之处开挖引河,总以取直能顺水性,俾河流早归故道为主”。钦差尚书刘统勋上奏:“遵旨开挖引河,遣副将朱一智等同本地河兵确查,并询问高斌均称开河引溜有益无损,已将河身北股开挖。……俟北岸淤泥稍坚,当于图内御笔指示处对准漫口上下大开引河,逼溜东趋自易合龙。”乾隆帝又批:“此处恐有迁就遵旨之意,总之,面陈指图而言,朕即悉矣,朕从不执己见,汝等宜早知之。”[2]

2.当面商议对策

乾隆四十二年(1777年)二月,乾隆帝又谕军机大臣等,“此次开放新河并堵筑旧河,为全局一大关键,自应绘图贴说方能了如指掌,何以高晋等总不具图呈览,实属疏忽。至折内所称河无两行,原拟估做挑水兜水坝,与其留此河面任其分流,不若一律估筑堵闭,所奏甚是……着传谕高晋、萨载等,于堵闭时务须悉心讲求,设法筹筑厚实坚固”,并“详晰绘图贴说具奏,俟萨载竣后来京时再为按图指示善后保固各事宜”[3]。乾隆四十四年(1779年)二月,仪封堵口之时,“至该处河工诸事,仅据伊等屡次奏到图折未能悉其实在情形”,认为“袁守侗自开工至今皆所目击,其见闻自必真切……着即速驰来京,朕得以面询一切”[4]。着由六百里加紧发往,并由阿桂等将新挑之引河于何日兴工、拟办宽深丈尺情况即行由驿复奏。从乾隆四十五年正月的一则史料记载来看,乾隆皇帝与众臣当面商议河工事宜的地点是在故宫西北面的承光殿。其间,召见军机大臣并直隶总督袁守侗、工部左侍郎德成于承光殿指示图说,谕曰:图内德成所拟“在十六堡漫口西堤随水筑顺水坝一道,将溜势逼过口门数十丈归入旧引河,则断不可行”[5]。乾隆帝除与河督大臣会商之外,还从阅读河图、奏折细节着眼,观察分析具体漫口方位、施工时间等以把握工程项目的进程。以江南河道辖境睢宁县郭家渡河工为例,“前日据萨载等查奏睢宁县郭家渡漫口,折到后迄今又阅数日,未据续有奏到之折……前据奏称,掣动大溜已至七八分,正河尚未至断流等语。计该处自六月十七日漫决迄今已越两旬,该督等应即相度形势,是否可以就近将溜头设法引至陶庄新河,俾渐次顺轨畅注之处,似于漫口下埽抢筑事宜

---

① 《清高宗实录》卷四四八,乾隆十八年十月癸未。

② 《清高宗实录》卷四四八,乾隆十八年十月己丑。

③ 《清高宗实录》卷一〇二七,乾隆四十二年二月丙寅。

④ 《清高宗实录》卷一〇七六,乾隆四十四年二月壬戌。

⑤ 《清高宗实录》卷一〇九八,乾隆四十五年正月丁亥。

较易为力。着将此由六百里发往，谕令迅速筹办，仍将日内河水情形并作何办理之处，一并由驿速行奏覆”①。

3.凭借文牍商议

《清高宗实录》多记有“寻奏”“从之”等语。以乾隆四十五年为例，“寻奏”，“郭家度漫口外高内注，现在大溜直注口门，从南岸上首挑溜，既无着力之处，而北岸嫩滩亦未能抽挑引渠。查漫口紧靠正河，若于进埽后堵筑过半，过溜头可逐渐逼归正河，势近而顺合龙亦易。批：先从西坝进埽如何？又称：工次需料，早经发价各州县庄户定办，今早种秋秸渐次成熟，先行催割，俟集有成数，即开工进埽趱堵。批：是，勉为之。又称：宋家湾险工业已巩固，丰砀、铜沛二厅各工亦抢护平稳。大河水势近日有消无长，下游分泄甚畅”②。

（二）臣工会议

乾隆帝处理河道治理政务时，命诸臣先行会议，而后根据情况酌情裁决。大学士、九卿会议，工部议奏、复奏等议政机制，多与此决策模式相关。乾隆八年（1743年）正月，钦差大学士陈世倌、总督高斌、侍郎周学健会同两江总督德沛、调任江南河道总督完颜伟、江苏巡抚陈大受、前任安徽巡抚张楷等奏：“臣等共同酌议……及黄河北岸石林口新筑坝内月堤。”③乾隆二十二年三月，白钟山、张师载、高晋奏：“臣等会议黄河北岸丰、铜两厅加帮临河堤工及黄村、苏家山等处支河土坝，并新添花庄乱石坝等工。臣张师载分任南岸丰铜两厅加帮临河堤工及郝家集支河土坝，并郝家嘴抽挑须势引渠，臣高晋分任……亦必互相参酌。”方案得到谕准后，乾隆帝认为如此“方是朕怀，借以少慰，仍即具图贴说速行奏来”④。

值得一提的是，就乾隆年间黄河重要水情及河工决策事项而言，堵口等重大问题除及时定向报知河东河道和江南河道总督外，还必须将最新河工水情快马上呈乾隆帝知晓并候等重要御批。综观整个乾隆朝河工决策，驰驿通报视公务紧急程度差异有别，因“河情问题”的重大程度不同而区分四百里、五百里、六百里加紧不等，这一奏报制度贯穿于始终，对于及时沟通黄河汛情，准确决策起

---

① 《清高宗实录》卷一一一〇，乾隆四十五年七月辛巳。
② 《清高宗实录》卷一一一〇，乾隆四十五年七月乙酉。
③ 《清高宗实录》卷一八二，乾隆八年正月甲子。
④ 《清高宗实录》卷五三五，乾隆二十二年三月辛酉。

到了不可替代的重要作用。

四、乾隆朝黄河干流沿岸河防官制与辖区

以仪封决口河工时期为例,治河官员的任免调配事关堵口大局,其间对河督及督河大员的高层人员调度的指挥掌控,皆由乾隆帝谕令。乾隆四十三年(1778年)七月,乾隆帝即命袁守侗往河南,会同河东河道总督姚立德、巡抚郑大进查办河工。七月"戊戌,命高晋督办堤工,十二月庚申,河南仪封堤工塌坏,高晋等下部严议",乾隆四十四年正月,命"李奉翰为江南河道总督",再命大学士阿桂赴河南查勘河工。当年四月,"以袁守侗为河东河道总督",十二月,"命侍郎德成至河南会办河工",当月,再"调陈辉祖为河东河道总督"。乾隆四十五年二月,调"李奉翰为河东河道总督","调陈辉祖为江南河道总督"。当月壬申,仪封决口合龙。

(一)河东河道与江南河道互动

清雍正七年(1729年),清廷将河道总督一分为三,其中江南河道总督衙署设驻清江浦,河东河道总督驻济宁,互不统属。作为河道管理的主要部门,河南山东河道与江南河道在黄运两河的修治、管理任务方面存在良性互动,但另一方面,又长期存有两地辖界之间相互诸多推诿现象,以至于乾隆帝不得不从中协调。乾隆十六年(1752年)八月,据河东河道总督顾琮奏:"豫省阳武漫口现在水深二丈,十六堡大水深四丈……鄂容安已调任山东,在工惟顾琮一人,力难胜任总河,大学士高斌着速行前赴阳武工次,相度堵筑。"[①]针对总河嵇璜奏请将河南、山东两省河工人员彼此酌量调补的建议,乾隆帝对于原先河员回避原籍制度进行了调整。乾隆三十二年十二月二十一日,奉旨:"盖南河额缺本繁,若拨往北省,惟河南、山东毗连……嗣后凡河工同知以下各员,有官居本省而距家在三百里以外者,俱准其毋庸回避。如此则工员不致移调纷烦,而河务亦可驾轻就熟。"[②]

① 《清高宗实录》卷三九七,乾隆十六年八月戊午。

② 《乾隆朝上谕档》第五册,编号751,档案出版社1991年版。

乾隆四十六年七月,河南曲家楼漫口,七月十二日大河水势复涨一尺七寸,漫决地在黄河北岸,切近运河,若黄水由曹县、金乡、鱼台至南阳湖下注,则关系漕运安危,当时随即采用就外滩临黄堵截的对应办法。乾隆帝自河图获悉详情后,"已于原图内孔家庄漫滩地面画朱笔南北两道……现在情形北河转比南河著重,着传谕萨载李奉翰即令李永吉选带熟练河务之备弁,带领桩埽兵丁如数迅速前往河南",并"着传谕萨载李奉翰、韩𫄧、国泰,各将该处现在实情详晰具图速行覆奏,至国泰所奏东省河图一件并着寄交韩𫄧阅看,其韩𫄧所奏孔家庄漫口经朱笔画出原图一并钞寄阅看,将此由六百里加紧各谕令知之"①。鉴于漫口泄流之水可能危及漕运,乾隆帝告诫时任河东河道总督韩𫄧、江南河道总督李奉翰及河南、山东两省相关主要官员,勿存地方狭隘之见,说明当时河政条块分割现象已较普遍,从而引起乾隆帝的重视。当年八月,又谕:"前已节次传谕询问萨载、国泰等,令其详悉确查,据实复奏。不得稍存回护讳饰之见。至东省淹灌诸水去路,正应亟宜不分疆界,筹划其下流分注之处,然并非一时所能宣泄净尽。现在萨载亲往南运河一带,查勘筹办分泄各事宜。"谕令往微山湖亲勘,并"着将国泰此折及原图钞寄萨载阅看,其应如何筹办之处,一面与国泰札商办理,即一面奏闻"②。之后,又针对所呈奏折,批曰:"本日据国泰复奏东省湖河现在并示受淤情形一折,微山湖水尚深二丈有余,不致淤垫,览奏稍慰。东省猝被黄水漫注,一时下游不能疏泄,间有淹浸之处,国泰前奏,在东言东,未免过于张皇,并未通盘筹划,其意似谓江南不肯消山东之水,显有畛域之见。……至国泰折片内复奏,刘老涧应须挑浚,与现在仪封漫注黄水无涉等语,尤为回护前奏,更属非是。"③

乾隆时期"东河""南河"河政腐败屡禁不止,河工巧立名目被视为弊端其中之一,对于河官以河防修守为名靡费牟利贪污之实情,乾隆帝自知难以杜绝,但见奏折、河图所陈河务中恐有涉及此事项,则态度坚决。针对李奉翰奏查勘仪封上汛三堡大堤之后有月堤一道,又七堡河势近堤应估筑挑坝一道以资挑护的上奏,据《乾隆朝上谕档》记载:"朕阅所绘图样,仪封七堡河流逼近大堤,惟恐大汛时溜势汕刷,自应添筑挑坝以资保护。至三堡月堤原为大堤重障,今拟加筑撑堤,试思此项月堤工段绵长,中间夹塘,俱系一律宽广,添此一线之堤,又安能处处撑护,自系工员等思筑,籍此开销以为沾润谋食地步……此等陋习不独

---

① 《清高宗实录》卷一一三七,乾隆四十六年七月己未。

② 《清高宗实录》卷一一三九,乾隆四十六年八月十八。

③ 《清高宗实录》卷一一三九,乾隆四十六年八月二十五日。

东河为然，即江南亦所不免，且撑堤字样殊不成话，后河务工程均不得仍列此等名目。”①

从河督辖区范围而言，尽管江南河道辖境内客观上对承接上游来水下泄应对充分，但从乾隆帝谕批内客来看，矛盾依然突出。乾隆五十八年（1793 年）十二月，两江总督书麟、江南河道总督兰第锡奏：“丰砀一带承豫东水下注，淤厚堤卑，丰北距微山湖近，堤工尤要，铜沛厅以下暨淮扬道属各厅黄、运堤工，宜培厚加高处请一律查办。”②当漫口及河防堤工位于河东河道与江南河道辖界邻近或两省接界之地时，双方各层级管理机制矛盾往往突出显现。乾隆五十九年八月，“福宁奏据单县知县禀称，该处河水长至八尺八寸，自十四堡至三十三堡，黄水普律漫滩不能畅消，沿堤察看缘江南丰北厅于界首筑做南北上坝一道，长三百六十丈直接滩内刘家庄止，又于庄基南面接长土坝数十丈，以致水无去路，从坝根折向西南绕出坝头始往东注”，乾隆帝谕军机大臣曰：“今阅福宁所绘图样，江省黄河两岸所筑土坝各有三十余坝之多，又于界首筑做南北土坝一道挺峙河滩，而西南复加筑子埝一道几无隙地……今用堤埝横行拦截，其六坝、七坝等处竟成入袖形势，又何以使之归入大海。”

除了指出上述问题外，《清高宗实录》还记载有乾隆帝对河图相关图示内容“朱笔标抹”，禁令河督辖界及邻省周边各行其是，并就该工程作出具体处理决定。“该河督等虽各省分管界限，而以公事而论则同系一河，岂可稍存偏私之见各分畛域，已于图内用朱笔标抹。所有江省南北新旧坝埝，除被水冲缺处所暂且不必补筑外，其余碍水去路应行拆去者竟当拆去，使东省漫滩沟槽之水顺势东趋归入大河……着福宁接奉此旨即先行驰往江境丰北厅地方，将所筑坝埝有碍曹、单漫水去路应拆动者先行拆去”③。乾隆五十九年八月，乾隆帝再次强调，“今南河南北两岸横筑坝埝，鳞次栉比，甚至北岸第五坝长至七百五十余丈，南岸蒋家坝长至一千余丈，两岸堤根俱挺入河心，又接筑东西圈堰占碍河滩……惟当通盘筹画俾上下游均有裨益，不可稍存畛域之见方为妥善”④。

① 《乾隆朝上谕档》第十二册，编号 1583，乾隆五十七年二月十九日。

② 《清高宗实录》卷一四四三，乾隆五十八年十二月戊子。

③ 《清高宗实录》卷一四五八，乾隆五十九年八月丙辰。

④ 《清高宗实录》卷一四五九，乾隆五十九年八月癸酉。

(二)乾隆朝黄河干流河防官制和辖区
——以道、厅河政与州、县河官的时空演变为例

河道总督部院衙门下属机构有道、厅、汛,分别由专门官员或地方官员管理,其分巡道又兼管多项政务。以江南河道总督辖区为例,淮扬海道,其驻地淮安,即兼顾盐法、漕务、海防等;徐州道,则兼河务,驻宿迁。而淮徐、淮扬道职管范围,且多为跨府或府与府之间。一般而言,河务道分管辖区、方位,从其名称即可知其幅员、管河区域,其分辖地区负责守卫、防洪、修筑堤坝等且多可跨越府辖界。乾隆朝职守黄河干流河政的专职河道,其职掌范围、地域,命名多以其辖区内政区名称首字相连接,通过对河道水利职官和机构设置、沿革、职能作用的考察,有助于探析清代河道水利管理体系部门的结构与实际运作。

1.河官选拔任用

河道总督属下的专职河道职责范围多负责河道区段守卫、防洪、修筑堤坝等任务,是河政管理最为主要的官员之一,因而每届河道调整之时,多从中筛选、推举得力胜任者并上请谕批。如上谕姚廷栋仍为淮徐道,乾隆六年(1741年)十二月初八日内阁奉上谕:“前降旨将姚廷栋调补四川建昌道,石杰补授江南淮徐道。今据高斌奏称,姚廷栋谙练河务,着仍为淮徐道,其建昌道员缺着石杰补授。”①对于治河有方的重要专职河道的轮换,乾隆帝甚至亲自审批,以至于破例允准丁忧守制期间仍可在职主持河政。如谕吴嗣爵给假治丧、胡文伯暂署淮扬道诸务,乾隆十八年十月初五,内阁奉上谕:“署江南河道总督策愣折奏,淮扬道吴嗣爵现在丁忧,昨因河员诸弊业生,是以特由运使调用。况目今河防紧要,一切堵筑漫口工程,稽核工料,正资料理,在任守制之例,朕从未闻,但河工与地方官员不同,实不得已。吴嗣爵着给假两个月治丧,其承办诸务交与胡文泊暂行署理,吴嗣爵事毕仍赴淮扬,照例在任守制。该部知道,钦此。”②对于河工紧要之处的道员任命,乾隆帝多严格要求以不辜委任。如寄谕萨载查实刘锡嘏能否胜任淮徐道要缺,乾隆四十七年七月二十五日奉上谕:“昨降旨将何裕诚补放河东河道总督,所遗淮徐道员缺已令刘锡嘏调补。但淮徐道系沿河要缺。现在沛县一带又有承办抚恤各事宜,必得明干熟悉河务之员,方能料理妥协,现在所调之刘锡暇是否果能胜任。着传谕萨载,令其据实复奏。如该员于淮徐一

① 《乾隆朝上谕档》第一册,编号1913。
② 《乾隆朝上谕档》第三册,编号2925。

缺不甚相宜，而江南道员中有熟谙河务者，令其据实奏请调补，以重河防。”①

2. 司职河官及辖地变迁

河道所在驻地多位于河工要冲，驻地迁徙去向及设置治所因需而变。下述的乾隆二十二年（1757年）八月初五至乾隆三十三年（1768年）六月初八日三例个案亦仅是其中变动一小部分，目的是以方便服务于黄运河政事务为中心。吏部议准钦差协理江南河工安徽巡抚高晋奏称：“淮徐河道，现驻宿迁。……至淮徐海巡道，向驻徐州。所辖淮安、海州各属相距辽远，巡查难及，宿迁为淮、徐、海适中之地，应令移驻。”②后从之。针对各地河员需求及河工实际需要的差别，乾隆帝认为：“尹继善奏称江南各处河道应修工程同时并举，需员甚多，恳请敕部于候补人员内拣选同知、通判十员，州县二十员，州同、州判、县丞、主簿杂职等官三十员来工委用等语，着在京总理事务王大臣会同该部照该督所请，先尽候补人员内拣选，如有不敷，再将候选人员拣选，员数即行发往，此等候选人员或初任未谙工务，该督即于现任官员内可胜任工务者派拨，差委，其发往人员酌量委署试用。”③此外，乾隆三十三年六月，从内阁奉上谕内容得知，准时任河南山东河道总督嵇璜奏：“河东河工效力人员除陆续咨补外，现缺额十六员，一切防汛、催漕不敷委用，请拣选主簿六员，从九品、未入流等十员，发东以资差委等语。……于候补、候选人员内照例拣选，带领引员发往。”④

实际上，乾隆朝初期，河道职官变迁多因循雍正朝旧制，对于黄河干流及沿岸州县河道职官的添没与裁减，即注重与前朝的衔接，又要顾及实际河工需求，而地涉黄淮运之江南河道辖境情况复杂，无疑是改革重点区域。乾隆八年（1743年）五月，吏部议覆：“江南河道总督白钟山奏称，河工添设各缺，酌议照旧设立，查乾隆六年大学士鄂尔泰等会同吏部奏，各省官制均有定额，不容任意增添。立令各省督抚，查明从前添设各官，就现在情形详议，如应裁，即据实具题，如无可裁，详细声明具题。再查雍正九年（1731年），大学士管江南河道总督嵇曾筠等题请，添没山阳县童营司巡检一员；嗣总督尹继善等题请，阜宁县添设驻扎庙湾县丞一员。”“乾隆二年（1737年），江南河道总督高斌题请，添设徐州府丰萧砀通判一员……今添设丰萧砀通判、阜宁县县丞、山阳县童营司巡检。”⑤

---

① 《乾隆朝上谕档》第十一册，编号673。

② 《清高宗实录》卷五七二，乾隆二十三年十月乙丑。

③ 《乾隆朝上谕档》乾隆二十二年八月初五，第280号。

④ 《乾隆朝上谕档》第五册，编号1000。

⑤ 《清高宗实录》卷一九二，乾隆八年五月辛卯。

视黄运河政变化调整河员层次阶构，皆服务于治河全局，此类现象一直延续至乾隆末年。乾隆五十四年(1789年)十月，“裁镇江府水利通判，移驻桃源，为桃源南岸通判。改江防同知为桃源北岸同知，各专司河务，从两江总督书麟请也”①。增、裁道制的过程，一方面反映出其调整目的在于提高办理河政效率，另一方面，亦可觉察其辖区范围和重心转移方向的变化。乾隆三十年四月十四日，奏请裁汰淮徐海道，复由淮徐、淮扬分巡地方兼管河务折，“查河防分巡，均属地方要务，原不应过为区别……若谓势难兼顾，即如现在山东省之兖沂曹道、河南省之开归、河北二道，均系分巡地方兼管河务之员，亦未闻致有贻误……且当时原为裁汰，乃裁一海防道，复设一淮徐海道，是名为裁汰而实无异于添设……应将怀、徐、海三府州地方分巡事务，仍归淮徐河道兼管；其扬、通二府州地方分巡事务，仍归淮扬河道兼管，均复还旧制”②。乾隆帝举例之河南开归陈许郑道，“兼河务，驻省”，河北道，“兼河务、水利，驻武陟”，而山东兖沂曹济道，“兼驿传、河务、水利，驻兖州”。其后，添设之淮徐海一道，即行裁汰。乾隆中期，对黄淮区域道厅分布及辖政的改革，举措虽由乾隆帝最终定夺，但也与总督及地方大员的积极运作奏疏有关。乾隆二十九年(1764年)六月初八日，内阁奉上谕：“叶存仁现在病故，河东总河员缺着李弘补授，所遗江南淮徐道员缺着李清时调补，其山东运河道员着何煟调补。”③又于六月初十日，“奉上谕河南开归河道员缺，着周于智补授”④。乾隆三十年八月，大学士管两江总督尹继善、两江总督管江南河道总督高晋、协办大学士刑部尚书暂管江苏巡抚庄有恭奏：“江南裁淮徐海道一缺，谕令将淮扬、淮徐二道兼理河务分巡。查淮扬道现管淮安府属山阳、安东、清河、盐城、阜宁五县及扬、海二府州属十州县河务，俱令兼分巡地方。惟海州及所属之赣榆、沭阳二县在黄河以北，与桃源、宿迁等县毗连，河务分巡请改归淮徐道就近管理。”⑤淮扬道、淮徐道为冲、繁、难要缺，乾隆三十二年加兵备道衔后，道的等第及职官仍依照旧例在外拣选题补。吏部议覆：“两江总督高晋疏称，案准部咨，淮扬、淮徐二河道，均系冲繁难三项在外拣选题补之缺，今既加以兵备道衔，嗣后缺出是否仍令在外题补或由部请旨简用，应令查明具题定议。查淮扬、淮徐两河道各有经营，一切修防事宜、黄运湖河缓急工程，均须该道董率，必须平日熟谙河务之员题补，方与河道民生有裨。今虽俱加

① 《清高宗实录》卷一三四一，乾隆五十四年十月丙子。
② 《乾隆朝上谕档》第4册，编号1880、1881，乾隆三十年四月十四日。
③ 《乾隆朝上谕档》第四册，编号1282。
④ 《乾隆朝上谕档》第四册，编号1286。
⑤ 《清高宗实录》卷七四三，乾隆三十年八月庚午。

兵备道衔，而职任仍然如旧。应请嗣后淮扬、淮徐两道缺出，仍照旧例在外拣选题补。”[①]

乾隆一朝黄河干流的治理，涉及面广且时空跨度大，其淮徐道、淮海道、淮扬道的设置、废并沿革涉及河道、漕运官制与地方吏制，长期以来二者间既有协同协作又包容利弊，关系错综复杂。尽管通过调配相关河政官员可以达成一定程度的平衡妥协，但其体制结构上的矛盾惯性，使得下情上达和乾隆帝自上而下的改革打了折扣。通过识认各道分布及存废差别，有助于多层次研判乾隆时期黄淮、黄运、黄淮运治理的协同应变的能力，这种黄淮职事道“协同区域”在空间上以黄河干流为中心，其时间跨度与服务宗旨则完全服从于黄淮运整体治理环境。

五、结语

清代乾隆时期政权建设及中央决策机制的成就，主要表现在三个方面，即设立总理事务王大臣、撤而复设军机处和废除议政处[②]。实际上，通过研读乾隆朝黄河河图系列，可依时空组构清乾隆朝黄河干流河道工程时地控制坐标谱系。乾隆时期是清代水利技术发展史上的一个重要阶段。在水系河工技术领域，乾隆时代的黄河河工技术的掌控已远离简单，进入一非常成熟发展阶段，其许多防洪工程技术术语沿用至今。乾隆盛世之下的黄河治理，其河工既包括日常岁修、临时性抢修，还包含另案、大工项目，而抢修多在桃伏汛内，主要是抢厢埽工，堵塞支河。河工及防汛抢险工程量大，堤防修守工期紧迫，需要征集周边府县财物及人力。以土石分类的干流堤坝修守，功能及堤防种类形状区分明确，不仅要求堤型与堤高、坡度，宽度相对应，且筑堤、固堤治理管控细节及防洪度汛措施维护规模亦颇具乾隆朝特色。

乾隆朝六十年间（即1736年至1795年），黄淮灾害频发，决堤为害，但黄河干流河道主流相对通畅则是主基调。乾隆时期黄河干流河工管理特色在于，一方面，黄河堤防及堤坝规模相关管理举措不断提升，筑堤技术随堤防种类对应变化；另一方面，黄河水工施工因河道水情不同，其管理层级、运行机制也随机

---

① 《清高宗实录》卷七九一，乾隆三十二年闰七月己酉。

② 赵志强：《清代中央决策机制研究》，科学出版社2007年版，第105页。

应变。这一时期的关键重大工程,仪封、清口等涉及治河机制、河防人力资源调配等诸多事关河道安澜的综合管理问题。对于河段河床历史个案的研究,则涉及黄淮沿河水患分布与水利格局及生态环境变迁。最大程度控制黄河干流河道稳定,避免黄河决堤南北泛流一直是河防努力的目标,但每遇决口洪泛,其下泄南流河水多汇聚颍、涡水系并造成黄淮下游沿河区域洪涝灾害,尤其是对皖北一带生态环境长期产生负面效应。乾隆二十六年,河东河道境黄河自河南武陟至祥符、兰阳多处决口,又以中牟杨桥为最烈,大溜直趋贾鲁河南下。乾隆四十三年,仪封大决口,洪流沿睢州、宁陵、永城南泛亳州由涡入淮。同样,受"南河"辖境黄河漫溢河水南泛影响,皖北濉河水系地区洪涝规模长期为"毛城铺减水坝闸因素"所左右。事实上,乾隆十八年,吏部尚书孙嘉淦倡议开减河引水入大清河之"前瞻性"建言未被采纳接受,说明保漕畅通优先及黄淮运整体治理宏观意识一直被乾隆帝视为决策的现实基础,但在治河方式上局部技术性偶然的改变往往是可行的。乾隆初年,李昞兴木龙之举及乾隆时期的"木龙现象",则证明了创新治河技能的有效性,以至乾隆二十二年及乾隆三十年南巡之时,乾隆帝亲自分别在天妃闸和清口东坝阅视增建之木龙。作为全面掌控国家河道水利的总指挥,不可否认,帝制之下乾隆帝对于任免治河高官并及时调遣调控的才能亦非同寻常。乾隆朝时期,"东河"与"南河"虽分管辖境各异,相关河道总督、山东、河南、安徽、江苏巡抚和道厅官员的层级委派,复杂且行之有效。

乾隆帝一生,治河活动多亲历亲为,除六次南巡之外,"阅图治河"模式,则是乾隆时期决策重大河工的主要方式。凡涉及黄河重要工程,皆可感受乾隆帝治黄思想的直接影响。诚然,乾隆帝凡事以先祖康熙帝为楷模,在一定程度上承袭祖制及康熙六下江南和阅图治河之法。作为王朝最高统治者,其治河言行举足轻重,因而为乾隆朝"河图贴说治河模式"的确定及在治河决策过程中的重大作用奠定了坚实基础。在明清治黄史乃至整个中国古代治河史上,乾隆朝"河图治河"时空规模可谓空前绝后。乾隆年间,西方投影制图法及众多《舆地图》已为皇室熟知,但并未因此得以推广因袭。一般而言,非身临其境恐不能准确定位河流水文性质。河图从平面到具体、实用便捷,其优势在于,功能定位倾向于即时原创,尽可能迅速绘制并六百里加紧即"飞马奏报"急驿上呈,将一线河工发生地地物方位、施工主次程序及组织管理与属臣相关奏议一并恳请定夺。乾隆时代"阅图治河"将治水视为衡量"为国者必尽职责"的标志之一,治河官员能够依据绘图贴说及时作出治理应对策略的前提是:首先,需具备良好的河工技术和知识储备,除阅图识认图示地物及地图语言外,还应具有对河图所绘黄河干流河工及实际地理特征的清晰认识。其次,乾隆六次南下巡阅的体会积累可谓深切,尽管所见多局限于淮安、徐州府境黄运河工,但多次南北向巡视河工的经验,是乾隆帝整体把握西北东南走向黄河干流治河决策流程的重要原因。清乾隆朝黄河中下游暨河南至入海口段重大堤防工程,其"东河""南河"辖境几乎涵盖整个黄淮区域,以阅读《清高宗实录》等相关水利文献为依托,对于了解自然环境变迁之下的鼎盛王朝治黄河工的转折,黄淮运变迁及"两河制度",尤其是准确细化分析乾隆一朝六十年治河与保漕护堤变化的过程,提供了观察黄淮干流河性基线脉络和视野变迁焦点界限所在;同时展现了清人行走于治黄保运之间,用以图治河的方式,拼接出帝制体系之下的黄淮运治理的水情、水官和水事画卷。

附表:

表 2.1　　　　**清乾隆朝黄河干流河道治理及决策过程表(河东河道)**

时间	方位	事项	决策流程	资料来源
乾隆七年五月庚申	仪封县杨家桥	河东河道总督白钟山疏报仪封县汛,黄河北岸杨家桥堤工,南滩日淤,黄河大溜全势北趋,滩岸塌卸逼近堤身,实为危险。应于北岸帮筑里戗,南面增筑坝台。请动项趱办。	工部议准:从之。	《清高宗实录》卷一六六。
乾隆七年八月丁亥	郑州、中牟	河东河道总督白钟山题:缘河南南岸郑州、中牟一带,地居上游,在在险要……唯上游来童寨对岸沙滩彼时尚未坐湾,故未议挑。今上湾姚五家庄河头,有吸川之形;下湾侯七家庄复有建瓴之势。急应挑挖引河,俾河身直顺。	谕军机大臣等,白钟山题请挑挖引河一本。工部议准。得旨:依议速行。	《清高宗实录》卷一七二。

续表

时间	方位	事项	决策流程	资料来源
乾隆八年三月甲子	封秋汛荆隆埽工	调任河东河道总督白钟山疏称:封秋汛荆隆埽工,因全河水势趋注,直射中銮城西湾……应于中銮城对岸,自李五寨至蒋家庄,挑引河一千六百九十丈,相机开放,以顺河流。	工部议覆,遵旨议奏。从之。	《清高宗实录》卷一八六。
乾隆十年四月辛酉	祥符汛南岸十三堡	河东河道总督完颜伟疏称:河南下南河厅属祥符汛南岸十三堡临河埽坝,坐当大溜搜刷,屡垫屡镶,势甚危险。今查得北岸范家滩南做成兜湾,河头已有吸川之形。下至徐家场滩势湾曲,河尾又有建瓴之势。应乘时挑挖引河一道,俾河势顺直。	工部又议覆。应如所请,从之。	《清高宗实录》卷二三九。
乾隆十七年六月	阳武漫口	据顾琮、蒋炳奏,查办阳武善后工程于五堡三坝所估筑格堤并绘图进呈一折。	谕军机大臣等……其黄河与新筑之堤相去几何,堤在河之何岸折内既未声明,图中亦未签贴,殊不明晰,着将原图发还,令其另行详细声明,绘图贴说具奏,其原图仍令一并随折进呈。	《清高宗实录》卷三九七。

续表

时间	方位	事项	决策流程	资料来源
乾隆十七年七月	武陟县班家沟	蒋炳奏，本年六月间黄水长发，武陟县班家沟等二十四村庄、高粱俱被水泡。	谕军机大臣等……何以向无堤岸，着询问顾琮令其会同详悉绘图呈览。寻河东河道总督顾琮、河南抚巡蒋炳奏：因四面皆河且在沁、黄交汇之处，着建立堤岸，则外滩日渐淤高……及遇水涨，堤根必须添设埽工，縻币甚巨仍不能必其久远保护，似可毋庸添筑。	《清高宗实录》卷四一九。
乾隆二十一年八月	曹县崔家坝	河东河道总督白钟山奏：曹县崔家坝工程最为险要，臣防汛查勘，见西首微有溜势向南，随督令开挑引渠一道……崔家坝一带二百余丈埽坝，数载未平之险工，得免冲激。	得旨，欣慰览之。	《清高宗实录》卷五一九。
乾隆二十六年八月	杨桥漫口	常钧奏，筹画各处决口事宜一折……河流夺溜直归贾鲁河，势将渐趋东南为害非细……分疏引河，先杀水势以便趁机抢筑。	谕军机大臣等……初报时即命裘曰修、刘统勋、兆惠等先后赴豫董办……着传谕刘统勋等及该督抚速行相度情形商榷等办，一面具折奏闻、图并发至张师载务并交刘统勋等酌量办理。	《清高宗实录》卷六四二。

续表

时间	方位	事项	决策流程	资料来源
乾隆二十六年八月二十九日	曹县十四堡、二十堡	山东巡抚阿尔泰奏:“曹县十四堡、二十堡先后漫溢,猝入曹县、城武县,臣亲往筹办。二十堡兴筑月堤,月内即可完竣;十四堡应于堤根再加镶埽,约九月初旬竣工。”	得旨:览奏俱悉。又谕:据阿尔泰奏:曹县二十堡工程及时赶筑,已于八月二十七日一律完竣,十四堡埽工亦经就绪。	《清高宗实录》卷六四三。
乾隆三十二年五月庚辰	黄河北岸阳武	河东河道总督李清时奏:豫省黄河北岸阳武一带堤土性松浮。查武涉汛之定家庵河岸,经河水漫滩刷成洼形四道……河水稍长即由此漫入。今将各道洼地,离河三四十丈修筑土堤各一道。内有洼形较宽者,多筑一二道,均与滩面相平。	得旨:嘉奖。	《清高宗实录》卷七八五。
乾隆三十八年四月初七	曹仪厅崔家坝	徐绩奏:据兖沂曹道松龄禀称,曹仪厅所属崔家坝,因对岸新长沙滩,逼溜北趋,渐成兜湾,河滩连日塌崖,离堤数丈。该道飞往筹办,并闻河臣姚立德亦已前往,徐绩亦即星赴该处,督饬防护等语。	又谕曰:黄河既有险工,姚立德亲往查勘,何以尚未见奏到?……现在有无应行筹办之处,即速据实复奏。	《清高宗实录》卷九三二。
乾隆四十三年八月已未	仪封十六堡	萨载奏,清水加长宣泄各情形一折,黄河自仪封十六堡漫口夺溜,旧河现已断流。……前据高晋奏,仪封堵筑漫口已于七同二十四日兴工……连日施工情形若何,每日可下几埽,约计何时可以合龙?着高晋等即行据实核计,迅速奏闻。	谕军机大臣曰:前据高晋奏,仪封堵筑漫口已于七月二十四日兴工……连日施工情形若何,每日可下几埽,约计何时可以合龙?着高晋等即行据实核计,迅速奏闻。	《清高宗实录》卷一〇六四。

续表

时间	方位	事项	决策流程	资料来源
乾隆四十三年十月辛酉	时和驿、八堡	据高晋等奏，时和驿、八堡进埽多溜处所现在施工堵筑情形一折。	又谕，已于折内批示……挑成后，两坝进埽，则水势就近引入沟槽，滞溜东趋，漫口自易堵闭。其仪封两坝镶做，将口门收至五丈即行停工，以通其气。挨时和驿、八堡堵筑完竣，再将下游筹办。其属妥协。	《清高宗实录》卷一〇六八。
乾隆四十三年十二月乙酉	仪封	高晋等奏，堵筑仪封漫口情形一折。	谕军机大臣曰：……今就图观之，引河本当向北施工，因于图内用朱笔标示……今复经淤堑重挑，且屡开屡塞，前工尽成虚掷，恐其费更不止于朱笔所指处兴工之多矣。	《清高宗实录》卷一〇七三。
乾隆四十四年二月	仪封	哀守侗等奏，二十八日寅刻东坝门埽忽又蛰塌，直冲西首正坝，水势愈猛，至黎明时逐段松动，共塌开口门四十八丈。……阿桂所奏漫口之下水已先由漫口旁溢，引河即不能掣溜，自不如在上游另寻减水之法。	谕军机大臣曰：……今阿桂此奏与朕前此指示处似觉相合，着即将朱批原图仍行发往，令阿桂与哀守侗等详细体勘讲究，将应作何施工，可望有成之处切实据奏，六百里传谕，仍由驿快马驰奏。	《清高宗实录》卷一〇七六。

续表

时间	方位	事项	决策流程	资料来源
乾隆四十四年二月壬戌	仪封十堡	阿桂等复奏,顺堤河拦黄坝情形一折,今引河既移向十堡施工……新挑引河实为全河关键,必须挑挖极宽极深方能得引溜之益。据奏,已于二月初一日兴工,计共十二段。	谕军机大臣曰:阅昨日进到图样,此次所办之拦黄坝名为筑坝,其实即系移堵口之工于此,仍须进埽合龙……仍着将新筑坝工详晰绘图贴说。并将现办坝身丈尺较旧宽厚若干及两袖头拟加厚若干一并开明具奏。六百里加紧发往,后驰驿覆奏。	《清高宗实录》卷一〇七六。
乾隆四十四年三月	仪封	据阿桂等奏,新筑之拦黄坝共软镶一百二十余丈,新挑引河工程通计已有六分……自新引河头至新引河尾接入旧引河处,及旧引河尾归入正河河旱各段,俱令以及低,将来开放时方能奔腾畅达。	谕军机大臣等……但不知引河工程通计何日可以全竣、开放引河当在何日、其新坝工口门赶紧缩小合龙应在何时……阅此次进到之图所办俱好,已于图内批示,并著发回此旨,着由六百里加紧发往,仍著迅速由驿覆奏。	《清高宗实录》卷一〇七八。
乾隆四十四年四月甲子	仪封	据阿桂等奏,口门之水深至五丈以外,每下一埽须迟至三四日始能着地坚实,现在尽力赶做约计十五日前后方可合龙。……引河迤西一带俱已淤浅。	谕军机大臣等……但看图似进埽处距口门太近,尚恐将大溜逼紧复至刷深……因于图内用朱笔标识,着将原图发与阿桂等阅看。可否如此办理即速悉心妥酌据实覆奏并将坝工进埽挖引溜沟情形详悉绘图贴说,速行呈览。	《清高宗实录》卷一〇八〇。

续表

时间	方位	事项	决策流程	资料来源
乾隆四十四年四月辛巳	仪封	阿桂等覆奏,引河坝工情形一折……引溜沟昼夜挑挖,于二十五日即可一律告竣,此一、二日间若得西南大风即先开引河以资分泄,否则定于二十六日将引河、引沟一并启放。	谕军机大臣,阿桂等所拟启放引河、引沟之期即系昨日……即着迅速具图贴说呈阅。此旨着由六百里加紧传谕知之。仍着迅速覆奏。	《清高宗实录》卷一〇八一。
乾隆四十五年正月乙丑	仪封	德成乃欲于屡经决裂处所做工镶坝,并欲将现为垂成之工弃而不用。	谕军机大臣……昨袁守侗、德成所进图说并着另绘一分寄与阿桂等阅看。六百里加紧传谕知之。	《清高宗实录》卷一〇九八。
乾隆四十五年七月丙戌	潘家场	李奉翰奏仪封坝工巩固情形一折……其潘家场引沟日刷宽深,行溜迅畅,仪封极险坝工已化为平,日益巩固。	谕军机大臣曰:至所进图内止签贴新淤嫩滩及引沟形势,而于从仪封漫口合龙处所未经贴出,殊不明晰,着将原图并发交阿桂	《清高宗实录》卷一一一〇。
乾隆四十五年十一月	考城	据李奉翰等奏,现在考城坝工口门止剩四丈,大河水势蓄高七尺五寸……塌蛰之处系属西坝。	谕军机大臣等:着传谕李奉翰等即将坝工实在情形详悉绘图贴说呈览。六百里加紧。	《清高宗实录》卷一一一八。

续表

时间	方位	事项	决策流程	资料来源
乾隆四十六年七月	仪封十堡、曲家楼	据国泰奏,仪封漫溢黄水分流北注,或由东省之北赵王河至张秋入运从大清河归海,或归入卫河直达天津之处,均于运道攸关……又据韩𨱎奏,黄河北岸仪封十堡漫口夺溜情形一折,曲家楼漫口于七月十二日大河水势复长一尺七寸……十三日溜势全归孔家庄,水面约宽百余丈下注曲家楼漫口。	谕军机大臣等,着传谕萨载李奉翰即令李永吉选带熟练河务之备弁,带领桩埽兵丁如数迅速前往河南。……着传谕萨载李奉翰、韩𨱎、国泰各将该处现在实情详晰具图速行覆奏,至国泰所奏东省河图一件并着寄交韩𨱎阅看,其韩𨱎所奏孔家庄漫口经朱笔画出原图一并钞寄阅看,将此由六百里加紧各谕令知之。	《清高宗实录》卷一一三七。
乾隆四十六年八月	青龙冈	本日李奉翰等会勘青龙冈堵筑坝工及拟挑引河情形一折,据称青龙冈至孔家庄迤南旧河身一千五、六百丈淤与老滩相平……现在确估分头赶办,于东省附近地方雇拔民夫一万名挑挖,俾引河速得挑成大溜全入正河。	又谕……阅此次进到挑挖引河图内两头用朱笔圈点标记,着照此一律加展宽深……着将原图发交李奉翰等阅看遵照办理,仍将拟开引河宽深丈尺详悉覆奏。	《清高宗实录》卷一一三八。
乾隆四十七年二月戊辰	青龙冈	阿桂等奏,筹办青龙冈坝工及现在挑溜进占情形一折。又阅韩𨱎、富勒浑等奏曲家楼堤工一折,并拟筑外越堤图……	谕军机大臣曰:此时亦只可如此办理。详阅图内形势,若将引河移在现筑二坝之下引溜东注孔家庄接入引河故道似比现在引河之处较为得力。	《清高宗实录》卷一一五〇。

续表

时间	方位	事项	决策流程	资料来源
乾隆四十七年十一月丁未	豫省南岸堤工	据李奉翰奏,豫省南岸堤河工程全行完竣一折,并绘具图说进呈,图内新开引河尾至商丘七堡直接旧黄河正河身处有旧堤一道。	谕军机大臣等……应于朱笔标记处所将旧南堤拆云数十丈,俾河尾展宽庶明春放河时更为畅注有力,着将原图发交阿桂等阅看并传谕。寻奏:新挑兰阳十二堡河头外滩宽六十丈……商丘七堡河尾开挑宽六十丈。	《清高宗实录》卷一一六八。
乾隆四十八年三月丁巳	兰阳十二堡	兰阳十二堡放水归入新河之处,形本坐湾尤属顶冲,所筑新堤最为著重。	谕军机大臣:昨奏报折内亦未据绘图呈览……因用朱笔将河身堤形画出并将河身向南吃紧处圈记,发交阿柱等阅看……着详晰绘图贴说,迅速具奏。六百里谕令知之。	《清高宗实录》卷一一七七。
乾隆四十九年七月	睢州头堡至三堡、七堡至九堡	据兰第锡等奏,黄河水势加长情形一折,内称睢州头堡至三堡新堤七百九十余丈,著溜颇紧,经在工各员镶护坚实。……据奏史村铺引河开放后淘刷宽深,大溜畅顺,七堡至九堡一带埽前已有停淤,可期化险为平等语,若将高家寨现淤旧河开挖宽深,则下游一带自更得力。	谕军机大臣等……但阅图内高家寨沿南堤一带已刷成河身,其以北旧河现在淤平,溜势紧逼南堤根行走,虽经镶埽防护仍恐不免持重……已于图内用朱笔批示,传谕兰第锡、何裕成据实覆奏。	《清高宗实录》卷一二一一。

续表

时间	方位	事项	决策流程	资料来源
乾隆五十年六月戊子	陈福庄、高家寨	据兰第锡等奏,五月二十日辰刻将陈福庄引河启发,水头跌入,甚为奔勝,现在水深八力尺至一丈二三尺,其迤下高家寨险工一经引河宣放,埽前即落水四寸。	谕军机大臣等……其陈福庄引河开放后究竟能否掣动溜势,高家寨河形将来能否断流,堤工是否不至著重,并此外有无另行设去妥办掣溜之处,并着该督等会同熟商,绘图贴说详晰据实履奏……所有旧存绘图朱批原图及阿桂等前奏、开挑引河图俱着发交兰第锡等阅看,将此由六百里加紧传谕知之。	《清高宗实录》卷一二三二。
乾隆五十二年七月甲申	睢州下汛十三堡	兰第锡等前奏漫口渐次塌宽,大溜全注口门,正河存水仅止一分。	谕军机大臣等,已命阿桂前往河南会同兰第锡等商办堵筑事宜……着传谕阿桂等于抵工后会同兰第锡熟筹妥办,并着李世杰、李奉翰趁此间空亲往二套,查勘引河酌量办理一并据实覆奏,将此各谕令知之,并将朱笔原图二张发交阅看。	《清高宗实录》卷一二八五。

续表

时间	方位	事项	决策流程	资料来源
乾隆五十二年十一月	睢州下汛十三堡	据兰第锡奏,将睢州下汛十三堡坝工及圈筑二坝各情形绘图贴说具奏。	又谕……着传谕兰第锡、毕沅查看情形,即将二坝往南开一小口,俾圈内停积之水全行放涸。再于图内积水处所用土培压稳实,使大坝、二坝中间并无积水,庶于坝工自益稳固,除将原进图内用朱笔圈出发交兰第锡等外,将谕令知之。	《清高宗实录》卷一二九二。
乾隆五十二年十一月	商丘汛十堡	商丘以东虞城、曹单各汛旧河身内每次大水均较上游积多二、三尺,并有出槽串沟之处,此或河身内有淤浅处所,以致不能畅达。	谕军机大臣曰:着兰第锡、毕沅即将该处实在情形绘图贴说呈览。寻奏:商丘各汛自十堡新河尾以西滩面尚低,每长水四、五尺即致出槽漫滩,是以积长较少,商丘以东老河身两岸陡耸,水势收束易于雍高,是以积长多于上游。又,六月间启放毛城铺、峰山闸、虞城一带掣溜迅速,河底冲刷益深,去路通畅可淤浅之患。	《清高宗实录》卷一二九二。

续表

时间	方位	事项	决策流程	资料来源
乾隆五十四年七月己亥	虞城十八堡、铜瓦厢	今黄河之水于六月二十四、五等日又复陡长，临河埽坝蛰陷之处，经李奉翰等督率抢护悉臻稳固……至虞城十八堡大溜舍湾取直，现走中泓，天然成河此系极好机会，其铜瓦厢格堤暨黑堽工后旧有月堤……	谕军机大臣等，该督等请加培高厚以为重门保障所见亦是，应行办理，着即将该两处情形详细绘图贴说进呈具奏，将此传谕知之。寻奏，铜瓦厢旧月堤长九百九十丈，黑堽工后旧月堤长一千五百七十七丈，均须加培高厚，现已确估于秋汛后兴内办。	《清高宗实录》卷一三三六。
乾隆五十五年二月壬子	兰仪、睢州、商丘一带新堤	河东河道总督李奉翰、河南巡府梁肯堂奏：兰仪、睢州、商丘一带新堤，土性沙松，临河一面漫滩逐渐淤高，堤后洼下，愈觉堤身壁立，单薄可虞。今查兰阳新旧堤交接之处，当蔡家楼新生埽工之后，以及十四堡二坝以东，均应帮筑土戗，并应于蔡家楼上首估添挑水坝，长四十九丈。连仪封二、三堡加帮堤工，并六堡估筑挑水坝，长五十丈。睢州上下汛应加帮堤坝，并高家寨头堡下应筑挑水坝，长五十丈。睢下汛……下游商丘汛，并虞城上下二汛，地形尤为卑洼，堤坝亦应加帮，现分派承办官以次趱修，其南北两岸河滩，凡沟槽洼形，应筑土格土坝，均经州县派夫赶办。	得旨，览奏俱悉。	《清高宗实录》卷一三四八。

续表

时间	方位	事项	决策流程	资料来源
乾隆五十九年八月丙辰	单县十四堡至三十三堡	福宁奏,据单县知县禀称,该处河水长至八尺八寸,自十四堡至三十三堡,黄水普律漫滩不能畅消,沿堤察看缘江南丰北厅,于界首筑做南北上坝一道,长三百六十丈直接滩内刘家庄止,又于庄基南面接长土坝数十丈以致水无去路,从坝根折向西南绕出坝头始往东注……	谕军机大臣曰……今阅福宁所绘图样,江省黄河两岸所筑土坝各有三十余坝之多,又于界首筑做南北土坝一道挺峙河滩,而西南复加筑子埝一道,几无隙地……已于图内用朱笔标抹,所有江省南北新旧坝埝,除被水冲缺处所暂且不必补筑外,其余碍水去路应行拆去者竟当拆去,使东省漫滩沟槽之水顺势东趋归入大河……着福宁接奉此旨,即先行驰往江境丰北厅地方,将所筑坝埝有碍曹单漫水去路应拆动者先行拆去。六百里加紧传谕苏凌阿、兰第锡、福宁并谕李奉翰。	《清高宗实录》卷一四五八。

表 2.2　　乾隆朝黄河干流河道治理及决策过程表(江南河道)

时间	方位	事项	决策流程	资料来源
乾隆二年七月壬子	江南河道辖境山阳、阜宁、安东段河道	江南河道总督高斌疏请,山阳县真武庙堤南,加帮堤四百七十丈;阜宁县童家营、虑铺二处,添筑越堤一千三百五十丈;安东县苏家港,添筑越堤六百丈;望家马头、丁塘沟二处,加帮堤一千四百五十丈。	工部议覆。应如所请,从之。	《清高宗实录》卷四七。

续表

时间	方位	事项	决策流程	资料来源
乾隆四年五月戊午	清口	大学士伯鄂尔泰等奏，请挑陶庄引河：“相度地势，见黄河北岸受水冲啮已有得溜之势，拟即于旧河头之东迎溜处，定为河头，东北直下，计四百六十余丈，河尾正对惠济祠下，仍系顺溜，宽三十丈余，深一丈三尺余，挑成之后……倒灌之势可免。”	照所请行。	《清高宗实录》卷九二。
乾隆五年正月	清口	江南河道总督高斌奏称，请于南岸造木龙数架，则大溜自可挑开，黄河移趋北岸，效力甚速。……应与西坝以上再设木龙一架。		《清高宗实录》卷一〇九。
乾隆六年九月丙寅	宿迁历桃源至清河县	江南河道总督高斌奏称，请将运河南岸缕堤，通筑高厚，即以作黄河北岸遥堤。更于缕堤内择最要处所，筑格堤九道，酌分缓急次第兴工。	工部议覆。应如所请，从之。	《清高宗实录》卷一五〇。
乾隆八年五月甲申	砀山毛城铺减水坝	署两江总督尹继善、江南河道总督白钟山等奏，毛城铺之减水坝固宜量为疏通，以保北岸新工。但分泄过多则黄水日进，五湖等处不免日渐淤垫……	大学士等议覆。该署督等既议将倒勾河道开通顺直，坝门不用乱石填高，其将来不致进水过多。河身渐高之处，尚应详筹。	《清高宗实录》卷一九二。

续表

时间	方位	事项	决策流程	资料来源
乾隆十年八月己巳	阜宁县陈家浦漫工处，地在云梯关迤下五十余里	漕运总督顾琮奏：陈家浦下十余里向无堤工，多系芦苇荡地……臣与河臣白钟山相度情形，应于上首筑筑遥堤，直接老滩高处以束水势，力半功倍。	乾隆十年九月丙戌，谕军机大臣等，第陈家浦乃数百年黄、淮入海之路，今虽冲决，自应仍照旧口堵筑合龙，不失老堤故迹方为巩固。《清高宗实录》卷二四九。	《清高宗实录》卷二四七。
乾隆十一年正月		江南河道总督白钟山奏称："陈家浦堤工原议正堤后接筑重堤。业经勘估赶筑……今查北岸河形，虽稍有湾曲，仍系淤浅坦坡，并无兜曲倒钩之势，施工甚难。现指示道厅等，饬令兵夫……如有可乘之机，即上紧办理。"	得旨：知道了。	《清高宗实录》卷二五七。
乾隆十三年七月辛丑	宿迁县黄河南岸、清河县北岸王家营	江南河道总督周学健疏称，宿迁县黄河南岸孟城庵一带堤工，对河北岸上游马陵山嘴挺出，挑溜南趋，该工随成顶冲之势，甚为险急，必须编扎木龙护盘二架。又，清河县北岸王家营地方，外临黄河内逼盐河，河势坐湾，兼对岸涨出沙滩，逼溜大趋，其势甚险要，必须编扎护盘一架。	工部议准。	《清高宗实录》卷三一九。

续表

时间	方位	事项	决策流程	资料来源
乾隆十八年七月己巳	桃源南岸颜家庄	据高斌等奏称,七月初二日夜,桃源南岸颜家庄溜势下移紧急,下埽不及,随就近开放水戗,顶溜一泄,气势渐缓,化险为平等语。开沟引放,顺势自可藉以渐缓。	又谕……可传谕高斌等,令将现在水势情形及所问未明晰之二处,详悉绘图贴说奏来。	《清高宗实录》卷四四三。
乾隆十八年九月十七日	铜山小店汛张家马路	刑部尚书刘统勋等奏:铜山小店汛张家马路河堤冲漫。	谕军机大臣等,为今之计惟有从断流处所,去湾取直开挖引河,使正流由故道而东,庶夺溜之势稍减,堵闭决口亦易施功……已传谕策楞等,令用以工代赈之法,以徐属灾民鸠工开挖。	《清高宗实录》卷四四八。
乾隆十八年十一月		又谕,前据舒赫德等奏铜山漫口进埽情形……因朱笔画出并传谕舒赫德等,迄今未见覆奏。	寻奏,前试放引河相机宣泄……俟北岸大引河告成,月初开放可夺大溜十之五、六,至临时合龙,两坝左右交互斜对进埽,必须长出数丈……自可指日成功。	《清高宗实录》卷四五一。
乾隆二十二年三月	黄河南北岸丰、铜两厅临河堤工	白钟山、张师载、高晋奏,臣等会议黄河北岸丰、铜两厅加帮临河堤工及黄村、苏家山等处支河土坝,并新添花庄乱石坝等工。臣张师载分任南岸丰铜两厅加帮临河堤工及郝家集支河土坝并郝家嘴抽挑须势引渠。	得旨,如此方是,仍即具图贴说,速行奏来。	《清高宗实录》卷五三五。

续表

时间	方位	事项	决策流程	资料来源
乾隆二十四年五月壬辰	清口	江南河道总督白钟山奏:“查清口对岸陶庄向有淤滩一段,近更加宽阻黄,以致溜愈南趋。应于彼处一面挑切滩嘴,一面于兜湾处挖引渠一道,分引溜势。并将南岸清口以上木龙,再加接扎宽长,庶挑溜开行,湖流畅出,可助抵黄之力。”	得旨,如议妥办。	《清高宗实录》卷五八六。
乾隆二十七年六月癸丑	安东汛高家庄	江南河道总督高晋奏称,山安厅属安东汛高家庄一带,因对岸生长大滩,河溜北趋。加以上年伏秋大汛,全黄直射兜湾,滩崖尽溻直逼堤根,危险堪虞。请建筑埽坝挑溜护卫。	工部议覆,应如所请。	《清高宗实录》卷六六五。
乾隆三十三年五月己未	陶庄	查乾隆三十年,遵旨于陶庄添设木龙一架……臣李宏于秋汛后,复会同高晋查勘南岸,新建木龙迤下,淤出滩长一百九十七丈。北岸陶庄积土尾段,刷去长十余丈。臣等复加相度,又将新建木龙接长十丈,挑溜护摊更为得力。	寻奏,报闻。	《清高宗实录》卷八一〇。
乾隆三十六年九月壬子	桃源南岸陈家道口	大学士管两江总督高晋等奏:八月十六日后,黄河陡长,桃源南岸陈家道口于二十二日缕堤坐蛰二段,各二十余丈。	寻奏:陈家道口漫工,自九月初九日挑挖引河,二十四日完竣,二十六日开放,引溜甚畅。坝台工程,核计已有七分,十四日内可合龙。乾隆三十六年九月丁卯,《清高宗实录》卷八九三。	《清高宗实录》卷八九二。

续表

时间	方位	事项	决策流程	资料来源
乾隆三十八年四月辛丑	黄河北岸安东县十堡	据高晋等奏，四月初三日，黄河北岸安东县十堡汛地方堤工坐蛰漫水，当将王营减坝开放，业经抢筑断流。其口稍大一二处，亦已将次堵住。	谕军机大臣等……该督等随饬开放上游王营减坝，俾得宣泄分势，办理甚合机宜。	《清高宗实录》卷九三二。
乾隆三十八年七月己巳	清口	据高晋等奏，清口新建木龙挑溜刷淮，黄水直逼北岸陶庄，积土之下刷去旧滩，现在清水直抵惠济祠迤下。	谕军机大臣等……阅图内新建木龙紧对陶庄，溜势现已北趋，著有成效，今于图内用朱笔圈记，明年似应将旧建第二架木龙移置其地，则挑溜护滩更为得力。	《清高宗实录》卷九三八。
乾隆三十九年九月乙卯	潘家屯引黄助湖	据姚立德查勘潘家屯引黄助湖情形，绘图贴说具奏，微湖水不敷用，近处无可挹注，势不得不别为筹议。潘家屯形势既可借资引助亦属权宜之法，但开挖引河关系重大。	又谕……着即河南巡府何煟就近前往徐州将丰、砀厅属之黄河北岸潘家屯河形，会同姚立德悉心勘度。	《清高宗实录》卷九六六。

续表

时间	方位	事项	决策流程	资料来源
乾隆四十一年五月	清口、陶庄	两江总督高晋、河道总督萨载会奏，唯有将清口内通湖引河设法挑挖，使得畅流汇黄东注，并力刷沙，则黄河不浚自深……并将清口东西坝基址移下一百六十丈，使清水畅流有力。又奏：清口之西所建各架木龙，原以挑溜北趋，冀刷陶庄积土，使黄不避清之意……若于陶庄以上积土之北，开挖引河一道，使黄水离清口较远，清水益得畅流，至周家庄会黄东注……所谓治淮即以治黄，舍此别无良法。	批，此系治本之论，宜实力为之。批，此亦法，勉为之。	《清高宗实》卷一〇一〇。
乾隆四十一年六月戊午	丁家集、陶庄	据萨载奏，查勘徐属各厅工程及水势情形一折，内称丁家集北岸滩上，经高晋审度酌筹估定引河一道，春间亦经挑挖完竣等语……至高晋等前奏，拟于陶庄引河之北可挑引河一道……	又谕，已于折内批示，令将此处绘图贴说呈览。经朱笔圈出，令将圈处放一大样贴说来以便观览……着即遵前谕，迅速绘图贴说呈进，将此由五百里传谕知之。	《清高宗实录》卷一〇一一。
乾隆四十二年二月丙寅	陶庄	此次开放新河并堵筑旧河，为全局一大关键……河无两行，原拟估做挑水兜水坝，与其留此河面任其分流，不若一律估筑堵闭。	谕军机大臣等……着传谕高晋、萨载等，于堵闭时务须悉心讲求，设法筹筑厚实坚固……仍一面详晰绘图贴说具奏，俟萨载竣后来京时再为按图指示善后保固各事宜。	《清高宗实录》卷一〇二七。

续表

时间	方位	事项	决策流程	资料来源
乾隆四十三年六月丁卯	清口	昨据萨载奏，高家马头一带水势散漫，挑挖未能有效，先于滩上筑堤束水，并扎木筏挑溜等语。	谕军机大臣等……何如预为筹办，使清水至此束流有力之为尽善乎？着传谕高晋、萨载就该处情形悉心筹度，将如何妥办之法绘图具奏……俟秋汛过后再行择期兴工妥协经理。	《清高宗实录》卷一〇六〇。
乾隆四十五年七月辛巳	睢宁县郭家渡	据萨载等查奏，睢宁县郭家渡漫口现已塌定测量口门宽九十七丈，水深一大八九尺至二丈一二尺，掣动大溜十之七、八，其漫溢之水三股分流下注，统归洪泽湖。	谕军机大臣等……再查阅漫工图内有峰山四闸可以泄水归孟山湖，若至将次合龙以前可否开放此闸，或将毛城铺酌量开放。	《清高宗实录》卷一一一〇。
乾隆四十五年七月乙酉	郭家渡漫口	谕军机大臣等……计该处自六月十七日漫决迄今已越两旬，该督等应即相度形势，是否可以就近将溜头设法引至陶庄新河，俾渐次顺轨畅注之处，似于漫口下埽抢筑事宜较易为力。着将此由六百里发往，谕令迅速筹办，仍将日内河水情形并作何办理之处，一并由驿速行奏覆。	寻奏：查漫口紧靠正河，若于进埽后堵筑过半，过溜头可逐渐逼归正河，势近而顺合龙亦易。又称：工次需料……俟集有成数，即开工进埽趱堵。批：先从西坝进埽如何？批：是，勉为之。	《清高宗实录》卷一一一〇。

续表

时间	方位	事项	决策流程	资料来源
乾隆四十六年三月己亥	桃源县属九里岗	钦差大学士公阿桂、两江总督萨载、江南河道总督李奉翰奏：桃源县属九里岗一带……唯于北岸坐湾处，自李家庄起至临河集北首止，取直开挑引河一道，计长一千一百四十丈，口宽四十丈，底宽二十八丈，通身挑深二丈，俾大汛直注上游自易消落，估需银十一万二千余两。俟奏准分段趱挑，务于五月内完工。	批：宜速为之。	《清高宗实录》卷一一二七。
乾隆四十六年六月丁酉	魏家庄	据萨载等奏河湖水势加长情形及筹办魏家庄漫工物料一折，内称漫口东坝全河奔注溜势汹涌，水深三丈以外，现已赶镶八丈并赶筑坝台以备进埽，至徐城志桩水势长至一丈三尺，韩家堂、张家瓦房旧工俱溃堤埽，现在抢护平稳，其漫口下注之水归入洪泽湖。	谕军机大臣……此次漫口逼近上年郭家渡，该处尤应有豫备新工之料河工料物。	《清高宗实录》卷一一三五。
乾隆五十年九月辛酉	清口	据阿桂奏到筹办清口情形，借黄水以送回空、蓄清水以济重运，并于清口筑坝煞住，及陶庄河尾另开口门。	谕军机大臣等，已屡经降旨令其相机妥办……从前治河之道唯有导清拦黄不使倒灌，今转引黄水入清口以资浮送自属下策，但该处既经淤沙梗塞，舍此别无引水之善策。	《清高宗实录》卷一二三九。

续表

时间	方位	事项	决策流程	资料来源
乾隆五十一年七月丙辰	桃源厅属南岸司家庄，外河厅属北岸王营减坝以下	据李世杰等奏，河湖水势续长，初八、九两日，桃源厅属南岸之司家庄，及外河厅属北岸王营减坝迤下烟墩两处又复漫溢。……阅所进图内，司家庄漫口虽止四十余丈，而河湖连成一片，势甚浩瀚究属可虞。	此处(司家庄)应速行堵闭。……至黄河北岸李家庄、汤家庄、王营减坝迤下烟墩漫口数处，距海不远，且有盐河顶阻……不妨依次办理。六百里谕令知之。	《清高宗实录》卷一二五八。
乾隆五十一年七月壬戌	二套引河	据李世杰等奏，七月十三日启放二套引河，日来黄河内已消水一尺三寸……二套引河原以备水大时掣溜减黄之路，既已挑浚完工，正当来时启放，现在引河内掣动大笛畅流归海，黄水湖水依次消退。	谕军机大臣等……所有桃源之司家庄漫口，与洪湖仅隔一堤，此处应速行堵闭。	《清高宗实录》卷一二五九。
乾隆五十一年八月辛亥	司家庄、顾家庄、李家庄等处	据李世杰等奏，黄河四处漫工内，烟墩头一处已于八月初一日堵合断流，其李家庄一处现已乘时先为赶办一折。	谕军机大臣等……司家庄漫口系湖河相连，一片之处最关紧要，必须赶紧堵筑……其李家庄等处坝工现已镶做几分，是否于九月内一律完竣之处，迅速覆奏，并著该督将现在堵合之烟墩头坝工，及挑挖司家庄对岸顾家庄引河一并绘图贴说呈览。	《清高宗实录》卷一二六二。

续表

时间	方位	事项	决策流程	资料来源
乾隆五十二年八月甲子	江南河道埽工	江南河道总督李奉翰奏：徐属丰砀、铜沛、邳北、睢南、宿虹、桃源各厅埽工，本年黄水盛涨，屡经大溜冲刷，埽多蛰陷欹斜。……臣委员前往勘估，预为镶修坚整，俾黄水复归故道时足资捍御。再徐城一带石工间有蛰塌，一律修补。	得旨，以实为之。	《清高宗实录》卷一二八七。
乾隆五十三年三月壬辰	清口	两江总督书麟、江南河道总督李奉翰奏：外河厅清口顺黄坝上下黄河南岸，原存木龙五架，自上年睢州十三堡漫溢后，各架木龙均干搁河滩，缆扣松朽……应将从前头二两架木龙，移上六十丈，扎第一架，离下九十丈，扎第二架。均照原长三十丈，又离下九十丈，扎第三架，又下八十丈，扎第四架，均改长四十丈。再将第五架，改扎五十丈。现饬该厅将淤沙木植尽力取出，并酌添木料，赶紧督办。	报闻。	《清高宗实录》卷一三〇一。

续表

时间	方位	事项	决策流程	资料来源
乾隆五十四年六月	睢宁周家楼	据书麟等奏睢宁南岸漫溢情形一折,内称自六月十三日起大河水势渐消,漫口两头势渐平缓,现赶紧盘护不令再塌,细量口门计宽二百三十余丈,大河溜势仍有五分有余。	谕军机大臣等……该督等请于上游对岸酌挑引渠引溜北趋,所为甚当,其西坝上首修筑挑水埽坝之处亦已于所进图内用朱笔划去,该督等拟筑埽坝处所与前朱笔标志地方相距若干丈,着该督等查明具奏,并将能否遵照前旨,于西裹头筑坝挑溜之处覆勘会商据实奏闻。	《清高宗实录》卷一三三三。
乾隆五十八年十月己丑	江南河道堤工	江南河道总督兰第锡奏:丰砀毛城铺迤上滩面,亦因漫水停淤。北岸界延曹、单上游滩水下注,交冬未全消。督同道将细勘……铜沛以下减水各坝分泄既畅,各厅埽坝稳固。其大汛启放分泄之唐家湾引河并苏家山水线河,峰山二、三、四各闸草坝,堵闭如式。	批:留心可嘉。	《清高宗实录》卷一四三九。
乾隆五十八年十二月戊子	江南河道堤工	两江总督书麟、江南河道总督兰第锡奏:丰砀一带承豫东水下注……丰北距微山湖近,堤工尤要,铜沛厅以下暨淮扬道属各厅黄、运堤工,宜培厚加高处请一律查办。	批:自应如此办理。	《清高宗实录》卷一四四三。

续表

时间	方位	事项	决策流程	资料来源
乾隆五十九年七月	丰汛四堡、曲家庄	谕据书麟、兰第锡奏,江南境黄河水势盛涨,丰汛四堡、曲家庄地方于六月二十七日堤口过水三十余丈……维时淮徐道康基田适在萧汛督抢埽工,随即驰往先行裹护并连夜集夫,在滩面圈筑越堰绕过缺口……于六堡滩内就旧有土坝盘筑草坝赶紧堵筑,得以趱办完竣。	谕……赏给按察使衔康基田,尤应加以恩奖。	《清高宗实录》卷一四五七。

第三章　地方治水个案
——以明清寿州水利与芍陂治理为例

历史时期,生活在淮河流域的人们面对灾害与自然环境的变化,也在奋力抗争。本章以明清时期寿州水利与芍陂治理为例作一述说。

寿州水利及芍陂治理的沿革发展史与其在中国水利史及历史、地理中的区域定位相互关联。寿州及芍陂地域概念的地理区位界定涉及地理方位、行政区划、地域文化、水利科技、治水人物、农业经济、历史文献等诸多方面,是理解寿州与芍陂水文化的现实基础。以安丰塘、蔡城塘为中心的明清寿州陂塘灌溉,成为影响、衡量地区生态水环境的主要因素,其中过度垦殖、陂塘淤废与水利工程失修所生发的负面效应一样问题突出。通过对清代寿州乡里地名与水患灾害分布及受灾程度的分析,芍陂水源、水门及周边地名的论证,及方志地图与芍陂工程地名群和门闸流变的沿革,表述明清治理芍陂人物的存在环境和背景。同时,借助于方志、碑刻及《芍陂纪事》传记,对寿州及芍陂水利环境与社会秩序的建构、孙公祠祭与条议民约的作用,缩影安丰塘水利社会的底蕴及内涵。

郑肇经《中国水利史》言:莽莽平原,都成沃壤,陂溉之利有声于历史……而以芍陂、白水陂最著名。其定位芍陂为“安徽灌溉,皖北滨淮之地”。[①] 姚汉源《中国水利发展史》第二章,在水利事业的发展及引水灌溉渠道方面认为“期思陂和芍陂都是早期的大型塘堰灌溉工程。芍陂后称安丰塘。是利用天然湖泊在四周筑堤形成”,肯定了“黄河流域衰落向江淮流域发展”时期[②],芍陂在江淮之间的塘堰灌溉中的历史地位,尤其在农田水利及塘堰灌溉的发展。陈立夫主编《中华水利史》认为其地在今安徽省寿县南的芍陂,定义为“淮河流域,皖北淮

① 郑肇经:《中国水利史》,商务印书馆 1939 年版,1993 年影印,第 250—251 页。

② 姚汉源:《中国水利发展史》,上海人民出版社 2005 年版,第 35 页、110—112 页。

河流域之灌溉”①。《淮河流域经济开发史》在强调了淮河流域的地理环境和淮河水系的基础上，对历史时期淮河流域经济开发及变迁轨迹进行论述，涉及今淮河以南地区引水灌溉与农业生产、修建渠堰和芍陂兴衰的内在联系。邹逸麟主编《黄淮海平原历史地理》以黄淮海平原自然区划为框架，对区域平原地理环境（自然与人文）的历史变迁过程进行探讨，其中包括对黄淮海平原农业发展的历史过程及其区域特点的研究。而今以安丰塘历史变迁过程为缩影，可折射出自古以来地域农业开发和农田水利建设与生态环境之间的相互影响②。明清史地文献中的安丰塘，是寿州水利史上的重要标志。明清以降，在整个黄淮区域注重黄淮一体化整治的总体趋势下，芍陂水利治理是淮河中游，尤其是淮河干流寿州城以南地区，治理河湖工程的重要环节。

一、明清寿州陂塘灌溉水利群治理与环境

（一）蔡城塘

依据地理环境，区划明代寿州辖境水患灾害可以淮河干流为界。黄河南泛之时，淮河北岸蒙城县及下蔡乡多受黄水袭扰，淮河以南寿州南部各乡每遇河湖上游洪水或降雨集中，则面临河湖水漫溢，程度不同地形成淮河“北泛”之忧。明代寿州境陂塘分布广泛，当地乡民充分利用地势条件，形成了以各地规模不等的湖塘灌溉水利系统。明、清两代，对安丰塘水门、闸、坝、塘、堤以及渠系大小整修了数十次。嘉靖《寿州志》等记载寿州“陂塘”之分布环境，其中当以安丰塘、蔡城塘为主要，关于蔡城塘记有，在“蔡城乡，去城八十里，埂长一千八百丈，横阔五百丈，深一丈，门十三座，使水民一百六十三户，放水沟十三道”。从清代寿州方志相关图说中得知，乾隆《寿州志·蔡城塘水利图图说》言：“周围三十六里，溉田二百余顷，大闸一座，减水闸一座，河口闸一座，斗门十三座，乾隆

---

① 陈立夫主编：《中华科学技艺史丛书》之《中华水利史》，沈百先、章光彩等编著，台湾商务印书馆1979年版，第二篇，水利事业，第二章，灌溉，淮河流域，皖北淮河流域之灌溉，第180页。

② 邹逸麟主编：《黄淮海平原历史地理》第八章《黄淮海平原农业发展的历史过程及其区域特点》，安徽教育出版社1993年版。

三十一年知州席芑督夫重修。”对于陂塘与环境变迁两者相互关系，光绪《寿州志·蔡城塘图说》则记载：“蔡城塘水利次于芍陂，凡为门十三，曰：丰乐门、时化门、甘霖门、遍泽门、福泽门、稻香门、流汇门、裕利门、甘泽门、利水门、花山门、南双门、北双门，乾隆以后多形荒废。光绪七年略加修筑，然沟淤坝塌，黄闾诸山之水汇流入塘者已不由故道。”

环境变迁对寿州陂塘的影响深刻，寿州陂塘灌溉水利群亦是如此，乾隆《寿州志》对于蔡城塘周边环境的变化原因有详细记载：“寿州水利自安丰塘、蔡城塘外，计塘四十余处，载之旧志甚详，大抵皆起于明之前……明季兵燹，久未疏浚，鼎新之后犹有未及，为者百余年来，人稠地满，莫不乐得地之广，以为己业。凡塘之可耕者，皆侵为田，而凿私塘于其中，其或塘之大而不能占者，则历经升科而为田，而塘之制渐狭，利亦渐湮，且生齿日繁，六畜亦多，昔年刍牧之地后尽开为阡陌，遂以塘为畜牧之所，不使蓄水，亦不筑堤，有塘之名而无其实，间有古制未尽毁者，民间犹以为灌田之资，然其为利也甚微。故屡奉兴修止及安丰塘、蔡城塘，其余皆不在估修之例矣。”该志有按：“蔡城塘亦寿州水利之大者，志载南北直长一千八百丈，东西中阔五百丈，系大概成数也。塘形如桃核，中宽，南北两头狭，围约二十六里，东南北三面有埂，陡门十三座，以西一面靠冈地高埇为界，塘身东低而西渐高，有来水一道，北引黄闾、舜耕诸山以及平坡漫洼之水，五派从姚皋、马厂而南汇于沟，委宛十三里由孔家店东过桥入塘沟，旁有减水石闸、滚水石坝各一座，遇水异涨则减泄至北炉桥入河归淮。孔家桥南有小坝一座，系分水以灌沟旁之田者，久不修，来水涨淤塞闸，坝废坏塘埂，陡门坍塌，塘内不能聚水，塘身以西一带居民皆垦为田，升科纳粮由来已久。”①

至光绪时期，蔡城塘“在州东七十里孔家店坊，旧名蔡城乡，南北长一千八百丈，东西阔五百丈，周围约计三十六里，西靠高冈，东南北三面筑埂，设陡门十三座，溉田二百余顷，乾隆四年，知州范从彻详请币银三千六百两有奇”，修理大闸、陡门，挑进水沙河十余里，历时二十余年，后石坝闸门复被水冲坏。针对乾隆十四(1749年)、十五(1750年)两年山水大涨、塘水盈溢，淹及塘西之田，“遂有盗决塘堤之事，以致争讼”，之后，当地民众采取了在塘之南埂筑夹埂、开陡门等举措并协商应对。蔡城塘与周边邻县接近，对于塘之方位，雍正《怀远县志》卷一《山川》亦见记载，“蔡城塘在县南九十里”。“嘉庆以后蔡城塘无人经理，以致陡门冲损，塘埂坍塌。光绪七年，凤颍道任兰生拨款重修，知州陆显勋、张

① 乾隆《寿州志》卷四《水利》。

玉和、洪斐然为塘长,月余工竣,用制钱六百八十一千四十三文"①。

需说明的是:蔡城塘位于今淮南市大通区孔店乡,东与定远、凤阳隔湖相望。该乡2002年被列入省级江淮分水岭综合治理地区,南距在长丰县水湖镇15千米,北距淮南市大通区九龙岗镇10千米,淮南铁路上行线右侧方向。现今蔡城塘为一小型水库,湖面范围已缩小且形态变化明显,东、西局限于堤坝公路与铁路及高铁之间,南北塘面呈一字排开。从皖水招公告(2009)444号"蔡城塘水库除险加固工程施工招标公告"中得知,"水库集水面积122.8km^2,水库面积3.5km^2,总库容500万m^3"。由于受近几十年蔡城塘周边围垦及交通基建等影响,湖塘面积缩小,湖形也因此相对改变。库区蔡城塘渔场据称1982年时为安徽省八大联营渔场之一,近年来政府部门围绕蔡城塘的治理曾有提议和规划方案,2007年年初的《淮南市蔡城塘生态农业观光旅游项目》即是其一,另如皖水规划函[2008]28号《关于召开淮南市蔡城塘等三十二座小型水库除险加固工程初步设计审查的通知》。如何在保护湖区原生态环境的前提下,充分利用并进一步发挥灌溉农田、旅游休闲等效能,则需各方进一步共同协调努力。

(二)寿州陂塘增减及其环境变化原因

从寿州方志相关陂塘记载来看,对比明代嘉靖年间陂塘名称、坊乡、方位情况和清光绪时期所记塘堰,多沿袭前代,虽数量未见明显增减,辖境尚存陂塘应还继续发挥其功能。对于明至清后期陂塘变迁沿革,通过明清不同时期寿州陂塘的比照,可觉察出其间变化差异,具体体现在三个方面:其一,陂塘放水沟、水门变化。明嘉靖时"去城九十里沿河乡阮罗陂塘,埂长五百四十丈,横阔七百二十丈,深六尺,水门二座,使水民九户,放水沟二道"。光绪志本则记"在城东南九十里,旧沿河乡……水门一座,使水民九户,放水沟一道"。明至清寿州辖境政区范围有所缩小,对比而言,从光绪《寿州志》记载水门、放水沟数量增减方面看,各陂塘水门、放水沟数增减及废弃不一,减少多于增加。其二,从明清"使水民户"数量变化方面看,光绪年间陂塘用水人口明显增多。明代寿州安丰乡罗陂塘"去城八十里,埂长五百四十丈,深一丈三尺,水门五座,使水民十五户,放水沟五道"。至清光绪年间,罗陂塘"在州南八十里,旧安丰乡"。当时水面仍阔四百丈,有放水沟三道,但对于水门状况,光绪《寿州志》则认为"志稿作四座,今

① 光绪《寿州志》卷六《水利志·塘堰》。

案，采访册云，上罗陂塘在保义集东南五里，灌田数十顷，役水民九十余户。下罗陂塘在保义集东八里，向蓄水灌田，兵燹后，环塘民恳塘作田。同治间，知州施照详准立案，田入循理书院约种数十顷”。其三，考证当地陂塘名称沿革由来。嘉靖《寿州志》等记载，去城五十里东乡洪塘“埂长三十八丈六，阔四十丈，深五尺，门二座，使水军民八户，放水沟二道”。光绪志本认为，“洪塘，即《水经注》横塘，俗讹作洪。在州东五十里……今废，存水沟一道，上有桥石，名洪桥”。此外，据光绪志本补充，在州东九十里城子塘“埂长三百四十丈，面阔五百九十丈，深八尺，水门二座，使水民十户，放水沟二道”。州东南八十里湛陂塘，“埂长二百八十丈，面阔一百四十丈，深四尺，水门二座，使水民二十一户，放水沟三道”。州南一百七十里红陂塘，“埂长一百六十丈，面阔三百三十六丈，深五尺，水门一座，使水民四户，放水沟一道”。实际上，除安丰塘、蔡城塘之外，各规模相对较小的陂塘少有整修与管理记录，其规模与灌溉田亩却大为缩减，显示出战乱、人口增加等人为原因与湖塘环境变迁有直接关联。其中，过度垦殖导致寿州陂塘群萎缩，多处陂塘已有名无实。

二、清代寿州洪涝灾害分布与农田水利

（一）寿州乡里分布——以寿州保义乡为例

分析《清代淮河流域洪涝档案史料》中相关寿州洪涝灾害及水利内容，可以乾隆至光绪年间为时间段，通过梳理寿州下辖东乡、东南乡及西南乡所属里甲具体地名，分析排列各乡里保属地方位，并确定受灾年代、程度、范围与影响。

乾隆五十五年（1790年）九月初二日安徽巡抚朱珪奏，查凤阳府“寿州之洼地被水者，东紫金等二十二村庄。俱因七月内山河汇集，淮水涨盈，以致秋田浸损。现今浅处已经涸出，深处消露丈余”，应请“于冬令春前酌借口粮一月，其有涸地亩酌借籽种，俾得及时翻犁补种，以资调剂”。道光五年（1825年）十月十五日安徽巡抚张师诚奏，查本年安省被水被旱州县，“寿州之保义等十九堡。……以上十三州县被水被旱各堡里集镇田亩，应征本年漕米……各项钱粮银米，均请缓至道光六年秋成后启征”。道光九年十二月初四日安徽巡抚邓廷

桢奏，据禀勘得“寿州菱角嘴等十八堡……俱系勘不成灾……以上被水被旱各州县卫，应请分别蠲缓钱漕并赏给口粮”。道光二十八年十月十三日安徽巡抚王植奏附清单，将安徽省道光二十八年秋禾被水成灾及勘不成灾各州县，请分别蠲缓漕粮区图村庄缮具清单，其中“寿州，被水较重一十九保，系菱角嘴、正阳镇、弥陀庵、肖严桥、酒流桥、东紫金、倪家湾、东陡涧、曹村铺、四十铺、李家嘴、七里庙、邢家埠、白洋店、炭场、东二十店、东迎河集、西迎河集；被水亦重九保，系西陡涧、二十铺、五十铺、大桥湾、红石桥、罗陂塘、朱家集、尹家集、瓦埠”。上述“寿州保义等十九保”，“寿州菱角嘴等十八保”等地名皆归属保义乡，显示乾隆、道光之际该乡水患灾害频繁，常被列入被水较重灾区①。同时，由于政府相关部门的从中协助，这一时期当地得以因灾蠲免部分钱粮。清寿州《西南乡图》即《保义乡图》，标示有众多保义乡地名，取自道光《寿州志》记载，其图上标有道光时期包括保义乡乡里名称即隐贤集、迎河集、张李集、众兴集、蔡家店、唐坊店、新坝、老军营、板桥集、贤姑墩、广济庵、松公庵、茶巷集、谷贝寺、孟家冈、谢埠、柳口涧、丁家冈、梁家冈、谢家墩等众多地名及距州城里数。

道光时期，寿州在乡共三十六里，里十甲，分一百二十四保。州、乡、里、保层级对应关系，各乡里之间及各里属下保数存在明显差异，以寿州西南乡为例，自保义一里至保义十二里，共十二里，分四十九保。保义一里自南关坊至孟家湾，保义二里自对亭铺至弥陀庵，皆位于州城西南六十里以内。以“保不出里”为标准，其里下集、店、铺数在保义乡最多，在全部四十九保中占数二十二（不含正阳镇）。《西南乡图说》：“右西南保义乡里甲亦与长丰乡同，南北斜长一百六十里，东西广或百有二十里，或六、七十里，其中水利最要之区为芍陂，通阛舟车，四达之镇为正阳，凤阳钞关于此驻扎，行旅络绎，商贾应萃聚。州城之外三乡之间称繁剧焉。”正阳镇，嘉庆《大清一统志·凤阳府二·关隘》载：“正阳镇巡司，在寿州西六十里，一名东正阳，与颍上西正阳夹淮相对。明设巡司，本朝因之。凤阳府通判亦驻此……东正阳商贾所聚，西正阳土著所居。又有钞关，每岁委官收船料，以给凤阳高墙之费，钞关今革。”②明初《寰宇通衢》所记驿道以京城南京为中心，寿春驿作为“京城至陕西布政司并所属各府各卫”驿路经由路线其中之一，即“一路水马驿五十一驿中，水驿三十一驿”之一。此外，“京城至山西布政司并各府州卫水马驿”沿途驿站、里程亦与之相同。可见，寿春驿为

① 水利电力部水管司、水利水电科学研究院：《清代淮河流域洪涝档案史料》，中华书局1988年版，第587页、617页、747页。

② 嘉庆《重修一统志·凤阳府·堤堰》。

明代南京通往山陕驿道必经之地。据明黄汴纂《一统路程图记》卷五记载:“正阳镇属寿州,商贾聚于河东,曰东正阳,土人聚河之西,曰西正阳,委官收船料,以给凤阳高墙之费。”①明程春宇辑《士商类要》卷二《瓜洲由凤阳府至颍州府至颍州陆路》提及正阳言:“二十里过淮河,至正阳。大市镇,水通七十二道山河。四十里至四十里店。五十里,瓦埠。”②此外,清嘉庆《大清一统志·凤阳府二·关隘》中除正阳镇,还另记有寿州五镇,即“北炉镇,在寿州东,旧有巡司,后废。……在州东九十里,与定远县接界,以镇在南炉之北而名。瓦埠镇,在寿州东南六十里,肥水旋绕,舟楫商贩往来不绝。来远镇,在寿州西南……距寿州百里。花靥镇,在寿州西北二十五里。阚团镇,在寿州北”。

表 3.1　　清道光年间寿州保义乡乡里地名及分布表

乡里	方位里程
保义一里	南关坊,在南门外一带。九里铺,距城九里。十里铺,距城十里。菱角嘴,距城二十里。二十铺,距城二十里。三十里铺,距城三十里。丰庄铺,距城四十里。正阳镇,距城六十里。竹丝门,距城六十里(原注:旧志缺),孟家湾,距城六十里。

① 《寰宇通衢》(不分卷)记,京城至陕西布政司并所属各府各卫,“一路水马驿五十一驿中,水驿三十一驿之一”。其“龙江驿,九十里至龙潭驿,五十五里至仪真驿……一百三十里至寿春驿……一百二十里至大梁驿”。据明黄汴纂《一统路程图记》卷五记载,江北水路,正阳至南顿水路,“五里,八里躲。六十里,颍上县。六十里,江口……正阳镇属寿州,商贾聚于河东,曰东正阳,土人聚河之西,曰西正阳,委官收船料,以给凤阳高墙之费”。

② [明]程春宇辑:《士商类要》卷二《瓜洲由凤阳府至颍州府至颍州陆路》:瓜洲,西门外头闸、月河口催长驴,二十里至何家港。二十里,新城。十里,仪真县……二十里山路,至上窑。过河,二十里新店。二十里路旷野陈家冈。五里安头铺。二十里鸦飞铺。十五里过河,五里至寿州。南关二十里至二十里铺。十里,三十里铺。三十里正阳,上下货船在此纳料。过河,八里至八里垛儿。七里,蔡涧铺。……四十里,颍州。汴梁由正阳至芜湖县陆路:汴城。二十里,柏木子冈……二十里,蔡涧铺。二十里过淮河,至正阳。大市镇,水通七十二道山河。四十里至四十里店。五十里,瓦埠……笔者曾数次到安丰塘、蔡城塘和正阳镇等地走访,在 2012 年 4 月正阳镇镇政府编《感受大别山新闻媒体采风团正阳关采风》一相关资料中,据正阳关航运站已故老职工戴戒华考证,七十二河分别为:洪河、蒙河、谷河、润河、颍河、史河、淠河、东汲河、西汲河、东沛河、西沛河、淮河、西河、牛山河、白沙河、松子关河、竹根河、牛食畈河、南溪河、麻河、血水河、熊家河、鲶鱼河、洪家河、长江河、羊竹河、急流河、石糟河、泉河、赵河、找母河、牛角河、汲河(东西汲河汇流而成)、黄涧河、漫流河、头道河、二道河、油坊河、黄尾河、阔滩河、石板河、胡家河、板里河、清潭河、扫帚河、童家河、孔家河、柳林河、方河、高庄河、深水河、戴家河、龙门冲河、漫水河、三道河、六道河……现上述绝大部分河流或断流或改道,许多河流变成了“沧田”。

续表

乡里	方位里程
保义二里	对亭铺,距城二十里。申家桥(原注:即在此坊,旧志误分为二),西南四十里店,距城四十里。苏王庙,距城四十里。老军营,距城四十五里。塘坊店,距城五十里。新坝店,距城五十里。井亭铺,距城五十里。马家店,距城五十里。板桥集,距城六十里。蔡家店,距城六十里。萧严家桥,距城六十里。弥陀庵,距城六十里。
保义三里	老庙集,距城六十。安丰铺,距城六十里。酒刘桥,距城七十里。沙涧铺,距城七十五里。炭场,距城八十里。
保义四里	双门铺,距城八十里。张李集,距城一百里。西迎河集,距城一百里。
保义五里	隐贤集,距城一百二十里。
保义六里	杨仙集,距城一百里。牛角铺,距城一百一十里。众兴集,距城一百一十里。堋埠,距城一百三十里。
保义七里	花果园,距城一百四十里。马头集,距城一百五十里。
保义八里	三觉寺,距城一百三十里。丁粱家冈,距城一百三十里。
保义九里	柳槐涧,距城一百四十里。谢家墩(原注:即余家集,旧志误分为二),距城一百五十里。
保义十里	李末店,距城八十里。社公庙,距城一百里。广积庵,距城一百一十里。
保义十一里	青峰顶,距城一百里。茶庵集,距城一百一十里。
保义十二里	孟家冈,距城九十里。谷贝寺,距城九十里。白洋店,距城一百里。

(二)清代后期寿州洪涝灾害

区分并定位寿州受灾区域各地名乡里归属空间,需根据受灾地名及不同程度重新梳理定位,从而以光绪时期寿州地名空间为经纬,进而分析当地季节性气象、水文及灾荒实际情况。光绪《寿州志》卷首,《寿州境全图说》记,“市镇一百二十余所”,卷一《舆地志》则明确辖境“分一百二十四保”。依据《清代淮河流域洪涝档案史料》光绪年间寿州被水受旱灾情,分别对应这一时期具体受灾年代及州辖各乡里甲方位里程,视受灾最重、次重、较重和因灾收成歉收情形列表进行时空比对。

1.光绪三年(1877 年)

据光绪三年十月十七日安徽巡抚裕禄奏章内容及相关具体地名,按照寿州东乡、东南乡和西南乡里甲分布、距州城里程并对应各地被水、受旱最重、次重情况制表如下。

表 3.2　　清光绪三年寿州各乡里被水、受旱情况表

年代	东乡/距寿州城里程	东南乡/距寿州城里程	西南乡/距寿州城里程
光绪三年(1877年)被水、受旱最重二十二保,被水、受旱次重八保。	被水、受旱最重:长丰七里,李家嘴,距城六十里。七里庙,距城七十里(原注:旧志缺)。倪家湾,即北炉桥,距城九十里。被水、受旱次重:之瓦埠(镇),长丰七里,距城六十里。田家嘴,长丰七里,距城七十里。孟佛寺,光绪志本记(孟埠寺,长丰七里,距城八十里)。东二十(里)店,长丰二里(即小二十店,旧志误分为二,距城二十里)。	被水、受旱最重:裕民一里:东紫金,距城十里。东陡涧,距城二十里。曹村铺,距城三十里。裕民五里:西陡涧,距城二十里。【东南】四十里铺,距城四十里。五十(里)铺,距城五十里。被水、受旱次重:之罗陂塘,裕民十里,原注:即开荒集,旧志误分为二,距城八十里。船张铺裕民五里,距城一百一十里。红石桥,裕民七里,距城六十里。	被水、受旱最重:保义一里:南关坊,在南门外一带。九里铺,距城九里。菱角嘴,距城十里。正阳镇,距城六十里。孟家湾,距城六十里。保义二里:弥陀庵,距城六十里。蔡家店,距城六十里。萧严【家】桥,距城六十里。保义三里:酒刘桥,距城七十里。炭场(坊),距城八十里。保义四里:西迎河集,距城一百里。裕民八里:东迎河集,距城九十里。裕民九里:邢家铺,距城九十里。被水、受旱次重:白洋店,保义十二里,距城一百里。

资料来源:《清代淮河流域洪涝档案史料》第853页;乾隆、光绪《寿州志》。

说明:光绪志"九里沟"地名,查乾隆志本西南乡市集,有"九里沟"地名,因而光绪志本西南乡"九里铺",即此。【】表示淮河洪涝档案史料缺。( )为光绪志本缺。

2.光绪九年(1883年)

光绪九年寿州遭受水患,就受灾面积、程度及因灾受损歉收各保数量看,近乎覆盖全境。据当年十月十六日安徽巡抚裕禄奏:查安省本年各属夏秋间,先因雨泽愆期,冈田多已受旱,继又风雨连朝,低洼被淹,秋成均属歉薄……

表 3.3　**清光绪九年寿州各乡里被水受灾情况表**

年代	东乡/距寿州城里程	东南乡/距寿州城里程	西南乡/距寿州城里程
光绪九年(1883 年)被水情形较重十八保,被水情形次重十二保。	被水情形较重:长丰七里,李家嘴,距城六十里。七里庙,距城七十里(原注:旧志缺)。倪家湾,即北炉桥,距城九十里。被水情形次重:瓦埠(镇),【长丰七里,距城六十里】。田家嘴,【长丰七里,距城七十里】。孟佛寺,光绪志本记(孟埠寺,长丰七里,距城八十里)。东二十(里)店,长丰二里(即小二十店,旧志误分为二,距城二十里)。	被水情形较重:裕民一里:东紫金,距城十里。东陡涧,距城二十里。曹村铺,距城三十里。裕民五里:西陡涧,距城二十里。【东南】四十里铺,距城四十里。五十(里)铺,距城五十里。被水情形次重:罗陂塘,【裕民十里,(原注:即开荒集,旧志误分为二),距城八十里】。船张铺,【裕民五里,距城一百一十里】。红石桥,【裕民七里,距城六十里】。	被水情形较重:保义一里:南关坊,在南门外一带。九里铺,距城九里。菱角嘴,距城十里。正阳镇,距城六十里。孟家湾,距城六十里。保义二里:弥陀庵,距城六十里。蔡家店,距城六十里。萧严【家】桥,距城六十里。保义三里:酒刘桥,距城七十里。炭场(坊),距城八十里。保义四里:西迎河集,距城一百里。裕民八里,东迎河集,距城九十里。裕民九里:邢家铺,距城九十里。被水情形次重:白洋店,【保义十二里,距城一百里】。

附注:根据《清代淮河流域洪涝档案史料》,将 1883 年(光绪九年)收成歉薄八十二保各保按照寿州东乡、东南乡、西南乡各自乡里归属后,经重新排列,知寿州各乡里店、集、铺虽距离州城不一,但受灾范围大,上述 1883 年(光绪九年)收成歉薄八十二保,几乎涵盖寿州东乡、东南乡、西南乡全部里、保地名,可知其受灾地区面广。

从档案文献分析,光绪时期寿州受灾情况较为复杂,往往灾情并发,当年同遭水、旱、虫灾,因灾受损程度加深。从时任安徽巡抚上呈奏折及奏附清单中所列为安徽全省当年(月)受灾情况看,上奏寿州秋禾被水,被旱情形,其目的之一是为分别征缓漕粮区图村庄,以便缮具清单。

3.光绪十一年(1885 年)、十四年(1888 年)、二十六年(1900 年)

1885 年、1888 年和 1900 年涉及寿州部分被水受旱最重、次重、较重各保数量和名称都一一记录在案。据光绪十一年(1885 年)十月二十日安徽巡抚吴元炳奏,本年安省入夏以后,雨水过多,禾苗未能一律栽插。"凤阳府属之凤阳、寿州、怀远及泗州并所属之五河、天长等州县,沿江、沿河低洼圩堤各被冲决漫溢"。光绪十四年(1888 年),十月二十八日安徽巡抚陈彝奏附清单,安省光绪十四年秋禾歉收。“所有太和、颍上二县上年(1887年)曾被黄水,本年复遭淹浸。……其余各保田地同寿州、凤台、怀远……天长七州县通境田亩,除荒芜外,收成均在五分有余,其被水被旱情形较重”。光绪二十六年(1900年)十一月十七日安徽巡抚王之春奏:“安徽省光绪二十六年份,秋禾被水、受旱、被虫,勘不成灾各州县,分别征缓漕粮区都村庄,缮具清单。……寿州……”①

表3.4 清光绪十一年至光绪二十六年(1885—1900年)寿州各乡里被水、受旱情况表

年代	寿州被水受旱情况
光绪十一年(1885年)	寿州被水受旱情形较重二十五保:东紫金、东陡涧、南关坊、九里沟、西陡涧、菱角嘴、正阳镇、孟家湾、弥陀庵、蔡家店、萧严桥、酒流桥、炭场坊、西迎河集、东迎河集、邢家埠、李家嘴、七里庙、四十里铺、五十里铺、罗陂塘、红石桥、东二十店、孟佛寺、曹林铺。被水情形次重九保:白洋店、瓦埠、倪家湾、船张埠、渔洋铺、殷家埠、大桥湾、尹家集、田家嘴。
光绪十四年(1888年)	寿州被水受旱情形最重六十保:东紫金、南关坊、九里沟、东陡涧、曹村铺、菱角嘴、正阳镇、孟家湾、萧严桥、炭场坊、西迎河集、西陡涧、东二十店、四十里铺、五十里铺、蔡家店、弥陀庵、酒流桥、田家嘴、李家嘴、七里庙、马厂集、姚皋店、孔家店、孤堆集、兴隆集、黄山集、黄浒陂、罗汉寺、丁梁家冈、花果园、方罗家集、合豸铺、双庙集、祝家拐、三义集、双枣树、高塘集、桑科坊、陶阳集、杨家庙、枣林铺、郑家集、广□塘、三觉寺、炎刘庙、李山庙、谢家墩、柳槐涧、宜丰铺、史院集、下塘集、钱家集、陈阳集、众兴集、谢埠、广积庵、茶庵集、青峰顶、涂家拐。被水情形次重十九保:白洋店、东迎河集、瓦铺、邢家铺、倪家湾、孟佛寺、红石桥、罗陂塘、船涨铺、朱家集、尹家集、殷家铺、渔洋铺、庄木桥、大桥湾、车王集、陶冈铺、圣佛寺、侯家集。
光绪二十六年(1900年)	寿州被水情形次重二十保:东紫金、东陡涧、七里庙、李家嘴、瓦埠、南关坊、曹村铺、白洋店、东迎河集、邢家铺、正阳镇、孟家湾、肖岩店、炭场坊、西迎河集、弥陀庵、酒流桥、西陡涧、九里湾、菱角嘴。

资料来源:《清代淮河流域洪涝档案史料》,第898页、927页、1024页。见光绪《寿州志》。

洪涝灾害档案显示:

以上寿州东乡、东南乡、西南乡被水、受旱波段性情形,为分区区别受灾等

① 水利电力部水管司、水利水电科学研究院:《清代淮河流域洪涝档案史料》,中华书局1988年版,第898页、927页、1024页。又,据《苏赫讷五月二十一日(6月14日)奏》载:“安徽省……查得附近钞关之凤阳、寿州,乾隆五年(1740年)五月以来雨水调匀。现今大麦已登场,小麦刈获将毕,二麦收成有八分、九分不等。兼闻邻封四外亦丰熟。”实际上,以上报丰收之年为题的奏折也并非鲜见,但其不涉及因灾救赈,内容则从容有余。见《清代奏折汇编——农业·环境》,商务印书馆2005年版,第38页。

级序列确定了具体分布空间：1877年（光绪三年），最重二十二保、次重八保。1885年（光绪十一年）被水、受旱情形较重二十五保，被水情形次重九保。1888年（光绪十四年）被水、受旱情形较重六十保，被水情形次重十九保。寿州东乡、东南乡、西南乡被水情形：1883年（光绪九年）较重十八保、次重十二保，收成歉收八十二保。1900年（光绪二十六年）被水情形次重二十保，其中1885年、1888年寿州全境受灾各保占面积及比例最高，为大灾之年。

三、芍陂工程

（一）芍陂工程地图

道光《寿州志》中《安丰塘图》主要通过各水门的名称及图上地名分布以显示具体信息及方位，"高家堰、涨塘、柏家堰、永和堰、柳槐涧、凤凰闸、皂口闸、滚坝、皂口坊、华严庵、黄泥冈、大桥□、双桥集、朱灰革、洞阳城、红石桥、谢埠桥、迎河集、大兴集、正阳关、酒刘桥、安丰铺、孙公祠、白芍亭、保义集、隍城寺、钱家觜、田、中沟、贤姑墩、李家湾、张家祠堂、石家堰、莱河、龙穴山、六安交界、六安界、合淠水归淮、归沿河入淮、沿河、淮河"等，都通过地名表达安丰塘周边地理环境，概括出当地人文、自然实体状况。

光绪《寿州志》附图多借鉴道光《寿州志》，其计里划方图幅亦参照道光朝图本基础上改绘而成，其余图幅也参照颇多。方志地图地名涉及口门堤坝、集镇关津、山川河道、堤堰灌渠、物产地名，名胜及水文景观等自然地域名及非自然地域名。道光《安丰塘图》塘之中除一小部分标示有"田"字外，其余多以留白为基调，此处明显有别于光绪志本《安丰塘图》。图上地名显示，甚至还包括借用地理实体地名"西湖"，以表明方位地名所在。光绪《安丰塘图》中除标有安丰塘即芍陂表示塘面外，东、西界圩田分别被各沟渠条块分割，构成了地名通名"田""沟"为主的安丰塘垦田地名区，从图示具体内容分析，说明光绪时期安丰塘垦田规模及开发已相当成熟。芍陂门图及碑记刻图中还涉及孙公祠和垦田占湖纠纷所在地名及方位。光绪《寿州志》本《安丰塘图》地名比对道光时期，内容较之前更加丰富。图上标示出光绪年间凤皇闸口出水"此水由酒流桥入淠河达淮”，皂口闸出水口“此水出涨水闸桥，归东陡涧入东淝河达淮”。图内在安丰塘圩田部分以“圩内本系塘面，明代占垦成田”予以说明。道光本图说则言：“旧志芍陂图与今形势未尽符合，所列各废门方位尤多舛误，兹据现在闸坝陡门改正绘列。”①据芍陂现存古碑所绘制的《安丰塘来源三支全图》可知，芍陂水门大部分布在芍陂西堤与北堤上。这是因为芍陂周围的地势是东南高阜，西北低下，灌区主要在西北方。安丰塘图图示特点表现在：(1)地域性，地域范围涉及寿州、六安，以寿州安丰塘周边为中心，同一地区具有相似的地理环境，山川、集、镇、店、铺名相沿成习。(2)指位性，禁限垦田与清障主线地名及变迁范围路线。孙家湾、朱灰革、贤姑墩、长埂、孙公祠、黄城寺、双门铺、退沟、新沟等地名方向性定位明确。(3)稳定性，明代之前口门及渠网分布和惠及地域范围记载不完备，明至清后期，常态情况下，除已废口门之外，各时间段口门的存在及陂水泄流量、灌溉田亩的持久性相对稳定。

(二)芍陂地名群

芍陂工程已成为一系统工程，以芍陂各门为中心的周边自然与社会地理要素共同建构了芍陂工程地名群。具体研读芍陂水利引、蓄、泄工程地名的变迁过程，成为了解芍陂工程发展史的重要内容。其程式为，芍陂工程地名群：专名+“集、店、河、渠、桥”等通名=芍陂周边地名。核心地名指以安丰塘各水口口门为主的芍陂核心环节(带)，在塘型布局上呈北部及西北部半月形陂岸框架。其程式表现为：专名+通名“门”=芍陂门名。芍陂工程地名群应涵盖整个安丰塘水域及水门、坝闸和灌溉田亩周边区域，虽有鉴于芍陂范围时地变迁存在明显差异，但芍陂工程地名始终是芍陂地名群的核心。光绪《寿州志》道：“汉魏迨明迭兴迭废，至国朝黄、颜二公清垦占谨堤防，延二千年于不废者仅十三四耳……咸丰间洊经兵燹，岁歉民贫而旧制几废矣。”②州人孙家鼐有记：“寿州水利最巨者曰芍陂，据今界，陂周五十余里，旧开水门二十八，滚坝一，闸二，所以资蓄泄，备旱涝，溉田千余顷。”③孙家鼐此言既是安丰塘之现状所在，又是指明修浚塘工为当务之急，即光绪三年，候补道任兰生拨款修浚塘堤、桥闸、沟坝、水门，用制钱三千一百五十六千四百五十四文之结果。以清乾隆、道光、光绪为安

① 道光《寿州志》卷一《图·芍陂图说》。

② 光绪《寿州志》卷六《水利志·塘堰》。

③ 光绪《寿州志》卷六《水利志·塘堰》。

丰塘水门系统图示动态变迁标准年代，借助文献、方志、碑文记载，判读图例释义、比较图示内容并动态展示芍陂演变特征及过程，从中可分段叙述芍陂水利管理的空间范围，图地对应，以总体把握芍陂治理实际背景。

《明清寿州水利记传编年纪事及芍陂三十六座口门兴废沿革表》载：安丰塘口门水利设施名称即口门命名由来已久，通名“门”，因陂塘而名。隋开皇时寿州总管长史赵轨重修芍陂，改开水门三十六处，灌田五千余顷。但其水门的方位、名称已不可考。本表所列三十六门名称及顺序以明嘉靖《寿州志》记载为准，而乾隆、道光、光绪《寿州志》所记芍陂口门则为二十八门。乾隆《寿州志》新三十八门考记有“新移门，此门旧遗脱，今补入，至蔚家桥七里”；“朝贺门，古至溪涧桥，三十里，今废”；“朝阳门，古至溪涧桥，三十里。今至白马庙，十五里”。道光《寿州志》卷六《塘堰》，列有旧“三十六门考（原注：旧志）”，实指明嘉靖《寿州志》本。“新三十八门考（原注：旧志）”，则指乾隆《寿州志》本。道光《寿州志》本则在比对已废口门时，注重旧志芍陂图中各口门的分布方位，重在考证。其“正阳门，废。以上已废九门旧图并列于高门之西”在“大香门废”有按道：“此门旧图列于新移门之右，回子门之左。安丰塘三十六门由来已久，席志新门考三十八门者，以补新移门及增朝阳门之故。按，朝阳门即朝贺门，不应存废两列旧门。考三十六门俱备，则新移门亦当是旧门，所改移非前志脱书一门也。且旧门考列朝贺门于流会门、土门间，新门考之朝阳门正当其次，其为一门无疑。乃图又将朝贺废门与皂口废门并绘列高门之西，今皂口坊、皂口闸在塘之极东，去高门已甚远，何得其西之名皂口也，即此可知旧志、旧图未尽足据矣。”对于“新移门”当是旧门的看法，夏尚忠《芍陂纪事》认为“新移门，在邹家庄东边，水古至遗，《颜志》至蔚家桥七里，今仍至蔚家桥七里”。其“含窨门，在五湖店西偏，水古及《颜志》俱无此门，乾隆初始添设，水至江家大庄二里”。《芍陂纪事》二十八门考认为“我朝州司马颜公大事修复，志存二十八门”，并按：“州旧志已废之门有十数，合之现存者不只三十六矣。其间损益不可知也，今去颜公时又近百年，双门本二省而为一，外增一含窨门，水门仍存二十八，其引水道里远近无所变更，于以知颜公之德人深矣。又，《颜志》自井字门起至高门止，系自北而南，其间祝字、永福双门俱有上下，自上而下于序为顺，且自南而北亦溯源穷流之大概也，今自高门起至井字门止。对于已废安丰塘口门。”随着时光推移，各门存废发生变迁。《芍陂纪事》附记则见“上鸳鸯门，《颜志》已废。下鸳鸯门，《颜志》已废。枣字门，杨仙门，童子门，皂口门，东由陡涧入瓦埠河，《颜志》已废。朝贺门，陡门，古至申家桥，三十里。贞阳门，古至刘陂，四十里。

大香门，古至里道遗门，久废”。

光绪《寿州志·今二十八门》记：“井字门，在塘之东北。第一门，利泽门，含窨（一作易）门，旧门考、新门考皆无此门。新开门，存留门，流会门，以上六门俱在老庙集之右，孙公祠之左。朝阳门、小土门、西守（本作首）门、三陡门，以上四门俱在孙公祠之右，安丰铺之左。小香门、新花（一作化）门，以上二门俱在安丰铺之右，凤凰闸之左。永安门，光绪十五年设，新移门、黄茂（本作沙）门、祝字下门、祝字上门、沙涧门、永福下门、永福上门、庙盘门、酒黄门、土坝门、深潭门、清水门、下双门、沱河（本作合）门、高门，以上十六门俱在凤凰闸之右，众兴坝左”。对比存废分析，上述记载与道光《寿州志》卷七《塘堰》，内容除“永安门，光绪十五年（1889 年）设”之外，“旧图利泽门右无含窨门，后渐移，门右有回子门，并在凤凰闸之左，与今异，余俱同”。光绪志本所记此句，其依据来源是道光《寿州志》卷七《塘堰》所记。通过图示各门方位及包括实际已淤废口门名称、图说变更原因，包括完全变更名称、谐音改变名称、双名或多名合成一名、重新启用名称及双重地名（官方正名与民间俗名）等，皆可有助于理解部分陂门名称可变性过程。

本书制作《明清寿州水利记传编年纪事及芍陂三十六座口门兴废沿革表》（见本章后附表）时曾参阅 1988 年《芍陂水利史论文集》中朱更翎《安丰塘（芍陂）史料溯源及其工程演变》一文中的附表《芍陂三十六门兴废沿革简表》，但该表原记载摘录文献清道光朝仅采录道光八年《安丰塘来源三支全图》中口门名称，缺失道光《寿州志》安丰塘口门相关变迁记载，而夏尚忠《芍陂纪事》中有关康熙时期颜伯询编纂《安丰塘志》（嘉庆六年后该志已失传），即《颜志》所记芍陂变迁情况和内容也未见载入表内，今根据补充资料重新制表。从《中国地方志目录》获悉，上海图书馆古籍文献阅览部藏有清顺治十二年（1655 年）《寿州志》微缩胶卷，笔者前往调阅时得知，因胶片损耗陈旧已被封存，无法阅读。

四、芍陂治理

芍陂治理相关人物分类应以地方官、豪强、民众三者为框架，少数豪强地主应是强势一方，表现在其既是水资源获利方，同时又是屯田实际占有者，其间通过争夺水资源、抢夺陂田垦地以达目的。因而有必要取舍、摘录芍陂水利利益各方，尤其是历代有功于芍陂者"传记"及相关内容，并概括、表述寿州水利工程的曲折历程。芍陂豪强势力集团、生存于安丰塘周边的民众及以地方官员为首的芍陂治理团队，三者之间势力此消彼长的过程，实际上反映了明清以来安丰塘治理变迁沿革与接受的进程。在方志传记及《芍陂纪事》人物事迹中，编纂的内容虽不免溢美之言，但寿州地方官在治理芍陂过程中角色、职能变迁及不同时期的作用，其褒义并不影响其存史功能，且在很大程度上弥补了芍陂工程文献的缺失。传记人物归属包括有许多非寿州籍名宦，德行高有盛望的乡贤、儒林，以及众多职官。时人归属、分类及取舍标准多由官方主导，值得一提的是《芍陂纪事》的编撰者夏尚忠，民间色彩并不影响其在记传人物的收集和整理方面所作出的贡献。碑记记述的主要内容与方志传记表述相辅助，同样可促进对芍陂历史人物在明清芍陂开发治理史中作用的理解。以芍陂为中心的地缘性人物群体，往往也是芍陂事件的焦聚点。围绕芍陂用水及争田的缘起、修筑堤堰规模、灌溉田亩纷争和处理，以及孙公祠祭及教化新规等一系列应对举措过程中，我们可以发现芍陂水利人物及人与事，在芍陂整治复兴中可谓举足轻重。

（一）明代

1.明成化、弘治、正德年间的芍陂治理——"塘之上界变为田"①

明代参与治理安丰塘的主要人物包括魏璋、陈镒、戈都、邓永、张鼎，刘槩、董豫甫、李昂、陈钊等。自成化十九年（1483 年），魏璋以监察御史巡按江北，驻节寿春，至弘治六年（1493 年）户部议复寿州同知董豫应诏言修陂塘等三事，此一时期安丰塘治理工程虽出现尚未完工，却遇主要人事调任等情况，但十年间整治相对系统完整。魏璋治理安丰塘之前，芍陂长期处于无人管理状态。六安豪民在塘上游朱灰革、李子湾筑坝截源。安丰塘南部豪强董元等，侵占塘滩，建房垦田，使安丰溏遭到严重破坏，"塘之上界变为田"。魏璋委派州牧陈镒与指挥使戈都、邓永，组织环塘乡民修堤堰，疏浚上流渠道，整修水门石闸。工程尚

① ［明］黄克缵:《重修芍陂界石记》（碑现存孙公祠）。正史人物传记史料为后世方志文献广泛引用采纳，又据光绪三年《安徽通志》卷六六《河渠志 · 水利》，卷六八《河渠志 · 水利治迹》记述。《汉书 · 循吏传》:"周定王时楚令尹孙叔敖作芍陂，灌田万顷。"《后汉书 · 王景传》:"汉建初八年，王景迁庐江太守郡部安丰县有楚孙叔敖所起，芍陂先是荒废，景重修之，境内丰给。"《三国志 · 魏书 · 刘馥传》亦有类似记载。《三国志 · 吴书 · 吴主传》:"吴赤四年遣全琮略淮南，决芍陂。"《晋书 · 食货志》"晋武帝时，刘颂为淮南相，修旧芍陂，年用数万人。"《宋书 · 长沙王景传》:"宋元嘉七年，长沙王义欣为豫州刺史，镇寿阳，经理芍陂，良田万顷。"《隋书 · 赵执传》:"隋赵执因芍陂旧有五门堰，更开三十六门，灌田五十余顷。"《宋史 · 河渠志》:"广德二年，宰相元载置永乐渠，溉高原田，大历十三年废。"

未结束，魏璋与陈镒均奉调而去。成化二十年(1484年)，张鼎以监察御史继任，复命戈都继续修治安丰塘。弘治二年(1489年)李昂巡抚江南，重点整治安丰塘被豪强筑坝占种，令寿州指挥胡□会同六安指挥陈钊会勘查办，并按以往安丰塘的管理规定，指明安丰塘工程的管理范围，使占垦者认服；遂将朱灰革的五道堵坝拆除三道，李子湾的四道堵坝拆除二道。但时隔不久，豪强又占垦如故。弘治六年正月甲戌，直隶寿州同知董豫，应诏言三事，“一修陂塘……”户部议复：“下巡抚官勘理。”从之①。时隔二十余年，袁经于正德十三年(1518年)以户部员外郎谪寿州同知，“疏导芍陂一带水利，民以为便”。

2.嘉靖、隆庆时期的“新沟政策”——“塘之中界又变为田”②

嘉靖《寿州志》卷二《山川》记：芍陂，“嘉靖丁未(1547年)，知州栗永禄条议檄呈台臬清复故地，复委判官俞世中、指挥刘印、经历李玟协力襄治，修理门、闸、滚水等桥，视昔改观诸要辖列堡，置防以严盗决，综理周密。落成之日，御史路公按临，会兵司许公、本府太守李公冒署躬诣皂口兴工等处遍阅，莫不称善，父老作颂，以为旷举”③。嘉靖二十六年(1547年)，栗永禄为寿州知州时，身边亦有一群志同道合者共同谋划，参与主持整治安丰塘三十六座口门，修建泄水闸四座，建官宇和滚水桥各一座。工程竣工后，立“江北水利第一坊”，当时坊名即突出寿州地域水利为“江北水利”，意义深远。虽然栗永禄试图制止豪强董元等人对安丰塘上游贤姑墩以北、双门铺以南的蚕食，但见塘面积侵占成田，退而求其次，只得挖沟为界。二十年以后，双门铺以北至沙涧铺塘的中界，又被豪强们占垦成田。隆庆初，甘来学继任知寿州，仿前任栗永禄之法，又以退建新沟为界，“退沟以北至沙涧铺，陂之中界又变为田，公议与复遂援臬公例，又为新沟以界之，凡田于塘之内者每亩岁输租一分以为常，公之心非不欲陂民各安其业也，而熟意新沟之北未几又为常赴等奸占科矣”④。如此循环则新沟以北又被围垦成田，全塘失去旧观。

3.万历年间至明末——安丰塘积水与垦田范围的确立

万历三年(1575年)郑珫任寿州知州，时按院舒公巡按江南，访知安丰塘日渐衰败，民失其业，命郑珫组织修治。郑珫根据工程量估算所需经费，清理州库，采取以工代赈办法，组织饥民挑浚河道，修筑堤防，百日工竣。万历十一年

① 《明实录·孝宗实录》卷一八九，弘治六年(1493年)正月甲戌。

② [明]黄克缵：《重修芍陂界石记》。

③ 嘉靖《寿州志》卷二《山川》。

④ [清]夏尚忠：《芍陂纪事》卷上《名宦列传》。

立石碑文《安丰塘积水界石记》指出："以古制律今塘，则种而田者十之七，塘而水者十之三，不数年且尽为田矣。"黄克缵知寿州时，安丰溏已经衰败，而豪强侵占仍在蔓延，认为"田于塘者其害有三"，与其僚友计议拯救之策后，实行"逐新沟以北迤东，迤西而田者"并立积水界石碑，"界以新沟为准，东起常子方家，后贯塘腹，西至娄仁家后"，明确划定安丰塘的蓄水范围。从万历十一年立石碑文"塘长张海等请立石以为记"[①]中得知，黄克缵任知州时期，塘长作为安丰塘基层管理者，集贯彻执行者和基层管理者于一身。这表明，塘长亦成为决策有效实施的基础环节。《芍陂纪事》卷上《序文》："迨至明初，户部邝公奉旨修复，征徒二万疏浚如法，芍陂又兴。永乐以后，迭有废兴，亦多修理，兵宪州牧司马指挥均有成劳，而豪强盘据冒占蚕食终明之世不能翦除，其中奋然振奋者，惟黄公一人而已。"[②]万历中（1573—1598 年）阎同宾任寿州知州，当时安丰塘的口门已经荒芜，埂堤崩塌，有十余年不能蓄水，阎同宾计划修治并向驻寿州的兵备副使贾之凤表明意见，征得贾的支持。贾之凤委派寿州州佐朱东彦，滁州守孙文林主持督役修治。朱、孙二人协同阎同宾，组织环塘民众，疏浚河道，培修堤防，更新闸门，安丰塘水利得以恢复。万历四十六年（1618 年），孙文林捐俸置田十四亩存祠备祭孙公，而孙公祠自此始有祭田。

（二）清代

1.清代前期

芍陂水利大规模兴修之前，其设施往往已陈旧且运作已久。康熙及乾隆朝芍陂周边社会相对稳定时，官方主导的芍陂维修工程进入常态化运行状态，成效显著且规模较大。清顺治十年（1653 年），李大升任寿州知州前，因安丰塘上游新仓堤段决口，堤岸崩塌，引水河道淤塞，塘不注水而农田灌溉困难，造成农业歉收。经实地查勘工程量后，顺治十二年，选调千余民工，委派州捕厅郑三捷监督实施，疏浚引水河道一百四十余丈，修筑新仓和枣子口门，培修堤岸，修理闸门，月余工竣。是年夏，别地皆大旱，唯安丰塘灌溉区内丰收。十月，又组织环塘人民整修减水闸，疏浚中心沟。李大升等还捐出俸薪，务求修治完浚。顺治年间，兵备副使沈秉驻寿州，"时州主李公勤水利，修芍陂，公闻之喜，亦捐俸助理"。顺治十二年，郑三捷任州捕厅，"时奉李公委督夫修芍陂"。此外，乾隆

① ［明］黄克缵：《重修芍陂界石记》。
② ［清］夏尚忠：《芍陂纪事》卷上《名宦列传》。

《寿州志》卷八《名宦》还记有“董民从，山东人，贡士，顺治间同知寿州，协修水利，不懈劳苦”。康熙三十年(1691年)间，颜伯珣任寿州州佐，专司盐务及水利。安丰塘经顺治十二年李大升修后四十余年，埂堤门闸复又严重损坏，致有豪强八人呈请开垦，幸环塘人民坚决反对而止。

康熙三十六年，地方生员沈捷等上书州主，请求修复安丰塘。知州傅君锡委任颜伯珣主持修治。颜伯珣受命后，亲自到安丰塘查勘工程情况，筹划施工步骤，其成绩主要体现在：康熙三十七年春，征调千名民工，培修旧堤，新筑南、北塘堤共三十里，整修口门三十六座，塘复蓄水。三十八年春，“修筑新移门，筑梁家洼”。三十九年夏，疏浚各条沟渠。四十年春，“筑江家潭，种柳七百株，增补庙东塘堤，上宽五尺，长十里；夏整修皂口闸、文运闸、凤凰闸、龙王庙闸”，“复筑瓦庙、沙涧堤防”，各上宽五尺，长六、七里，修筑枣子门。四十一年秋，补筑老庙口。四十二年春，大凿皂口，复水故道①，环塘人民无不“乐其乐而利其利”。颜伯询离任之日，“立生祠而尸祝焉”。雍正四年(1726年)，寿州同知王恂，“督夫役修芍陂，长生禄位于孙公祠内春秋奉祀”。雍正八年饶荷禧任寿州知州。历年以来，安丰塘洪水经常冲决堤防，环塘士民公议于众兴集建减水坝，以泄上游骤来洪水，再修凤凰、皂口两闸。饶荷禧发动环塘士民，按亩捐银一千两并组织兴工。

2.乾隆朝以降

乾隆二年(1737年)，时值寿州知州段文元当政，“芍陂水涨屡决，建坝修闸之工未竟，复被冲没。因申详道宪范公，又请币银三千两有奇，接修滚水石坝并理两闸”，重建工竣。乾隆八年，寿州知州金宏勋，“见芍陂埂堤间有崩塌，谋绅士集人夫重修”。乾隆十四年卢士琛任寿州州捕厅，时任知州陈韶拨银一万三千余两，委派卢士琛修治安丰塘，并奉征调河南省河工，疏浚河道，修筑堤防，培修埂堤，“晚注早视，水满则已，水消仍筑”，历时四个月，工程完竣。乾隆十四年，陈韶“檄查修诸陂之利生者，勘估详清币银一万三千两有奇，挑没淤塞，增筑埂堤”。此外，“留心陂务”已成为后人衡量当政者的业绩，即惠政的主要标准之一。据《芍陂纪事》记载：乾隆十五年，寿州知州徐廷琳，“尤勤水利、陂务”；乾隆二十五年，寿州同知何锡履，“留心陂务、寒暑不懈，抑强扶弱、水利均沾”；乾隆二十六年，寿州同知王天倪，“协理陂务，时督其工”；乾隆三十五年，寿州同知赵隆宗，“重水利，勤陂务，谨门闸”。对于有功于修治芍陂水利工程的社会各阶层的积极参与者，其情形则被如实记录。郑基，乾隆年间曾任寿州知州，其《本

① [清]颜伯珣：《颜公伯珣自作碑记》。

州邑侯郑公重修芍陂闸坝记》言："董其役者，州同知赵君隆宗、正阳司巡检江君敦伦；衿士则李绍佺、周官、沈裴似、陈宏猷、李猷、程道乾、李吉、梁颖、戴希尹、邹谦、陈倬、张锦；义民则金向、余加勉、潘林九、桑鸿渐、李贵可、余金相；塘长则刘汉衣、张谦、江厚、江天绪、江必，咸有成劳。"①乾隆三十五年，士民李绍佺等，请求按亩捐银，修治皂口闸、凤凰闸和众兴滚水坝。郑基准其请求，获捐银二千四百余两，委派州佐赵隆宗监督实施。三十七年五月开工，历时四个月竣工。乾隆四十二年，万华成署寿州同知，"见埂堤崩塌，乃谋绅士调集人夫，补筑之时当春初农隙，凡四十日而工毕"。乾隆四十三年，旗人勒保任凤庐道台，时"六安奸民晁在点、方希乐、张宗海等踞陂之上游拦河阻坝，公即檄饬六安州主查办，而方张等坝俱乘夜尽除"。乾隆四十五年周成章佐寿州，莅任后，安丰塘堤常被洪水冲决，"组织堵口三处，并于每年农隙时，征调环塘民众培攸埂堤。枯水季节，则大集人夫，挑河身，增筑塘堤，修理门闸，在任七年，从无懈怠"②。

嘉庆初，寿州同知沈毓麟，"时去周公修培后又二十余年，崩塌既多，薄削已甚……士民中有近埂之田者愿捐土壤事，乃济各衿士分段监视，同日兴工凡六十日而工毕"。道光八年（1828 年）朱士达知寿州时，劝募环塘人民按亩捐资，贫者出力修治安丰塘。捐资一千两，州同长君捐俸银一百五十两，"环塘士民许廷华，江善长等捐资兴助……是年二月兴工，九月蒇事，而塘始成"。重修皂口闸和众兴滚水坝，疏通中心沟长五十余里。挑挖塘身，增补堤埂，改修凤凰闸护坦，更换各口门石板和朽裂的木桩。十一月，修塘余款用于修缮孙公祠③。同治丙寅（1866 年），寿州知州施照重修安丰塘时，与前任知州同样面临筹集修塘资金难题，"集乡之耆老而谓之曰：闻旧时修筑，按亩出夫，别上、中、下田为三，则上田六十亩出夫一名，中八十亩，下百亩。次第其等准免役，以钱代课尔，与按亩捐输何异，曷若事从其实之为便也"。之后采取"约田出资，佃出力分任"方法，定议修筑④。同治五年（1866 年），《施公重修安丰塘滚坝记》言："于九月望后工兴，凡七阅月，至本年四月工竣坝成。"称颂施照修塘建桥之功德，并立石为记⑤。光绪三年（1877 年），任兰生署凤颍六泗兵备道布政使衔记名盐运使兼督关务，拨款修治塘堤、口门及闸坝；将夏尚忠编纂的《芍陂纪事》修改后，附以《新议条约》刊印发至环塘民户；派员查勘淠源河淤塞情况，然后疏浚河道，开源引

① ［清］夏尚忠：《芍陂纪事》卷下《碑记》。
② ［清］夏尚忠：《芍陂纪事》卷上《名宦列传》。
③ ［清］朱士达：《重修安丰塘碑记》（碑现存孙公祠）。
④ 清署凤颍六泗兵备道庐州府知府南海冼斌：《重修安丰塘滚坝记》（碑现存孙公祠）。
⑤ 同治五年（1866 年）环塘士民立石，并刻《施公重修安丰塘滚坝记》（碑现存孙公祠）。

水入塘。光绪五年，拨款重修双门；光绪八年，又修皂口闸、凤凰闸、塘堤和众兴滚水坝，并修孙公祠；光绪十五年，巡抚陈彝，“拨款修治安丰塘，添设永安门”①。综观整个明清寿州水利及安丰塘治理史，其过程皆为群策群力、各阶层人士共同积极参与的结果。

五、芍陂工程与社会秩序的建构

（一）孙公祠奉祀与芍陂治理

声名远播的孙公祠早在北魏时期，郦道元在《水经注》中就有记载，时人建祠奉孙叔敖为护佑安丰塘之神。明清方志记载芍陂，必将介绍孙公祠分布及祠祭情况。以孙公祠祭祀为中心地，底蕴深远，进而发展为另一种强化维持地方社会秩序的方式。明清孙公祠分布及祠祭状况，明朝李贤《大明一统志》《中都志》、嘉靖《寿州志》、康熙《凤阳府志》等皆有记载②。明清以降，重修孙公祠往往与兴修安丰塘相同步。有功于芍陂者，祠祭之，其中还包括有官宦生祠，成为孙公祠周围祠祭现象之一。从明清寿州方志传记中传主背景相关记载与孙公祠堂上奉祀人物相排列比对显示，史上凡有功于芍陂者，即历代有功于陂塘之官绅名宦治绩与孙公祠内奉祀名单相互映衬。长期以来，孙公祠祭得以官民认同，多有官宦名仕积极参与而民间又乐见其祠祭及祭仪的传承，皆与寿州的地理方位、水文化土壤传统及芍陂历史的深厚积淀密切关联。孙公祠祠祭秩序即木主排序构成，随着后世增补奉祀入位，呈现出群体性态式及其开放性。

孙公祠——安丰塘标志性建筑，为明清不同时期祭祀孙公重要场所并多次

① 光绪《寿州志》卷六《水利志・塘堰》。

② ［明］李贤：《大明一统志》卷七《凤阳府・祠庙》：“孙叔敖祠在寿州南芍陂上，叔敖相楚，筑芍陂功德及民，故立庙祀之。”《中都志》卷四《寿州》：“孙叔敖祠，在安丰芍陂北，因其与陂田水利，后人思之，为立祠叔敖。”嘉靖《寿州志》卷六《礼制纪・祠庙・名宦祠》：“儒学戟门左，祀楚相孙叔敖……孙相公祠，在芍陂塘，祀楚相孙叔敖，知州刘槩建，嘉靖己酉知州栗永禄重修。”康熙《凤阳府志》卷二一《祠祀・寿州》：“孙公祠，在芍陂塘，祀楚相孙叔敖，知州刘槩建，嘉靖己酉知州栗永禄重修。”此外，记载于《大明一统志》的寿州祠庙还包括九江王庙，在寿州安丰故县东南八十里的九江王庙、在寿州南芍陂上的邓公庙、在寿州南的单父侯庙、在寿州南的陈思王曹植庙、在寿州子城内的忠显庙。而嘉靖《寿州志》卷六《礼制纪・祠庙》记“董李二贤祠，在隐贤，祀孝子董召南、李兴”，“安丰董子祠，在正阳，祀董召南”。

修筑。从金铣撰文《魏公重修芍陂塘记》中，可知当时情形："成化癸卯（1483年），监察御史鄢陵魏公璋来按江北列郡，驻节寿州，慨然以兴复为己任……且命新叔敖故祠。"①成化二十三年（1487年），知州刘槩增葺之。嘉靖二十年（1541年），孙公祠"殿宇陋隘"，知州栗永禄复修。朱东彦，万历间佐寿州，"州主阎公修芍陂，委公督其役，既受命，疏滞，增埂堤，新门闸，培祠宇"。万历中（1573—1598年），阎同宾任寿州知州时，由寿州州佐朱东彦、滁州守孙文林主持督役修治。通常，涉及安丰塘事务属寿州同知负责管理，顺治十二年（1655年），知州李大升重修，"以旧祠陋殿，在大树北改准大树南，但以吏董治曾夜课课工料，仍狭薄祠元厦，楯兀然于野而已"。

除了焚香告拜之外，孙公祠还成为重要工召集结之地，官方借此介入芍陂事务。康熙三十年（1691年）间，颜伯珣任寿州州佐，专司盐务及水利，于康熙三十七年春，曾征调千名民工在孙公祠前誓师开工。康熙四十年，"颜公改修之，殿移大树北，仍取陂中土补累之，广高各拓旧吊，两端增设耳房、廊宇、庑院，户牖窗棂、焕然致观"。乾隆二十六年（1761年），知州徐廷琳改易孙公祠大殿，木料增换，崇报门楼板。乾隆三十七年，知州郑基以修闸余额再次修葺。乾隆五十九年，寿州同知吴希才有感于前任重修孙公祠，立碑刻书以记其经过，言："民食其利，因立庙以祀焉。……凡莅任者，巡视塘事，必肃诚谒其祠，春秋奉祀不衰。今岁，余奉上委佐理寿邑，因阅塘谒孙公旧祠，见其垣墉完固，栋宇辉煌，若新建者。询于僧众，始知为今兹所重修也。倡于前州佐升知婺源县沈君恕，成于塘右候选漕标守府聂君乔龄，而监其工者，则塘之旧董生员陈子倬也。其后之大殿，左右夹室中之戏楼，东西二厢，前之仪门、山门并东之颜公祠，皆因旧制而撤盖更新之，其东复立角门，以便出入，计砖瓦、木石、灰油、麻铁工价之属，费钱七百八十四缗有奇。"②嘉庆初，沈毓麟佐寿州，"时去周公修培后又二十余年，崩塌既多，薄削已甚……惜船小载土微，士民中有近埂之田者愿捐土壤事，乃济各衿士分段监视，同日兴工凡六十日而工毕"。道光二年（1822年）《聂氏重修孙公祠记》："其所恃以永存者，聂氏之功居多也。聂氏世居塘右，其先人聂乔龄系候选卫守府。春秋二祀时，往来于其间，其栋宇倾危，浸久浸废，深以为忧。由是慨然捐资修治之，补葺之，随于乾隆五十九年（1794年）告竣。迄今二十余年，殿室屋宇又不无颓坏之处，其侄聂搢堂与嗣君镇藩等，体先人之志，复捐钱三百一十四千有零，刻日鸠工，以成其事。……用是勒石以志不朽。"光绪

---

① ［明］金铣：《魏公重修芍陂塘记》（碑现存孙公祠）。

② ［清］夏尚忠：《芍陂纪事》卷下。

三年(1877 年),任兰生拨款修治塘堤、口门及闸坝。光绪五年《寿州志》记:“拨款重修双门……发交塘董领储孙公祠。”

参与兴修安丰塘,修建并祠祭孙公祠,列入孙公祠设位奉祀,三者间似无关联。事实上,明清有功于安丰塘者,多人集此三者于一身。万历四年《按院舒公祠祀》[①],列举郑公与舒公兴修芍陂事迹及新建舒公祠记之缘由。郑公卜吉兴事,“始于万历三年(1575 年)十二月初四日,告成于四年(1576 年)三月十五日。于是渠水复通,颂声大作,谋祀侍御公,且以州守配”。万历三年,郑琉任寿州知州,时按院舒公巡按江南,访知安丰塘日渐衰败,民失其业,命郑琉组织修治。环塘人民感其恩惠,曾立生祠祭祀颜伯珣,颜伯询离任之日,“绅士吞声,田夫号痛,祖(阻)道徘徊,如失怙恃,攀辕无计,立生祠而尸祝焉”。浙江贡士金宏勋,乾隆八年知寿州,见文运闸废,河开垦成田散处零星,分收不便。塘公议变价另置,今许黄寺、旧县二处祭田是其遗也,“陂民感之祠设位祀焉”。乾隆十五年何锡履佐寿州,留心陂务,寒暑不懈,抑强扶弱,水利均沾,“实惠陂民,怀之立位奉祀于孙公祠内”。乾隆二十五年(1760 年)王天倪佐寿州,同州主徐公协理陂事,并修祠宇,时督其工,“工成民怀亦设位祀焉”。乾隆二十六年徐廷琳知寿州,以兴举废堕为心,尤勤水利,时理陂务重修孙公祠,易大殿木料,并增换崇报门楼板,其余房廊皆大旧制补葺之,“陂民思之,设主以祀公奉”,对联云:治芍水以继孙公利泽期沾百世,修祠堂而绍颜牧生民其祝千秋[②]。

祭田是孙公祠祭祀体系的基本保障,祭与田是相互表里之关系。古来圣贤,凡有功德于民者,无不立庙设像以祀之,而祭祀之品物,多有赖于祭田。孙公祠始有祭田源于万历四十六年(1618 年),时任滁州太守孙文林,“奉兵宪贾公檄委修芍陂……更见楚相有庙而无祭田,不惜捐俸谋之,置田一十四亩,存祠备祭孙公祠”。虽然孙公祠祭田事迹立有碑记,后“日远年湮,雨蚀风剥,至今石刻不可复识矣”。康熙四十年(1701 年)辛巳,《颜公伯珣自作碑记》载:“惜乎祭田之失传,虽有滁太守孙公置田一十四亩,坐落新开门下,犹未足以备四祭之需。”颜伯询查出明滁守孙文林置田若干和古荒若干,其田产之坐落及钱粮之差事,“系明万历四十六年滁州守孙公监修塘工捐俸所置。其田原置一十四亩,坐两处耕种不便,将远田六亩换得祠根膏田四亩。围田壹丘计种”。其具体置换田亩方位、亩数及过程详见于清代道光二年寿春镇中营游击丁殿甲所撰《安丰

---

① [明]梁子琦:《按院舒公祠祀》(碑现存孙公祠)。

② [清]夏尚忠:《芍陂纪事》卷上《名宦列传》。

塘孙公祭田记》①:“谋诸士民,同吁州刺史金公,饬令各佃人等照依时价,各买各人所佃之田,永为己业,众姓悦从,共得银参百二十二两有零。一买刘姓民田五十亩,坐落西首门,价银一百五十两;一买杨姓军田二十亩,坐落新化门,价银一百九十两;均载红契,住僧收执于祠,今而后田属于庙,百世不易,神享其祭。”②由此可见,坐落于西首门、新化门附近之祭田,至乾隆中期,孙公祠祭田“百世不易,神享其祭”,已成为维系孙公祠日常生活及正常祠祭的保障。

然而时隔多年,孙公祠再次陷入难以为继的状况,因而修筑安丰塘闸坝的同时,维修孙公祠亦作为整个工程的组成部分,孙公祠添设祭田成为维系祠庙运作生存的有效方法。道光八年(1828年)朱士达知寿州时,劝募环塘人民按亩捐资,贫者出力,修治安丰塘并将修塘余款修缮孙公祠。朱士达对于新入孙公祠祀田感言:“余牧是邑,检阅旧卷,见该塘闸坝有三,具系蓄泄巨区,今值圮废,众议整理,仅完一处。其滚坝、皂口闸修复无费,竟尔停搁,余急同司马长工捐廉兴役,仍会聚董事许廷华、江善长等劝共出资,以葳要工。遂诣该祠,见砖零瓦碎,户塌墙颓,住持一僧,几至丐食;祀典久虚,满目萧条,大非报德酬功之意。当即与众商酌,方知祀田甚微,故至败坏如此。续闻塘之东南,有高埠荒地数段,久经附近贫民开垦,约种二十余石。因即传齐令将此田归公,各具佃约,交祠存执。其籽粒,塘长偕僧分收,以作补葺祠宇、春秋祭享并一概塘务之用。”③

(二)芍陂垦田治理与各阶层水利利益分配

明清时期不同阶段寿州水资源利益冲突与水政保障匮乏、管理缺失有关。孙公祠堂内也以宣传芍陂乡约制度为其祠祭内容之一。《芍陂纪事》卷下记《新议条约》规定:重祠祀,“春秋两季各董事须齐集孙公祠荐馨香,塘务有应行修举者,即于是日议准”。管理好安丰塘的实际意义,正如“惠政”所言:“芍陂地势平坦,别无池堰,千万户口俱仰给于芍水,芍水不注,万姓束手矣。”基于此,芍陂灌溉的周边民众、寿州地方官府与豪强围绕芍陂垦田之冲突案例时有发生。其斗争反映了地方各利益集团水权保护、用水制度与水事纷争之关系及耕作受益区范围与用水灌溉分配利益的关系。强化乡规民约及遵守安丰塘有关条例,目

① [清]沈涓沐:《安丰塘孙公祭田记》(碑现存孙公祠)。
② [清]丁殿甲:《聂氏重修孙公祠记》(碑现存孙公祠)。
③ [清]朱士达:《孙公祠新入祀田碑记》(碑现存孙公祠)。

的是希望借助于规章制度以提升周边乡绅、村民的自律程度。明清寿州南部地域，长期以来，逐步形成了以安丰塘、蔡城塘为主要中心的陂塘型水利社会。在明确芍陂区域空间范围界限情况下，灌区灌溉系统及社会关系和相关各阶层水权利益的有序分配尤显重要。常态环境下，芍陂水利共同体各方保持相对均衡的责、权、利，相互协调、合作是弱化个体利益冲突的有效方式。议定芍陂行为条约并遵守实行，相对松散且尚需完善则例、事例执行情况，所遇阻力显而易见，但前代则例对后世芍陂条例制定的影响体现在则例条文的连贯性、继承性方面。条约规定渊源和实质，即涉及问题之重心，具体案例背景。今人或可忽略其条议时效性局限，从当时水资源的控制与芍陂律例及事例分析中，可知豪强占垦与灌溉屯田受益面积支出之间的相背而行。金元以后芍陂淤积加速，豪强地主占垦增多，陂面缩小。嘉靖《寿州志》卷二评议灌田四百余顷的安丰塘："明正统以来大有奸民辄截上流利己，陂流遂淤。成化间，巡按御史魏章得其状惩之，委任指挥陈钊会勘，参考古典，指点旧迹，众皆翰服……案存各司，惜乎。自是以后典守日疏，法制日弛，顽民占种复增于前，民亦告病。"①

明代安丰塘治理，一波三折。从地方豪强先行占垦到官方默许屯田，进而官府采取强制举措，策略与案例对照鲜明。其不同时间段官民多次纠结于具体地名进与退，即是双方争执的焦点所在。成化年间，六安豪民在塘上游朱灰革、李子湾筑坝截源。安丰塘南部豪强董元等，侵占塘滩，建房垦田。知州魏璋，拆除塘滩房屋，逮捕占垦者判其罪。弘治二年（1489 年）李昂巡抚江南，命令寿州指挥会同六安指挥会勘查办豪强筑坝占种安丰塘，遂将朱灰革的五道堵坝拆除三道，李子湾的四道堵坝拆除二道。嘉靖、万历间，"退沟""新沟"一度成为这一时期衡量执法力度的指标方向。知州甘来学执政时期，芍陂水利又被奸民彭邦等窃据，退沟以北至沙涧铺，陂之中界又变为田，后只得默认以新沟为界，"凡田于塘之内者每亩岁输租一分以为常，公之心非不欲陂民各安其业也，而孰意新沟之北未几又为常赴等奸占科矣"。至寿州知州黄克缵之前"使贤姑墩以北至新沟止，计五百六十顷零，俱已变为粮田，实为塘之一大厄"。黄克缵"于是逐新沟以北迤东而田者常从善、常田等二十余家，得七十五顷，迤西而田者赵如等十余家，得二十余顷复为水区"。

至清康熙年间，《请止开垦公呈》的背景，有别于以往先行占垦陂田，豪强势

① 明嘉靖《寿州志》卷二《山川·渠堰陂塘·寿春旧渠·芍陂》。对于明之前芍陂历代兴废沿革，[清]夏尚忠《芍陂纪事》卷上，序文有记。

力一方试图以上呈开垦公呈请示的形式取得官方认可，回避环塘民众的抵制①。事实上，公呈文牍的内容及结果如实反映出事件整个过程，“康熙中，有豪恶某八人者，潜呈开垦芍塘，抚台已准，题请将专员勘垦矣。幸得此呈，详复而止，诚有功环塘文字，故存之”。乾隆四十三年（1778 年）勒保任风庐道宪。时六安奸民晁在点、方希乐、张宗海等踞陂之上游拦河阻坝，断绝陂原，利一害万，陂民赴诉，勒保“即檄饬六安州主查办”，而“方、张等坝俱乘夜尽除，值陂下人心涣散，遂亦含糊了事”。时至道光年间，又有许廷华、江善长案。道光十八年（1838 年），寿州安丰塘水利失修，周边生态环境已破坏严重，“今南北相距六十里，东西仅十数里，底平而浅，水难多蓄，门闸齐启，兼旬即涸，距塘稍远，已不沾其泽者，急应筹划经费，大加疏浚”。在此情形之下，距皂口闸东及徐家大沟一带淤地，“又有许廷华、江善长等未究开田”案出现。据当年闰四月初十，由寿州知州许道筠、州同知曾怡志监立《禁开垦芍陂碑记》言：“嗣饶署州详召佃纳租充公，批饬本府亲谒查勘，业将关系合州水利，未便开垦缘由禀奉各宪批准在案，并请责成该州州同每岁按季亲巡一次，如有擅自占种者，立即牒州严拿究办。除集提许廷华、江善长等到案讯详外，合即出示，勒石永禁。为此，示仰附塘绅耆、居民人等知悉：所有从前已经升科田地仍听耕种外，其余淤淀处所，现已开种及未经开种荒地，一概不许栽插。如敢故违，不拘何项人等，许赴州禀究，保地徇隐，一并治罪，决不姑贷。”②光绪三年（1877 年），任兰生在拨款修治塘堤、口门及闸坝之余，还将夏尚忠编纂的《芍陂纪事》修改后，附以《新议条约》刊印发至环塘民户，尤值一提。其宣讲遵守安丰塘各项条约规定，即“重祠祀、和绅董、禁牧放、慎启闭、均沾溉、分公私、禁废弃、禁取鱼、勤岁修、核伕数、护塘堤、善调停、专责成”。可见当时需推广普及“新议”条规，并努力达成共识。而分州宗示的主要内容则进一步重申：禁止侵垦官地、私启斗门、窃伐芦柳、私宰耕牛、纵放猪羊和罾网捕鱼。实际上，禁垦、清障一直是安丰塘工程管理的重要内容。

① ［清］夏尚忠：《芍陂纪事》卷下《文牍》。

② 清道光十八年《禁开垦芍陂碑记》（碑现存孙公祠）。

六、结语

今日之安丰塘是一座“中型水库”①。安丰塘湖水淤积，储水量下降，塘身面积缩小的原因，有其受上游来水及自然环境变迁影响的因素，同时，历代尤其元代以降当地乡民垦种湖中淤地之势蔓延，地方豪强占垦行为屡禁不止则同样是重要原因之一。为结束“乱垦”，恢复秩序，政府一方面强制驱逐占垦以复田为水，强化社会控制，另一方面，又程度不同地表现在积极维护塘区水闸、水门等水利设施，以拓展蓄水排灌功能。诚然，寿州地区陂塘水利当以安丰塘为首要，但不可否认，寿州蔡城塘和水域规模较小的陂塘湖泊演化过程都与乡民生存环境变迁互相影响。

从安丰塘历史文化内涵而言，则应重在自古以来传承至今的芍陂人文意义。芍陂作为一座现代的平原水库，在我国塘堰水利史上首屈一指的，闻名于世，远超安徽寿州地域②。今人又称其为一座存在于皖西淠东干渠上的反调节水库③，从《清代淮河流域洪涝档案史料》记载内容获悉，除去安丰塘之外，官方还通过努力对寿州旱涝受灾地名进行统计确认，并尽可能为灾情的定量分析提供信息。被水受旱较重、次重及最重灾情的等级分类标准有利于政府部门及时准确掌控受灾范围，争取减征田赋和灾荒赈恤的施行。作为官方的基层社区，以寿州各乡和地方里甲为组织单位，是清代淮河南岸基层乡村制度的体现，也

---

① 水利部淮河水利委员会：《淮河志》编纂委员会编《淮河治理与开发志》第一篇《淮河防洪工程》第三章《大中型水库工程 · 中型水库》：“蓄水工程，功能单一，都是以灌溉为主的蓄水工程，1949—1957年，先后对安丰塘、水门塘等古代水利工程加固整修，成为两座历史最长的中型水库。”《淮河水系中型水库工程主要指标表》中，安徽省共47座。其中“库名：安丰塘；所在河流：塘河，控制面积：387.5km^2，总库容9320m^2，汛限水位29.40m；主坝：顶高程31m，坝高6.5m；溢洪：泄洪洞；兴利库容：8400万m^2；竣工时间：1958年。”科学出版社2004年版，第152页。

② 姚汉源《安丰塘志序》：“一是芍陂的古老在我国塘堰水利史上首屈一指，它现在仍为亿万人所称颂，在这一点上最突出。如果是一个现代的平原水库，就不可能这样为中外人士所景仰。”见《安丰塘志》，黄山书社1995年版，第2页。

③ 安徽省地方志编纂委员会编：《安徽省志 · 水利志》第五篇《灌区建设》第一章《淠史杭灌区》三“淠东干渠”：“淠东干渠起于六安城北九里沟，止于寿县城南，全长94.5公里，是淠史杭灌区水路运输网通向淮南的要道。灌区控制面积1131平方公里，设计自流灌溉六安县10.4万亩，寿县111.1万亩。……安丰塘是淠东干渠上的1座反调节水库。设计蓄水量近1亿立方米，受益农田63万亩。”方志出版社1999年版，第333页。

利于政府平时维护乡村秩序,水旱灾情发生时便于调适赈济、掌握灾伤范围。现代人赋予安丰塘以“人工永久性淡水湖泊”的社会意义①,是因其与重视自然与环境保护原则相一致。当代更关注安丰塘灌区的配套工程及寿县安丰塘(芍陂)全国重点文物保护单位的保护范围和建设控制地带,灌区注重上、下游,干、支渠的合理布局及周边民生需求,以及政府及文物管理部门强调古建筑及历史建筑物的有效保护,实际上与湿地的确定原则和主要效益相得益彰②。官方主导之下,寿州乡绅民众积极参与修治芍陂,而豪强占垦及屯田范围与周边生态环境变迁始终相关互联。历代芍陂工程分布图沿革表明,寿州水利的兴衰过程往往与芍陂水利的盛衰相同步,通常以水源、陂田、堤坝、水门即时存在程度与芍陂工程兴修规模相联系。通过对寿州及安丰塘碑刻和传记人物的研读,自古相关芍陂水利的争诉旷日持久,有功于民的官宦士绅及当地豪强势力皆立场鲜明,其作用和局限一样明显且二者间鸿沟有迹可寻。同时,历代以来安丰塘祠祭系统的变迁趋势表明,配祀体制与祠庙祭田配置的逐步完善得力于当地民众官绅信仰愿望的趋同。孙公祠祠祭及整合有序的从祀配祭排列,反映了芍陂周边各利益相关群体精神意愿与诉求。孙公祠表象的背后,表达出蕴涵于神主背后的记忆文本,借此立体塑造并追述了芍陂地域的文化观念。

寿州及芍陂水利工程的意义还在于,在明确时间和区域范围界限前提下,历朝寿州南部及芍陂周边乡村社会文化的意义、内涵与史上芍陂废湖为田与退田还湖的多次循环交汇,生态水环境均衡与否,在不同时代被赋予不同功能和结论。事实证明,即便处于非风调雨顺状况,官方和民间若能组构成一个相对稳定的水利共同体,寿州水利利益相关各方即可以相互协调,保持均衡。维护当今芍陂渠系水道框架与水资源相对合理配置方式,是寿州地区水文化的基石,也是有序完善水利文化,传承并保持历史与现实环境之间常态接触的核心内容。

---

① 施蔡初:《安徽湿地》第五章《安徽重点湿地》第一节《基本概况》:一《重点湿地的确定原则(全国重点湿地的确定原则)》,二“安徽省重点湿地的确定原则”。第二节《重点湿地简介》:“安丰塘,类型:人工永久性淡水湖泊。位置:E116°39′~32°17′N~32°20′N,116°39′E~116°44′E。海拔:30.80m 平水面积:3403hm^2;丰水面积:3500hm^2;枯水面积 3100hm^2。”合肥工业大学出版社 2003 年版,第 85 页。

② 《安丰塘志》记“自 1959 年至 1989 年,除淠东干渠外,在灌区内共挖分干渠 2 条,支渠 49 条,斗渠 132 条,灌溉农渠 257 条,总计开挖渠道 440 条,总长 651.7 公里。30 年来,在各级渠道上兴建的各类配套建筑物共计 885 座”。又见此书《附录 · 文献辑存 · 安徽省第一批九处全国重点文物的保护范围及建设控制地带》,第 113 页。

附表：

表 3.5　　明清寿州水利记传编年纪事及芍陂三十六座口门兴废沿革表

时代	传主记事及记载出处	三十六门兴废沿革
明永乐十二年(1414年)	邝埜,户部尚书。“时寿民毕兴祖上书请修芍陂,上命邝公驻寿春。……发蒙、霍二万人浚治之”。明《太宗实录》卷一五五记,永乐十二年(1414年)九月辛巳,“修凤阳府安丰塘水门十六座及牛角坝至新仓铺倾塌堤岸万三千五百余丈”。又,嘉靖《寿州志》卷三《建置纪》:“牛角铺,州南一百一十里。新仓铺,州南百二十里。”	皂口门:嘉靖《寿州志》:“灌至和尚桥十五里,由瓦埠五十余里抵东津渡。”乾隆《寿州志》:“古至和尚桥,十五里,入瓦埠河五里,抵东津渡。今废。”
明成化十九年(1483年)	魏璋,监察御史。“水失故道,陂日就毁。居民乘之,得以日侵月占,掩为一家之私。……缚侵陂者正其罪,撤其庐,尽复故址”。明《宪宗实录》卷二八记载,成化二年(1466年)闰三月丁酉,“修直隶凤阳府寿州安丰塘”。又,成化十九年明金铣《明按粟公重修芍陂塘记》:“魏璋驻节寿州时,命知州陈镒、指挥使邓永大修堤堰,浚其上流,疏其水门,甃石闸。”	井字门:嘉靖《寿州志》:“灌至樊陂塘及十字堰,三十里。”乾隆《寿州志》:“古至凡陂及十字堰,三十里。今至丁家桥,八里。”《芍陂纪事》:“在老庙市西偏,水古至凡陂及十字堰,三十里。《颜志》至丁家桥,八里,今仍至丁家桥,八里。”道光《寿州志》:“在塘之东北,第一门。”光绪《寿州志》:“在塘之东北,第一门。”
成化癸卯(1483年)	陈都,寿州卫指挥。“重修芍陂门、闸、堤、堰”。《芍陂纪事·名宦列传》。	利泽门:嘉靖《寿州志》:“灌至皂口河,十二里。”乾隆《寿州志》:“古至皂口河,十二里。今至王家竹园,七里。”《芍陂纪事》:“在祝家涧东偏。水古至皂口河,二十里。《颜志》至王家竹园,七里,今仍至王家竹园,七里。”道光《寿州志》“利泽门”。

续表

时代	传主记事及记载出处	三十六门兴废沿革
成化癸卯（1483 年）	戈都，寿州卫指挥。“奉魏公命同陈公督工修，阳功未成，魏公、陈公俱代去。按院张公继之，公复受命，期月告成”。《芍陂纪事·名宦列传》。	新开门：嘉靖《寿州志》：“灌至杨家堰，去小河八里”。乾隆《寿州志》：“古至杨家堰，去小河八里。今至潘家庙，四里。”《芍陂纪事》：“在存留门东一步。水古至杨家堰去小河，八里。《颜志》至潘家庙，四里，今仍至潘家庙，四里。”道光《寿州志》“新开门”。光绪《寿州志》“新开门”。
成化二十年（1484 年）	张鼎，历城人，监察御史。“以监察御史继魏公任，将悉置奸民于法……是役也，魏公始之，张公终之”。《芍陂纪事·名宦列传》。	存流门：嘉靖《寿州志》：“灌至回回坝，十里至小河。”乾隆《寿州志》：“古至回回坝，十里至小河。今至柴家庙，十里。”《芍陂纪事》：“在周家宅门首。水古至回回坝，十里至小河：《颜志》至柴家庙，十里，今仍至柴家庙，十里。”道光《寿州志》“存留门”。光绪《寿州志》“存留门”。
成化二十三年（1487 年）	刘檠，进士，字大节，济宁人，知寿州。“时张公斛任，芍陂顽民仍复占种，公同戈公勘问二载未复”。明嘉靖《寿州志》卷五《官守纪·秩官列传》。	流汇门：嘉靖《寿州志》：“灌至回回坝，十余里与上三流同会。”乾隆《寿州志》：“古至回回坝，十余里，与存流门水合流。今至回回坝，十二里。”《芍陂纪事》：“在祠东偏，水古至回回坝，十里，与存留门水合流《颜志》至回回坝十二里，今仍至回回坝，十二里。”道光《寿州志》：“原注：以上六门俱在老庙门之右，孙公祠之左。”光绪《寿州志》：原注同道光志本。

续表

时代	传主记事及记载出处	三十六门兴废沿革
正德十四年(1519年)	李凤,字仲鸣,昌邑人,进士,授工部主事,再转知寿州。"劝课农桑,兴修水利"。明嘉靖《寿州志》卷五《官守纪·秩官列传》。	朝贺门:嘉靖《寿州志》:"灌至溪涧桥,三十里。"乾隆《寿州志》:"古至溪涧桥,三十里。今废。"《芍陂纪事》:"朝阳门,在小土门东数步,水古至申家桥,三十里。《颜志》至白马庙,十五里,今仍至滕家凹,十三里。"道光《寿州志》"朝阳门"。光绪《寿州志》"朝阳门"。
弘治二年(1489年)	李昂,字文举,浙江仁和人。弘治二年(1489年)巡抚江南。《芍陂纪事·名宦列传》。	土门:嘉靖《寿州志》:"灌至石浦涧,三十五里。"乾隆《寿州志》:"古至石婆,三十五里。今至姚家庙,十五里。"《芍陂纪事》:"旧名土字门,在大土门东数步,水古至石婆,三十里。《颜志》至桃家庙,十五里,今仍至桃家庙,十五里。"道光《寿州志》"小土门"。光绪《寿州志》:"此门之右有大土门,光绪十五年废。"
弘治六年(1493年)	董豫,名豫甫,弘治己酉寿州同知。莅任首以垦田均水为图。弘治六年(1493年)正月甲戌,直隶寿州同知董豫应诏言三事:"一修陂塘,谓州民塘地比来为军士所据,阻截水道,乞严为之禁,每岁督人修筑,以为蓄泄……"户部议复:"下巡抚官勘理。"从之。明《孝宗实录》卷一八九。	土字门:嘉靖《寿州志》:"灌至苏王坝,五十里。"乾隆《寿州志》:"古至苏王坝,五十里。今至杨家庙,十二里。"《芍陂纪事》:"大土门,在西守门东边数步,水古至苏王坝,二十里。《颜志》至杨家庙,十二里,今仍至杨家庙,十二里。"道光《寿州志》:"大土门。"光绪《寿州志》:"大土门,光绪十五年废。"

续表

时代	传主记事及记载出处	三十六门兴废沿革
正德十三年(1518年)	袁经,字载道,青阳人,进士,以户部员外郎谪寿州同知。“疏导芍陂一带水利,民以为便,历官河南按察佥事”。明嘉靖《寿州志》卷五《官守纪·秩官列传》。	西首门:嘉靖《寿州志》:“灌至安基坝,十八里。”乾隆《寿州志》:“古至安基坝,十八里。今至戴家庵,八里。”《芍陂纪事》:“在江家宅东边,水古至安基坝,十八里。《颜志》至戴家庵,八里,今仍至戴家庵,八里。”道光《寿州志》:“西守,本作首门。”光绪《寿州志》:“西守,本作首门。”
嘉靖间	王鎏,字鼎文,闽县人,寿州知州。“政尚严,肃综理精密……兴芍陂水利,崇祀典,铸祭器”。明嘉靖《寿州志》卷五《官守纪·秩官列传》。	陡门:嘉靖《寿州志》:“灌至申家桥,抵州六十里。”乾隆《寿州志》:“古至申家桥,五十里。今废。”
嘉靖二十六年(1547年)	栗永禄,字健斋,长治人,寿州知州。“檄所辖者浚淤积,上流列堤而捍之,构官宇一所,杀水闸四,疏水门三十六”。嘉靖二十七年(1548年)黄廷用《本州邑侯栗公重修芍陂记》。	三陡门:嘉靖《寿州志》:“灌至桑陂塘、马陂塘、独龙陂四十里。”乾隆《寿州志》:“古至桑陂、马陂、独龙陂,四十里。今至王家庙,十五里。”《芍陂纪事》:“在戈家店东头。水古至桑陂、马陂、独龙波,四十里。《颜志》至王家庙,十五里,今仍至王家庙,十五里。”道光《寿州志》:“以上五门俱在孙公祠之右,安丰铺之左。”光绪《寿州志》:同道光志本。
嘉靖丙午(1546)	许天伦,晋人,任颍州兵备副使驻寿州。“查知芍陂水利阻坝,开占积弊始末……昔日病民之弊于是稍除”。《芍陂纪事·名宦列传》。	正阳门:嘉靖《寿州志》:“灌至刘陂塘,四十里。”乾隆《寿州志》:“古至刘陂,四十里。今废。”
隆庆二年(1568年)	甘来学,四川人,进士,寿州知州。“悯百姓频罹水患,贫不堪命,详减里甲银一千四百四十两六钱,均均徭银……”乾隆《寿州志》卷八《名宦》。	大香门:嘉靖《寿州志》:“灌至米家台、高庙,五十里。”乾隆《寿州志》:“古至城东南三里桥。今废。”又,《芍陂纪事》:“大香门,古至里道遗门,久废。”

续表

时代	传主记事及记载出处	三十六门兴废沿革
万历三年(1575年)	舒公,以御使巡按江南。“临寿州访知芍陂水利,委州主郑公浚治之,三月各成”。明万历四年(1576年)梁子琦《按院舒公祠祀》。	小香门:嘉靖《寿州志》:“灌至酒刘桥、新坝,十五里。”乾隆《寿州志》:“小香门,古至酒刘桥,十五里。今至摄盘桥,八里。”《芍陂纪事》:“在戈家店西头。水古至酒流桥,十五里。《颜志》至碾盘桥,八里,今仍至碾盘桥,八里。”道光《寿州志》“小香门”。光绪《寿州志》“小香门”。
万历四年(1576年)	郑琉,“招募饥民,以工代赈,疏浚安丰塘引水河道,培修堤防”。《芍陂纪事·惠政》。	达子门:嘉靖《寿州志》:“灌至板桥、七里河,十里。”乾隆《寿州志》:“回子门,古至板桥、七里河,十里。今至赵汉鲁庄,九里。”《芍陂纪事》:“回字门,又名新化门,在旧县中穿城出,水古至板城市七里河,十里《颜志》至赵汉鲁庄,九里,今仍至赵汉鲁庄,九里。”道光《寿州志》:“新花,又作化门,以上二门俱在安丰铺之右,凤凰闸之左。”光绪《寿州志》:同道光志本。
万历十年(1582年)	黄克缵,寿州知州。“孤立自守,不畏强御,重士爱民……立祠奉祀焉”。乾隆《寿州志》卷八《名宦》。	黄沙门:嘉靖《寿州志》:“灌至清河,十五里。”乾隆《寿州志》:“古至沿河,二十里。今至安城,五里。”《芍陂纪事》:“黄茂门,在周家庄,门首水古至沿河二十里。《颜志》至安城五里,今仍至安城五里。”道光《寿州志》:“黄茂,本作沙门。”光绪《寿州志》:“黄茂,本作沙门。”

续表

时代	传主记事及记载出处	三十六门兴废沿革
万历中	贾之凤，兵备副使驻寿州。"万历中任兵备副使驻寿州，时主阎公视芍彼大坏，民失其利，欲修复，上谋之公，公乃檄委本州佐朱公、滁州守孙公经理，其事陂民蒙德"。《芍陂纪事·名宦列传》。	祝子下门：嘉靖《寿州志》："灌至板桥，十五里。"乾隆《寿州志》："古至清河，二十里。今至板桥，十五里。"《芍陂纪事》："在上门北数步，水古至清河，二十里。《颜志》至板桥十五里，今仍至板桥，十五里。"道光《寿州志》"祝子下门"。光绪《寿州志》"祝子下门"。
万历间	朱东彦，山东人，寿州同知。"州主阎公修芍陂，委督其役。疏滞、增埂堤、新门闸、培祠宇，修理补苴靡不周至"。《芍陂纪事·名宦列传》。	祝子上门：嘉靖《寿州志》："灌至清河，二十里。"乾隆《寿州志》："古至板桥，十五里。今至桑家孤堆，十五里。"《芍陂纪事》："在沙涧铺北头，水古至板桥，十五里。《颜志》至桑家孤堆，十五里，今仍至桑家孤堆，十五里。"道光《寿州志》"祝子上门"。光绪《寿州志》"祝子上门"。
万历中	阎同宾，郑州人，寿州知州。"修学课士，躬亲校阅，刚柔得体，有古君子风"。	沙涧门：嘉靖《寿州志》："灌至清河，十八里。"乾隆《寿州志》："古至清河，十八里。今至王家桥，十里。"《芍陂纪事》："在沙涧铺南头，水古至清河，十八里。《颜志》至王家桥，十里，今仍至王家桥，十里。"道光《寿州志》"沙涧门"。光绪《寿州志》"沙涧门"。

续表

时代	传主记事及记载出处	三十六门兴废沿革
顺治十年（1653 年）	李大升，寿州知州。“量其工程，选夫千余，先疏河道之壅塞者一百四十余丈，再筑新仓、枣子门冲决二口，高厚约十数丈有余，绵长俱不下百尺许，复捐俸理其门闸，补其堤岸，不月余间大略粗完”。李大升《重修芍陂记》。又，乾隆《寿州志》卷八《名宦记》：“修芍陂躬亲劳苦，严禁盗决。”	永福上门：嘉靖《寿州志》：“灌至清河，十二里。”乾隆《寿州志》：“古至清河，十二里。今至大墩桥，十里。”《芍陂纪事》：“在瓦庙店北，水古至清河，十二里。《颜志》至大墩桥十里，今仍至大墩桥，十里。”道光《寿州志》“永福上门”。光绪《寿州志》“永福上门”。
顺治十年	沈秉，字衡吾，沈阳人，兵备副使驻寿州。“修治芍陂，创建东津桥”。乾隆《寿州志》卷八《名宦》：“时州主李公勤水利，修芍陂，公闻之喜，亦捐俸助理。”《芍陂纪事·名宦列传》。	永福下门：嘉靖《寿州志》：“灌至清河，十五里。”乾隆《寿州志》：“古至清河，十五里。今至龙雨施家庄，七里。”《芍陂纪事》：“在上门北边，水古至清河，十五里。《颜志》至龙雨施家，七里，今仍至龙家庄，七里。”道光《寿州志》“永福下门”。光绪《寿州志》“永福下门”。
顺治十二年（1655 年）	郑三捷，湖广人，吏员，任州捕厅。时奉知州李大升委命，“督修芍陂，急公罔懈”。乾隆《寿州志》卷八《名宦》。	庙盘门：嘉靖《寿州志》：“灌至清河，十里。”乾隆《寿州志》：“古至清河，十里。今至清河，十里。”《芍陂纪事》：“在瓦庙店北，水古至清河，十里。《颜志》仍故道，今亦未改。”道光《寿州志》“庙盘门”。光绪《寿州志》“庙盘门”。
康熙中	傅臣锡，福建恩贡生，知寿州。“时去李公修陂后，又四十余年，陂之埂、堤、闸复大坏，塘不注水，鞠为茂草，致有豪恶八人呈请开垦，抚台准题将即委员勘垦，环塘嚎救详覆而止”。《芍陂纪事·名宦列传》。	酒黄门：嘉靖《寿州志》：“灌至清河，十里。”乾隆《寿州志》：“古至清河，十里。今至清河，十里。”《芍陂纪事》：“在土坝门北，水古灌至清河，十里。《颜志》仍故道，今亦未改。”道光《寿州志》“酒黄门”。光绪《寿州志》“酒黄门”。

续表

时代	传主记事及记载出处	三十六门兴废沿革
康熙中	颜伯珣,山东曲阜人,康熙三十年任寿州同知。康熙三十七年兴工,亲督夫役,广咨访,妙区画,大寒盛暑不辊辍功,工垂成,会府牒至,命公监输……近塘之奸民暗穴之,堤大决,波涛澎湃之声闻数十里,民田素不被水者,多波及焉。塘之顽愚复开堤放坝,竭泽而渔,道路相望,夜以继日,不一月而塘涸矣。三十九年春,公讫事还,复命驾往,缚奸顽者罪之。工再兴。两阅月而竣。颜伯珣自作碑记。清张逵记:又,乾隆《寿州志》卷八《名宦记》:"盛暑不避,阅四载乃告竣,乡民感悦,立祠以志不忘。"	土坝门:嘉靖《寿州志》:"灌至清河,十里。"乾隆《寿州志》:"古至清河,十里。今至清河,十里。"《芍陂纪事》:"在深潭门北,水古至清河,十里。《颜志》仍故道,今亦未改。"道光《寿州志》"土坝门"。光绪《寿州志》"土坝门"。
雍正四年(1726年)	王恂,湖广人,寿州同知。"督夫役修芍陂,长生禄位于孙公祠内春秋奉祀"。《芍陂纪事·名宦列传》。	深潭门:嘉靖《寿州志》:"灌至清河,八里。"乾隆《寿州志》:"古至清河,八里。今至清河,八里。"《芍陂纪事》:"在清水门北,古至清河,八里。《颜志》仍故道,今亦未改。"道光《寿州志》"深潭门"。光绪《寿州志》"深潭门"。
雍正八年(1730年)	饶荷禧,武平人,寿州知州。"饶何禧因环吸士民公议,于众兴集建滚水石坝,又修理凤凰、皂口两闸"。《芍陂纪事·惠政》。	清水门:嘉靖《寿州志》:"灌至清河,七里。"乾隆《寿州志》:"古至清河,七里。今至清河,八里。"《芍陂纪事》:"在双门市北,水古至清河,七里《颜志》至清河,八里,今仍至清河,八里。"道光《寿州志》"清水门"。光绪《寿州志》"清水门"。

续表

时代	传主记事及记载出处	三十六门兴废沿革
乾隆二年（1737年）	段文元，字在忠，河南济源人，寿州知州。“时芍波水涨屡决，建坝修闸之工未竟，复被冲没，公因申详道宪范公，又请币银三千两有奇，接修滚水石坝并理两闸”。《芍陂纪事·惠政》。	下双门：嘉靖《寿州志》：“灌至清河、双冈，十里。”乾隆《寿州志》：“古至清河双冈，十里。今至谢家冈，十五里。”《芍陂纪事》：“在双门铺市市中，旧州志及《颜志》俱有上下两门，上门水古在汪家坝，十里。《颜志》至砖桥，六里。下门水古在清河双冈，十里。《颜志》至谢家冈，十五里，今省并一门，水仍《颜志》二门故道。”道光《寿州志》“下双门”。光绪《寿州志》“下双门”。
乾隆八年（1743年）	金宏勋，浙江贡士，寿州知州。“见芍陂埂堤间有崩塌，谋绅士集人夫重修”。《芍陂纪事·名宦列传》。	上双门：嘉靖《寿州志》：“灌至清河、汪家坝，十里。”乾隆《寿州志》：“古至汪家坝，十里。今至砖桥，六里。”道光《寿州志》中已无此门记载。
乾隆十四年（1749年）	卢士琛，浙江余杭人，任寿州州捕厅。“奉檄征调查修安丰塘，疏河道，修筑堤防并加打石硪”。《芍陂纪事·名宦列传》。	脱合门：嘉靖《寿州志》：“灌至重佛寺，十三里。”乾隆《寿州志》：“沱合门，古至重佛寺，十三里。今至汪翰公坝，十三里。”《芍陂纪事》：“沱河门，在双门铺南，一里，古至重佛寺，十三里。《颜志》至汪翰公坝，十三里，今仍至汪家坝，十三里。”道光《寿州志》：“沱河，本作合门。”光绪《寿州志》：“沱河，本作合门。”
乾隆十四年	陈韶，浙江举人。“檄查修诸陂之利生者，勘估详清币银一万三千两有奇，挑没淤塞，增筑埂堤”。《芍陂纪事·惠政》。	下鸳鸯门：嘉靖《寿州志》：“灌至鱼林城、陈家桥，六十里。”乾隆《寿州志》“古至鱼林城、陈家桥，六十里。今废。”
乾隆十五年（1750年）	徐廷琳，保定人，监生，寿州知州。“尤勤水利，与州佐王天倪协力整治芍陂并修孙公祠”。道光《寿州志》卷二八《名宦》。	上鸳鸯门：嘉靖《寿州志》：“灌至晏家墩，二十里。”乾隆《寿州志》：“古至晏家墩，二十里。今废。”

续表

时代	传主记事及记载出处	三十六门兴废沿革
乾隆二十五年(1760年)	何锡履,丹阳监生,寿州同知。"留心芍陂,不避寒暑,抑强扶弱,惠泽均沾"。道光《寿州志》卷二八《名宦》。	高门:嘉靖《寿州志》:"灌至黄泥坝,十余里。"乾隆《寿州志》:"古至黄泥坝,十里。今至詹家庙,十一里。"《芍陂纪事》:"在双门铺南二里,水古至黄泥坝,十里。《颜志》至詹家庙,十一里,今仍至詹家庙,十一里。"道光《寿州志》:"以上十五门俱在凤凰闸之右,众兴坝之左。"光绪《寿州志》:"以上十六门俱在凤凰闸之右,众兴坝之左。"
乾隆二十六年(1761年)	王天倪,孟津贡士,寿州同知。"协理陂务,时督其工"。《芍陂纪事·名宦列传》。	枣字门:嘉靖《寿州志》:"灌至柳沟,十里。"乾隆《寿州志》:"古至柳沟,十里。今闭。"
乾隆三十五年(1770年)	赵隆宗,江苏山阳人,寿州同知。"时州牧郑基兴芍陂水利,隆宗身董其役,谨守闸门,无得私为启闭,犯者必惩,督率民夫整理堤坝,早作晚息,无敢懈惰,四阅月而工竣"。道光《寿州志》卷二八《名宦》。	杨仙门:嘉靖《寿州志》:"灌至沙沟,十二里。"乾隆《寿州志》:"古至沙沟,十二里。今废。"
乾隆三十七年(1772年)	郑基,广东人,寿州知州。"准士民按亩捐银请修皂口、凤凰闸、众兴滚水坝,乾隆三十七年(1772年)开工,历时四月竣工"。郑基《重修芍陂闸坝记》。	童子门:嘉靖《寿州志》:"灌至沙沟,十五里。"乾隆《寿州志》:"古至沙沟,十五里,今废。"
乾隆四十二年(1777年)	万华成,江西人,署寿州同知。"见埂堤崩塌,乃谋绅士调集人夫,补筑之时当春初农隙,凡四十日而工毕"。《芍陂纪事·名宦列传》。	

续表

时代	传主记事及记载出处	三十六门兴废沿革
乾隆四十三年(1778年)	勒保,旗人,任凤庐道台。“时六安奸民晁在点、方希乐、张宗海等踞陂之上游拦河阻坝,公即檄饬六安州主查办,而方、张等坝俱乘夜尽除”。《芍陂纪事·名宦列传》。	
乾隆四十五年(1780年)	周成章,湖南岳州人,寿州同知。“组织堵筑安丰塘堤决口三处,农隙时征调环塘民众培修埂堤,修理门闸”。《芍陂纪事·名宦列传》。	
嘉庆初	沈毓麟,浙江会稽人,附贡生,寿州同知。“时去周公修培后又二十余年,崩塌既多,薄削已甚……士民中有近埂之田者愿捐土壤事,乃济各衿士分段监视,同日兴工凡六十日而工毕”。《芍陂纪事·名宦列传》。	
道光八年(1803年)	朱士达,寿州知州。“捐廉以为之倡,州同长君亦捐银相助,环塘士民许廷华、江善长等捐资兴助,或按亩课捐,贫者出力帮办……自二月兴工,九月蒇事,而塘始成”。朱士达《道光八年岁在戊子嘉平月中旬知寿州事宝应朱士达记》。	
同治丙寅(1866年)	施照,寿州知州。“于众兴集南建滚水石坝……”署凤颍六泗兵备道庐州府知府南海沅洗斌《重修安丰塘滚坝记》。又,同治五年(1866年)次丙寅仲秋月环塘士民立石《施公重修安丰塘滚坝记》。	

续表

时代	传主记事及记载出处	三十六门兴废沿革
光绪三年（1877 年）	任兰生，吴江人，署凤颍六泗兵备道布政使衔记名盐运使兼督关务。“光绪三年，修治塘堤、口门和闸坝。光绪五年（1879 年）重修双门，光绪八年（1882 年）再修皂口、凤凰闸、塘堤及众兴滚水坝”。光绪《寿州志》卷六《水利志》。	
光绪十五年（1889 年）	陈彝，巡抚。“拨款修治安丰塘，添设永安门”。寿州州同宗能徵有安丰塘石刻及《安丰塘水源全图记》。	

第四章　灾害多发及经济变迁

著名学者李文海先生曾说:“自然灾害曾经给予我国近代的经济、政治以及社会生活的各个方面以巨大而深刻的影响,同时,近代经济、政治的发展也不可避免地使这一时期的灾荒带有自己时代的特色。”①其实,这一说法也同样适用于新中国成立以前的淮河流域。

一、元明以来自然灾害与社会救助

元明以来,由于自然、人为和社会政治等多方面因素等,淮河流域的灾害频发。面对灾害,官府和民间社会都曾采取过相应的社会保障和救助措施,由于种种原因,这些社会保障和救助措施的成效甚微。但不管如何,官府和民间社会在灾害保障和社会救助方面所作出的种种努力值得探讨,其中的教训也值得借鉴。

(一)灾害的频发

淮河流域是我国古代人类重要的发祥地和重要的经济区之一,唐宋时期经济繁荣,在当时几大经济区中处于举足轻重的地位,更曾是古今政治对峙中“南北争夺天下的要冲地”②,同时也是全国有名的灾害频发地区,主要的灾害有水灾、旱灾、蝗灾等。

---

① 李文海:《中国近代灾荒与社会生活》,《近代史研究》1990 年第 5 期。

② 程必定:《安徽近代经济史》,黄山书社 1989 年版,第 37 页。

1.水灾

水灾是影响淮河流域最大的灾害,这既有来自流经整个淮河的水系造成的水灾,也有黄河决口、夺淮造成的水灾。

元代,见于古籍记载的淮河本身水灾不多,主要是黄河泛淮造成的水灾。据史料记载,元代淮河流域水灾比较严重的年份有元至元二十三年(1286年)到至元二十七年(1290年),黄河连年大水,黄河决口洪水在颍河、涡河沿岸15州县泛滥。太康“没民田三十一万九千八百余亩”①。元大德元年(1297年),“归德、徐、邳、汴梁诸县水”②。元大德六年(1302年)五月,“济南路大水。……归德、徐州、邳州水”③。元元统二年(1334年)六月“戊午,淮河涨,淮安路山阳县满浦、清岗等处民畜房舍多漂溺”④。元至正四年(1344年)六月,“济宁路兖州,汴梁鄢陵、通许、陈留、临颍等县大水害稼,人相食”⑤。

明清时期,由于黄河夺淮日久,淮河水系遭到冲淤破坏,洪水决溢成灾更为严重。明代前期,淮河流域洪水水灾区多集中在淮河上中游,后期多集中在淮河中下游,主要水灾年有天顺四年(1460年),“淮水决,没军田民庐”⑥。成化十三年(1477年),“九月,淮水溢,坏淮安州县官舍民屋,淹没人畜甚众”⑦。正德十二年(1517年),“凤阳、淮安、苏、松、常、镇、嘉、湖诸府皆大水”⑧。嘉靖元年(1522年),“七月,江、淮、海暴溢,凤阳、淮安及扬州、通州各属同时大水,溺死人畜无算”。“夏,宿迁县大水,无麦禾”⑨。隆庆五年(1571年),“沭阳大水,坏城廓,平地行舟”。九月水灾决徐州城西门,“倾屋舍,溺人民”⑩。万历元年(1573年),“五月,淮水暴发,千里汪洋,没室淹田,濒河民多溺死”⑪。万历四年(1576年),“河决韦家楼,又决沛县缕水堤,丰、曹二县长堤,丰、沛、徐州、睢宁、金乡、鱼台、单、曹田庐漂溺无算,河流啮宿迁城……迁县治,筑土城避之”⑫。万历七年(1579年),淮河下游安东县水灾,“田与海连,百里无烟,舟行城市,复有

---

① 《元史》卷一六《世祖本纪》,中华书局1976年版。
② 《元史》卷一九《成宗本纪》,中华书局1976年版。
③ 《元史》卷二〇《成宗本纪》,中华书局1976年版。
④ 《元史》卷三八《顺帝本纪》,中华书局1976年版。
⑤ 《元史》卷五一《五行志》,中华书局1976年版。
⑥ 《明史》卷二八《五行志》,中华书局1974年版。
⑦ 《明史》卷二八《五行志》,中华书局1974年版。
⑧ 《明史》卷二八《五行志》,中华书局1974年版。
⑨ 唐元海:《淮河综述志》,科学出版社2000年版,第333页。
⑩ 唐元海:《淮河综述志》,第334页。
⑪ 同上。
⑫ 《明史》卷八四《河渠志》,中华书局1974年版。

废县之议"①。万历十八年(1590年),"夏秋,徐州河大溢,水积城中,逾年议迁城"②。万历二十一年(1593年),"夏,怪风、猛雨、海啸、河溢,淮、沭、加、荣诸水会合,所冲决者以万计,溺死居民无算"。"夏,淮涨五河,泗州水漫城,高堰决高良涧、周家桥二十二口,宝应诸堤决口无算"③。

清代淮河洪水水灾,多发生在淮河下游及沂、沭、泗州水系。主要水灾年有:康熙六年(1667年),河"决桃源(今泗阳)黄家嘴……沿河州县悉受水患……黄河下游既阻,水势尽注洪泽湖,高邮水高几二丈,城门堵塞,乡民溺毙数万"④。康熙二十四年(1685年),"夏,淮涨,泗州大水,堤上深数尺,官民架木以栖,绝烟数日。七月,高邮大水,决堤浸城,溺死人无算。兴化、宝应、泰州大水"⑤。康熙四十四年(1705年),"五月,五河、泗、盱淮涨,高堰决古沟、唐埂、清水沟等处,淮扬被淹,冬塞之。江都、邵伯堤决。兴化、盐城、泰州大水,夏秋宿迁、桃源大水。通州、如皋、泰兴等处大水。六合县大水,盱田高下淹没,城内行舟"⑥。雍正八年(1730年),"六月,淮安淮河交溢。六月,海州大水逼城,海潮逆灌睢宁,卤水坏田,泰州也海溢。秋,沂、沭大涨,溃郯城竹络坝,骆马湖水大溢,运河、六塘河、沭河皆涨,不辨崖岸"⑦。乾隆二十一年(1756年),"七月,河决徐州孙家集、溃鱼台堤,坏城郭,徙县治于董家店,微山湖水二丈三尺,泛滥六七州县,济宁南乡田被水浸者八百顷,鱼台田七百顷"⑧。乾隆十八年(1753年),"颍、寿、凤、泗等州大水。七月,淮扬运河大水……启放邵伯北二闸,遂至冲溃,并掘开车坝封土,上下河尽淹,漂没无算"⑨。道光二十一年(1841年),"六月,(河)决祥符……时河溜归德、陈州折入涡会淮注洪泽湖,拆展御黄、束清各坝,尚不足宣泄,并展放仁坝,义河亦启"⑩。

晚清及民国时期,淮河流域的水灾也不减于明清。据史料记载:同治五年(1866年),"六月初三日,大雨淋漓,三日夜淮水陡涨三丈,民乘舟入街市,居民多赴城垣避水,屋宇漂没,冲毙人畜无算"。"夏,霪雨九十余日,麦禾尽伤,流亡

---

① 光绪《安东县志》。
② 唐元海:《淮河综述志》,第351页。
③ 唐元海:《淮河综述志》,第336页。
④ 《清史稿》卷一二六《河渠志》,中华书局1977年版。
⑤ 唐元海:《淮河综述志》,第338页。
⑥ 唐元海:《淮河综述志》,第340页。
⑦ 同上。
⑧ 《济宁直隶州志》卷一。
⑨ 唐元海:《淮河综述志》,第342页。
⑩ 《清史稿》卷一二六《河渠志》,中华书局1977年版。

载道;秋,大水,禾菽尽淹”[①]。这一年,江淮河湖盛涨,皖北水灾为从来所罕见。光绪十三年(1887年),“八月十三,河南郑州石桥黄河陡决三、四百丈,全溜东趋,由沙河陈留经安徽之颍、泗挟淮水入洪泽湖,直抵扬州府至所属之东台县入海。三省地面约二三十州县尽在洪流巨浸之中,田庐人口漂没无算。而里下河一带富庶之区,适当其冲,行见粮盐俱坏,财富之地沦为泽国”[②]。光绪十五年(1889年)八月下旬,“连日阴雨,江水夏涨,滨江低洼田同沿淮洼地,均多被淹”。十月份“皖北沿淮一带自经黄水漫淹,本年又两次涝灾,民生尤苦……凤阳、颍州、泗州三府州,确查被水各州县,酌量分拨春赈”[③]。民国十年(1921年),淮河上、中、下游普遍成灾。淮河上游信阳,“倒塌民宅无数,城内倒塌房舍万间,城墙崩溃数十丈,压毙数十人。田禾树皆烂死”。淮河中游,“颍州府大水,城内房屋多被淹倒”[④]。民国二十年(1931年),淮河干流和部分支流七八月份先后出现最大洪水,淮河干流洪水过程长达四个月。淮河上游信阳自五河段普遍漫溢决口,淹没面积3.2万平方公里。淮河中游濒淮各县尽成泽国,寿县北门城墙上可伸手洗衣,蚌埠市区大马路、二马路水流成渠,灾民以舟代步[⑤]。民国二十七年(1938年)六月,黄河大堤在郑州花园口被炸开,洪水沿淮河流域贾鲁河、颍河、涡河向东南淮河腹地奔流,平地漫宽水面达100多公里,入淮下泄洪泽湖、高宝湖,漫溢苏北里下河地区。洪水经过地区“庐舍荡然,罹难民众”,灾民“攀树登屋,浮木乘舟,以幸不死”,仅保余生者,缺衣乏食,“辗转外徙者,饥饿煎迫,疾病侵寻,横尸道路,九生一死,艰辛备历,不为溺鬼,尽成流民”[⑥]。

2.旱灾与蝗灾

元明以来,淮河流域的旱蝗等灾害也相当严重,严重灾害甚至远比水灾范围广,时间长。它不仅涉及平原地区,同时在山丘更为频繁,史称“干旱一大片”。当出现大范围干旱或连年干旱,蝗灾会随之而来。

元天历二年(1329年),“连岁大旱,是岁特大旱,河南诸路流民十数万,死者枕藉”[⑦]。明万历十七年(1589年),“淮河中游,特大旱,淮水竭,井水枯,民饥

---

① 张秉伦:《淮河和长江中下游旱涝灾害年表与旱涝规律研究》,安徽教育出版社1998年版,第226页。

② 唐元海:《淮河综述志》,第292页。

③ 同上。

④ 唐元海:《淮河综述志》,第305页。

⑤ 同上。

⑥ 唐元海:《淮河综述志》,第308页。

⑦ 唐元海:《淮河综述志》,第380页。

流亡遗道”①。明崇祯十至十四年(1637—1641年),连年大旱,淮河流域赤地千里,流徙载道,如十四年,“泗、宿州,灾荒大饥,灾民以妇、子易米,三升无复受者。父母自残其子女,人相食。凤阳府,民有易子,拆骸以食者,人相食”②。“宝应、高邮大旱,春夏疫死者无算”③。乾隆五十至五十二年(1785—1787年),淮河流域连年大旱,“赈江苏铜山等十六州县、山东陵县等四十州县旱灾、赈安徽亳州五十一州县并凤阳等九卫旱灾”④。清嘉庆十八年(1813年),“春旱大饥,禹县,大饥,途多饿殍,肉无幸存,尽为饥民刮食,市有诈称牛马肉售者”⑤。

咸丰六年(1856年),江淮地区大旱,淮河上游大别山区的商城县,“饿殍遍野”,“逃荒饿死者达数万人”。淮河下游的苏北地区,旱情更重,“遍野如焚,沟荡无水”;“淮南运河断流,河湖枯竭,卤潮倒灌入兴化境”。安徽省凤阳、颍州、六安和山东的巨野、金乡、定陶、济宁等州县亦赤旱⑥。民国十七年至十八年(1928—1929年)的大旱,席卷二十一个省份,在广袤的旱荒区,赤地千里,两河沃壤,尽成焦土。据《中国救荒史》记述,皖、苏、鲁三省也属这次大旱省份之一。里运河水竭,航运断绝,打坝拆坝,矛盾迭出。里下河地区所有河港湖荡大部见底。蝗蝻害稼,卤潮倒灌,岁大饥,民多流亡。民国三十年至三十二年(1941—1943年)的大旱,“遍及河南全省,全年收成不及十分之一、二,人民饥饿而死者,统计150万以上,逃亡者约在300万以上”⑦。

旱灾与蝗灾多相伴而生。元明以降,淮河流域蝗灾严重,见附表。

表4.1　　元明以来淮河流域主要蝗灾年附表⑧

公元1308年	元至大元年	“上蔡,旱蝗,岁饥,民间采树皮、草根为食,有父食其子者。”	《上蔡县志》。
公元1336年	元至元二年	“旱,蝗灾,江淮自春至八月不雨,民大饥。”	《安徽古代水利大事记》。

① 唐元海:《淮河综述志》,第380页。
② 唐元海:《淮河综述志》,第381页。
③ 同上。
④ 《清史稿》卷一四《高宗本纪》。
⑤ 唐元海:《淮河综述志》,第382页。
⑥ 唐元海:《淮河综述志》,第386页。
⑦ 唐元海:《淮河综述志》,第387页。
⑧ 据唐元海《淮河综述志》、张秉伦《淮河和长江中下游旱涝灾害年表与旱涝规律研究》中有关资料绘制。

续表

公元 1308 年	元至大元年	“上蔡，旱蝗，岁饥，民间采树皮、草根为食，有父食其子者。”	《上蔡县志》。
公元 1358 年	元至正十八年	“秋，汴梁至陈留，归德之永城皆蝗。”“秋，虞城县，蝗如云涌，残害农苗。”	《元史・五行志》《河南省西汉以来历史灾情史料》。
公元 1483 年	明成化十九年	“许昌、扶沟、淮阳、太康等地旱蝗，人相会，死者遍地。”	《河南省西汉以来历史灾情史料》。
公元 1508 年	明正德三年	“六安、霍邱，蝗灾，人饥疫，人相食。”	《霍邱县志》。
公元 1511 年	明正德六年	“怀远，飞蝗蔽天，岁大饥，人相食。”	《怀远县志》。
公元 1528 年	明嘉靖七年	“汝阳、宝丰等，飞蝗蔽天，岁大饥，民死亡十之八九。”	《汝州志》《宝丰县志》。
公元 1582 年	明万历十年	“淮阳等六县，夏秋蝗害稼。夏邑大蝗，飞声如风，啮衣坏田。”	《淮阳县志》。
公元 1616 年	明万历四十四年	“安东，飞蝗蔽野，城市盈尺，草木俱，准安蝗灾不下百万者死，暴骨如麻。”	《淮安县志》。
公元 1632 年	明崇祯五年	“徐州，秋蝗，禾稼木叶吃尽，人室啮食坏衣服。”	同治《徐州府志》。
公元 1637 年	明崇祯十年	“登封，1637 至 1639 年旱蝗三年未收，全县人民死亡将尽。铜山、沛县，夏蝗蔽日，食尽田禾。”	《登封县志》、民国《铜山县志》、民国《沛县志》。
公元 1640 至 1641 年	明崇祯十三至十四年	“徐州，丰、沛、旱蝗大饥疫，人相食，流亡载道。”	同治《徐州府志》。
公元 1671 年	清康熙十年	“盱眙，旱蝗，民食树皮。天长，飞蝗蔽天，大饥民食子女。夏，凤阳府大旱，蝗。禾麦皆无，人食树皮。天长三至九月不雨，飞蝗蔽日，榆皮剥尽，人相食。安庆府属六安县……凤阳府属十七县皆大旱。”	《盱眙县志稿》《安徽古代水利大事记》。

续表

公元 1308 年	元至大元年	“上蔡,旱蝗,岁饥,民间采树皮、草根为食,有父食其子者。”	《上蔡县志》。
公元 1679 年	清康熙十八年	“是年,凤阳府属各县三至八月不雨,禾苗尽枯,飞蝗渡淮,散漫民居。食壁纸殆尽。人相食。六安、凤阳大旱蝗,禾麦皆无,人食树皮。”	《安徽古代水利大事记》。
公元 1768 年	清乾隆三十三年	“怀远,飞蝗蔽野,房内皆满。”	《怀远县志》。
公元 1786 年	清乾隆五十一年	“郏县,七月旱蝗,群飞蔽日,禾苗食尽。大饥,饿殍盈野。”	《郏县志》。
公元 1856 年	清咸丰六年	“淮北,遍野如焚,沟荡无水,飞蝗蔽天,淮南运河断流,河湖枯竭,卤潮倒入兴化境,飞蝗土蚕同时为害。范围之广,灾情之重,甚于乾隆五十年。”	《江苏省近两千年洪涝旱潮灾害年表》。
公元 1877 年	清光绪三年	“苏、皖、豫东蝗蝻,大灾荒。”	《中国历代天灾人祸表》。
公元 1913 年	民国二年	“寿县,蝗灾,蝗虫系由西北来,飞则遮天,落则遮地……经三四月始南飞去,所经路径宽约十余里,禾稼咬成灾。”	《华东地区近五百年气候历史资料》。
公元 1928 年	民国十七年	“菏泽,五月飞蝗成灾,赤地千里,旱象严重。藤县,大旱岁饥。”	《旱涝史料》。
公元 1930 年	民国十九年	“豫东,是岁夏、秋大旱,蝗蝻继之。”	《河南省历代大水大旱年表》。

(二)灾害的特点分析

上述内容中,我们考察了元明以来淮河流域灾害的大致概况。那么,这一时期淮河流域灾害频发所呈现出的特点又如何呢?著名灾害史研究学者邓拓(邓云特)先生在其《中国救荒史》一书中归纳出灾害的三方面特点:一是普遍性,即指灾害在时间和空间上的发布范围极广;二是继起性,即指水灾、旱灾、蝗灾等各种自然灾害常常连续发生和同时并发；三是积累性，即指灾害的周期日益缩短而规模日益扩大[①]。灾害的这一全国性特征同样与淮河流域历史时期灾害发生的情况基本吻合。

1. 灾害的时空特征

元明以来淮河流域灾害在时间上发生的时段范围极广，有学者曾对古代至清中后期淮河中下游流域各世纪旱涝灾害频次以50年为时间段进行旱涝灾害频次列表分析。张秉伦根据相关学者的这一研究加上自己对近代以来流域内旱涝灾害的统计分析，将元明以来淮河流域灾害次数列表如下[②]：

表4.2　　淮河流域灾害次数表

起讫年代	旱(次)	涝(次)	总计
1301—1350	2	15	17
1351—1400	1	17	18
1501—1550	5	1	6
1551—1600	5	2	7
1601—1650	8	5	13
1651—1700	4	10	14
1701—1750	4	15	19
1751—1800	6	20	26
1801—1850	3	5	8
1851—1900	6	13	19
1901—1949	5	19	24

上表分析显示，元明以来淮河流域旱涝灾害发生的频次差异性较大，最多的如1751—1800年共发生26次旱涝灾害，最少的如1501—1550年仅有6次记录，表明该地区旱涝灾害的发生在时间上是不均等的，存在着几个高发时段，如1601—1650年、1651—1700年、1701—1750年、1751—1800年、1851—1900年、1901—1949年等几个五十年间，旱涝灾害发生的次数都在10次以上，同时也充分说明旱涝灾害发生的次数非常频繁。

如果上述灾害的时空特征分析可视作旱涝灾害发生的年际分布概况，我们不妨再探讨一下旱涝灾害发生的年内季节分布概况。传统历史文献中的分季

---

① 邓拓：《中国救荒史》，北京出版社1998年版，第51—62页。

② 张秉伦：《淮河和长江中下游旱涝灾害年表与旱涝规律研究》，第13页。

方法是以农历正月至三月为春季,四月至六月为夏季,七月至九月为秋季,十月至十二月为冬季。根据这一方法,通过对正史资料记载中旱涝灾害作分季统计,可以得出元明以来淮河流域旱涝灾害分季频次如下表①(注:季节不明的69次记录没有统计):

表 4.3　**淮河流域旱涝分季频次表**

特征	春季	夏季	秋季	冬季
旱	30	35	17	1
涝	15	99	91	5

统计结果显示,元明以来淮河流域旱涝灾害发生的季节特征也非常明显,集中于夏、秋季节。涝在夏、秋发生的次数(190 次)占总次数(210 次)的90.5%,冬、春两季发生涝灾的几率很小。旱灾的发生集中在春、夏两季,春、夏旱灾的次数(65 次)占全部旱灾总次数(83 次)的 78%,尤其是春旱严重。

2.灾害的地区特征

元明以来,淮河流域灾害几乎遍及整个流域,在地区间也存在着频次和高低的差异。国家气象局历史旱涝等级对此分类的标准是以考察灾期、灾象、灾害区域大小为原则对小范围地区(各站点)的旱涝分级采用 5 级划分法,即 1 级(涝)、2 级(偏涝)、3 级(正常)、4 级(偏旱)、5 级(旱)。参考这一标准,结合正史有关资料和近年来的降水量资料,对淮河流域 10 个主要站点(亳州、阜阳、六安、宿州、合肥、蚌埠、滁州、徐州、淮阴、扬州)1300—1840 年间旱涝等级的重要情节进行考察,得出各地区分级旱涝等级如下表②:

表 4.4　**分级旱涝表**

地区	1 级(涝)		2 级(偏涝)		3 级(正常)		4 级(偏旱)		5 级(旱)	
	次数	频率	次数	频率	次数	频率	次数	频率	次数	频率
亳州	33	6.52%	143	28.26%	217	42.89%	98	19.37%	15	2.96%
阜阳	33	6.52%	142	28.06%	213	42.09%	106	20.95%	12	2.37%
六安	22	4.35%	146	28.85%	222	43.87%	97	19.16%	19	3.75%
合肥	25	4.94%	134	26.48%	224	44.27%	96	18.97%	27	5.34%

① 张秉伦:《淮河和长江中下游旱涝灾害年表与旱涝规律研究》,安徽教育出版社 1998 年版,第 14 页。需要说明的是这一分季统计数据分析不包括 1851 年至 1949 年时间段资料。

② 张秉伦:《淮河和长江中下游旱涝灾害年表与旱涝规律研究》,安徽教育出版社 1998 年版,第 15 页。

续表

地区	1级(涝)		2级(偏涝)		3级(正常)		4级(偏旱)		5级(旱)	
	次数	频率	次数	频率	次数	频率	次数	频率	次数	频率
宿州	35	6.92%	177	34.98%	176	34.78%	100	19.76%	18	3.56%
蚌埠	36	7.11%	176	34.78%	167	33.00%	110	21.74%	17	3.36%
徐州	45	8.89%	130	25.69%	183	36.17%	117	23.12%	31	6.13%
滁州	36	7.11%	158	31.23%	167	33.00%	115	22.73%	30	5.93%
淮阴	61	12.06%	202	39.92%	122	20.75%	105	20.75%	16	3.11%
扬州	43	8.50%	146	28.85%	176	34.78%	108	21.34%	33	6.52%

上述各地区分级旱涝等级反映出元明清时期淮河流域灾害在地区间存在着的差异。这一差异主要体现在涝灾发生频率最高的是淮阴地区，高达12.06%，最低的为六安地区，为4.35%。综合统计涝和偏涝，发生频率最高的仍为淮阴地区，数值为51.98%，平均每两年有1次涝灾，合肥地区最低，频率为31.42%，平均每三年有1次涝灾。旱灾发生的频率相对较低，扬州地区最高，为6.52%，阜阳地区最低，是2.37%。综合统计旱和偏旱，徐州地区最高，是29.25%，近乎三四年有1次旱灾，亳州地区最低为22.33%，差不多四五年有1次旱灾。

3.灾害的连续性与转折性

本书这里表述的旱涝灾害的连续性主要是指历史上涝灾连着涝灾，或者是旱灾连着旱灾的极端自然灾害现象。转折性是主要是指历史上涝灾转向旱灾，或者由旱灾转向涝灾的灾害现象。元明以来淮河流域灾害就具有这种连续性与转折性特征。涝灾的连续性如明朝正德十二年至正德十四年(1517—1519年)连续三年水灾，先后出现在淮河中下游和沂沭泗水系。清朝出现过三次连续多年水灾，康熙三十九年(1700年)至康熙四十一年(1702年)；康熙四十三年(1704年)至康熙四十五年(1706年)连续三年水灾；乾隆十年(1745年)至乾隆十五年(1750年)连续六年水灾①；民国十年(1921年)至民国十一年(1922年)连续两年大水。旱灾的连续性如前文所述明崇祯十至十四年(1637—1641年)，连年大旱，淮河流域赤地千里，流徙载道。乾隆五十至五十二年(1785—1787年)，淮河流域连年大旱，其中河南全省“春夏不雨，继续大旱，豫南尤甚，宁陵流离灾民者十去六七”。光绪二至四年(1876—1878年)流域连续三年大

① 唐元海:《淮河综述志》,第289页。

旱,旱灾范围包括河南、河北、山西、山东、皖北、苏北等省区。而据对灾害转折性分析,历史上大约有三分之一的涝灾在第二年或连发或转折,其余三分之二在第二年为正常年景①。因此,灾害的连续性与转折性也是元明以来淮河流域灾害的显著性特征之一。

(三)灾害发生后的社会应对

频繁、严重的灾害,往往导致人口的死亡、流移,土地的荒芜,从而影响到农业生产,阻碍社会经济的发展,甚至引发农民起义,危及政权统治。为了稳定社会,维持统治,保证社会再生产的正常进行,灾害发生后,官府和社会往往都会行动起来,进行各种应对和救济。

1.官府应对灾害的措施

官府应对灾害的措施,包括临灾救灾和防灾减灾的措施。临灾救灾主要包括赈济、蠲免、缓征、借贷(农赈)、工赈、抚恤安辑等。防灾减灾主要包括兴修水利工程,治理河患和储粮备荒,建立仓储制度等。

赈济是救灾措施中常见的赈灾措施,包括赈款、赈谷等。每当灾害发生,官府会组织赈灾,筹集赈灾粮款,按受灾程度即"被灾分数",发放救灾物资。例如,明正德三年(1506 年),凤阳、淮安、扬、庐等处灾荒重大,"以银十万两、粮三十万石赈济"②。乾隆十八年(1753 年),"以南河高邮、邵伯、车逻坝之决,拨银二百万两"③。光绪三十一年(1906 年),苏北水灾,在徐海地方政府勘灾、查赈基础上,根据灾分、灾等,清朝政府拨银 10 万两用于赈灾。"旨周馥、陈夔龙电奏徐海等处被灾,情形深堪悯恻,着赏帑银 10 万两以拯该处灾黎"④。民国二十年(1931 年),《救济水灾委员会报告书》中说:"各省分配振麦振粉数量各不同,南京……无论老幼,每日一律给馒首二枚,合粉半斤;皖北则每人给麦粉自八斤至七十斤;河南则成年人二十斤,幼童十斤。""皖中、皖南联合救灾委员会所散放之赈款,凡二十六县,平均每人得款二角七分,成年人所得为孩童之二倍。"

蠲免、减征和缓征,是官府救灾普遍采取的救灾措施。至元二十四年(1287年),"时淮、浙饥馑,谷价腾踊,免江淮租税之半,运湖广、江西粮十七万石至镇

① 张秉伦:《淮河和长江中下游旱涝灾害年表与旱涝规律研究》,第 17 页。
② 《明实录·武宗实录》卷四四。
③ 《清史稿》卷一二五《食货志》。
④ 《廷寄赏银十万拯抚徐海灾黎》,《申报》1906 年 9 月 22 日。

江，以赈饥民”[①]。宣德九年（1434年）二月，因凤阳等地连年亢旱，诏令尽行停止“一切买办科征”，后又谕户部停征南直隶等地七年以前所欠粮草、盐粮等[②]。康熙九年（1670年）夏，“淮安、扬州二府久雨，田庐多淹，诏发帑赈济。玛祜疏请蠲免桃源等县积欠赋银，及六、七两年未完漕米，部议漕米无蠲免例，上特允其请，并蠲减苏、松、常三府被灾岁赋”[③]。同治七年（1868年），上谕：“安徽被灾尤重之亳州等九州县地丁钱粮，前经降旨，候启征时减收一成，以纾民力；所有该州县应完漕米，并着加恩减征一成，以一年为限。……安徽凤阳、颍州等属同治六年以前钱粮，除业经蠲免外，其实欠在民者，均着概予豁免。”[④]光绪三十一年（1906年），苏北大水灾后，清朝政府对受灾严重地区实行缓征政策，其中淮徐海“十三州县本年应征忙漕两项应即一律停收，缓至明年秋后带征”[⑤]。

借贷即一般所谓农贷或农赈，是官府一项不可少的救灾措施。近代以前官府建立的常平仓、社仓等仓谷，大多用于借贷救灾。康熙三十九年（1700年），“归德属永城、虞城、夏邑三县被灾地亩至一万七千余顷，出粜常平、义、社仓谷，借给农民牛种，全活甚众”[⑥]。道光五年（1825年）正月，“贷直隶文安、大城二县，河南汝阳、淮宁二县……两淮中正场水灾灶户口粮……并免上年额课”[⑦]。光绪十五年（1889年），安徽发放春贷共496654两，并规定，灾民无力归还者，概予宽免。民国二十年（1931年）秋，当洪水为灾，江、淮、运诸水同时泛滥，酿成特大灾害之时，国民政府为了扶持农民恢复生产，乃于急赈、工赈之外，又办农赈，实际工作委托华洋义赈会代办，从救济江淮水灾之美麦45万吨内，提出5万吨作为办理经费，在安徽、江西、湖南、湖北、江苏5省实施农赈。

抚恤主要包括施药治病、发放抚恤金、赐葬、居养、赎子等。安辑主要是安辑流民，由官府发给流民盘缠和食粮，遣送回籍，并分给流民闲置公田耕种，提供或贷给种子、耕牛等，帮助他们归农重建家园。洪武三年（1370年），“命天下府、州、县，设惠民药局，拯疗贫病军民疾患。每局选设官医提领，于医家选取内外科各一员，令府医学授正科一员掌之，县医学授副训科制药惠济，其药于各处

---

① 《元史》卷一七三《叶李传》。
② 《明实录·宣宗实录》卷一〇一、卷一〇八。
③ 《清史稿》卷二七三《玛祜传》。
④ 《民国安徽通志稿·食货志·蠲赈》。
⑤ 《江督苏巡通饬江北各道府电》，《申报》1907年1月16日。
⑥ 《清史稿》卷二七六《徐潮传》。
⑦ 《清史稿》卷一七《宣宗本纪》。

出产并税课抽分药材给与,不足则官为买之"①。明成化元年(1465 年),"令流民愿归原籍者,有司给与印信文凭。沿途军卫有司,每口粮三升,其原籍无房屋者,有司设法起盖草屋四间。仍不分男女,每大口给口粮三斗,小口一斗五升,每口给牛二只。量给种子,审验原业田地,给与耕种。优免粮差五年,给帖执照"②。光绪二年(1876 年),"淮北荐饥,流民就食扬州,(刘)瑞芬筑圩城外,构棚分宿,计口授食,所全活六万余人"③。光绪三十二年(1906 年)夏,江北发生大水,八月末,江苏巡抚陈夔龙批示所辖各地:"徐州、海州饥民渐次南下,到达清浦江,求食不得,抛弃子女,深堪怜悯。故如发现通过饥民,勿使南下,随时由当地收留,给付路费,使之归乡,勿致滋事。"④

工赈在近代成为政府救灾的一项非常重要举措,如民国二十年(1931 年)江淮大水,国民政府设救济水灾委员会办理灾区救济事宜,对于工赈的办法行之甚力。该会在总报告书中说:"本会成立之始,办理救济事宜,关于治本计划,注重以工代振。盖政府借灾民之佣作,以修筑堤防,灾民赖政府之救济,以维持生活。事关实惠,款不虚糜,防患恤灾,一举两得。"⑤"该会灾区工作组,特设工赈处,于九月间组织成立。并向各水利机关调聘工程技术人才,订立各项施工章则。该会在工赈处之下,还设有各区工赈局,按照各河流范围的大小和灾情的轻重,分为十八区,其中有淮河三区、里下河三区。各区大都设立有工程局,各工程局都设工程师兼局长及副工程师、技术员、事务员等。区以下根据工程的大小,分为若干段,每段设副工程师兼段长及技术、事务等员……全部工赈容纳的灾民数目,据各工赈局报告统计,民国二十一年四、五月间,灾工最多的时候,皖、淮三区十七万九千余人。各区工赈局成立以后,派员分途招收灾工,编成排团,实施以工代赈,勤者日可获麦七、八斤,至少亦在四、五斤以上,统计十六区,直接收容灾工共有一千十二万八千七百三十一名,而间接借工赈以生活者,当在千万以上。"⑥

2.民间应对灾害的措施

国家财力毕竟有限,单靠官府救济灾民也不现实,必须广泛动员社会力量参与救灾。中国古代官府曾采取多种方式动员社会力量助赈,劝奖社会助赈和

---

① 《康济录》,见邓拓《中国救荒史》,第 316 页。

② 《续文献通考》,见邓拓《中国救荒史》,第 350 页。

③ 《清史稿》卷四四六《刘瑞芬传》。

④ 《申报》光绪三十二年八月二十九日。

⑤ 邓拓:《中国救荒史》,第 280 页。

⑥ 邓拓:《中国救荒史》,第 288 页。

地方设置义仓、社仓就是其中的主要办法，而近代社会民间慈善组织的成立与参与救灾则将灾害救助推向更高的层次。

劝奖社会助赈或劝分社会助赈，就其形式来说，有精神方面的奖励，如输纳钱谷授官赐爵便是其中之一；有物质方面的奖励，如官府支付用于救灾的民力，或为民间救济灾民提供便利。明清两代政府都制定了劝分赏格政策，并大力鼓动民间助赈。明政府从宣德时期到万历年间曾先后多次颁布劝分政策，对应劝者据其所入多寡而予以奖赏，或赐敕褒奖，或赐冠带，或授以散官、武职。相关事例如：

明景泰三年（1452 年），兵部左侍郎、翰林院学士商辂奏请设法赈恤凤阳府等处流民，“其口粮种具之类，或暂给官储，或劝贷富室，俟有收之际，如数追偿”①。弘治二年（1489 年），从总督漕运都御使李昂奏：“以淮、凤等处饥荒，募人纳米赈济，给冠带散官，如成化十六年例。”②正德十四年（1519 年），南京御史张翀等以凤阳府等“水灾重大”，奏“请开纳银入监、纳粟补官事例”。户部复议：“令军民人等有愿纳银二十两者，授冠带、义民，自正九品之正七品散官凡四等，移南京户部印编札付四千给之。”③乾隆四十一年（1776 年）议准，“绅商士民，有于歉岁捐赈者，准亲赴布政司衙门具呈，并听自行经理。事峻，督抚核实，捐数多者题请议叙，少者给匾额”④。嘉庆六年（1801 年），苏北大水，清廷下旨“至各处殷实之家，有无相通，本属乡党亲睦之谊。身家殷实者，亦应推广皇仁，共敦任恤。着该督饬令各州县剀切劝谕。……地方官于此等急公之人，必加奖赏，既得乐善好施之名，而穷黎等受其利益，必交口称赞”⑤。

义仓始于北齐，隋时正式创设。元代的义仓是每社置一义仓，由社长主持。年熟每亲丁纳粟五斗，驱丁二斗，无粟可纳的可以用杂粮等代替。元世祖时期，元朝的地方行政官员和监察部门的官员，常以建立义仓作为自己的政绩。如张懋，“（至元）十六年，改授怀远大将军、吉州路总管。……新府治，设义仓，虽能吏不过也”⑥。

明代的义仓出现于成化年间。明成化九年（1473 年），判官俞盖以兵民诉田籍废及自愿没官息竞二十余顷。岁租七百八十余石，创储备赈名义仓。嘉靖

① 《明实录·英宗实录》卷四九。
② 《明实录·孝宗实录》卷三二。
③ 《明实录·武宗实录》卷一七三。
④ ［清］杨景仁：《筹济篇》，见邓拓《中国救荒史》，第 286 页。
⑤ 《清仁宗睿皇帝实录》卷八五。
⑥ 《元史》卷一五二《张子良传》。

时义仓得到大力提倡,嘉靖四年(1525年),“直隶庐州府知府龙浩,在任修理义仓,置买义田,行赈粜、赈贷、赈济之法,又条积蓄便民八事,户部覆议”①。清代的义仓有时指的即社仓,两者本质相同。清顺治、康熙、雍正各朝都曾多次谕令各州县设立义仓。各地的义仓之设多寡不一、规模大小不等,大的义仓可积谷数十万石,存银数十万两,如两淮的“盐义仓”、苏州的“丰备义仓”等。

社仓和义仓大概处于同一时期兴起。古代每二十五家共立一社以奉祭祀,于是行政上也就以社为单位。宋朱熹曾创立社仓法,并于孝宗乾道四年(1168年),在其家乡福建崇安县开耀乡实施,此后社仓得以延续。

明朝的社仓始于弘治年间(1488—1505年),到嘉靖时达到鼎盛。嘉靖八年(1529年),令各抚按设社仓,令民二三十家为一社,选择家中较殷实而又较有德行的一人为社首,处事公平的一人为社正,能书算的一人为社副。每月初一、十五会集一次,按出米多少确定为上、中、下三种户别,各种户别一斗米至四斗米有差。每斗另加耗米五合,由上户主持其事,年饥上户有困难的,可以借贷,丰年时还仓;中下户则酌量赈给,不再还仓。有关官员须造册送抚按,每年审察一次②。

清朝的社仓始于康熙时期。康熙十八年(1679年),户部题准:“乡村立社仓,市镇立义仓,公举本乡之人,出陈易新。春日借贷,秋收偿还,每石取息一斗,岁底州县将数目呈祥上司报部。”③雍正即位后大力推行社仓建设,并同时复准了社仓的“劝奖捐输”和“收息”之法。此后,全国各地纷纷设立社仓。

近代曾参与过淮河流域灾害救济的民间组织主要有华洋义赈会、红十字会等民间慈善团体。

华洋义赈会成立于1906年的上海,英文为“China International Famine Relief”,主要办理赈灾事务。在接到各地乞赈报告以后,他们马上运作赈济程序,在急赈时期发挥了重要作用。如1906年苏北水灾,刚刚成立的华洋义赈会成员中的中外人士李提摩太、盛宣怀、张謇、施则敬等积极宣传,募捐,并派人带款项去苏北灾区边放赈边调查灾情,按照每个灾区的实际灾况,因地制宜,确定赈济的具体措施。整个赈灾过程中工作极为细致,每次赈款的数目、运用、去向都在报纸上公布,放赈一次,即公布一次,至整个赈务结束,刊行“征信录”,公布全部的账单“以昭核实”。此外,义赈会还充分发挥在海外的影响力,号召国外华

① 《明实录·世宗实录》卷五一。

② 《明史》卷七九《食货志》。

③ 《清史稿》卷一二一《食货志》。

侨及外国义士救灾。如义赈会在给南洋大臣电中请为“美国捐助面粉”[①],免交厘金。新加坡开会劝捐,“总督到会主席,当选派董事为华洋义赈会劝募捐款”[②],起到了较好的效果。

红十字会是一个以发扬人道主义为己任,以“博爱”“恤兵”为宗旨的国际性慈善组织。中国红十字会创立于1906年,初名上海万国红十字会,1907年改为大清红十字会,1912年改称中国红十字会,并得到国际红十字会的正式承认,1919年加入红十字会国际联合会,成为这一国际组织的正式会员。中国红十字会创立后,尽最大努力,从事各种灾害的救护与赈济。红十字会参与的淮河流域的灾害救济也有不少,如1910年夏,皖北水灾,继以大疫,红会急派医生、学生携带救疫药物、器具,组织救疫医队,冒暑驰往皖北之临淮、寿州、凤阳、正阳、凤台、怀远、宿州、蚌埠及苏省之清江、海州、桃源等处,竭力拯救,并集款至百七十万,办理急赈[③]。1921年夏秋,流域大水,红会多方救济钱款,发放空白章照,并委派医生率领医队前往灾区疗治疫病。1922年夏秋,皖北霍乱流行,红会派出“防疫团”前往救治,蚌埠分会会长邓愚山协助尤力,“备著勤劳”,皖北地方官绅均具函申谢等等。

二、宋元时期商贸的变化

除自然灾害外,历史时期,淮河流域战乱频仍。战乱给经济社会的发展带来不利影响,特别是对商业贸易的不利。关于宋代和元代淮河流域商业发展概况,张金铣教授等也有相关研究[④]。本章简要论述淮河流域因宋元时期的战乱,使本来正常的商贸往来而变为非正常商贸,借以揭示当时淮河流域经济社会的盛衰轨迹。

北宋时期经济社会相对繁荣。统一政权下的淮河流域农业、手工业发展,使大量的农副产品及手工业品涌入市场,从而大大激活了流域的商业贸易活动。北宋政府尤其重视自西北到东南贯穿淮河流域的汴河交通,当时汴河流经

① 《华洋义赈会与南洋往来电文》,《申报》1906年12月26日。

② 《新加坡开会劝募赈款》,《申报》1906年12月25日。

③ 池子华:《红十字与近代中国》,安徽人民出版社2004年版,第82页。

④ 张金铣:《元代淮河流域商业的发展》,载《皖北崛起与淮河文化》,合肥工业大学出版社2010年版。

今开封、商丘、宿州、盱眙等地，而以汴京为中心的水陆交通网，更沟通了与全国各地的联系。上述条件使得淮河流域商贸繁盛。

漆侠先生在其力作《宋代经济史》中提出了北宋市场布局的划分：一是以汴京为中心的北方市场，二是以东南六路为主、以苏杭为中心的东南市场，三是以成都府、梓州和兴元府为中心的川蜀诸路区域性市场，四是以永兴军、太原和秦州为中心的西北市场。程民生先生进一步认为：以地位而言，东京是全国的商业和金融中心，以此为中心的北方市场最重要，其次是东南市场和西北市场，最后是四川市场。而北方市场偏重于国家的军事消费，南方市场偏重于居民生活资料的消费。这给南北经济的发展带来不同的影响①。北宋建立后，政府就有意宽减商税以发展商业。如太祖建隆二年（961 年）二月，"诏蔡河、颍河、五丈河及沿河州县民船载粟者勿算"②。宋太宗也曾诏："榜商税则例于务门，无得擅改更增损及创收。"③不久又诏："除商旅货币外，其贩夫贩妇，细碎交易，并不得收其算。"④宽松减商税政策的实施，加之淮北农业、手工业经济的发展和便利的水陆交通条件，使之商业贸易发展，主要表现为：首先是商品种类的增多和商品流通地域的扩大。淮南的茶、盐、丝、帛，京东的盐、铁、丝，以及京东、西地区、开封府的枣、梨、杏、桃、柿等果品，还有流域各地的许多特产，如寿州的小绫、茶叶，陈州的牡丹，京师的海棠等，都行销全国各地。

其次是形成了由城市、镇市及乡村墟市构成的多层次、网络状的区域性市场。汴京作为北宋全国政治、经济中心，针对坊市规模狭小的现状，于真宗咸平五年（1002 年）加以扩建，使"衢巷广袤，及禁鼓昏晓，皆复长安旧制"⑤。汴京成为"八荒争凑，万国咸通，集四海之珍，皆归市易"⑥的大商业都会。随北宋商业的发展，彻底冲破了坊市隔绝制度。如汴京主要大街都临街开设商店、酒楼、旅馆，"马行（街）北去，旧封丘门外袄庙斜街、州北瓦子、新封丘门大街，两边民户铺席，外余诸班直军营相对，至门约十里余。其余坊巷院落，纵横万数，莫知纪极，处处拥门，各有茶坊酒店，勾肆饮食"⑦。宋代商业不仅冲破了坊市隔绝，冲破了不得临街设肆的规定，而且还突破了交易时间的限制而出现夜市。除都市

---

① 程民生：《宋代地域经济》，河南大学出版社 1999 年版，第 213 页。

② ［清］徐松辑：《宋会要辑稿》食货一七之十，中华书局 1957 年版。

③ ［元］马端临：《文献通考・征榷考》，《四库全书》本。

④ ［元］马端临：《文献通考・征榷考》，《四库全书》本。

⑤ ［宋］李焘：《续资治通鉴长编》卷五一，中华书局 1985 年版。

⑥ ［宋］孟元老：《东京梦华录・序》，《四库全书》本。

⑦ ［宋］孟元老：《东京梦华录》卷三《马行街铺席》，《四库全书》本。

商业繁盛外，北宋州、县级域城市商业也很发达。北宋又突破唐代“非州县之所，不得置市”的禁令，在人口稠密乡、镇设立市，即草市。如开封“城门外草市”，有“十二市之环城，嚣然朝夕”[①]；开封府尉氏县朱家曲镇原是一个村市，因与许县相接，又傍临古河，故发展为“商贾之贩京师者，舟车皆会此，居民繁杂，宛如江乡”[②]的繁华镇市；南京应天府（今河南商丘市）南城外有“河市”，是“四方商贾孔道”[③]，“居民繁夥，倡优杂户厥类亦众”[④]，“官守民居，夹河万家，最为繁庶”[⑤]。

其三是商业资本扩大。在京城的富商“每一交易，动即千万，骇人闻见”[⑥]。随商业资本的扩大，各地出现了不少巨商，其地位及势力显赫，横行一方。哲宗时许州阳翟县民盖渐，家资巨万，女三人，“有朝士之无耻者，利其财，纳其仲为子妇”[⑦]。寿州大商“交结权贵，号为难治”[⑧]。

金统治时期，由于受宋、金战争的影响，淮河流域的商业活动总体趋于萧条，交通不畅，并且在淮河南北沿岸出现了榷场贸易和走私贸易相并行的非正常局面。南宋、金双方对峙时期，金政权采取了许多恢复和发展商业的措施，如规定通都大邑皆置市，正隆六年（1161）戊申，诏曰：“汝州百五十里内州县，量遣商贾赴温汤置市。”[⑨]这样，淮北地区的商业有一定程度的恢复，如陈州在金末时，已是“市肆喧哄，如汴之阛阓”[⑩]。宿州储市，“为舟车更易之冲，客旅之所盘泊，故交易甚夥”[⑪]。南宋政府辖区内推广东南会子、淮交等纸币。东南会子自绍兴年间末流通于两淮、京西诸路。东南会子、淮交在两淮的推广，解决了金属货币不足的问题，有利于商业的交换。

绍兴议和后，宋、金以淮水中流为界展开互市贸易。金政权在流域的泗、寿、颍、蔡、淮安等州设立榷场；南宋政府也在光州光山县中渡市（今河南息县淮河南岸中渡店）、信阳军齐冒界镇、霍邱封家渡、安丰军水寨及花靥镇、淮阴县磨

---

① ［清］徐松辑：《宋会要辑稿》兵三之一。
② ［宋］欧阳修：《欧阳文忠公文集》卷一〇《朱家曲》，《四部丛刊》本。
③ ［宋］王巩：《闻见近录》，《四部丛刊》本。
④ ［宋］王曾：《王文正笔录》，《四部丛刊》本。
⑤ ［宋］苏颂：《苏魏公文集》卷一九《乞奏差防河将副》，《四部丛刊》本。
⑥ ［宋］孟元老：《东京梦华录》卷二《东角楼街巷》，《四库全书》本。
⑦ ［清］徐松辑：《宋会要辑稿》刑法三之四五。
⑧ ［宋］欧阳修：《欧阳文忠公文集》卷二一，《四部丛刊》本。
⑨ ［元］脱脱：《金史·海陵纪》，中华书局 1975 年版。
⑩ ［宋］范成大：《骖鸾录》，《四部丛刊》本。
⑪ ［清］徐松辑：《宋会要辑稿》食货三三之三。

盘、楚州北神镇及杨家寨、盱眙军设置榷场,以管理商业往来事宜①。一旦战事停止,这些榷场就焕发出生机。其中一处为淮安,曾任金国豳王府记室的刘迎,有一首《淮安行》诗:“淮安城壁空楼橹,风雨半催鸡粪土。迄今井邑犹荒凉,居民生资惟榷场。马军步军自来往,南客北客相经商。里闾风俗乐过从,学得南人煮茶吃。”②形象地反映了战后榷场贸易的情景。宋、金榷场交易之法皆有相同的规定。以南宋为例:“商人赀百十以下者,十人为保,留其货之半在场,以其半赴泗州榷场博易,俟得北物,复易其半以往;大商悉拘之,以待北贾之来。两边商人,各处一廊,以货呈主管官牙人,往来评议,毋得相见。”③到榷场贸易者要登记姓名、货物,领取通行牌子、关引,贸易后,牌子即收回。通过榷场贸易,双方交易了大量物资,南宋向北方输送的,仅以泗州榷场为例,岁供新茶千筐,荔枝五百斤,圆眼五百斤,金橘六千斤,橘子八千斤,砂糖三百斤,生姜六百斤,栀子九十称,以及米、麦、绢、布、丝、麻、牛、犀、象、苏木、香药、书籍等等;金向南方输送的物品则有解盐、丝、绢、绵、药材、羊、豕等等。

由于宋、金双方榷场贸易有诸多限制,且受战争干扰,故沿淮的走私贸易十分活跃,“然沿淮上下,东自扬、楚,西际光、寿,无虑千余里,其间穷僻无人之处,则私得以渡,水落石出之时,则浅可以涉”④。沿淮走私贸易十分猖獗,有的甚至千百人结队成行,持藏武器,武装走私,官兵不敢干涉。走私贸易是受政府约束和时局影响的结果,其交易量必然比正常贸易少许多。

1234年蒙古灭金后,淮河以北的广大地区都在蒙古统治之下。在蒙古国统治时期,由于长期战乱和蒙古贵族废农置牧,淮河流域的经济社会遭到严重的破坏,两淮地区的商业贸易也受到巨大的影响。当时蒙宋双方在边境地区进行榷场贸易,也有私商进行往来。但由于双方处于敌对状态,贸易规模不大,商业不甚发达。元朝建立后,南北往来禁令不复存在,元朝凿通了贯穿南北的京杭大运河,但对皖北、豫东而言,相对偏远,对其商业发展的作用不大。

金灭亡前后宋将孟珙在蔡州城外建立榷场,与蒙古军“更相贸易”,使蒙军获得必要的生活用品⑤。蒙宋战争爆发后,宋蒙之间的贸易还在进行,只是交易场所、规模都受到限制,后来逐步发展到自由贸易,连场所和规模的限制也不存在了。蒙宋隔河相对时,淮北客商多携带货物到南宋境内贸易。自1236年以

① [宋]李心传:《建炎以来朝野杂记》卷二〇,商务印书馆1937年版。
② [金]元好问:《中州集》丙集第三,《四部丛刊》本。
③ [宋]李心传:《建炎以来系年要录》卷一四五。
④ [清]徐松辑:《宋会要辑稿》食货三八之三四。
⑤ [元]宇文懋昭:《大金国志》卷二六,中华书局1986年版。

后,蒙军连年渡淮大肆攻掠,两淮是战争最频繁、最激烈的地区,但战争之后,双方仍“不拘冬夏”,常年贸易①。宪宗八年(1258 年),蒙古军从东西两面大举进攻南宋,两淮边境榷场一度关闭。

中统元年(1260 年)四月,忽必烈下令“置互市于涟水军”。七月,再次下诏,“立互市于颍州、涟水、光化军”②。四年五月,“以礼部尚书马月合乃兼领颍州、光化互市”③。蒙宋双方都利用互市来谋取自身利益。南宋两淮制置使李曾伯认为,置互市“可以觇敌情,可以得敌马,可以通襄阳一线之脉,志不尽在利”④。

除榷场、互市外,宋蒙边境民间商人私市交易从未停止。中统元年蒙古在置互市时规定,“禁私商不得越境,犯者死”。次年五月又“申严沿边军民越境私商之禁”,“申严越境私商、贩马匹者罪死”⑤,拟通过严厉的法令把两淮商业纳入互市的轨道,这本身即反映出私市贸易的兴盛。中统二年八月,南宋私商几十人进入宿州被抓获,“议置于法”,忽必烈下诏赦免,归还他们的货物,让他们到指定的榷场进行贸易。次年三月,蒙军又抓获南宋越境私商四十多人,忽必烈也予以释放。更有大批淮北客商违禁进入南宋辖区进行贸易。中统年间,蒙古军都元帅唆都上奏,“郡县恶少年,多从间道鬻马于宋境,乞免其罪,籍为兵”⑥,结果一次得兵三千人,分一千人置一千户,由唆都率领,镇守蔡州。此说明禁止私市的法令无法执行。

至元元年(1264 年),蒙古“罢南边互市”,并“申严持军器、贩马、越境私商之禁”⑦。次年正月再次“诏申严越界贩马之禁,违者处死”。三月又罢“南北互市”。停止互市,造成蒙古方面物资匮乏,私市又难以禁止,所以忽必烈不得不下令,“括民间南货,官给其值”。十月,忽必烈又下诏“随路私商曾入南界者,首实免罪充军”。至元六年,蒙古又将越境南宋商人四十五互市使者南归⑧。至元十二年二月,元宋战争激烈进行的时候,元朝还“以中统钞易宋交会,并发蔡州盐,贸易药材”⑨。宋蒙政权虽不能禁止互市和私市,但数次禁令的颁行,对双方

---

① [宋]李曾伯:《可斋杂稿》卷十八,《四部丛刊》本。
② 《元史·世祖纪一》。
③ 《元史·世祖纪二》。
④ [宋]李曾伯:《可斋杂稿》,《四部丛刊》本。
⑤ 《元史·世祖纪一》。
⑥ 《元史·唆都传》。
⑦ 《元史·世祖纪二》。
⑧ 《元史·世祖纪三》。
⑨ 《元史·世祖纪四》。

贸易的负面影响是很大的。

元朝统一全国后，淮北地区隶属于河南行省。随着国家的统一，地区之间商业往来不再受任何限制，不同地区物资交流得到扩大。元代重视水陆交通，使南北大运河重新贯通。大运河的畅通为商业发展提供了有利的条件，“自杭走汴，水陆二千里，如人堂奥，如息卧内”①。运河河道以及两岸河堤成为当时主要交通大道，“江淮、湖广、四川、海外诸番土贡、粮运、商旅贸迁，毕达京师”②。在农业、手工业恢复发展的基础上，淮河流域的商业也得到了发展。京杭大运河贯穿淮河下游南北，运河促进了沿岸商贸兴盛和社会变迁，但对于本文讨论范围的淮河流域中上游广大地区而言，它只是涉及不多的运道。整个元明清时期，大运河联系的是北方的政治中心和南方的经济中心，历史时期曾联系西北政治中心和东南财富重地的淮北各运道，降为无关紧要的从属。同时，元明清时期，国家统一，淮河南北作为边境贸易之地的条件也不复存在。所以，从大环境而言，淮北地区的商业发展条件受到不利影响。当然，随区域农业、手工业经济的发展，其商贸仍在发展，不少领域超过以前。

三、农业的变迁

宋元以降，黄河夺淮，淮河流域的环境发生变迁，对农业产生重大影响。农业生产的最大特点是离不开自然环境和天气条件的制约，故从官员到百姓都祈天拜神，希望风调雨顺、五谷丰登。但自然灾害的频发，长期的战乱，造成淮河流域的农业发生变迁。从长时段来看，明清淮河流域农业的变迁是天地生综合作用的结果。

（一）耐旱、高产作物逐渐增多

淮河流域兼有旱作和水作两种农作方式，植物品种较多，其中以麦、稻为主食。在饮食习俗中，淮河流域人以面食为主。明人宋应星云：“四海之内，燕、秦、晋、豫、齐、鲁诸道，烝民粒食，小麦居半，而黍、稷、稻、粱仅居半。西极川、

① ［元］孔作：《仓螺集》卷二，《四部丛刊》本。

② ［元］苏天爵：《元朝名臣事略》卷二，《四库全书》本。

云，东至闽、浙，吴、楚腹焉，方长六千里中，种小麦者，二十分而一。”①淮北人以面食为主，平时吃肉次数较少，“吃米地方之蔬菜，较吃麦地方之蔬菜为丰富，乡人有时且啖鱼嚼肉。淮北人即不如此，饭时有一二碗素菜即为已足，吃肉次数极少，一年除新年、端午、中秋及收粮食时期外，是无肉可吃”②。

淮河流域种植的植物谷类有小麦、大麦、荞麦、籼稻、晚稻、糯稻、谷、黍、秫、稷、甘薯、玉米、芝麻、黄豆、黑豆、青豆、绿豆、赤豆、豇豆、小豆、蚕豆、茶豆、扁豆，以小麦、大豆为主；经济植物有棉花、花生、樱桃、香椿芽等。饲养的动物有马、牛、驴、骡、猪、羊、狗、鸡、鸭、鹅等，鱼类有鲢、鲂、鲤、鲲、鳜、鳅、鲫鱼、鳗、白鱼、鳝、虾等。颍州“平原旷野，非有深山大泽之藏，以广为生殖。然而衣则布帛，食则菽粟。园蔬菜林果，可献岁时；池藕河鱼，可佐饔飧”③。宋欧阳修在《寄河阳王宣徽》诗中曾写道：“谁谓萧条颍水边，能令嘉客少留连。肥鱼美酒偏宜老，明月清风不用钱。”④地方志记载：“东西北三乡，地平衍，惟殖麦豆杂粮，略同于豫土。南滨淮汝间，始多鱼稻之饶。”⑤东西北方向种植麦，南边种植水稻。

颍州“周围两千里，率皆平原旷野，较之名山大泽之藏，关隘厄塞之固，似犹有所未备”⑥。地势平坦，河流众多，“土壤饶沃”，“有陂田之饶”⑦，发展农业的条件较好。宋代，“江北之民杂植诸谷，江南专种粳稻”，“诏江南、两浙、荆湖、岭南、福建诸州长吏，劝民益种诸谷，民乏粟、麦、黍、豆种者，于淮北州郡给之；江北诸州，亦令就水广种粳稻，并免其租”⑧。“崔公度知颍州，敕云：土沃民伙，有鱼米之饶”⑨。宋代，颍州种糯稻酿酒，“田家种糯官酿酒，榷利秋毫升与斗”⑩。明代，颍州栽种适宜自然条件的水稻有多种，主要分布在沿淮和其他水利条件较好的地区。马祖常《颍郡》认为：“孤城介汝颍，四野尽衍沃。……畇畇坟壤美，宜我稼稻粟。”⑪颍州栽种“鲜稻、黑稻、乌芒、獐牙鲜、西天早、山黄稻、火旱

① [明]宋应星：《天工开物》上卷《乃粒》，万卷出版公司2008年标点本，第11页。
② 王培棠：《江苏省乡土志》，民国刊本，第349页。
③ 乾隆《颍州府志》卷三《食货志·物产》，第191页。
④ 正德《颍州志》卷六《欧公诗文》，明正德六年刊本。
⑤ 道光《阜阳县志》卷五《风俗志》，黄山书社2009年标点本，第119页。
⑥ 乾隆《颍州府志》卷一《舆地志》，第61页。
⑦ 康熙《颍州志》卷一《舆地》，清康熙五十五年刊本。
⑧ 《宋史》卷一七三《食货志上一》。
⑨ 乾隆《颍州府志》卷一《舆地志·风俗》，第62页。
⑩ 正德《颍州志》卷六《欧公诗文》。
⑪ 乾隆《颍州府志》卷九《艺文志·诗·明》，第1068页。

稻、红芒稻、望水白、挨天黄、虎皮稻、飞上仓、红皮糯、鲫鱼糯、龙骨早、青芒稻、七十日稻"①,共有 17 种。其中"万沟小红稻",米质好,香味浓,有"贡米"之称。清代,颍上县栽种的水稻有籼稻、晚稻、糯稻、红芒稻 4 种②。亳州种植旱稻,"亳无水田,而稻皆种于旱地,其味厚于水稻"③。

宋代,宿州、亳州广泛种植小麦,"宿、亳有麦,可籴于泗"④。明代,颍州已广泛种植大麦、小麦、火麦、荞麦、春麦⑤。清代,亳州有大麦即"牟麦也。早熟,又有米,大麦立夏即熟"。小麦"秋种冬长,春秀夏实,具四时中和之气,故为五谷之贵"。荞麦"一名乌麦,三伏种,霜降前收"⑥。颍上县也种植大麦、小麦、荞麦⑦。民国五年(1916 年),蒙城全县小麦面积 47.8 万亩,平均亩产 76 斤,总产 3360 万斤。民国八年(1919 年),安徽省 60 个县经济调查,对蒙城农业成本进行核算:小麦亩产 84 千克,价值 1.86 元(银元),亩成本 1.17 元,投入与产出比 1∶1.36;黄豆亩产 57 千克,价值 3.34 元,亩成本 0.75 元,投入与产出比 1∶4.34⑧。

然而,淮河流域灾荒不断,民众一日两餐,甚至食不果腹。宋代,颍州饥民吃酒糟,欧阳修《食糟民》云:"不见田中种糯人,釜无糜粥度冬春。还来就官买糟食,官吏散糟以为德。"⑨明代出现"人吃人"的现象,如颍州,正德四年(1509 年),"春大饥,人相食。"嘉靖三年(1524 年)正月元旦,"夜地震,春大饥,人相食"⑩。蒙城"民国四年,水,饥荒,人民食树皮、草根殆尽"⑪。歌谣《灾荒年》云:"大水淹的连年荒,东奔西逃饿断肠。日出东山把狗打,日落西山见阎王。人吃人,狗咬狗,老鼠饿得啃砖头!"⑫民谣云:"咸丰二年街上看,穷人儿女排成线。三串皮钱摆摆手,五串皮钱争着愿。"民众酝酿起来斗争,"咸丰年,大歉年,涡河两岸草吃完,地丁银粮逼着要,等死不如来起反"。"咸丰二年大荒旱,黎民百姓

① 正德《颍州志》卷三《物产·五谷部》。

② 同治《颍上县志》卷三《食货·物产》,《中国地方志集成·安徽府县志辑(27)》,江苏古籍出版社 1998 年版,第 47 页。

③ 光绪《亳州志》卷六《食货志·物产》,《中国地方志集成·安徽府县志辑(25)》,第 157 页。

④ 《宋史》卷一七五《食货志上三》。

⑤ 正德《颍州志》卷三《物产·五谷部》。

⑥ 光绪《亳州志》卷六《食货志·物产》,第 157 页。

⑦ 同治《颍上县志》卷三《食货·物产》,《中国地方志集成·安徽府县志辑(27)》,第 47 页。

⑧ 蒙城县地方志编纂委员会:《蒙城县志》,第 94 页。

⑨ 正德《颍州志》卷六《欧公诗文》。

⑩ 嘉靖《颍州志》卷一《郡纪》,明嘉靖十五年刊本。

⑪ 民国《蒙城县志》,民国四年刊本。

⑫ 慕占民:《淮北民间歌谣浅说》,政协蒙城县文史资料委员会编:《漆园古今》10 辑,第 244 页。

遭大难。两岁的孩童大街卖，换不来财主半瓢面。官府财主似虎狼，催租逼税到门前。穷人日子没法过，商量商量都在捻”[①]。饥民还深受高利贷剥削，歌谣云：“印子钱，一还三，利加利，年年翻。一年借，十年还，几辈子，还不完！”[②]

由于灾荒严重，民众亟待解决充饥问题，粮食作物种植发生一些变迁，逐渐推广红薯、玉米等耐旱、高产作物。

明万历年间，甘薯（又称红薯、山芋、红芋、番薯，原产南美洲）先从吕宋（今菲律宾）引进到福建。首先在沿海地区种植，徐光启在上海郊区3次试种，使甘薯逐渐推广于更多地区。“农人之家，不可一岁不种。此实杂植中第一品，亦救荒第一义也”[③]。乾隆三十三年（1768年），甘薯从上海郊区传入亳州。乾隆五十一年（1786年），敕令广种红薯作为救荒粮食。因甘薯适应性强，耐旱耐涝，土壤、气候等自然条件要求低，产量高，块根和茎叶皆可食，极大地解决了粮荒的问题，故甘薯在淮河流域得到大范围的种植。清中叶以后，甘薯成为淮河流域的主要旱粮作物。颍州甘薯占“民食之半”。民国初期，蒙城种植甘薯面积7万亩。

玉米又称玉麦、玉蜀黍等，产自美洲，田艺衡《留青日札》云：“玉米出于西番”，明代中期玉米引进淮河流域。明正德六年（1511年）刻本《颍州志·土产》有“珍珠秫”的记载，证明明代正德年间颍州已经种植玉米，只是我们不知种植的面积，以及民众对其依赖度有多大。嘉靖十五年（1536年）刻本《颍州志》也有“珍珠秫”的记载。嘉靖时期的光山、鄢陵、尉氏、襄城、原武等县志皆有种植玉米（玉麦）的记载[④]。明末徐光启称玉米为“济世之一良谷，农家不可缺也”，尤其“北方地不宜麦禾者，乃种此，尤宜下地”[⑤]。玉米适宜种植于北方水潦之地或咸地。但就全国而言，推广较慢。李时珍《本草纲目》云：“玉蜀黍种出西土，种者亦罕。”[⑥]清乾隆五年（1740年），安徽巡抚陈大受（湖南祁阳人）了解到两江总督郝玉麟从福建带来的新品种“番粟”（玉米），性燥，适宜旱涝地区和高阜斜坡地。于是，派人购进数十石玉米种子，分给安徽各地区，并派人进行技术指导，玉米在安徽大规模推广，取得了较好的效果，“化无用之田为有用”。清中叶以降，玉米逐步成为淮河流域的主要旱粮作物之一。

---

① 茆文斗：《浅谈蒙城近现代歌谣》，政协蒙城县文史资料委员会编：《漆园古今》10辑，第232页。
② 慕占民：《淮北民间歌谣浅说》，政协蒙城县文史资料委员会编：《漆园古今》10辑，第244页。
③ ［明］徐光启：《农政全书》卷二七《树艺》，上海古籍出版社2011年版，第562页。
④ 王鑫义：《淮河流域经济开发史》，黄山书社2001年版，第638页。
⑤ ［明］徐光启：《农政全书》卷二五《树艺》，第515页。
⑥ ［明］李时珍：《本草纲目》卷六《谷部》，万卷出版公司2009年标点本，第339页。

（二）商品性农业有所发展

农业是国民经济的基础，是封建社会兴衰的映照。农业的发展受到多种因素的制约，从事农业生产的人数、土地开垦的数量、水利的兴修、农作物的品种、农业生产技术等至关重要，也与气候、生态环境密不可分。淮河流域地势相对平坦，淮河及大小支流密布其间，热量、降水、光照、土壤等发展农业的自然条件较好，民众也以农业作为主要的生活来源，因此，淮河流域历来是中国重要的粮仓之一。但是灾害频发，尤其黄河夺淮使民众的生计受到严重威胁。“黄河，自唐以前，皆北入海。宋熙宁中，始分趋东南，一合泗入淮，一合济入海。金明昌中，北流绝，全河皆入淮。元溃溢不时，至正中受害尤甚，济宁、曹、郓间，漂没千余里。贾鲁为总制，导使南，汇淮入海”①。元明清时期，黄河侵淮河入海，对淮河流域的影响更为巨大。为改善生计，淮河流域民众逐渐种植一些产量高、收入多的经济作物，尤其明代中叶以后，税粮“折色”，为单纯种粮向多种经营的发展提供了有利条件。这样，民众从事一些与农产品有关的副业活动，推动了商品性农业的发展。

棉花是棉纺织的主要原料，明政府曾经大力推广植棉政策，“太祖初立国即下令，凡民田五亩至十亩者，栽桑、麻、木棉各半亩，十亩以上倍之”②。棉花在全国普遍种植，“遍布于天下，地无南北皆宜之，人无贫富皆赖之”。在明代政府的推动下，加上土壤适宜，淮河流域栽种棉花的面积不断扩大，“中州沃壤，半植木棉”③。明万历年间，任山东邹县知县的许守恩发现“邹民不织而资布于邻，枣土宜也，民又不树枣”，于是“令有地百亩者，树枣百，种木棉十一，又教以种法。至秋而棉成，又限以纺期，稽其匹丈，亲下闾阎，视勤惰而赏罚之。明年，邻不来鬻布，又明年有鬻布于邻者”④。这对当地棉纺织业的发展起到了积极作用。明代中叶后，兖州府地多木棉，以棉为布，尤以定陶所产棉布为佳，不仅销往邻近的山东各县，甚至远至江西铅山。光绪年间，郓城县“全境种棉二百八十顷，产量颇佳”⑤。19世纪末，随着国内棉纺织业的发展，对棉花原料的需求加大。因

① 《明史》卷八三《河渠志·黄河上》。

② 《明史》卷七八《食货志二》。

③ 曹天生等主编：《淮河文化导论》，合肥工业大学出版社2011年版，第53页。

④ ［明］吕坤：《实政录》卷六《风宪约》，《四库全书》本。

⑤ 光绪《郓城县乡土志》，《中国方志丛书·华北地方第32号》，台北成文出版社1968年影印本，第18页。

涡河沿岸为沙土地，适宜棉花生长，蒙城等地棉花种植区域更加广泛，品种也较多。19 世纪末至 20 世纪初，萧县、砀山等砂质地带大量种植棉花。

霍邱县土地低者宜种稻，高者宜种菽、麦、稷、黍、棉，场圃则种果、菰、麻、葛、瓜、瓠之属，是淮河流域植棉、棉纺之地，布匹质量虽比不上苏松地区，但“勤者日织二丈自衣其夫货其余，亦日用之利也”。邻近大别山区，“竹木随在皆有”，还有茶等经济作物，陶窑“砖瓦皆不乏”。经济作物较多，工商业较发达，“大都素封之家饭稻羹鱼，贫民亦衣食裁足。拥田宅享租入者利什之一，废著居奇者利什之二，出藏镪称贷以权子母者利什之三。太史公称江淮之民无千金之家，今积有数千金者犹为中人之产”①。霍邱县因多种经营，生计比其他地区要好些。

桑蚕丝织业较为发达。明正德时任泗州知州的汪应轸“劝之耕，买桑植之。募江南女工，教以蚕缫织作”②。指导民众养蚕缫丝。乾隆时期，兖州府滋阳县“素产文绫颇轻靡，盖鲁缟之遗焉。近织山茧绸茧，出自河南西，贾贩至兖。男妇老幼俱捻线织成绸，外来贾售去河南，茧丰收，外贾来则居民饶裕”③。光绪年间，郓城县“蚕桑颇称发达，计栽湖桑三千五百株，鲁桑椹桑荆桑等三万二千株。养蚕者三千家，年产额约一千四百余斤”④。光绪初，任兰生署凤颍六泗道时，“募浙湖人教民育蚕缫丝，开衣食之源”，创办课桑局，购发桑秧，同时刊印《蚕桑摘要》，指导民众从事蚕桑栽植，取得了较好的效果⑤。乾隆九年（1744 年），白准泰任皖抚，“命守令申画郊圻，课民耕，贷给犁锄”，并“外延染人机工，教蹑丝法。畜蚕、树桃、麻、桑、柘，朝夕程督”，结果极大了调动了当地民众的热情，趋之如鹜，收到了“凤、颍、滁、亳所织绢带丝布，转鬻苏、杭数州”⑥的明显效果。

明万历年间，落花生从国外传入福建，后推广到其他地区。据清初张璐《本经逢原》载，花生的种植由闽入皖，并逐渐在淮河流域种植。明末清初，烟草传入淮河流域，安徽定远、凤阳开始推广。第二次鸦片战争后，清政府为抵制“洋药”，增加政府收入，鼓励种植罂粟（鸦片）。19 世纪 70 年代以后，淮河流域开始种植罂粟，尤以亳州、阜阳、涡阳等地较为突出。“今年（1892 年）安徽之亳

① 同治《霍邱县志》卷三《食货志》，《中国地方志集成·安徽府县志辑（20）》，第 107—108 页。

② 《明史》卷二〇八《汪应轸传》。

③ 乾隆《兖州府志》卷五《风土志》，《中国地方志集成·山东府县志辑（71）》，第 121 页。

④ 光绪《郓城县乡土志》，《中国方志丛书·华北地方第 32 号》，第 18 页。

⑤ 光绪《凤阳府志》卷一七《宦绩传》，《中国地方志集成·安徽府县志辑（33）》，第 95 页。

⑥ ［清］袁枚：《袁枚全集》第二集，《小仓山房文集》卷五《墓志·山东巡抚白公墓志铭》，转引自陈业新《明至民国时期皖北地区灾害环境与社会应对研究》，第 296 页。

州、颍州、涡阳,为本埠(芜湖)大宗鸦片之出产地,运进之总额七百六十担"①。阜阳种植罂粟达 17 区,清政府按区纳税。

明清时期,亳州成为全国有名的中药材产地和市场。亳州是我国东汉名医华佗的故乡,东汉以后历代都重视医药和药材的种植。从公元前 200 年始,亳州已有芍药栽培,之后经久不衰。明中期的常规品种有 30 多种,清代发展到 50 多种,以白芍、菊花为主,清初种药民户有 2000 多户。清末,一般年份产量约为 150 万千克。清代,诗人刘开在《城东观芍药歌》中云:"小黄(亳州旧称小黄县)城外芍药花,十里五里生朝霞。花前花后皆人家,家家种花如桑麻。红紫为田绿为圃,一痕草色低难遮。龙眠词客游江北,一见芍药如旧识。瓶水奉花过珍惜,日日读书坐花侧。彩毫拂艳花如生,枝枝不觉动颜色。今来看花涡水滨,花亦作态如相亲。牡丹开遍绝代少,天教此花为替人。"②民国初期,品种达 140 多种。民国初期,药材种植总面积达万亩以上,白芍一般年份产量约在 50 万—100 万千克,菊花一般年份产量约在 1.5 万千克,紫菀一般年份产量约 4 万—5 万千克。

亳州产白芍,又称"亳芍"。"亳产有药芍","芍药之种类,亳亦甚繁,花视他处尤大。昔之广陵,今之丰台,以多取胜而已。若花之光艳丰蒲,亦推此都独擅"③。属多年生药材,有蒲棒、线条、鸡爪、麻茬 4 个品种,以条直、体重、粉性足而闻名。亳州芍药刮去外皮加工而成"白芍",粉性足,疗效高。亳州菊花以朵大、色白、疏风散热、解毒明目见长。清初,主要种植在大杨、观堂、十九里、十河等地。亳州还种植半夏,属天南星科,为多年生有毒草本植物,地下有小块茎,因生长于农历五月,而五月为"夏之半",故称"半夏"。"月令五月半夏生,盖当夏之半也。二月生苗,一茎二叶本经"④。明代,临泉艾亭洪河流域种植半夏也较多。民国初期,蒙城沿涡河两岸有野生蝉蜕,沿茨河两岸以及湖洼地区产半夏。

随着经济植物的大量种植,带动了农产品的交易,加上淮河流域位于黄河流域与长江流域之间,交通地位显赫,使商品性农业有所发展,农产品的运输和贸易较为活跃。灵璧县,乾隆时"市集贸易菽麦而外,惟酒、布,常有农具与果

① 《芜湖关贸易情形论略》(光绪十八年),转引自翁飞等《安徽近代史》,安徽人民出版社 1990 年版,第 236 页。

② 亳州市地方志编纂委员会:《亳州市志》第 22 章《文化》,第 440 页。

③ 光绪《亳州志》卷六《食货志·物产》,《中国地方志集成·安徽府县志辑(25)》,第 159—160 页。

④ 光绪《亳州志》卷六《食货志·物产》,第 160 页。

蔬,鱼肉之类或有或无"①。清代寿州城内出售"布粟鸡豚及竹木器用",盐业、典当业也较为兴盛②。凤台县"滨淮居正阳、临淮间,舟楫之会也。阚疃北贸睢、亳,南贾潜、霍,多牛马驴骡硝盐,私贩辄取道于此。其民杂处又界蒙城、阜阳,俗益剽急而事末矣"③。凤台县牛马驴骡硝盐交易较兴盛。淮河流域因地处要冲,外地人常来此贩卖货物。清道光时期,阜阳"商无居奇大贾,城乡阛阓中恒多晋人。水次粜豆麦时,始有淮扬豫远贩至,然亦恒有土著习其业"④。盱眙县肆中店铺"率来自他郡,货物价昂,民日绌而商日赢"⑤。颍上县"商无居奇大贾,城内向多秦晋人,今楚黄人渐盛"⑥。光绪时的亳州"商贩土著者什之三四,其余皆客户。北阁以外,列肆而居,每一街为一物,真有货别队分气象。关东西、山左右、江南北百货汇于斯分亦于斯"⑦。淮河流域多山西、陕西、湖北等商人。

淮河流域民众制作一些农具和日常生活用品出售。颍上县"工不尚奇巧,器多坚朴可用"⑧。亳州"工无奇巧,攻木攻金而外,惟敛皮敛革集毳成旃,颇以紧薄均调著名,而织纴组紃工于他邑"⑨。康熙以降,盱眙县"工则粗知陶甄,而工匠无世业"⑩。明代弘治时,淮安制造的面曲,岁用麦"毋虑百万",远销各地⑪。在淮河流域任职的地方官也积极引导当地民众从事以商品交换为目的的手工业。

随着商品性农业的发展,农业中有新的生产关系的萌芽,表现为大量雇工的出现。根据清代刑部档案,从乾隆年间开始,寿州、怀远、颍上、蒙城、阜阳等地出现了雇工现象,都给银钱为工价。阜阳县王备(酒店做酒)一年的工钱4500文⑫。吴量恺先生根据《刑科题本·土地债务类档案》进行了统计:乾隆三十九年至乾隆六十年间,河南长工工资钱1500文1人,2400文1人,3000文3

① 乾隆《灵璧县志略》卷四《风俗》,《中国地方志集成·安徽府县志辑(30)》,第75页。
② 光绪《寿州志》卷三《舆地志·风俗》,《中国地方志集成·安徽府县志辑(21)》,第45页。
③ 光绪《凤台县志》卷四《食货志》,《中国地方志集成·安徽府县志辑(26)》,第63页。
④ 道光《阜阳县志》卷五《风俗志》,第120页。
⑤ 光绪《盱眙县志稿》卷一《疆域》,《中国方志丛书·华中地方第93号》,第83页。
⑥ 同治《颍上县志》卷一二《杂志》,《中国地方志集成·安徽府县志辑(27)》,第264页。
⑦ 光绪《亳州志》卷二《舆地志》,第71页。
⑧ 同治《颍上县志》卷一二《杂志》,《中国地方志集成》安徽府县志辑(27),第264页。
⑨ 光绪《亳州志》卷二《舆地志》,第71页。
⑩ 光绪《盱眙县志稿》卷一《疆域》,《中国方志丛书》华中地方第93号,第83页。
⑪ [清]丘濬:《大学衍义补》卷三〇《制国用·征榷之课》,《四库全书》本。
⑫ 中国第一历史档案馆藏:《刑科题本·婚姻家庭类》,护理安徽巡抚康基田,乾隆五十五年三月二十八日,转引自王跃生:《十八世纪中国婚姻家庭研究》,法律出版社2000年版,第176页。

人,3500 文 1 人,5400 文 1 人;安徽为 1800 文 1 人,2500 文 1 人,2800 文 1 人,银 4 两 1 人[①]。雇工的劳动强度较大,但工钱较低,处于被剥削的地位。

四、传统产业的衰落——以纺织业为例

关于古代部分地区纺织业盛衰变迁方面的问题早已引起一些学者的关注:史念海先生认为,自北宋以后,黄河流域丝织品的质量和数量均在衰落[②];章楷先生探讨了我国蚕业发展的历史[③];夏鼐先生研究了我国古代蚕桑和丝绸的发展历史[④];邹逸麟先生从历史地理学的角度探究了我国历史上的蚕桑业[⑤];苏伦安先生探讨了安徽省历史上的蚕业[⑥];张崇旺先生探讨了明清时期安徽部分地区的纺织业及相关问题[⑦]。本书主要探讨古代淮北地区(包括今皖北、豫东、苏北和鲁西南地区)纺织业的盛衰变迁,以期使读者更了解古代淮河流域生态和社会环境的变迁。

(一)唐、宋时期的盛况

古代纺织业包括丝织业、棉织业、麻织业、葛织业等。本书选取唐代至清代,以丝织业和棉织业为例说明当时淮北地区纺织业的盛衰变迁。

在唐代,今淮北地区基本上属河南道。唐代河南道盛产蚕桑,中宗年间“河南、河北,桑蚕倍多。风土异宜,租庸须别。自今以后,河南、河北蚕熟,依限即输庸调。秋苗若损,唯令折租,乃为常式”[⑧]。即是说,正常年景的庸调征收是输丝织品,只有遇到灾年,河南和河北道农民将应缴的丝织品折米粟缴纳,可见当

---

① 吴量恺:《清代雇工制度分析》(未刊稿),转引自王跃生:《十八世纪中国婚姻家庭研究》,第 177 页。

② 史念海:《黄河流域蚕桑事业盛衰的变迁》,载《河山集》,三联书店 1963 年版,第 267 页。

③ 章楷:《我国蚕业发展概述》,载《农史研究集刊》第 2 册,科学出版社 1960 年版。

④ 夏鼐:《我国古代蚕桑、丝绸的历史》,《考古》1972 年第 2 期。

⑤ 邹逸麟:《有关我国历史上蚕桑业的几个历史地理问题》,《椿庐史地论稿》,天津古籍出版社 2005 年版。

⑥ 苏伦安:《安徽过去的蚕业》,《中国农史》1984 年第 1 期。

⑦ 张崇旺:《明清时期江淮地方官的桑棉情节及其启示》,《安徽大学学报》2005 年第 4 期。

⑧ 《全唐文》卷二六九。

时河南道桑蚕业的发达。开元年间进一步规定:“以关辅寡蚕,诏纳米粟,其河南、河北非通漕州,皆调绢,以便关中。”①因关中蚕桑少,因而其应缴纳的丝织品折米粟缴纳,而河南、河北因是非通漕州,除应缴纳丝织品外,本应缴的米粟也改为缴纳丝织品。这更证明了河南道盛产蚕桑。当时,河南道丝织品不仅产量在各道中领先,质量也是上乘。“凡绢(丝织品)、布(麻织品)出有方土,绢分八等,布九等。宋(治宋城,今河南商丘南)、亳(治谯县,今安徽亳州谯城)之绢第一等。郑(治管城县,今郑州市)、汴(治浚仪县,今开封市)、曹(治济阴县,今山东菏泽南)、怀(治河内县,今河南沁阳)之绢第二等”②。

唐代淮北地区纺织业生产发展有两大特点,即生产比较广泛和技术进步。当时淮北地区纺织业迅速赶上北方甚或有些方面超过北方。这一变化大约出现在开元、天宝年间。成书于开元二十年前后的《唐六典》记载各地纺织品,其精品多产自河北,而天宝二年(734 年),长安广运潭手工业产品博览会,则展示了淮北地区的诸多纺织精品③。《唐六典》还记载了全国各地供调的纺织品及其等级:“凡绢布,出有方土,类有精粗。绢分为八等,布分为九等,所以迁有无,和利用也。”④可以全面系统地反映纺织业的状况。其中第一等有 7 地,宋州(今商丘南)之绢排在第一位,亳州之绢也在一等之列;第二等地有 14 个,郑州、汴州(今开封)之绢分别排第一、第二位。不少史籍盛赞亳州所产绢的质量,如《太平广记》:亳州生产的绢非常轻,一匹为四丈,重量只有半两。唐代大诗人白居易称赞“亳郡轻纱甲天下”。

在当时的纺织手工业中,丝绸业是主要品种。丝绸生产的代表性产品有绢、绝和绫等。当时汝州、颍州、寿州、濠州以生产绝著称。许州、陈州、汴州、宋州、亳州、徐州、宿州等以产绢著称。

绫和锦的种类也很多,河南府的文绫,蔡州的四窠绫、云花绫、龟甲绫、双钜绫、溪鹭绫,颍州、泗州的锦,皆名播全国。

据《新唐书·地理志》统计,几乎唐代淮北每个州都有自己精美的纺织品作为贡品输入朝廷,其中汴州、郑州、宋州、许州、陈州、亳州、泗州的贡品都有绢,可见当时淮北地区绢的质量之高。这些贡品都是各州的精品和名品,既反映了当时该地纺织手工业普遍发展的情况,也反映了当时丝纺织手工业在全国的水

---

① 《新唐书》卷三七《地理一·关内道》。

② [唐]李林甫等:《唐六典》卷二〇《太府寺》。

③ 《旧唐书·韦坚传》。

④ [唐]李林甫等:《唐六典》卷二〇《太府寺》。

平。唐代亳州与宋州、定州（今河北定县）、益州（今四川成都）同为全国四大纺织中心。此外，唐代宋州和亳州一带出产一种极其精美的绢纸，“宋、亳间有织成界道绢素，谓之乌丝栏、朱丝栏，又有蚕纸”①。其中名为朱丝栏的绢纸是盛唐时期皇宫中的珍品，宋代时，乌丝栏仍是最珍贵的绢纸。

另据《新唐书·地理志》，在唐代丝织业较发达的江南道、河南道、河北道中，江南道有 17 州土贡丝织品（含丝布）42 种，河南道有 24 州共 43 种，河北道有 20 州共 46 种。特别是河南、河北两道，是蚕桑业和丝织业最发达的地区。由于桑蚕比别处多，是朝廷丝织品的主要来源，以至朝廷下令可用丝织品折成粮食交纳秋税，“河南、北桑蚕倍多，风土异宜，租庸须别。自今以后，河南、河北蚕熟，依限即输庸调，秋苗若损，唯令折租，乃为例程”②。

是知当时淮北地区的纺织业在生产规模和技术上都领先全国，是国家的纺织业基地，不断为国家提供大量优质丝纺织产品。

北宋时期，淮北地区是经济较发达地区之一。当时的蔡州（今河南汝南）“土风甚美”③，是自然条件良好之地；陈州（今河南淮阳）“厥田唯上”④，耕地土质优良；颍州（今安徽阜阳）“地濒淮、颍，厥土良沃，水泉鱼稻之美，甲于近甸。言卜居者，莫不先之。故自庆历以来，贤士大夫往往经营其处，以为闲燕之地”⑤，成为当时最富庶的地方之一。

宋代北方的蚕桑业，仍居有领先地位。时淮北地临京畿，靠近北方，其蚕桑业发展状况较好。北宋淮北的丝织业，官营、民营皆有发展。北宋京师开封，有着规模宏大且门类齐全的官营纺织业。如负责丝织的绫锦院，在宋太宗端拱元年（988 年）即已汇集各地优秀织工多达 1034 人⑥，宋真宗咸平年间有锦绮机 400 多张⑦。宋徽宗崇宁三年（1104 年）建立的文绣院招收刺绣工 300 人⑧。还设有西内染院，专掌染丝、帛、条、线、绳、革、纸、藤之类的物品，有工匠 613 人；东内染院，掌受染之物，专供染院之用，有监兵 17 人。

北宋民间丝织业也颇兴盛。在宋朝前中期文绣院设立之前，朝廷所需要的

① ［唐］李肇：《唐国史补》卷下。
② 《文苑英华》卷六〇九，张廷珪《请河北遭旱涝州准式折免表》。
③ ［宋］陆佃：《陶山集》卷一三《蔡州到任谢两府》。
④ ［宋］宋祁：《景文集》卷一《陈州瑞麦赋》。
⑤ ［宋］苏颂：《苏魏公集》卷六一《少府监致仕王君墓志铭》。
⑥ 《宋会要·职官》二九之八。
⑦ ［宋］李焘：《续资治通鉴长编》卷四三，咸平元年九月甲申。
⑧ 《宋会要·职官》二九之八。

刺绣物品,“皆委之闾巷市井妇人之手,或付之尼寺,而取其值”[①],即是让开封民间优秀的刺绣人员代为之。《太平寰宇记》述及蔡州风俗“女修织纴”,可见当地丝织业的普遍性。

丝织业发展主要表现在:其一是丝织生产技术有了显著提高。开封鄢陵县(今河南鄢陵县)出产一种独特的绢,“幅甚狭而光密。蚕出独早,旧尝端午充贡”[②]。襄邑(今河南睢县)善于织锦,“厥篚织文,出于襄邑,池濯锦以为名”[③]。

其二是丝织名品众多。京东的绢,时人称为“东绢”,与“蜀锦”齐名,并誉为“天下第一”[④]。宋应天府(今商丘南)出产精绢“轻薄金条纱”,是精致的丝织品,宋太宗时即已诏应天府的税绢归皇家的内藏库收贮[⑤]。《宋史·地理志》所载各地土贡产品中,颍昌府(今许昌)、淮宁府(今淮阳)、应天府、郑州、亳州等地仍然是绢。宋代,亳州的丝绢已能织出蟠龙、对凤、仙鹤、孔雀等图案,所生产的土贡绢,质地优良,每年进贡皇宫 70 匹,并“设有专卖市场”。宋代大诗人陆游在《老学庵笔记》卷六中写道:“亳州出轻纱,举之若无;裁以为衣,真若烟雾。一州唯两家能织,相与世世婚姻,惧人家得其法也。自云名家,今三百年矣。”宿州“贡绢在七等级中位列一等。土壤膏沃,有丝帛之利。人善商贾,廛里富饶,多富赀之家”[⑥]。

其三是丝织生产之普遍。开封府及京东、西路、淮南路皆有丝织出品。其中京东、西路为北宋时期五大丝织品生产中心之一[⑦]。

上述可见宋代时淮北的丝织业很发达,仍占据着重要地位。

(二)金、元以降的衰退情况

历经宋金、宋元之战,淮北人口或大量战死或大量南迁,淮北地区的蚕丝业开始进入曲折起伏的发展阶段,总体呈下降趋势。

金元时期,淮北地区的丝织业相对唐宋时期在全国的发展水平已落后,根据当时各种史载有关当地优质绢绸很少。只是安丰(今安徽寿县)、汴梁(今河

---

① 《宋会要·职官》二九之八。
② [宋]庄绰:《鸡肋编》卷上。
③ [宋]吕祖谦:《宋文鉴》卷二杨侃《皇畿赋》。
④ [宋]太平老人:《袖中锦》。
⑤ [清]徐松辑:《宋会要辑稿·食货》五一之一。
⑥ 《宋史·地理志》。
⑦ 陶绪:《论宋代私营丝织业的生产形态及地理分布》,《中国经济史研究》1990 年第 2 期。

南开封)等地的丝织业较为发达。

金代控制下的淮北地区,纺织业也得到了一定的恢复和发展。南宋军队在金代后期北上收复失地,途中粮饷不继,在许州(今河南许昌)、蔡州(今河南汝南)、息州(今河南息县)等地以采桑叶为食①,可见当地种桑之兴盛。而关于当时当地的著名丝织品,却几无史载。金代末,蒙古军在开封曾搜得"汴京织毛褐工三百户,皆分隶弘州,命镇海世掌焉"②。可见当时纺织业之兴盛。但这也仅能反映当时官府控制的毛纺织业的兴盛。

元朝政府重视种植桑麻,多次责令州县"务要田畴开辟,桑麻增盛"③。地方政府也鼓励农民种桑养蚕,以推动地方纺织业的发展。该地苎麻纺织业的兴盛值得关注。苎麻于元朝初年由南方传到中原,在淮北广为种植。元初大司农编辑的《农桑辑要》载,"苎麻本南方之物,木棉亦西域所产。近岁以来,苎麻艺于河南,木棉种于陕右,滋茂繁盛,与本土无异。二方之民,深荷其利"。元朝"令所在种之"。随着苎麻在这里大量种植,麻纺织业成为该地的主要副业之一。陈州(今河南淮阳)、蔡州(今河南汝南)一带,善织者一斤成布一匹,次者一斤半织成一匹,再次者二斤、三斤成布一匹,每斤价值300文,"已过常麻数倍",且所织之布"柔韧洁白,比之常布又价高一二倍"④。

元代该地的麻纺织业在原有的基础上得到发展的同时,兴起了棉纺织业。棉花在元初已在两淮地区普遍种植。王祯《农书》在谈到木棉时称,"诸种艺駸駸而来,江淮川蜀既获其利"。可见棉花种植由外地引入后,种植及与之相关工艺发展之快,必然会促进棉纺织业在该地的发展。

元末,淮北灾荒频仍,刘福通起义又爆发于颍州,群雄并争,蚕桑业再次受到重创。

明清时期淮北地区的纺织业从无到有,特别是在棉花、染料经济作物种植和产量不断增加的情况下,纺织业生产也得到了发展。

明朝政府对淮北桑蚕业非常重视,并采取鼓励新种桑树不起科征税等措施⑤。前文述及,早在明初,明太祖即采取强制性的措施:"凡民田五亩到十亩者,栽桑、麻、木棉各半亩,十亩以上倍之。麻亩征八两,木棉亩四两,栽桑以四

---

① [宋]周密:《齐东野语》卷五《端平入洛》。
② 《元史·镇海传》。
③ [元]王恽:《秋涧集》卷八一,《中堂事纪中》。
④ [元]司农司:《农桑辑要》卷二《苎麻》。
⑤ 《明实录·太祖实录》卷二四三,洪武二十八年十二月壬辰。

年起科。”[①]蚕桑业的大力发展，必促进丝织业的兴盛，如杞县“在明全盛之时，盖藏之余，家勤蚕织，圉之绫，沙窝之绸，差适于用，为世所珍”[②]，有不少名牌丝织品。明万历年间，亳州丝织业发展到鼎盛时期，亳州纺织业以质优量大而闻名于世，在丁家胡同、辘轳湾一带分布20多家作坊，以生产绸缎、包头巾和生丝为主。颇具声誉的亳州万寿绸，创始于万历年间，又名“一筋绸”，蓝白宽道，经纬相间，呈现蓝、白与浅蓝三色鲜明的方格图案，可作衣料，也可作被面使用[③]。但总体来讲，仍不如唐宋时期相对质量之高。

明朝淮北植棉业蓬勃兴起，出现了“中州沃野，半植木棉”[④]的现象。如兰阳（今兰考）：“兰邑之阳地平沙，比岁多种木棉花。”[⑤]光山也普遍种植木棉，“地间种木棉，并治葛，差役之费率多赖之”[⑥]，可见植棉业已能为家庭收入提供不少来源。尽管当时淮北植棉业发展较好，但棉织业不是很兴盛，直至万历二十二年（1594年）时，仍是“中州沃壤，半植木棉，乃棉花尽归商贩，民间衣服，率从贸易”[⑦]。当时的纺织水平也不如江南，即使如当时在淮北棉纺织规模较大和质量相当高的鄢陵，“纺织极细者，颇亚于松”[⑧]，其纺织技术水平仍不如江南松江地区。

至明代中后期，淮北地区蚕桑业开始出现颓废状况。灵璧“妇女不事蚕织”[⑨]，凤阳“民不种桑，不畜蚕”[⑩]，原本蚕丝业很兴盛的泗州“土瘠民惰，不知农桑”，至明中后期已是“纱罗绽丝绸绢丝线则来自两浙”[⑪]，甚至出现由地方官“劝之耕，买桑植之。募江南女工，教以蚕缫织作”的局面[⑫]。

清康熙年间，淮北地区蚕桑业有所恢复和发展。当时阜阳、颍上、霍邱、蒙城、太和、亳州、凤阳、怀远、寿州、盱眙、五河等地都产蚕丝。乾隆时期颍州府各县“土人用织为绢”[⑬]，说明当地蚕丝业已经恢复。道光年间，怀远、泗州都已开

---

① 《明史》卷七八《食货志二》。
② 乾隆《杞县志》卷八《物产》。
③ 安徽省地方志编纂委员会：《安徽省志·纺织工业志》，安徽人民出版社1993年版，第107—108页。
④ ［明］钟化民：《救荒图说》。
⑤ 嘉靖《兰阳县志》卷二《木棉歌》。
⑥ 嘉靖《光山县志》卷一《习尚》。
⑦ ［清］俞森：《荒政丛书》卷五《钟忠惠公赈豫纪略·劝勤纺绩》。
⑧ 嘉靖《鄢陵县志》卷三《土产》。
⑨ 嘉靖《宿州志》卷一《地理志·风俗》。
⑩ 天启《凤阳新书》卷四《星土篇·天险》。
⑪ 万历《帝乡纪略》卷三《舆地志·土产》。
⑫ 《明史》卷二〇八《汪应轸传》。
⑬ 乾隆《江南通志》卷八六《食货志·物产》。

始生产绢，亳州已开始出产绸，并且很有名气[①]。当时另有一些著名产品，如开封、汝宁（今汝南）等府出产缣，开封还有名产汴绫，“似缯，差薄而光亮”，是宋代方文绫的遗制[②]。鹿邑多桑蚕，丝织业有所发展，当地出产的社绢，有黄、白两种颜色，“体质轻细，冬、夏俱宜”[③]。清雍正年间，亳州生产的贻锦绸又跻身于贡品之列，因其质地坚实，经久耐用，非一代人能用损，成为名牌传统产品，被誉为“万寿绸”，畅销于北方各地。当时亳州所产万寿绸不仅为达官贵人钟爱，就连雍正皇帝也“爱不卸身”，命每年增加进贡数量。

总体而言，清代淮北的蚕桑丝织业，不如前代繁荣，衰落明显。清朝中期，河南省“家有机杼者百不得一”[④]。徐州府睢宁县在清朝光绪以前，“农人畜牛耕耨，习以为常，农妇割草饲牛，无暇纺织，故篝灯之火，初未见于村庄，所穿布缕，向皆购自外来，倘他处棉花失收，价即昂贵。在地贫民，号寒如绿毛么凤”[⑤]。凤阳府灵璧县，“男无工贾，女无纺织”[⑥]。怀远县“妇女或葺麦秸为笠，岂尽游惰哉？愿不蚕织，与不稼穑等”[⑦]。淮北地区蚕桑丝织业在清后期更走向滑坡。道光年间，“今豫省各邑，间有育蚕者，所育亦不多。而山野放蚕者，多外省之人，土人皆弗之重也”。尽管有官方的倡导，“无如豫省之民，狃于习俗所安，而莫肯务此。即山蚕之利，亦甘委之外省之人。良可惜也”[⑧]。霍邱县“地亦产桑，饲蚕者少”[⑨]。其所生产的蚕丝质量也较差，亳州的丝“较之湖丝稍粗”[⑩]，五河县“本地所产皆山桑与柘，惜无湖桑以广利源”[⑪]。

与明朝相似的是，清代淮北的种植棉化较多。棉花种植面积的扩大，棉花产量的增加，为棉纺织业的发展提供了充足的原料。鹿邑的吴台庙布质量很好，“坚致亚于缣帛”[⑫]，其坚固细密程度类似丝织品。汝宁府（今汝南）正阳陡沟的棉纺织业在乾隆时期达到了极盛，“邑中种棉织布……惟陡沟店为极盛，家家设机，男女操作，其业较精。商贾至者，每挟数千金。昧爽，则市上张灯设烛，

---

① 道光《安徽通志》卷六四《食货志・物产》。
② 雍正《河南通志》卷二九《物产》。
③ 乾隆《鹿邑县志》卷一《物产》。
④ ［清］尹会一：《请陈农桑四事疏》，张受长编：《尹少宰奏议》卷三。
⑤ 《益闻录》第15册，《河上纬萧》。
⑥ 乾隆《灵璧县志》卷四，《中国地方志集成》(30)。
⑦ ［清］贺长龄：《皇朝经世文编》卷三七《户政一二》。
⑧ 道光《太康县志》卷三《物产》。
⑨ 同治《霍邱县志》卷三《食货志・物产》。
⑩ 光绪《亳州志》卷六《食货志・物产》。
⑪ 光绪《五河县志》卷一〇《食货志・物产》。
⑫ 光绪《太康县志》卷九《物产》。

骈肩累迹，负载而来。所谓布也，东达颍、亳，西达山、陕，衣被颇广焉，居人号曰'陡布'"①。俨然成为一个专业生产基地。信阳也成为生产基地，家家纺织，每人每天可织布一匹，冬天时"市白布颇成大庄，北运陡沟镇，行销汴、汝"②。光州民间手工业所纺织的细白布和紫花布尤为著名，远销他乡。新蔡等县"民间衣被之布，多取诸光、罗诸州县"③。可见当时淮北地区的棉织业发展状况与原材料丰富程度不相称，仍是以直接销售原材料于纺织业发达的南方为主，"河南产木棉，而商贾贩于江南，民家有机杼者百不得一"④。

明清时期南方地区，尤其是长江三角洲地区蚕桑丝织业达到普遍发展且兴盛的程度，成为常见的家庭手工业，"湖地宜桑，新丝妙天下……湖丝唯七里者尤佳，较常价每两必多一分，苏人入手即织，用织帽缎，紫光可鉴……其后益加讲求，为法愈密，所产益良，前后几二十年，岁无败者，时谓得养术焉"⑤。"浙十一郡，唯湖最富。盖嘉湖泽国，商贾舟航易通各省，而湖多一蚕，是每年有两秋也"，"故丝绵之多之精甲天下"⑥。"大都东南之利，莫大于罗、绮、绢、纻，而三吴为最。即余先世亦以机杼起，而今三吴之以机杼致富者尤众"⑦。"绫䌷之业宋元以前唯郡人为之，至明熙、宣年间，邑民始渐事机丝，犹往往雇郡人织挽；成、弘以后，土人亦有精其业者，相沿成俗。于是震泽镇及近镇各村居民，乃尽逐绫绸之利，有力者雇人织挽，贫者皆自织"⑧。

同时，明清以来，长江三角洲大多地区家庭手织业比较发达。"江南苏、松两郡最为繁庶，而贫乏之民得以俯仰有资者，不在丝而在布"⑨。18世纪以后，松江府、太仓直隶州等地的家庭手织业已超越了自给自足的自然经济阶段，大部分产品为市场而生产，且织布已成为当时当地农家名副其实的主业。马俊亚先生认为，织业主业化还从以下三个方面明显地表现出来：首先，在农家收入的构成中，许多地区手织业的收入比重远远超过了农业或其他收入；其次，为了满足纺织业的需求，松太地区的粮田比重普遍小于棉田的比重；最后，许多地区形

---

① 乾隆《正阳县志》卷九《物产》。
② 乾隆《信阳县志》卷一三《风俗志》。
③ 乾隆《新蔡县志》。
④ 《清史稿》卷三〇八《尹会一传》。
⑤ [明]朱国桢：《涌幢小品》卷二。
⑥ [明]王士性：《广志绎》卷四。
⑦ [明]张瀚：《松窗梦语》卷四。
⑧ 乾隆《震泽县志》卷二五《风俗生业》。
⑨ [清]尹会一：《请陈农桑四事疏》，张受长编：《尹少宰奏议》卷三。

成了以纺织而非耕田为主题的社会生活①。

（三）淮北纺织业衰退的主要原因

上述可知自唐朝至清朝时期淮北地区纺织业的盛衰起伏历程：丝织业由盛转衰，棉织业逐渐兴盛，而棉纺织业的发展状况与棉产地原料充沛情况不相匹配，仍有大批原料直接外销现象。

宋元以后我国蚕丝业南盛北衰局面的成因问题早已引起学界的重视和探讨。

农学史界和历史地理学界普遍认可北宋时期我国蚕桑丝织业南盛北衰的局面初见端倪，到南宋已成定局。黄世瑞先生的长文《我国历史上蚕业中心南移问题探讨》，刊载于《农业考古》1985 年第二期、1986 年第一期、1987 年第二期，认为我国历史上蚕业中心南移的主要原因是：北方战乱频繁，南方相对安定，经济中心南移；造船航海技术的提高，海上丝绸之路的兴起，交通外贸的便利，极大地刺激了太湖地区的蚕丝；自然条件的变迁，即十二世纪初至十三世纪初为我国历史上最冷时期，大寒年数骤增，是蚕丝中心南移的重要内在原因。邹逸麟先生撰文《有关我国历史上蚕桑业的几个历史地理问题》，刊载于《选堂文史论苑》（上海古籍出版社 1994 年版），文章认为宋元以后黄河流域蚕桑业的衰落原因主要有：初期是异族入侵时的人为破坏；后期是由于棉花种植业的形成和发展；西北丝绸之路的阻断和东南海上丝绸之路的开辟；南方蚕桑、丝绸技术的提高，商品化、专业化的发展，国内外市场的占领，使得黄河流域蚕桑业无法与之竞争，逐渐趋于衰落。张崇旺先生认为导致明清时期淮河流域蚕丝业发生曲折变迁的主要因素有：自然因素，十六至十九世纪的小冰河期所造成的气候变冷以及频发的水、旱、蝗、低温冰雪灾害；社会因素，明中期以来，江南蚕丝业的发展、棉业发展的兴盛以及全国区域市场的分工与联系的加强，是明清时期安徽淮河流域蚕丝业衰败的诱因，镇压太平天国、捻军起义的战争是造成清代后期安徽蚕丝业发展缓慢的原因②。

有关淮河流域经济衰退原因，本书在前文和后文中均有所涉及，此处仅就

① 马俊亚：《被牺牲的“局部”：淮北社会生态变迁研究（1680—1949）》，台湾大学出版中心 2010 年版，第 343—346 页。

② 张崇旺：《论明清时期安徽淮河流域蚕丝业的推广与变迁》，载 2010 年安徽大学《新中国治淮 60 周年暨区域经济社会发展研讨会论文集》。

金、元以降淮北地区纺织业衰退的主要原因作一分析。其一,黄河长期泛溢夺淮所造成的灾难。据笔者统计,自公元1194年后,直到1855年的660年中,黄河决溢南泛达135次,大大超过1194年以前的年际比例。元、明、清时期,黄河有时几乎岁岁南决,甚至同时有几十处决口,所造成的危害也越来越严重。

黄河长期泛淮,使淮北地区自然环境变化较大,并且导致当地生产条件恶化、水利设施毁废、民力资财遭受劫难,尤其是带来水旱等自然灾害的频发。笔者统计,在黄河长期泛淮前的1384年中,共有主要水旱灾害175次,其中水灾120次,旱灾55次;在黄河长期泛淮后的656年中,共有主要水旱灾害100次,其中水灾67次,旱灾33次[①]。据《清代淮河流域洪涝档案史料》,1736年至1911年间淮北各地洪涝年次(每年以一次计)分别是:泗州116次、灵璧104次、宿州98次、五河97次、怀远95次、凤台93次、萧县86次、砀山84次、睢宁81次、阜阳79次、沛县77次、亳州52次、永城50次、颍上48次、菏泽43次、商丘41次、鹿邑40次、祥符38次、夏邑36次、蒙城34次、太和33次、虞城32次、中牟29次、项城28次、涡阳16次、新蔡14次、许州13次[②]。此种情形肯定对当地纺织业带来极为不利的影响

其二,经常性的战乱和异族入侵。淮北地势平旷,无大关隘,易攻难守,为四战之地,加之地理上处南北之中,所以战乱较多。战乱使生灵涂炭,使生产设施废毁。人民生命财产在毫无保障的情况下,社会经济的发展步伐只能停滞或倒退。北宋、金、元时期,淮北地区主要有宋金之间、蒙金之间、蒙宋之间的一系列战争。金国灭亡后,蒙宋两国暂以陈州、蔡州为界,平分河南之地,淮北再次成为双方前沿阵地。不久,宋蒙之间相互攻伐,淮北又一次陷入战火之中。同时,淮北还是农民起义和农民战争重要策源地和响应区,元末刘福通首义于颍州,并迅速攻占亳州、项城、真阳(今河南正阳)、确山、汝宁、息县等地,引发了各地反元浪潮[③]。明朝杨虎、刘三(刘惠)河北起义后,进入淮北活动,官府称之为"河南贼","横行中原,势出刘六等上"[④],曾与明军战于亳州、太和、颍上、颍州等地。李自成起义军在进攻凤阳时,曾攻破颍州等地,并得到许多农民的响应,"凤之穷民,远几百里相邀,具以册授贼:某家富厚,某处无兵。于是,贼遂拥众

---

① 吴海涛:《淮北的盛衰:成因的历史考察》,社会科学文献出版社2005年版,第129—166页。

② 水利电力部水管司、水利水电科学研究院:《清代淮河流域洪涝档案史料》,中华书局1988年版,第13页。

③ 吴海涛:《淮北的盛衰:成因的历史考察》,第201—207页。

④ 《明史》卷一七五《仇钺传》。

焚劫，震动祖陵”①。清朝时还发生颍州人刘松和太和人刘之协领导的白莲教反清运动。此后又有捻军起义和太平军北上等。女真人占领淮河以北后，对淮北地区蚕桑业带来不利影响。女真人带着本身的民族习性，不重视农桑，“猛安谋克民户不自耕垦，及伐桑枣为薪鬻之”，“民桑多为牧畜啮毁”②。女真人传统习俗也不利蚕桑业发展，“至于衣服，尚如旧俗，土产无蚕桑，惟多织布，贵贱以布之粗细为别。又以化外不毛之地，非皮不可御寒，所以无贫富皆服之。富人春夏多以纻丝绵䌷为衫裳，亦间用细布，秋冬以貂鼠、青鼠、狐貉皮或羔皮为裘，或作纻丝四袖，贫者春夏并用布为衫裳，秋冬亦以牛马猪羊猫犬鱼蛇之皮，或獐鹿皮为衫，裤袜皆以皮”③。在金国统治下的汉人，“民亦久习胡俗，态度嗜好与之俱化，最甚者衣装之类，其制尽为胡矣”④。战乱更带来艰难的社会环境：“宛、洛、淮、汝、睢、陈、汴、卫，自古为戎马之场，胜国（指元朝）以来，杀戮殆尽，郡邑无二百年耆旧之家……闾阎不积蓄，乐岁则尽数粜卖，以饰裘马，凶年则持筐篋、携妻子逃徙趁食。俗又好赌。”⑤

其三，劳动人口的迁徙。淮北是古代移民多发地，大规模的人口外徙主要有：（一）西晋永嘉之乱之后，直到南北朝时期；（二）唐安史之乱后，直到五代时期；（三）宋金战争之际，直到元朝统一前。这几次外徙中，淮北人民主要迁至南方，为南方经济的发展带来了积极的影响，但给淮北社会经济的发展却带来了不利。首先，它使淮北户口数量减少，劳动力资源短缺，每次移民南下都造成劳动力的大量流失。其次，在某种程度上讲，外迁人口多为“精英”阶层，多是熟练劳动力和文化素质高的士家大族，如官僚、大族、地主、工匠、儒士等，他们是地方上的生产组织者和工技知识阶层。平民阶层能外迁的也多是身强力壮者，是生产人口。

历史时期也不断有外地人迁入淮北，以填补相对真空，其规模远比不上外徙规模。女真人和蒙古人的大量迁来，是出于政府的军事和政治目的，即使是随迁的平民，其农耕生产技术也相对落后。明朝时由政府组织对淮北进行了史无前例的大规模移民，输送了大批劳动力，为淮北经济的恢复带来了活力。但由于移民的入籍问题、差役负担问题、主客融合问题等，又引发逃户和流民等严

---

① ［清］孙承泽：《春明梦余录》卷三六。

② ［元］脱脱：《金史》卷四七《食货志二》。

③ ［元］宇文懋昭：《大金国志》卷三九《男女冠服》。

④ ［宋］范成大：《揽辔录》。

⑤ ［明］王士性：《王士性地理书三种·广志绎》卷三《江北四省·河南》。

重的社会问题①。

外迁人口中无疑有很多纺织业的熟练劳动者,迁入人口中肯定有很多原本不知纺织者,这些对当地纺织业的负面影响更大。有关详细内容,本书将在第八章予以阐述。

其四,居民的惰性习俗。原本朴实、勤劳、擅长纺织的淮北农民,在长期的受灾、战乱、饥荒、迁徙等外界因素影响下,逐渐形成了农业种植结构单一、靠天吃饭、不事纺织、得过且过等惰性习俗。“豫省民俗,素称淳朴,迥非江浙浮奢可比。但不善经营,别无生财之道,其公私用度,皆籍于地之所产”②。片面重农、单纯依赖于农业,手工业技术毫无优势,如杞县“民俗朴拙,冰纨、雾縠诸淫巧,毕世罔闻。布帛粗粝,其不足以充上供也固宜”③。墨守成规,不思进取,听天由命,随遇而安。“河南人拙耕种,全望雨泽,不能如别省之设法取水”④。再如鹿邑“农苦而不勤,播种既毕,旱涝皆听之于天”,原有排水沟渠废弃,每至雨季,低洼地便遭淹没,“自拯无术,有束手嗟叹而已”⑤。明朝泗州知州汪应轸,“慈惠正直,可方古人。泗土瘠民惰,不知农桑,应轸劝之耕,买桑植之,募江南女工教以蚕缫”⑥。可效果并不理想,直到清代,泗州同样未闻有蚕织的农户,“城内之民不商……女子不解纺织”⑦。安徽灵璧县,“农民朴愚而惰,宁忍饥寒,不勤力作。故有种田靠天之谚。前令有一南方耕织之法教之者,人皆畏难不肯学。……此致穷之本也”⑧。乾隆年间,淮安府“山阳令金秉祚、知府赵酉皆尝劝谕土人以植桑、种棉、习纺织为务。并为之募师制具,设立程度以诱之”。然而,当地农家对这场由政府发起的振兴“女织”的举措响应寥寥⑨。

至清末,凤阳、怀远、宿州、灵璧都不生产布,“事杼柚者寥,畴昔桑田阡陌,杳不复办”。凤阳地土“宜麻宜棉”,“愚农囿于所习,艺者终鲜”⑩。泗州有棉无布,“女子不解纺织。”盱眙“女红,不知纺织”。五河“妇女惟习针黹,而不务纺

① 吴海涛:《淮北的盛衰:成因的历史考察》,第216—233页。

② [清]尹会一:《尹少宰奏议》卷二,乾隆二年五月十八日。

③ 乾隆《杞县志》卷八《物产》。

④ 《世宗宪皇帝朱批谕旨》卷三〇上,雍正元年九月初二日。

⑤ 光绪《鹿邑县志》卷九《风俗》。

⑥ 乾隆《泗州志》卷九,《中国地方志集成》(30)。

⑦ [清]方瑞兰监修:《安徽泗虹合志》卷一。

⑧ 乾隆《灵璧县志》卷四,《中国地方志集成》(30)。

⑨ [清]吴昆田等总纂:《淮安府志》卷二《疆域》。

⑩ 光绪《凤阳府志》卷一二《物产志》。

织”①。甚至一些地方官对当地不事“女织”现象感到惊讶,清代淮安府山阳县令金秉祚道:“乾隆七年冬,奉调山邑。每因公放赈,遍历埠屋,从未见一机具,听一织声,始知纺织一事竟未讲求。即补缝所资,亦必至临时用,妇女始知以手捻线,准其所用而止。女红尽废,骎骎成风,欲如他处之抱布粟,绝乡无闻。夫民间财源所出,唯仗布粟,今淮民已缺其一,安得不贫且困邪?”②

上述诸种主客观因素,有时是一种起主要作用,有时是诸因素混合作用,致使淮北地区纺织业走向衰退。

五、结语

元明以来淮河流域灾害频发。面对灾害,官府和民间社会都曾采取过相应的社会保障和社会救助措施,在一定程度上应当肯定这些保障和救助措施,尤其是社会和民间组织应对灾害时的表现,我们从中可以吸取一定的经验与教训。灾害与整个社会紧密相连,是社会运转一个非常重要方面的反映,通过灾害可以揭示出一定社会的诸多本质的内容。元明以来,淮河流域的灾害非常严重,它不仅造成了流域内人民生命财产的重大损失,而且对区域内经济发展、社会进步、政治安定带来了沉重而长期的影响。面对严重的自然灾害,官府在对社会的整合能力和控制能力大大下降的情况下,应该说还是采取了一些积极地面对灾害的社会保障措施,虽然不能过高估计官府采取的这些救灾效果,但这些措施对保障灾民的生活、生产和经济的恢复和发展毕竟起到过一定的积极作用,尤其是民间义赈形式的出现和发展不但在一定程度上缓解了因官府救灾不力而出现的灾害危机,而且将救灾与防灾相结合,将消极救灾转化为积极救灾,这些都为我们今天的防灾、减灾等活动提供了历史经验教训的启示与借鉴。

因宋元时期的战乱,淮河流域原本正常的商贸往来变为非正常商贸,借此可看出当时淮河流域经济社会的盛衰轨迹。宋代经济社会相对繁荣,交通便利,流域商贸繁盛。金统治时期,由于受宋、金战争的影响,流域的商业活动总体趋于萧条,交通不畅,并且在淮河南北沿岸出现了榷场贸易和走私贸易相并行的非正常局面。蒙古国统治时期,由于战乱等影响,淮河流域的商业贸易也

---

① 光绪《泗虹合志·风俗志》;同治《盱眙县志·风俗志》;光绪《五河县志·风俗志》。

② [清]吴昆田等总纂:《淮安府志》卷二《疆域》。

受到很大破坏。这一时期出现了榷场贸易和走私贸易,但规模不大,不甚发达。

宋元以降,黄河夺淮,淮河流域的环境发生变迁,对农业产生重大影响。主要表现为民众因救荒由种植麦稻逐渐增加种植耐旱、高产作物;为改善生活,种植经济植物,使商品性农业有所发展。唐宋时期淮北地区纺织业是当时全国最发达地区之一,产生了许多精品;金元以降,淮北地区纺织业在曲折中发展,相对渐而落后,更落后于江南地区。其衰退的主要原因有黄河泛淮并致的灾害多发、移民、战乱、惰性习惯等。从中可以了解古代淮河流域生态和社会环境的变迁。

第五章　明清淮河中游城镇分布差异与环境变迁

淮河流域城镇历史地理研究中,以明清淮河中游作为设定与划分区域的视角,对于探讨淮河流域区域城镇地理分布及其历史变迁有着重要意义。近年来有关淮河流域城市和城镇论著已见涉及皖北城市时空分布与社会应对的成果①。考虑到历史地理区域的整体性要求,设定并研究"淮河流域"相对完整性的同时,有必要对"明清淮河中游区域城镇"形成完整性的认识。行政区是历史地理研究中区域划分的依据之一,以淮河中游为研究界定范围,一方面以明清颍州、寿州政区为地域空间,同时,将淮河干流以北作为整体考量的地区,需以明清时期黄河南泛对皖北地区的辐射影响为背景。因此,应着重加强淮河干流及淮北颍、涡等水系与城镇变迁之间的关联方面的研究。依据现存明清方志记载,有关颍州、亳州、寿州辖境城建规划建设亦多注重城市人文与周边生态环境相适应。另一方面,鉴于蚌埠市为安徽省首个以市为行政建制的城市,理解明清时期以蚌埠指向中心的城镇建制沿革亦有一定现实需求。为避免对明清时期区域地理环境先入为主的认识,以现今城市为中心地域设定的命题,采用以蚌埠周边相邻各县治所相距地理方位为切入视野,分阶段截取历史横断面的方法进行探讨,以图用史料和方志地图恢复明清时段的区域地理面貌。探究淮河中游水系与城市防洪,河道地名与政区环境变迁,城建形态结构及城市官府建筑与公共及民用建筑的有序分布,图谱平面分析各城镇地理要素及区域地理环境特征之间的相互关系,研读淮河中游城镇发展沿革,这对深入了解明清淮河流域城市发展变迁过程和现今建设环境宜居淮河沿岸城镇群、促进地区城乡可

① 主要相关研究有张晓芳:《蚌埠城市历史地理研究》(复旦大学 2007 年博士论文),陈业新:《明至民国时期皖北地区灾害环境与应对研究》(上海人民出版社 2008 年版),王俊清:《明清时期淮河流域水灾与城市变迁》(2010 年郑州大学硕士论文),王正哲:《明清怀远县城的时空特征研究》(2012 年安徽大学硕士论文)等。

持续发展与和谐共进具有一定参考作用。

一、明代颍、涡水系及淮河干流城市防洪

明洪武七年至十三年(1374—1380年),为凤阳府所辖界州县范围最多、最大时期,共有六直辖县、九州、十八州辖县,除滁州部分地区外,还包括豫东南、皖北及苏北地区。至洪武二十二年(1389年),一些州县逐步从凤阳府划归周边各府州,滁州改为直隶州,凤阳府下辖六直辖县、四州、八州辖县。至明末,凤阳府共有六直辖县、五州、七州辖县。淮河以北地区,府辖州县城市群多定位于颍、涡、濉河岸,其水系变迁及城市防洪唇齿相连,而黄河南泛的规模程度直接辐射淮北地区城市的周边水环境和城镇生态。

(一)颍河水系的城镇

颍州

颍州南城土垣,周五里四十四步,外有濠,开东西南三门。北城,洪武九年(1376年)颍州卫指挥佥事李胜督修,用砖石修砌,周围四里二步,高一丈八尺,开东西北三门①。在城邑设计上,将护城河与颍河相互通联,“东西隍池与南城隍池通颍河,水落则池中引城西南之水入河,河水泛则逆灌池中”。城中布局同样注重城区防洪的功能,“间有横流自小西门外土城下水关涌注,南城浸淫低街军营民舍或间垫溺,而北城无虞,意筑城时封土高也”②。

太和

万历二年刻本《太和县志·山川》记:“沙河,黄河之支流也……洪武二十四年河决原武东南而至。”《祥异》又记:“宋时为太和县,治临黄河,两经水患,县治遂废,因省其县入于颍州。”为防洪水,加厚城墙并砌以石砖,“周广四里七十八步,设五门,城下环以池,墙惟土植委薄。正德七年培筑差厚,九年甲戌甃石砌砖,石高二丈二尺,厚七尺,周一千八百七十九步,雉堞一千六百八十有七只,开四门以便守御,东曰顺化,西曰太平,南曰天保,北曰大义”。

---

① [明]柳瑛:《中都志》卷三《颍州》。

② 正德《颍州志》卷一《城池》。

颍上

颍上“旧有土城，洪武元年(1368 年)开设颍上守御千户所，衙门始修砌砖城，周三里六十二步，开四门，下有池”①，之后，多有颍上沙河水溢，坏民庐舍的记载，“天顺四年(1460 年)颍上沙河水涨，民舍多淹没，河头马头一空，始迁县于河西立焉”②。于是，政府疏浚护城河，加固堤防，缓解城市防洪问题，“嘉靖二十年兵宪公志皋，大浚其濠，万历七年知县屠隆修筑东门堤固堤，濠水东南通河河卑隍高，水易尽泄”③。

(二)涡河水系的城镇

亳州

洪武初年隶属河南开封府，洪武六年(1373 年)改为县，隶属凤阳府颍州，弘治九年(1496 年)又改亳县为亳州。涡河流经该城北门外与马尚河交汇，“国朝洪武初，设衙署土城，二十二年(1389 年)调武平卫守御，宣德十年(1435 年)指挥史周广益以砖石包砌其城，周九里三十步，阔倍之，高二丈五尺，隍深一丈，铁其门，外亘以大桥通，池水形如卧牛，名曰卧牛城。岁久黄河泛滥，池桥淤塞，成化间指挥史王献重修，弘治十一年(1498 年)知州刘宁、指挥石尔增设城楼、城角楼”④。弘治、正德年间，因地制宜地采取了将城邑修防与周边水利兴废结合整治的方法。局部的防患措施，虽起到了加固堤防、治理水患的作用，但由黄河决溢引发的洪水灾害仍时有发生，嘉靖十七年(1538 年)“黄河溢趋涡河，田庐尽没，至三十二年(1553 年)复归德故道”⑤。

蒙城

蒙城位于涡河下游，至嘉靖后期当地人仍认为涡河源于黄河⑥，县城“旧有土城凡九里三十步，正德六年(1511 年)知县叶宽易以砖石，门三……旧不东

---

① [明]柳瑛：《中都志》卷三《颍上县》。嘉靖《颍州志·建置志》，有“国初千户孙继达循故址修葺，砖垣高二丈余”记载。

② 嘉靖《颍州志》卷一《郡纪》。

③ 乾隆《颍上县志》卷二《城池》又，参见卷一一《艺文》：屠隆《重开颍河碑记》《修颍上县东门河堤碑记》。

④ 嘉靖十三年刻本《亳州志》卷一《城郭》。

⑤ 嘉靖十三年刻本《亳州志》卷一《舆图》。又：“马尚河，由归德府北来至北门外入涡河。”“按：弘治二年南京兵部左侍郎白昂奉敕疏通河道，巡历至亳州城西沙姜溜……乃度地于溜北，东西直延百余丈，役夫千余名，给以口粮，凿深三丈余，水势直流得免前患。”

⑥ 嘉靖《寿州志》卷二《山川纪·河·涡河》：“县北关外，源出黄河流至荆山入淮。”

门,知县刘继先以其近学宫命开之,名曰文明。今连水门有五”①。知县叶宽用砖石砌城墙。黄河多次决溢,涡河流域城市亦随之而受灾,“蒙,嘉靖九年黄河水入城,嘉靖二十二年,大水,移河崩城大坏田舍”②。而睢州野鸡冈黄河决溢,波及涡河下游蒙城和淮河干流五河县城。嘉靖二十二年(1543 年)黄河水溢,“冲塌北城,众欲迁城以避患,知县刘宗鼎主议,唯缩至毛家巷止,今城仅六里许”③。由于防洪形势严峻,知县刘宗鼎为避洪水而被迫缩小城邑规模。巡抚直隶御史贾大亨曾奏迁移蒙城、五河县城,“自河水由野鸡冈冲折而南入凤阳、沿河诸州县,今岁滋甚。已议陡五河、蒙城二县,避水患矣。……乞敕总理河道及巡抚官亲为相度,引河道入二洪,以杀南注之势。其五河、蒙城迁县事,这且并行熟计,以图永久”④。

(三)濉河水系的城镇

灵璧

灵璧县城原为土城,正德年间改为石砌。灵璧“自宋立县历元无城,迨国朝弘治乙卯,县尹陈玉始筑土城,至正德改元则已就圮矣。荡无防蔽,六年辛未六月,楚陈伯安来知县事,以流贼逼近淮甸,始下议循故址而城之。为守御计,工将兴而寇至……乃伐石为垣,陶甓为堞,高一丈九尺,厚一丈五尺,周回六里,辟四门,东曰鹿鸣,西曰凤仪,南曰望荆,北曰来璧。每门建楼于其上,架桥于其外,又城隅角楼有四,堞之内铃铺二十有四,城下有濠,广二丈深八尺,深八尺,周八里一十步。经始于壬申六月,明年二月工完”⑤。

(四)淮河干流的城镇

寿州

洪武二十四年(1391 年)黄河主流夺颍,二十五年(1392 年)再次河决自颍

---

① 嘉靖《寿州志》卷三《建置纪·城郭》。

② 嘉靖《寿州志》卷八《杂志记·灾祥》。

③ 嘉靖《寿州志》卷五《官守纪·秩官·列传》:皇明“叶宽:晋江人,进士,正德四年知县,出令不受奸欺,正德六年遭贼屠毁,本邑乃造砖城,更创县治,法信令行,外户不闭之效”。又,同上,知县“刘继先:永清人,进士,嘉靖九年任”。“刘宗鼎:云南人,贡士,嘉靖二十九年任”。为躲避洪水而被迫缩小城邑规模,应在其任内所为。

④ 傅玉璋、王鑫义、李修松等编:《明实录类纂·安徽史料卷》,武汉出版社 1994 年版,第 31 页。

⑤ 嘉靖《宿州志》卷六《建设志》。

水入淮，至永乐九年（1411 年）虽挽河东流而南趋之势不已，直到正统十三年（1448 年）北决冲运河，已 50 余年。百年之间，元末明初，黄河以荥泽为顶点向东扇形泛滥，南北摆动。黄河南流 50 余年自北回南，移至极南颍河一线后，再次北流①。虽然这一时期黄河南流对颍、涡河水系的冲击甚深，并波及淮河干流，但相比而言，干流沿岸州县治所、城邑所受影响相对较小。寿州城墙系宋熙宁年间（1068—1077 年）重建，呈方形，城外东、南为濠，北环淝水，西连寿西湖。至明代“国初指挥袁贤修，周十三里有奇，高三丈五尺，阔二丈，门有四”。从《明太宗实录》所载黄河主流夺颍入淮时期寿州城池修筑的记载来看，其城多受损于淮水冲击②，而在此后的永乐二十二年（1424 年）③、宣德七年（1432 年）④、正统元年（1437 年）⑤、正统二年⑥及正统三年五次水毁城池的直接原因，除淮水泛涨之外，多为雨潦暴涨所致。这一时期经常性的水患袭扰州城，以至于直隶寿州卫不得不乞发邻县军民协助修理。正德、嘉靖年间，寿州知州、同知、御史等官员又多次对州城城墙及护城堤进行了维修。正德辛未（1511 年）知州吴节修，丁丑（1517 年）同知梁谷、袁经修，“嘉靖戊戌（1538 年）知州刘永准修，御史杨瞻创护城波岸，有记，戊申（1548 年）圮坏西南计百余丈，知州栗永禄修”⑦。

鉴于“寿州北门之外淝水过焉，行十里合于淮，又州乾方有湖，广袤百里，每七、八月之间雨集水会溢奔放坏城无间焉。旧有桥代涉久而圮”，嘉靖四年（1525 年）至嘉靖二十八年（1549 年）“知州刘天民始大之，王鏊、刘永准易中洞以石桥，嘉靖己酉（1549 年）栗永禄重修，复开护城波岸，有记，戊申（1548 年）圮

① 姚汉源：《黄河水利史研究》第二篇，黄河水利出版社 2003 年版，第 260 页。又见《淮河水利史论文集》，水电部治淮委员会 1987 年版，第 12 页。

② 《明实录·太宗实录》卷九三：永乐七年六月乙丑，凤阳府寿州卫言：“淮水决州城。命以时修筑。”卷九五：永乐七年八月甲寅“修直隶凤阳、长淮、寿州、滁州四卫城池。”卷一一九：永乐九年七月乙未朔“修寿州卫城池”。

③ 《明实录·太宗实录》卷二六八：永乐二十二年二月戊辰，直隶寿州卫言：“雨水坏城垣，请命修理”。

④ 《明实录·宣宗实录》卷九四：宣德七年八月己丑，直隶寿州卫奏：“近城西有湖，与淮相通，比雨潦暴涨，环城二百四十余丈，乞发附近军民协助修理。”从之。

⑤ 《明实录·英宗实录》卷二五：正统元年十二月癸亥，直隶寿州卫奏：“七月淮水泛涨，坏面北城垣，请修治。”从之。

⑥ 嘉靖《寿州志》卷八《杂志灾祥》：皇明“正统二年夏五月，大雨，水破寿州”。

⑦ 《明实录·英宗实录》卷四七：正统三年十月癸酉，直隶寿州卫奏：“本卫城西北隅，因雨倾颓，乞令邻县民同本卫军余修筑”。

坏西南计百余丈，知州栗永禄修”①。“知州刘天民始大之，王鏊、刘永准易中洞以石桥，嘉靖己酉(1549年)栗永禄重修，复开二洞”。最终在北门外修成跨越淝水之“淮南第一桥”②。

长淮卫与凤阳卫

明洪武年间，停建中都后，凤阳建中都留守司，以“驸马都尉正留守黄琛开设，辖八卫一千户所”，“长淮卫门在县粉团洲，洪武六年创建”，“凤阳卫在临淮，故中立府治，初设濠梁卫，洪武十年改凤阳卫”③，中都留守司其余六卫为皇陵卫、凤阳中卫、凤阳右卫、留守左卫、留守中卫、怀远卫，主要分布在皇陵及中都城。虽然中都留守司统领的八卫一所任务为“拱护陵寝”、并兼有“守城、屯种、征调、漕运、成造、驺马”职责，但由于长淮卫与凤阳卫的地理位置呈环状紧贴淮干，使其易受淮河洪水侵袭。永乐十四年(1416年)黄河夺涡河河道入淮之后，其主流入涡达30年左右。此一时期的淮河洪水，同时受淮干上流及涡河来水，其流势亦属强盛，但直接对沿岸造成洪水威胁的还应是淮河主流。长淮卫不仅有卫军驻守、屯种田地，而且还设有重要军仓。正统二年(1437年)长淮卫仓被淮水淹没，损失惨重，为此都察院右副都御史曾将该仓与另两处受灾仓储上奏。正统三年(1438年)，长淮卫奏请修筑受损水毁卫城，但直至正统七年(1442年)仍被搁置④。天顺、成化年间，淮河洪水与夏秋汛期暴雨积水常造成淮干凤阳段漫决成灾。天顺四年(1460年)七月辛卯，“直隶凤阳府自五月连雨抵七月，淮北溢决坝埂，败城垣……各遣官于被灾军民加意存恤，冲决城坝逐渐筑之”⑤，但已时隔两月之后，从中都留守司上奏请求邻县民役、物料支持来判断，其灾情窘况未能有效缓解⑥。天顺七年(1463年)闰七月戊辰“修凤阳卫城

---

① 嘉靖《寿州志》卷三《建置·城郭》。又参见卷五《官守纪》：知州“吴节、黄梅人、贡士、正德四年任”。卷五《秩官·列传》：“梁谷，字仲用，东平人，进士，考功主事，正德十二年谪倅，时大水城几没者，一板百姓皇皇，值谷公出颍亳，闻儆单骑驰赴，联舟载土以防决溃，极为规画。”卷五：知州“刘永准，任丘人，中书，嘉靖十六年任”，“栗永禄，长沙人，进士，嘉靖二十六年(1547年)任”。

② 嘉靖《寿州志》卷三《建置·桥梁》。又卷五《秩官·列传》：知州“刘天民，字希尹，历城人，进士……嘉靖四年谪知寿州……郡北门故有石桥，岁久就圮，乃增修二百余丈”。

③ [明]袁文新：《凤阳新书》卷三《城池》。

④ 《明实录·英宗实录》卷四八，正统三年十一月庚戌“先是长淮卫因水城堕，本卫奏请修筑，上闻其地旱荒，谓工部臣曰：‘军民无食，可重役以修城邪？其止之，更俟半年。’”卷九一：正统七年四月庚子，工部奏：“长淮卫卫城自正统二年为淮水所决，俗迁未果，但令修筑，今卫官又以工程浩大为言，宜令俟农暇修筑，仍戒其毋扰军，毋缓事。”从之。

⑤ 《明实录·英宗实录》卷三一七，天顺四年七月辛卯。

⑥ 《明实录·英宗实录》卷三一九，天顺四年九月庚寅，中都留守司奏“凤阳等卫成坍塌者多……请令凤阳府州县起夫役、物料、相兼处理”。从之。

及护城堤，以久雨淮水冲决故也”①。无论是恢复城建经费来源、土城修筑质量与护城堤加固都进展有限。成化八年，淮水暴至，加之连年泥沙淤积，一遇淫雨水无所泄。成化九年守备凤阳宣城伯卫颖曾将其原因归咎于“皆由土性碱卤，随修随坏，徒费工功”②。但每当凤阳卫城被淮水冲击损毁，其维修军士召集、民役征调仍一如往日。成化十一年（1476 年）十二月癸未“凤阳卫城为淮水冲坏，敕守备凤阳宣城伯卫颖等督中都留守司、凤阳府官发军民修葺之”③。之后，该卫城曾进行一系列防洪堤坝的兴建与修筑。“明成化十二年（1476 年）修筑东西二坝，约高丈余，自后逐年加修，淮水泛滥，赖此捍御，正德六年（1511 年）夏，水高于坝，冲开北城，官民房屋倾倒过半，嘉靖二年（1523 年）水，西坝倾圮，又复增筑，万历二十三年（1595 年）大水，东坝冲塌，西坝舟行坝上，因复增筑，视昔高一丈，又自城东北至濠梁驿一带地方近淮咫尺，明时二次修筑石堤，计长三百二十四丈，居民恃以无恐”④。

二、明代颍州城市形态结构

洪武四年（1371 年）二月，颍州与颍上、太和二县改隶临濠府。洪武六年至弘治九年（1496 年）十月间亳县隶于颍州。自亳县改属临濠府颍州后，“弘治九年十月癸卯复升为州，隶凤阳府，下无属县。治在今安徽亳州市”⑤。值得关注的是，弘治年间，颍州辖区及建置沿革发生重要变迁还应包括沈丘，“沈丘乃颍州旧属邑，在今治之南二十五里颍州巡司之西，遗址尚存，比以楚叶县尹沈诸梁丘墓在焉，故名”，“弘治戊午抚按重臣以陈颍相距三百余里，而侨寓者若无统纪，奏可，割陈、颍、项城边隅建置，以均道里”⑥。

---

① 《明实录·英宗实录》卷三五五，天顺七年闰七月戊辰。

② 《明实录·宪宗实录》卷一一二，成化九年正月戊午。

③ 《明实录·宪宗实录》卷一四八。

④ ［清］张鹏翮：《治河全书》卷一二《淮河图说·临淮》。

⑤ 周振鹤主编，郭红、靳润成著：《中国行政区划通史·明代卷》，复旦大学出版社 2007 年版，第 40 页。

⑥ 嘉靖《沈丘县志》卷一《地理类·建置沿革》。其中割陈州十三里，颍州五里，项城二里，另有外来人户三里，合计二十三里。县城治所在河南沈丘老城，1950 年县政府迁至今槐店镇。

(一)明代颍州城

明正德年间,颍州城曾进行大修。从嘉靖《颍州志》记载得知这一时期对颍州城建有贡献之人。“孙磐,字伯坚,山东掖县人,进士任佥事,正德七年(1512年),以颍城旧,土基不堪,备御砖石计工营造,未就而去。曾大显,湖广麻城人,进士任佥事,正德九年(1514年)至,公乘孙公营造之基,重加措置期年而城完。”[①]正德年间,“颍州南土城一座,高一丈五尺……亦有月城环护,南从左东右西,左各置偏门以达正门,城外隍池深与广侔,有桥跨隍以济往来,唯东差小耳。北砖城一座,高一丈八尺……洪武九年(1376年)颍川卫指挥佥事李胜督修”。其关梁及街区分布,“东关,在北城之东,驿递在焉,南北三街俱通衢。西关,在南城之西,唯东西一街,军民混居。南关,在南城之南,无民户,南北一街十余家军。北关,在北城之北隅,商贾交集,军民混居”[②]。正德时期颍州州城四个方向有关四,即东关,宜阳门外;西关,宜秋门外;南关,迎薰门外;北关,承恩门外,颍河之滨。颍州城墙和城楼是城市的必要组成部分,至嘉靖年间,“颍州城楼,宜阳,即东门楼,迎薰,即南门楼,宜秋,即西门楼,承恩,即北门楼,谯楼,在中衢,以楼分南北城,望霍,东南角楼,克敌,西南角楼,凯歌,西北角楼,向蒙,东北角楼,迎晖,东月城楼,丹穴,南月城楼……达淮,北月城东楼,通汴,北月城西楼”[③]。

表5.1　　明正德年间颍州城主要坊分布表

南\北城	坊名	位置	说明
北城	承流坊	承流街西	
	宣化坊	承流街东	
	起敬坊	城隍庙巷口	
	世科坊	察院东	为举人韩祥立
	攀鳞坊	土主巷	为举人张嵩立,正德年间废
	进士坊	时雍街	为进士郭升立
	文英坊		为举人叶春立,正德年间废

① 嘉靖《颍州志》卷一三《传一》。
② 正德《颍州志》卷一。
③ 嘉靖《颍州志》卷五《舆地志》。

续表

南\北城	坊名	位置	说明
南城	激扬坊	察院东	
	科第坊	儒学西	
	登云坊	-	为举人吕庆立,正德年间废
	进士坊	小十字街	为廷进士李葵立
	绣衣坊	在南城大街	为御史李葵立
	冲霄坊	在南城大街	为经元张冲立
	雄飞坊	在南城大街	为举人张守亨立
	凤鸣坊	大十字街	弘治庚戌年(1490年)知州刘让为举人储珊立
	进士坊	南城大街	弘治壬戌年(1502年)都指挥王爵巩开麟为进士储
	豸绣坊	在南城大街	正德辛未年(1511年)御史赵时中为俱为御史储珊立

注:嘉靖年间,颍州城各坊虽有兴废,但坊之数量、分布位置有所扩展,分别集中于南、北二城。其具体位于州东、州西,城隍庙巷口、臬司东、儒学西及北关、东关,俱在南北中衢。

表5.2　明正德年间颍州城主要街道

数列	街名	方位	说明
1	大十字街	四门相对	
2	小隅头街	南城西北隅	通迎祥观前,入北城门
3	大时雍街	州治东	通南北二城
4	大仓街	南城十字街	西入广积仓
5	小仓街	南城十字街	东入预备仓
6	寺街	南城大南门内,十字街西	入资福寺
7	公馆街	东关公馆前	成化十五年,知州刘节措砖甃街以便使传
8	新街	东关递运所东边	往来通衢
9	武备街	北城	颍川卫前
10	承流街	北城	州治大门前
11	土主巷	北城承流坊前	南城隍庙
12	白龙桥街	北关白龙沟前	旧沿沟崎岖难行,僧拳募缘买地辟街以便往来
13	世科街	北关砖甃	往来通衢

又据嘉靖时期颍州志记载,颍州衙署机构中,"巡按察院行台",在州学之东,分司之西。"按察分司",在东门之西,察院之东,为门、为仪门、为堂,仪门之内为东西厢堂……"颍州府行署",在欧文忠公祠内。

(二)颍州地理环境与地名变迁

研讨颍州地理环境与地名的变迁很有意义,一方面,地名历史渊源与定居于当地的乡民地方认同感和自然环境及社会地域结构相呼应;另一方面,烙印于一方水土之中的颍州城乡地名,其中涵盖的文化因素亦彰显整合为地域文化重要内容。

明正德、嘉靖时期,颍州境北地区河湖地貌,受黄河泛涨影响较大。反映在颍州河湖地名方面,"水之为溜者十有二","水之为港者三"①。州西南地方则濒淮及汝水,其洪涝影响波及沿河地区生态。从正德《颍州志》及嘉靖《颍州志》相关记载分析,明代颍州西、州西北各河流湖沟多受黄河南泛影响较深,柳河及支流入旧黄河,另有部分故黄河水道淤隔成湖,如"颍州西湖",在州西北二里外,湖长十里,广三里,相传古时水深莫测、广袤相齐,"胡金之后黄河冲荡湮湖之半"。范家湖,在州西一百二十里,"前时河水所被,今为沃壤,雨二日则复成湖"。八里湾,在州西一百七十里,颍河北岸,"黄河决啮北入二三里,今亦树艺,水多则涝也"。颍州辖境水系流向复杂,小汝河、蔡村沟、双沟、汴家沟、站沟、九里沟等入颍河,州南大、小润河水系入淮,部分水道还可水通北淝河、茨河、谷河。州南、州西南诸水道河湾则受汝水、谷河及淮水泛涨影响较明显。龙项湾,在州西南一百七十里,"汝水涨湾之曲折处,俱垫溺矣"。牛角湾,在州西南一百五十里……"汝水泛则通湾侵淫矣"。老堰湾,在州南一百六十里龙项湾东,"汝水落,则湾中皆膏腴,土民筑堰壅五汊沟泉水以溉湾田,为利甚团,汝涨则淹浸无遗"。崇湾,在州南七十里,"谷河环其北,淮水横其南,决啮渺茫,秋夏水多民无望矣"。宣湾,在州南一百里,淮河冲汇,遏逼谷河之水不能舒流,"泓停低壤,淮泛则逆流于湾,民患亦甚"。

实际上,颍州官民治理沟塘之历史在唐宋时期已见成效,尤其是北宋元祐六年(1091 年)苏轼知颍州时兴修当地水利事。据方志记载,"椒陂塘"在州南六十里,广十余顷,灌田万亩,唐刺史柳宝积教民置陂润河引水入塘,灌溉倍之。"清沟",在州南乡百里,外沟为清陂塘,设塘西一沟,上通汝河……塘东二沟并驰,而东六十里至红林,南面一沟民家水利,北面一沟军屯水利,自洪武以来自相分受,宋时苏东坡守颍亦掌浚沟。位于在州西南一百六十里的"清陂塘",塘自西至东二十里,南北可七八里,往时民乐其利,宋苏东坡守颍亦曾修之,变故

---

① 正德《颍州志》卷一《山川》。

废弛。但自洪武中重修，其后分下流之水，军民矛盾而塘日湮为田。上源毁失，造成“汝滨之闸下流争决走水之沟，于今六十余年无事于公家，其利专于一二豪强矣，塘不详筑自何代，今无力以成民功，可愧也”。与正德志本对比，同样地名在嘉靖志本释文不一，嘉靖颍州志本，除将颍州牛角湾释义为“汝水东南流，对湾曲折如牛角”之外，且还增添有不少新地名内容。颍州镜儿湖，在州南九十里谷河之南，“其形如镜”。据正德志本卷一统计，其山川条，以“沟”通名共有十六条，而嘉靖志本相关沟洫内容则“沟三十有一”①。此外，另有颍上县大沟、王爱沟、茅城沟、析沟、黄沟、十字沟、灰沟、诼沟、金沟、秋家沟及太和县五道沟、斤沟、吴漕沟、大涧沟、流雁沟地名释文。

颍州地名多传说典故及历史渊源，其“姜寨”，在州西沈丘乡，去城一百里，汉光武讨农民军领袖王寻自蔡州追奔至是，“贼”屯于寨及战于坡，汉兵不支，寻亦北走，后人呼强寨，今讹为“姜”。“包家寨”，在州西六十五里，小河北岸孤岗坦夷，相传宋将刘锜募敢死士……民结义聚于寨，以俟策应，后人因呼为寨。了解区域历史自然与人文地理面貌的相互关系变迁，不仅在于研究区域地理环境中的城建沿革，且还要对影响城市环境特性的主要经济因素进行梳理，从而在把握城镇分布规模基础上厘定城镇及城乡相互联系，以确定城市地理特质。

表 5.3　　明代正德年间颍州辖境无源之河

名称	方位	河源	流经	汇流
流鞍河	州西沈丘乡	无源	自三障波积水，过水丘成河混流不竭，东过黄牛岭，又东过青杨馆折而直北至沈丘镇。	入颍河
西茨河	州西乡	无源	旧因黄河横流冲决成河，今太和县新集以南五道沟，诸水经长营五俩车营前，后坡积水从流至废柳河驿东。	入颍河
西三十里河	城西	无源	自蚕方以北。	入颍河
七里河	城西	无源	水自南十五里庙之东，西畎浍之水会积成河，久雨则汪洋奔湍，已而盈科不进筵折北。	入颍河
延河	州西沈丘乡	上源莫详	自新蔡东流入境至龙口屈折姜寨之南，又东过瓦店，又东背长官店，又东北过杨桥。	入颍河

① 嘉靖《颍州志》卷九《沟洫》。

续表

名称	方位	河源	流经	汇流
谷河	州南七十里	上源莫详	由新蔡而东入境,经黑塔坡下油店桥,东南过老军屯,又东过杨宅桥,介陈村绕七旗岗北为崇湾,汇于中村岗南至水台西。	入淮
蒙河	州南一百里	无源	自红林东坡积水成河,南背金黄岭西流,会汝河至□岗南。	会淮
十八里河	东乡	无源	水由抚军庙以南诸披沟浍所集浸淫不流,相传土人凿渠以泄黄潦,南北延袤五十里,下流入张家湖。	注颍
东三十里河	东乡	无源	水由梁庄坡南流下成河,过倒塔坡不能自达,于颍曲折西南。	注于张家湖
淝河	州北一百一十里	上源莫详	自太和北源东经宋塘河,过板桥背金沟东南抱岳厢环张村铺,又东经靳家渡迂折而南,萦回董家集,又南而马家浅入寿州境至硖石山。	入淮
北茨河	州北乡	无源	自金沟水南流渐大,依三塔西过蔗店出黑沟口,趋龙窝寺傍下流西南至石羊铺北。	入旧黄河

表 5.4　　明代颍州部分地名得名渊源表

名称	方位	说明	附注
清河	州南城之南	相传楚灵王自水台西开通商渠,自淮而北转而西,又折而北……古通商渠。	更名曰清河,舟楫复通南境无水患,后不详何时复多湮塞。
白鱼港	州北九十里母猪港北	沟洫之水积流为大渠,通肥河,故白鱼自海滨沿淮入肥至此沟而止。	色白味甘,人常得之用意取则不得。
白龙沟	城外西北隅	水自西湖东南绕故学宫之北,东带郡厉坛,出龙沟桥入颍河。	相传隋开皇间郡人有张龙公者曾斗于西湖出入此沟,故名。

续表

名称	方位	说明	附注
伍名沟	州北三十里	沟以伍子胥宅近，故得名，相传伍奢为楚相，日闻此沟以泄潦水，以利其家，北乡西半犹赖此沟得减水患。	自母猪港南直流七十里，无少曲折至入旧黄河处，地势益低，自上注下几数仞声如擂鼓，又名响鼓沟。
龙封沟	州东三十里	引张家湖水南入颍，土人传云张龙公与龙争，于是张公语其妻曰吾龙也，系囗以绛稍，故东向。	又有红丝涧，亦张家湖水出。嘉靖《颍州志》志五又记，通入颍河之“汴家沟”“九里沟”“站沟”“蔡村沟”“刘寅沟”方位。
乾沟	州西北四十五里	按，《左传》鲁昭公十二年，楚平王狩于州来、次于颍尾、次于乾溪驻于城父南地，考地理张村铺北古城父地也。	乾溪在张村南七十里，俗呼乾沟。
东张家湖	州东三十里颍水北岸	方广六七里，相传湖乃古寝丘城，至隋初郡人张路斯家于是以明经登第，景隆中为宣城令……后与九子皆化龙，而城遂陷为湖。	土人呼张家瑚，故西有龙封沟红丝涧。
郑家湖	州西一百五十里舒阳河南	方广仅五里，四时不竭，相传隋时蓼人郑祥远乃龙也，常处此池。	后人呼为郑家湖。
鸭儿湖	北乡茨河东去城三十里	先时黄河横流，地之下皆湖，此中南北二十里，鸥雁凫鸭聚育如云。	河徙水退，今皆树艺。
盆陂	州南乡，杨宅桥西	前人置陂障谷水，灌河北田，水满陂如盆。	故名。
鲤鱼湾	州南一百四十里，汝泛岸低处一小洲		水中如鱼，故名。

续表

名称	方位	说明	附注
流璃井	北城中,州治东南	其水清冽,井底有青石八片,莹润照人。	故名。
甜水井	南城中道观前	城内外井泉多咸苦,独此水清甜。	故名。
十里井	州城河北骗马厂之东	井水清甜,十里外有取汲者。	故名。
爱木堂	明成化中刘节同知州事,作堂州治东偏	作堂州治东偏,以堂前故御史台古柏数株,大耐可爱。	因以名堂。
金鸡楼	明洪武中指挥佥事李胜仡楼北城东南角上	相传土境中旧有蜈蚣长七八寸杀人,古时以金铸鸡首埋此镇压之,患遂息。	因于金鸡堆建楼,故名。
相让台	州东一里	按,楚史拾遗庄王欲筑层台于寝丘延石千里……	因名台曰相让,即今东岳行祠基。
主人台	州城东三里湾	高皇帝在布衣集豪杰其上,天下大定,彩云散空。	故居民呼其台云。
乳香台	州西一百八十里	旧产乳香,故名。	绕台皆颍水,沿流上至赵家埠则项城界,成化中同知刘节言于巡抚将分置一县于台水之阳。
展家台	州东七十里中村岗之东	元至正甲午(1354年),南山长枪贼流劫乡村展氏聚义民保乡井,筑台誓众。	因名。
钓鱼台	州东七十里颍水北岸	汉末袁宏以家世名宦崇守节义,见绍述诸袁跋扈,乃避地汝阴,讲学之暇游钓河滨,后人贤之。	因名其处。

续表

名称	方位	说明	附注
贺胜台	州西北十里颍水南岸	宋东京副留守刘锜败兀术顺昌城北,追奔出境,师还守臣陈规犒军此台。	故名。
焦馆	南城	按,古志,州治西南城隅水池上有焦馆,宋吕希纯守郡日建以宿焦千之。	故名。

(三)明代颍州乡镇农业地理

纵观明代颍州乡镇农业性特征,与其所处的地理环境之间关系密切。限于史料,计量研究颍州农业经济形态变化过程较为困难,过分强调地域,孤立地看待颍州区域乡镇规模亦受局限。实际上,以颍州为地区中心地,背景视野扩展到辖境地理和辐射空间,可以丰富对明代颍州城镇及乡镇农业一体化发展的认识。

1.正德、嘉靖年间乡镇分布与集市商贸

明正德年间颍州辖区,东乡地域范围"自州城东二十里杨湾始,有土民主户,颍水东流,南北岸皆属东乡地"。西乡,"自杨桥顺河而下,至官摆渡,南北岸皆属西乡地"。南乡,"自州城南三十里小润河南始有主户,东西地广凡三十里,客户附郭买地立家"。其"北乡",因正德《颍州志》文字内容缺失,"自州城北三十里伍名铺,有土民主户,今客户"。可知当时颍州各乡所在主、客户之分已较明显。至嘉靖时期,颍州设乡七,"东乡,为里者十,西乡,为里者十有五,南乡,为里者十有六,北乡,为里者十有二。沈丘,为里者十有三,河北,为里者六,新增,为里者四"。又记,其颍州大镇包括,"沈丘",位于州西一百八十里。"椒陂,州南六十里,今废"。颍上县属,"西正阳",即州东南七十里,淮水西,颍水东之颍口。"江口",州西北四十里,沙河东岸。"漕口",州西南六十里,南临淮河,西通汝河,润河环于东北,即南赵集。"王墅",州西北六十里,江子口东北。"留陵",州西北五十里,沙河东北岸。太和县属"旧县"镇,位于县北一十里①。

① 嘉靖《颍州志》卷六《舆地记》。

可见,明代颍州主要大镇多沿河分布。

明初颍州北部深受黄泛侵袭,为避水患,乡民不得不择地居高而住。正德《颍州志》中,则以按语强调颍州乡土所在差别。“按,州城西北地下,国初河患特甚,其东向里至又狭,土民避水就高,故近郭民地甚火”。其东西南北四乡居民来源、分布不同,各乡土壤肥沃平瘠也有所差别,居民住户多来自邻县,且土主客户混居。在西乡者为粟头坡,六十里,地圹疏不堪耕治。长官店坡,一百二十里,洼淖沮洳,不堪耕治。长营,七十里,柳河之阳,前后地俱下,营地俱沃。五辆车营,六十里,柳河之阳,地南沃北下。在沈丘者为,三障坡,一百八十里东多下,地旷,西向有新蔡客户。赵德营,一百九十里,乳香台北,地下项城户杂处。在南乡者是,棠林坡,中村岗南,旧多棠林,今悉耕治。黑塔坡,一百六十里,土沃,西北沈丘乡户。黄花坡,七十里,地下不治,唯黄花时废,故名。上述方志中提及颍州沈丘乡属地耕种条件“地下”者,其客户分别来自邻近颍州的河南新蔡和项城。大量客民的增加和涌入使颍州各乡参与集镇贸易的人员结构发生显著变化,明代“颍州客民经济”成为当地集市商货贸易重要参与力量。

正德颍州志本卷二,记有“店”地名共二十二处,并明确其乡所在方位、距州里程、主客情况、交易规模及商贸品种类型。现据正德志本将各“店”按乡划归分类后,已知当时颍州各“店”经过长期发展,环境空间已颇有地方特色,具体分布如下:在东乡者,夷陵店,六十里铺,过客逆旅,土主客户杂处。留陵店,六十里,水土主客户杂处。枣庄店,六十里,田家易主户多。在北乡者是,岳厢店,一百二十里,田家交易主户多。三塔店,“在北乡一百一十里,杂太和户住,小市集耳”。车家店,四十里,集而未成客户。伍名店,三十里,客户数家。桃团店,“在北乡,九十里,近淝河水泛通舟主客户杂处”。在西乡者为,柳河店,四十里,废站傍,主客户并。时店,四十里,柳河西,客户,田家交易。界沟店,“在西乡,一百四十里旧黄河,通商贾集河徙市净”。八十里店,在西乡杨桥东,客户过客逆旅耳。高堂店,九十里,客户田家交市。粟头店,“在西乡,六十里,主客户杂,盐铁市耳”。在沈丘者为,杨官店,“一百四十里,客户酒醋盐铁市”。迎仙店,一百四十里,主客户田家交易。南市店,在沈丘西,二百四十里,主客户杂、田家交易。瓦店,“在沈丘,一百五十里客户商贾游货耳”。在南乡者是,黄丘店,五十里,客户无市。桃花店,一百八十里汝水东,商贾往来,店杂主客户。狼头店,九十里,客户。永安店,“古县街市存,在南乡,一百四十里,汝水滨,舟楫上下故交易广,东又有小店”①。与颍州各集地名相比,各“店”距州城远近不一但特点明

① 正德《颍州志》卷二《乡井》。

显。其交易规模、经营种类亦有特色。至嘉靖年间,颍州“店三十有五”,嘉靖《颍州志》所记除颍州二十二店外,另添加颍上县阳台店、古店及太和县庐家冈、界沟、税子铺、玄墙、双浮屠铺、东西良善、宋城、张册、斤沟、柘、龙窝各店,因而“店”名由此增加。

从正德《颍州志》所记明代颍州乡镇经济布局结构分析,颍州各乡集市贸易繁忙。城乡物流的繁荣一定程度上促使了颍州中、小集镇数目的增加,而中小市、镇的大量崛起又与这一时期颍州经济发展的形势相适应。乡村市镇商贸往来以当地土著居民为主,客籍与“客户”亦占有相当比例,以农贸商品为主的集镇商贸,专业特色明显,分工明晰,处理好主客关系成为商货活动中不可或缺的重要内容之一。

勾勒颍州城镇各乡镇集市的商业秩序,可依据明代方志记载之集镇分布方位和距颍州城里程划分,以颍州城为中心地,辐射周边几十里至一、二百里不等。经营规模以服务周边为范围,多集中于农副产品和日常生活必需品,显示出正德年间(1506—1521年)市镇经济与当地物产有效结合。嘉靖年间,颍州“集一十有五”,主要分布在本州。其分布状况,现按当时所属乡排列如下,集在沈丘者为,“流湖集”,一百五十五里,故商游货集也。“黄牛岭集”,一百八十里,主客户田家市易。姜寨集,州西二百里,西十里龙口通舟楫,市中货物亦盛。集在西乡者是,“长官店集”,一百二十里,河远市集亦众客户。“驿口桥集”,百里,主客户田农交易亦盛。“杨桥集”,九十里,颍滨货物游敢他集,本集落落。“杨村集”,一百四十五里,颍泛舟通集南,有商无贾市,颇交易主客户。“田村集”,一百二十里,商贾俱集市盛。“乾沟集”,四十里驿路傍午商货平平。“横桥集”,六十里,预备仓傍,旧在仓南五里西城,因洼移邻仓。在北乡集为,“双塔集”,八十里,有商无贾,市亦平平,主客户并。“董家集”,一百里,蒙城界,客户田家市易。集在南乡为,“中村集”,七十里,前临谷河,商贾辐辏,市日无虚,主客户杂处。“红林集”,一百一十里通蒙,河入淮,市集亦小客户多。“功立桥集”,九十里,工商杂集货亦适中。“艾亭集”,一百七十里近汝河,商贾盛集,主客户并①。以上各集所在位置地形、地貌不同,其商贸交易情况存有差别并因此主、客户都受到影响,西乡滨颍乡集,南乡临谷河、近汝河之集,通舟楫而利于行商,表明当地乡民日常已利用河道交通从商。

就地理环境而言,明初黄河长期在皖北的迁徙,导致土壤的沙化严重,原有水系遭到破坏,地势也有所抬高,黄河改道泛滥亦对皖北城镇发展的影响较深。

---

① 嘉靖《颍州志》卷六。

同时,通过比对明代颍州城镇的布局,相对稳定的政局环境使得皖西北地区的社会经济得以恢复,从而为其城镇的发展奠定了一定基础。从资料分析看,这一地区市镇商货贸易,市集功能的具体定位选择方面多依靠自身条件及环境所需,未见政府相关部门规划,尤其在明中后期,常态情况下规模有序的发展应是主流。

2.颍州交通地理

为维护一方平安,巡检司之设多在关隘及交通显要之处。《大明一统志》中相关颍州巡检司分设情况,除记有颍州沈丘镇巡检司之外,太和县,“北原和巡检司,在县北八十里,有衙门,设官巡检一人、司吏一人,置弓兵二十人”①。对于沈丘镇巡司,正德《颍州志》还记载其所在位置及巡司建筑结构,“沈丘镇,在州西一百二十里,废沈丘县东,镇离州远,故置巡检司以察奸细。巡检司正厅,在镇中面北。吏房,在正厅前左厢。监牢,在正厅前右厢,大门,在正厅前。巡检宅,在正厅后”②。沈丘镇所在位于豫、皖交界,政区历经沿革,至民国二十三年(1934年)9月,析阜阳县西乡北起颍河,南至洪河,纵以茶棚大路、龙王堂、栗头店、五坑集、欧庙集、会龙集、九龙沟以西设立新县,南与河南省淮滨、新蔡县,北与沈丘县,西与平舆县、项城市毗邻,因县城濒临泉河,故名临泉县。明清颍州沈丘及太和巡检司之设置,对于维持当地治安、交通起到了一定作用。

一般而言,州境陆路水道每隔十数里设有铺。明《颍州志》中,除记明通往北京陆路、南京水路及凤阳府陆路、水路里程外,还分别详细记有颍州各铺地名和里程。州东通往颍上路,西往太和路,东北往蒙城路及设在南城东门外的总铺。此外,对于当地赡铺地亩情况亦有详细记载。据正德《颍州志》卷二记,七里至东路孟庄铺,十里至东十八里铺西门总铺,在南城西关之南偏东,大路南北基地十五丈,东西十丈,俱以沟界。三十里铺,在州西河西岸赡铺地十五亩。粟头铺,在州西六十里,有地十亩。杨桥铺,在颍河南,延河西岸,有赡铺地十亩。沈丘铺,在土城内,基地四亩。阜阳铺,在州西一百五十里,基地八亩。鲖阳城铺,在州西二百一十里,基邻毕卓池。伍名铺,在州北三十里,沟西,有赡铺地十亩,横桥铺,在州北六十里,沟东今置预备仓。白鱼港铺,在州北九十里,母猪港之北,“今”基存,宣德中迁失故地。相关颍州水驿情形,“颍川水驿在北城外之东、颍河之南,有门、有亭、有驿丞宅,设官驿丞一人,吏典一人,傍为馆,有门、有

---

① 《大明一统志》卷七《公署记·巡检司》。

② 正德《颍州志》卷二。

仪门、有堂、有后堂、有东西序以待使客"①。而明《水陆路程便览》卷五记，颍州由前河至汴城水路，"本州三里湾，四十里田家集。三十里，龙湾塘。三十里，杨桥。三十里，沈丘。三十里，新县。六十里，直沟，四十里，丁村集。三十里，南顿。三十里，尹七埠口。三十里，周家口……四十里，汴城"。颍州另一条通往外界的水路是颍州至襄城县钧州水路，由颍州至周家口后，经郑城、郾城、襄城县，"六十里，钧州"。

桥渡、路井为一地方必需之公共事业。明代颍州"土人建以便商旅"，"土人建桥便农商"，"土人架木梁便南北行旅"②，与周边相邻州县接通之河渡，其中多为当地士人"捐修"。桥梁地跨州南润河、州西南谷河，而从州东北方向"三里湾渡""毛家窝渡"释义内容得知，其渡得名与旧黄河有关系。

明代颍州方志地名显示，嘉靖年间州境所辖各乡行政区划范围较之正德时期各乡及乡域范围有所扩展。颍州辖境乡民主客商户分布情况显示，本地商户与客户交易及供求关系密切，日常商品多以使用功能分类，其规模以市集大小和分布空间、地理方位依情况而定。从颍州辖境"湖""沟""岗""湾"地名群来分析，其既存有与现今地名相互承继的连贯性，又显示出明代颍州黄泛及黄淮水系变迁地理空间环境的差异性。

表 5.5　明正德年间颍州境内主要桥梁、关渡分布情况表

桥渡	内容
桥梁	七星桥，在州南五十里，跨润河。杨桥，在州西九十里，跨延河口，路通沈丘之官道。驿口桥，在州西一百里古马驿前，通汝宁官道，又云建桥时一虎守料，故又名一虎桥。油店桥，在西南一百四十里，跨谷河，唐改名迎仙桥。夷陵桥，在东六十二里，板桥东坡水下流大涧，路通官道。杨宅桥，在州西南一百一十里。功立桥，在州南一百里，跨谷河，桥南有集。七旗桥，在州南七旗岗，北跨谷河，建以通官仓。贾道人桥，在州西小河北，跨双沟。板桥，在州东南七十里，跨润河。砖桥，在州南四十里，跨润河，前代建，以便南北行旅，桥北小店、客户二十余家。站沟桥，在州东六十里，跨陈村下流，通旧马驿官道。

① 嘉靖《颍州志》卷七《舆地志》。
② 正德《颍州志》卷二《乡井》。

续表

桥渡	内容
关渡	东关口渡，在北城东北隅，颍川驿后，渡通蒙城、亳县。三里湾渡，在州东三里，颍水，旧与黄河会处，渡通东北乡、蒙、亳二县。毛家窝渡，在州北旧黄河上，渡通蒙、亳。官摆渡，在州西十五里王庄铺，前颍渡通太和。私摆渡，古名老婆湾，在州西十六里，过颍河南北要津。茨河渡，在州西二十五里石羊铺前，渡通太和县。谷河口渡，在州东南谷河入淮处，渡通固始。刘家渡，在州东南一百一十里水台东，淮水渡通霍邱。中村岗渡，在州南七十里谷河，渡通蒙、亳。岳厢渡，在州北一百二十里淝河，渡通张村铺并蒙、亳。裴家渡，在州西九十里颍河，渡通南北行旅。张老人渡，在州西六十里，渡通南北通衢，太和粮税从此上口。黄莲渡，在州西九十里颍河。

资料来源：正德《颍州志》卷二《乡井记》。

（四）亳（县）州城建形态

明代“亳州北接归德，南距颍州，襟带涡河”①，洪武初改州为亳县，六年（1373年）改隶凤阳府，属于颍州，弘治间（1488—1505年）复升为州，隶凤阳府。成化《中都志》记载：“洪武初，开设卫分守御，修筑土城，宣德十年（1435年），指挥周广等始用砖石修砌，周九里三十步，高二丈五尺，下有池，开四门，东曰望春，西曰朝真，南曰武胜，北曰吉庆。按，宋建集庆军，故门以集庆名，后人说集为吉耳。又按，《元史》城亳者张柔，旧志误作张永。”②其治所情况，亳县“治在城东门内，洪武五年（1372年）建。察院，在县治北，即玉清万寿宫旧基，相传为曹操故宅，正统五年（1440年）建”。“税课局”在城市口，本县仓在县治东，“义门巡检司”去县治东六十里，正统十年（1445年）添设，“医学”在县前街南，“阴阳学”在城北街西。成化时期亳县主要祠庙，即“城隍庙”在城内街北，洪武五年（1372年）建，景泰三年（1452年）重修。“灵星真君祠”，在咸平寺西。“关公庙”，在城隍庙前，洪武五年建。“白龙王庙”，在县东七十里涡河之滨，地名庙上，洪武年间修。“魏武帝庙”在县东③。

自弘治朝政区由县为州后，现存嘉靖《亳州志》为最早亳州方志，其建置考上记载内容涉及城郭、山川、分野、坛、桥梁、坊、铺、村、集等方面。其城郭，记

① ［明］柳瑛：《中都志》卷一《形胜》。

② ［明］柳瑛：《中都志》卷三《亳县》。

③ ［明］柳瑛：《中都志》卷四《亳县》。

“国朝洪武设卫署土城，二十二年(1389 年)调武平卫守御，宣德十年指挥使……境内无广谷峻山，惟城北二里许曰北虎头冈，南一里曰南虎头冈，次南五里曰五里冈，环城土陵数冢，人呼为曹朝虚粮冢”。当时亳州坛庙分布情况是：“社稷坛，在城西门外，风云雷雨山川坛，在城南门外，郡历坛，在城西北，洪武二年知州张文弼并建，六年改为县，知县徐贵王瓘谢宥相继修之，弘治十二年(1499年)知州王沂重修。”其桥梁包括“望仙伏龙桥，在城内西南隅。霸陵桥……”此外，亳州设有“坊十有四，铺十有一，村二十有九，集三十有四”，建置考下①，内容包括州制、巡检司、阴阳学、医学、军储仓、税课司、僧正司、行察院、行按察司等主要事项，其“州制，在城东门内……国朝洪武二年(1369 年)张文弼重建，改为县，正统、成化间知县徐贵、王瓘、谢宥相继增修，弘治十年(1377 年)升州，知州王沂以旧县厅事为后堂，创建厅、堂、门、库、公廨、六房，同知张淮筑台砌甬道”。亳州义门巡检司，“在城东七十里，正统十年(1445 年)本府知府杨口添设，巡检张春领印，知县徐贵、谢宥重修，额设巡建一员”。并记载巡检官“许宏，直隶曲阳人，弘治十年(1497 年)任”。此外，亳州衙署中，“军储库，在州治东，即旧儒学，额设仓大使一员，陈琪，弘治十六年任”，“税课局，在州治西，永乐年间裁革，成化二十三年知府章锐复除大使”②。相关成化年间亳县辖境河道变迁情况，成化《中都志》记“虎头冈，在城北二里，乃北门之屏，今无存”。黄河与涡河的相互关系，直接反映在“黄河”释文上，黄河“至县西北三十里入涡河，至怀远县东北入淮”。涡河，“由鹿邑西来，至北城外与马尚河合，东流径蒙城至怀远县东北入淮”③。

清初至乾隆时期，亳州城多处损毁残缺，后经历任州官巩固修葺，城池得以保存。“雍正十二年(1734 年)，知州芦见曾重加标题于楼之上，东曰起凤，南曰太和、西曰来紫，北曰望华。乾隆二十六年(1761 年)，知州王鸣以节经坍卸，详请抚宪归于急工案内动币兴修，咨部，奏允，于二十七年二月檄饬兴工，计历八月告竣，襄其役者，州同知程名光弼、吏目李名绎、义门主簿沈名威远也，报销银一万四千五百七十两有奇”。城东西广二里二百步有奇，南北袤二里一百步有奇，周九里有奇，高一丈五尺马道五尺，基广九之长如其周之数，隍距城半里，深约丈许，马桥凡四，戍庐雉堞，锦属周遭，门设重楼。按，方而颜其楣，曰东临谷熟，门则名以长垣，西接濑乡，门则名以观稼，南汇淝泉门，则名以资庆，北望景

---

① 嘉靖《亳州志》卷一《建置考上》。

② 嘉靖《亳州志》卷一《建置考下》。

③ [明]柳瑛：《中都志》卷二《山川》。

山门,则名以云津楼……翼然高峙,雄系之郡,雅称观瞻[①]。

除战乱和年久失修之外,对亳州城影响最大者莫过于黄河南泛的冲淤。从明清时期黄河入涡南泛相关史料记载中,洪水漫过涡河溃堤后淹及亳州城池事例并非少见,虽"隍距城半里,深约丈许",仍难免黄水直抵城墙。

三、明代寿州城建形态

区域差异强调人地相关的区域概念和空间对比。明代凤阳府寿州辖境地跨淮河南北,以寿州及淮河以北蒙城政区和城建环境为中心,表述以城墙与城市主要建筑核心的环境背景,其淮河以南寿州城空间位置的"淮河因素"环境,与注重黄河南泛辐射影响下的蒙城,存在地域自然条件的差异,但其城建内部形态结构分布却趋向一致,地理环境与人文现象之间呈现相互对应关系。方志记载,寿州地域辖境蒙城、霍邱二县生态环境与灾荒记载往往趋于相同。明"正统二年夏五月,大雨,水破寿城。正德三年,蝗,大饥疫,人相食,蒙、霍同"[②]。正德、嘉靖时期,寿州城建形态结构,表现在"州城周十三里九十步,高二丈五尺,开四门并月城,门俱有楼,角楼四座,城上铺五十五座。寿州州治即寿春府故址,洪武元年建"[③]。《中都志》记:"城在八公山阳,淝、淮南,东周显德中徙治淮北,宋熙宁复故处……门有四,东曰宾阳,西曰定湖,南曰通淝,北曰清淮,各有月城,城上有楼凡八,有铺凡五十有五。"[④]

(一)正德年间战乱与寿州修城及正阳镇修渠

正德时期,爆发刘六、刘七农民战争,对这一时期及嘉靖初年皖北城防建设影响颇大,战乱成为左右区域城市群城防修筑之突变事件。由外力打破的城市墙体均衡态势,对此后区域各城城墙及城市建筑产生深刻影响。具体体现在各州县城防建设、城池用材、城市建筑规模及配套设施的各个环节,之后皖北区域

① 乾隆《亳州志》卷一《城池》。
② 嘉靖《寿州志》卷八《灾祥》。
③ 嘉靖《寿州志》卷三《建置纪・城郭》。
④ [明]柳瑛:《中都志・寿州》。

各城因而以被动筑城修防为契机，注重城市整体防御功能，成为由夯土筑基转变为砖石筑城重要时期。此一时期凤阳府辖南部州县，尤其是江淮之间战乱袭扰影响较小。

正阳镇在寿州西南六十里，明王九思《渼陂集》中《寿州正阳镇新修河渠记》，“正德辛未（1511年），江北诸郡盗起，盗曾至颍上迫于正阳，居人戒严，幸无事，越明年壬申（1512年）春二月，兵备佥事乐平李君天衢巡行颍上……当是时文登丛公自户部右侍郎兼都察院左佥都御史巡视庐、凤诸郡，曾出按部闻颍上围，跳驱至正阳，其日盗闻即解去，镇之父老豪杰相率顿首谢……佥复于公曰，惟西长淮之险可恃无恐，其三面受敌，若浚土引水以环之，土以垣之，垣以援之，人以守之，是亦一策，公曰俞我其视载，视已曰可度地得千二百二十有六丈，度人得二千六百七十户，公曰河广惟四丈，深半之，工力则视其户而上下之，三面为门，门有楼有桥，垣之，上为楼十有七所……未几报河渠成，又未几报门、报桥楼成，经始于三月壬戌，讫工于四月甲午，凡三旬有三日，三十万工，父老豪杰睹厥成功，欢忻舞蹈”①。

另有《寿州修城记》，记载寿州城“周以里计十二有奇，其高以尺计二十有奇……”洪武末年，“指挥袁贤重修，俱无碑刻纪述，历岁滋久，西北滨水善崩，崩塌者多，东南则间亦有之。正德辛未（1511年）夏四月，邻报流贼日至，知州黄梅吴君节、判官淮阳于君澍与予三人者督率民兵为城守计……我其陶砖于野，伐石于山，不足则继以北门废桥之石，石灰则易，以公羡不足则募诸富民之好义者，人匠则城乡壮有力者……越明年，壬申（1512年）春正月，予复罢归，是时盗贼益横，弗果，行其二月中，户部右侍郎兼都察院右佥都御史文登丛公奉上命巡视凤阳诸郡，按部至寿春城望曰，壮载……乃卜三月十有六日即工，工半而代予者天台林君薇亦至郡，五月五日工告成，丛公大喜。……是役也，人匠以工计二万有奇，石长短以尺计一万三千，砖计万筒，石灰以石计六千一百四十五，食米以斛计二百有奇，所修城横以丈计二百六十七，而计其始终才五十日”②。

（二）寿州城市内部空间形态

寿州治所于洪武初设于城东宣化坊，天顺间（1457—1464年）知州罗训即旧址建，公署及察院设在州治东，嘉靖《寿州志》卷三《建置纪》列有详细建筑方

---

① ［明］王九思：《渼陂集》卷十《寿州正阳镇新修河渠记》，嘉靖十一年本。

② ［明］王九思：《渼陂集》卷十《寿州修城记》。

位及名目。其税课局在州治西北，阴阳学在州东城隍庙左，医学在州治东紫金城。寿州学校历唐、宋，并在东南，元移址西清淮坊，泰定间贻扩其规。明洪武二年（1369年），知州夏侯显修，经正统、景泰、成化、弘治继修，正德间知州林僖大新之，嘉靖辛卯（1531年）奉制更殿为师庙。书院凡三，淮南书院在州东北，知州刘天民建，安丰书院在正阳镇，知州王鎜建。涌泉书院在城北八公山麓，御史杨瞻建。嘉靖朝，寿州公馆“在州治西北”，预备仓，在“军储仓东，知州栗永禄修。军储仓，州治东北，官军俸粮贮此”。州城内坊牌林立，分别位于州前、州东、州西、察院前、察院东、察院西、东察院左、东察院右和儒学前。而东、西、南门内及北门内亦为各坊分布集中之处。嘉靖《寿州志》还特别记“以上今存”，以示与嘉靖朝之前“以上俱废”各坊相区别。州城寺观及宫庙主要包括，报恩寺，“旧名东禅，即僧正司，州治东北”。净戒寺、玄妙观位于州西北隅。关王庙，在城西南。五显庙、火星庙在州北。天妃庙，在城东南。硖石寺，城北，“今改为兴福寺”①。寿州地方军事力量多设于巡检司，以保障辖境薄弱地带及交通要冲之处社会治安。《大明一统志》记，寿州，“正阳巡检司，在州西六十里。下蔡巡检司，去城北三十里”。开顺镇巡检司，在“县南一百六十里”。北炉桥巡检司，“州西南六十里”②。嘉靖时期，寿州社会的控制还体现在城外各驿的分布有序，寿春驿在淝河口，去城十里。新站驿，去城西九十里。递运所，去城北三十里。下蔡递运所，嘉靖年间，“今革”。寿春驿，则迁于城内。此外，寿州大镇正阳钞关、下蔡行署、桑科铺芍陂公馆等设施亦为官民所需。寿州便民仓储分布在州境四个主要镇、店，即“瓦埠镇、姚杲店、正阳镇、下蔡镇，俱知州栗永禄重修”。州城外寺观及宫庙分散于州境各地，“水月寺，正阳镇。兴福寺，城西北毛仙洞……黄溪塔寺，南一百三十里。圣福塔寺，东四十里。驻驾寺，南七十里。顺天寺，东南一百里。禹王宫，下蔡镇。涌泉庵，州北十里。黑石庙，黑石潭上。白龙潭庙，北二十里”。至清光绪年间，作为寿州当地特色之一，炭场集禹庙曾是祭祀水神大禹所在，“禹临庙，在炭场集北，俗传禹治水临之，故名。兵燹后废”③。

从现存方志记载看，明清以来寿州县乡辖区及地名归属受寿州政区调整影响较大，地域涉及凤阳、颍州两府和蒙城、凤台等县，其城、乡属地亦随之而变。城乡和城镇市集之变则相当程度左右着一地政区的控制与适应程度，有关城乡

① 嘉靖《寿州志》卷三《建置·郡县治》。

② 《大明一统志》卷七《凤阳府·公署·巡检司》。

③ 光绪《寿州志》卷五《坛庙·寺观》。

功能区别和社区差异的考察，其具体个案都是当地社会文化层面的真实反映。

四、清代皖北行政区划调整与府、州、县城市变迁

——以雍正至同治时期颍州、寿州及凤台县为例

东汉灵帝时期（168—189年），即将“州”确定为行政区划建制，此后，州亦成为政区通用地名之一。州分属两个层级，一称为散州，即隶属于府；另一直属于省，称为直隶州。颍州、亳州等州于雍正初升为直隶州，但随后升降明显。伴随颍州由州升府，亳州即于雍正十三年（1735年）降为散州。今淮河流域范围内，自古以来各政区及府县兴废、改设、升降、改隶较多，同一区域邻近府、州行政层级的变化，呈此消彼长之势。由州升府模式，即散州→直隶州→府，行政辖区不断巩固扩展，其大多伴随归属直隶州→散州演化过程。雍正年间行政区划作出重大调整之后，乾隆年间各地出现重修新府（州）志现象。

（一）雍正时期颍州（府）与亳州之关系

清初袭明制，颍州属凤阳府。雍正二年（1724年）九月己未，升为直隶州，析凤阳府属之颍上、霍邱二县来属。雍正十三年（1735年）七月十三日，升颍州直隶州为颍州府，置阜阳县为附郭，降亳州直隶州为散州，与原属太和、蒙城二县一并来属，颍州府共领一州五县。颍州辖界伸缩变迁，以嘉庆《大清一统志》记载为例，颍州府“在安徽省治西北八百四十里”，其里至范围变迁体现于，一方面，以安徽省治为里程标志中心；另一方面，相对州境而言，颍州府境东西南北纵向及横向范围明显扩展，“东西距二百八十五里，南北距三百五十里，东至凤阳府寿州界一百二十里，南至河南光州固始县界一百二十里，北至河南归德府商丘县界二百三十里，东南至六安州界二百八十里，西南至河南汝宁府新蔡县界一百二十里，东北至凤阳县宿州界一百五十里”①。

雍正二年至雍正十三年的十一年间，颍州与亳州政区起伏变化看似戏剧性，但这一时期行政等级升、降隶属变更，确定了此后至清末颍州府区域行政中心地位。在城建方面，颍州府城“倚颍水为隍，乾隆十三年、十五年屡修”，颍上

① 嘉庆《大清一统志》卷一二八《颍州府》。

县城，“南西北三面有池，东临河，顺治六年、乾隆四年重修”。霍邱县城，“明正德中增筑，康熙七年重修”。亳州城，“乾隆二十七年重修”。太和县城，“雍正十二年重修”。蒙城县城，“顺治、康熙间屡修，乾隆二十六年重修”。以清代颍上县城为例，城池多次修筑，其中与水患冲淤有很大关系，“顺治八年（1561年），东南城垣尽被大水冲圮，知县鲍弘仁自备砖灰坚修城堞二百二十九丈。顺治十二年（1656年），堤桥倾坏，邑令翟乃慎重修桥址，复建泰山庙，镇水口，完固城垣。康熙四十四年（1705年），沙河水泛，城复被冲，因渐倾颓，止存东北一隅。雍正五年（1727年），县令张志亨详请上宪于禾稔门至通津门补葺砖城，余皆改筑土城。乾隆四年（1739年），又被黄水冲毁，惟东北砖城未圮，邑令蔡元成又经通详改修砖城。乾隆八年（1743年），委安庆府陈粮厅会勘，估计需工料银二万二千一百九十八两七钱，造册具详，各宪批饬俟以工代赈之年照估请修”①。其城建规模、城墙周长，因城墙土、砖及财力而异。同治《颍上县城图》所绘城墙、城楼实体呈椭圆状，图绘者已能掌握运用透视绘制技法。图中街巷方位清晰，主要道路呈“十”字形图，右方分布有“金家巷”“公馆巷”“学巷”及学署、文庙、文昌宫、县署等建筑。图左城内城隍庙与城墙外关帝庙隔城门楼一路相通。

《大清一统志》所记颍州府祠庙，多为府辖州县境内列入官方记录之祠祭场所，主要包括在府城为城西北西湖四贤祠、欧阳公祠、报公祠、三忠祠，在颍上县境为管鲍祠、县城北关四贤祠，在亳州城内莱公祠、州北汤王祠、城东七十里义门镇巴颜祠、州东三十里汉光武庙，太和县境，城内赵公祠、县西北七十里汉光武庙。寺观，阜阳县境新渡寺、善现寺。霍邱县福昌寺、朱砂寺，颍上竹成寺，太和海眼寺，亳州咸平寺、谯令寺、大觉寺、通真观、天静宫、太清宫，以上皆为颍州府辖区官方默许之主要祠庙，因而亦被纳入清一统志中。嘉庆《大清一统志》又记，颍州府“沈丘镇巡司”，方位在阜阳县西北一百二十里。“洪山镇巡司”，在太和县北九十里，明设。“义门镇巡司”，在亳州东七十里，明设巡司，后废，乾隆十九年复设。此外，颍州府辖霍丘县有开顺镇巡检司、三河尖巡检司②。至清末，颍州府领州一，亳。县六，阜阳、颍上、霍丘、太和、蒙城、涡阳。为顺应政区改制以来建置变化，颍州知府王敛福设局创修府志，《颍州府志》成书于乾隆十五年（1750年），共十卷首一卷。与徙迁新治不同的是，一批县级治所往往是以府城附郭的形式存在。阜阳县，雍正十三年颍州升府后，以州地置阜阳县为府

① 乾隆《颍上县志》卷二《建置·城池》。
② 嘉庆《大清一统志》卷一二八《颍州府》。

治。之后,乾隆二十年(1755 年)出现潘世仁修、王麟征纂二十卷本《阜阳县志》。

(二)州、县政区变迁——以寿州与凤台县为例

寿州旧治即今寿县,今见最早嘉靖二十九年(1550 年)刻本《寿州志》,其所辖霍邱、蒙城为其属县。清雍正初年霍邱、蒙城改隶颍州府,而位于凤阳府辖寿州西北与颍州府属颍上县东、西正阳,隔河相对。嘉庆《大清一统志》"正阳镇巡司"条,注明东、西正阳之方位区别,"一名东正阳,与颍上西正阳夹淮相对,明设巡司,本朝因之,凤阳府通判亦驻此"。此外,"阚疃集巡司",在凤台县,"嘉庆十二年,裁池州府建德县永丰司巡检移设于此"①。

雍正时期政区改制,还直接促生出新设县级行政区的产生。凤台县析建于雍正十一年(1733 年),县治初与寿州同城,分寿州城东北隅复置。同治三年(1864 年),徙治下蔡镇,即今凤台县城关镇。县辖政区正当性往往是以外在的城墙建筑及县衙的形式,表现其存在的合法性。"同治迁城"是一个突出标志,凤台县从此远离寄寿州城下之惯性,并形成以"下蔡"为县治中心的时代。光绪年间,《凤台县志》记其疆域,"今县治东距怀远县治百五十里,县东五十里陈家冈与怀远新集界,西至颍上县治百二十里,县西八十里杨家□与颍上县龚家集界,南至寿州三十里,以北门城濠为界,北至蒙城县治百五十里,县北六十里界沟集与蒙城县大兴集界"②。叙述凤台县城郭的沿革过程,需源起寿州城。"县之同在寿州城内,县城东北隅,系明时察院也。咸丰十一年(1861 年),苗逆陷城,倾圮殆尽。苗平后,巡抚乔松年奏请,同治二年县治移驻下蔡,遂暂居展沟集"③。光绪十九年《凤台县城图》显示,图中上北下南,北部凤台县城墙基沿"北故城基"及东部有"老城故址"建筑,故城外有"西城河"及"东城河"。城西、南、东墙外为淮河。城内中央环以城墙图形,标有"县署、汛署、监狱"等房舍、牌坊字样图形。在故城址与城墙之间,绘有禹王宫、城隍庙、火神楼、财神楼、大王庙、文昌宫、三星庙、奶奶庙、观星台等许多庙、宫等名称和房屋图案。因城临淮而建,图中南城门外及城东"迎珲"门之外绘有"南渡口""东渡口"。对于县城祠庙建筑由来及与寿州同城时期之关系,光绪《凤台县志》卷首记道,"县之初分

---

① 嘉庆《大清一统志·凤阳府二》。

② 光绪《凤台县志》卷一《舆地志·疆域》。

③ 光绪《凤台县志》卷首,卷五《营建志·城郭》。

也，与寿同城共祭，未专建文庙，善后移治下蔡，知县裴峻德因古庙废址改而创之，历经官董经营缔造，规制未修。光绪癸巳（1893 年）知县李师沆据绅董王卿臣等禀通谕阖境捐输兴工大作，乃观厥成并于庙偏兴建文昌宫、魁星阁”。其《城隍庙图说》载：“明初城废而庙仍在，咸丰十一年（1861 年），苗逆据下蔡，拆毁殆尽。同治三年，县治移下蔡，绅民鸠工重建，庙貌一新，始复享官民之祭。”①

凤台县境生态环境深受淮河及淮北湖河影响，焦冈湖所在为淮河、颍河、西淝河三河之间洼地。为改变易受洪涝灾害之局面，清嘉庆至光绪间，当地曾大兴水利。焦冈湖“周亘百数十里，界颍接寿，每淮淝泛涨，洪涛浸灌，则平衍泽国，禾稼一空。嘉庆时知县李兆洛建修闸坝，水利以兴。乃日久废弛，汪洋如故，历年随修随塌。光绪十四年（1888 年），邑绅士卿谙求宋提军朝儒禀请巡抚陈彝拨提巨款，先后兴修永安、永丰诸坝闸以司启闭”②。

五、明清蚌埠县级行政群与地理背景

历史上以蚌埠为中心地域的淮河中游干流腹地，周围存在一县级政区为依托的行政群，尤以明清时期最为明显。追溯城市体系的构成，现在安徽省蚌埠市区所在，为明清灵璧、怀远、凤阳、五河辖境交界之地。明清时期，怀远、五河、凤阳为明代凤阳府直辖县，灵璧则属宿州辖县。清初袭明制，每县辖界范围多以“四至八到”为界限，其中“蚌埠”地名所在是相邻周边县域接壤之地，至清代中期，蚌埠地理形胜及治淮重镇地位已为官方重视。比较明清时期淮河中游及灵璧县、怀远县、五河县政区制度沿革、辖界变化及四至八到范围，可知现今蚌埠一市三县行政区划范围变迁过程，其淮河中游城市外部及内部形态结构的主要布局，则与地区城镇分布与淮河以北水环境的变迁差异相关。

城池对空间及地域划分的隔绝功能相当明显，但黄泛影响之下的河道变迁、洪涝水患，各府县都不同程度受到洪患威胁，影响范围涉及沿河区域内各府厅州县城市及主要行政衙署，在一定程度上直接或间接造成城池治所的迁移和重修。明嘉靖年间蒙城、五河因河患迁城，黄泛辐射之下，明代淮北地区城建与防洪关联密切。正德之后，沿黄下游地区各县重修城池，用土或砖石筑砌的城墙作

① 光绪《凤台县志》卷首《城隍庙图说》。

② 光绪《凤台县志》卷首《焦冈湖图说》。

为屏障,在突出防御功能的同时,普通的内、外城垣还往往被赋予一种防洪功能。

(一)怀远县辖区及城镇变迁

行政区划是统治和实施管理行政区域的重要手段,其划分原则与历史传统、地理条件、政治民生等密切相关。历史上随着朝代更替,行政区划多根据政治、经济、军事需要不断调整。凭依明清《地方志》地区性、综合性、资料性、连续性的特点,专详记叙当地山川地貌、沿革地理、建置疆域、风俗民情等事记载。政区治地名称及辖界变更,因设置时间、地点和方位里程变化,统属级别不尽相同。对于深入探讨连续性的区域整体及局部变迁,"复原"地理环境与行政区划演变,其作用往往是其他著作不可比拟的。

明成化年间,怀远县疆域道里,"东至凤阳县界蚌埠,三十里。西至蒙城县界淬泼村,九十里,南至寿州界黑河儿,六十里。北至宿州界澥河,九十里。南到寿州,一百四十里,北到宿州,一百八十里。南到定远县,一百八十里。西到寿州柴涧,八十五里。东北到灵璧县,一百八十里。西北到徐州,三百六十里"①。嘉靖时期,以怀远县治为中心,怀远辖地跨淮、涡南北,荆山雄踞城南,与涂山隔淮相峙。东凤阳,西蒙城,南寿州,北宿州。县"一百二十里,袤一百十里。元至元二十八年(1291 年),废军为县,属濠州隶安丰路。属凤阳府,东达于府七十里"②。清道光时期,官方志书所记道里目的由府变为省,因而距府、距里里程随之改变。怀远"县治在府西北七十里,距省七百五十里,东西距一百二十里,南北距一百六十里,东三十里至蚌埠凤阳界,西九十里至寨头铺西□村颍州府蒙城县界,南九十里黑河南陈家冈寿州界,北七十里至澥河中流宿州界"③。据明代嘉靖年间方志记载,怀远设四乡:"乐善乡在县西北二十里,其村有拖城、邯郸、香仁凡三村……山西乡在县西三十里……洛河乡在县南四十里,其村有禹会、考城……凡六村。"其市集为:"石桥、何家、龙亢、包家、河家溜、马头城、平峨山、浅林。"④

雍正《怀远县地舆图》将清雍正年间怀远县形胜焦距于方寸图幅,图中淮河自东北西南沿"常家坟"而下,经上洪、下洪至图左下"占熬塔"附近。以淮河为

① [明]柳瑛:《中都志》卷一《疆域道里》。
② 嘉靖《怀远县志》卷一。
③ 道光《皖省志略》卷三。
④ 嘉靖《怀远县志》卷一。

界,左上为南下为北。左上边缘处绘有数栋房屋及“考城集”地名,右上绘有“舜耕山”山形及雍正《怀远县舆地图》地名,图正中位置,左岸绘有“天河”,即古西濠水。天河之西绘有“十二门”水纹,旧称郭陂塘。嘉庆《大清一统志》记,“郭陂塘,在怀远县南二十五里,即晋时镇城旧址,周四十里,后改为塘,受南山诸水,为一方沃灌之利”。图中形象绘画山脉和“上窑铺”地名、涂山及“禹庙”,右岸为怀远县城、治所、儒学、城隍庙及“火星庙”“大王庙”等祠庙建筑,在“淝河”附近标有“曹老集”“石桥集”等地名。在绘有“涡河”河形右侧标有“河家溜”地名,至大王庙、新河口处入淮。在“茨河”河道处标有上桥、下桥地名为便于读者具体识认怀远城内重要建筑,雍正《怀远县志》卷首还附有《官治图》和《学宫图》。经历明末清初,至雍正年间,怀远县乡坊分布及演进情况与民生及地方税赋相联系,“本县有七乡八十一里,曰山西、曰东涂、曰西涂、曰清洛、曰洛河、曰在县、曰在乐,嗣因凋敝人户减缩,并西涂、清洛于洛河,并东涂于山西,改在县曰在城、乐善,共四十七里。怀远县先年八十一里,明中叶并为四十七里。嗣经兵燹,视前疲敝益甚,议者谓,里曾并矣,而再并为难,赋已定矣,而减额则否。国朝仍其旧制数十年,生齿渐繁,荒地渐垦,民生安堵内,有图大赋繁督课难,周有一图而分上下二里者,有一图而分上中下三里者”①。雍正年间,“夫镇之有集,从民便也。惟便民则不必有定所,今村镇之集有易地而不易名者,亦有古无而今□起者,莫能悉纪。纪昔之旧以存其概云”②。至嘉庆时期,怀远县集镇划分除继续沿用怀远分区图以淮、涡为指向外,再添加天河、洛河、茨河及淝河并以此细化集镇所在南、北、西方位。鉴于怀远县清代中期“生齿渐繁,荒地渐垦”的结果,是人地关系矛盾萌生的反映,实际上很大程度上即是主导、刻画了当地城乡环境变迁的主要原因之一。

针对明清时期聚落地名发生方位、名称变化情况,分析区域空间尺度下村落分布的格局,就需要考证的方法才能完成。利用不同时期的地图来进行判定,同时结合地方志和地名志等资料进行比对,即地名数据与同时期或者前后相近时期县志或其他资料记载的数据对比,是区分村落发展的整体面貌和局部地区差异的有效方法之一。清人在编纂怀远方志中,扩展县境村落地名的方式,是以怀远县东、南、西、北为方位,以淮河为界限标尺,将具体村落名称加距县城里程的方式标志,分类怀远村落所在。由上表地名显示,雍正年间,怀远村落西密东疏的分布格局基本变化不大。

---

① 嘉庆《大清一统志·凤阳府二·古迹·堤堰》。

② 雍正《怀远县志》卷一《山川》。

表 5.6　　清雍正年间怀远县主要村落分布表

方位	村落名称及距县里程
县东淮河北	邯郸村,去县二里。桃源村,去县十五里。拖城村,去县二十五里。桃林,去县二十里。城隍庙村,二十里。山香寺村,二十五里。大双墩村,二十五里。陈村,二十五里。
县东淮河南	下洪,去县二里。上洪店,去县二里。夹山口,去县五里。回军庙,去县五里。下槐庙,去县十里。毛家营,去县十五里。王山村,去县二十里。石虎庙村,二十里。中井寺村,去县二十里。北井村,二十里。镇江营,二十五里。南井村,去县二十五里。张公山村,三十里。高埂莲池村,去县三十里。康家桥村,三十五里。
县南淮河东	冷水涧,去县八里。禹村冈,去县十五里。孝义村,去县三十里。孔册村,去县三十里。芦冲村,去县三十五里。黄疃村,去县四十里。萧家湖村,四十里。朱村寺,去县四十里。石塘村,四十里。禹庙村,去县五十里。贾村,去县五十里。龙王坝村,去县五十里。外窑村,去县五十里。马厂庙村,去县七十里。王家楼,去县七十里。龙头坝村,去县七十里。高塘寺村,去县七十里。舜耕山村,去县八十里。
县南淮河西	南洪,去县二里。安乡,去县十里。下桥,去县十五里。土山村,去县十五里。孔冈,去县三十里。彭村,去县三十五里。郭庄桥,去县三十五里。孔疃村,去县四十里。浅林村,去县四十里。大口村,去县五十里。符家桥,张埠村,去县五十里。殿村,去县六十里。永平寺,去县六十里。七步嘴,去县六十五里。黑河村,去县七十里。
县西	十里铺村,去县十里。土楼村,去县十里。红山嘴,去县十里。沙□,去县十里。张家嘴,去县十八里。漷河坝,去县二十里。东□,去县二十里。上桥村,去县二十里。枝子湖,去县二十里,□□□,去县十三里。柳沟村,去县十三里。官庄,去县三十里。□□□,去县□□□。招仪村,去县三十五里。西尤村,去县三十五里。唐家□,去县□□□。蜀村铺,去县四十里。沙江坝,去县□□□。铁家园,去县五十里。龙王庙,去县五十里。观音堂,去县五十里。双庙村,去县五十里。慈鸦村,去县五十里。金沟村,去县八十里。大成寺,去县六十里。朱疃村,去县六十里。塞头铺,七十里。
县北	红庙村,去县五里。正义村,侧塘村,俱去县十里。尹家河,杨家河,罗家河,俱去县十二里。草寺湖,去县二十五里。钱家河,芦沟村,苇家店,石羊沟,俱去县三十里。张八营,去县三十五里。大庙村,青沟村,俱去县四十里。天晏沟,去县五十里。法钟寺,俱去县六十里。

资料来源:雍正《怀远县志》。

与明代怀远县村落分布相比变化明显，清代新生村落多后来居民迁来所建，而这种差异既与地区地貌形态密切相关，又同这一时期当地人口快速增长有关。村落发展亦以移民迁建新生为主，当地水文环境在一定程度上影响着村落的发展，因而不同村落生长规模及增生或聚合空间有所差别，在某些特定地貌区内，淮北河流水文条件会成为左右村落发展的限制性因素，决定着村落是否能够顺利生成和扩展。因此，怀远县“乡之有村以乡民之所聚居也，怀邑地势平衍，居民错集，素称蕃盛，自兵燹后人民流移，半化为烟荒狐兔之场。今蒙盛恩休养，各宪安戢，流民复业，生齿日繁，民之居处者庐舍历落道里，相望依然熙攘成俗，兴之劝艺课农，敦诗说礼，庶几比户可封矣”①。从雍正年间怀远村落方位可知，县辖政区治地界限范围仍较广阔，位于怀远县淮河南，治东三十里张公山村，即今蚌埠市禹会区张公山公园附近。其“禹村冈，去县十五里”，据嘉庆《大清一统志》记载，禹墟，“在怀远县东南，应劭曰，当涂县有禹墟，《水经注》禹墟在涂山西南，《县志》，涂山南有禹会村，即古禹墟”②。而去县南八十里舜耕山村，应在今淮南市境。

方志地图、城郭图和治河专书中城市轮廓图绘制存在的合理性，以现今之标准批评其绘图形象的欠缺，其本身即缺乏时代性考量。河湖沟渠及具象的城图，不仅弥补资料性、概括性描述之不足，且为今人深入展开一般性的府县城市的空间形态研究提供了认识基础。嘉庆《怀远县志》中《县境分图》《县境总图》采用计里而不划方绘制形式，将县城、县境集镇、道路、河湖分区图示，为分析其环境背景提供了图形示意。通过地图分析，有助于对当时怀远辖境城镇界限及布局的了解。强调“县地既为诸流之委……县之境与他县分界者，唯西北与凤台、蒙城、宿州毗连之处最为纷错，犬牙盘互不可别识，而北土多事，每两境有命盗之讼，或彼此推诿方册无凭，大吏亦无可据断，但能据土人之言以为信耳”。因而，“前志绝不之及今，特步步考验定其疆域，既为之图，复详著于书焉”③。嘉庆《怀远县志》方志地图版式版本特色明显，比较前后不同时间段，嘉庆方志梳理同一地区地名的方式，更注重标注信息的时代特征，包括方志地名环境变迁，河道、建筑方位变迁对比并与地图互补。以怀远县县西南方向为例，对于雍正年间怀远县西新设之凤台县及相关与寿州的分界，以地名明确显示相互界限。“县南境淮之南，自龙王沟与凤台以沟为界，南至碾盘桥之南，又直南至洞

① 雍正《怀远县志》卷一《乡坊》。
② 嘉庆《大清一统志·凤阳府二·古迹》。
③ 嘉庆《怀远县志》卷一《地域志》。

山之麓皆凤台界也。洞山以东，迤薛家山、□头山、五层山、团山、常山、赵家山、倪家长山、龟山、陈家山、许家山、蝎之山、龙王山、花山绵延二十五里，皆以山脊为界，脊南属寿州，花山以东，经蔡城塘与寿州以塘之第二斗门为界，又东为王家古堆，堆属寿州，以堆下为界”。后历经多次区划调整，上述部分地名所在，今归属安徽省淮南市辖境。而以洛河东西为界，划分寿州、定远、凤阳界限，且具体到相邻路、埂及村庄地名为划界标志。“又东至洛河，洛以东为寿州，洛以西为定远，怀远与定远以杨家亭河为界，东至五里桥，桥北以东至沈家桥西北而北转以路为界，转东至庐塘埂，以埂为界，转北过王家小庄至王家巷南，又东迤而西北转为凹里金家，又西南转至王家巷，北又折而北过凤阳军王家西，又北过涧至凤阳何家庄西，迤西北过凤阳”①。因地理方位显要，嘉庆时期，洛河村地位发生变化（今淮南市大通区），“洛河巡司，在怀远县西南七十里，明洪武三年置巡司，后废。嘉庆二十三年复设”②。

表 5.7　　清嘉庆年间怀远县集镇方位与分布

区域	集镇数量	地名及方位
淮南天河北	2	上洪，县东南五里。泰家山集，县东南二十里。
淮西洛北天河南	7	马头城，县南十二里。新城口，县南五十里。上窑，县南五十五里。龙头坝，县南七十里。盘龙集，县东南四十五里。考城，县东南五十里。宫家集，县东南四十里。
淮南洛西	3	洛河集，县南六十里。新店集，县南八十五里。九龙冈，县南九十里。
淮西茨南	11	上桥，县西南十五里。茅塘集，县西南三十里。廖家巷……胡潼集……朱疃桥，县西南五十里。常家坟，县西南五十里。永宁集，县西南六十二里。五叉路，县西南六十八里。唐家集，县西南六十里。潘家集，县西南五十里。刘家集，县西南五十三里。
茨北涡南	6	唐家店，县西三十里。何家溜，县西五十里。贡家集，县西六十里。案头铺，县西九十里。张家庙，县西八十里。南新集，县西八十里。

① 嘉庆《怀远县志》卷一《地域志》。
② 嘉庆《大清一统志·凤阳府二》。

续表

区域	集镇数量	地名及方位
涡北淝南	14	岿河菜市,县东北五里。马头集,县北四里。小街,县北三里。龙窝集,县西三十五里。双沟集,县西三十五里。龙亢集,县西七十五里。丁家集,县西北五十五里。张家集,县西北十五里。龙王庙,县西北二十六里。草寺集,县西北二十三里。苏家集,县北二十里。胡家口,县北二十二里。太平集,县北二十里。梅家桥,县东北二十五里。
淝北澥南	18	曹老集,县东北四十里。周家集,县东十五里。张家店,县东北二十四里。芦沟集,县口北五十五里。何家集,县北六十里。北新集,县北六十里。高庄集,县北二十五里。高皇集,县北六十四里。包家集,县西北五十四里。人和集,县西北五十八里。陈家集,县西北七十里。阚疃集,县西北七十里。西陈家集,县西北百十里。李兴集,县西北六十五里。西新集,县西北五十里。古城集,县西北二十里。张八营,县西北三十二里。太平集,县西北五十八里。

资料来源:嘉庆《怀远县志》卷七《营建志》。

(二)怀远城建与环境

明嘉靖年间,怀远“旧有城,户六千二百九十二人,口四万八千二百七十三,凡四乡四十有七里。《寰宇记》云:在钟离县西八十里,周三百步,因山为城,阻河为池。本梁魏战争时所筑,周世宗置镇淮军始大其城。宋宝祐五年(1257年)贾似道奏涡口筑城,上环荆山,下连淮岸,险要可据,有旨令便兴工,六月工毕。理宗御笔似道,荆山成城,义在怀远……旧有五门,东禹会,西捧玉,南青龙,北还京,小东门,后城废”①。县城,“历元至景泰元年,知县王道始因故址修筑,寻复堙圮。正德六年,山东盗起,劫掠州县,都御史丛兰檄知县李豫城荆山为中都扞蔽,今亦废,仅存遗址及西南二门”②。怀远为古荆山城,即今县城。至嘉靖年间,县城又废,仅存遗址及西南二门。据康熙《凤阳府志》记载,怀远,“自是之后县无城郭,唯于各街巷门署额,东曰宾旭,南曰迎薰,西曰含晖,北曰朝京,小北门曰拱元,小西门曰凤池。崇祯十三年,流寇猖獗,抚院朱大典题城荆

① 嘉靖《怀远县志》卷一《城建》。

② 嘉靖《怀远县志》卷一《地理》。

山”,“度地于淮河两岸菜畦隙地,不动公币取办民间,筑为新城,周围仅三里二百余步”①。道光时期《皖省志略》则记,“旧城相传南北朝时所筑,周九里十三步。明景泰初知县王道因旧址修建,后圮。崇正时巡抚朱大典请城荆山,始建新城于淮河西岸,周三里二百余步,门四,无濠。阻山带河,临深据险……”②可见,明代中后期怀远数次城建修筑皆与战乱相关。

明代怀远县署、儒学建筑结构,据嘉靖《怀远县志》卷一记载,县署在荆山东麓,洪武三年(1370年),知县唐蔚建,规制略备,继宦者渐增舍宇,成化二十二年(1486年),知县梅纯,嘉靖十年(1531年)知县任俊改建,嘉靖十六年(1537年),知县商承学复建。察院旧在县东南,因水患改建,嘉靖年间在公馆南数武。儒学,旧连于县治东南半里,洪武三年(1370年)知县唐蔚,教瑜王景彰即故址建学舍,永乐元年(1403年)、永乐十三年(1415年)知县喻文伟、胡秉彝修,正统四年(1439年)知县党质,天顺四年(1460年)知县李寿再修,成化十七年(1481年)淮河溢圮于水,移连于县治东南二里许荆山之麓。正德七年(1512年)提学御史黄如金复移建,知县李豫仍旧刹增新其制,规制尚浅隘,嘉靖二年(1523年)、嘉靖十七年(1538年)知县徐玠、商承学重加修饰。两山书院在县治西北,文庙在儒学,以春秋二仲上丁日祀先师孔子及两庑从祀诸贤,嘉靖九年被钦定祀典。

清代怀远县祠庙分布广泛,信众颇盛。至嘉庆朝,列入官方祭祀的主要有,洛河镇城隍庙,方志按:“洛河古城戍之所,故有城隍庙,以为因驿而建,非也。龙亢城隍庙,在龙亢集中,按:龙亢为古县,有旧城,故有是庙。”拖城土神祠,在拖城。又按,“拖城古涡口城,此土神祠即城隍也”。火神庙,在县北一里,建于明隆庆年间,清乾隆中又修。乾隆十四年刻有火神庙碑记,“此庙与龙神庙,即涡河南岸大王庙,皆按礼部则例祭祀”。嘉庆二十二年,管马主簿还负责重修了建于明嘉靖七年的马神庙和位于县仪门东之土神祠③。

将方志记载“灾异”内容,纳入分析明正统至清嘉庆灾荒成因的选择范围,主要在于其资料表述是了解、判别当地三百多年间城市社会变迁,尤其是灾害环境对怀远县城影响程度的依据史料之一。“正统二年(1437年)夏五月,大雨,水入城市。嘉靖二十七年(1548年),戊申春正月,雨水。三十四年(1555年)乙卯六月大雨,水入城市。四十五年(1566年)夏,霪雨连月,水坏民居,知

① 康熙《凤阳府志》卷七《城池》。

② 道光《皖省志略》卷三。

③ 嘉庆《怀远县志》卷四《祀祭》。

县林公乘舟问劳，民皆感泣。隆庆三年（1569年）六月，大雨，水入城市。六年（1572年）三月，雨雹，二麦多损。万历九年（1581年），旱涝相仍，岁大饥。十一年（1583年）淝河南北蝗起。十五年（1587年）连月不雨，禾损于蝗。二十一年春正月，下旬霪雨历夏，至秋七月初方止，水入城市，坏民田庐。二十九年（1601年）春雨，至初夏方止。水入城市。三十年（1602年）春正月，大雪，二三月淫雨，五月，水入城市。崇祯四年（1631年），大水入城。顺治六年（1649年），大水城中行舟。九年（1652年）大水入城。十年（1653年）旱，蝗灾。康熙四年（1665年）夏大水，七年（1668年）六月大水，八年（1669年）大水入城。三十五年（1696年）六月，连雨水入街市。四十四年（1705年），六月大雨，水入城，舟抵县前，诸河汇为一，神庙民居俱飘溺，民携老幼登山居约半载，水较前顺治更甚。四十五年（1706年）夏，复大雨弥月水入城市。四十八年（1709年）正月，大雨，自春及夏连雨不止，二麦歉收，水入城市。舟抵县前，民无食。五十二年（1713年）七月大雨，后秋旱。五十八年（1719年）五月阴雨，河水大涨入城市，民居倾坏"①。清"乾隆十八年（1753年）自九月至十月，雨四十五日，涡淮水大涨，平地皆行舟，水至县署厅事"，乾隆三十三年（1768年），"飞蝗蔽野，集于房屋皆满，知县余模捕蝗有功，四十三年（1778年），河决，由涡入淮，大水。五十年（1785年），大旱。五十二年（1787年），水。五十八年（1793年），河决，水。嘉庆三年（1798年）后，水、旱、蝗、荒亦不断"②。上述记载"水入城市""城中行舟"表明县城曾屡遭水患。时至清中期，嘉庆《怀远县志》详细记载了当时县城街坊走向，沿街相关道路及主要建筑方位。其实当地士绅对于频繁受灾也有清醒认识，嘉庆二十三年《重修县署碑记》记："嘉庆十八年（1813年）怀远大水，日夕驰驱泥潦中，不遑恤所居，嗣乃无岁不潦，民匮于力，官匮于藏，且偃息而已。今年春雨阳应，时麦已有，秋乃筹附贮之，欤鸠工庀材，善而治之。"文中分析当地水患，反思"其故何也？淮涡下流填淤日久，雨泽稍过，即成漫溢"③，并认为疏浚县域水利之法在于维修昔时已废塘堰。

（三）灵璧县城建与环境

灵璧为宿州属县，灵璧自宋立县历元无城，迨弘治乙卯（1495年），县尹陈

① 雍正《怀远县志》卷八《灾异》。

② 嘉庆《怀远县志》卷九《五行志》。

③ 嘉庆《怀远县志》卷七《营建》。

玉始筑土城，至正德改元则已就圮矣，荡无防蔽。明嘉靖年间，“六年辛未（1511年）六月，楚陈伯安来知县事，以流贼逼近淮甸，始下议循故址而城之。为守御计，工将兴而寇至……乃伐石为垣，陶甓为堞”①。正德战乱，皖北诸城防守告急，因此，各城包括灵璧县城在内，通过增固加高城墙，挖深护城河一系列举措以加强防范应对。城“高一丈九尺，厚一丈五尺，周回六里，辟四门，东曰鹿鸣，西曰凤仪，南曰望荆，北曰来璧。每门建楼于其上，架桥于其外，又城隅角楼有四，堞之内铃铺二十有四，城下有濠，广二丈，深八尺，周八里一十步。经始于壬申（1512年）六月，明年二月工完”②。道光《皖省志略》记：“古未有城，明弘治中（1488—1505年）知县陈至始筑土城，旋圮。正德初知县陈伯安即遗址建，周六里有奇，门四，池深八丈，阔二丈，本朝康熙十二年（1673年）修，乾隆十九年（1754年）重修。”③

明嘉靖时期，“灵璧在州治东一百二十里，广一百里，袤二百八十里，东至虹县界河北三十五里，西至宿州界大店六十里，南至五河县界潼河一百四十里，北至徐州界双沟一百四十里，东到虹县六十里，西到宿州一百二十里，南到临淮县一百二十里，北到徐州一百八十里。东南到五河县一百二十里。西南到怀远县一百八十里，东北到睢宁一百五十里，西北到萧县二百二十里”④。至清道光年间，灵璧县“东西距六十五里，南北距二百六十里，东十五里至泗州界，西五十里至葛家店宿州界，南一百三十里至淮河中流凤阳县界，北一百三十里至双沟集黄河涯徐州府界”⑤。明洪武二年（1369年）知县穆政重建灵璧县治，二十一年（1388年）知县周荣乃增其所未备，弘治乙卯（1495年）知县陈玉重加修葺，正德六年（1511年）“流贼”入境，复为所毁，正德七年（1512年）知县陈伯安重建，继之而终其事者知县邢隆。

明清时期灵璧县属宿州辖县，位于淮河中游北岸，行政区划历经调整。1964年10月国务院批准安徽省析灵璧、怀远、五河及宿县地，设固镇县，位于淮北平原的东南部，实际由当时的34个公社组成，行政区域面积1450平方千米，现为蚌埠市辖，其固镇县辖地范围明清时期多在灵璧县中南乡、南乡境地域。因此，本章亦以明清灵璧县城以南为范围。

明嘉靖《宿州志》记载，灵璧县境内主要河流包括，浍河，在县南七十里，源

---

① 嘉靖《宿州志》卷六《建设志·城池》。
② 康熙《灵璧县志》卷一《方舆志》。
③ 道光《皖省志略》卷三《灵璧县》。
④ 嘉靖《宿州志》卷一《地里志·疆域》。
⑤ 道光《皖省志略》卷三《灵璧县》。

出河南永城县马长河,“经本州至固镇其流始大,东南流至五河入淮,可通舟楫,有石桥跨河南北”。县南,汴河,旧通汴梁,入于淮,后淤塞。西南,沱河,“源出州之紫芦,湖经县之东南至五河入淮”。嘉靖时期,蕲县乡,“在州治南,管图九,集十有十七”。其包括今蚌埠市辖固镇县北“湖沟集、任桥集”等地。灵璧县三乡四十保,其中南乡十三保包括“固镇保、新马桥保、淝河保”。集三,“固镇集,在北固镇桥北……”每一保为一里,管图凡四十。灵璧县明初置吴城、南华、潼郡、临淮四乡,沿革后并为中、南、北三乡。中乡十五保,镇一,楼子镇,在县西三十里。集六,楼子庄集,即楼子镇……灵璧县辖十一铺,总铺在县治西,霸庄铺等五铺在县西,霸城(冈)铺等五铺铺在县南。其“灵璧七桥”除在县西南七十里的固镇桥外,主要包括,在县南五十里的濠城桥,新马桥,“在县南八十里,旧唯横木为之,洪武二十四年(1391 年)知县周荣改造石桥”。曹老桥,“在县西南一百三十里……”县南相关寺庙主要有,县东南的濠城寺,九湾寺、陡沟寺俱县南,龙花寺、青冢寺、齐眉寺、固镇寺俱县西南①。至清初,康熙《凤阳府志》灵璧县图显示,灵璧县方形城墙,东西南北四座城楼,城门下对应四条虚线,表示灵璧县城四条通往城外的陆路,沿路驿站标绘房屋建筑以示驿铺名称所在。城内标绘有“灵璧县”治所“儒学”“营汛”。图中城外山川分布有序,以形象绘制山体并附山名于其上,图左绘有已废汴河隋堤,上方以曲线绘有自宿州入县境之睢河河道,图北端绘有流经灵璧县境黄河及堤防堡名,图下端从左至右绘有沱河,图右八里铺外绘有“老营湖”②。康熙时灵璧辖境三乡里甲“南苦冲,北苦水,名犹昔也”,其三乡之南乡曰“固镇、曰新马、曰淝河、曰清沟、曰敬台……曰新隆,凡十有三里”。顺治十三年(1656 年),知县汪彪均为二十四里并更改名称,但其原文只列有二十二里。康熙十二年(1673 年),知县马骕奉文编里均甲,“或以大里统小里者,小里之名可略;或以小里兼大理者,因小里有传人而得存;或两里大小俱相颉颃,则各存实义一字,合而名之;或两里最近,则拾其里之因名山水得名者存之,而削其一”③。受此影响,包括南乡在内的灵璧县乡里名称变动较大。明至清咸丰间皖北区域州县中,灵璧县是唯一地域范围北、南同时涉及黄、淮干流河道的县域。康熙《灵璧县志》中绘制有《灵璧县境方括图》,图上以双曲线图形绘有河流,河道及湖泊以水纹修饰,山脉、房屋、桥梁和呈正方形状灵璧县城墙门楼及环绕周围的护城河,城南“杜家冲”方位将护城河与城

① 嘉靖《宿州志》卷六《建设志》。

② 康熙《凤阳府志·图考·灵璧县图》。

③ 康熙《灵璧县志》卷一《方舆志·建置》。

南河湖相连，城北护城河与“高桥湖”等水源互通。图中古迹、古城处则以正方形不相连四角内填注地名，图之左下角“蚌埠”地名处绘有一山形和房屋图案，自西界怀远县经“八塔”“禹庙”“连城”“新马”及界临淮之“王庄”。地名“八塔”位于淮河北岸，今蚌埠市淮上区北。至图右下角与五河县接界。除形象示意外，图上地名处多绘有○形标志，河湖名称多以长条形框内文字予以说明。

表 5.8　　清乾隆年间灵璧县《中南乡图》河渠原委表

名称	流经路线
小龙沟	在李家沟西，起自齐眉山西北之叶家湖，西南过习家庙至黄泥汪，南过杨孝子坟，东过杨家桥，又东南至丰家庄，西至交龙古堆，南入沱河，沟形屈曲，约长二十四、五里。
罗家沟	旧自县南罗家桥起，上接七里沟，下达岳家河，以泄城南洼地之水。
岳家河	起自县东吴家桥，以泄堤北石湖之水，东南至岳家庄后会罗家沟水东入虹境，下通草沟。
李家沟	在姚家沟西，起自杨家集南山前，湖南至李家庙，又南至刘家桥南入沱河。约长十五六里。
姚家沟	在葛家沟亦西起柯家湖，南至姚家庄，又南至五里张家庄，过大路单空桥，又南过陈家桥入沱河。
葛家沟	起自柯家湖南，过大路胡家桥至火神庙，又南至董家庄入沱河，通常三千余丈。
小草沟	齐眉山东南诸湖之水，汇于柯家湖，湖东有小草沟，以虹县草沟为大，故称小。东过大路高家桥，东南过倒桥，又东南至藕儿庄，过吕家桥入虹境。
马路沟	自宿州来至半边店南五里许，横截界沟而东入灵璧境十余里，至大路，又东十余里，至旧贝沟头，又东五里至北直沟头，又东三十里至凤阳卫地，又东十五里至五河县甄家集，南入浍河。此河在沱河之南，浍河之北。
苏陈沟	在固镇，东起自大路七里桥下，南至王家桥，又南至徐家小楼之东入浍河，约长十五六里。
陡沟	在苏陈沟，东起自马路沟，南过齐湖，又南入浍河，通长二十五六里。朱家、康家、时家诸湖之水皆由此以南泄。
贝沟	在陡沟之东，亦从马路沟起，南至石家庄，又南至军王家庄，又西南过吴家桥入浍河，沟长二十五里，北段久已淤平，军王家庄以南仅有沟形五里许。
北直沟	在贝沟之东，亦起于马路沟，南至刘家庄，又南至蒋家庄，又南至倪家桥入会通沟，长十余里。

续表

名称	流经路线
会通沟	亦在贝沟之东,起自罗家桥,东南至倪家桥分二支,一支南流至高皇庙,又南至九湾之西入浍河,长二十余里,是为珍珠沟。其一支东南流,合北直沟水至吕家桥,又东南至朱家桥,又东南至梁家桥,入李家湖以达浍河,通常三十余里。
蔡家湖沟	濠城南,蔡家湖有沟一道,起自张家庄,东南至蔡家庄,又东南至藕塘王家庄入蒋家湖以归浍河,约长二十余里。

资料来源:乾隆《灵壁志略》《灵璧河渠原委》卷下。

乾隆《灵璧志略》卷首,有《志略图说》言“县境东西七十里,南北二百七十里,地形狭而长”,描绘了灵璧县各乡河道流向分布。其《县境总图》与灵璧县地理方位,除绘制濉、沱、浍、澥、淝等河方位外,北界绘有黄河干流,南界绘有淮河河道。显示该县地理北以黄河干流大堤为界,南临曹老营(今为蚌埠市淮上区曹老集镇)以南淮河北岸,兼具“两河”特征的自然地理环境。实际上,《县境总图》中河道水系地理格局,即是乾隆时期皖北淮河干流及主要淮河支流至今黄河故道的南北纵向河湖生态分布示意图。灵璧《北乡图》地域范围“自黄河南岸至睢河尹家渡七十里”,周围地界宿州及萧县、铜山、睢宁县,图中绘有“黄河险工”和与徐州府接界黄河南岸“双沟集”等地名多处。灵璧县境内有黄河二十二里,其河道堤防即在双沟集附近。乾隆年间,灵璧城市防洪体系注重城内、城外兼顾。对于灵璧城濠受水分洪情况,《灵璧河渠原委》记:“内受城内四关之水,外受城北诸山之水,向由杜家充南出,每遇大雨时行山水陡发,城濠水满,徙涵洞倒灌入城,居民塞洞口以御之,外水既退,然后开泄内水,乾隆八年,张令疏浚罗家沟分水从东南出城,城内免于水患。”①

据嘉靖《宿州志》记载,灵璧境各沟命名多出于当地典故。如:“县南马路沟,西抵沱河东入于虹,故老传云,以其近咬侯国为通衢,久而成沟。陡沟,宋李显忠复陡沟,遂克灵璧,即此。县东南草沟,源出东洪保东流入淮。县西南戚家湾,在县北七十里小河之南,相传为汉戚夫人故里,至今有姓戚者。”②乾隆《灵璧县志略》显示,分布于境内各沟渠与流经县境浍河、澥河、(北)淝河等水系通联,为各沟渠汇聚之处,且多汇归淮河。“黄泥沟、渔沟、三渠潼河、拖尾河与新开之北股河自北入焉,又有陆家沟、杨疃沟、土山沟与新开之南股河自南入焉,历年泛溢,最为北乡之大患”。浍河,“本县陡沟、贝沟、通浍沟自北入浍河”。澥

① 《灵璧河渠原委》卷下《城濠》。

② 嘉靖《宿州志》卷一《地里志·山川》。

河，"东过新马桥入浍，浍故宽浅所虑，淮水倒漾，壅而为害"。（北）淝河，"自怀远入境，受洪沟、观音沟之水，东南至沫河口入淮，淮水涨，则南北数十里皆为巨浸，其患与北乡睢河等"[①]。其《志略图说》曰："图中沟渠最详，以灵璧频遭水患，蓄泄之方尤宜加意，故也。"乾隆时期乡里变迁有别于康熙朝，对于所绘乡图的局限，《图说》认为，旧时灵璧县里保编户四十里，"今则瓜分至七、八十里，里之小者不过百家，其大者分为四、五保，每保七、八百家至千家不等，即如新马一里，东抵五河界，西抵怀远界。固贤一里，南至楼庄集，北至游家集，各占地七、八十里，中间烟户参错，更易无常，难指一处为某里某保，故不可图也"。《中南乡图》地名濠城集以东，虚线外为"凤阳卫地"，图中实体黑线表示中南乡境主要驿道，即县北沿汴堤驿路、灵璧县城经县南大路沟至固镇驿路及县南濠城铺、新马桥、连城集、霸王城至固镇路。《南乡图》地名观音沟以西，（北）淝河以北标绘有"长淮卫地"和"凤（阳）中卫地"，图虽简洁，却显示南乡及中南乡主要河沟分布地域。历经区划变迁后，中南乡及南乡地今多位于今固镇县境。

（四）明清五河县城市形态变迁

1.五河县水环境变迁

五河县是"五水交会皆通舟楫，为南北往来要冲"。明成化年间，五河县，"东至泗州界潼河口三十里，西至凤阳县界七十里，南至临淮县界六十里，北至虹县界四十里。东到泗州一百五十里，西到王庄驿九十里，南到临淮县九十里，北到虹县界九十里。东南到盱眙县一百六十里，西南到凤阳县一百一十里，东北到宿迁县三百五十里，西北到灵璧县一百二十里"[②]。至清康熙时期，"县境广一百里，袤一百一十里，东抵泗州潼河口界，三十里至泗州，九十里南抵临淮县马头渡，七十里，即淮北岸。西抵灵璧县韦里堡界，四十里至灵璧县。七十里北抵虹县界沟集界，四十里至虹县，三十里，东南抵临淮县硖石村界，十里至临淮，五十里。西南抵凤阳县王庄驿界，九十里至凤阳六十里，东北抵泗州历站集界二十里至泗州九十里，西北抵虹县三州界二十里至虹县五十里"[③]。经比对前代相关道里记述，由上可知，这一时期五河县与相邻州县临界处以运用较为准确的地名界定方位。

① 乾隆《灵璧县志略》卷一《山川・睢河水系》。

② ［明］柳瑛：《中都志》卷二《疆域道里・五河县》。

③ 康熙《五河县志》卷一《疆域》。

五河县因有浍、沱、漴、潼、淮五河，故名。“沱河在五河县治西北，通虹县五河口入于淮。漴河在五河县东南二里，源出南湖，东流入于淮。潼河在五河县三里，通沱河，经天井湖北，至虹县在礠子入于淮。”①县境地平无山，有陡冈，“在县治北二里，横冈纡回峻崖壁立，故名。沱涨泛滥，不能南徙者，实此冈为之障也”。又有云头坝，“在县治南门外，知县萧文明所筑，广三十五丈，袤三丈四尺，两旁植槐柳千余株，森然如云，故名”。比照方志地图及相关记载，康熙年间，境内流经主要河渠以在县治东二里淮河为大。浍河，“在县治南门外，源出河南归德府永城县。旧在县治一里，两岸陡岭，嘉靖二十五年（1546 年）水涨沙淤，徙于北浒”。沱河，“在县治北二里……经灵璧县东南至县西北合浍水东入于淮”。潼河，“在县治东三十里，源出虹县羊城湖，通沱河，经天井湖南至铁锁岭入淮，北至虹县石碏于亦入淮”。漴河，“在县治南二里，源出南湖东流入淮。而五水汇聚之五河口，位于县东二里”②。实际上，县境各河上游来水及下游入淮一脉相承，“南沱河，出自灵璧县，东南流至本县九都，入北沱河，经流五河县入淮。北沱河，出自灵璧县，东南流至本县九都，与南沱河合流入淮”③。各河皆为淮北汇流入淮支流。

《明史・地理志》记五河县：“旧治在县南，永乐元年（1403 年）圮于水，徙治西北界。嘉靖二十五年（1546 年）迁于浍河北，即今治。”④因此，可以 1546 年迁城浍河北为五河县前后分期。明洪武七年（1374 年）夏五月，大水，城市几没。永乐元年（1403 年）夏六月，大水，官民所居荡然如洗。正统二年（1437 年）夏五月，淮水泛滥，居民漂溺甚众。成化十一年（1475 年）夏六月水至，民居陷没。正德六年（1511 年）春，正月朔霖雨雷电，寻旱，夏，淮水泛滥，“是冬流贼□阻不便驰□而去”。正德十二年（1517 年），河决入淮，溃堤崩岸，室庐漂没。嘉靖二年（1523 年）十月淮水又溢，嘉靖十九年（1540 年）、二十一年（1542 年）淮水俱溢。五河迁建新城后，城市周边水环境仍受洪水威胁。嘉靖四十四年（1565 年）夏五月，淮水聚涨，村落陷没，城内水深五尺。万历二十一年（1593 年）大水泛滥，关市几没，次年亦如之。万历四十五年（1617 年），黄河决，大水三载。崇祯四年（1631 年）大雨，淮涨，城市水深数尺，五年（1632 年）同。崇祯十年（1637 年）八月十二日，“流贼”至东关掠驴马数百头，九月初三，复至，破城，县

---

① ［明］郭子章：《郡县释名・南直上・五河县》。

② 康熙《五河县志》卷一《山川志》。

③ ［明］柳瑛：《中都志》卷二《山川・五河县》。

④ 《明史・地理志・凤阳府・五河县》。

治衙舍及典史廨、儒学、灵星门、察院、城西楼尽毁，民居无算。顺治十五年（1658年）十月，大水为灾。康熙七年（1668年）六月十七日晚，地震，城南楼关圣庙像俱颓，观音阁亦颓，民居倾圮无数，八年（1669年）、九年（1670年）夏，大水泛涨，康熙十一年（1672年），夏秋河水两次泛溢，知县李云景申报水灾，蒙抚院靳疏请本年正赋照数征免①。从上述记载可见，通过淮河中下游地区对所在州县辖境灾害、灾荒的具体简洁记述，其史料与意境之间，为今人了解地方性灾情提供了研究资料。除了战乱之害，这一时期地处淮畔的五河县城，其城建沿革虽经迁徙重建仍然摆脱不了黄河，尤其是淮河水患灾情的袭扰。

2.五河县城建与环境

从五河县城建变迁看，其沿革经历旧有土城，周围四里三十步，被淮水冲决，倾圮无存，弘治三年（1490年）知县庐士庑重修，嘉靖以后连遭水患，二十五年（1546年）萧文明迁于浍河北岸，直至明嘉靖三十六年（1557年）知县高珍始创建砖城，完成了由夯土砌城向砖筑城池的转变。据《五河县志》记："崇祯十年（1637年）秋，毁于流寇，十五年（1642年）知县王师保重修。"②崇祯十五年（1642年）知县王师保重修。至清康熙时期，五河县"城周围四里，高二丈□尺，池深一丈五尺，阔三丈六尺，门四，东曰宾阳，南曰迎薰，西曰秩成，北曰拱辰，角楼四座，岁久倾圮，清顺治九年（1652年）知县丁浴初渐次修筑，始称完固"③。五河县城注重城池防洪并凭借堤防。

康熙《五河县志》绘有《五河县署图》，其公署志记，顺治十年知县丁浴初重修县署，并详列治所建筑及内部形态分布结构和数量，同时记有明嘉靖年间五河县察院、兵备道在城内方位及布局，并在"以下系旧志"后记载已废明代五河县义仓、预备仓、阴阳学、医学、僧会司、养济院等所在方位及设官情况。

自南宋咸淳七年（1271年）置五河县于五河口镇，到明洪武元年（1368年）知县马骥始筑土城，历经倾圮、徙治与修筑。明嘉靖至清顺治九年（1652年），年久失修，知县丁裕初"渐次筑浚，稍称完固"。康熙二十三年（1684年）六月，淫雨连绵，"城堞倾颓过半，东门楼上下皆圮"，知县郑鼎捐募修筑。康熙《五河县志》所绘《五河新城池图》形象具体，示意更加明晰，图中绘有浍河以南旧县基，旧学基，显示嘉靖新建五河城池之前旧城址所在。附近标有地名"通济桥""佛殿""寿圣寺"及建筑图形，城南浍河北岸绘有树木。明代五河县城内有七

① 康熙《五河县志》卷一《祥异志》。

② 康熙《五河县志》卷一《城池》。

③ 康熙《凤阳府志》卷七《城池》。

坊，即宣化、明德、兴贤、爱民、至善、莅政和新民坊。康熙《凤阳府志》之《五河县图》与康熙《五河县志》之《五河新城池图》两相比对，其城内建筑图形结构样式基本相同，主要在于康熙二十三年府志图本与康熙二十二年刻本县志图本修纂时间接近，两图有互相承继之关联。

康熙《五河新县图》将五河县新城池图图示内容进一步扩大展开，城内正中仅标咸宁坊，及惠绥街、大忠街、长武街、崇文街，北隅街，响明街，祷愿街；城外有大兴街，豸绣街在大兴集北，诗礼街在大兴集东南，文礼街在大兴集东北，其平政街、中市街在大兴集中，西市街在大兴集西，小市街在西市街南，鱼市街及北濠街在宾阳门外以西，南濠街在南新街以西。城内街坊、商业区与城外街市相互映衬，形成了康熙时期五河县城商贸街区。图中形象绘画城墙、城门并标示出城墙三处水关，城三面有门：东曰宾阳，南曰迎薰，西曰秩成，北无门建大忠祠其上。惠绥街位于县治东，大忠街则在县治北大忠祠旁。大忠祠，据康熙《凤阳府志》记载："在北城台，祀泗国耿武庄公，明嘉靖三十六年知县高珍建。"对比康熙《五河县志》所绘《五河县舆地图》与《凤阳府志》之《五河县图》，尽管两者绘制时间接近，但并未互相承袭，而是图幅各具特点。府志版五河志图仅是其凤阳府辖州县系列图幅中之一幅，且各图绘制风格趋于一致。

作为康熙年间地方基层控制体系的组成部分，五河县各乡、都、图组织对于具体落实、执行政府相关政策不可替代，其管辖、分布及方位状况，即"孝感乡，一都二图，一图在县治东北，凡四十里，二图在县治西北凡二十里……"①雍正三年(1725年)改属泗州，行政区划调整后，五河县里距指向改以州治及省治为中心。《皖省志略》卷三有关于五河县的记载："县治在州南三十里，距省八百里，东西距一百里，南北距一百十里，东三十里至浮山本州及盱眙县界，西七十里至顺河集凤阳府灵璧县界，南七十里……北四十里至界沟集本州界。"而时至清道光年间，五河县境乡镇环境依然可见受黄泛袭扰之情景："距城二里又有九冈，绵亘巨坡，中断，土人谓九冈。八洼，距城三里，九冈之西，为翠柏山，昔因丛柏挺秀而名，今为黄水冲没矣。"②

五河县境河湖密布，其地名所在方位与地域环境相互关联。以《淮涨旧图》为例，通过对其图幅分析，可判断该图是以淮河干流水涨时泛溢五河县境之全图。图中显示，淮河水涨时，县境沱河湖、蔡家湖、陈家湖、井家湖、小湖、香涧湖、三冲湖、南湖、天井湖、王家湖与淮河涨水连成湖河一体之势。图上地名包

① 康熙《五河县志》卷一《疆域表》。
② 道光《皖省志略》卷三。

括洪塘所、洪沟、筑台集、桑家渡等地名，而临淮关则位于淮干南岸，其中“新集”，位于五河县中部。此外，图上标注地名还包括“钟阳集、霸王城、桑家渡、金家嘴、七里庙、小黑鱼沟、郭家湖、马家集……”其中“双庙集”，则位于今五河县城北十公里处，“黑鱼沟”，为沱河北岸东北西南走向的一支湖汊。图中还显示，涨水时，孤岛圆弧状之“旧县”及五河县城街市。《淮涨全图》应为光绪时期汛期淮河涨水图，亦以五河县全境为构图背景，上北下南，将淮河水涨时淮河以北县境河湖分布状况、走向和主要市集名称绘制于图。图西南标有“临淮关、凤阳界”，图西北标有“马家集、香涧湖、台子山、汉王台、上店集、新集”，图北标有“戴家湖、訾家湖、高家湖”，图东北标有“双庙集、张家庄、王家湖”，图东绘有“潼河、天井湖、浮山口”，图西绘有“洪塘所、洪沟、盛家桥、马家桥、赤老涧”等地名。明代五河县境东西长于南北，而所谓洪塘卫所，明代时洪塘所以西至王庄驿归属凤阳，清代又将洪塘所归属五河。嘉庆《大清一统志·凤阳府》记载：“洪塘湖屯田千户所，在府城东北三十余里，明洪武四年置，今废。”图中通常以水系构成图面的主要框架，并沿湖河绘制有山川、乡镇、驿路交通等各相关地图要素。《淮涨旧图》和《淮涨全图》无比例尺和计里划方，亦未标明图幅年代背景，绘制者意在着重强调对五河县辖境内水环境地理的认知。通过新旧两地图对照，图示突出了该地区的变迁过程。

五河县城至“乾隆十九年(1754年)，知县魏应嘉详准动工重修”①。嗣后屡遭水淹，城身坍塌一半。知县刘道光详请兴修，以耗费巨大未成。嘉庆六年(1801年)知县王启聪请修，工未完竣。咸丰七年(1857年)，拆毁部分庙宇及民房，取其砖石来修筑城垣。改东门为望漴门，南门为镇淮门，西门为漴浍门。比较康熙志本《五河县城图》，光绪《五河县城厢图》中城市中的街道、衙署祠庙等布局未见大改动。围绕州县治为中心，图中绘有相关县衙署布局，位于县城中轴线附近，城内沿街布设街巷。对比康熙图，城内外街市空间分布布局规模基本沿用康熙朝框架体制。图中城内标有县城重要机构及主要街区格局，四座城门外及护城河上设有“吊桥”。城外标示民居及街市建筑，城外文里街、诗礼街以东至浍河岸边则见新增街道建筑，显示康熙朝之后，五河县城建逐步向浍河沿岸拓展。地名“外官塘”以南标绘有“浍河故道”和“浍河已淤”字样。限于地方城市中街道布局的文献资料较少，图中用于分割坊市的十字形街道布局，在五河县城外已被开放的长巷式或者丁字形街道布局所代替。相比康熙时期，县城城墙外在形态已有所改观，城墙外“鱼市巷”作为五河地域渔业商市的特色符

① 道光《皖省志略》卷三。

号则一直存在，从鱼市、油坊巷市巷名称即可判断其街巷与商业及市场关系。商会会馆或由官员发起，商民主要出资捐建，或商人捐献改建，由此可见五河县图中“鱼商会馆”“山西会馆”之用途。当地多以会馆为场所，行集市贸易之功能。由此可以判断，经济因素或者经济发展因素是促进五河县城镇经济功能与特色分类的主要原因之一。图中所绘河流及指向“浍河、浍河口、浍入淮故道、淮河”及“营讯”所在方位，包括城内八蜡庙、城隍庙，城外历坛、先农坛、山川坛、社稷坛坛庙祠祭，寺庙集中或分散于城外街区周围，皆有序分布。五河县乡土尊神主要有关帝庙、大王庙、土地祠等，为当地民众供奉祭拜，聚会祀神，以乞神消灾。虽然对民俗及地方神祇的崇拜大于宗教信仰，但清代天主教的传播已在影响五河县百姓民众的信仰，成为至今城镇民众社会宗教信仰之一部分。通过收集整理现存方志文献地图等资料，以了解之前城市周边环境及城市内部空间相关分布状况，在一定程度上可被视为“复原”其景观地理概貌的有效方法之一。

五河县城厢街道及空间结构典型图例显示，从清康熙至光绪朝历时二百年间，是当地城乡市场的交易需要促进了城市街巷功能分区，如同五河县境《淮涨旧图》和《淮涨全图》并存一样，其意义在于凸现、延伸黄淮叠涨水环境影响之下的城市环境特征。

（五）临淮及皖北交通地理

传统的驿路运输和内河航运，促进了工商市镇的兴起。明清凤阳及临淮县水陆交通，涉及水路和陆路两个方面，其要道沟通淮河南北两岸城乡。驿站地处水路要冲，官方驿站多用以接待过往官员食宿，包括水驿和马驿。水驿在交通要冲设船十至二十只。马驿一般每隔六十至八十里设置一处，交通要站备马三十至八十匹不等。明清时期，淮河流域交通与城镇经济民生发展关联紧密，水陆驿道直接与间接受黄、淮水系和地理环境影响甚大，同时，政治及政权变迁对于引导明清水陆路线方位指向作用明显。以明代交通为代表，明初定都南京，作为官方路程指引内容，《寰宇通衢》围绕南京为中心，对于各布政司及府州交通干线记载翔实。以隆庆年间黄汴八卷本《一统路程图记》以两京为首要和天启时期程春宇四卷本《士商类要》以徽州为起讫地点。这两书为明代具有代表性商编路程交通地理专书，皆对明后期商业及交通地理、驿站路线、方位里程言之甚详，其中涉及皖北地区驿站地名、驿道距离及排列顺序，承先启后，其著述对后世交通运输体系布局的承袭完善具有深远影响。

明初《寰宇通衢》记，京城至各布政司并直隶府州，“一至徐州，其路有二，一路水驿，十七驿，一千一百里，一路马驿，十五驿，七百五十里”。京城至直隶各府州，“一至凤阳府，其路有二，一路水驿十四驿，一千三十五里”，驿程起始于会同馆，经东葛、池河、红心等驿，至“濠梁驿，六十里至王庄驿……五十里至本州黄河东安驿”。京城至陕西布政司并所属各府各卫，“一至本司，其路有二，一路水马驿，五十一驿，计四千一百里。水驿，三十一驿，二千八百四十五里”。自龙江驿始，水驿与至凤阳府驿同，至龙窝驿，“一百二十里至安淮驿，九十里至濠梁驿，一百二十里至涂山驿，九十里至柳滩驿，一百三十里至寿春驿”。后沿颍河，经江口驿、颍川驿，“一百二十里至大梁驿”。之后再经马驿“二十驿，一千二百五十五里”，至西安府京兆驿。一路马驿，共计四十二驿，计三千四百三十里，自会同馆起始，经“江东驿，十五里至江淮驿……六十里至濠梁驿，六十里王庄驿，五十五里至固镇驿，四十五里至大店驿……七十里至本司西安府京兆驿”。另外，京城至山东布政司并各府州卫及京城至北京行部并各府州卫，其经由马驿由固镇驿、大店驿，“四十五里至睢阳驿”，而后北上。《寰宇通衢》成书于洪武年间，为明初记述驿路的官撰地志，因而其以南京为驿路起始中心。永乐年间明成祖迁都北京后，驿路布局大变，并逐渐形成北京、南京双中心格局，凤阳府辖境凤阳、临淮、五河、怀远、灵璧及宿州等地成为南北两京水马驿道的重要驿程区段。

明隆庆四年（1570年），黄汴《一统路程图记》，又名《新刻水陆路程便览》记载有北京至十三省水、陆路和南京至十三省水、陆路。详列多条途经今淮河流域主要水、陆要道，而涉及今淮河流域地域范围主要有江北水路和陆路两个方面。江北水路经由路线，主要包括北京由漕河至南京水路，据《一统路程图记》卷一记，北京至十三省水陆路，包括北京至南京、浙江、福建驿路，经“固镇，灵璧县，王庄驿，凤阳县”。北京至江西、广东水陆路，经“宿州，五十里，旧荒庄。二十里，仁桥。四十里，固镇驿，灵璧县。五十五里，王庄驿，凤阳县。六十里渡淮河，凤阳府凤阳县，濠城驿”。卷二又记，南京至十三省水陆路，包括南京由东平州至北京路，“三十里至凤阳濠梁驿渡，三十里，北总铺。三十里，王庄。三十里，固镇驿。四十里，仁桥。由大店驿而去，路远，二十里，旧荒庄，五十里，宿州”。南京至河南山西路，“六十里，红心驿。临淮县，六十里，凤阳府濠梁驿。六十里，王庄驿。凤阳县，五十五里，固镇驿”。相关南直隶辖境江北水路，有淮安由南河至汴城水路，“淮安，十里，湖口闸。一里，移风闸……三十里，浮山寺。

三十里,五河县。三十里,小溪湾,三十里,三岔。三十里,清泥湾。十里,凤阳府。三十里,十里溜。三十里,长淮溜。三十里,半步溜。三十里,怀远县。北往亳州,二里,荆山、禹王庙。二十里,马头城。三十里,断窑。三十里,洛河。三十里,石头铺"①。所谓"溜",《一统路程图记》言:"溜者,水急之总名,南方曰滩,北曰溜。"而"长淮溜""十里溜""半步溜",即指凤阳长淮卫、十里程、蚌埠地名。

明天启六年(1626 年)刻印的程春宇所著的《士商类要》,因是为徽商服务,故以徽州为中心。徽州府由徐州至北京陆路程,经由"红心驿(属凤阳县),三十里,总铺。西三十里至凤阳府,北三十里至濠梁驿,过黄河(注:此误,应为淮河)。二十五里至三铺,三十里至王庄驿,三十里至连城铺,三十里至固镇铺,三十里至马庄铺(原注:即仁桥,如起夫马,走大路远些,三十里大店驿,六十里宿州),二十里菊花庄。淮安府由荆山至亳州陆路,淮安府,十里,杨家庙……四十里至临淮县,二十里,凤阳府,四十里,徐家桥。四十里,过涡河至荆山,宿,五十里,何家溜。四十里,泽头,三十里,双涧。宿。三十里,蒙城县"②。清江浦至汴梁水路,"清江浦,三十里,沟口,马头巡检司,六十里,洪泽……二十里,浮山,上有灵岩寺,十里妙冈,二十里至五河县,西北水通固镇,十里,小下市。十里,小岐。二十里,旱巷。十里,散汊。三十里,凤阳旧城。临淮县,十里,十里城儿(注:即凤阳十里程),二十里,长淮溜。三十里,半步溜(注:此半步应为今蚌埠境)。三十里,荆山,西北水通亳州。三里至怀远县,西山有卞河洞,山后有凤凰池,前大白石堆系产良璧之处,西南水通白路桥,三十里,洛河。三十里,石头铺。三十里至白龙潭,三十里,下蔡"。上述"十里城儿",即凤阳县淮河南岸十里程,"半步溜",应为蚌埠溜。《士商类要》卷二又记,瓜州由凤阳府至颍州陆路,"瓜州……红心驿,十里,张家铺。十里,黄泥铺。十里,总铺。西北往徐州。西南二十里大通桥,十里,凤阳府,西去七十里荆山。十五里至瓦屋楼,三十五里,刘府,二十里至考城,二十里山路,至上窑,过河,二十里新店"。

明代后期徽商凭依水陆路程路线以指引商贸经营,其编写交通商路便览之书多有流传。据新发现的明代徽州商编路程《摽船规戒》第五部分,记有徽州府至京师路程图:"徽州府……池河驿,四十五里至红心驿,三十里至南总铺,三十里至凤阳旧城,过黄河,三十里至北三铺,三十里至黄庄驿,三十里至连城铺,二十里至固镇驿,巡检司。三十里至仁桥镇,二十里至荒庄驿,十里至大店,好宿,

① ［明］黄汴:《一统路程图记》卷五。

② ［明］程春宇:《士商类要》卷一。

五十里至南宿州。"[1]但其中原文内容不乏错误之处,其中或缘于读音方言,或沿抄前书。"三十里至凤阳旧城,过黄河",此"黄河"误,应为淮河,"三十里至黄庄驿",此"黄庄驿"误,驿站地名应为王庄驿。

此外,相关皖北驿站地名,据杨正泰《明代驿站考》所引《明会典·已革驿考》部分,记有南直隶,"涂山驿,属凤阳府怀远县,在今安徽怀远县城东门外。柳滩驿,属凤阳府怀远县,在今安徽怀远县西柳沟。安淮驿,凤阳府五河县,嘉靖末革,原在今安徽五河县城北,洪武十四年(1381年)迁今县城西"。以上已革诸驿皆见于《寰宇志》卷九。根据明清方志,可进一步探讨其相关驿站裁革具体时间、主要原因。康熙《五河县志》记有"安淮驿在县治北一里,浍河南岸,水决漂没,弘治十四年(1501年)知县葛告徙于县左,至县属已迁,驿舍未建。嘉靖三十九年裁革。设官驿丞驿员、司吏一名,裁革"[2]。《明会典》所载南直隶各驿还包括"濠梁水马驿,属凤阳府。固镇驿,属凤阳府灵璧县。王庄马驿,属凤阳府凤阳县。红心马驿,属凤阳府临淮县"。位于凤阳县东南红心驿至淮河以北王庄驿为其中南北驿路骨干,淮河南岸临淮县城之濠梁水马驿原属凤阳府辖,雍正八年(1730年)改属临淮县,乾隆十九年(1754年)裁临淮县并减裁驿丞后,一并改归凤阳县管辖。明清时期王庄驿地涉凤阳、灵璧、五河,归属较为复杂,清代王庄驿、红心驿驿站运作过程中,驿丞都曾遭裁撤。嘉庆《大清一统志》记:"王庄驿,在凤阳县西六十里,旧有驿丞,今裁。红心驿,在凤阳县,明洪武三年设,有驿丞,本朝乾隆二十年裁。"急递铺,每十里设一铺,每铺设铺司一人,铺兵四至十人不等,每铺均设曰晷,以便昼夜传送文书。以明代怀远县为例,急递铺"在县东,淮河西,抵凤阳曰山香,抵蒙城曰常乐、曰招假、曰河家溜、曰长生、曰龙亢、曰寨头,抵寿州曰马头城、曰蜀村、曰考城子、曰撅涧、曰柳滩"[3]。其县城附近部分驿道还铺设砖石,据嘉庆《怀远县志·驿传》记:"西官路通蒙、亳大道,自朝京门至西城门可二里,明万历十年(1582年)知县设处砖石修筑,后邑人梅永安捐资重修。""南官路赴府及寿颍孔道,明嘉靖十年知县王□修。"一些地处州县交界地带驿道后因区划调整,其地归属也随之变化。嘉靖《怀远县志》记,柳滩驿在县南七十里洛河镇,洪武三年驿丞朱荣建,镇旧有巡检司,"今"裁革。上窑镇,"在怀远县南五十里"。上窑镇、洛河镇明清皆属怀远县,今则归属

---

① 王振忠:《新安江流域交通、商业与社会的综合性研究》,《历史地理研究》(3),复旦大学出版社2010年版,第130页。

② 康熙《五河县志》卷二《公署志》。

③ 嘉靖《怀远县志》卷一。

为淮南市大通区管辖。嘉庆《大清一统志·凤阳府二·古迹》又记:“马邱聚,在怀远县南,后汉志,当涂县有马邱聚,晋马头城,马头郡即此。”“考城,在怀远县南五十里,相传为汉考城县遗址,东西大道通濠、寿等处,今为考城铺。”考城地名所在,今属滁州市辖凤阳县西泉镇考城村,上述地名今多位于安徽省道公路。清代凤阳县境淮河干流水路渡口设于今蚌埠境者,自西而东为长淮卫渡、西门渡、郑家渡及蚌埠渡,其沟通南北两岸交通的作用直至上世纪九十年代之前蚌埠市解放路淮河公路桥建成投入使用才得以改善①。时至民国,“昔通驿站,北起王庄驿,南行五十里至临淮驿,又南六十里至红心驿,昔为东南九省通衢,临淮实居中心,为自古用兵要地。自平浦路成,形式一变,蚌埠因为平浦路南段中枢,一跃而为重镇。直取临淮昔年之地位而代之”②。

淮河流域水系众多,河流水系沟通城乡,通航便利。官方驿站地处水路要冲,多用以接待过往官员食宿。传统的驿路运输和内河航运,促进了工商市镇的兴起。明清黄淮区域地理环境变迁巨大,各地因水为名者多。各地理实体及古迹名胜,沿河城镇因水患冲积淤没而留存之地名、驿道、驿路方位成为追溯昔日风景的有效依据。了解明清皖北及蚌埠城市周边空间环境相关分布状况,通过收集整理现存方志及文献地名、地图等资料,以“复原”明清时人视野中的地理概貌,应被视为有效回顾方式之一。

六、结语

市镇,或称市集,是商凑集、进行贸易的处所,是城市店铺的补充,因此在研究明代城市时,有必要对当时的市镇进行一些考察③。城市史侧重于城市的兴起、发展、演变过程,淮河中游州县城镇在明代属凤阳府行政辖区,以州县城市为主体的城镇群,又多以各州县治所为中心分布,其地域辖界疆域“四至八到”且互相通达,山川形便涉及城市外部形态结构,涵盖城乡市镇和铺驿的层级管

---

① 该桥于1989年10月1日建成通车,为蚌埠市内首座跨淮公路桥,之前笔者亦曾多次于交通路渡口及三号码头乘船渡往返于市郊淮河两岸。跨河公路首桥建前,通行则多经远离市区6千米之蚌埠淮河闸分洪道公路,之后,2002年12月8日、2012年12月31日、2016年12月30日又有朝阳路、大庆路和长淮卫淮河公路桥先后建成投入使用。

② 民国《凤阳县志略·交通·陆道》。

③ 韩大成:《明代城市研究》(修订本),中华书局2009年版,第99页。

理、桥梁津渡的布设，皆与城市环境变迁相互关联，成为建构城乡整体布局的重要环节[①]。凤阳府区域城市群的差异表现在东西走向的淮河干流中上游与下游泗州、盱眙之间，皖北腹地及淮河以南。即使限于寿州辖境，寿州古城的城建防洪，霍邱淮河原生态与淮河以北饱受黄河南泛影响涡河沿岸的蒙城，都凸显出局部地域差别。同样显现的城垣形制椭圆形墙体与正方形城墙的对比，皖西北颍州市镇商货贸易及明代区域农业地理与开封府陈州属县之间的商品流通，城乡地物名称得名和命名原则及取决于"故名"释意出的地方历史文化特色内涵。

城池及内部形态衙署、学宫、坛祠等设施的兴修扩建为地方新政所必须，但作为一种外力，明正德年间爆发起义军战事，直接引发凤阳府相关城市的兴衰，并成为此后城建工程着重于城池及城墙城防的加固和区域城市大举增修城池的主因。"防洪与御匪"，明代中叶淮河中游城建和城防面临的重要问题，加强城防能力是衡量这一时期城镇修筑进程的主要因素。表现在城市防御及巩固城墙军事功能方面，正德年间以刘六、刘七为代表的农民战争成为主导区域城建的关键转折点，从前期预防袭扰增固城防体系，中期城市因战乱毁损，到后期重新修筑城池并凸现城墙防御功能。另一方面，各地城市重修再建使得城垣坚固，城墙及护城河体系进一步完善，同时，城郭设施的增强有利于增强皖北城市防洪区位能力。

透过轮廓形象鲜明的州县城池县治图的二维平面，官设衙署机构及儒学、坛祠庙宇建筑名目的分布，可知其具体建筑构成规制大小与州县政治功能相关。表明政治、文化、精神空间的兴修再造，始终是城市建筑的主体标志物，也是优先定位的核心。存在于淮河两岸州县的坛祠寺庙异与同和地域祈祭对象的差别，则与官民祭祀仪式及诠释人神交往相伴而生，是自然与社会环境变迁过程的必然。城市坊里街巷聚居空间作为城市的基层单元，有助于探讨其街区功能及分布变迁特征。卫所、巡检司、税关的兴废是社会秩序控制的重要内容，而官办慈善赈灾及救助保障机构同样不可或缺。探讨明代淮河中游州县城建空间沿革，全面审视其辖界城乡市镇总体范围框架，有助于立体观察明清凤阳府、颍州(府)变迁的具体界限规模及社会区域风貌。

历史城市地理研究"既要把历史上的城市放在一定区域里，研究城市分布和城市间的相互关系，即城市体系；也要把城市自身当作一个区域，研究其内部

---

① 王大庆:《明代凤阳府辖境州县城建形态结构与防洪》，见安徽省城市研究中心编《安徽地区城镇历史变迁学术研讨会论文集》，2011 年版，第 100 页。

空间结构”①。淮河中游区域,沿淮及淮河以北州县城镇为同一地域范围,其城镇群以点、面分布于淮河中游干流,黄泛空间辐射面则是淮北地区特定时期城乡所具有的共同特质背景。依据对历史地理趋势及格局的判读分析,淮河中游区域城市发展空间、规模之间往往存在不同时期城市演变与现实问题相互参照“个案”。明清以来,淮河中游城镇变迁过程,即是明清凤阳府、颍州(府)辖城镇及政区变迁的具体体现,了解其基本沿革过程,对于整合现今颍上、寿县、淮南、凤阳和蚌埠市行政区划及沿淮城市群及打造沿淮城镇带,具有一定现实意义。

① 李孝聪:《历史城市地理·导论》,山东教育出版社2007年版,第11页。

第六章 教育变迁
——以明清时期皖北地区教育为例

本章在淮河流域环境变迁大背景下，以明清皖北的文教为研究主题，兼及社会经济文化等诸多方面。以皖北方志资料为基础，采用统一标准，并从历史地理学的角度加以具体分析，结合区域环境和时代背景，希图通过元明清皖北文教的实际状况探寻其变迁趋势。

作为区域史研究，目前史学界对皖北的灾害史研究已经较为深入系统，关于皖北的民风民俗研究也取得了一定的成果，但在文化教育方面系统的研究成果甚少。由于皖北地区战乱和自然灾害等多方面原因，导致南宋以来在整体社会发展方面呈现出相对衰落的趋势。贫穷和多灾的因素致使皖北的地方性资料保存非常有限，特别是立国时间较短且年代相对久远的元代，因此，考察变迁趋势的资料主要来自明清两代。据我们统计，明清时期皖北虽然也有教育成就较为出色的州县，以及教育成果丰硕的显赫世家，但与文教昌盛的地区相比，整体上还是落后的。不过，这里民风犷悍，尚武之风盛行，武科成绩较为突出。

目前在全国范围内研究元明清社学、义学、塾学等教育类型的论文数量巨大。但专门以皖北教育为研究对象的，我们尚未发现，就连内容涉及皖北的也十分罕见，足见元明清皖北教育没有受到学界关注。这可能与皖北多战乱和严重的水灾，原始资料保存下来的少，研究起来不易有关。张晓婧、李琳琦在《明代凤阳府和徽州府书院发展之比较》[①]一文中，提到明初凤阳府作为帝乡受到优待，其官学教育较为发达的情况。在所有对教育组织的研究论文中，以书院研究为最盛。关于安徽书院的论文，大多集中在安徽教育发达的府县，涉及皖北部分的内容偏少，存在着明显重视不足的现象。在统计皖北书院数量时几乎都存在漏统现象，甚至出现统计错误。他们的统计资料来源多为通志，对具体的

---

① 张晓婧、李琳琦:《明代凤阳府和徽州府书院发展之比较》,《黄山学院学报》2008 年第 2 期。

皖北州县志的资料可能不够细致深入。相对于对徽州书院研究,深入家谱、碑刻、私人文集那样细致,可谓天渊之别。

学界对明清皖北地区教育的研究现状不够全面系统。关于明清安徽地区的教育在通论性的教育史专著和专门性的教育专著中多有提及。由于这些专著并非针对某一地区,因此对区域教育史研究只能起到总体参考作用。

关于皖北科举成就的研究现状,我们尚未搜寻到研究这个问题的专门性论文或论著,仅零星地散布于涉及安徽教育的相关论文、论著中。如张晓纪在《明代安徽人才地理分布特点及成因》[①]一文中,部分地论述了皖北科举成就。对于科举人才的统计,由于统计资料来源、各人所持标准、认真比对排除程度等方面的差异,统计结果也多有出入。有的在论述人才分布等问题时干脆直接引用前人成果,对皖北科举成就的统计至今尚无权威的数据。陈业新先生所著《明清时期皖北地区灾害环境与社会变迁——以文武举士的变化为例》[②]一文虽是研究环境变化引起社会变迁的问题,但其核心是以明清皖北文、武科举人数变化为考察基础的。文章旁征博引,在详细的数据统计基础上,全方位多角度地进行动态分析,可以看作迄今为止,较为完整而又全面地研究皖北科举成就的一篇力作。

本章中的皖北范围是以明代中后期凤阳府的范围为准,即安徽地区沿淮淮南和淮北,含 1955 年苏皖行政区划调整前的盱眙县、泗洪县(泗州),不包含调整后的萧县和砀山县。该区域因长期处于同一行政区划,且民风民俗相近,具有同一文化区的基本特征。

一、书院教育

书院是我国古代的一种教育组织。《辞源》的解释是:"唐代中书省修书或侍讲的机构。玄宗开元六年设丽正书院,十三年,改集贤院书院,置学士、直学士、侍读学士、修撰官等,掌刊辑经籍、搜求遗书、辩明典章,以备顾问应对。宋至清代,书院以讲论经籍为主,其最有名者有白鹿、石鼓(一说嵩阳)、应天、岳麓

① 张晓纪:《明代安徽人才地理分布特点及成因》,《安庆师范学院学报》(社会科学版)2008 年第 7 期。

② 陈业新:《明清时期皖北地区灾害环境与社会变迁》,《江汉论坛》2011 年第 1 期。

书院，有四大书院之称。元代书院遍及各路、州、府。明清书院益增，但多为习举业而设。”书院萌芽于唐，发展于五代，成熟于宋，鼎盛于明清。书院对中国封建社会后一千年的教育和文化的传承与发展做出巨大贡献。

皖北在中国书院史上影响并不大，但皖北书院的起源并不晚。安徽地区有史可考最早的书院当属北宋欧阳修于颍州西湖岸边所建之西湖书院。方志载：“宋皇祐元年（1049 年），欧阳公以上骑都尉开国伯知制诰，自扬州移知颍州。二月丙子至郡，爱其风土有西湖之胜，将卜居焉。乃建书院于西湖南，训化州人。”①

至于方志中提到的更早的书院“崇圣书院，在玻璃泉上，旧志传孔安国父子相继守临淮创建。有先圣晏居殿，至正石刻《诣崇圣书院谒夫子燕居堂》。乾隆初，知县郭起元改名‘敬一书院’”②。孔安国父子在遥远的汉代，作为孔子后裔，他们在此地为官时筑室聚徒讲学当为可信。后世仰先贤之举，于元明清三代均在其曾经讲学旧址重建书院。汉代私人性的高级讲学之所算不算作书院，尚在争论中，不便将其列入正式的书院。

南宋时，皖北为宋金双方长期拉锯战的主战场，文化教育的发展无从谈起。这一时期中国书院的发展主要在南方，就我们所搜寻的史料看，尚未发现皖北有书院建设的记载。元代教育整体落后，皖北在经济上早已丧失北宋时的优势，教育比之南方，更加落后。我们在皖北方志中仅找到两条有关新建书院的记载，分别是宿州的文山书院和盱眙县的淮山书院③。

明清是古代书院大发展时期，其服务科举及官学化色彩也更加浓厚。皖北和全国大趋势一致，其大发展的总体原因也是相似的。

（一）数量与分布

本章主要是以明清为研究对象。下表 6.1 是依据方志对明清皖北所建书院数量、空间分布及兴建状况，作一统计。

---

① 正德《颍州志》卷一《古迹》，《天一阁明代方志选刊》，上海书店出版社 1982 年影印本。

② 《盱眙县志》（同治十二年刻本）卷二《学校志四·书院》，第 110 页。

③ 注：“淮山书院”记载源自光绪《盱眙县志稿》，据我们所搜寻的今人有关安徽书院的文章均未将其列入。

表 6.1　　　　明清皖北书院建设时空分布表

<table>
<tr><th>朝代</th><th colspan="2">坐落地区</th><th>书院名称</th><th>创建、重修人和时间</th><th>备注</th></tr>
<tr><td rowspan="15">明朝</td><td rowspan="15">凤阳府</td><td rowspan="3">泗州①</td><td>甓山书院</td><td>嘉靖间，巡按御史张惟恕建。</td><td>张惟恕当在嘉靖十三年前后在任。</td></tr>
<tr><td>决科书院</td><td>不详。</td><td></td></tr>
<tr><td>龙泉书院</td><td>不详。</td><td></td></tr>
<tr><td rowspan="2">天长县</td><td>始兴书院</td><td>成化五年建。</td><td>终止不详。</td></tr>
<tr><td>同人书院</td><td>嘉靖十一年，州人王心等建。</td><td>据王心文章推算得出。</td></tr>
<tr><td>盱眙县</td><td>登瀛书院</td><td>万历六年，知县沈梦斗建。</td><td>《盱眙县志稿》卷五《学校》光绪二十九年刻本。</td></tr>
<tr><td>五河县</td><td>“旧书院”</td><td>嘉靖间，知县吴孟祺建。</td><td>吴孟祺，嘉靖十五年任。</td></tr>
<tr><td rowspan="2">怀远县</td><td>西山书院②</td><td>嘉靖十三年，知县杜朝聘建。嘉靖三十年知县何立重修。</td><td>巡抚张惟恕委知县建。约嘉靖末废止。</td></tr>
<tr><td>文昌书院</td><td>嘉靖十三年建，旋废。</td><td></td></tr>
<tr><td>灵璧县</td><td>正学书院</td><td>万历中，知县钟大章建。</td><td>明末废。</td></tr>
<tr><td>定远县</td><td>贞蒙书院</td><td>正德十二年，知县高璧建。</td><td>嘉靖二十年，改额“青云书院”。终止不详。</td></tr>
<tr><td>临淮县</td><td>西山书院</td><td>嘉靖十三年，知县谢廷举改建。</td><td>奉巡抚御史张惟恕命建。终止不详。</td></tr>
<tr><td>凤阳县</td><td>独山书院</td><td>嘉靖间，知县赵楷建。终止不详。</td><td>同上，当在嘉靖十三年前后。</td></tr>
</table>

① 据乾隆《泗州志》卷六《学校志・书院》载：“泗旧城书院为盛，曰甓山，曰决科，曰泗水，曰龙泉。绛帏启处，山水环拱，徒侣咸来，云霞壮采。自移驻虹城，仅以夏邱为兴贤育才之地。”可知旧泗州城原有四所书院，其中“甓山”建于明嘉靖间，“泗水”建于清顺治十年，这两所书院能在志内其他卷找到记载。“决科”“龙泉”两所书院，未有另行记载。泗州城于康熙十九年没于洪泽湖，由于是突然淹没，大量资料丧失，能够留在人们记忆的书院应当不会相隔太远。据此可推断，这两所书院，创于遥远的宋元可能性较小。当然，如果建于清初，也会因较近而记忆清晰，应当如泗水书院一样会有进一步记载。另外，康熙初期以前国内尚不稳定，经济也在恢复期，大规模建设书院是康熙中期以后。且泗州城淹没后，州治一度迁往附近的盱眙县城。就现有盱眙县的几部志书，也无这两所书院记载，证明也不是建于移治后。因此，将这两所书院定于明代，更合理。

② 此书院重修时间和主持人（何立）与临淮县西山书院完全一致，恐记录有误。据嘉庆《怀远县志》卷一四《职官表》载：“嘉靖四十一年，何立任，入《良吏传》。”因此，重建时间记录有误无疑。

续表

<table>
<tr><th>朝代</th><th colspan="2">坐落地区</th><th>书院名称</th><th>创建、重修人和时间</th><th>备注</th></tr>
<tr><td rowspan="9">明朝</td><td rowspan="9">凤阳府</td><td></td><td>两所书院</td><td>崇祯年间建，一在府治东南，一在察院东。</td><td>约毁于明末兵燹。书院名不详。</td></tr>
<tr><td rowspan="6">寿州</td><td>安丰书院</td><td>在安丰镇，明知州王鎣建。废止不详。</td><td>王鎣，嘉靖四年至十一年在任。</td></tr>
<tr><td>涌泉书院</td><td>在八公山麓，巡按御史杨瞻建。废止不详。</td><td>杨瞻，嘉靖间以监察御史奉敕清戎驻寿州。</td></tr>
<tr><td>淮肥书院</td><td>知州庄桐因小察院内基改建。废止不详。</td><td>庄桐，万历四年至十年在任。</td></tr>
<tr><td>循理书院</td><td>天启二年，学正黄奇士建，明末废止。</td><td></td></tr>
<tr><td>淮南书院</td><td>嘉靖初，知州刘天民建。废止不详。</td><td>刘天民，嘉靖四年任，在任三年。</td></tr>
<tr><td rowspan="2">颍州</td><td>西湖书院</td><td>明正德间，兵备佥事孙磐修复。</td><td>宋欧阳修建。孙磐，正德七年任。</td></tr>
<tr><td>仰高书院</td><td>嘉靖十七年，兵备佥事林云同立。</td><td>废止不详。</td></tr>
<tr><td rowspan="4">清朝</td><td rowspan="4">泗州</td><td>泗州</td><td>泗水书院</td><td>知州宋德芳于顺治十年(1653)建，旋废。</td><td>乾隆《泗州志》卷九《名宦志》载。</td></tr>
<tr><td>虹县</td><td>夏邱书院</td><td>康熙初，知县龚起翚、彭翼宸先后成之。</td><td>康熙十一年始建。遭咸同兵燹，一度停办。</td></tr>
<tr><td rowspan="2">天长县</td><td>同人书院</td><td>顺治初，知县李毓秀建，康熙间即废。</td><td>李毓秀，顺治二年至五年在任。</td></tr>
<tr><td>石梁书院①</td><td>嘉庆二十年(1815)建。</td><td>据新《安徽省志》之《教育志》。</td></tr>
</table>

① 同治《天长县志纂辑稿》下册《义行门》内提到士绅毛沄为此书院捐田，但并未具体记载书院详情。

续表

朝代	坐落地区		书院名称	创建、重修人和时间	备注
清朝	泗州	盱眙县	敬一书院①	乾隆初，知州叶本重建；（乾隆九年）知县郭起元改书院名为“敬一”。	叶本，乾隆元年至五年在任。咸同兵燹毁废，同治初，邑绅吴棠捐资重建。（重建说法不一。）
清朝	泗州	盱眙县	芝生书院	在三界市，光绪四年，邑绅吴炳庭创立。	内含芝生义学。
清朝	泗州	五河县	濠河书院	同治五年，知县裴俊德建，约至清末停办。	禀请上宪就豫胜营改建。
清朝	凤阳府	怀远县	洪山书院	康熙三十年，知县黄启祚建，今废。	
清朝	凤阳府	怀远县	文昌书院	康熙五十六年，邑绅李佺等重建。今废。	雍正元年，知县唐瑄与邑绅更修葺。
清朝	凤阳府	怀远县	勉敬书院	乾隆间，知县孔传檑创。终止不详。	孔传檑，山东曲阜人，孔子直系后裔。乾隆十一年至十五年在任。
清朝	凤阳府	怀远县	真儒书院	嘉庆十三年，知县郭翰屏与邑绅筹建。	光绪间废。
清朝	凤阳府	宿州	培菁书院	乾隆五十一年，知县赵霖捐廉置民房创。	约至道光初止。
清朝	凤阳府	宿州	正谊书院	道光十三年，知州周天爵因旧基捐廉倡建。	遭咸同兵燹，一度停办，同治三年恢复，至清末。
清朝	凤阳府	宿州	古睢书院	道光二十七年，凤颍道同知赖以平创设。	咸丰五年遭兵毁废。同治间，凤颍道同知复建。
清朝	凤阳府	灵璧县	正学书院	道光中，知县孙润重修。	清末改为学堂。

① 乾隆《泗州志》卷九《名宦志》所载书院重建者为乾隆初知州叶本，同治《盱眙县志》卷二《学校志四》也载乾隆九年知县郭起元改名。此两志记载一致。而《盱眙县志稿》光绪十七年刻本和光绪二十九年刻本，均载重建者为知县郭起元。考虑到当时泗州治迁于盱眙县，及州志所修时间与书院重建时间较近，可信度更高，因此取前一种说法。

续表

朝代	坐落地区		书院名称	创建、重修人和时间	备注
清朝	凤阳府	定远县	仁寿书院	康熙四十九年，知县张景蔚建，今废。	
			曲阳书院	乾隆二十八年，知县捐俸移建仁寿书院。	道光三年，教谕孔传庆偕署县刘德润募众重修。
			冶溪书院	在炉桥镇，知县张景蔚改东岳庙创建。	本名宏能，乾隆五十三年，监生俞巽募众重修。
		凤阳县	凤临书院	康熙四十七年，知县王纮建，原名“启蒙”。	乾隆二年，书院废，地租籽粒归入淮南书院。
			淮南书院	乾隆间，知府杨毓健创，成于知府项樟。	知府俞成倡捐，为经久计。清末改办学堂。
			清淮书院	未详始建与终止。	在临淮。
			临淮书院	同治五年，翰林袁保恒购祠西地建复。	在临淮西坝，兵燹后即遗址改建袁公祠。
		寿州	循理书院	乾隆二年，(凤台)知县周之晋开复。	至清末改为学堂。
			寿阳书院	乾隆二年，庐凤道尤拔世建。	在正阳镇，遭咸同兵燹废，光绪三年，恢复。
		凤台县	州来书院	同治二年，移治后，知县裴俊德创建。	约止于清末。
	颍州府	涡阳县	义正书院	同治六年，知县薛元启捐俸并募资创建。	清末改为学堂。
		蒙城县	养正书院	乾隆五十五年，知县刘士煌奉巡抚命创建	咸丰兵燹毁，同治八年，知县李炳涛劝捐重修。
		亳州	永清书院	乾隆二年建，嘉庆十六年复修。	咸丰中兵毁，光绪六年重修。
			柳湖书院	雍正六年，州绅刘恩霈捐地捐资创建。	致仕官员独资创办，办学至清末。
			培英书院	嘉庆二十五年，知府杨国桢创建。	知州颜尔椲率州绅、诸生等劝捐助成，今毁。

续表

朝代	坐落地区		书院名称	创建、重修人和时间	备注
清朝	颍州府	颍上县	梧冈书院	乾隆九年，监生王芹捐置。约至清末亭办。	乾隆《颍州府志》记作“蔡津书院”。
			河洲书院	县令劳俶胤建，今废。	有顺治十八年劳俶允任至康熙初。疑此人便是。
			濯翼亭学舍	县治东偏，广文夏总虞（康熙四十二年至四十九年在任）以形家言创建。	后圮，知县许晋捐俸重建。许晋于乾隆十五年至二十年，三任颍上县知县。
		阜阳县	辅仁书院	在沈丘集，始建不详，清末改为学堂。	道光《阜阳县志》未载，当建于修志之后。
			清颍书院	雍正十三年，知府卢见曾重修西湖书院。	乾隆十三年，知府王敛福改建于城内，并更名。
			仰高书院	仰高祠故址，清初改为书院，今废。	明代即为书院，当为重建。
			聚星书院	道光二十六年，知县饶元英捐廉俸倡建。	《艺文志》载有书院《碑记》和《公定条规》。
		太和县	寿山书院	乾隆二十三年，知县丁文灿建。	终止未详。
			文峰书院	道光二十五年，知县雷时夏建。	光绪六年，知县邹中俊有《增经费记》。
			经锄书院	在倪邱集，乾隆四十年，知县宋丁奇建。	同治五年，马怀珍重建。
		霍邱县	翠峰书院	乾隆二十六年，知县刘吉创。	知县丁文灿扩充。约终止于清末。

据上表统计，明清皖北明确可考的书院数量有63所，分别为明代22所，清代41所①，其中明代有两所书院有名称而无具体建设时间和创建者，一所（五河县）无名称，但有具体建设时间和创建者。清代有两所书院有名称和地点，而无具体建设时间，另有一所建设时间只记载了“清初”这一大约时间。从数量看，清代皖北书院建设数量大幅度增加，几乎是明代的两倍，其原因不一而足，既有

① 注：此处将移建西湖书院于城内而更名为清颍书院，按1所计算。

与明代书院大发展的原因相同的，也有属于自己的特殊原因。总结起来大致如下几条：

一是科举制度的催化作用。如众所知，科举制度盛行，使得科举几乎成为文人入仕的唯一途径。因地方和中央的官学容量有限，而生员的数量却在不断积累增加，难以满足大量生员对优质科举教育的需求。再者，还有数量更为巨大的童生需要进学取得生员资格，需要有学校为其提供入学教育培养的机会。基于这两个原因，大量的半官方性质的教育机构——书院就很容易被催生。这也是清代书院以科举式书院占绝对优势的原因。

二是社会稳定、经济发展为书院的大发展提供了契机和保障。我们据皖北方志统计，清代皖北明确记载书院共 41 所，建于康熙中后期至乾隆年间的竟达到 23 所，可见康乾盛世的社会稳定经济繁荣对书院建设的重要性。

三是官学教育的僵化与衰落。任何一种制度运行时间久了，就难免会积弊丛生，乃至颓废。因此，明清都出现了官学在经过初期发展后逐渐废弛的普遍现象。士子想求取更高功名势必会寻求新的受教育出路。如“儒学寝衰，教官不举其职，所赖以造士者独在书院。其裨益育才，非浅鲜少”①。

四是清代统治者的重视。清代自康熙前期国家统一、政治稳定后，为了笼络广大读书人，采取了鼓励书院发展的政策，更没有出现过类似明代禁毁书院的举措。如《清史稿》记载：“各省书院之设，辅学校所不及。初于省会设之，世祖颁给帑金，风励天下。厥后，府、州、县次第建立，延聘经明行修之士为长，秀异出其中。高宗奖励，比于古者侯国之学。”②

五是书院自身活力的强大。清代书院的官方色彩虽然浓厚，但并不是真正意义上的官方机构。书院能够长期存在和发展，必须要求教学要有实际效果，这样可以保持其强大的生命力，足以吸引士子来就读和提高绅民捐助的积极性。

我们还认为建书院比重修官学容易也是重要原因之一。官学建置有一套较严格的规制，如棂星门、大成殿、明伦堂、魁星楼等等，几乎一应俱全，方合礼制。因此，学宫建筑一旦倾圮，再想重修耗费巨大。而书院建设没有特别的要求，简单易行，规模也不拘大小。当地方州县学圮坏后，在资金紧缺的情况下，人们更容易去花较少的资金建书院来弥补，甚至因陋就简，可以直接借用其他建筑稍加改造即可。

---

① 《清史稿》卷一〇六《选举一·学校一》，第 3119 页。

② 《清史稿》卷一〇六《选举一·学校一》，第 3119 页。

明清皖北书院同样也具有共性和个性的特点。从时间分布来看，两个朝代均表现出集中性的特点。明代皖北书院始建或重建集中于嘉靖、万历年间，明确建设时间的20所书院建设年代分别为，成化1所、正德2所、嘉靖11所、万历3所、天启1所、崇祯2所。皖北书院建设集中于嘉、万间的原因，李琳琦先生在《明代安徽书院的数量、分布特征及其原因分析》一文中已做了详细分析，在此不作赘述。

清代皖北书院始建或重建，除了战乱不断的咸丰年间和清末的宣统间无书院建设，其他各朝均有所建树。清代皖北书院的分布要比明代均匀，集中性不及明代那么突出。在确知建设时间的38所书院分别为：顺治2所、康熙8所、雍正2所、乾隆13所、嘉庆3所、道光5所、同治4所、光绪1所。清代皖北书院建设主要集中于康熙中期至乾隆晚期，这一时段皖北新建或重建书院达23所。顺治、嘉庆、道光、咸丰、同治、光绪六朝仅建设16所（把清初重建的仰高书院算入顺治年间建），足见康乾盛世的社会稳定和经济繁荣对文教的推动作用。

关于皖北书院的地域分布特点，明代主要是集中于沿淮河两岸，尤其是沿淮淮南。紧邻淮河南岸的有9所，若把百里内的定远也算上，总数达10所，几乎是明代皖北书院总数的一半。北岸6所，沿河两岸总共为15所，这是从点线分布考虑的。若是从面状分布来看，皖北书院呈现出东南明显胜于西北的情形，西北仅颍州有2所书院。

从数量的地域分布来看，清代皖北书院建设呈现均衡化发展的趋势。整个西北部（颍州府）由明代的2所发展到16所。如果把宿州也归入西北部，总数更是达到19所。相比东南部，至少在数量上是接近的。清代书院建设在数量上虽然比明代有大幅度增加，但在一个州县范围内，几所书院往往是前后相继的关系。如有关宿州的书院记载：培菁书院"国朝乾隆五十一年，知县赵霖捐廉置民房创"。而正谊书院则是"道光十三年，周文忠公任宿州，首崇文教，捐廉并劝地方集资二万二千缗，因培菁书院旧基拓之，旁设考棚，名正谊书院"①。

再如对定远县的书院记载：仁寿书院"（在）南门大街，康熙四十九年，知县张景蔚建，今废"。而曲阳书院则是"（在）文庙东，乾隆二十八年知县□（郭?）基因仁寿书院狭隘，变价捐俸重修移建，改额'曲阳'"②。

最典型的是怀远县的4所书院。洪山书院："旧志云，康熙三十年，知县黄

① 光绪《宿州志》卷八《学校志・书院》，第171页。

② 道光《定远县志》卷五《学校志・书院》，第57页。

启祚建,今废。”[①]文昌书院:“旧府志(载),在荆山麓,明嘉靖十三年建,后废。国朝康熙五十六年,邑绅李佺等重建,周围墙垣,雍正元年,知县唐瑄与邑绅更修葺,今亦废。”[②]勉敬书院:“孔传橿,山东曲阜人,由乾隆元年,举贤良方正,十一年授怀远令(十六年离任)。复创设勉敬书院,延本邑太史敬思方公暨泰州孝廉宜平唐公为多士表率。士林彬彬郁郁雍雍鱼鱼,即他邑诸生咸慕其化羸粮而至者不计其数,往往掇巍科,为一时知名士。且时招诸生于署,频行月课。”[③]真儒书院:“嘉庆十三年,知县郭翰屏欲创书院,与绅士杨士韦、何垣、孙素等劝捐经费。”[④]

从这几则材料和相关记载来看,清代怀远县的这几所书院不是并存的,它们是典型的前后相继关系,而且有的中间还有时间间隔。因此,不能简单以书院的数量来作为衡量书院教育兴盛与否的标准。

(二)影响书院数量与运行质量的因素

在清代皖北,能够有两所以上书院并存的州县较少。并存时间长、经费充足、运转良好的仅有寿州一地。据我们对皖北明清两朝的科举成绩的统计(后面将另作论述),综合实际成绩寿州属于最突出的几个州县之一,这并不是一个巧合。反观其他一些州县,如灵璧县直到道光间才重建了明代的书院;五河县直到同治五年才重建书院。这两个县的科举成绩不仅差,而且清代又明显不如明代。因此,在官学颓废的情况下,书院的数量和运行质量,与当地的科举成绩是有紧密联系的。

关于书院的数量和运行质量,我们认为主要取决于当地的文化底蕴、经济状况和政治地位。若以文化底蕴来看,皖北历史上的几大重镇当属寿州、颍州、亳州、泗州、宿州、濠州。明清时期,泗州于康熙初淹没于洪泽湖;宿州、亳州因河道淤塞交通受阻而不复当年之繁华;明初,濠州因易遭水患,府治迁至新建的凤阳后,仅作为临淮县城,丧失作为传统的地区中心地位。颍州的地位在明代有所下降,雍正间升散州为府后,地位又有所上升。寿州的政治地位虽然在明清不高,但从历史地位和城市规模上看,仍然保持着真正意义上的皖北第一城

① 嘉庆《怀远县志》卷三《学校志·书院》,第63页。
② 嘉庆《怀远县志》卷三《学校志·书院》,第63页。
③ 嘉庆《怀远县志》卷二六《良吏传》,第343—344页。
④ 嘉庆《怀远县志》卷三《学校志·书院》,第63页。

的地位。从明清两朝来看,寿州的书院无论在数量上还是运行质量上均居皖北之首。

再如颍州(升府后的阜阳县),由于北宋时作为京畿地区,常为名臣外放之地,如晏殊、欧阳修、吕公著、苏轼等均在此地任过守令。他们对颍州地区当时的文化建设贡献巨大,例如欧阳修在西湖之畔建西湖书院,聚徒讲学,一时名士荟萃,文风丕振。日后此地人每每引以为豪,官斯地者则更是以先贤为榜样,以复兴当地文教为己任。如曾任颍州知府的孙光祀在《重建西湖书院碑记》一文中所言:"幸值重熙累洽之世,凡官于斯生于斯者莫不承菁莪棫朴之化,思共砥砺于清时。……士之为学固欲其磨砻淬厉以修业,更期其饬躬砥行以进德。今书院之旁晏吕欧苏之灵所式而凭也之,四贤者勳名事业班班在史册间,其徒文采风流而已乎?诸生于读书稽古之余缅思四贤遗风,共树千秋之不朽乎?他日若或得重过汝阴,见诸生彬彬郁郁,学与德并进,文与行兼修,则匪惟书院有造于诸生,实有光于书院。区区之私或可藉,是以少慰也。夫予身虽去而予之系怀于颍者益无穷也。独书院乎哉?是为记。"①很明显,文化底蕴不仅是实实在在的文化软实力,更是一种动力和文化自豪的信心。

经济是发展文教的基础。如果说文化底蕴是软实力,那么,经济因素则是发展文教的硬实力。明清皖北地区虽贫瘠,但在区域内仍然存在着较大的差异。淮南与淮北之间差距就比较明显。清前期曾在皖北多个州县任职的尤拔世曾说:"大江南北淮以南类多膏腴,淮以北类多硗确。淮南收谷之数每亩辄以石计,淮北收谷之数每亩仅以斗计,且必休一岁、二岁乃复种,其相去悬绝若此。"②足见淮南的经济状况要远好于淮北,这也是淮南在书院数量和运行质量都高于淮北的重要原因。前面所举之寿州,其书院无论在数量还是运行质量上都是皖北其他州县难以相比的,即是典型例证。寿州土地主要位于淮南,加之位于其南部的安丰塘强大的灌蓄能力和正阳镇作为皖北第一关的商业地位,寿州整体的经济实力实为皖北之冠。反观前面所举位居淮北的灵璧县:"地滨淮河,十年九荒,绝无温饱读书之家。民居皆茅屋,衣皆疏布,食则麦豆杂粮,虽丰年犹和以草木根叶。家有牛具什器者,十不得一,故岁凶则挈家远出,豪(毫)无顾恋。新进儒童不随地方官谒文庙,终身不知有师生之谊,得无近于野。"③如此恶劣的生存环境,如此贫困的百姓,如此难受良好熏陶的读书人,教育落后也就

① 道光《阜阳县志》卷一九《艺文志·记》,第342页。

② 光绪《宿州志》卷三一《艺文志·记》,第553—554页。

③ 乾隆《灵璧县志略》卷四《杂志·风俗》,第75页。

不难理解了。

关于地区政治地位的作用,毋庸置疑,历来就是政治中心会助推政治资源转化为文化优势。凤阳作为新建的县城和府城,其历史传统和底蕴无从谈起。由于水患又非常严重,据《清代淮河流域洪涝档案史料》一书记载,自乾隆元年(1736年)至宣统三年(1911年)的176年中,凤阳县受水灾年次达112次,排名淮河流域第一,因此其经济实力也是很有限的。正如乾隆间曾任凤阳府知府的狄咏篪在《新修凤阳县志序》里所载:"村墟辽邈,水旱频仍。苟圣天子轸恤再三,赈贷之施动辄百万,而生兹土者,其何以得免于沟洫瘠也……"①

然而凤阳是府治所在地,也是庐凤道(道光年间开始为凤颍道)驻地,自然受到特殊照顾。比如建于府治的淮南书院的经费来源,"师生修膳、膏火多出于各州、县、卫捐解。三十一年,知府俞成首捐俸银,令所属州、县、卫各捐俸存典生息,每年支取利银以供师生费用为经久计"②。府城的书院不仅有道员、知府直接扶助,还可以利用道、府长官的权威和号召力,有效利用辖区更大范围的资源。从表6.1也可知,明清两朝凤阳县(含后来并入的临淮县)书院建设达7所,仅少于寿州(按清初的建制)的8所。如果说明代是因为帝乡的优势,那么清代优势则主要来自作为地区政治中心的地位。同样的例子,还发生于其他地区。如颍州府知府王敛福将霍邱县长塔寺充公田一千一百多亩拨归位于府治的清颍书院。而在此稍前的乾隆初,霍邱知县刘标就欲在霍邱县首创书院而未果,主要还是创建书院的经费不济。这一千多亩土地,完全可以留作当地建设书院用。但自划归府治书院使用,直到民国初年,废书院改学堂,才被霍邱县收回。再如,道光间凤颍道同知改驻濉溪口,在前后两任同知的关怀下,创建并维持了古睢书院。这些都显示了政治地位高对发展文教的助推作用。

从明清书院发展状况可知,由于明清时期皖北在经济上严重落后于安徽其他地区,文教事业发展举步维艰。明代作为帝乡还能受到国家的政策照顾,清代则完全被边缘化,文化事业也每况愈下,整体人文环境处于持续恶化状态。

(三)经费来源

以自然经济为基础的封建社会,国家税收不多,因而投入教育的资金也少。明清时期,有限的教育资金也基本投入到官学教育和科举活动中了。在此背景

① 光绪《凤阳县志》卷首《志序》,第178—179页。

② 光绪《凤阳县志》卷八《经制·学校》,第328页。

下，广大私学和作为官方监管、主要由民间承办的书院，更要有强大的经济支撑。皖北书院数量不算少，但办学不够稳定。很多书院存在时间短暂，在非战争时期，主要是经费不济造成了书院停办。了解皖北书院经费状况，可以考量书院的实际教育水平和办学质量。由于方志记载的明代书院资料较简略，在此，我们重点以清代书院为考察对象。如下表：

表 6.2 清代皖北书院筹建方式及运行经费来源简表

坐落地区		书院名称	创建方式	经费来源及经营
泗州	泗州	泗水书院	知州建，旋废。	不详。
	虹县	夏邱书院	知县创建、增建，绅民捐款捐地。	捐田、置田、断充湖涸无主田，招佃收租(下同)。捐款存典生息。
	天长县	同人书院	知县建。	不详。
	盱眙县	敬一书院	知州、知县重建，邑绅重修、捐款、捐田。	捐田、捐资垦荒，未详。
		芝生书院	邑绅捐资创建。	捐田收租，捐款收息。
	五河县	濠河书院	知县请示上宪，将旧军营改建。	断充涸出无主湖田，及争讼不清土地；绅捐田地；官员捐款存典生息；盐厘局协济膏火。
凤阳府	怀远县	洪山书院	知县建。	土地收租；钱款存典生息。
		文昌书院	知县与邑绅合力重建。	
		真儒书院	知县与邑绅倡建，绅民捐款、捐田、修志结余经费。	
		勉敬书院	知县建。	不详。
	宿州	培菁书院	知州捐廉置民房创。	官员捐置土地、绅民捐田、查充教匪土地；官盐局协助膏火。
		正谊书院	知州捐廉劝捐扩建，知州邑绅劝捐重建。	
		古睢书院	凤颍道同知创建、重建。	绅民捐田；钱款发商生息。
	灵璧县	正学书院	知县重建。	不详。
	定远县	仁寿书院	知县建。	不详。
		曲阳书院	旧书院变价，知县捐俸移建；官员募众重修。	不详。
		冶溪书院	知县改庙宇创建；邑绅募众重修。	不详。

续表

坐落地区		书院名称	创建方式	经费来源及经营
凤阳府	定远县	淮南书院	知府创建。	知府及令所属捐俸、民捐钱发典生息；道台拨牙厘局银两协助；拨河淤地收租；建市房收租。
		凤临书院	知县建。	官员捐银，由绅董置地收租。
		临淮书院	官员捐建。（外籍官员）	不详。
	寿州	循理书院	知县（凤台）开复。	追复原田、置地；官绅民捐款、土地变价存典生息；断充匪产和私垦安丰塘湖田。
		寿阳书院	道员同州县官倡捐款及拨结余公款创建。	发商生息；董事置买土地收租；当市房收租。
	凤台县	州来书院	知县因寺庙废址创建，拨赈款、绅民捐助。	查充匪产、绅民捐地、董事置买土地；绅士捐款生息。
颍州府	涡阳县	义正书院	知县捐俸募款创建。	不详。
	蒙城县	养正书院	知县捐俸，邑绅捐款创建，知县劝捐扩建、重修。	绅民捐田、查充匪产，招佃收租。
	亳州	柳湖书院	绅士（致仕官员）独资捐建。	绅民捐田、查充匪产；捐资、捐市房收租、捐书。
		培英书院	官员率士绅劝捐创建。	不详。
	颍上县	梧冈书院	士绅捐置，官员及士绅扩建。	绅民捐地。
		河州书院	知县创建。	不详。
		濯翼亭学舍	民建，知县重修。	不详。
	阜阳县	西湖书院、清颍书院	知府重建、移建。	官员捐置土地、官员请拨断充土地、绅士捐田。董事收租，严禁易银生息。
	太和县	寿山书院	知县捐俸，绅士捐资创建。	不详。
		文峰书院	知县捐廉倡捐创建。	民捐赈款余资拨入，其余不详。
		经锄书院	知县倡捐，绅士助款创建。	知县岁捐俸二十两为膏火。
	霍邱县	翠峰书院	知县创建、扩建、重葺。	官员置买、绅民捐田、捐钱置买、民捐钱作膏火、断充争控不休的土地。

表6.2是我们根据皖北方志资料所整理的有关皖北书院创建方式与运行经费的来源简表,其中,凡没有具体创建人的均未列入,符合条件的有36所。由上表可知,皖北书院由地方官员捐俸(廉)倡建、重建的达31所,其中只有1所为外籍官员捐建,其余的均为地方官员;由地方绅民创建的仅有4所。在所有书院的创建中无一所是商人捐建,也极少提到商人捐款协助之事。另外,也没有任何关于宗族创建书院的记载,偶尔有少数宗族向书院捐款、捐田的例子。很显然,地方官员在皖北书院的建设过程中起到了十分关键的作用。就是所谓的邑绅,也有不少为本地出身的官员。典型的如盱眙县的吴棠捐巨资重建毁于咸同兵燹的敬一书院,并捐资延师、助生膏火。吴棠曾官至两广总督、四川总督,是清末著名的封疆大吏。独资捐建亳州柳湖书院的刘恩霈也曾做过官。在大量的地方官员倡建的书院中,致仕的本地官员往往也是士绅中积极参建者,如怀远文昌书院是由曾在山东、直隶两省担任过县令的邑绅李佺主持重建。

清代皖北书院的建设,官员的作用非常关键,这与明清皖北环境日趋恶化、经济凋敝的社会现实相符合。虽然在书院建设中资金主要是绅民捐助,但大多是在官员的倡导下进行的,反映了皖北绅民在经济实力上较弱,很难自主倡建。相比较徽州,实力雄厚的徽商大力捐资赞助家乡教育,皖北商人却极少参与书院建设。这反映了此地商业不兴,缺少有实力的商人。这样的记载几乎每县都有,如:“商贩土著者什之三四,其余皆客户。”①“商大率远人贸易,土人亦间有持筹而逐末者,货俱本地所产,亦仅资糊口而已。”②

关于宗族在书院建设中几乎无所作为,也并不难理解。正如前文所述,皖北淮河两岸多战争,所受打击频繁而又沉重,世家大族几乎全都南迁。历史原因所造成了南宋以来皖北宗族势力不强的事实。正如方志所载:“邑中著姓不讲宗法,惟波罗林张氏聚族而居,族长约束甚严。”③

经济实力弱,宗族势力不强,缺乏凝聚力,就难以集众人之力积少成多完成大型公共事业的建设。明清皖北宗族不仅在创建书院时不见身影,就连平时捐助书院运行经费的事例也极少。这与宗族势力强大的地方,如徽州,宗族不仅积极参建地方书院,也大量建设宗族书院④,形成鲜明对比。

书院运行经费主要包括山长的聘金修金薪水、生徒膏火、相关工勤人员的

---

① 光绪《亳州志》卷二《舆地志·风俗》,第71页。

② 道光《定远县志》卷二《舆地志·风俗》,第13页。

③ 乾隆《灵璧县志略》卷四《杂志·风俗》,第75页。

④ 参考宋杰:《从正德〈新安毕氏族谱〉看明代徽州宗族书院建设》(待刊稿)。

工食银、书院的维修费用、教学用品费用、一些礼仪祭祀方面的费用、考课奖励费用等。不同书院因规模等差异的原因，运行经费的总量和种类也是有差别的。如清代霍邱县翠峰书院在《原定经费成规》中列了堂教、生童、奖励、月课、开学、钱漕、规费、工食等八大项，共需经费为："以上每岁约计需银四百三十八两，又钱九十三千作银九十八两，银钱共计需银五百四十两不等。量入为出亦称租备用。"①翠峰书院原置院田两千七百多亩，规定肄业生童仅为二十名，后来又陆续捐置土地近二千亩。本着"量入为出"原则，显然招收生童还会增加。即使招收生童增加一倍，规模也不算大。霍邱县仅有一所书院，对于"应试童子者几及千人"②的小学之县，其非基础性教育力量还是显得很薄弱。

书院财产包括房基，建筑、院地、市房、院田和经营性资金。这些基本的财产来源于官民的捐置、公共财产的申请转入、非法开垦和不明财产争控不休的断充以及所谓的"匪产"查充等。其中官民的捐置占主要地位，其形式主要有捐钱、捐田、捐物等，但具体捐助方式多样。捐助者很多直接捐田，也有的是书院董事或地方官员将捐入书院的现金置买成土地，这样的例子不胜枚举。同样，也有不少商业化经营，多是将现款以存典（商）生息。一般来说，商业性经营的收益比传统的土地经营的收益要高一些，但相应地风险也高。典（商）铺破产倒闭往往会使存款血本无归，甚至有的商人携巨款逃跑。特别是遇到战争，书院现金几乎没有能够安然无恙的。经营性收益是书院能够持续办学最稳定的保证。皖北商业不发达，加之商业经营具有高风险性，如颍州清颍书院在财产经营条规中明文规定："以上地亩遴选庠生轮年经管，收租变价以充膏火。断不可以地易银生息，希图息重于租，以致岁久侵渔，化为乌有。"③

纯商业性经营收入虽然比土地经营收益高，但不及土地经营收益稳定，因此，土地经营是皖北书院收入的最主要方式。商业式经营除了将捐款存典、商生息外，还有的是在院地上建房或绅民捐置市房出租盈利，这样的经营方式在皖北并不普遍。

书院田的地租收入是书院常规收入的主要来源，书院田的多寡决定了书院办学的稳定性，影响办学质量。我们据皖北方志的统计发现，皖北书院的院田多寡不等，少则数百亩，多则数千、数万亩，更有达十万亩的，差距较大。上举霍邱县翠峰书院先后拥有院田，"统核书院前后捐、置田地约四百三十一石零（一

① 同治《霍邱县志》卷四《学校志·书院》，第141页。

② 同治《霍邱县志》卷四《学校志·弟子员额》，第135页。

③ 道光《阜阳县志》卷六《学校志·书院田》，第90页。

石合十亩)”,另有捐款“通共捐银一千三百八十六两”①。

光绪《泗虹合志》载夏邱书院拥有院田达一万一千四百余亩。更有甚者,据光绪《寿州志》载循理书院拥有财产:“咸丰间,知州金光筯查充保义集坊店居民私垦上下罗陂塘田地三百七十一块,方广各十五里,同治间详请曾国藩批归入循理书院。”另有“同治六年,知州施照查充匪产,详请督抚批归入循理书院。计充田地一万六千三百五十八亩七分”;加上之前实有院田“仍存新旧田产十三顷四十四亩”②。总计循理书院前后所拥有院田超过十万亩。另有存捐款,“以上共存二千三百四十八千(钱)”③。

皖北书院中办学时间最长,最稳定的莫过于寿州循理书院。据我们统计,循理书院所拥有的财产也是数量最大而且稳定的。由此可见,书院的财产数量直接影响到了书院的规模和办学效果。

书院的运行和院产的经营一般是由地方官出面组织董事会,再由董事会通过制定规章进行实际操作。虽然土地经营相对于商业性经营较为保险,但因皖北自然灾害尤其水灾频繁,加之本地经济基础薄弱,承灾能力非常有限,因此,土地经营也并不是很稳定。如光绪《凤台县志》所载《十四年沥陈书院情形》一文中所言:“(光绪)十一年、十二年复被水歉收,然尚不至大为短少,不意十三年黄河决口,灌入淮、淝,水流急湍,滨淮公产湾地大半冲坏,低冈亦间有冲损。是往日之例,租已无足靠者也。群黎以食为天,迄今黄流未退,遍地成渠,哀鸿嗷嗷,方恤之不暇,已定租课何忍加增。焦(岗)湖至今宛在水中,官租尽归乌有,是往日恃为筹补之资,至此更无足靠者。”④此则材料虽然是记载筹措岁试之费的艰难,但足以说明皖北土地经营的不稳定性。况且这本来就是将书院田收入“暂挪生童膏火之资藉充考费”,并造成“月课八九年未行”⑤。

关于将书院收入挪作他用的事例很多,尤其是咸、同间,因持续的战争,皖北书院现款基本上挪作军费或赈济流民。如宿州正谊书院:“咸丰初元,捻氛苗逆,内外交讧,兵差络绎,四乡避乱者携妻孥居之。不但存款是用,考棚亦荡然无存。”⑥再如泗州夏邱书院:“入咸丰以来,粤匪犯境,公款尽数因公提用,膏火

① 同治《霍邱县志》卷六《学校志·书院》,第141页。
② 光绪《寿州志》卷九《学校志·书院》,第122页。
③ 光绪《寿州志》卷九《学校志·书院》,第122页。
④ 光绪《凤台县志》卷六《学校志·书院》,第112页。
⑤ 光绪《凤台县志》卷六《学校志·书院》,第112页。
⑥ 光绪《宿州志》卷八《学校志·书院》,第171页。

又成子虚，房屋亦倾圮过半。”[①]咸、同兵燹对皖北社会的破坏难以估量，使本就落后的皖北文教事业更是雪上加霜。

除此之外，时代久远、制度松弛、卷宗丢失、社会动荡、严重的自然灾害等原因都会造成书院财产的流失。据方志记载，几乎每一个书院都存在着院田、院地为民隐占的情形。有的因为时间久远，连院田具体方位都无法确定；有的因被久占，虽然文献记载很清楚，但因官方卷宗丢失，只得默认既成事实。

皖北由于地势较为平衍，耕地所占土地总面积的比例较高，但由于灾害频繁加之土壤结构特殊，其土地收益较低。以沿淮淮南西部的霍邱为例，据当时的资料记载，其“原置田亩租课”，租率最高的是：“买王爽地一分，计种二十七石，坐落石庙集。钱粮正银一两，租一百五石八斗……”[②]亩平均租为 0.39 石。租率最低的是：“买李瑶庄田一分，计种四十八石五斗，坐落石庙集保。钱粮正银一两，租一百六十九石……”[③]亩平均租为 0.35 石。再看总平均租率：“以上原置田地计种二百五石四斗，每岁纳租七百九十石八斗。”[④]平均亩租为0.385石。

霍邱县相比更下游的皖北其他州县，其受水患稍轻，地租水平至少居于沿淮淮南中等水平以上。“……民间口号以十亩田为一石种。贫民无业贷田于富人，获之时，计其入耳以半为租。通上中下熟田亩出谷一石之量，较部定者二而一。一丁男之力率其妇子操作佃田百亩足终岁之食矣”[⑤]。

上述可知，明清沿淮淮南的地租综合土质和年成，亩平均水平在 0.35—0.5 石左右。尤拔世所言“淮南地租以石计”，在沿淮淮南，仅仅是少部分优质土地在丰年的产量。其他州县书院田的地租几乎都折算成钱记载，清代的银钱比价前后差距较大，因此不好比较。现据泗州义学田收租来做参考比较：“共地三顷三十九亩，共租四十石。（夏麦二十石，秋粮二十石。）”亩平均租率仅约0.12石。

因义学学田和书院田性质一样，均要交钱粮正税，二者可以等同看待。泗州地居淮河与洪泽湖交汇处，所受水患较重，因此综合分析其土地收益在淮北应该是最低之列。那么整个淮北地租率应该在 0.12—0.2 石之间，较为合理。综合以上，淮南地租平均水平当是淮北的 2 至 3 倍，其他更高的说法当不合整体情况。淮南比淮北优越这是不争的事实，那么，淮南的书院无论在数量还是

① 光绪《泗虹合志》卷六《学校志·书院》，第 468 页。
② 同治《霍邱县志》卷六《学校志·书院》，第 139 页。
③ 同治《霍邱县志》卷六《学校志·书院》，第 139 页。
④ 同治《霍邱县志》卷六《学校志·书院》，第 140 页。
⑤ 同治《霍邱县志》卷三《食货志·物产》，第 107 页。

运行质量上普遍高于淮北自然也不难理解了。

尽管淮南比淮北经济条件相对较好,但比起皖中沿江平原及皖南圩区,仍是大为逊色。因此,在当今有关书院研究的学术著作提到著名书院时,很难见到皖北书院的身影。这是与淮河流域环境变迁而导致的经济环境恶劣,进而导致文教不盛有很大关系。经济基础和文化底蕴决定了教育水平。

二、教育成就

衡量一地的教育成就的参数很多,但由于资料缺失和统计标准难以统一,综合衡量难度较大。本节以明清科举成绩为切入点,予以分析、比较,力图得出结论。

(一)教育成就和科举寄籍问题

1.教育成就考量标准

教育成就范围非常之广,不仅包含直接的教育结果,如科举人数,还包含间接的地方文化成就,比如出了多少著名文化人士,有多少诗文、学术著作行世及其影响力等等。

我们认为那种掐尖式的比较,基础太薄弱,没有考虑到更广泛的整体基础,更没有考虑到地域条件差异造成的不公,因此,准确性要打折扣。如果扩大比较基础,由于著名文化人士很难有个合理统一的标准,且需要与同时代的其他地区进行对比,这是一项非常系统而又浩大的工程,绝非易事。至于有多少诗文、著作行世,也是难以统计的。皖北乃积歉之区,由于地区的贫困,很多文人作品因缺少经费而不得刊行于世。再加上多水灾和战乱,绝大多数文人已刊刻作品和未能刊刻手稿在水灾或战乱中被毁。如:“鹿瑞征,字五辉,自幼力学不倦,为文日可得数十首。领崇祯癸酉乡荐,见时多事,淡于进取,力求古人为己之学,濂洛关闽书靡不剖析。隐居授徒,及其门者,皆得成就。生平著述甚富,惜经兵燹后概不复存。”①“张必达,字戒闻,岁贡生。少孤,母宁以苦节著。贫不能延师,自授以《孝经》《论语》皆成诵。大雪断炊,犹手一卷哦母侧,因以雪

① 道光《阜阳县志》卷一二《人物志二·文苑》,第201页。

堂号之。早岁入庠,试辄冠其曹。文多经学使者刊布,声遂大振,然数奇,中年未第,乃益肆力于诗,古文辞博洽为以时当通垒,凡郡中碑铭传记之文咸出其手。……著述颇富,未刊藏于家。"①这些文人诗文、著作即使当时影响很大,由于作品没有刊行或被毁,今天根本无法统计数量以及考量其影响力。

教育的其他成就难以考量,只得以科举成绩来衡量了。明清两朝科举极盛,各项科举成就的记载还算较为详细,加之,科举成绩是教育的直接成果,以其作为评判标准也更为准确易行。

2.科举"寄籍"问题

关于科举人数统计,不能回避寄籍问题。无论是当时,还是今天,寄籍问题都成为统计进士数量的争论焦点。在地方志记载中,无论原籍地或占籍地都把进士算入自己地区。明清非常重视科举,能够得中非常难。金榜题名,不仅是自己及家族的荣誉,也是地方的荣耀。因此,常常出现两地甚至多地争相将某一进士记入本地进士名录的情况。时过境迁,因当时依据的理由证据逐渐消逝,后人很难在证据不足的情况下判断存在争议的进士究竟归入哪一地区才算合理。

我们依据方志,在统计皖北进士的过程中,总结出本区寄籍情况大约有如下几类:第一类是入籍迁居地。这类迁居又分民迁和官迁,其中以后者为主。官员离任后,爱其地之美,遂落籍宦游之地。这类的情况贯穿两朝始终。有外地寄籍本地的,如:"黄著,四川丰都人,举于乡。隆庆五年,掌教霍庠,勤课士艺,教育有方。迁广西楚雄府推官,后致政归老于霍。爱霍之山川佳胜风土清淳,一如六一居士之于颍西湖焉。"②也有本地寄籍外地的,如:"戴昂,字时举,相城乡人。父俨,字居敬,由举人历官怀柔县学教谕、河南府学教授。昂以怀柔籍中正统丁卯顺天乡试,登戊辰进士,擢监察御史。"③

普通官员子弟寄籍主要是为了教育的方便,这类寄籍不一定长期入籍。如上所举之戴昂的例子,其致仕后归乡终老,显然,他的后代并未如他一样寄籍外地。

还有一种情况是军官子弟寄籍驻地。这类情况在明代非常普遍,如定远县,在明代的寄籍进士人数达 13 人,几乎都是卫籍。因为定远、凤阳一带是朱元璋起家之地,和他一起打天下的幸存者不少成为军官。明代的军籍是世袭

---

① 道光《阜阳县志》卷一二《人物志二·文苑》,第 205 页。

② 同治《霍邱县志》卷八《职官志》,第 177 页。

③ 嘉靖《宿州志》卷五《人物志·名贤》,《天一阁明代方志选刊》,上海书店出版社 1982 年影印本。

的，所以其后代只能入籍驻地（卫籍）。明代皖北这类寄籍进士数量最多。

第二类是在京官员子弟寄籍京师。在京官员为方便子弟教育，往往将子弟入籍京城附近州县，如入籍通州、大兴县。这类入籍会因子孙是否长期入籍当地，而出现永久入籍和回原籍两种结果。

第三类是寄籍邻省。这类情况更为复杂，就目前所掌握的资料，也只能是推论。典型代表是地处皖西北的阜阳县，拥有大量河南中式举人。如众所知，江南乃人文渊薮，文教发达，科举昌盛。以清代为例，“江苏、浙江、安徽中状元的数分别是49人、20人、9人，居前三位”①。与江浙相比，安徽劣势明显。明代安徽江苏同属于南直隶，乡试按一地计算，而乡试名额并没有优势。从景泰四年到万历四十年名额基本固定为135人，这是整个南直隶生员和南京国子监生参考的总录取额，而同期河南省乡试名额基本固定为80人②。据此可知，安徽地区考生与科举实力最强的江苏竞争，程度激烈远较河南为甚。作为省内相对落后的皖北地区的人想考中举人的难度相当大。如果能寄籍外省，中举的可能性会大大增加。如：“李悦，永嘉人，正统六年任学正。以颍州（川）卫属河南（都司），奏请军生赴豫乡试。自是登贤书经阁者相继。”③

更换乡试地中举者很多。明代颍州（清雍正以后的阜阳县）进士25人，其中河南中式的就有20人。这20人全部为正统以后中举的，也可以佐证在河南参加乡试比在安徽容易得多。这其中不可能都是颍州（川）卫籍。出现大量河南中式现象，如果不是卫籍，这样的寄籍算不算冒籍，我们也不能说绝对没有。

3.皖西北地区寄籍河南原因探析

关于安徽省考生寄籍河南的原因，本书以皖西北为例，作进一步分析。颍州（今阜阳市）出现大量河南中式的情况，是何原因？从方志资料分析，大约有如下几点。首先，从正统六年始，官方规定颍州（川）卫人应河南乡试。虽然籍贯在今天的安徽省内，但乡试地却和当地的民籍不同，我们姑且称此类寄籍为“政策性寄籍”。由于清代的方志并未记载河南中式的举人哪些是民籍，哪些是卫籍，今天就更无法区分了。

其次，去南京应试比去开封应试路途远而且艰险。“贡院设江宁，自上江就省（乡）试，霍邱县为最远属，有分建之议而未果行。邑人自明以来，秋闱隽者，

① 李世瑜：《清代科举制度考辩》，沈阳出版社2005年版，第224页。

② 此数据源自：郭培贵：《明代乡试录取数额变化及举人总数考述》，《东岳论丛》2010年第1期；杨学为主编：《中国考试通史》卷三，首都师范大学出版社2004年版，第60—61页。

③ 道光《阜阳县志》卷一〇《宦业志》。

每由京兆试，亦有占籍河南，观此可以得变通大略矣。"[①]相比淮南的霍邱县，淮河以北的皖西北地区，离南京更远，离开封更近，他们更有理由"变通"。

另外，皖西北与河南交界，两省的人之间颇有渊源，给他们"变通"提供了方便："阜阳地连豫省，为省垣西北之门户。距城辽远者数百里，其地西鄙与新、息、项、沈错壤，风俗最为悍鄙。又数十大族聚处其间，与四县居民皆有宗族亲戚往来。"[②]颍州与邻近的河南省有大量的亲戚、宗族关系。借这层关系，修改户籍应该是可行的。或者直接与颍州卫的亲戚们操作，效果也是一样的。这类寄籍，我们暂且称其为"策略性寄籍"。如果说冒籍是临时做伪，那么有了这样的有利条件，完全可以及早操作，避免直接冒籍的风险。我们在嘉靖《颍州志》内发现不少举人和进士，其功名牌坊立在颍州城内，而道光《阜阳县志》记载这些人有不少是河南中式。很显然，功名牌坊不可能立在与户籍和出生居住均毫不相干的地方。最有力的理由是，生在颍州，长在颍州，户籍在河南或颍州（川）卫。河南中式的现象，在与河南接壤的其他几个州县也有，但没有颍州突出。这可能与颍州科举成绩较好，而皖西北其他州县科举成绩较差有关。

清代阜阳县（颍州）寄籍河南的现象大为减少，仅在顺治间有5人河南中式后中进士，估计与颍州（川）卫于顺治年间撤销，其民编入颍州民籍有关。清代皖北寄籍其他地区的现象也大为减少，应该也是明代卫所撤销后，当年出身皖北的将官后裔完全入当地民籍，祖籍地也就没理由再继续把他们记入原籍了。明代寄籍外省、京师（顺天府）、河南的皖北举人分别为：26人、12人、72人；清代分别为：3人、60人、16人（见表6.5）。两朝反差较大，除了上述原因，清代顺天中式的人数多，主要是入贡监生参加顺天府乡试；而在明代，安徽地区的贡监生入南京国子监读书参加南直隶乡试，寄籍京师的主要是旅京皖北籍官员子弟。

（二）进士举人数量及时空分布

1.文科举成绩

对地方科举人数的精确统计是很难的。因为资料的限制和统计标准的差异，很难达成一致。因此，我们的统计数据，只能仅作参考。

我们查阅了皖北方志28种和相关工具书，经反复比对，从时空二维角度考

① 同治《霍邱县志》卷九《选举志二·序》，第189页。

② 道光《阜阳县志》卷首《志序》，第12页。

虑，制成明清皖北科举详表。限于篇幅和纸张的宽度，只能以简表形式见诸文内，共分文、武进士和文、武举人四类。鉴于文进士的重要性，为了便于浏览，只得将进士简表一分为二，其中进士表内顺便统计了唐代至元代的进士数，以作参考。

表 6.3　　进士表一

明清皖北进士数量及凤阳府进士时空分布简表											
时代	皖北总数	泗州	颍州府	凤阳府	寿州	定远	临淮	凤阳	怀远	灵璧	宿州
唐五代	9		8	1	1						
宋	37	3	16	18	14	1		1		1	1
元	3		2	1						1	
明代	207\27	45\2	58\4	105\21	15	26\13	17\3	18\1	10	12	7\4
洪武	12	3	5	4	4		1				
建文	3			3				1	1	1	
永乐	15	5	2	8		3	2	1	1	1	
宣德	2	1		1		1					
正统	7\1	2	1\1	4	1				2		1
景泰	2	1		1						1	
天顺	7	1	1	5		2	1	1		1	
成化	23\3	3\1	4	16\2	2	3\1	4	5\1		2	
弘治	13\1	3	2	8\1		1	2\1	3		1	1
正德	13\2	2	3	8\2		4\2	1	1	1	1	
嘉靖	42\6	8\1	16\2	18\3	3	2\1	5\1	5	1	1	1\1
隆庆	9\1	3	1	5\1	1	1\1			1	2	
万历	34\8	7	13\1	14\7	3	5\5	1\1		3		2\1
天启	8\1	1	4	3\1		2\1				1	
崇祯	17\4	5	6	6\4	1	2\2		1			2\2
清代	168\11	46\2	41\1	81\8	20	32\6	1	6	17	2	3\2
顺治	37\6	13\2	13	11\4	4	5\4		1	1		
康熙	29\3	9	13	7\3	3	2\2		1	1		1\1
乾隆	9	2	1	6		3		2	1		

续表

嘉庆	20	3	4	13	1	5		1	6		
道光	32\1	6	5	21\1	7	8	1	1	3		1\1
咸丰	7	3		4	2			1		1	
同治	9	2		7	1	4			1	1	
光绪	25\1	8	5\1	12	2	5			4		1
明清	375\38	91\4	99\5	185\29	35	58\19	17\3	24\1	27	14	10\6
备注	1.因阜阳县河南中式数量较大(不算作一般寄籍,仅作参考,不计入总数)。2.顺天府榜和少量寄籍顺天府的进士,因基本为制度所致,均未列入寄籍,仅作参考,详见举人表。3.斜线后面的数字均表示寄籍人数,前面则表示总量,总量含寄籍人数。4.本区内寄籍的算入寄籍地,以免重复。5.本表以方志为主,清代方志未涉及的部分以《明清进士题名碑录索引》《清代进士题名录》补齐。										
原始资料来源	1.光绪《寿州志》。2.光绪《凤阳县志》。3.《怀远县志》。4.光绪《宿州志》。5.乾隆《灵璧县志略》。6.光绪《凤阳府志》。7.道光《定远县志》。8.光绪《凤台县志》。9.道光《阜阳县志》。10.民国《阜阳县志续编》。11.民国《太和县志》。12.民国《重修蒙城县志》。13.同治《颍上县志》。14.光绪《亳州志》。15.民国《涡阳县志》。16.同治《霍邱县志》。17.乾隆《颍州志》。18.乾隆《泗州志》。19.光绪《泗虹合志》。20.光绪《重修五河县志》。21.嘉庆《备修天长县志稿》。22.《同治天长县志纂辑稿》。23.《盱眙县志》同治刻本。24.《盱眙县志稿》光绪二十九年刻本,国图电子方志库。25.嘉靖《寿州志》。26.嘉靖《天长县志》。27.嘉靖《宿州志》。28.正德《颍州志》。29.《明清进士题名碑录索引》。30.《清代进士题名录》。										

表 6.4　　进士表二

明清颍州府、直隶泗州进士时空分布简表													
时代	直隶泗	五河	虹县	泗州	盱眙	天长	颍州府	霍邱	颍上	阜阳	蒙城	太和	亳州
唐五代							8		1	3			4
宋	3			2	1		16	2		4	1	1	8
元							2		1	1			
明代	45\2	7	2	16	11	9\2	58\4	10\2	4\2	25\22	7	5	7
洪武	3			2	1		5	1			2		2
建文													

续表

永乐	5	4		1			2		1			1	
宣德	1				1								
正统	2		1		1		1\1	1\1					
景泰	1				1								
天顺	1				1		1			1\1			
成化	3\1		1		1	1\1	4		1	1\1		2	
弘治	3	1				2	2			1		1	
正德	2	1		1			3	3					
嘉靖	8\1	1		4		3\1	16\2	2	2\2	7\5	4	1	
隆庆	3			3			1			1\1			
万历	7			2	3	2	13\1	2\1		7\7			4
天启	1				1		4			3\3			1
崇祯	5			3	1	1	6	1		4\4	1		
清代	46\2	4	5\2	7	15	15	41\1	6	3	27\7	1\1	3	1
顺治	13\2	1	2\2		8	2	13	1		12\7			
康熙	9	1			2	6	13		1	12			
乾隆	2					2	1	1					
嘉庆	3	1		1	1		4			1		2	1
道光	6		1	1		4	5	1	2	1		1	
咸丰	3	1	1		1								
同治	2		1		1								
光绪	8			5	2	1	5\1	3		1	1\1		
明清	91\4	11	7\2	23	26	23\2	99\5	16\2	7\2	52\29	8\1	8	8
备注	规则与资料来源同表 6.3。												

表 6.5 **举人表①**

明清皖北举人分布时空简表																
年代	皖北三府州				凤阳府				直隶泗州				颍州府			
	总数	其他	顺天	河南	总数	其他	顺天	河南	总数	其他	顺天	河南	总数	其他	顺天	河南
明代	621	26	12	72	281	23	1	2	114	3	5	1	226		6	69
洪武	44				17				11				16			
建文	9				7								2			
永乐	89		1		5				14				24		1	
宣德	29				17				8				4			
正统	16			1	5				7				4			1
景泰	23			2	7				3				13			2
天顺	13		1		10		1		2							1
成化	51	2		5	21	1			7	1			23			5
弘治	35	3			22	3			6				7			
正德	46	2	2	5	22	2		1	7		1		17		1	4
嘉靖	123	4	5	20	47	4			26	1	4		50			20
隆庆	10	1	1	1	5	1							5		1	1
万历	79	9	3	25	28	8		1	11	1		1	40		3	23
天启	22	2		6	8	2			5				9			6
崇祯	28	2		7	10	2			7				11			7
未详	4				4			4								
清代	621	3	60	16	293	3	41	3	174		11		154		8	13
顺治	42	1		9	14	1			12				16			9
康熙	72	1	4	2	19	1			19				34		4	2
雍正	11			1	6			1	3				2			
乾隆	129	1	6	4	47	1	4	2	42		1		40		1	2
嘉庆	71		15		49		7		23		7		19		1	
道光	121		17		61		13		39		2		21		2	
咸丰	27		14		21		8		6*		1					

① 注:举人(分州、县)简表,因太宽无法附入文内,省去。

续表

同治	69		3		38		3		18				13			
光绪	59		6		38		6		12				9			
明清	1242	29	72	88	574	26	42	5	288	3	16	1	380		14	82
备注	1.“其他”表示一般寄籍。2.“顺天”表示顺天府榜。3.“河南”表示河南中式。4.总数含其他三项。5.资料来源与表 6.3 同。															

如何看待寄籍问题，从地方教育成果角度考虑，长期定居于外地的寄籍者，不应当算作原籍教育成果。这里面存在一个问题是，寄籍者为第几代定居？如果是第二代，其教育渊源直接与原籍有关，按理说应该部分属于原籍教育成果。但由于目前无法确定寄籍者是第二代寄籍还是二代之后寄籍，偶尔有几个可以确定，又会造成标准不统一，影响了数据标准统一的科学性原则。因此我们在统计时，把一般外省寄籍的一律按寄籍算，只记入寄籍栏，不算作原籍教育成果。

关于河南中式者如何算？考虑到皖西北几个州县的特殊性，政策性寄籍和策略性寄籍的占多数，而常规寄籍的只占少数。由于分不清所属寄籍种类，只得就高不就低，统一算作本地教育成就。只有在与本地区其他州县在籍教育成就对比时，同等数量，以在籍数量多的为优。不过，这项标准只限于与河南接壤的几个州县。至于寄籍京师（顺天府）的少量人数，因基本为旅京官员子弟，直接将他们与在国子监读书的贡监生等同看待，进士不计入“一般寄籍”栏，举人也仅作参考数据，同样不计入寄籍栏。严格按照以上标准，统计时在籍与寄籍均作标明。

从上表 6.3 和 6.4 明清皖北进士数为 375 人，在籍 337 人、寄籍 38 人。其中明代 207 人，在籍 180 人、寄籍 27 人；清代 168 人，在籍 157 人、寄籍 11 人。数据显示，皖北明代进士人数多于清代，但清代寄籍人数明显少于明代。乡试成绩方面，明清举人总数相同，均为 621 人，寄籍情况仍然是明代多于清代。单从在籍数量看，清代的举人数要多于明代。但这只是从现有资料统计的结果得出的，未必符合实际。举人相比进士来说，数量较大，且受到重视程度远不如进士，而皖北现在能查阅的方志多为清代所修，因年代远近不同，记载的详略有差，对明代举人的漏记数量肯定比清代多，所以，实际上明代的举人应当多于清代。综合进士和举人两科成绩可以得出，明代皖北的文科举要优于清代。

2.武科举成绩

本书其他部分也将论及皖北地区民风“尚武”，在此也作必要的阐述。与文科举整体状况相比，明清皖北的武科举成绩则较为突出。以下为笔者就皖北方志所统计的武科举简表。

表 6.6　　　　　　　　　　　　　武进士简表：

明清皖北武进士时空分布简表																						
年代	总数	寿州	定远	临淮	凤阳	怀远	灵璧	宿州	凤府	五河	虹县	泗州	盱眙	天长	直泗	霍邱	颍上	阜阳	蒙城	太和	亳州	颍府
明代	33	2			3	2		9	16			8	1	1	10			3	1		3	7
嘉靖	14	1			3			6	10				1	1	2			2				2
隆庆	3	1						2	3													
万历	12					2		1	3			8			8			1				1
天启																						
崇祯	1								1										1			1
未详	3																				3	3
清代	102	13	4	6	1	6	4	7	41		2	4	6	3	15		2	12	7	14	11	46
顺治	20	3	2			2		4	11		1	1	2		4				3		2	5
康熙	17				1	2	2#	1	6				2	1	3			4			4	8
雍正																						
乾隆	8			1		2	1		4		1	1		1	3						1	1
嘉庆	12		1	1			1		3				2		2		1		2	3	1	7
道光	11	1						1	2			2		1	3		1	3	1			6
咸丰																						
同治	7	1							1									1	1	4		6
光绪	28	8	1	4				1	14									4		7	3	14
明清	135	15	4	6	4	8	4	16	57		2	12	7	4	25		2	15	8	14	14	53
备注	1.灵璧县康熙间有一人为寄籍武进士用#提示。2.涡阳县有两名，因建县太迟，不好比较。根据原地域分别归入亳州和宿州。3.统计资料来源同表 6.3。																					

单从武进士科成绩来看，凤阳府和泗州的武进士科成绩相对均衡，而颍州府则明显是集中于清代。从分州县来看，寿州、宿州、泗州、阜阳县、太和县和亳州的武进士科成绩较为突出。其中，宿州、泗州集中于明代，其他几个州县则集中于清代。从地域分布来看，皖西北优势明显，尚武之风突出。

民风劲健犷悍，确实可以促进尚武之风，对武科举也有推动作用。从文、武进士科成绩对比来看，寿州、阜阳县和泗州的文科成绩要好于武科成绩，也可以说三地是文武并举。其他三地,武科则明显好于文科。

以上是从武进士成绩考虑,如果结合数量更多,覆盖范围更大的武举成绩,分析结果就会更加准确。

表 6.7　　　　　　　　　　　武举简表

明清皖北武举分布时空简表																						
年代	总数	寿州	定远	临淮	凤阳	怀远	灵璧	宿州	凤府	五河	虹县	泗州	盱眙	天长	直泗	霍邱	颍上	阜阳	蒙城	太和	亳州	颍府
明代	171	13	6	7	16	4	3	22	71		3	9	6	6	24	1	14	42	9		10	76
洪武	6																	3	3			6
永乐	10																	10				10
正统	2																	2				2
景泰	4																	4				4
成化	7																	7				7
弘治	2																	2				2
正德	6												1		1			5				5
嘉靖	38	8		2	3			13	26			2		1	3			9				9
隆庆	4							3	3			1			1							
万历	33	1	4	3	1	4	3	6	22			6	4	1	11							
天启	7	2	2	1					5				1	1	2							
崇祯	14	2		1					3			2		3	5	1			5			6
未详	40				12				12		3				3		14		1		10	25
清代	1045	175	48	24	40	65	15	42	409	17	26	46	34	23	146	33	44	167	50	104	92	490
顺治	86	20	7	1		8	4	8	48	3	5	4	3	5	20	2	2	2	6	2	4	18
康熙	131	9	6	1	7	5	4	7	39	1	5	8	11	6	31	11	3	18	14	1	14	61
雍正	20	7				1			8		1	2		1	4			4			4	8
乾隆	264	58	13	6	12	20	1	7	117	5	4	12	7	8	36	10	21	41		6	33	111
嘉庆	110	20	5	3	1	5	1	3	38	8	2	6	4		20	2	5	18	8	12	7	52
道光	159	23	10	2	2	2	4	11	54		3	11	9	3	26	4	13	24	10	11	17	79
咸丰	22	7	1	1	1	2		2&	14									5	1	1	1	8
同治	100		3	2	6	13		3	27		2				2			38	4	23	6	71
光绪	140	31	3	8	5	9	1	1	58		4				4			17	7	48	6	78

续表

未详	26				6				6			3			3	4						4
明清	1216	188	54	31	56	69	18	64	480	17	29	55	40	29	170	34	58	209	59	104	102	566
备注	1.& 表示宿州一人寄籍河南。2.资料来源同表 6.3。3.府与直隶州使用简称。																					

从武举的数量可以更加清晰地反映了各地武科成绩和尚武之风。武科成绩较好的(以清代武举人数超过 60 人为准),还要加上怀远县,但泗州却难以进入武科较盛的行列。区域基本未变,怀远县紧邻寿州,同属皖北淮河中段两岸。寿州和怀远县与皖西北的阜阳县属于文武兼盛区域,其他三地则是武科独盛。由于武科举同样也要考试文化知识,所以并不能因此断定其他武科成绩不突出的州县不尚武。从今天的民风来看,以宿州市、亳州市和阜阳市为中心的皖西北地区,以及淮南市为中心的皖北中部淮河两岸地区,其民风仍是安徽省最刚悍好斗的区域。这与明清皖北武科成绩突出区域非常巧合,也更加印证了数据分析的可靠性,同样也反映了民风的稳定性与传承性。

从武举人数看,寿州和阜阳县遥遥领先。寿州明清武举数分别为 13 人、175 人;阜阳县则分别为 42 人、167 人。虽然阜阳县的武举总数略高于寿州,但考虑到武进士人数两地均为 15 人;另外,由于武科地位较低,明代很可能有武举未能记录下来;再考虑到明代武科举开展得不充分,两地武科成绩难分伯仲。综合文武科成绩,文武并举,且文科成绩排在皖北一流行列的,仅有寿州和阜阳县。虽然阜阳县进士总数多于寿州,鉴于其中有大量的进士为河南中式,因此,其进士科成绩应打折扣,两地综合科举成绩难分高下。

3.进士的时空分布和形成原因

从统计数据可知,皖北文科举成绩明代好于清代。如果以 60 年左右为一个时间段,把明代分为四段:前期,洪武至宣德(57 年);中前期,正统至弘治(70 年);中后期,正德至隆庆(67 年);晚期,万历至崇祯(72 年)。四个阶段分别对应的在籍进士为:32 人、47 人、53 人、46 人。四个阶段的年均进士及第率分别为:0.56、0.67、0.79、0.64。从前期开始,皖北的进士年均及第率稳步上升,嘉靖前后达到最高峰,晚期稍有回落。数据显示,明代皖北进士年均及第率呈不对称的微弧形,顶峰稍微靠中间偏后,没有出现明显波峰与波谷。由此可得出这样的结论,明代皖北进士科人数分布总体表现得比较平稳。

与明代皖北进士数量分布均匀不同,清代则出现了两个波峰和两个波谷期。同样以在籍进士数为准,清初顺治康熙两朝,承接明代水平并有所提升,79 年中进士 58 人,年均 0.73 人,算作第一个波峰期。中前期的雍正乾隆间,73 年中仅有9人中进士,年均为0.12人,为第一个波谷期。中后期的嘉庆道光间,55年中进士及第51人,年均高达0.93人,为第二个波峰期。晚期的咸同光间,55年中(以1905年废科举为止)进士及第40人,年均0.73人,为第二个波谷期。晚清的波谷期,其实并不明显,只是与之前作为最高峰的嘉道间相比,才显得较低。考虑到咸、同间长期的内战,严重摧残了皖北的社会各项事业,否则,清末会如明末一样,衔接前一个高峰并保持较高水平。

从明清两朝的进士、举人数量对比来看,明代无疑处于优势。若从科举人数与人口基数比率角度看,清代人口是明代的数倍,明代的相对优势更加明显。明清的人口差距如下:"洪武二十六年,经过明初的休养生息,全国人口已接近以往历代官方统计的最高峰。凤阳府十八州县民籍人口仅为42.7万人,军籍人口为18.8万人。"①军民总数仅为61.5万人。另据梁方仲先生的统计:清嘉庆二十五年各府州人口数,安徽省为32057444人。其中凤阳府、颍州府、直隶泗州(三个府、州与明代凤阳府辖区一致)三个府、州的人口总数为9892026人,占全省十六分之五。人口和面积比基本相当。对照明初的数据,皖北人口增长了二十倍②。

清代道光年间,仅霍邱一县人口:"现今户总数二十万一千一百十一,人丁总数六十九万千二百三十七。近来各房档册不全,逐年细目无从查考,此系道光四年报部之数。"③霍邱县仅为明代凤阳府十八个州县之一,其人口却超过了明代洪武晚期一府的人口,可见梁方仲先生统计数据的准确性。人口基数大了,科举成绩反而下降了。反差如此之大,我们认为主要有三点原因:

一是清代皖北的水患比明代严重,环境比明代恶劣,不利于文化事业的发展。最典型的是靠近下游洪泽湖的几个州县,明代科举成绩较好,清代却大幅下降。如明清在籍进士分别为:灵璧县12人、2人;临淮县为13人、1人;凤阳县为17人、6人;泗州为16人、7人。

二是明代皖北为帝乡,受到明中央政府的重视。比如在凤阳建中都国子学,派遣到此地的官员普遍学历较高,这些都促进了当地教育的发展。而在清代这些优势荡然无存。如方志载:"洪武十八年建中都国子监……其时,江阴孙作以国子监助教分教中都,中都之学盖与国学相埒。四方来学者多,凤临之士得其观摩者不少,以故文风大振,科第有榜至七、八人者。其后学校之教渐不及

① 数据源自曹树基:《中国人口史》第四卷(明时期),复旦大学出版社2000年版,第240页。

② 数据源自梁方仲:《中国历代户口、田地、田赋统计》,中华书局2008年版,第237页。

③ 光绪《霍邱县志》卷三《食货志·户口》,第91页。

前,而人才亦不振矣。"[①]"明兴,赐汤沐邑,又徙江南民十四万以实之。体制尤巨,终经寇燹,倾圮尽矣……"[②]清代皖北作为冲难疲繁之地[③],被看作国家的负担。中央政府的大力赈济行为,主要是基于稳定灾民防止民变考虑。我们在统计皖北方志中的名宦时,发现清代数量最多的是捕盗安民和赈济灾民两类,重视教育的只能排在第三位。由此可见,两朝对皖北的政策倾向差异对此地社会事业发展的影响。

三是明初政府移民对皖北人民整体素质的提升。元末战乱导致皖北人口骤减,为了充实家乡,明太祖朱元璋分别从山西、广东、江浙等地大量迁移人民充实皖北。江南移民在文化教育方面对皖北的作用积极,"明初,以县遭兵乱,民户消灭。洪武十四年,乃迁江南苏、淞、常、杭、严、绍、金、处八府民居之,名曰'填实'。故三十三里,十九里为土民,十四里为迁民。士皆慕礼义、知学问,为文力追先进"[④]。明太祖迁江南十四万富民至皖北,当时的江南不仅是全国最富裕的地区,同样也是文教最发达的区域。富民的整体文化素质肯定要高于当地平均水平。纵使他们最终留下的只是一部分,对皖北人民的整体文化素质的影响和提升还是相当大的。皖北方志中所记载的地方文化名人中有不少是这次迁居者的后裔。"柳瑛字廷玉,明天顺丁丑进士,其先河东世家也。宋南渡时家东吴,洪武初,曾祖尚居临淮之团山,传至瑛因取以自号云。……著有《明朝大礼》若干卷,《中都志》十卷,始于天顺戊寅,讫于成化丁未。编次校正穷年累月,凡六易稿而书始就。"[⑤]又如吴伟业在《邓赠公墓志铭》中记载寿州邓氏:"邓氏盖高密侯苗裔,宋建炎中有右正讳肃者渡江入吴,归隐于洞庭,其后道常公在明初以富民徙实凤阳之临淮。道常公三世曰濠湄公,濠湄公之子曰景阳公讳洲再从临淮徙寿州,即公父也。"[⑥]

诸如此类记载还有很多,皖北几乎每个州县志内都有。当然,明代皖北科举成绩好于清代的原因也绝非就这几点,同样各种原因间也不可能是孤立地起作用的。

具体到本区内,明清皖北进士人数分布呈现不平衡状,其中清代的不均衡又比明代更加明显。明代皖北进士区域分布可以用"两片区域,四个中心"来概

① 光绪《凤阳县志》卷八《经制·学校》,第 327 页。
② 光绪《凤阳县志》卷首《志序》,第 177 页。
③ 《清史稿》卷五九《地理志六·安徽》。
④ 道光《定远县志》卷二《舆地志·风俗》,第 13 页。
⑤ 光绪《凤阳县志》卷十四《艺文志下》,第 506—507 页。
⑥ 光绪《寿州志》卷三十《艺文志·文》,第 520—521 页。

括。两片区域指皖北的西北部和东南部。四个中心是指以颍州、寿州、濠州（明代为临淮城，泛指附近的凤阳府城）、泗州四个历史重镇为中心。其中后三个中心是连成一片的，是官方设置的移民区。颍州（雍正年间升府后，原辖区设阜阳县）明进士数为25人，远远超出皖西北（清代的颍州府辖区）其他州县。寿州明代进士15人，这也符合它作为东南片中心区域边缘的地位。以原濠州为中心的凤阳县和临淮县，明代在籍进士分别为17人和13人，说明该地移民文化素质高，也符合它们作为东南片中心和皖北政治中心的地位。最东部的泗州虽然比起唐宋时期的地位有所下降，但底蕴尚存，以泗州为中心和与之一河之隔的盱眙县，明代在籍进士为16人和11人，总数达27人，与濠州中心区进士数接近。

明代皖北科举地理呈现“两片区域，四个中心”的原因主要有：一是传统的文化底蕴。从我们所统计的唐代至元代的皖北进士数可知，明代以前的科举成绩主要是以这四个中心为基础。另外，亳州在唐宋的科举成绩也相当出色，有进士12人，在皖北仅次于寿州的15人。亳州之所以未成为当时的“中心”，主要原因是自南宋始，随着都城南迁和运河的荒废，加上战争的蹂躏，亳州这一古老的历史文化名城就此衰落下去。

二是经济实力不同。在前文中曾述及淮南的经济环境要好于淮北。经济条件是文化事业发展的基础，就不难理解明代科举成就集中于淮南的原因了。

三是政治地位不同。在明代，凤阳县是凤阳府和凤庐道驻地、泗州曾为巡按御史驻地、寿州曾为监察御史驻地、颍州为兵备佥事驻地，高级官员对驻地的社学、义学和书院建设的作用巨大，就可证明政治中心对于文教事业的积极意义。

清代皖北科举成绩的区域分布如明代一样不平衡，但具体分布稍有差别，可以概括为“两片区域，六个点”。西北没有变化，阜阳县（原颍州）仍是皖西北一枝独秀。东南片则发生了位移，凤阳（濠州）、泗州的中心地位丧失。东部的区域南移，泗州的地位为天长所取代。泗州在籍进士，明代16人，清代7人；天长在籍进士，明代7人，清代15人。盱眙县略有上升，明代11人，清代15人。中部区域分别向西移至怀远县，向南移至定远县。凤阳、临淮两县，明代在籍进士30人，清代仅7人。定远县和怀远县在明代作为皖北东南部科举发达区域的边缘，本来就有较好的基础，明代在籍进士两县分别为13人和10人；清代进一步发展，在籍进士分别为26人和17人。方志资料也记载明确，如：“凤阳于明为中都，所属州县比畿辅，而怀远尤附濠多功臣之家。其仕宦为名臣如汤友恭、年富、周铨、杨应聘等，皆前后相望彪炳史册，迄今文学殷盛，读书致科甲者犹为旁邑最。”①

西部的寿州科举成绩得到保持并略有上升，由明代的 15 人升至清代的 20 人。这样，整个东南片科举发达区域，由明代的长方形状演变为清代的哑铃状，整体位置在中、东部有所南移。

造成凤阳、泗州两大中心地位严重下降的原因，主要有两点：一是环境的恶化。两地所受水患严重。“凤阳为钟离旧壤，踞淮淝之表，扼南北之冲。自秦汉以来蹦为戎马之场者不可殚述。至我朝休养生息迄今百三十余年，而向为亡明流寇之所伤者，尤未能尽复其旧。村墟辽邈，水旱频仍”②。“天下利害在黄、运，两河之关键在淮与濉，淮刷黄济运者也，濉泄黄归湖者也。明季及国初，泗受淮患最烈”③。今人据清代原始档案的统计，自乾隆元年（1736 年）至宣统三年（1911 年）的 176 年中，淮河流域州县受水灾排名，“凤阳县（121 次）、泗州（116 次）”④居前两位。相比凤阳和泗州，相对靠南和靠上游的天长县、定远县和怀远县、寿州，所受水患要轻一些，科举成绩在明代的基础上反而有所上升。

二是所受到中央政府优待丧失。明代凤阳为太祖故乡，泗州为太祖祖陵之所在。在治理河患等一系列政策上，必然会有所倾斜。清代则无此顾虑，反而为了保运牺牲皖北。

综合明清文科举成绩，从在籍进士数量看，定远县 39 人，阜阳县 52 人，寿州 35 人，盱眙县 26 人。考虑到阜阳县有 25 人为河南中式出身，因此实际数量自然要打折扣。从地域面积大小考虑，阜阳县包含今天阜阳市直辖三区和临泉县、阜南县全部及涡阳县、界首市和利辛县的一部分。寿州包含今天的寿县、淮南市（含凤台县）和长丰县大部分以及利辛县一部分。定远县包含今天的定远县和明光市、长丰县各一部分。盱眙县包含今天的盱眙县和明光市的一部分。从地域面积对比来看，明清时期的定远县和盱眙县比寿州和阜阳县（原作为散州的颍州）小不少。综合考虑，定远县文科举成绩最好，“士皆慕礼义、知学问，为文力追先进。近日人愈奋发，虽寒俭之家，无不延师课读。文运蒸蒸日上，甲科接踵，鼎甲亦间出，称皖省望邑焉”⑤。寿州、阜阳县、盱眙县次之，均属于成绩

① 嘉庆《怀远县志》卷首《志序》，第 7 页。

② 光绪《凤阳县志》卷首《志序》，第 178 页。

③ 乾隆《泗州志》卷首《志序》，第 159 页。

④ 水利电力部水管司、水利水电科学研究院：《清代淮河流域洪涝档案史料》，中华书局 1988 年版，第 13 页。

⑤ 道光《定远县志》卷二《舆地志 · 风俗》，第 13 页。

较好的行列。

(三)文进士科举成绩的整体水平

1.在省内的相对地位

在中国古代科举史上,历来重文轻武。文科举在质量和社会影响方面均远远高于武科举。因此人们在比较科举成绩时往往只比较文科举,尤其是进士数量,举人甚至只作为参考数据。从传统习惯来看,明清皖北科举成就究竟属于什么样的水平,先得参考明清安徽地区(以划省后的行政区为算)科举成就居于全国的水平。以下是我们据《明清进士题名碑录索引》和《清朝进士题名录》统计结果:

(1)明代

表 6.8　　明代安徽与全国进士数量比例表

明代安徽与全国进士数量比例表													
	全国				安徽				占全国	二、三甲比		一二、三甲比	
年代	一甲	二甲	三甲	合计	一甲	二甲	三甲	合计	的比值	全国	安徽	全国	安徽
洪武	21	223	686	930	1	4	18	23	0.025	0.33	0.22	0.36	0.28
建文	3	37	70	110	0	3	7	10	0.09	0.53	0.43	0.57	0.43
永乐	24	495	1310	1829	2	12	75	89	0.048	0.38	0.16	0.4	0.19
宣德	9	105	186	300	0	4	8	12	0.04	0.56	0.5	0.61	0.5
正统	15	220	413	648	0	10	23	33	0.05	0.53	0.43	0.57	0.43
景泰	6	204	340	550	0	6	17	23	0.041	0.6	0.35	0.62	0.35
天顺	9	222	466	697	0	14	20	34	0.049	0.48	0.7	0.5	0.7
成化	24	755	1671	2450	1	30	88	119	0.049	0.45	0.34	0.47	0.35
弘治	18	560	1216	1794	0	23	61	84	0.047	0.46	0.38	0.48	0.38
正德	15	590	1168	1773	1	33	55	89	0.05	0.5	0.6	0.52	0.62
嘉靖	45	1407	3479	4931	0	78	177	255	0.052	0.4	0.44	0.42	0.44
隆庆	6	154	639	799	0	16	43	59	0.074	0.24	0.37	0.25	0.37
万历	48	989	4050	5087	5	58	219	282	0.055	0.24	0.26	0.26	0.28
天启	6	134	569	709	1	5	29	35	0.049	0.24	0.17	0.25	0.21
崇祯	21	435	1813	2269	2	35	123	160	0.071	0.24	0.28	0.25	0.3
总计	270	6530	18076	24876	13	337	957	1307	0.053	0.36	0.35	0.38	0.37
备注	统计资料来源:《明清进士题名碑录索引》。												

由表6.8可知,从数量上看,如果按今天的省份数量及人口比重考量,明代安徽地区进士数量约占全国5%,单从数量上看已经达到全国的平均水平。再从质量上看,二甲与三甲以及一甲二甲和三甲的比值可以作为一个重要的参考要素,表中数据显示,两个比值都仅仅比全国比值低一个百分点,也就是说从进士质量上看,也同样达到平均水平。考虑到明清科举成绩极其不均衡,少数几个文教发达的省份无论在进士数量上还是质量上遥遥领先,因此,科举成绩能够达到平均水平的,其实际位置能够排在中上等。我们据《清朝进士题名碑录》统计,清代112科的一甲成绩排名靠前的四位是:江苏:49、25、42;浙江:20、29、26;安徽:9、7、5;山东:6、6、3。

从一甲成绩来看,安徽虽然比江浙两省差距明显,但仍能排在全国第三位,这足可以佐证明代安徽地区科举成绩应该处于全国的中上游水平。

皖北科举处于安徽地区的什么位置?

张晓纪先生据《重修安徽省通志》和《明清进士题名碑录索引》统计,明代安徽省(清代建制)共有1354名进士①。

我们据《明清进士题名碑录索引》统计,明代安徽进士数为1307名。因为通志资料多来自于地方志,应该比《明清进士题名碑录索引》更加详细。比如明代颍川(州)卫属地虽是南直隶,由于明代地方军、政分治,颍川(州)卫属河南都司管辖,正统以后卫籍子弟参加河南乡试,考取进士在碑录中也算作河南籍,但事实是,颍川(州)卫在地域上是安徽(清代建制)的。这种情况一直持续到清初,如清初颍州著名诗人顺治乙未进士刘体仁,因祖上是颍川(州)卫军官,属于卫籍,结果在全国性的统计进士文献资料中均将他算作河南进士。甚至有人不清楚明代的颍川(州)卫位置,竟然将其与古代的颍川郡联系起来,出现刘体仁有若干故乡的版本。颍州刘氏一门在明清科举成绩十分突出,明代至清初有8位进士,但《索引》将其中6位记入河南籍。刘体仁的儿子刘凡中康熙丙辰科二甲第三十名进士,但《索引》将其记入江南省寿州籍(当时苏皖两省尚未完全分治,士子们参加科考时仍习惯于将籍贯栏写成江南省),不知何故?不过《清朝进士题名碑录》将错误更正,记入颍州籍。这样,《通志》和《索引》的统计就会有出入。

因各地文化氛围差异,地方志编纂的详略及质量有别,为了体现公平,采取统一标准,在数量上仍以《索引》为准。为了便于前后比较,在州县划分上,按清

---

① 张晓纪:《明代安徽人才地理分布特点及成因》,《安庆师范学院学报》(社会科学版)2008年第7期,第47—51页。

雍正十三年(1735年)八府五直隶州四散州五十一县的建制,总数60个直接行政单位(县或散州)计算。据此计算出明代安徽地区县平均进士数为22人。据《索引》统计明代凤阳府进士190人,介于我们按方志所统计的含寄籍数的207人和在籍进士180人之间。如按统一标准,明代凤阳府平均每个行政单位(按18个州县)有进士约11人,平均水平几乎正好相当于全省一半。当然我们不能仅仅单以平均数去衡量。因为除去部分科举成绩突出的州县,全省其余大部分州县的差距较小。下表是我们据《索引》分府统计及所计算出的平均数。

表6.9　**明代安徽进士数量表(简表)**

明代安徽进士数量表(简表)																
区域	洪武	建文	永乐	宣德	正统	景泰	天顺	成化	弘治	正德	嘉靖	隆庆	万历	天启	崇祯	总计
徽州府	2	2	15	4	12	5	8	43	28	32	80	19	87	6	44	387
宁国府	1		5			1	1	10	8	10	30	10	49	6	17	148
池州府	2		9			2	1	5	3	4	18	6	15	1	6	72
太平府	4	2	18		3	5	4	9	6	5	13	1	16	3	4	93
广德州		1	5			1	1	6	3	4	5	2	4		4	36
安庆府	1		5	2	3	1	7	12	9	9	28	5	47	5	26	160
庐州府	3	1	12	2	7	6	3	11	8	8	31	4	28	3	19	147
和州			5	2	2			4	1		4			2	19	38
滁州	1		1		2		2	6	2	2	8	2	5	2	3	36
凤阳府	9	4	14	2	4	2	7	13	16	15	38	10	31	7	18	190
合计	23	10	89	12	33	23	34	119	84	89	255	59	282	35	160	1307
备注	资料来源:《明清进士题名碑录索引》;分县详表因太大无法附入。															

由表6.9可知明代安徽地区各府进士数及按县平均数分别为:

地区	徽州府	宁国府	池州府	太平府	广德州	安庆府	庐州府	和州	滁州	凤阳府
辖州县数	6	6	6	3	2	6	8	2	3	18
总数	387	148	72	93	36	160	147	38	36	190
平均数	65	25	12	31	18	25	18	19	12	11

分府比较只能显示地区性差异,如果具体细化到州县,更能准确地反映问题。同样依据《索引》,我们统计的明代安徽地区最发达的十个县的科举成绩为:歙县165人、婺源县86人、桐城县78人、宣城县68人、当涂县63人、休宁县59人、合肥县55人、怀宁县48人、祁门县47人、泾县40人。

十个县合计709人,占全省总数的54%。除去这十个科举成绩突出的县,剩下的50个州县进士总数仅为598人,平均数约为12人,仅比皖北平均数多1

人。也就是说,明代皖北的科举水平和全省大多数州县相仿。

(2)清代

再看清代皖北科举的相对水平。“自顺治三年丙戌(1646)至光绪三年丁丑(1877),前后230年,共98榜,安徽共取进士1142人,三甲分别为9、7、4人”①。和明代一样,全国性统计资料数量要少于方志。为了客观公平,仍按全国性资料为准,我们依据《清朝进士题名录》统计,如下表6.10。

表6.10　　清代安徽与全国进士数量比例表

清代安徽与全国进士数量比例表													
	全国				安徽				占全国的比值	二、三甲比		一二、三甲比	
年代	一甲	二甲	三甲	合计	一甲	二甲	三甲	合计		全国	安徽	全国	安徽
顺治	24	619	2322	2965	2	29	79	110	0.037	0.27	0.37	0.28	0.4
康熙	63	937	3082	4082	4	55	80	139	0.034	0.3	0.69	0.32	0.74
雍正	15	386	1097	1498	0	18	18	36	0.024	0.35	1	0.37	1
乾隆	81	1599	3704	5384	7	95	107	209	0.039	0.43	0.89	0.45	0.95
嘉庆	36	1098	1686	2820	3	99	48	150	0.053	0.65	2.06	0.67	2.13
道光	45	1495	1729	3269	2	88	76	166	0.05	0.87	1.19	0.89	1.18
咸丰	15	481	550	1046	2	21	16	39	0.037	0.88	1.31	0.9	1.44
同治	18	629	941	1588	0	32	46	78	0.049	0.67	0.7	0.69	0.7
光绪	39	1715	2336	4090	0	102	110	212	0.052	0.73	0.93	0.75	0.93
合计	336	8959	17447	26742	20	539	580	1139	0.043	0.51	0.93	0.53	0.96
备注	资料来源《清朝进士题名录》。												

由表6.9和6.10比对可得出表6.11:明清安徽与全国进士数量比较。

表6.11　　明清安徽与全国进士数量比较

明清安徽与全国进士数量比例表													
	全国				安徽				占全国的比值	二、三甲比		一二、三甲比	
年代	一甲	二甲	三甲	合计	一甲	二甲	三甲	合计		全国	安徽	全国	安徽
明代	270	6530	18076	24876	13	337	957	1307	0.053	0.36	0.35	0.38	0.37
清代	336	8959	17447	26742	20	539	580	1139	0.043	0.51	0.93	0.53	0.96
备注	资料来源:《明清进士题名碑录索引》《清朝进士题名录》。												

由表6.11可知,明代全国进士总数略低于清朝,其中安徽省清代进士数量

① 安徽省地方志编纂委员会:《安徽省志·教育志》,方志出版社1999年版,第20页。

比明代反而有所下降，但质量上有大幅度提升，主要表现在一甲和二甲的比重上升明显。下表6.12是据《清朝进士题名录》所统计的安徽进士数量表。

表6.12　　清代安徽进士数量表（简表）

清代安徽进士数量表（简表）										
府县	顺治	康熙	雍正	乾隆	嘉庆	道光	咸丰	同治	光绪	总计
徽州府	17	28	5	68	39	26	5	20	32	240
宁国府	17	22	7	28	17	22	9	13	27	162
池州府	3	1	1	6	7	6	1		7	32
太平府	12	9	3	11	7	4		2	6	54
广德州		8		2			1		3	14
安庆府	19	27	12	46	36	42	8	20	62	272
庐州府	14	14	2	16	13	21	3	5	26	114
六安州	3		2	11	5	5	1	5	17	49
和州	1	1	3	8	4	4	1	2	4	28
滁州	7	4	1	7	9	7	3	2	4	44
凤阳府	7	5		4	10	19	4	7	12	68
颍州府	2	12			1	4			4	23
泗州	8	8		2	2	6	3	2	8	39
合计	110	139	36	209	150	166	39	78	212	1139
备注	资料来源：《清朝进士题名录》；分县详表因太大无法附入。									

全省仍按60个直接行政单位计算，平均进士数约为19人。皖北三府州（凤阳府、颍州府、直隶泗州，正好与明代的凤阳府所辖区域一致）总数为130人，此数据比我们按方志所统计的含寄籍总数的168人和在籍总数157人都低了不少。依据统一标准原则，皖北平均每个直接行政单位进士数则为7人。依据方志统计的数据在籍平均数为8.8人，含寄籍平均数为9人。同样按明代方式，剔除十个科举最好的县份后计算余下五十个州县的平均数：

桐城：135人，歙县：113人，合肥：63人，泾县：62人，休宁：59人，怀宁：46人，太湖：45人，婺源：37人，全椒：33人，宣城：32人，旌德：32人。

以上11个县进士总数为657人，约占全省58%。余下49个州县总数为482人，平均数约为10人，比皖北平均数7人多出3人。与明代同样情况下的12∶11相比，全省平均数有所下降，其中皖北下降幅度更大。

为了能够进一步说明问题，我们不妨还用直观的表格数据进行比较。

表 6.13　　明清安徽进士科成绩区域对照表

明清安徽进士科成绩区域对照表									
明代					清代				
府州	合计			总计	府州	合计			总计
	一甲	二甲	三甲			一甲	二甲	三甲	
徽州府	4	100	283	387	徽州府	5	128	107	240
宁国府	3	39	106	148	宁国府	3	73	86	162
池州府	2	24	46	72	池州府	1	11	20	32
太平府		25	68	93	太平府	1	21	32	54
广德州		6	30	36	广德州	0	2	12	14
皖南	9	194	533	736	皖南	10	235	257	502
安庆府	1	50	109	160	安庆府	5	141	126	272
					六安州	0	24	25	49
庐州府	1	37	109	147	庐州府	0	50	64	114
和州		6	32	38	和州	0	9	19	28
滁州		14	22	36	滁州	2	20	22	44
皖中	2	107	272	381	皖中	7	244	256	507
					颍州府	0	8	15	23
					泗州	1	20	18	39
凤阳府	2	36	152	190	凤阳府	2	32	34	68
皖北	2	36	152	190	皖北	3	60	67	130
合计	13	337	957	1307	合计	20	539	580	1139
备注	1.资料来源:《明清进士题名碑录索引》《清朝进士题名录》。2.清代的六安州由庐州府析出、颍州府和泗州由凤阳府析出。3.皖南、皖中界限以长江为准,皖中、皖北并未因地理上的淮河为界,主要考虑到凤阳府地跨淮北和沿淮淮南,不便人为分割而造成复杂化。								

从表 6.13 可直观显示,与明代相比,清代皖南和皖北进士人数均有大幅度下降,而皖中则不降反升。

综合考量明清两朝皖北进士的平均数与同期全省平均数对比可知,明代皖北绝对数量与相对水平均高于清代。虽然安徽省整体也同样是清代比明代绝对数量和相对水平都略有下降,但从皖北与省内比较来看,两个参数下降幅度都要大于全省平均水平。说明清代的皖北与全省平均水平相比,差距不是缩小了，而是拉大了。这与我们以方志统计的结果所得出的皖北教育成绩变化趋势的结论是一致的。虽然皖北科举成绩不见得就是全省最差，但与省内文教发达地区相比，皖北科举成绩落后是不争的事实。

2.与皖中庐州府比较

为了能够更加细致准确地反映明清皖北科举成绩变化趋势，现将皖北与地处皖中科举成绩在安徽居中游的庐州府进行比较。庐州府区划前后有变动，为了比较方便以清代雍正年间析出直隶六安州以后的庐州府为准，即一府所辖的一州（无为州）四县（合肥县、庐江县、舒城县、巢县）。皖北仍以明代的凤阳府（清代雍正以后的凤阳府、颍州府、直隶泗州）为准。由于皖北县级区划在清代变动较大，标准统一按明代中期以后的18个州县计算。

下表6.14是我们以皖北和庐州府现存方志为基础辅以《明清进士题名碑录索引》和《清朝进士题名录》两部工具书统计的结果：

表中未将文举人数据列入比较，主要是考虑到两地方志大多不含整个清朝，又没有全国性资料补充，所缺多寡不一，这样的统计数据不准确，所得出的结论也就难有说服力，鉴于有更加准确的文进士数据作为考量文科举成绩，因此省去。另外，武科数据同样如文举人一样因方志编纂差异，数据也不够准确，但由于没有全国性的资料可参考，因此只能使用方志统计数据。

表6.14　　明清皖北与庐州府科举成绩比较表

明清皖北与庐州府科举成绩比较表									
朝代	唐五代	宋	元	明			清		
类别	文进士			文进士	武进士	武举人	文进士	武进士	武举人
合肥	0	7	1	55\2	7	35	71\1	26	265
庐江	3	0	1	28\4	0	9	21	2	52
舒城	2	8	4	10	2	10	15	2	28
无为	0	72	1	31\5	0	8	11	6	61
巢县	0	0	0	15\1	0	3	10\1	7	80
（庐州府）	5	97	7	139\12	9	65	128\2	43	486
寿州	1	14	0	15	2	13	20	13	175
定远	0	1	0	26\13	0	6	32\6	4	48
凤阳	0	1	0	18\1	3	16	6	1	40
临淮	0	0	0	16\3	0	7	1	6	24
怀远	0	0	0	10	2	4	17	6	65

续表

宿州	0	1	0	7\4	9	22	3\2	7	42
灵璧	0	1	1	12	0	3	2	4	15
（凤阳府）	1	18	1	104\21	16	71	81\8	41	409
颍州（阜阳）	3	4	1	25	3	42	27	12	167
亳州	4	8	0	7	3	10	1	11	92
蒙城	0	1	0	7	1	9	1\1	7	50
颍上	1	0	1	4\2	0	14	3	2	44
太和	0	1	0	5	0	0	3	14	104
霍邱	0	2	0	10\2	0	1	6	0	33
（颍州府）	8	16	2	58\4	7	76	41\1	46	490
泗州	0	2	0	16	8	9	7	4	46
虹县	0	0	0	2	0	3	5\2	2	26
五河	0	0	0	7	0	0	4	0	17
盱眙	0	1	0	11	1	6	15	6	34
天长	0	0	0	9\2	1	6	15	3	23
（直隶泗州）	0	3	0	45\2	10	24	46\2	15	146
凤阳府	9	37	3	207\27	33	171	168\17	102	1405
备注	1.括号内所注表示清代建制。2.斜线后的数字表示寄籍人数（含在总数内）。3.资料来源同表6.3以及光绪《续修庐州府志》《清朝进士题名录》。								

从表6.14可知，明清两朝作为皖中中心的庐州府其文科举成绩在全省平均数有下降的情况下仍能保持稳定。与皖北多中心特点（前文已论述）不同的是庐州府的一中心趋势愈发明显，即作为政治中心的合肥县的区域文化中心地位越来越突出，这可以从更加细化的数据表中得到印证。

如下表：

表6.15　清代庐州府进士数量表

清代庐州府进士数量表						
州县	合肥县	庐江县	舒城县	无为州	巢县	合计
顺治	9\1	1	1	2	5\1	18\2
康熙	7	3	3	3	0	16
雍正	1	0	0	1	0	2

续表

乾隆	9	6	1	1	1	18
嘉庆	9	1	3	2	3	18
道光	12	6	3	0	0	21
咸丰	3	1	0	0	0	4
同治	4	0	0	1	0	5
光绪	17	3	4	1	1	26
庐州府	71\1	21	15	11	10\1	128\2
备注	资料来源:光绪《续修庐州府志》《清朝进士题名录》;斜线后为寄籍人数,寄籍数含在总数内。					

庐州府的文进士科县均数为25人,比皖北高出一倍以上,清朝由于皖北文进士科成绩进一步下滑,庐州府的优势更明显。

从武科成绩来看,皖北与庐州府相仿,在文科成绩差距较大的情况下,更加说明皖北武盛文衰的事实。比之文科成绩,合肥县的武科成绩比文科成绩在庐州府的优势地位更突出,进一步彰显了其区域文化中心的优势地位。

皖中庐州府与皖北凤阳府(明代建制)地域相连为何科举成绩会有如此大的差距?本章第二节在论述皖北科举成绩政绩下降时提到三大因素,即经济实力、文化底蕴和政治地位。经济实力上,淮南土地收益高于淮北,前文已经论述。特别是庐州府南部地处长江中下游平原,可谓是鱼米之乡。关于文化底蕴,南宋以前,由于政治文化中心在北方,庐州府比其北部的皖北地区并不占优。从表6.14可直观体现,之所以唐至元期间庐州府地区进士人数多,主要是无为州过于突出,其余几个县包括合肥的科举成绩并不比皖北有优势。关于政治地位问题,明代皖北作为帝乡受到优待,而清代作为冲难疲繁之地被彻底边缘化。我们对庐州府和皖北的名宦资料进行统计,并作比较。从重视教育的名宦在记载名宦中的比例和整体学历水平差异,来考量环境恶化和政治边缘化对地方教育的影响。

庐州府辖地仅一州四县,采取的是完全的统计,主要以修于清末的光绪《庐州府志》为基础。皖北有十八个州县,辖地较广,采取的是抽样选取其中的九个州县资料作以统计。

考虑到准确性和全面性的原则,抽样统计做了如下选择。从全面性考虑,地域分布要均匀。按东、中、西三条纵线,再以南、中、北三条横线进行隔方,选取纵横两线的交点位置州县。东、中、西分别对应直隶泗州、凤阳府和颍州府;

南、中、北分别对应沿淮淮南、沿淮淮北和淮北北部。这样，自南至北，直隶泗州理应选择盱眙县、五河县和泗州，考虑到未能看到盱眙县纸质版方志，就以与其多方面情形相似的天长县替代。凤阳府选择的是寿州、怀远县和宿州；颍州府选择的是霍邱县、阜阳县和亳州。这些州县基本符合普遍、均匀的原则。从准确性和完整性考虑，这些州、县大多于光绪或民国间纂修有志，其中凤阳府在科举废止后还修有府志，因此可以补州、县志的缺憾。

依据以上标准，对两地资料进行梳理统计，制成表 6.16 和表 6.17。

表 6.16　　明清皖北九州县名宦及重教官员分类数量表

地区	官职	进士		举人		贡生		其他及不详		分朝合计		合计	分朝总计		总计	名宦总数及重教官员在其中所占百分数					
																明代		清代		明清	
		明	清	明	清	明	清	明	清	明	清		明	清		数量	百分数	数量	百分数	数量	百分数
寿州	守令	2	2	1		1	2		3	4	7	11									
	教官			1	1		1			1	2	3	6	9	15	28	21	39	23.1	67	22
	佐贰	1								1		1									
怀远县	守令			2	2	1		1	1	4	3	7									
	教官							1		1		1	5	3	8	27	19	19	15.8	46	17
	佐贰																				
宿州	守令	1	1					2		3	1	4									
	教官												3	1	4	15	22	12	8.3	27	15
	佐贰																				
天长县	守令	3		4			1			7	1	8									
	教官			1						1		1	8	1	9	17	47	5	20	22	41
	佐贰																				
五河县	守令	2	1	1	1			2		5	2	7									
	教官			2	1					2	1	3	8	3	11	29	28	18	16.7	47	23
	佐贰							1		1		1									

续表

泗州虹乡	守令	5	2	3		2	1	2	1	12	4	16									
	教官			2	2	1		1		4	2	6	17	6	23	83	21	25	24	108	21
	佐贰	1								1		1									
霍邱县	守令	1	5		1	1	1	1	3	3	10	13									
	教官			2	4			1		3	4	7	6	14	20	31	19	38	36.8	69	29
	佐贰																				
阜阳县	守令	4					3	3		7	3	10									
	教官							3		3		3	10	3	13	71	14	25	12	96	14
	佐贰																				
亳州	守令	3	4	4	1		1	1	2	8	8	16									
	教官			1	5	1	1			2	6	8	11	15	26	46	24	49	30.6	95	27
	佐贰	1					1			1	1	2									
单项合计	守令	21	15	15	5	5	9	12	10	53	39	92									
	教官			9	13	2	2	6		17	15	32	74	55	129						
	佐贰	3					1	1		4	1	5				347	21	230	23.9	577	22
		24	15	24	18	7	12	19	10	74	55	129									
总计		39		42		19		29													
备注	1.资料源于以上九个州县的方志,其中泗州含虹县(乡)。2.佐贰官表示州县的副职。3.高于府级的官员算作驻扎地的守令。4.百分比数省略了%号。																				

表 6.17　　　　明清庐州府名宦及重教官员分类数量表

地区	官职	进士		举人		贡生		其他及不详		分朝合计		合计	分朝总计		总计	名宦总数及重教官员在其中所占百分数					
																明代		清代		明清	
		明	清	明	清	明	清	明	清	明	清		明	清		数量	百分数	数量	百分数	数量	百分数
省、道	驻庐大令		3								3	3	0	3	3	2	0	5	60	7	43
庐州府	守令	10	5	1	2		4	2	2	13	13	26									
	教官	1	1	3					1	4	2	6	21	15	36	56	38	25	60	81	44
	佐贰	3		1						4		4									

续表

合肥县	守令	2	3		1			1		3	4	7									
	教官			2	3					2	3	5	5	7	12	16	31	18	39	34	35
	佐贰											0									
庐江县	守令	4	3	3		1	1	1	2	9	6	15									
	教官			2	1	2	1	1		5	2	7	14	8	22	21	67	15	53	36	61
	佐贰											0									
舒城县	守令	3	3	1	2		1			4	6	10									
	教官			2	3		6	5		7	9	16	11	15	26	19	58	32	47	51	51
	佐贰											0									
无为州	守令	3		2	2	1	3			6	5	11									
	教官	2	1	3	1	1				6	2	8	13	7	20	36	36	12	58	48	42
	佐贰			1						1		1									
巢县	守令		1	4	3	1	1		1	5	6	11									
	教官			9	2	5	1	1		15	3	18	20	9	29	38	53	24	38	62	47
	佐贰									0	0	0									
单项合计	守令	22	18	11	10	3	10	4	5	40	43	83									
	教官	3	2	21	10	8	8	7	1	39	21	60	84	64	148						
	佐贰	3		2						5		5				188	45	131	49	319	46
		28	20	34	20	11	18	11	6	84	64	148									
总计		48		54		29		17													
备注	1.资料源于光绪《续修庐州府志》。2.佐贰官表示府州县的副职。3.高于府级的驻庐省、道官员单列。4.百分比数省略了%号。5.另有元代名宦12人,清代咸、同年间战死庐州的将领14人未计入表内。																				

名宦中重教官员庐州府和皖北有着惊人的共同之处,即在已知学历官员中高学历(功名)者远远多于低学历者,明代高学历者多于清代,而低学历者又少于清代。前者从整体上反映了学历高的更重视教育。后者则显示明代庐州府和凤阳府都受了作为帝乡的政治优待,清代则相反,很明显是政治边缘化的结果。

两地最主要差异之处是重教官员在名宦中的比重,庐州府远高于皖北。从表6.16和6.17可知:在明代、清代、明清两代三项参数上,庐州府是:45%、49%、46%;皖北是:21%、23.4%、22%。三项数据比较可知,庐州府重教官员的比重是皖北的两倍以上。在我们所统计的名宦事迹中,庐州府的重教官员在各类比较中居首,从数据上看已经接近五成。而皖北重教官员在名宦中的比重只排第三位,靠前两位的是捕盗安民和赈济灾民。古语"仓廪实而知礼节",尽管处于非常重视科举和教育的明清两代,比起最基本的安定社会和全活老百姓,教育还是排在次要地位的。造成两地如此差异的主要原因是皖北比处于皖中中部的庐州府社会和自然环境恶劣。

三、教育落后的原因

从前文的分析可知,明清皖北科举成绩较为落后,这实际上是教育整体落后的反映。虽然教育未必都是科举教育,但在科举极盛的明清两朝,教育的主体是服务于科举。为何明清时期皖北的教育落后于全省,而且落后的趋势是越来越明显,乃至影响到近世皖北一系列社会事业。我们认为这既是伴随着淮河流域环境变迁而造成的皖北整体环境恶化的结果,也不可否认有国家政治边缘化的副作用因素。

(一)生态环境的恶化

本书前文已论及元明以降淮河流域成为自然灾害频发区域,由此带来了生态环境的恶化,本段不再过多赘述。区域生态环境恶化,贻害至今。今天的淮河流域仍然处于经济文化落后状态,与其所处的地理位置极其不相称。仅以苏、皖两省为例,我们可以通过下面图表中的数据来对比一下淮河流域的皖北、苏北与江南的差距。

表 6.18　洪武二十六年皖南、苏南与皖北、苏北四府的人口、土地和田赋之比较

类别 地区	人口	耕地面积(亩)	人均耕地(亩)	税粮
苏州府	2355030 人	9850671 亩	4.19 亩	2810490 石
淮安府	632541 人	19333025 亩	30.56 亩	354710 石
徽州府	592364 人	3534977 亩	5.79 亩	165404 石
凤阳府	427303 人	41749390 亩	97.71 亩	230475 石

资料源自梁方仲:《中国历代户口、田地、田赋统计》乙表32与乙表36①。

表6.18的数据,明显地反映出江南民稠地狭,土地产出比高的特点。苏州府作为中国经济的重中之重,比之苏北的淮安府高出很多,不难理解。而皖北的凤阳府,明代辖十八州县,且多是平原,比之地处皖南山区仅辖六县的徽州府,土地产出比之低,超乎想象。

关于淮河流域的其他自然灾害,如冷灾、地震、虫灾等等,虽不能证明比其他地区明显严重,但可以肯定的是,生态脆弱和社会环境恶劣的淮河流域,其承灾能力一定很弱,即同样级别的自然灾害,对此地的危害程度会远高于别的地区。

皖北恶劣的而又日趋恶化的自然环境,造成了经济基础薄弱。广大人民的生活无法得到保障,仓廪不实,难顾礼节,生存问题为第一要务,文化教育事业的开展自然就难以得到有力的支持。从前文所举之例,对比明清两朝的进士大幅度下降的州县正好与受水灾最重的州县吻合,而科举成绩有上升的州县多是经济条件相对较好的,即可有力地证明,物质保障对文教事业发展的直接影响之大。

(二)社会环境的恶化

社会环境与社会问题的产生有着复杂的相互关系,社会环境更严重影响到所在区域教育的发展状况。淮河,这一条并不算长,但位置特殊的河流在相当长的时期扮演着与黄河中下游同样的角色。翻开《中国历史地图集》②,我们不难发现,自古至今,黄河中下游的中段也就是中国古代文明的中心区域,紧贴南岸便是淮河流域。新石器时代晚期淮河流域分布着大量的早期人类文明,诸如“龙山文化”“大汶口文化”等。史籍和考古发现都能证明夏禹部落和商汤部落皆在淮河流域发展壮大,并且淮河流域也是夏、商两朝核心区域的主要组成部分。至少可以说黄河中下游作为中国最早的发达区域同样包含了淮河流域的大部分地区。

淮河流域是孔子、老子、庄子等先哲的故乡,也是他们传播思想的主要区域。淮河流域不仅孕育了中国主流的思想文化,也承载了中国古代自汉朝至北宋千年的发达经济文明。淮河流域开发早,在古代中国曾长期为中国经济文化的发达区域,皖北恰巧处于淮河流域的中心地带,自然也具有这样的优势。然

① 梁方仲:《中国历代户口、田地、田赋统计》,中华书局2008年版,第474、484页。

② 谭其骧主编:《中国历史地图集》,中国地图出版社1982—1987年版。

而,战争与自然灾害的频发,不仅直接破坏了淮河流域的经济文化基础,还引发了我国历史上的第二次“北民南迁”大潮,尤其是有文化的士人大量南迁。“天下衣冠士庶,避地东吴”①,“两京蹂于胡骑,士君子多以家渡江东”②。

中原士庶的大量南迁,加速了江南的经济开发,促进了其地文化的昌盛。相反,地处战乱中心的淮河流域却因此而大伤元气。北宋定都开封,淮河流域成为京畿之地,由于国家的重视和原有的起点较高,使得经济文化能够较快恢复③。靖康之难打破了这一良好的发展势头,从此淮河流域的经济文化再也没有恢复以往的历史地位。经济难以复苏,文化资源又日趋贫乏,如此,便会形成恶性循环。

明、清两代是我国科举最盛的时期,几乎所有的读书人都被纳入其轨道。科举成绩虽不能代表文化发展水平的全部,但以此来衡量某一地区的文化兴盛与否还是比较合乎实际的。相比经济上的差距,文化上的差距更大。本章仍然以皖北与徽州为例作比较。

表 6.19　**明、清皖南徽州与皖北科举成绩比较**

地区 / 科别	明代文进士数	明代武进士数	清代文进士数	清代武进士数
凤阳府 *	207 人	33 人	168 人	102 人
徽州府 * *	425 人	56 人	684 人	111 人
歙　县 * *	188 人	21 人	347 人	66 人

注:* 以明代行政建制为准,资料来源同表 6.3;凤阳府进士数含寄籍。

* * 资料源自李琳琦:《徽州文化全书·徽州教育》④一书,进士数量含寄籍。

偌大的皖北,科举成绩还不及歙县一县。综合表 6.18、表 6.19 可知,皖北与皖南在文化上的差距,比经济上的差距还要悬殊。至于中国科举状元府——苏州府⑤,优势更加明显。苏州府也是明清赋税第一府,这不是巧合。由此可见,自然物质环境与人文环境是相辅相成的。

如果说皖北与徽州的科举成绩对比反映了皖北整体文教基础的薄弱,那

① [唐]李白:《为宋中丞请都金陵表》,[清]董浩等编:《全唐文》卷三四八,中华书局 1983 年影印本,第 3529 页。

② 《旧唐书》卷一四八《权德舆传》,第 1026 页。

③ 参见吴海涛:《北宋时期的颍州》,《阜阳师范学院学报》(社会科学版)2002 年第 1 期;《北宋时期汴河的历史作用及其治理》,《安徽大学学报》(哲学社会科学版)2003 年第 3 期。

④ 李琳琦:《徽州文化全书·徽州教育》,安徽人民出版社 2005 年版,第 159 页。

⑤ 金秋:《科举地理》,《新京报》主编:《科举百年》,同心出版社 2006 年版,第 83 页。

么，纵向的区域内比较则更能反映人文环境的恶化。且以颍州府为例。

表 6.20　　颍州府（清代建制）明清两朝文武进士数量表

科学 县份	明代 文进士数	明代 武进士数	清代 文进士数	清代 武进士数
阜阳县	25	3	27	12
霍邱县	10(2)	0	6	0
蒙城县	7	1	1(1)	7
亳　州	7	3	1	11
颍上县	4(2)	0	3	2
太和县	5	0	3	14
涡阳县	0	0	0	2
合　计	58(4)	7	41(1)	48

注：1.涡阳县同治年间始建。2.资料来源同表 6.3。3.括号内为寄籍人数。

参考前文表可知，同属皖北的凤阳府、直隶泗州（清代建制）两地的总体和分县情形与颍州府略同，即清代皖北的文进士人数比明代反而下降了。颍州府仅有阜阳县保持了明代的水准，其他几县则下降明显。相反，他们在武进士人数上却有大幅提升。虽然明代武进士科设置时间较短，但仍能从清代文、武科举的对比看出，皖北文衰武盛。比如，同治初才新建的涡阳县，至清末，有武进士 2 人，武举 22 人；文进士没有，文举人仅 2 人。

生态与社会环境的恶化，必然造成民风的变化："阜阳地连豫省，为省垣西北之门户。距城辽远者数百里，其地西鄙与新、息、项、沈错壤，风俗最为悍鄙。又数十大族聚处其间，与四县居民皆有宗族亲戚往来，族中黠桀之伦习成慷慨引决之风，子弟传会之者动辄数十百人，固其风气然也，亦由土地瘠薄。鲖水蓄而无泄，力田无获，从非者日众，相激之势成之。就四方之害言之，西方延河淤塞鲖水泛滥数十里，而侯寨、瓦店诸集之□俗成矣。北方母猪、白鱼诸港极芜，而淝河沿边之居民离而贼匪狠疾。"①时人认为悍俗是由固有之成俗与土地贫瘠两大因素造成的，这无疑是有道理的。经过数百年的自然和社会双重选择，加之教育落后，缺乏文化熏陶，最后形成了皖北犷悍好斗的民风。

关于皖北民风问题，本书其他部分还将论及，不妨在此列举几例。池子华

① 道光《阜阳县志》卷首《志序》，第 12 页。

先生在其《流民的文化现象》[①]一文中，谈到皖北流民形成的问题时，认为流民习惯是因主体素质较低的一种文化选择。这一地域文化特色的形成主要是基于皖北恶劣的生存环境。陈业新先生在其《明至民国时期皖北地区呰窳风习探析》[②]一文中，更加详细地探讨了明清皖北呰窳之风的形成及其对皖北社会发展的副作用。陈先生认为皖北呰窳之风的形成主要是皖北恶劣的生存环境，以及受外来移民的影响。池、陈二位先生的观点基本一致。

自南宋始，淮河流域自然和社会环境日趋恶化，而历代封建国家对此却是有限作为、不作为甚至反作为。个体小民在长期与恶劣环境抗争中看不到希望，逐渐走向绝望麻木，因而丧失了积极主动改善生存质量的斗志，养成慵懒之风。

陈先生还认为，皖北民众形成呰窳之风的时间大致在明中期至清前期。的确，这段时间恰是明清淮河流域水患日重，生存环境和社会环境进一步恶化时期。凤阳花鼓词中"自从出了个朱皇帝，十年到有九年荒"的唱词，也可以佐证。皖北社会与环境的明显恶化自南宋始，而新的地域社会风俗习惯的形成时间却是在几百年后的明清，足见社会风俗习惯形成的长期性。当然，它一经形成便具有稳定性，其影响也必将是长远的，可以说至今仍在发挥作用。

相比较前文所举之唐代、北宋淮河流域发达的农业，明清时期，皖北的农业技术反而倒退了。此并非说明皖北人民不勤劳、怕吃苦，而是因长期无助地与恶劣自然环境的抗争无法取得成效，逐渐走向消极。在应对生存困难时，缺乏积极钻研和主动进取的精神。如此民风，对改善当地经济文化面貌，所起的作用自然也主要是负面的。

陈文中列举了皖北所有州县呰窳之风形成的证据，唯独没有提到寿州。明代寿州曾下辖霍邱和蒙城两县，清雍正年间又析出其河北之地（北乡）为凤台县。紧邻寿州东、西的定远县、霍邱县和北部的凤台县都形成了此风，寿州为何能"独善其身"呢？我们认为这与位处寿州南部的安丰塘的强大灌蓄能力有很大关系。如本书第三章所述，元朝至元年间安丰塘尚能"溉田万顷"，明清两朝在地方官的主持下，对安丰塘的大规模修缮活动分别达六次和七次[③]。可见，元明清三朝安丰塘的灌蓄功能得到了较好的维护。寿州易受水灾的区域仅限于

---

① 池子华：《流民的文化现象》，《苏州大学学报》（哲学社会科学版）2003 年第 1 期，第 110—118 页。

② 陈业新：《明至民国时期皖北地区呰窳风习探析》，《社会科学》2008 年第 3 期，第 27—37 页。

③ 光绪《寿州志》卷六《水利志 · 塘堰 · 芍陂》，第 76—82 页。

沿河区域,境内大部分地区能够安享安丰塘之利,实现旱涝保收。寿州历来就是淮河流域丰产高产区,北宋时就有亩产高达“三斛”[①]的记录。可以推测,寿州(雍正以后的建制)的农业受到的影响不大,能够较好地延续传统的农业技术,从而保持较高的农业水平。

另外,从当时的文教成果来看,寿州明清两朝的文进士数分别为 15 人、20 人[②]。寿州、定远和阜阳县是明清皖北科举成绩较好的三个州、县,既保持较高水准,又实现了清代科举人数超过明代。这与皖北大多数州县科举人数偏少,且清代比明代成绩有大幅度下滑的情况形成鲜明对比。咸丰己未科(1859)状元孙家鼐是寿州人,他也是晚清安徽唯一的一位状元。清代安徽在籍状元共有九名,淮河流域仅有两名,除孙家鼐外,另一位为道光壬午科(1822)天长籍状元戴兰芬,其余七名为安庆府和徽州府包揽[③]。一般来说,某一地能够出状元,其地必须经过了长期而又深厚的文化积淀。安庆和徽州两府的科举成绩突出与它们深厚的文化底蕴是分不开的。寿州孙氏也是在经济文化积淀达数百年后,才迎来清晚期的科举成绩井喷。天长戴氏也是数百年的官僚知识分子之家。据方志载,“六世祖勰为胜国名臣”,其家世“十四传秀才”[④]。由此可见,寿州相比皖北其他州、县,其生存条件和社会环境较为优越,社会经济文化相对繁荣,因此较少受到周边地区的啙窳之风影响,并且在一个小范围内形成了良性循环。

(三)国家政治边缘化

自南宋以后,淮河流域丧失经济中心地位,自然也难以再成为政治中心。面对恶化的生存环境,不仅当地人民绝望麻木,连官府也把整个地区看成累赘。中央政府尤其是清代,他们对皖北的所做仅仅局限于如何保证不乱,至于其他更高层次的建设,几乎无所作为。更糟糕的是优势地位的丧失,在国家政治生活中就容易被边缘化,作为局部,往往会成为国家整体政策的牺牲品。

对于皖北来说,成为国家政策的牺牲品,莫过于历代“北堵南疏”和“济运保运”政策。关于保运所带来的生态和社会灾难,前文已有论及,另外,陈峰在《论

① [元]马端临:《文献通考》卷七《田赋考七·屯田》,商务印书馆 1938 年版,第 76 页。

② 资料源自光绪《寿州志》卷一七《选举志》,第 213—239 页;光绪《凤阳府志》卷七《选举表·进士》,第 291—320 页。

③ 《中国历代状元名录》,《新京报》主编:《科举百年》,同心出版社 2006 年版,第 312—316 页。

④ 同治《备修天长县志稿》(不分卷)上册《儒林》,第 588—596 页。

漕运对中国古代社会的消极影响》[①]、马俊亚在《利益集团与国运衰变》[②]两文中已作出了详细的论述，我们很赞同他们的看法，在此不作赘述。

在“济运保运”和“北堵南疏”的政策中，洪泽湖扮演着水柜作用，皖北位于其上游，淮河流域的大部分降雨都会汇积于此，受害最重。皖北成为国家政治边缘化的最大牺牲品。错误的政策与恶化的自然环境交相作用，分散的小民根本无法与之抗争。

作为淮河流域中心的皖北在南宋以前，由于其区位优势和良好的自然环境，成为我国开发最早的区域之一，并长期处于经济文化发达的地位。由于人类活动的失当所引发的自然灾害，尤其是黄河南泛给整个流域带来了严重的生态灾难。作为战略要地，皖北又是古代战争多发地。战争也给整个地区带来了一次次的近乎毁灭性的破坏。国家政治的边缘化加剧了自然灾害的破坏力。这些因素交织在一起，使得淮河流域自然和社会环境日趋恶化，自南宋开始便处于相对衰落状态，直至今日，仍是我国东部经济文化的波谷区域。

四、结语

学界有关皖北地区文化教育方面的研究尚显薄弱。实际上，皖北书院起始较早，其中明清时期是皖北书院的大发展时期。尽管教育未必都是科举教育，但在科举很盛的明清两朝，教育主体是服务于科举的。因此，以科举成绩为切入点，可以深入分析明清时期皖北教育发展的状况及特征。

通过系统地统计分析得出，皖北文教不仅存在着明清两代的纵向差距，还存在着巨大的区域内部的横向差距。通过探析造成差距的原因，展示了文教与其赖以存在的物质基础和社会文化基础的关系。进一步联系更为广阔的时空背景，深入探讨区域的发展与国家整体发展的互动关系。

自南宋以来，淮河流域社会发展情况随着社会和自然环境的恶化而恶化。自明中期至清前期，其民风逐渐向不利于社会发展的方面质变，这一不良的地

① 陈峰:《论漕运对中国古代社会的消极影响》,《陕西师大学报》(哲学社会科学版)1992 年第 4 期,第 53—70 页。

② 马俊亚:《利益集团与国运衰变》,《南京大学学报》(人文社会科学版)2008 年第 2 期,第 114—126 页。

域风习一经形成,又反作用于社会和自然环境,造成了恶性循环,并使这种不良影响延续至今,成为阻碍当今淮河流域社会发展的因素之一。自然环境恶化,频繁的战争破坏,导致社会环境的恶化。自然和社会二重环境又交相作用,使之深陷发展的泥潭,进而制约了该区域教育的发展。

明清是我国古代科举最兴盛的两朝。由于举国上下的重视,有关科举方面的内容记录较为全面。因此,以科举成绩作为衡量地方教育成就成为最可行的方案。我们以方志为主参阅相关工具书,经过细致的比对,反复排查,最后经过对比分析得出:明清皖北的教育成就在安徽地区处于落后状态,皖北区域内科举成绩差距也比较大。从时间上看,清代科举成绩不如明代,皖北文教水平与全省的差距反而拉大了。为何明清时期皖北的教育落后于全省,而且落后的趋势是越来越明显,乃至影响到近代皖北一系列社会事业。我们认为这既是淮河流域整体环境变迁的结果,也不可否认国家政治边缘化的副作用。

第七章 风俗文化变迁

一般而言,风俗指特定社会文化区域内人们经过一个较长时段所形成的行为模式。其中,因自然环境不同而造成的行为模式差异,称之为“风”,而因社会文化差异所导致的行为模式不同,称之为“俗”。随着淮河流域环境变迁,该区域的风俗文化也发生了明显变化。本章从社会文化、民间信仰、婚俗及民风等方面予以阐述。

一、黄淮区域水利环境地理、淮北大堤与文化变迁

明正德六年(1511 年)《颍州志》卷首附图中绘有州境辖界“黄河”“旧黄河”河道经由流向。当今所言黄河故道,多指黄河自清咸丰五年(1855 年)河道北徙今黄河河道后,故黄河干流河道所遗存的相对较完整的河床形态、河道堤坝,是黄河遗留的距今时间最近的一条宏伟故道。以近现代淮北大堤筑建及沿革进程为视角,不难发现淮河中游及淮北平原防洪与“后黄泛时期”黄淮区域水患治理密切关联,涉及淮北水利环境地理及人地关系。其人地系统的相互差异与协调关系问题,显示出区域空间形态从黄河北徙后黄淮地域水系混乱无序走向淮河流域有序治理的趋势。这表明,近现代淮北水旱灾害环境的地理分布变迁,与这一时期具有典型代表意义的治水工程——淮北大堤的修筑举措互为承继。近现代皖北黄河故道之旧、淮北筑堤时空分布之新和 1938—1947 年黄河南泛及堵复过程,以物化景观形态及现实存在的形式完成了宋元以降黄淮区域水利地理环境的历史渐变转换,促成了这一区域的社会文化变迁。

(一)黄淮水利地理:视角及史料

研究故道区域各地理要素的空间组合规律,主要体现在尊重客观历史事实前提基础上,采取各种与之相对应的表述方式以彰显其地域环境特征的变迁过程。以黄淮区域内行政区划为例,明代皖北各州、县政区调整相对稳固,属南直隶凤阳府及徐州直隶州,清雍正年间府州政区层级调整较明显,属凤阳府及颍州(府)、徐州(府)。总理河道官制作为最高治河职官自明代成化年间已渐成熟,正德三年(1508年)后为常设职官。清雍正年间江南及河东河道的设置,对乾隆朝及之后黄淮运区域治河事务的有效掌控产生了重要影响。明清皖北受周边特定生态环境影响,其城建与环境变迁紧密相关,黄淮沿河各地多构筑有城市防洪体系,包括护城堤坝、护城河及城墙实体,明代后期黄河干流砀山、萧县城为防河患侵袭已竭力应对。借助于城建内部形态结构的对比分析,其政治、文教、信仰空间及建筑名目的变迁过程,皆可折射出明清以来皖北原生态的城市风貌。通过深入认识现存明清时期黄淮区域府县方志地名及地图、政区图、城区图、河工图、州县治所图、学校图及图说的绘制方式和制图背景,可以凭借"图像叙事"集中阐释解读其史料及文化意义。淮河以北文化区的构成丰富多彩,以隋唐通济渠故道沿岸城镇之运河古迹的点与线为代表,覆盖的黄沙使之成为遗址并被地表本体所替代。从而表明,沿黄河故道区域范围作为地域文化资源与遗产,尚有待挖掘其深厚文化内涵。

通过对史料与文献收集整理,强调梳理相关历史文献与细致系统整理及实证相结合,充分利用现有资料勾陈比对,有利于丰富和拓宽研究黄河故道历史文化思路。明末清初顾炎武《肇域志》是一部辑存的地理总志,其辑录萧县、砀山等徐州属县内容可与嘉靖、万历《徐州志》两相比较。清周冶《看河纪程》以日记体记载了康熙年间黄运区域见闻,配之所绘河图,翔实具体。探讨明清以来徐州及属县萧县、砀山文人群体的分布、聚合,则得益于光绪年间桂中行《徐州诗征》、民国时期张伯英《徐州续诗征》的编纂辑成。另一方面,明清各方志人物传记卷中,烈女、孝妇、贞女成为当时必不可少的记载对象,证明表述内容的取舍取决于政治体制和传统价值评判标准。相关有功于治河之人与事,与不厌其烦的贞女等详细笔墨相对比,尽管多见诸于各府县各级部分相关官员事迹而忽略了参与其中的劳动人民,但经对应参照,仍可从官宦人物中获知当时具体河工水利始末信息和概况。客观比对、征用史料,有助于理解与两淮地域相关联之清代中后期淮河流域漕运沿革演变过程。清“同治三年,占领安徽省的太平军被镇压下去,清廷拟规复漕运旧制,以运道梗阻暂收折色。又以久战之后,农村凋敝,无法照原额征收,乃办理减征”①。对比清前、中期,时至光绪初年之时,编修《安徽通志》时空背景已发生改变,不仅体现于所沿引《江南通志》之乾隆年代皖北行政区划已被调整,且晚清战乱袭扰下的皖北,黄河北徙之大势已过二十余年,清末漕运体制下的两淮漕粮北运漕运布局已渐式微,其行漕沿经洪泽湖入“黄河运道”也已不存在。“淮之北岸凤阳府之怀远、宿州、灵璧、颍州府之阜阳、颍上、亳州、太和、蒙城、泗州之五河,漕运俱入淮经洪泽湖。按,同治三年,割宿、阜、亳、蒙四州县地置涡阳县,属颍州府。淮之南岸,凤阳府之定远、寿州、凤台,颍州府之霍邱,直隶六安州并英山、霍山,泗州直隶州并盱眙漕运俱入淮经洪泽湖。以上州县俱交会由清河县帅家庄入黄河运道”②。上述光绪三年本《安徽通志》运河部分编者所按,仅是变迁过程其中之一。现存实录、档案、治河专书、方志、文集等相关黄淮运水利史料众多,汗牛充栋。而自古以来历代各种研究著述,亦为逐步建立黄淮水利地理史料研究及文献数据库奠定了坚实基础。最近研究成果表明,“新编《黄河志》是一套力求发挥经世致用功能、实用性较强的志书”,“但黄河史志事业随着治黄事业的发展和续修志书工作的开展,仍然任重道远”③。因此,用新材料、新观点、新方法编纂梳理史上黄河南泛在今安徽境内流变轨迹尤为必要。以安徽省境黄河故道研究为契机,其现实意义在于,弘扬传承物质与非物质文化遗产,并努力使之与安徽省境黄河故道遗存及隋唐大运河遗产与遗址保护相关课题互为衔接,以服务于社会。

(二)政区、城市与发展环境

宋、金以来,淮河以北政治、经济及农田水利趋向边缘化的现象,同样也表现在政区和城市变迁方面。宋靖康二年(1127 年),金灭北宋。一方面,宋室南迁,开封政治中心地位及皖北腹地作为近畿周边地区的历史从此下降。随着宋代社会中心的南转,宋金对峙时期及之后,淮河以北地区便更称之为“兵家必争战略要地”了。另一方面,建炎二年(1128 年)十二月,宋东京留守“杜充决黄

① 李文治、江太新:《清代漕运·安徽省裁减漕赋》,中华书局 1995 年版,第 416 页。

② 清光绪三年重修本《安徽通志》卷六四《河渠志·运河》。《中国省志汇编》之三,台湾华文书局 1967 年版。

③ 林观海、袁仲翔主编:《黄河志书评集》,河南人民出版社 1999 年版,第 2 页。

河，自泗入淮以阻金兵”①，试图以决泛之洪水换取政治、军事空间。金、元以降，迁徙无定的“黄河因素”及山川形便与政权更迭，人民被迫迁徙失所，直接影响皖北政区的归属划归。导致黄淮区域经济民生饱受战乱摧残，亦经历土地荒废，民众背井离乡，逐步稳定恢复，又再陷争战的漫长演绎循环过程，进而成为黄泛影响下的经济发展“边缘区域”。明清时期淮河以北的黄泛亚区，即便是康乾盛世，皖北边缘化趋势依然如故，以至于康熙四十六年（1707 年）萧县士民惊动南巡圣驾，诉求治理黄河南岸②。明清治理黄河干流技术上的成熟与有效性，并不能掩饰国家整体战略意义上优先和边缘策略影响之下的地区发展不均衡。在黄河南岸决溢及旱、蝗等灾变时常影响之下的皖北黄泛亚区，介于明清北方政治中心与江南经济中心之间的皖北，清康熙之后，以清口为黄淮运整治中心的趋势，逐渐远离治河中心区且一直处于“非核心区域”的皖北，两者间并不存在二元对立，正如黄河北徙后近代皖北战争、灾荒、社会经济发展滞后诸象并存。事实上，受自然及社会变迁的浸润，诸如政区辖界与河政范围的划分痕迹，其归属往往是矛盾与妥协的现实产物。咸丰年间黄河北徙，同治十一年（1872 年），以黄河为中心的干流河政管理及官吏体制，因河道堤防不存而随之全面瓦解。战乱之后，同治十三年之际，萧县、砀山政区已被清政府列入“政务清简”之地，但特定区域内依然存在黄河南泛后遗“个案”。民国时期萧县、灵璧辖界之间的归属争议，即蕴涵政区及地域辖境因河变迁，过去了的“时间要素”。新中国成立后，皖北行政区划历经调整，原灵璧县黄河“在县东北五十里，自徐州东南流入县境，又东入睢宁县界，西北双沟一带尤为河防要害”③，其“双兴集，一名双沟集，在灵璧县北一百二十里，黄河南岸，与徐州府接界，有管河主簿驻此”④。灵璧县县北黄河故道一带现今与江苏省徐州市铜山区及睢宁县界接壤。

通过史料的拼接建构，复原围合之中的城市内部形态结构框架、规模，亦是探寻明清皖北城市政治、文化、价值观念、信仰习俗与周边生态环境关联变迁的过程。黄河干流砀山、萧县及南泛亚区内颍、涡、濉水系周边城市的布局空间，兴修再造周期的不平衡性，往往与客观现实及社会背景、经济发展水平相关。共性与差异性表现在影响城市生态的地理方位、水系湖泽、土壤条件等具体因素，而涉及城市墙体结构、城濠及防洪堤坝，则是城建组织群体努力寻找一种恰

① 《宋史》卷二五《高宗本纪二》，中华书局 1977 年版，第 459 页。

② 同治《续萧县志》卷五《河渠志·补录·天然闸开河记恩碑记》。

③ ［清］顾祖禹：《读史方舆纪要·南直三·灵璧县》，中华书局 2005 年版，第 1055 页。

④ 嘉庆《大清一统志·凤阳府二》。

当稳定秩序的延伸。清康熙、乾隆二帝先后各六次南巡，身体力行，直接、间接关注黄运河工，从毛城铺坝闸设置到唐家湾引河至设立徐城水志，将分泄洪水流量与城市防洪两者紧密相关。城市因年代日久自然损毁及防洪设施的及时维护，大多因各利益团体的支持得以程度不同的加固，但战乱形成的外力冲击，亦是明代以来各方志记载的重点。明正德七年(1512 年)三月，起义军的战火遍布皖北，“贼刘三陷太和，贾敏儿等围颍上”[①]，受此刺激，蒙城、砀山、萧县等地多筑城固防，以为屏障。改朝换代之际，明末清初时期的皖北，及清咸丰、同治之时，皖北十三、四年间连续战乱，故黄河堤坝被各圩寨武装多处人为切割为防御捻军的据守险要。

考察皖北故黄河水系，盐碱地、湿地及尚存故有河道，三种形态并存于黄河故道。有学者在 1996 年 5 月 11 日考察日记中指出，砀山县境内“毛城埠”地距位于北边的黄河故道约 10 千米，“西有利民河，东有文家河，明清黄河的减水通道(又称分洪河)即从此经过，此水道现已废弃不用，但地势、形态仍很明显。在水道一侧可见一明显洼地……地下亦曾挖出许多，显然，这里是用做分洪的减水石坝遗址”[②]。淮河以北现有河道和故道综合治理，涉及黄淮流域水环境的演变、水资源可持续利用、区域社会发展环境、人口及经济增长诸多层面。历代淮北地区重要水利举措和兴修工程，皆影响这一地区农业环境、人地关系甚至生态观念的定位。因此，当今研究黄淮区域变迁亦需以区域水利地理与水利兴衰沿革过程为整体背景。审视近千年之变局，事实上，相关部门已重视并利用皖北长期战略与现实政策及开发机遇，视现今淮河流域淮河以北各水系为一体，而考察并联合皖北诸河上游河南省辖境、黄河故道周围鲁南、苏北的水利发展环境，共同协商参与，则会取得更多良性循环空间。淮河流域可持续发展战略体系的实施机制包括人与地、地与地及人与人关系的协调，其中“大治淮战略是着眼于全流域经济可持续发展而对淮河水系综合开发利用的治淮战略，是保证淮系之水利用的永续性并为淮河世代人民带来最大福利的战略”[③]。

(三)近现代黄淮区域水患治理与淮北水利环境地理

淮北大堤圈堤作为淮河中游防洪工程体系不可或缺的重要骨干，是安徽省

① 嘉靖《颍州志·纪一·郡纪》。
② 刘会远:《黄河明清故道考察研究》,河海大学出版社 1998 年版,第 370 页。
③ 宋豫秦等:《淮河流域可持续发展战略初论》,化学工业出版社 2003 年版,第 109 页。

保护淮北平原的主要防洪屏障。淮北大堤西起颍河入淮口左岸颍上县饶台子村,东迄江苏省泗洪县下草湾岗地,全长238千米,其中安徽省境堤长225.56千米。淮北大堤被涡河分隔为颍涡堤(堤长114.31)和涡东堤(堤长123.69千米)两段。基于对"后黄泛时期"淮北地区河道堤防沿革、整体空间布局差异的认识,以清咸丰五年(1855年)至民国三十六年(1947年)为近现代黄淮治理的时限坐标,可以深入探讨黄河北徙后黄淮区域安徽省境洪灾地理环境的人地关系及相互影响。就区域水利地理环境而言,后黄河南泛时代的主要特征,即黄河北徙之后,黄淮区域水文、水利地理环境逐渐进入了当代淮河流域时期,淮河水利亦完全以治理淮河为中心。作为淮河流域水利工程重要内容,构筑并改善黄淮区域生态环境及淮北地区地理水环境的重要手段,淮北大堤是淮河中游水利治理的标志性工程,也是建构淮河流域生态空间系统工程的有机组成部分,是衡量淮河流域水环境综合承载能力及调控对策的重要有效方式之一。

近代进入淮河流域水利时期,地理形势尤其是河流地貌形态背景已发生根本性变化。近现代淮北平原以防御淮河水患为中心,构筑淮北大堤体系成为必然。黄泛故道及黄淮流域界面地理基础的颠覆,黄淮水文地理向淮河流域水利趋势"转型"之际,以淮河干流为筑堤起始基线、其大堤走向及中心线的扩展、堤防多样性分布格局皆与人地关系的表象相互关联。淮北大堤的开工背景、先后顺序、范围指向、用地规模及从单项工程到多点连线工程群的建设,其合成立体空间亦由量变到质变。淮北大堤沿河不断因时因势横向及纵向扩展,堤坝由点连线,由简单到复杂,其沿革发展进程是近现代淮北人民努力应对自然环境,改善经济民生的充分反映。将近现代塑造淮北大堤作为陈述减缓抵御地区洪涝灾害对象的主体,与皖北人民依赖淮河水系,并视为生存环境的基本条件直接相关。基于此,本书将考察的时限延伸到民国时期。淮北堤防格局与人地关系相互演变的关系表明,因地制宜,筑建淮堤防洪工程体系及不断探索应对淮北地理环境的有效途径,需要人地平衡与人地关系的和谐演进,并为当代进一步淮堤改造及淮河水利建设奠定了基础。

1.清后期"导淮"议与淮北大堤工程规划

同治五年(1866年),丁显、裴荫森等即提出复淮故道主张。《清史稿·河渠三》淮河,记"导淮之举,经始于同治六年"。时曾国藩督两江,尝谓"复渎之大利,不敢谓其遽兴,淮扬之大害,不可不思稍减","迨黄河北徙,言者益多,大要不出两策"。其时导淮主要纠结于淮河下游出水通道,据同治八年十二月谕内阁内容来分析,"都察院奏:江苏绅民翰林院编修衔蔡则澐等,遣报以淮水故道亟须浚复等词，赴该衙门呈递，据情代奏等语，并将蔡则澐等所递图说全案，咨送军机处呈览。淮河关系民生，亟应设法浚复故道，应如何妥筹办理之处，著马新贻、张之万、丁日昌斟酌情形，会议具奏”。而寻马新贻等奏：“遵议挽淮复故，必先浚黄河之淤，继则开清口以导其入黄，堵三河以杜其旁泄。”①可见，尽管淮河中游水患频发，修复下游黄运之淤，坚筑运堤堰圩，仍为当时筹款兴工首要之议，淮河干流及淮北修堤工程则无力关注。

2.清咸丰五年至宣统三年黄泛与筹款筑堤

资料显示，黄河南泛对近代淮北区域地理环境变迁的影响，虽河道南徙空间取向日渐式微，但同治七年（1868 年）六月河南荥泽县决口和光绪十三年（1887 年）八月河南郑州黄河决口，淮北地区是洪涝受灾重区域。“现据正阳关督销局呈报水势，黄河全溜由安徽颍州而入淮河，已长四五尺不等，逐日积增，滔滔汩汩，建瓴而下，则淮扬一带工程愈急，需款愈紧”②。

除了分别缓征各受灾府县漕粮之外，政府还参与赈灾并蠲免多地钱粮。对于当时被黄泛冲毁的皖北残缺堤坝及之后农民积极自救和官方督修情况亦详见于官方档案。“查明上年（1888 年）伏秋二汛水执盛时，阜阳、太和、颍上三县雇募灾民……救护沿河堤堰”。“又阜阳、颍上两县之沿河堤岸，怀远之桃园汸等处堤工，灵璧之堤岸，凤阳之大小沫河及九里湾堤工，五河之西坝，皆系滨临河湖冲刷塌卸，须一律培修完固”③。实际上，清末治淮有识之士已用条议等方式表达对淮河中游河道治理的关切，其工程费用及筹款问题一直较为突出。吴学廉在《皖北治水弥灾条议》中就拟请官督绅民多方集款，“除淮流颍口以上地面较高稍有建瓴之势毋庸防筑外，其自正阳以下直至五河长淮两岸并泗盱入湖之地宜一律起筑堤防，即挖取本河泥土以为用，则淤薄而河身自深堤长，而河防自固积涨能受，即旁虞而两岸近淮民田藉此常御水患，实一举而三善焉。……各州县分段分年逐渐办理，不取速效，举办有成者立请奏奖以资鼓励，抑或援照昔年淮扬运河修堤章程，官为借款先办，凡藉堤受益之民田，按亩集捐分年摊还合计”④。

---

① ［清］《穆宗实录》卷二七二，同治八年己巳十二月戊戌朔。

② 水利电力部水管司、水利水电科学研究院：《清代淮河流域洪涝档案史料》，光绪十三年九月初九日两江总督曾国荃奏，中华书局 1988 年版，第 920 页。

③ 水利电力部水管司、水利水电科学研究院：《清代淮河流域洪涝档案史料》，光绪十五年六月二十四日陈彝奏，第 929 页。

④ ［清］吴学廉：《皖北治水弥灾条议》，宣统铅印本。

3.民国时期皖北洪灾与淮北堤防

民国初，皖北治河和水利规划史料中，已见调查修筑淮北大堤分布相关内容并将治淮干与皖北各淮河支流互为关联，其当时淮河情形，据《皖北水利测量图说》记："所泄淮北一大平原之泛滥，乃尤甚于滨淮两岸，此皖北历年致灾之因也……而淮北诸巨川则已十九不成河形，尺水寸流，皆漫平地，则是皖之治淮不难于正干而难于支流矣。今测淮自五河接苏局已测点起，上溯三河尖皖豫交界止，据测员报告节要志之图。"①其水利测量图说内容还包括五河沫河口至蚌埠等地两岸淮干堤防情况。相关皖淮干流及各支流情形，民国八年本《治淮源委图说》记载："霍丘、颍上两县夹淮南北，其水害重在湾堡，虽两岸堤防屹立而冲堤决口灾无宁岁。民国七年，水势非大而汪家集一决茫无津涯。""寿县城垣水每及堞，人坐城上得濯其足。光绪三十二年、宣统元年、民国元年、五年，水面之宽均达数十里，除靡不灭其屋顶。怀远县城屡濒于危，以此类推，皖北灾状殆可概见，又支河沟渠堙没塞废，支河流域助为灾害，良田万顷夷名为湖（原注：皖北田野名多为湖，盖其地稍积雨水即变为湖也）……五河县受灾之烈较他处更甚，县城西南有龙潭湖位滨于淮，现已由居民围堤垦种。"②从民国时期重要历史事件的空间范围和地域性差异考量、分析，民国二十七年至民国三十六年，皖北是淮河洪涝灾害和黄泛核心重灾区域。1921 年及 1931 年淮河大水与 1931—1934 年淮北大堤分段和建设高潮直接相关，安徽省淮域各县先后成立水利工程委员会及堤工委员会，而民国二十年洪水前，导淮委员会的导淮工程计划对淮河中游堤防工程已作有规划。1938 年 6 月至 1947 年 3 月花园口决堤黄泛时期，黄泛进入皖北后，安徽省政府于 1939 年 8 月成立了淮域工赈委员会。黄泛期构筑线性堤防体系是人与地在淮河中游特定地域条件下的必然选择，同时，也是适时适应自然地理环境的积极需求。民国档案显示，1944 年 1 月撰写的国民政府行政院水利委员会 1943 年度工作考察报告中，相关农田水利部分工作进度检讨报告指出，这一时期皖北阜阳等十县治淮与治黄工程并重③。尽管官方努力以兴修水利工程缓解皖北黄泛区的灾害程度，但从民国时期的安徽报纸刊发

---

① 宗嘉禄：《皖北水利测量图说·图说一》，民国四年铅印本。

② 民国《治淮源委图说》三《皖淮及各支流·皖淮本干》，民国八年皖江同文印书馆本。

③ 中国第二历史档案馆：《中华民国史档案资料汇编》第五辑第二编《财政经济（八）·水利建设》："淮河方面，江淮水利工程经中央拨款交由安徽省办理，三十二年度施工者，计阜阳等十县，完成土工 30341992 公方。涵闸两座保障水田约一千九百余万亩，伏汛期间，黄河并涨，淮河水位超越二十九年最高洪水约一公尺，淮河水位亦超过二十年最高洪水位，各堤均告溃决，计阜阳、太和、颍上、霍邱、凤台、寿县共决口二十七处，计长一一七二五公尺，所幸母猪港、济河两处分黄入淝工程均能如期完成。分泄流量，故淮河西岸干堤赖以保全。"江苏古籍出版社 1997 年版，第 469 页。

相关水患及黄水积水成灾报导内容看，之后皖北灾区“阜阳水灾惨重，损失数字惊人”①。

（四）安徽省北部文化区

1.皖北文化地理要素符号

时人感叹于黄河对淮北地区生存环境影响之深刻，黄河南泛对皖北地域文化的洗涤同样如此。残留的高岗，抑或是已夷为平地的行河故道废墟，成为今人识别水系分界流向的标识基础，如同故道地势自西向东、自上而下的海拔高程。以文献、方志及相关地图、地名为视角，追索明清时人视野中的淮北和砀山、萧县及宿州北部地域文化土壤、社会观念，进而复原其生存地理背景和时代文化演进的特征。砀山、萧县黄河故道文化，即是整个故道文化其中皖北一支点。注释文化厚重与土地情结的机缘，不仅在于背依淮河以北广阔的平原腹地，而且环绕于豫东南、鲁西南、苏北的生存土壤，周边皆为黄泛覆盖辐射之区域。拂去皖北黄河故道岁月的历史尘埃，微观感知凝固在汉画像石刻中的汉魏风骨，萧县汉墓群中之壁画石刻，用各种雕刻技法铺陈出浓郁的汉代民风，细腻传神。时过境迁，绍兴十一年（1141 年）南宋与金和议，确定以淮河为两国分界线，汴渠也随之在政治层面丧失了沟通南北之作用。南宋、金对峙时期以来，黄河从未停止“善淤、善决、善徙”。而在南宋乾道五年（1169 年）十二月，楼钥奉命以书状官从舅父汪大猷出使金国之际，汴渠沿河满目荒废，感叹“淮北荒凉特甚”，二日，“宿灵璧，行数里，汴水断流”，“三日，宿宿州。自离泗州，循汴而行，至此河益湮塞，几与岸平，车马皆由其中，亦有作屋其上”②。曾经的唐宋命脉——通济渠、汴渠沿岸，溯源以河流为坐标的城市，由表及里地揭开覆盖黄河泥沙的文化层，以盛唐精美瓷器的形式，展示群窑精湛的文化符号。约定俗成的方言，通常以典型性语言释意出中原官话皖北局部地方差异和特色。昔日科举及第，建筑于皖北城市街巷的功名坊，与官办儒学相对应，彰显出民风淳朴之

---

① 《皖报》民国三十五年九月二十九日，“阜阳自入夏以来，阴雨连绵，致本县颍、泉、草、茨等河流相继溃决，遂酿成空前水灾，此次灾区面积之大，灾民人口之众，实历年来所罕见，兹探悉该县黄水积水成灾。损失数字统计如后：甲，黄水灾区，计顺河等 23 乡镇，面积 82907823 亩。灾民户数，31166 户，人数 181491 口。被灾死伤人数，死 209 口，伤 341 人。财产损失，房屋 124377 间，什物价值 292000199052 元。积水灾区，计 70 乡镇……”。

② ［宋］楼钥：《北行日录》，《攻媿集》卷一一一，《四库全书》第 1153 册，台湾商务印书馆影印本，第 687—688 页。

下，少有“凡夫俗子”，及文事式微的皖北社会。清代中后期，黄河故道萧县、砀山一批文人士大夫，试图在固定程式的格律中，以诗的绮丽，追求文字之外的生活感知，咏叹人生际遇，诗文唱和经常趋向于黄河的因和果。有别于明清官方强调遵礼守制色彩的祭祀礼仪乐舞，皖北民间音乐的自娱性及带有故黄河乡土气息的曲调，如今登上了大雅之堂。民间剪纸中的戏剧人物，民间传说中的智慧百工，农耕地域与饮食风情，凝固于日常生活的岁时习俗与反映群体景象的民间信仰，已无需纠结于表现形式和版本，重要的是民间传统文化奇葩、非物质文化遗产的传承光大。从自然环境变化角度出发，今天冠之以淮河干流为南北自然气候区的分界线、平均气温及平均降雨量的等值线。在淮河与现今苏北运河之间，以隋唐运河生命线中心时代为依托的虹县、灵璧、宿州、柳孜城镇带和黄运中心区时期影响下的黄河干流的砀山、萧县等地的变迁，分别清晰显现出黄河故道固定断面下两条文化主线的层次构成。皖北黄河故道文化区作为整个淮河流域文化重要组成内容，文化积聚源远流长。时空叠加交错于“过去时”的边界及当代地理分界的安徽省北部文化区，动态诠释皖北文化重心的转折与契机，至今仍将延续。

2.人文地理形势及环境背景

宋元以降，安徽省北部地区黄淮水现象、水利活动与水意识，很大程度受制于和受影响于自然环境因素与人文社会环境因素。淮河以北中原腹地，是时空区域广于现时淮北地区的地域文化。淮河文化地理同样是文化研究的重要选项，以狭义文化为研究对象，研究其特定的发展、演变的空间地理环境。文化区为文化地理的主要研究内容之一，区划皖北文化区的界限是以文化特征在空间上的分布范围为指针，并以此探究其文化区内部地域文化差异特点及形成过程。黄淮区域水利地理与淮河文化相结合，探索历史时期安徽北部文化的分布与扩散格局，即涵盖地理学与文化学语境，其文化阐述亦包括宏观概括、中观解读与微观评析。黄淮文化地理，是以特定时期黄淮文化要素的地理背景为考察对象。基于皖北文化区人文因素的考察，“淮河文化”是涵盖、包容与多样性时空汇聚的地域文化。淮河文化区域之复杂表现在，既包括当今淮河流域水资源合理配置，也包括历史时期黄淮区域历史地理、地貌变迁和现代社会民生可持续发展，其中自然包含安徽省北部黄河故道地区。实际上，研读故道遗存文化的发生，正是起点于近代黄河故道地貌形态的形成。以河流水系为文化研究参照主体的优势，不仅可对不同时期尤其是宋金至近代以来相关治河整体背景，及影响区域文化构筑的黄淮河流特质与地理环境的有机化解，而且可形成区分黄淮区域乡土文化相对连贯性、可比性、衔接融合重叠点及差异分界。依据皖北现行行政区划为框架，重新整合历史时期区域文化空间分布规律，可进一步明确其文化分区的宗教、民俗、方言等文化要素的沿革特征。清咸丰五年后，大河北徙，黄河故道残迹犹存。“今黄河不经安徽……而安徽受黄河之水害有悠久深切之历史，河夺泗、濉，则北拊皖淮之肩背，河夺颍、涡，则南掐皖淮之腰膂……河水入淮，洪泽堑高，淮不畅出，壅于中皖，则淮南北诸支川悉病，今皖北一区域中之形势，莽莽原隰，地利不兴，皆黄河水造成之也”①。仔细研究黄淮区域水利地理，符合与时俱进的现实要求，构筑一流域整体文化地理视野，则对充实淮河文化在中国历史文化中的地位具有重要深远意义。

二、独特的祭河与祀神信仰

对神祈的祭祀与崇拜，既可反映生态环境，又是文化变迁的重要表征之一。本节对黄淮下游地区河神系，在黄河干流、淮河与其主要支流以及南北大运河沿岸的祠庙分布进行成因分析，认为该区域的祭水与祀神已成为保漕护堤的另一种方式。本节将以乾隆年间为研究断限，首先对河神及大王与风神的崇信及其地域差异进行探讨，然后分别从乾隆南巡与祭河、对禹、天妃的崇拜以及祠祭漕河官员的地域特征为研究对象，并从人神、人地关系的视角，分析这一时期祭神的人性化差异的形成过程。

（一）黄淮下游地区水崇拜的地域差异

清初，在黄淮干流地区，官吏在沿河建庙并祭祀河神多被当成是为官亲民之善举，也是对显灵于一方水土的河神表达诚意的一种主要方式。根据《清高宗实录》等史料中有关黄河下游地区较大洪灾的记载，可从中发现清代前中期，特别在乾隆年间，其干流的决溢和合拢总是与治水过程中祭祀河神之礼仪互为始终。

乾隆皇帝六下江南阅视河工之际，多在沿河御道三十里以内致祭历代先贤

---

①　安徽通志馆：《安徽通志稿·水系稿》下编《淮系水·附黄河》，台北成文出版社据民国二十三年铅印本1985年影印本。

名臣忠烈及本朝大臣祠墓，而祭祀河神亦成为沿袭祭礼传统的重要内容之一。乾隆十六年（1751年）二月首次南巡就在沿河“遣官祭金龙四大王、河渎、淮渎之神”①。二次南巡之时，以扩修徐州河神庙为例，乾隆二十二年十一月“谕军机大臣等：前因徐州孙家集河溜直趋，汕刷深浚，降旨令该地方建立河神庙以答灵贶”②。《高宗纯皇帝御制铜山县河神庙碑记》对此有记载：“乾隆丙子（1756年）秋，徐之孙家集夺溜，亟命大臣董役筑塞，惟谨丁丑（1757年）春朕重举南巡，夏四月莅徐，亲阅令官测量河身，务祈大溜直趋刷深复旧，而于徐之城外增筑石堤，更培固诸岸……命守士臣相地铜山县云龙山之北，峻深允吉，创立新庙……神为显佑通济昭显效顺广利安民金龙四大王。”③而其之所以选址建新庙，是因为徐州旧有大王庙规模较小，地势狭窄，旁俱系民房，并无余地，“唯云龙山旁有隙地十余丈，大可以建庙，俯视黄河……”④沿河各地多处河神庙，不但“岁时升香展礼”，而且每届乾隆南巡之时高宗或亲祈河神，或以遣官致祭的方式表明对黄淮干流防汛工程的重视⑤。

在治水过程中，其祭祀河神的功利性往往弥漫于整个治河阶段，从而将世俗性的建庙祭河与超自然的敬神仪式行为融而为一。沿河各级掌管治河的官员对于倡修祠庙多尽心支持，虔诚祭拜视为己任。

1761年夏，黄河下游再次发生大洪水。据乾隆二十六年八月初七日河南巡抚常钧奏道：“伏查河水漫溢流逼省城以及中牟、兰阳并杨桥大坝各处决口水势情形……漫口宽有二百余丈，中流约深二丈七尺，大溜已夺人口门，故道日就淤浅。只因此次漫口多至二十二处，与寻常仅开一二处者不同。”⑥洪水决溢，所过豫东南、皖北之地，被水成灾，“河臣张师载，臣常钧连牍以状闻，且惶谢守土不谨……应宜建河神祠并请领额勒碑，用申昭报”⑦。此次豫中河溢，乾隆帝除急命侍郎裘曰修驰传勘视之外，还因工程重大委派高晋、胡宝瑔等多位大臣前往督同堵筑，待决口封堵成功后，“谕据刘统勋、兆惠等奏：杨桥漫工于十一月初一

---

① 《清高宗实录》卷三八二，乾隆十六年二月壬申。

② 《清高宗实录》卷一一〇，乾隆二十二年十一月乙未。

③ 同治《徐州府志》卷一《高宗纯皇帝御制铜山县河神庙碑记》。

④ ［清］高晋：《南巡盛典》卷九四《名胜》。

⑤ ［清］高晋：《南巡盛典》卷六三、六四《祀典》。记有“徐州府铜山县敕建河神庙遣官读文致祭等因奏准在案……乾隆二十七年四月初九日奉旨着派阿里衮……乾隆三十年三月二十四日奉旨致祭徐州府铜山县河神庙，着派五福”。

⑥ 水利电力部水管司、水利水电科学研究院：《清代淮河流域洪涝档案史料》，乾隆二十六年八月初七常钧奏，中华书局1988年版，第275页。

⑦ 同治《中牟县志》卷首《御制杨桥河神祠碑记》。

日巳时合龙……请建立河神专祠以昭灵贶等语……允宜上答神佑，永卫民生，着照所请，即于工所建立河神专祠岁时祭享。落成时该抚奏请御书扁额以展诚敬”。并御书匾曰:“巩佑金堤。”[①]沿河众多治河显工要地盛行祭河之风，祠庙林立，不仅与当地祭河传统习俗相关联，而且和乾隆帝在沿岸推行祭拜河神的举措相一致。

在古代，膜拜河神一直被认为是趋吉避凶的有效途径之一，但并未因此掩盖君臣之间由于是否再造大王庙而引发的建庙之争。这固然与其观念上的差异有所联系，但当时治水能力的局限性与实际愿望之间的差距，才是产生建庙之争最为重要的原因。

乾隆四十三年(1778 年)，黄河又在河南祥符、仪封等地南决，洪水主流由睢州、永城、亳州一线经涡河入淮。乾隆针对“高晋等前奏十八日仪封合龙之折，请于十六堡捐建大王庙一座。今阅图内十六堡原有大王庙，不应复建新庙，黩祀不经转难冀其灵……高晋等欲吁河神默佑，止宜向现有之大王庙诚心祈恳，自可望其效灵，即或欲请御书扁额亦止应俟工成后请扁于现有之庙内悬挂，以答神贶，又何必有一新工即新建一庙乎”[②]。此旨立即着六百里加紧奏闻。

此次跨年度仪封决口，乾隆皇帝对于属臣倡捐大王庙之请瞻前顾后，闪烁其词。但这种犹豫不定的姿态并没有维持多久，乾隆面对举步艰难的堵围决口，开掘引河等治洪工程难以顺利实施，仅仅时隔四个月便不得不改变初衷。乾隆四十四年(1779 年)四月甲子，“至上年十二月内高晋等曾奏请于十六堡捐建河神庙一座……是以未经允行。今思现筑拦黄坝进埽之处，其地在十二堡距原漫之口门较远，如果河神灵应、速助工成，原可于合龙后即在该处建庙以答神贶，着阿桂等一并妥酌行之，此旨着由六百里加紧发往，如有合龙喜音仍即加紧驰奏”[③]。

在黄淮干流沿岸，尽管由于建庙时间的不同以及祠庙的迁徙使得部分庙址产生了变化，但这并未影响到其空间上的次第相连，从而逐步将分布于沿河各地河神庙连成一脉。

乾隆四十九年(1784 年)秋八月，黄河决溢睢州下汛二堡，“因大河长水塌宽七八十丈，漫口水深四丈余尺”。乾隆“命大学士阿桂驰往会同两江总督萨载，南北总河李奉翰、兰第锡，河南巡抚何裕成五臣会勘，详议筑塞……”[④]后经

① 《清高宗实录》卷六四八，乾隆二十六年十一月己亥。

② 《清高宗实录》卷一〇七三，乾隆四十三年十二月己酉。

③ 《清高宗实录》卷一〇八〇，乾隆四十四年四月丁卯。

④ 《御制兰阳睢宁新堤南岸河神庙碑记》，《清高宗实录》卷一二一九，乾隆四十九年十一月壬申。

改筑南堤，开挑引河等河工使漫口于当年十一月十四日“天然合龙”，但对河神庙的兴建仍念念不忘。因此乾隆传谕阿桂“即将兰阳河神庙是否建在正河堤岸，抑系在新挑引河左近，该处庙工距现在合龙处所远近若干，或南北相距不远，民间便于吁祭，即毋庸另行建盖，抑或应于南岸另建河神庙，或该处附近旧有庙宇重加修葺以答神贶之处。阿桂酌量情形一面知照兰第锡等遵照办理，一面据实具奏”①。据《阿文成公（桂）年谱》记载，当时豫省重要河神庙有三处：“一在武陟，建自康熙年间，一在兰阳，建自雍正年间，俱在正河北岸，一在中牟，系奉旨建造……”经他实地调查后发现，“兰阳十二堡以下旧河两岸俱有官民旧建庙宇，虽灵爽凭依无所不在，但近年河流不由彼处经行，日久未免香烟寂寞，庙貌倾颓”，因此建议“自兰阳十二堡至商丘七堡计绵长一百四十余里，该处并未设有专祠，自应遵旨另为添建以答神贶，臣审度情形请于兰仪、睢宁新坝适中之地南岸高阜处所建庙一座，只须二三十楹……”②而《御制兰阳睢宁新堤南岸河神庙碑记》中的相关描述与阿桂所言完全一致，并指出建庙“就南岸者，所以别于北岸也，兰阳、睢宁之间者，所以别于武陟、中牟也”③。可以看出，这一时期已将兴修河神庙视为整个治河工程的一部分，并置于邻近河工的显要方位，使之成为维系沿河两岸传统祭河地缘纽带中的枢纽。

乾隆后期的祭祀河神，除因袭固有的传统惯性之外，多摒弃其“朴野”的一面，频频敬奉藏香，并将其祭祀礼仪置于官僚体系之中。

因乾隆五十三年（1788 年）七月河流顺轨、运道深通，乾隆帝认定“向来四渎虽各有专祀，而二所黄淮河神每岁春秋未经官为致祭典其阙焉，自宜特重明礼以昭灵贶，所有江南及河东等处工次建立黄河神庙并江南清黄交汇地方所建淮河神庙，俱着于每年春秋二季官为致祭，交该部载入祀典并着翰林院撰拟祭文发往，于致祭日敬谨宣读，以崇功德而报神庥”④。由此可知，这种每年由官方定期敬奉河神的规制，已将整个黄淮下游地区的祭水与祀神纳入国家祀典。

此后，五十八年（1793）八月，“江南黄河水势情形，自必仰赖河神默佑安流顺轨，兹特发去藏香三百枝，交书麟等于天后宫、清黄交汇处龙神庙、陶庄引河

① 《清高宗实录》卷一二一九，乾隆四十九年十一月壬申。

② ［清］那彦成辑：《阿文成公（桂）年谱》卷二九。

③ 《御制兰阳睢宁新堤南岸河神庙碑记》，《清高宗实录》卷一二一九。又，据乾隆三十二年刻本《砀山县志》卷九《祠祀志》记载：“大王庙，在城北隅，乾隆甲子（1744 年）主簿吕文焯修建。”

④ 《清高宗实录》卷一三〇八，乾隆五十三年七月癸酉。此外，防汛抢护过程中，还因排除险情而获向河神敬香之礼。“据李基翰奏：七月十一二等日黄河水势加长。仪封三堡溜势更为涌急”，后经护堤员弁及时抢修得以安然避洪。“此次河水长，溜势涌急，仰赖河神庇佑得以抢护平稳，着发内府藏香五十枝交该督等虔诚致祭，并亲书扁额发往悬挂，用答神庥”（《乾隆朝上谕档》，乾隆五十六年八月初一日）。

龙神庙三处各分供百枝，敬谨收贮，随时拈香叩谢，用答神庥”[①]。在淮河下游及洪泽湖高家堰区域，历来为防洪重点，每至汛期，以清口为中心的水崇拜神灵信仰，亦呈现出祭祀习俗的丰富多样。凡与祭河酬神相关的民间俗信诸神皆被官民奉祀香火。乾隆五十九年（1794 年）八月，“又据兰第锡等奏高堰、山盱地方于七月初七等日昼夜暴风临湖，石工多有掣卸，湖水泼过堤顶……今高堰、清口一带幸得保护无虞，此皆仰赖神明默佑，化险为平，特发去藏香五十枝交兰第锡等于禹王庙、关帝庙、天仙庙、湖神各庙敬谨祀谢……”[②]同年“十二月高堰、山盱两厅塌捐石工……幸西北暴风即时止息得以用埽抵御，此皆赖淮神默佑化险为平，实深敬感，其工次之禹王庙、关王庙、显王庙、二帝宫、黄堙寺、崇祀湖滨均昭显应，着发去藏香一百二十枝于淮神庙及各处神庙内，各用二十枝虔诚报谢，用酬灵贶”[③]。乾隆后期“着发藏香”祭河模式的产生，与该区域民间崇神风俗的广泛流布有着直接关联。而这种水患频繁地区官民同祈诸神以默佑河湖安澜的水崇拜俗信，其“保漕护堤”的功利性祭祀与乾隆南巡期间祭水祀神的目的是相互吻合的。

在淮河支流的太和县境，所建“水神庙在城西沙河崖”[④]。颍上县“水神庙一在新河中，一在摹河口”[⑤]。至于这一地域所祈水神为何方神灵，可从康熙年间颍上县令所撰《摹河口义渡碑记》中得知：“自康熙己酉岁（康熙八年，即 1669 年），洪水泛涨，颍故道淤塞，问津者病焉，适太学生郭宗琦请于大王庙，左设立义渡……俾司事仓有所籍而问津之众无烦解囊矣。”[⑥]可见，所谓水神即是黄淮干流之大王神。同样，在涡河沿岸，乾隆年间亳州水神庙在北关，河北岸。

值得一提的是，在当地涡河沿岸还建有许多龙王庙。而大灾之年，黄河决溢下泄之洪水多经涡河在怀远汇入淮河。在怀远县当地，除县南淮水东岸立有淮神庙，并于每年春秋仲月接受守吏祭祀外，还在涡河南岸建有龙神庙，俗曰大王庙。据嘉庆《怀远县志》记载：“龙神之祀当以本境山川……今时俗相沿，唯祠金龙四大王，此乃商贾舟楫资其护佑者，与致雨救旱之功无舆也。”[⑦]从这一地区

① 《清高宗实录》卷一四二五，乾隆五十八年八月癸未。

② 《清高宗实录》卷一四五八，乾隆五十九年八月丁巳。

③ 《清高宗实录》卷一四六六，乾隆五十九年十二月丙辰。

④ 乾隆《大和县志》卷一《寺宇》。

⑤ 道光《颍上县志》卷三《建置・寺观》。

⑥ 乾隆《颍州府志》卷九《艺文志》。又，道光《颍上县志》卷三《建立》津梁条亦有记，对其具体方位予以重新确认。“摹河口义渡，县南六十里（旧志注县东五十里，其地实在东南亦不止五十里），今改名兴河口。”

⑦ 嘉庆《怀远县志》卷四《祠祭志》。

龙王庙向金龙四大王祠庙称谓上的转换可看出，沙颍河及涡河沿岸祭祀河神之习俗，不仅深受黄淮干流祭仪影响，而且虽共同祭奉河神金龙四大王，却由于地域差异及各自祈求佑护目的不同而相互有所区别。

位于淮河以北的宿州，每遇黄河泛滥漫溢之时，时常成为泄洪必经之地。乾隆二十四年(1759 年)兼兵部侍郎、协办南河河务高晋在与裘曰修重新勘浚河渠之际，撰写《重建相山神祠碑记》，“考去乘宿之西北九十里相山，即《商颂》称‘相土烈烈’者是也，其神实可司山川风雨之事……故相山之神有以效其灵而布其职也……侍郎裘曰修阅工经相山备览舆情，为请朝蒙御书‘惠我南黎’匾额颂挂神庙，以昭崇敬之典，臣高晋钦奉恩纶，敬摹制匾，亲诣奉悬展礼祠下”①。尽管经过挑挖最终使宿州地区的积水沿“濉河一带顺流直下达于洪泽”，但仍无法改变“濉河虽治仍为每岁减泄黄水之路”②。这一事实表明，黄淮下游地区的祭河礼仪与地理环境的改变和地域转换有着很大关联。就总体而言，受黄河干流影响下的辐射区域内，其祭河的特征性弱于干流沿岸地区，其从属性也是与其作为黄水泛滥之时的泄流通道相符合的。

在风神与祭河方面，风神庙多布于黄淮干流沿岸。据《江南通志》卷四〇记载：“风神庙在清河县清口，康熙五十四年建，雍正十年重建，旨钦定封号清河宣□之神。”③乾隆十六年二月，高宗首次南巡，回程途中，四月甲戌曾“诣禹王风神庙拈香，至黄河岸祭河渡河”④。乾隆四十九年最后一次下江南之时，二月戊寅“上祭河神渡河，诣陶庄河神庙、风神庙行礼”⑤。在完成六巡之后的第二年正月，高宗又谕：“现届春和，正清口启坝放水之时，各处雨水充足，来源旺盛，汇注洪湖，启放时方能刷沙济运。而土膏脉动，东作方兴，凡我农民情殷望泽，宜申告祭，以冀仰邀神佑。现派御前侍卫副都统阿弥达恭□御香，前往陶庄、清口两处河神、惠济祠、淮渎、风神庙及龟山之淮渎庙共六处虔诚致祭。着传谕萨载、李奉翰不必疑朕或派员查工，心存惶惑。惟当豫备祭品，俟阿弥达到时一同虔诚行礼，斋心默祷，以迓神庥。上年淮徐一带旱暵异常、屡祈不应，由该督等不能虔诚所致……将此由五百里谕令知之。”⑥此次乾隆委派阿弥达专程前往祭

---

① 道光《宿州志》卷三八《艺文志·碑表》。

② [清]高晋：《南巡盛典》卷四五《河防》。

③ 乾隆《江南通志》卷四〇《舆地志·坛庙》。又嘉庆《大清一统志·淮安府二·祠庙》亦有记。

④ 《清高宗实录》卷三八二，卷一一九九。

⑤ 《清高宗实录》卷三八二，卷一一九九。

⑥ 《清高宗实录》卷一二四七，乾隆五十年正月辛丑。而在乾隆命馆臣编辑《河源纪略》之时，即乾隆四十七年(1782)七月己酉，曾谕“今年春间，因豫省青龙岗漫口合龙未就，遣大学士阿桂之子，乾清门侍卫阿弥达前往青海务穷河源，告祭河神”。见《清高宗实录》卷一一六〇。

水祀神，目的地是黄淮运交汇之地，淮安清口至盱眙龟山一线。之所以如此，一是由于上年整个黄淮下游地区的特大旱灾致使“农民情殷望泽”，二是清口“刷沙济运”全凭淮河水量丰盈。大旱造成淮河水量急剧减少，河道浅深不一，不仅无法保证清口“蓄清刷黄”的实施，而且漕运也因运河水道淤浅而阻滞。值得关注的是，六处祭祀地，除龟山位于淮河下游处，其余五处皆在清口附近，而且还非常明确地将祈祭风神庙纳入了水崇拜祭祀礼仪之列。

最能体现风神、河神与治理河工之间相互关系的事例，莫过于乾隆四十四年（1779 年）四月，高宗在处理河南仪封封堵漫口工程过程中对风的殷切祈盼，并将此意愿与祭祀河神相互融合在一起。“仪封工次，四月初七日东北风暴以致塌动坝工，是日京师下午亦有东北风，可见百里不同风之说亦不尽确。前日下午此间西南风甚大，豫省谅亦相同。或将大溜逼向引河，可期畅注，该处情形实在如何并着阿桂等据实覆奏……俟合龙后于现在施工处所兴建河神庙，以答神贶速得工成。今复思古有沉璧礼河之事，因择白玉璧一件，并撰拟祭文一道由驿发往。着阿桂等于接奉后即诣现做坝工河岸，虔诚致祭或冀河神佑助速得蒇工”①。之所以如此关注风力与风向的变化，主要在于引河工程作为此次河工的关键，只有在借助风势的情况下才能顺利实施。以致乾隆在自香山回归圆明园之后仍“悬念甚切，唯有默吁天佑神助，冀早合龙，此外更无可指示而盼望之心益殷于前矣”，并“着由六百里加紧传谕知之”②。乾隆四十五年二月壬申，此次仪封决口合龙之时，有鉴于河南“铜瓦厢风神庙于开放引河之先，曾申虔祷，因连获顺风掣溜，全黄得归故道，显有默相之功”，高宗特“颁发扁额，以昭灵迹”③。

可见，至乾隆年间，黄淮下游沿岸各地已将崇信风神纳入了祭水祀神框架之中，其神职形式与目的的自然转换直接源于人们欲借风神之灵佑以实现河道安澜的意愿。

总体而言，黄淮干流沿岸的祈神多以护坝保堤为首要，运河沿岸则以保漕护航为祀神之宗旨，保漕运与护河坝处于同等重要的地位。但当危及漕道通畅

---

① 《清高宗实录》卷一〇八〇，乾隆四十四年丁卯。又，“至于现在仪封诸筑事，惟在阿桂等实力妥办，不可畏难，亦不宜欲速，以冀天佑神助及早成功。此外亦无他法”。

② 《清高宗实录》卷一〇八一，乾隆四十四年四月辛巳。又，“昨自香山回圆明园，早间尚系东北风，辰时以后即转西北，竟日未息，风亦颇大，今日仍系西北风，西北风虽不及西南，但西北风吹溜东注或尚可逼溜趋入引河，自较胜于东北……不知豫省昨日风信如何，开放引河时即能掣动大溜否”。

③ 《清高宗实录》卷一一〇一。又，“昨据萨载奏，徐城志桩长一丈一尺余，云梯关长水四尺九寸，溜势湍急，全黄已复故道直达归海。此次仪封决口，办理几阅两载……”

之时，清廷则曾试图以不惜向淮河支流泄洪为代价，确保漕运。

在大旱之年，清廷为维护漕运，以达到下游蓄水通漕，令河南巡抚毕沅勘查淮源，并将四渎之一的淮渎视为又一保漕济运之神。乾隆五十年（1785 年），"由于淮水微弱，下注无多，因思桐柏山为淮水发源之处……着传喻毕沅详晰查勘，如果淮源不旺或支有无淤塞，自当设法酌办，俾泉流浚发，湖水充足得以助清敌黄，是亦正本清源之一法，至渎庙亦应虔诚致祭，以巽仰邀神佑"①。与此同时，乾隆帝认为"贾鲁、惠济二河即系淮水之流，现在一委疏瀹，其淮渎庙已令藩司江兰虔修祀事……今淮水发源之处经毕沅勘明疏浚，将支港小河一律浚导……并于淮渎庙虔申祭告……至淮渎庙，如果岁久未修或形倾圮，即应核实勘估动项兴修，俟庙上告竣时，朕当亲书扁额，用答神贶"②。在上游淮源祈祭淮渎的示范效应，还直接对淮河下游地区祭淮修庙产生重要影响。同年，钦差大学士阿桂"偕萨载、李奉翰又奏言，伏查淮河清水御黄济运为全河最要关键，今岁天气久晴，淮水未经太长。仰蒙圣明远照，以桐柏山为淮水发源，谕令毕沅广为浚导又虔申祭告，并敕修淮渎庙宇……查南河亦有淮渎庙二处，一处在裹河厅，属运口，该庙每年随时修理，现在完整。臣阿桂于本月十五日亲往瞻礼默告，一在洪泽湖中盱眙县境内，龟山之上，相传向着灵异，年久未修……"③

黄淮下游地区沿河各地河神祠庙，圮毁与兴建的史实，已成为将具有浓厚官方色彩的功利性祭河仪典与广为流布的民间俗祭相互联系的有机载体。这种以各自不同方式祈神之风习虽上承元明旧制，时至清代中期，则呈现出更为广泛，渐趋完善的河神祈祭对象，而泛化的河神系列的形成，不仅缘于独特地理环境中官民祈祭诸神以保漕护堤的认同与需要，而且对祭河水崇拜的地域差异及多元化结构的产生具有重要影响。

（二）祭神的人性化区域差异与人地关系

1.乾隆南巡与祭河

据《乾隆朝上谕档》乾隆五十一年（1786 年）三月初一遵旨查康熙、雍正、乾隆年间江南、河东河工漫口次数的记录④，自康熙元年（1662 年）至乾隆四十九

---

① 《乾隆朝上谕档》乾隆五十年八月十九日，第十二册，编号 2001。

② 《乾隆朝上谕档》，乾隆五十年九月初四，第十册，编号 2125。

③ ［清］那彦成辑：《阿文成公（桂）年谱》卷三〇。

④ 《乾隆朝上谕档》，乾隆五十年三月初一，第十二册，编号 1376。

年(1784 年),122 年间共计发生 51 次河堤漫决,乾隆六次南下江浙期间(1751—1784 年)河东、江南河工水患共计 13 次,其漫决之地多集中于上自河南武陟,下达江苏清河的黄淮干流。清代官书、档案及方志中不仅对该河段决溢与封堵合龙的过程存有大量记载,而且还记载有乾隆南巡视河过程中对祭水祀神的直接关注,尤其是乾隆中叶之后,随着河患频繁发生,使得这一时期黄淮下游地区的水崇拜习俗达到了高峰。

继康熙之后乾隆皇帝亦六度巡幸江南,其拈香行礼多比照康熙朝为基准,而康熙年间圣祖玄烨曾遣官致祭的宿迁金龙四大王庙,自然也成为乾隆南巡首先要效法的祭礼。"宿迁县西堤大王庙本朝敕封为……康熙二十三年,圣祖仁皇帝南巡遣官致祭,今河渎已经臣部奏准,于圣驾经渡处所设坛遣祭"①。其西堤大王庙亦应遣官致祭。

乾隆二十三年正月十一日至四月二十六日,为高宗第二次南巡。这期间祭仪由礼部大臣等敬拟行文,并由途经各省督抚"查照乾隆十六年之例办理,其祭文交翰林院撰拟,遣官届期于扈从王公大臣内照例奏派,祭品由地方官备办,香帛由太常寺带往"。且"其致祭一切事宜俱照乾隆十六年之例办理"②。从而使各项礼仪皆以前次南巡规制为标准并形成制度。

乾隆三十年正月十六日至四月二十一日,有关各部在查照上次应行礼仪的基础上,第四次南巡准备更为仔细周到。在涉及祭河仪典方面,均按例依"查乾隆二十七年圣驾南巡往返渡河、渡江皇上亲诣彩棚拈香,惟渡淮起銮时皇上亲诣武家墩拈香,回銮时皇上亲诣惠济祠拈香在案,此次皇上往返渡河、渡淮、渡江或照上次亲诣拈香或遣官拈香之处伏候"③。由此可知,乾隆南巡之时,在武家墩祭淮神,回銮时在清口惠济祠祭河神,也已成为定制。治理清口,即黄淮运交叉处的治河工程,历来是治水关键所在。乾隆四十二年二月,高宗"谕军机大臣等据高晋等奏报,陶庄引河开放功成,大溜畅注情形一折……陶庄开挑引河为治黄一大关键,今开放之后,新河内大溜畅注……清口可免倒灌之虞,实为一劳永逸,非河神默佑不能成此巨功,自应于该处立庙以酬神贶"④。

乾隆四十五年正月十二日由京师出发直至五月初九日返回圆明园,这是第五次南巡,距上次出巡已过十五年,在所有六次南巡中此次耗时最长。四十五

① [清]高晋:《南巡盛典》卷六一、六二、六四《祀典》。
② [清]高晋:《南巡盛典》卷六一、六二、六四《祀典》。
③ [清]高晋:《南巡盛典》卷六一、六二、六四《祀典》。
④ 《清高宗实录》卷一〇二七,乾隆四十二年二月壬戌。

年二月戊午，于途中“遣官祭河渎、淮渎之神、顺黄坝河神庙、杨庄金龙四大王庙，遣官祭靳辅、齐苏勒、嵇曾筠、高斌等祠。……己未，上祭河神渡河，阅清口东坝堤工”①。令人关注的是，乾隆四十三年（1778年）闰六月，黄河决溢河南仪封十六堡之后，直至乾隆皇帝此次南巡到达清口时决口之处仍未合龙。待河工合龙之后，乾隆帝认为“此次仪封决口办理几阅两载，特命重臣前往经理，发币五百余万，近复将引河大展宽深，接做挑水坝，逼溜北趋，始将溜归正道，荷蒙天佑助，幸得成功，朕感谢之余，益深度敬”②，因而建碑于陶庄河神庙。在此次御制记文中，他简要回顾了河工之艰难，并声称其“知前岁河决后，予无日不叩天祷神，冀速合龙以佑苍生，乍初十日渡黄于香棚及陶庄河神庙更益竭诚默吁，而十一日遂有两坝自行合龙黄流顺轨故道之事”；同时还毋庸置疑地将河神与佛身相比照，“或谓陶庄在江南、仪封在河南，云，一则不可两处各有庙，云，二则未必能及彼。夫一佛而千百亿化身姑不必论”③。

乾隆皇帝于清口陶庄河神庙亲祈河神以佑助仪封决口早日合龙的举动，与其说是南巡期间恰逢其时，不如说此次祭河是乾隆皇帝诸多祭水祀神事迹中最为突出的例证。它不仅表明了乾隆帝祭河态度的一贯性，而且还体现在此次祭河是《清实录》相关记载中最为详细地记录清皇帝临河祭神的具体事例。

虽然在乾隆四十九年最后一次南巡时，年事已高的乾隆并未亲临河工现场督促河务，但在祭祀河神的规模与规格上盛况空前，除自己亲祀河神之外，谕令随行皇亲、皇子前往祭祀：二月“戊寅，上祭河神渡河，诣陶庄河神庙，风神庙行礼。命皇十一子永瑆祭河渎之神，皇十五子颙琰祭淮渎之神，皇十七子永璘祭顺黄坝河神庙，睿亲王淳颖祭杨庄金龙四大王。遣官祭故河道总督靳辅、齐苏勒、嵇曾筠、高斌等祠。庚辰，遣庄亲王永瑺祭宝应湖神”④。

乾隆南巡视察河工期间，其在整体筹划河务及治河关键性工程的具体决策方面的作用是不可否认的。同时，正是由于皇帝的身体力行，率先垂范，不仅促使黄淮下游地区，特别是黄淮干流与漕河沿岸的祭水祀神之风遍及沿岸各地，而且由于乾隆皇帝的推动，该祭祀在这一时期达到了高潮。

2.祭禹

沿河民众在祭水祀神的膜拜对象中，大禹作为治河护漕的号召神，自然亦

---

① 《清高宗实录》卷一一〇〇，乾隆四十五年二月戊午。

② 《清高宗实录》卷一一〇一，乾隆四十五年二月壬申。

③ 《清高宗实录》卷一一〇二，乾隆四十五年三月戊子。

④ 《清高宗实录》卷一一九九，乾隆四十九年二月。

成为人们的祈祭护灵。据道光《宿州志》记载，位于符离月河北岸的禹庙，在“国朝康熙八年(1669年)知州盛启方重修，春秋二仲丁祭，后官属致祭，用少牢”。乾隆七年(1742年)宿州知州王锡蕃上任之即，“以临赈过谒庙下，周视近状”，只见“因久积废，梁栋摧败，像设漫缕”①。之所以赈济灾民，皆因上年(1741年)“七月初七、初八等日(8月17、18日)及十八、十九以至二十一等日(8月28、29、31日，9月1日)尽夜风雨，湖河水势猝然骤涨，夏麦成灾之宿州、灵璧等十四州县，洼地秋禾复被水淹。……复查宿州、灵璧、虹县等处，夏秋连遭水患，较之他属被灾颇重，本地仓粮已于夏灾案内粜借兼施，虽有现存米石，需赈数多……”②大灾之后，王锡蕃有感于上年积水未退，满目饥荒之景，然有重修禹庙之志，还在于“宿地连涡泗，支祁肆虐，昏垫可知……御灾捍患或在于是精神”③。而考证这一时期祭禹习俗，自然与沿淮地域环境密不可分，涂山作为崇禹文化的中心，建筑禹庙历史悠久，并呈现出祭禹方式的独特与连贯性，历代流传的涂山祭禹碑文详尽记录了祭祀大禹的传统风习。清乾隆年间《重修禹王庙碑文》就记有当时重修之禹庙于“乾隆癸未(1763年)年仲秋月落成，甲申年(乾隆二十九年，即1764年)孟冬月费约千金既竣事，列书于石”④。在涂山脚下的禹会村，同样存有祭禹民俗，并建有禹帝行祠。该祠始建于宋代，“自明迄今迭有修葺”，其禹帝行祠香火之盛还可从此后康熙六十年、乾隆三十二年和嘉庆元年数次重修祠庙碑文中得知。

乾隆五十年(1785年)几乎整个黄淮下游地区出现了一次罕见的特大旱灾，由于时至当年九月，淮河干支流旱情依然严重，而水量匮乏使下游湖水“助清敌黄”难以为继。乾隆在谕令毕沅查勘桐柏山淮源的同时，勘估兴修淮渎庙，“至禹庙亦已谕令毕沅派员查看，如应修葺即着遵照前旨勘估兴修，以昭妥佑”⑤。

虽然禹庙呈不均匀状分布于运河南北沿岸，但官民借祭禹仪典，以祈漕运平安并强化了介于神、人之间的禹崇拜信仰。这种神禹敬仰不仅是特定地域环境与人地关系相互协调的结果，而且为清廷维护漕河的社会现实所需要。

3.天妃祭

至清乾隆朝，黄淮下游以及运河沿岸沿袭元明以来当地崇信天妃的习俗。

---

① ［清］王锡蕃：《重修夏禹王庙碑记》，道光《宿州志》卷三八《艺文志・碑表》。

② 水利电力部水管司、水利水电科学研究院：《清代淮河流域洪涝档案史料》，中华书局1988年版，第154页。

③ ［清］王锡蕃：《重修夏禹王庙碑记》，道光《宿州志》卷三八《艺文志・碑表》。

④ 《乾隆中重修禹王庙》，嘉庆《怀远县志》卷四《祠祭》。

⑤ 《乾隆朝上谕档》，乾隆五十年十月初二，第十二册，编号2239。

由于运河沿岸商贸繁盛，漕运发达，过往船只为祈求平安常在天妃庙焚香祭祀，沿河官民已将海神天妃之祭，视为保漕护航的吉祥幸运之神。

在北运漕河，济宁天后宫位于“天井闸河北，乾隆三十一年（1766 年）总河李清时建，三十二年奏请御题‘灵昭恬顺’额”①。在沛县，“有天妃行宫十，一在县东关护城堤内……”②在宿迁，天后宫由“他省仕商”的福建籍同乡所建，“即福建会馆，在新盛街”③。在南漕运河，山阳县天后宫，其在“城西南隅，宋嘉定间安抚使贾涉建，国朝康熙中，漕督施世纶重修，又一庙在察院西，一在新城大门内”④。在高邮“天妃庙凡四处，皆高邮卫因海运修建，其三久废，止存东营一庙”⑤。在众多天妃庙址中，当以淮安清口的天妃庙最为著名。至乾隆南巡期间，其祠庙在“淮安府清河县、祠临大堤，中祀天后……其神福河济运，孚应若响。祠前黄淮合流，地当形胜，为全河之枢要，国朝久邀崇祀，我皇上临幸升香荐帛礼有加焉”⑥。又据嘉庆《大清一统志》记载，乾隆皇帝每届南巡之时，都以御制诗、赐匾联的形式，表达对祠祭天妃的关注⑦。从天妃在黄淮下游地区，尤其在漕运沿河两岸的分布来分析，其河神形象的塑造过程不仅具有历史渊源的合理性，而且天妃的女性海神特质，已与该区域内特定的地理和人文环境相互融合，进而成为沿河官商民众最为崇信的河神之一。

乾隆五十三年（1788 年）十月，高宗又谕：“据李奉翰，清口惠济祠天后神庙，岁时报祭未著祀典，请一体颁发祭文于春秋二季等语……清口惠济祠供奉天后神像屡着显应，本年河流顺轨，运道深通自应一体，特着明禋，以光祀典，着交翰林院撰拟祭文发往，于春秋二季令地方官虔诚致祭，并着李奉翰将新加封号四字敬谨增入神牌，俾河工永庆安澜，益昭灵贶。”⑧由此可见，在黄淮下游及运河沿岸的许多地区，已将海神天妃视作该区域内特色浓重的河神⑨。而人们赋予天妃具有保漕、护航、御坝的实际功能，则是天妃神作为河神神灵信仰之一

① 乾隆《济宁直隶州志》卷一〇《建置四·坛庙》。

② 乾隆《沛县志》卷四《秩祀志》。

③ 同治《重修宿迁县志》卷一一《祠祀志》。

④ 同治《重修山阳县志》卷二《建置》。

⑤ 嘉庆《高邮州志》卷六《仪制》。

⑥ ［清］高晋：《南巡盛典》卷九七《名胜图》。

⑦ 嘉庆《大清一统志·淮安府二·祠庙》记载：“惠济祠，在清河县治东，旧新庄闸口……本朝雍正二年（1724 年）重修，敕封天后圣姥碧霞元君，乾隆十六年御制重修惠济祠碑文，二十二年、二十七年、三十年、四十五年、四十九年并有御制惠济祠诗，赐扁四、联四，旁建行殿，即赐扁二、联一。

⑧ 《清高宗实录》卷一三一五，乾隆五十三年十月丙午。

⑨ 嘉庆《大清一统志·曹州府一·祠庙》记载有，“天妃庙在曹县杨晋口，祀海神”。曹县远离海岸此实为借祀海以祭河。

长存于沿河两岸各地的主要原因。

4.祭祀漕河官员

清廷不仅沿袭祠祭有功于治水的漕河功臣之传统，而且对于明代河臣祠庙或重新修缮或祭礼如常。对有功于本朝的治河名臣，清代多在沿河两岸设祠致祭。乾隆四年（1739 年）十一月，"查前任河臣靳辅、齐苏勒俱建有祠宇永享禋祀，而嵇曾筠劳绩实可媲美两人，着照靳辅、齐苏勒之例一体祠祀，以示优奖，以慰舆情"①。形成了在淮安府清河县北的三河臣合祠。此外，高宗还于乾隆十六年（1751 年）二月，"遣官祭金龙四大王、河渎之神并故河道总督靳辅、齐苏勒、大学士嵇曾筠等祠"②。

如果说祠祭靳辅是由于其在康熙年间的治河功绩和民间享有的盛誉，那么乾隆时期两河臣高斌与姚立德正反不同的结局，则更能反映乾隆皇帝当时治理漕河的心态。二十二年二月丁卯日，高宗第二次南巡抵达清口，"上祭河神，奉皇太后渡河，至天妃闸阅木龙……又谕曰原任大学士内大臣高斌前任河道总督时颇著劳绩……在本朝河臣中即不能如靳辅而较齐苏勒、嵇曾筠，朕以为有过之无不及也"，因而特谕令可与以上三河臣一同祠祀，"以昭国家旧酬功之典，且亦使后之司河务者知所激劝也"③。而乾隆在赐祭高斌时不仅将其与明臣潘季驯相比照，还列举生前劳绩，将乾隆十八年因治河不利导致洪泽湖水漫堤坝，高邮、宝应俱遭水灾而受处分的高晋，说成是"抑且年迈志满之失，朕不得不治其罪，而其瑕瑜自不相掩"④。

乾隆笼络人心之举，其意图在被礼部属臣领悟之后，于次年六月"查我朝大臣予谥，凡官至一品著有劳绩，应否予谥请旨定夺，兹高斌已蒙赏给内大臣职衔，阶跻一品，且劳绩素著，似与定例相符"⑤。此后，由于祠祭三河臣又加入高斌，而变为四河臣祠。高晋《南巡盛典》卷六十四在记载乾隆第四次南巡时，较之以往也因此改动成"遣官读文致祭本朝河臣靳辅、齐苏勒、嵇曾筠、高斌等四人合祠"⑥。

---

① 《清高宗实录》，乾隆四年十一月辛未。

② 《清高宗实录》卷三八二，乾隆十六年二月壬申。又据高晋《南巡盛典》卷六四《祀典》记载有，乾隆十六年遣散秩大臣昭毅伯永庆《谕祭河道总督靳辅齐苏勒大学士嵇曾筠文》，此外，乾隆还在南巡途中遣官致祭有功于河政的原任河道总督陈鹏年，并有遣御前侍卫七达色《谕祭前任河道总督陈鹏年文》。

③ 《清高宗实录》卷五三二，乾隆二十二年二月辛未。

④ 《清高宗实录》卷五三二，乾隆二十二年二月丁卯。

⑤ 《清高宗实录》卷五六四，乾隆二十三年六月甲子。

⑥ ［清］高晋：《南巡盛典》卷六四《祀典》由此而知嘉庆《大清一统志·淮安府二·祠庙》中所载三河臣祠应为四人合祠。

同为河道总督的姚立德则无此幸运，仪封决口之后，因灾情深重，决口堵筑堤工进展艰难。此后虽历时两年合龙成功，但此次河工损失巨大，在乾隆看来，主管治河的官员应对措施失策，处理不当，理应追究其责任。“从前河臣姚立德，抚臣徐绩实难辞咎……着阿桂查明二人任内所办堤上岁修等项，分别着落赔补，以示惩儆”①。而姚立德为官在任期间亦热衷于祠祭，为表彰前任总河李清时勤政治河之功而倡建李公祠，“乾隆三十三年运河道，今总制姚立德率属捐银三百两生息以备祭”②。乾隆三十九年（1774年）继靳辅之后姚立德再修济宁州报功祠，“余与运河兵备使吴江陆公始捐金撤而新之，奉神禹于前殿，又征诸故籍，考本求末，增祀有元以来迄于我朝凡有功可录者”③。为避免李公祠日后出现经济拮据，姚立德煞费苦心，“尝考明以来名臣如陈公瑄、张国维之祠久废，

① 《清高宗实录》卷一一〇一，乾隆四十五年壬申。此处理结果与权臣阿桂的督查举报有关。据《阿文成公（桂）年谱》卷一九记载，乾隆四十四年四月十五日，阿桂与袁守侗奏：“今豫省河身宽广，每因漫滩之水冲有沟槽，姚立德未能处处堵塞，以致水涨时串近堤根……此则姚立德所不能辞咎者。”又言：“至姚立德在任承办岁抢工程，臣阿桂等留心密访，尚未有侵冒情弊。”又据《乾隆朝上谕档》乾隆四十五年九月初一日记载，姚立德具体赔款数额：“其应缴赔项除缴过银三万三千两外，尚有十四万六千二百余两请将胞弟河间县知县姚迈德名下每年养廉全行扣缴，余银恳请分限十二年竭力设措，全数缴清。”乾隆四十五年九月初二奉旨：“姚立德发往南河交与萨载等以河工同知差遣委用，效力赎罪。”（第十册，编号2613）

② 乾隆南巡视河与熟悉河务，还表现在他对河政官员的调度与使用方面。以李清时上任河督为例，乾隆三十年（1765年）三月，高宗第四次下江南：“乙未，上至武家墩祭淮神，阅高家堰堤，祭淮神。谕两江总督员缺着高晋补授，江南河道总督员缺着李宏调补……高晋久任南河总河事务，于一切工汛修防素为谙练。所有南河总河事务着高晋仍行统理。其河东河道总督员缺着李清时补授。吴嗣爵着调补淮徐道。所遗淮扬道员缺着巴灵阿补授。李清时向任东省，熟于运河事务。而黄河堤岸机宜，尚恐未能深悉。此时河东总河事务仍着李宏协同办理。李清时即同往豫省讲习河防诸务，俟伏秋汛过，李宏再赴南河新任。高晋于李宏到任后，即前往接受总督印务。”（《高宗实录》卷七三三）又据《乾隆朝上谕档》：“乾隆五十年二月十二日奉上谕，昨因豫省河工紧要，卫辉各属连年被旱，亟宜设法调剂，且闻何裕成与兰第锡意见微有不和，已降旨将毕沅与何裕成对调，毕沅抵豫后自能仰体朕怀一切妥为经理，至何裕成之调虽以其与兰第锡不和，恐与工程无益，亦因卫辉现有灾赈事宜……”（第十二册，编号1318）由此可见，乾隆处理此事的出发点亦以河政为要。而在清代前中期河道总督一类的河漕大员中，曾出现过不少世代相传的治河高官。不仅有被列入祀典的嵇曾筠（与嵇璜、嵇承志为祖孙三代）、高斌（与高晋为叔侄两代）。还包括李宏、李奉翰、李特亨祖孙三代，及吴嗣爵、吴敬父子两代。这种近乎家族沿袭式的河漕官员现象，其祠祭前任河督礼仪祭典之中，是否含有祭祀祖上宗祠的血缘成分，影响祠祭漕河官员的程度如何，尚有待探讨。

③ ［清］姚立德：《重修报功祠记》，乾隆《济宁直隶州志》卷一〇《建置四·坛庙》。将祭祀水神与有功于漕河的河臣并置在同一所祠庙内加以祀之，在明代就已形成，而报功祠就属此类典型祠庙建筑。据［明］谢肇淛：《北河记》卷八，万恭《重修报功祠记》记载：“隆庆壬申（1572年）河败，饷道不支，天子召臣恭治水，河平，遂命臣恭禋报功祠……乃以壬申五月治河臣后祠，六月治水神前庭，七月治二碑亭，八月治垣及门，明年二月堙门河寻丈而锢之石堤，奉谕祭功祭文。”又据［明］谢肇淛：《河灵纪》载，报功祠“在天井闸东，治河臣尚书宋，平江伯陈，莱阳伯周长，侍郎金纯，春秋秩祀”。

皆不可问，恐后之视亦犹今之视昔也”[①]。捐百金为本金，将所得息银用于维持祠庙的运作和缮修，实为目睹当时祠庙颓败现状的无奈之举。究其原因，主要在于清代前中期此类地方性俗祭祠庙多为民间筹资或地方官捐建，其影响力未能达到被纳入官方祭典之列。时隔十年之后，即乾隆四十三年（1778 年），姚立德撰写《李公祠记》一文中，再次提及“倡率捐金建祠于龙神庙内之前，西向肖像其中，四月工竣，又捐百金存质库，收具子金以为岁时祭祀之费”。

勤于祭祀前任河臣且对祠祭现状具有深谋远虑的姚立德，却因当年黄河河南仪封决溢之灾而无计可施。深受乾隆器重，兼有督导河政之命的阿桂[②]，其参奏之折对乾隆处理姚立德失职之责产生了直接影响。最终，高宗谕：“姚立德于前岁仪封决口一事平日不能留心查勘，未雨绸缪，以致因循贻误、屡筑屡冲……两载以来民田庐舍均被淹浸，贻害沿河及下游一带，姚立德更何以自解耶？此事朕前不加重谴，仅令革任留工效力已属法外之仁，今幸天佑神助坝工告竣，伊复何颜赴行在见。朕若因其为人尚属谨饬仍复加恩录用将何以为封疆大吏因循偾事者之炯鉴耶。姚立德着勒令回籍，并将此通谕中外知之。”[③]既然乾隆帝认为仪封决口合龙是“天佑神助”的结果，那么总河因失职遭罢免而削职为民已属“量刑适当”之举。值得一提的是，仕途失意的河臣姚立德虽未被列入乾隆年间的祠祭之列，咸丰《济宁直隶州续志》中却将他并入当地总河李公祠内，合称二公祠[④]，可谓殊途同归。

因治水有功于民而被后人广为祭祀并冠以“大王”称号的河神，其最为典型的莫过于黄大王和朱大王。清初，民间盛传黄大王有堵塞决堤、祈晴祷雨之能事，至乾隆三年三月“礼部遵旨议准河东河道总督白钟山疏称陈留县庙祀河神，考诸志载神姓黄名守才，河南偃师人，灵显昭著，宜加封号。从之，寻锡号曰：灵佑襄济之神”[⑤]。其后，不仅于乾隆四十二年（1777 年）在河南开封建有黄大王

① ［清］姚立德：《李公祠记》，乾隆四十三年某日，乾隆《济宁直隶州志》卷一〇《建置四·坛庙》。姚立德感慨所见故祠断垣即是位于济宁州城南门外河干的陈恭襄侯祠，康熙年间靳辅曾重建。而在该州志中除收有靳辅重修祠记外，还编按道：“祠今无考，盖去报功祠亦不远也。”又，张国维于明崇祯十三年（1640 年）任工部右侍郎，总督河道时，曾有功于漕运两岸而为百姓称赞。

② 与姚立德失职赔补不同，“阿桂等悉心经理，亦不道余力，所有用过工料银两，俱着准其奏销，毋庸赔，惟决口究因平时防护不慎所致”（《清高宗实录》卷一一〇一，乾隆四十年二月壬申）。在乾隆帝看来，阿桂在朝中位置已无人代替。乾隆四十七年四月壬午日曾言：“坐视现在大臣中，曾经办理河务者，阿桂之外，惟嵇璜曾任北河总河，然其识见力量究不及阿桂较有把握。”（《清高宗实录》卷一一五）

③ 《清高宗实录》卷一一〇四，乾隆四十五年四月辛酉。

④ 咸丰《济宁直隶州续志》卷五《秩祀志》，并记有“嘉庆二十年总河李鸿宾，吴敬重修，吴敬记”。

⑤ 《清高宗实录》卷六五，乾隆三年三月乙卯。

庙，而且在仪封决口封堵成功之后，又据权臣“阿桂等奏：豫省河神最灵验者为灵佑襄济大王……从前已受敕封，拟为修坟种树并请于其子孙中赏给奉祀生一人”[①]。与此同时，即乾隆四十五年（1780年）二月，阿桂还提及到“顺治年间总河朱之锡功著南豫二省，没为河神，屡著灵应，可否赐位号”。因其在任期间，疏浚堤渠，惠政于民，“康熙中，徐、兖、淮、杨间盛传公死为河神”[②]。时至乾隆四十五年再次提及则颇耐人寻味，从某种意义上理解，其包含有阿桂借祠祭大王神之机为有功于民的河臣正名“平反”之意。据《清世祖实录》记载，顺治十五年（1658年）三月，朱之锡两度上奏，为母丁忧之请均被顺治帝“命在任守制”未被允准[③]，其当时治河之勤恳、廉洁朝中已无人替代。但从康熙五年（1666年）正月，朱之锡奏销康熙三年岁修钱粮一事的结局中不难看出，其当时处境已较为艰难，“运河关系国家漕粮，水浅则疏，水大则预为堵筑始称尽职，今据奏，修理河工所用钱粮以数万计，乃于去年旱时以水浅船不能。行具奏后，又以水溢堤决船不能行具奏，则前此修理者何处。原以朱之锡才堪任用，畀此重任，今并未躬亲严察但草率委之属官，殊负简任之意，如果亲到工所率领属员力加坚修，岂至于浅阻冲决。本应从重议处，念系已往之事姑从宽免”[④]。而就在当年，其卒于任上之时，康熙帝尚未亲政。至乾隆朝，高宗才以赐朱之锡封“助顺永宁侯”的方式评判其功过。与此相对照，朱大王在黄淮下游地区的影响力还可参见咸丰《济宁直隶州续志》中有关记载：“乾隆四十五年仪封大功告成，有默佑之功，大学士公阿桂奏请褒封助顺永宁侯，豫河两岸先后立庙，奏敕建，赐名嘉应观、惠安观、庆顺观，每年春秋上戊照龙神庙仪致祭。”[⑤]

大王神的嬗变，自明初以来的金龙四大王，历经明末清初，直至清代中期的朝代更迭，逐步扬弃了初期神格浓重的色彩，逐步代之以真实且具体可感的河臣人格形象，从而在这一时期黄淮下游水系笼统的河神崇拜中，最终形成了以金龙四大王为首，黄大王、朱大王为左右的大王系。

从某种意义上讲，乾隆年间祠祭河臣多带有祠祭河神的烙印，其祭礼之规格亦与掌管天下水事的龙王神崇信并驾齐驱。其象征性具体还表现在，将有功

---

① 《清高宗实录》卷一〇一，乾隆四十五年二月壬申。

② 《清高宗实录》卷一〇一，乾隆四十五年二月壬申。

③ 《清世祖实录》卷一一六，顺治十五年三月戊申，“河道总督朱之锡以母忧疏请回籍终制，上以河道关系重大，命在任守制”。庚申“河道总督朱之锡再疏乞回籍终制忧，诏不允”。

④ 《清圣祖实录》卷一八，康熙五年正月壬辰。

⑤ 咸丰《济宁直隶州续志》卷五之二《秩祀志》。

之河臣列入被官方视为道德与政绩典范的报功祠及名宦祠中加以敬奉①。从中不难发现，黄淮下游河神的神迹至清代中期，通过官方和民间共同建立起了报功祠、河臣祠以及名宦祠等多重祭祀结构。其不但已定格为较完整的祠祭河神（臣）、大王体制，而且是立体的，有迹可寻的。值得关注的是，河神"大王"的存在，是以其人性化为前提基础的，是在这一地域中独特时空下的有机组合。它也表明了沿河地区的人们以焚香礼拜的方式与周边生存水环境相互融合、衍变的历程。即大王治河→民间传颂→河督奏请→皇帝加封。而与这一程式相适的人地关系则更进一步的昭示出祠神习俗的发展脉络，即地域性民间治水传说→民间俗祭→列入官方祭典。同时，官方与民间在祭祀河神内容上的一致性与连贯性，也表明了两者都以各自轨迹致力于将祭河的神事服务于现世的人事，并通过祭仪真切地再现人与自然相互衔接的真实场景。

围绕"保漕护堤"这一中心"国策"，官方赋予黄淮下游地区沿岸各地祭水祀神的诸多功能，其在内容、形式上的变化都与民间私自结社及传统宗教信仰组织存在明显差异②。而沿河水患频仍的特殊地理环境，贯穿于整个清代前中期的治河历程。在人与自然努力抗衡的同时，当时的客观历史现实促使多数人产生一种信念上的抚慰与心灵暗示成为可能。祈神以佑河道安澜的事实表明，乾隆帝南巡视河，宣扬君权神授与求神禳灾、顺应天意两者间并行不悖。祭祀治水开渠之禹神，其号召力还在于传统崇禹民俗与官方的合力共构。广受漕河沿岸官民膜拜的女性河神——天妃，与其海神形象形成时空对比。主持河政的漕河官员作为祠祭前任有功之河督的主体，亦因惠政于民而被后人所祭典。这既反映出政治体制下人地关系的相互整合，同时又是其以各自独有的方式努力协调天、地、人三者关系的结果。

---

① 咸丰《济宁直隶州续志》卷五《秩祀志·名宦祠》，所祭有"国朝按察使宋，运使刘清，运河道王念孙，并总河粟毓美"。同治《徐州府志》卷一四《祠祀考·铜山县》"名宦祠在学宫内"所祭祀有功于地方之官吏包括有总河陈鹏年、兰第锡、黎世序等。又，同治《重修宿迁县志》卷一一《祠祀志·名宦祠》，祠祭有河道总督靳辅、陈鹏年，漕运总督施世纶等。

② 《清高宗实录》卷三〇三，乾隆十二年十二月戊申，"朕闻闽省尚鬼信巫，偶遇雨晦失时……种种恶习殊属不经，凡地方遇水旱自督抚大吏以至州县有司，固当竭诚致祷明神，为民请命，岂有棍徒藉名聚众抬神挟持官长……嗣后着严行禁止，倘有违犯，即照律治罪"。从中可看出乾隆帝对民间祈晴求雨、尚鬼信巫之风予以高度重视，惧怕因崇拜鬼神而影响社会秩序稳定。与此恰恰相反，据《乾隆朝上谕档》乾隆四十九年十二月二十四日记载："奉上谕，据何裕成奏，豫黄河南岸移建河神新庙，请与藩司公同赀办理，毋需动支钱粮等语，前据阿桂奏，江西革职道员杜宪请车豫工银二万两，当经批令交何裕成用之庙工，自应仍将此项银两动用修盖，以昭灵贶，已足敷用，何裕成所请捐赀之处，竟可不必将此传谕知之。"

三、明清时期淮河流域婚俗的传承与适应性选择

明清时期,黄河夺淮,淮河流域环境和社会发生了变迁,婚俗等发生较大的更移。虽有学者对明清皖北的婚姻进行了一些研究,如张研、王跃生、陈业新等①,但对明清时期整个淮河流域在环境和社会变迁下的婚俗的专题研究尚属少见。因之,运用地方志等史料对明清淮河流域在灾害环境下婚俗的传承与适应性选择进行解读很有必要。

(一)贞节观

明清时期,封建政权强调妇女固守贞节。统治者为提倡贞节观,建立了旌表制度。明洪武元年(1368年),明太祖下令:"民间寡妇,三十以前夫亡守制,五十以后不改节者,旌表门闾,除免本家差役。"②明嘉靖时,宿州涣阳乡有节妇坊,为方亮妻陈氏立;在州治东南有贞节坊,为宿卫舍余蒋宗妻陈氏立。灵璧县固镇驿北有贞烈坊,为董鸾妻茆氏立;有节妇坊2座,一座在东关,为监生刘锡妻张氏立,一座在西关,为生员张宾妻赵氏立③。明代统治者在精神上为贞女烈妇建立牌坊,垂之后世;经济上,免除本家差役,改善其经济状况,同时,补助殡葬之资。清代旌表贞节的条件较明代为宽。同治十年(1871年),复准"嗣后孀妇守节至六年以上身故者,一体旌表"。只要守节6年以上身故者就可旌表了。节孝之礼,妻妾同等。如嘉庆八年,安徽省亳州捐职布政司理问何永泽之妾陈氏夫亡殉节,"奉旨,陈氏等准其一体旌表"④。未婚守节之贞女及未婚夫死自尽之烈女,"以节妇之旌表"⑤。

淮河流域多数妇女在封建政权、族权、伦理道德等共同压迫下固守贞节。

---

① 张妍等:《19世纪中期中国家庭的社会经济透视》,中国人民大学出版社2003年版;王跃生:《十八世纪中国婚姻家庭研究》,法律出版社2000年版;陈业新:《明至民国时期皖北地区灾害环境与社会应对研究》,上海人民出版社2008年版。

② [明]赵用贤等纂:《大明会典》卷七九《旌表》,《续修四库全书》第790册,上海古籍出版社2002年版,第425页。

③ 嘉靖《宿州志》卷六《建设志·坊》,黄山书社2008年版,第139—140页。

④ 《钦定大清会典事例》卷四〇四《礼部·风教·旌表节孝二》,清光绪三十四年刊本。

⑤ 《钦定大清会典事例》卷四〇三《礼部·风教·旌表节孝一》,清光绪三十四年刊本。

阜阳女子“慕节烈、殉夫者接踵”①。明代，蒙城县“谢氏，魏瑶妻。孀居，年七十遇贼，其媳王氏负而逃至河下暂息，贼逼近，遂投水中。王氏与其女二姐及贺铭妻丁氏与其女春儿、童女等，相挽入水。死后得尸，七人手相挽，人嗟异之。知县吴一鸾建七节祠祀之”②。从乾隆《颍州府志·人物志·列女》记载来看，颍州府所辖地区烈女有“自缢”“绝食”“投水”“自刎”“悲痛呕血”以及他杀即“贼杀”“抗拒被污而杀”7种殉节方式。而烈妇竟有“自缢”“绝食”“投水”“自刎”“投火自焚”“投井”“刳腹”“饮毒”“剖脏”“断喉”“以头触石”“以簪刺心”“悲痛呕血”“号泣而死”以及他杀即“贼杀”“抗拒被污而杀”16种殉节方式，令人发指。明崇祯年间，“（寇至）王氏杨克振妻与孀姑李氏剖脏而死”。“章氏官生张大同妻，寇陷颍城，大同既殉父难，氏与妾宋氏、蒋氏、郭氏俱闭门自焚死”。清代，“张氏颍州卫尉张世友女适儒士鹿万春，夫死抚孤誓节。年七十时，流贼破城……以刃加其项，氏引颈受之。其子妇刘氏恸甚，扃户骂贼，引火自焚，贼叹曰真义妇也”③。

明清（乾隆十七年前）时期皖西北地区守贞节的妇女较多，见下表。

表7.1　明清（乾隆十七年前）时期皖西北地区贞节妇女数量表（单位：人）

州县	烈女		烈妇		节妇		贞女	建坊旌表者	
	明	清	明	清	明	清	清	明	清
颍州	19		206		16			18	
颍上县	3		14	8	34	142	1	1	24
太和县	5	5	14	18	37	107		10	16
蒙城县	5	1	27	5	24	20	5	4	18
亳州	2	4	19	22	44	94	5	13	92
阜阳县（1735年设）		15		31		231	12		158
共计	34	25	280	84	155	594	23	46	308

资料来源：乾隆《颍州府志·人物志·列女》。

从上表来看，各州县烈女有59人，贞女有23人，烈妇、节妇达到1113人，建坊旌表者有354人。其他地方志也有相关记载，如民国《重修蒙城县志书》载蒙城县明代有贞烈、贞孝、节烈女40人，清代有168人，其中入贞节祠的有8人，建

① 李复庆纂辑：《阜阳县志》卷五《风俗》，黄山书社2009年版，第119页。
② 乾隆《颍州府志·人物志·列女》，黄山书社2006年版，第837页。
③ 康熙《颍州志》卷一五《列女传》。

坊旌表的有 32 人[①]。光绪《亳州志》载清代亳州因殉节、守节而立牌坊的烈女、贞女有 35 人[②]。道光《颍上县志》载颍上县乾隆、嘉庆时建坊旌表的贞女、烈女就有 9 人[③]。然而,未立牌坊的烈女、贞女无数,未记载的烈女、贞女、烈妇、节妇更是成千上万。女子从一而终,导致"望门寡"(未婚夫殇,女子上门守寡)、"已婚寡""殉节"的悲剧不断发生,而男子妻卒可以续弦,贞节观的劣根性暴露无遗。

在封建政权、父权、夫权等压制下,淮河流域有的妇女守节年限较长。明代,宿州"宿卫舍余蒋宗妻陈氏,年二十六而宗卒,无子。陈守节五十余年,绝无瑕议。州司上其事,诏以贞节旌门"[④]。陈氏守节达 50 余年。明代,亳州"宋氏于弘治十三年夫亡,年十八。苫块神主前,每夜以夫衣为覆,四十年不出闺闼,哀毁伤目,年八十四而卒"[⑤]。守节 66 年。太和县朱氏守节达 75 年,"朱氏,高九山继妻。年十五适九山,二十七日夫病,叩天乞代者六阅月。夫殁,恸哭昏绝,救苏,缢二次,以救免。翁姑俱八十一岁,遗前姑晋,仅周岁,家赤贫。氏纺绩养老抚幼,为晋娶妻,生孙衍嗣,仅一岁,晋夫妇俱故。抚孙成立,补县学生,又抚曾玄孙振一等。……守节七十五年,寿至九十。建坊旌表"[⑥]。清代,亳州"章氏,张应麟妻。通《闺范》《女箴》诸书。夫卒,年二十,遗孤绩,甫三岁……子媳又亡,抚孙成立。寿八十岁"[⑦]。章氏守节达 60 年。

然而,在灾害环境下,淮河流域守节的妇女大多生活艰难。明代,宿州"州民方亮妻陈氏,年十八而亮卒。誓不再适,勤纺绩以自给。闺门之内,凛若冰霜"[⑧]。清代,阜阳县汪柱母申氏"教子创业,备极艰辛"[⑨]。清代,亳州张应麟妻章氏"罹兵荒,采野菜自给。冬无棉絮,夜卧灰烬中,苦守以奉舅姑"[⑩]。一些守节妇女得到地方政府一定的救济,如明代颍州"高氏,文学黎鹗妻,年二十七,鹗

---

① 于振江等纂:民国《重修蒙城县志书》卷一〇《列女志》,《中国方志丛书·华中地方第 244 号》,台北成文出版社有限公司 1975 年版,第 609—646 页。

② 光绪《亳州志》卷一五《列女志二》,《中国地方志集成·安徽府县志辑(25)》,江苏古籍出版社 1998 年版,第 428—434 页。

③ 道光《颍上县志·列女志》,黄山书社 2008 年版,第 313—317 页。

④ 嘉靖《宿州志》卷五《人物志·贞节》,第 107 页。

⑤ 乾隆《颍州府志·艺文志·烈女庙祀记》,第 936 页。

⑥ 乾隆《颍州府志·人物志·列女》,第 853 页。

⑦ 乾隆《颍州府志·人物志·列女》,第 876 页。

⑧ 嘉靖《宿州志》卷五《人物志·贞节》,第 106 页。

⑨ 乾隆《颍州府志·人物志·列女》,第 856 页。

⑩ 乾隆《颍州府志·人物志·列女》,第 876 页。

殁。子幼家徒四壁,氏艰苦万状,育子成人。开府旌其门,岁给米三石。年七十余卒"[①]。亳州"王氏,武应时妻。年二十四夫故守节。上官屡旌之,岁给白米四石"[②]。虽然如此,但能够得到政府救济的只是少数旌表门闾者。守寡妇女仅有极少数人因纺织等多种原因生活条件较好。如清代阜阳县王恒庵妻吴氏从嫁婢张氏"纺织为生。积三十年,治田百余亩"[③]。清代阜阳县"孀妇陈氏暨媳郑氏,两世苦节,蓄积多年,捐资千余金",在颍西南乡谢家集的谷河上建成石桥,乡人于是名之曰"双贞"桥[④]。

在生活的重压下,淮河流域一些守寡妇女选择了再婚。一是在灾害环境下,生活窘迫,迫于夫家或娘家的压力而改嫁。"吾颍数年来水旱频仍,民之流离转徙从者无论,其饥而死者十之三,疫而死者又十之三。今之存者,皆凋敝之余也。田畴荒芜,道殣相望,民救死扶伤之不暇,而征科如故,困踣益甚"[⑤]。水旱频仍,守寡妇女生活困难,有的迫于娘家的压力而改嫁。明代,宿州"生员王玑妻何氏,宿卫军余何渊女,许聘未归而玑卒。父母欲令他适"。灵璧县"太学生刘锡妻张氏,年二十三而锡卒。夫兄逼令改适不已"。"生员王凤鸣妻俞氏,年二十四而凤鸣卒。逾七月,遗腹子生,遂名'遗'。所亲哀其少寡且贫,讽之改嫁"[⑥]。亳州谷长发,"年四十三岁,并无妻子"。道光十一年十二月初,谷长发闻知"孙雨妻姊赵郭氏因丈夫赵士杰病故,现要改嫁",就"托孙雨做媒",向孙雨岳母郭朱氏说合把赵郭氏许配给自己。"郭朱氏应允","议明财礼钱十六千文"[⑦]。郭朱氏同意把丧夫的赵郭氏改嫁。河南宁陵县杨三供:杨三 61 岁,女儿杨氏之夫赵九乾隆四十五年六月二十二故。今年(乾隆四十六年)二月初,因女儿穷苦难守,杨三和赵九母商量把女改嫁,应允。杨三将女许给乔维三,得了十八千礼钱,送宋氏八千,十千都是杨三收回[⑧]。娘家得到礼钱的半数以上。有的是夫家贪图寡妇的财产强迫其改嫁。颍上县周滕氏供:周滕氏丈夫病故,婆叶氏因家贫,情愿主婚把周滕氏改嫁,与哥滕德四商议明白。托人做媒改嫁王佑

---

① 康熙《颍州志》卷一五《列女传》。

② 乾隆《颍州府志·人物志·列女》,第 851 页。

③ 乾隆《颍州府志·人物志·列女》,第 863 页。

④ 乾隆《颍州府志·艺文志·双贞桥碑记》,第 1013 页。

⑤ 乾隆《颍州府志》卷九《艺文志·文·明》,第 956 页。

⑥ 嘉靖《宿州志》卷五《人物志·贞节》,第 107—108 页。

⑦ 转引自张妍等:《19 世纪中期中国家庭的社会经济透视》,中国人民大学出版社 2003 年版,第 147 页。

⑧ 中国第一历史档案馆藏:《刑科题本·婚姻家庭类》,河南巡抚富勒浑,乾隆四十六年七月二十三日,转引自王跃生:《十八世纪中国婚姻家庭研究》,法律出版社 2000 年版,第 89 页。

为妻。周滕氏依从。财礼钱二十五千(文),叫叶氏收取。乾隆四十六年一月哥将周滕氏接回家,议定在哥家起身①。再婚时,娘家有较大的发言权,一般会通知娘家,由夫家与娘家共同商议,财礼分配没有规则。河南永城县,陈氏丧夫。因婆家贫苦,没依靠,陈氏的婆婆徐氏做主把陈氏改嫁,得五千文财礼钱。陈氏的父亲陈二知道,因徐氏不通知他,就在当地衙门告状。后被人私下调解,让娶主再出五千财礼钱,双方依允②。陈氏因改嫁而产生纠纷。安徽宿州窦建供:窦建44岁时(乾隆五十一年)用财礼钱五千文娶寡妇张氏为妻(23岁),再婚后生一女③。佃农窦建初婚花财礼钱5千文。二是女子丧夫后,生活来源缺乏,自己迫于生计只好改嫁。单门独户或身在异乡因生计艰辛而自嫁他人,虽然法律是不允许的,但在现实生活中时有发生,官府也不太过问。有些法律条文已经变成官方倡导,不会有真正的惩戒、威慑作用。对于一般性违反律令的行为,只要不引发冲突,政府并不施加任何干预,黄宗智先生称之为官方表达和具体实践之间的背离④。安徽亳州潘氏,由丈夫带领从亳州来江宁谋生,不幸夫故,留下三个幼子,穷苦无靠。经人说合,讲定财礼钱一千五百文嫁与江宁六合县人叶图凤,以此给她还债赎当。因潘氏并无亲属主婚,不曾立有文书⑤。

(二)婚姻礼仪

明清时期,淮河流域的婚姻传承封建传统礼仪,重视"父母之命""媒妁之言"。颍上县"婚礼,髫龄即行媒妁"⑥。清代,亳州"婚姻者,人伦之始。《传》有纳采、问名、纳吉、纳征、请期、亲迎,谓之六礼。六礼不备,则贞女不行。州俗定婚,惟凭媒妁之言为定,两家各用名帖遣人互相传送已,结二姓之好矣。更有于媒人之家,或酒肆中沽酒对饮,名曰'换钟',后遂轻于改悔,致难悬断者。此皆

---

① 中国第一历史档案馆藏:《刑科题本·婚姻家庭类》,安徽巡抚谭尚忠,乾隆四十七年六月九日,转引自王跃生:《十八世纪中国婚姻家庭研究》,第89页。

② 中国第一历史档案馆藏:《刑科题本·婚姻家庭类》,河南巡抚富勒浑,乾隆四十七年七月一日,转引自王跃生:《十八世纪中国婚姻家庭研究》,第89页。

③ 中国第一历史档案馆藏:《刑科题本·婚姻家庭类》,安徽巡抚陈用敷,乾隆五十三年八月二十一日,转引自王跃生:《十八世纪中国婚姻家庭研究》,第102页。

④ 黄宗智:《民事审判与民间调解:清代的表达与实践》,中国社会科学出版社1998年版,第14—15页。

⑤ 中国第一历史档案馆藏:《刑科题本·婚姻家庭类》,江宁巡抚闵鹗元,乾隆五十一年八月十日,转引自王跃生:《十八世纪中国婚姻家庭研究》,第93页。

⑥ 光绪《颍上县志》,丁世良、赵放主编:《中国地方志民俗资料汇编·华东卷(中)》,书目文献出版社1995年版,第987页。

不慎于始也。夫婚不论财固为大雅，然古人敬慎重，正婚礼，《周礼》入币无过五两，为费亦有节矣"①。媒人在淮河流域婚姻关系确立过程中有着不可替代的作用。蒙城县徐随"父母俱故，并没弟兄，娶妻刘氏充当官媒，没生子女"②。媒人上门一般带点礼物，并讨取女子的年岁文书，即"名帖"，男方也把自己的年岁文书交给女方。清末，涡阳县婚姻"用钗环首饰数件，俗曰'下定'，丰俭视家资。纳吉、请期、亲迎者少。新妇即日庙见，拜舅姑，亦有至三日者。择日婿见妇之父母，其迟又久者，率拘于时日禁忌云"③。男女双方门第相当，命相合适，就进入订婚阶段，男方要给女方一笔聘礼，称为"下定"。新郎新娘在成婚当日（有的在三日后）拜见公婆。

明洪武元年规定："男女婚姻，各有其时。或有指腹割衫襟为亲者，并行禁止。三年定，凡男年十六、女年十四以上，并听婚娶。"④从地方志记载来看，明清淮河流域男性结婚年龄大多在16岁以上，女性大多在14岁以上。明代太和县"朱氏，高九山妻。年十五适九山，二十七日夫病，叩天乞代者六阅月。夫殁"⑤。清代阜阳县"王氏，许字洪而大。年十四，夫病笃，往侍汤药，数月夫亡"⑥。河南临颍县潘氏供：潘氏25岁，李二犛为夫，成亲九年，没生儿女。家中就只夫妇二人⑦。潘氏结婚年龄为16岁。江苏丰县仇宗尧供：仇宗尧丰县人，16岁，父母在，哥一，已分居各爨。仇宗尧娶妻董氏⑧。仇宗尧结婚年龄为16岁。河南商丘县李氏供：李氏30岁，楚洪为夫，成婚十五年，没生儿女。男子佣工为生⑨。李氏结婚年龄为15岁。

然而，灾害频仍，农民艰难度日，在生活的压力下，婚龄上有适应性变化，淮河流域农村早婚较突出，尤其是女性较普遍，男性中亦有一定数量者早婚。河

① 乾隆《亳州志》，丁世良、赵放主编：《中国地方志民俗资料汇编·华东卷（中）》，第984—985页。

② 转引自张妍等：《19世纪中期中国家庭的社会经济透视》，第148页。

③ 民国《涡阳县志》，丁世良、赵放主编：《中国地方志民俗资料汇编·华东卷（中）》，第985页。

④ 乾隆《大明会典》卷七一《庶人纳妇》，《续修四库全书》第790册，第322页。

⑤ 乾隆《颍州府志·人物志·列女》，第853页。

⑥ 乾隆《颍州府志·人物志·列女》，第805页。

⑦ 中国第一历史档案馆藏：《刑科题本·婚姻家庭类》，河南巡抚富勒浑，乾隆四十六年十月九日，转引自王跃生：《十八世纪中国婚姻家庭研究》，第321页。

⑧ 中国第一历史档案馆藏：《刑科题本·婚姻家庭类》，议政大臣阿桂等，乾隆四十九年十二月十二日，转引自王跃生：《十八世纪中国婚姻家庭研究》，第289页。

⑨ 中国第一历史档案馆藏：《刑科题本·婚姻家庭类》，河南巡抚富勒浑，乾隆四十六年一月七日，转引自王跃生：《十八世纪中国婚姻家庭研究》，第215页。

南鹿邑县李张氏供：张氏 23 岁，丈夫李东海（21 岁），成亲 7 年，生两子①。李东海结婚年龄为 14 岁（古代社会年龄以“虚岁”计，实际年龄应减去 1 岁，为 13 岁）。“惟农家喜早纳妇以助力作，少男长女相匹偶，其齿相殊有至八九岁不等”②。有的夫妻双方年龄悬殊较大。清代，安徽蒙城县张苍供：张苍 39 岁，父故，母 67 岁，兄弟一个，久已分居，母同弟另住。妻任氏（23 岁）③。虽然初婚年龄不清楚，但可知张苍比他的妻子任氏大 16 岁。

淮河流域婚姻重视门第，虽然有婚姻论财的风气，但在社会伦理文化导引和实际利益驱动下，选择婚配对象时大多考虑对方家庭社会地位，以“门当户对”为理想的择偶标准。清代，太和县“婚礼，重门第辈行，不论聘财。髫龄通媒妁，用钗环数件为下定礼，丰俭视家有无。惟昔年士大夫有作亲迎者，今罕见。其庙见舅姑、婿往见妇父母等仪，通行无异”④。重视门第是当时婚姻的一种习惯，看重的是家族的社会地位、家世清白、家族素质。

清代规定，官员士庶婚礼，“婚期前一日，女氏以奁具往陈婿家”⑤。但淮河流域民众根据本地经济环境、价值取向、风俗习惯等因素，在婚姻仪式的施行上有适应性选择。清代，阜阳县富贵人家亲迎前三日始行聘礼，女家受酒果、聘金，即同一切奁具送至婿家，谓之“铺房”，意为嫁妆到男家后需要铺设整齐。亲迎日，交拜合卺，谓之“圆房”。而蒙城县民间嫁妆则是在婚礼当天随新娘的轿舆同时到达。嫁妆送至男家的时间不尽相同，反映出律例、习俗和民情的相互结合和相互妥协。富家嫁妆多选择婚礼前送至男家，“从家庭的贫富因素来看，嫁妆不在婚日发送，而提前送至男家，体现出抬送嫁妆仪式的隆重，也就是说，只有陪嫁物品具有一定规模的时候，才能达到先期发送的规格”⑥。贫家只有寥寥数件嫁妆，无需提前送至男家。这样，先期送达嫁妆之礼在淮河流域贫困家庭中逐渐消失。

淮河流域民众对婚姻礼仪或取或舍，使婚礼简朴，使婚姻呈现出入俗、趋时的特点。民众对婚姻亲迎礼仪有适应性选择。涡阳、太和、颍上、亳州等地婚姻

① 中国第一历史档案馆藏：《刑科题本·婚姻家庭类》，河南巡抚富勒浑，乾隆四十七年八月十八日，转引自王跃生：《十八世纪中国婚姻家庭研究》，第 228 页。

② 民国《太和县志》，丁世良、赵放主编：《中国地方志民俗资料汇编·华东卷（中）》，第 990 页。

③ 中国第一历史档案馆藏：《刑科题本·婚姻家庭类》，议政大臣阿桂等，乾隆五十六年六月八日，转引自王跃生：《十八世纪中国婚姻家庭研究》，第 9 页。

④ 民国《太和县志》，丁世良、赵放主编：《中国地方志民俗资料汇编·华东卷（中）》，第 990 页。

⑤ 《钦定大清会典事例》卷三二五《礼部》，清光绪三十四年刊本。

⑥ 毛立平：《清代嫁妆研究》，中国人民大学出版社 2007 年版，第 85 页。

亲迎礼仪举行较少或渐无。明代，颍上县“颍俗六礼之中问名、纳采犹合古仪，亲迎之礼旷焉不讲，但时务虚文，角奢竞侈，甚非好礼者之所为也。所可取者，爱好结姻，不论聘财一事耳”①。至清末，“聘嫁称家有无，亲迎者十不二三。三日，舅姑率子妇庙见，逾月同妇归拜妻父母”②。明代颍上县亲迎很少，清末亲迎家庭不到1/3。清代亳州亲迎之习渐无，“今亳娶妇之家所行之礼，时有不逮束帛之值者，而登门亲迎更无闻焉，所当酌于中而渐复古者也”③。亲迎是指婚礼当天，新郎亲自去女家迎娶，它是婚姻礼仪中的大礼，但明清时期淮河流域民众逐渐摈弃此礼仪。

（三）婚姻形式

婚姻涉及政治、经济、文化等方面，具有自然和社会两种属性。淮河流域的婚姻崇尚钱财，具有经济性。阜阳县婚姻“用钗环首饰数件为下定礼”④，女方也要准备嫁妆，“随女家之力以备资妆”⑤。婚姻在缔结过程中，重视聘礼，这是借婚姻索取钱物，是女子身价的买卖。女子出嫁还要准备嫁妆，男方对女方家族地位、嫁妆数量的重视超过了对女子本人条件的注意，而嫁妆本身就是财富多少的象征，体现了淮河流域婚姻当事人的经济动机。然而，明清时期，灾害频仍，民众生活困苦，筹集婚礼费较难。清代，阜阳县“吴氏，乡村女。许字贫家子，将婚，父母索聘财，翁遂为人佣工，得金作聘”⑥。有诗云：“阿翁怜儿不得妻，将身佣工西邻西。预借佣银三两足，女家索聘约方如。”⑦颍上县王佑供：王佑务农度日，前因家贫，无力娶妻，如今积得几两银子想要娶亲。乾隆四十六年正月初陈幅先来说，滕氏夫故改嫁，财礼不多，替王佑做媒，叫王佑迎娶。王佑应允。出财礼钱二十五千文⑧。定远县在明成化以后，婚姻贵财富，婚礼设宴过于侈盛，多致贫家男子失时。为遏制婚姻尚财的风气，地方政府在雍正年间制订的婚姻礼仪规定：“平民婚娶送礼服一套、被褥一床；纳彩礼羊一支、酒一瓶；

---

① 顺治《颍上县志》，丁世良、赵放主编：《中国地方志民俗资料汇编·华东卷（中）》，第988页。
② 光绪《颍上县志》，丁世良、赵放主编：《中国地方志民俗资料汇编·华东卷（中）》，第987页。
③ 乾隆《亳州志》，丁世良、赵放主编：《中国地方志民俗资料汇编·华东卷（中）》，第984—985页。
④ 道光《阜阳县志》卷五《风俗》，第122页。
⑤ 乾隆《颍州府志·舆地志·风俗》，第63页。
⑥ 乾隆《颍州府志·人物志·列女》，第801页。
⑦ 乾隆《颍州府志》卷九《艺文志·诗·国朝》，第1103页。
⑧ 中国第一历史档案馆藏：《刑科题本·婚姻家庭类》，安徽巡抚谭尚忠，乾隆四十七年六月九日，转引自王跃生：《十八世纪中国婚姻家庭研究》，第179页。

成婚礼羊二支、酒二瓶、鹅鸭鸡照羊数随使用,不许还礼。无职人及兵民,绸绢不得过四匹、果盒不得过四件,其金银财礼官民概不许用。又妇女不许僭用冠帔被服大轿,生员兵民不得僭用执事,鼓乐人不得过六名,灯不过四对。”但是,人们认为“果遵定制以行”,将有“男女失时之虑”①。清代,一些人家因贫穷聘礼、嫁妆则较为寒碜,“贫家下定礼用钗环首饰数件,不行聘礼,或用数金为聘,稍资奁具,其余会亲及亲迎后礼,大概相同”。而富家经济条件好,婚礼耗费巨大,清代,阜阳县“纳采,通媒妁会亲后,择吉请期亲迎前三日始行聘礼,用聘金、颍绢、钗钏、首饰、衣服,以鹅带雁,及盐茶、猪羊、酒果之属;女家止受酒果、聘金,即同一切奁具送至婿家,谓之‘铺房’。亲迎日,交拜合卺,谓之‘圆房’。三日庙见,妇见舅姑毕,本族长幼、中外六亲以次相见”②。

从王佑娶妻支付的财礼钱来看,明清淮河流域婚礼钱一般在 20 千文左右,最终婚礼费应在 25—30 千文。而民众要筹足此数量钱财实在很难,因为淮河流域下层民众的粮食、工钱等收入较低。安徽蒙城县黄赵氏供:黄赵氏 36 岁,黄金为夫,生一子一女,都幼小。丈夫木匠手艺,时出外工作。因家中粮食吃完,向人借粮③。4 口之家,男子还有木匠手艺,粮食不够吃,需要外借。雇工的收入也较低,阜阳县王备(酒店做酒)一年的工钱 4500 文④。吴量恺先生根据《刑科题本·土地债务类档案》进行了统计:乾隆三十九年至乾隆六十年间,河南长工工资钱 1500 文 1 人,2400 文 1 人,3000 文 3 人,3500 文 1 人,5400 文 1 人;安徽为 1800 文 1 人,2500 文 1 人,2800 文 1 人,银 4 两 1 人⑤。13 人中 3000 文以下者有 9 人,这可看出清代乾隆中后期雇工年工资大约在 3000 文左右。因此,明清时期淮河流域不少贫苦男子娶妻面临着经济困难。

因经济原因男性中有相当一部分人结婚较晚,25 岁以后结婚也大有人在。江苏宿迁县王宗供:王宗 29 岁。父王秀升,54 岁;母楚氏 57 岁。并无弟兄儿女。邱氏是王宗的妻子,成亲六年,素相和睦。乾隆五十年八月十二日早上,王宗下湖种地,中午回家,妻子尚未起来。王宗骂她懒惰,妻子爬起来回骂王宗。

---

① 道光《定远县志》卷二《舆地》,《中国地方志集成·安徽府县志辑(36)》,江苏古籍出版社 1998 年版,第 13—14 页。

② 乾隆《阜阳县志》,丁世良、赵放主编:《中国地方志民俗资料汇编·华东卷(中)》,第 983 页。

③ 中国第一历史档案馆藏:《刑科题本·婚姻家庭类》,安徽巡抚农起,乾隆四十六年十一月二十九日,转引自王跃生:《十八世纪中国婚姻家庭研究》,第 322 页。

④ 中国第一历史档案馆藏:《刑科题本·婚姻家庭类》,护理安徽巡抚康基田,乾隆五十五年三月二十八日,转引自王跃生:《十八世纪中国婚姻家庭研究》,第 176 页。

⑤ 吴量恺:《清代雇工制度分析》(未刊稿),转引自王跃生:《十八世纪中国婚姻家庭研究》,第 177 页。

王宗气愤，用拳打她左右眼睛，母亲听闻赶来拉劝……晚上又吵，王宗用棍子打妻受伤，不一会儿死了（25 岁）[①]。王宗 23 岁与 19 岁邱氏结婚。安徽宿州王廷傅供：王廷傅 33 岁，母故父在，无兄弟妻子。平日锻磨生理。与田文吉素熟。田文吉妻侄的堂妹张氏夫故，要改嫁。王廷傅见过张氏，心想娶她。托田说媒，他已应允。后田回说，张家嫌王廷傅没家业，不肯与王廷傅做亲。王廷傅也就罢了[②]。王廷傅 33 岁还未娶妻。江苏高邮州张奎供：张奎原籍河南鹿邑县，自幼搬到高邮州居住。41 岁，父张伯钦故，只生张奎一人，并无兄弟。母亲唐氏改嫁崔有禄为妻，张奎随母到继父家过活，后母亲病故，张奎仍同继父同居，也没归宗[③]。张奎随母到继父家，41 岁未成婚。山东沂水县邱立常供：邱立常 30 岁，原籍郯城县，本姓王，听说 5 岁上卖给邱徐氏为义子。王氏（21 岁）为妻，成亲五年，并未生育[④]。邱立常 25 岁结婚。道光时阜阳县李随孜"向在阜阳县会陇集独自装卖水烟度日"，"年三十五岁"，仍娶不起妻子[⑤]。吴凤新供：年五十岁，阜阳县人，父母俱故，哥子吴中立，分居各度，吴凤新没妻子，种地度日[⑥]。吴凤新 50 岁还没有结婚。

于是，淮河流域一些富有者出资帮助婚姻无力者，成全他们的美好姻缘。阜阳出土的明代万历七年（1579 年）《明隐君绍滨公暨配陈氏合葬墓志铭》中记载，王绍滨曾救济本族贫苦者娶亲，"凡族之贫者，婚丧皆有所济"[⑦]。明崇祯五年（1632 年）《明故文学钱君菁华暨配孺人孟氏王氏合葬墓志铭》记载，颍州人钱镐助人姻缘，"君于宗族老者养之，孤者育之，愚者教之，有不能举婚葬者助之"[⑧]。清代，康熙时武进士、亳州人颜光昨"捐资设立里仁会，助婚丧之无力者"[⑨]。清代颍上县庠生王昌歧"买地三十亩，为学田。族人不足者，婚丧有

① 中国第一历史档案馆藏：《刑科题本·婚姻家庭类》，议政大臣阿桂等，乾隆五十一年十月二十四日，转引自王跃生：《十八世纪中国婚姻家庭研究》，第 8 页。

② 中国第一历史档案馆藏：《刑科题本·婚姻家庭类》，议政大臣英廉等，乾隆四十六年十月十九日，转引自王跃生：《十八世纪中国婚姻家庭研究》，第 180 页。

③ 中国第一历史档案馆藏：《刑科题本·婚姻家庭类》，议政大臣阿桂等，乾隆五十一年十月十日，转引自王跃生：《十八世纪中国婚姻家庭研究》，第 114 页。

④ 中国第一历史档案馆藏：《刑科题本·婚姻家庭类》，山东巡抚国泰，乾隆四十六年六月二日，转引自王跃生：《十八世纪中国婚姻家庭研究》，第 214 页。

⑤ 转引自张妍等：《19 世纪中期中国家庭的社会经济透视》，第 95 页。

⑥ 转引自张妍等：《19 世纪中期中国家庭的社会经济透视》，第 128 页。

⑦ 韩自强主编：《阜阳亳州出土文物文字篇》，2004 年印（内部），第 232 页。

⑧ 韩自强主编：《阜阳亳州出土文物文字篇》，第 234 页。

⑨ 乾隆《颍州府志·人物志·传记》，第 777 页。

助"[①]。也有官府提供婚嫁的钱物,清代亳州李殿基与王五姐婚姻时"有司分给五姐祖父所遗房产,以为嫁奁"。"迨归里完婚后,即出所给拨之产银,为其夫捐入国学"[②]。

明清时期,淮河流域主要的婚姻形式为聘娶婚,明代,颍上县"曹氏,幼纳谢诰聘,未娶诰亡,氏守贞不字"[③]。清代,阜阳县"谢氏,生员谢煊女。幼受杨生聘,未嫁夫亡"[④]。然而,在水旱灾害频仍的情况下,民众结婚遇到较多困难,婚姻形式有适应性取舍。

童养婚是婆家养育女婴、幼女,待成年后与其子成婚的婚俗,当时较为盛行。童养媳在年少时被未来配偶的父母领养,与男家的贫困、女家省去嫁妆有很大关联。明清时期,淮河流域童养婚较盛行的原因主要有:首先,官方的认可使童养婚得到维系。童养婚行为政府并不干预,它是聘娶婚的重要补充形式。童养媳进入夫家的年龄小至一二岁,大至十多岁,一般在 10 岁以前。清代,阜阳县"王氏,王廷瑞女。年八岁,许字洪尔福,随过洪家。仅八月,尔福病殁,氏年及笄,屏簪珥示无再适意"[⑤]。其次,贫穷是童养婚存在的基础。贫穷家庭所生女子无力抚养,只好送给人家,待男女成人后选定吉日结婚,成为人家的媳妇。同时,婚姻论财,聘礼重,嫁妆多,婚礼费高,而童养婚既省去了男方娶亲的财礼,女方也无须陪嫁妆,这样,经济条件较差的民众多采用此婚俗。清代,蒙城县朱氏"自幼"(10 岁以下)到丁家为童养媳,16 岁与丁三憨(时为 17 岁)成婚[⑥]。最后,早婚是童养婚产生的温床。淮河流域男女一般在 10 岁左右即由媒人牵线订婚,依习俗和传统观念,订婚就意味着婚姻关系的确立,一般是不轻易改动的,一旦父母尤其母亲亡故,女子无人照料,往往送其婆家变成童养媳,即先聘后童养。清代,颍州"朱氏庠生朱之杰女,儒士张极妻,父母早逝,年十一,抚于舅姑,敏于操作,沉静寡言笑。既婚,而极病体悉备,至极死,氏年二十有二"[⑦]。安徽凤阳县陆士刚供:陆士刚 46 岁,父母和妻子俱故,只有一子同媳妇两人。纪士成夫妇原籍宿州,跟随他父母搬到凤阳已经多年,与陆士刚邻居。

---

① 乾隆《颍州府志·人物志·传记》,第 782 页。

② 乾隆《颍州府志·人物志·列女》,第 807 页。

③ 乾隆《颍州府志·人物志·列女》,第 810 页。

④ 乾隆《颍州府志·人物志·列女》,第 813 页。

⑤ 乾隆《颍州府志·人物志·列女》,第 804 页。

⑥ 中国第一历史档案馆藏:《刑科题本·婚姻家庭类》,议政大臣阿桂等题,乾隆四十七年十二月六日,转引自王跃生:《十八世纪中国婚姻家庭研究》,第 134 页。

⑦ 康熙《颍州志》卷一五《列女传》。

纪士成已故，陆士刚有个女儿自幼与纪士成之妻纪王氏为养媳，已经过门，尚未成婚，陆士刚帮工度日，并无田产[①]。陆士刚妻子死后，幼女成为纪王氏童养媳。山东郯城县韩埋供：了姐是江苏宿迁县吴其洪的女儿。乾隆五十年春，吴带了姐逃荒到韩埋庄上，把了姐给韩埋母亲做义女，母将了姐许与杨石作女人。五十一年二月，韩埋母死，杨石母接了姐去童养[②]。了姐的养母去世，了姐变成童养媳。

由于婚姻中渗透着儒家思想，强调男尊女卑，女子受父权和夫权支配，而童养婚是六礼不备的婚姻制度，故童养媳在社会和家庭中地位低下，饱受虐待，甚至被嫁卖。清代阜阳县郭法，幼聘阎百川的女儿阎妮姐为妻，"过门童养，还没成婚，素相和睦"。道光十六年十一月初四日，郭法牵牛回家，因阎妮姐在堂屋门首纺花，有碍走路，叫她把纺车移开，"阎妮姐不理"。郭法生气，把纺车推坏。阎妮姐不依混骂，郭法把阎妮姐打伤。不料阎妮姐伤重，到初六就死了。童养媳阎妮姐不肯给未婚夫郭法让道被打致死。又如："戴兵籍隶阜阳县，伊姑戴氏嫁与李中五为妻，戴兵与李中五素好无嫌。李中五次子病故，遗妻孙氏过门童养。道光二十二年八月间，李中五潜入孙氏房内拉衣图奸，孙氏不依喊拒，戴氏听闻赶向斥散。二十三年五月间不记日期，李中五复拉孙氏图奸，孙氏挣脱。戴氏闻知，又向村斥。李中五恼羞成怒，向戴氏殴打，经其长子李有劝解，李中五将戴氏、孙氏一并逐出。七月初一日，戴氏因病偕同孙氏同归，李中五声言屡被戴氏张扬其丑，毫无夫妻情分，不容在家养病。戴氏分辨，李中五用木棍殴伤戴氏右胳膊骨折。戴氏与孙氏向邻人借屋调养。初五日，戴兵闻知此事，因李中五不循情理，心理气忿，将李中五殴伤……李中五延至初六日因伤殒命。"[③]童养媳孙氏在未婚夫去世后，公公李中五屡次企图强奸她，孙氏因反抗而被逐出家门。寿州陆春法，"年二十九岁"，"父母俱故，弟兄三人"，"余没别属"。道光二十四年六月初五日，邻庄于金贵的堂侄于孝孜因"母故，无钱买棺"，要把童养媳周氏嫁卖。陆春法大哥陆广法决定买娶，"议明财礼钱十八千文，当时付清，过门成婚"[④]。于孝孜因家贫而把童养媳周氏嫁卖。

当时有襁褓婚、忽婚等形式。襁褓婚是指尚在哺乳时，父母就约定婚姻。

---

① 中国第一历史档案馆藏：《刑科题本·婚姻家庭类》，安徽巡抚农起，乾隆四十六年十二月十八日，转引自王跃生：《十八世纪中国婚姻家庭研究》，第319页。

② 中国第一历史档案馆藏：《刑科题本·婚姻家庭类》，山东巡抚长麟，乾隆五十三年十月十八日，转引自王跃生：《十八世纪中国婚姻家庭研究》，第139页。

③ 转引自毛立平：《清代嫁妆研究》，第279—280页。

④ 转引自张妍等：《19世纪中期中国家庭的社会经济透视》，第150页。

清代,亳州"王五姐,襁褓约婚于州诸生李范同之少子殿基"。蒙城县"姜氏,两浙盐运司姜思谅女。襁褓中许字李云鹏"[①]。忽婚亦称"荒亲""冲喜",它是在父母、未婚夫病危或父母亡故7日内青年男女成婚的特殊婚姻。明末清初,颍上县"有因吊丧而纳妇者,谓之'孝里扶'。此中都之恶习,最宜痛革"[②]。吊丧期间结婚,既可节省钱财,又能解决服丧三年之后才能婚嫁的矛盾,这是一种变通的婚姻。

淮河流域的买卖婚、抢婚较为流行。明代"韦谦,字逊宇,颍州人……有董姓鬻女于谦,访知旧有婚配,即遣归"[③]。宿州曹玉书"成婚多年",29岁,因"久患痨病,贫困难度",被迫将妻子曹杨氏"嫁卖"给"情愿买娶,出身价钱十八千文"的同县人王潮富,结果曹杨氏得知后自缢身亡[④]。五河县妇女郑巨氏,"其子郑志鸾幼娶郑王氏为妻",道光十五年间,"郑志鸾病故,仅遗幼女,郑王氏抚孤孀守"。道光十八年十二月,"郑巨氏因难度,欲将郑王氏改嫁"。道光十九年,"知庄邻张法宗欲行娶妻","郑巨氏央令媒说,并索财礼钱十四千文"。寿州妇女仇杜氏,其夫仇早于道光八年四月病故,仇杜氏"家贫孤苦",依靠仇早的伯父仇学魁度日。仇学魁因无力赡养,将杜氏"许于邻村周在礼为妻,言明财礼钱二十千文"[⑤]。亳州孔狮子"年二十六岁","庄农度日",道光十三年,邻村"马立因贫无度,欲将妻子杨氏嫁卖",孔狮子"因无妻室,当就应允","议定身价钱十四千文,当日契价两清","把杨氏接来成婚"[⑥]。孔狮子买他人嫁卖的杨氏为妻。萧县苏杨氏供:杨氏39岁,原籍山东。前夫只生三个女儿,因家穷多病,把大、二两女早经卖与人家,只剩下一个小女才4岁。赵二是杨氏夫兄,只身外出。乾隆四十四年回山东才晓得他在萧县佣工。乾隆四十六年八月,前夫病故。赵二仍到萧县来,杨氏因没依靠,就带小女跟赵二到萧县想帮人家度活。赵二租了车屋与杨氏同住。因没雇主,四十七年一月赵二凭王德立们做媒把杨氏嫁与苏言为继妻,议财礼钱二十一千文。杨氏因终身无靠,只得应允。赵二又向杨氏说且到苏家住几时,等他来拐出另嫁,好再骗些身价到手[⑦]。夫兄将38岁的弟妻杨氏改嫁给初婚的苏言,以图钱财。河南睢州郜山根供:郜山根21

---

① 乾隆《颍州府志·人物志·列女》,第806—808页。

② 顺治《颍上县志》,丁世良、赵放主编:《中国地方志民俗资料汇编·华东卷(中)》,第988页。

③ 乾隆《颍州府志·人物志·传记》,第759页。

④ 转引自张妍等:《19世纪中期中国家庭的社会经济透视》,第135—136页。

⑤ 转引自张妍等:《19世纪中期中国家庭的社会经济透视》,第436—437页。

⑥ 转引自张妍等:《19世纪中期中国家庭的社会经济透视》,第149页。

⑦ 中国第一历史档案馆藏:《刑科题本·婚姻家庭类》,议政大臣英廉等,乾隆四十八年,转引自王跃生:《十八世纪中国婚姻家庭研究》,第88页。

岁,父母故,娶高氏。乾隆五十年五月二十日部山根撞见妻与无服族叔部驴行奸,打妻一顿……部山根因告官徒然出丑,随托李二为媒,只说高氏为孀居弟妇改嫁与刘富为妻,得了六千文钱财礼①。妻子与人通奸按照“七出”,应将妻子休回娘家,但现实生活中,21 岁的高氏因与他人通奸被丈夫嫁卖给初婚的刘富,丈夫得到一笔钱财,使妻子具有夫家财产的性质。江苏邳县张黑旦携妻周氏佣工,因贫难度,将周氏卖与王升隆为妾,约受财礼钱二千九百文,写立婚书,过门成亲②。河南永城县崔祥柱供:崔祥柱 51 岁,父早故,母 80 岁,只生崔祥柱一人。有妻王氏,不曾生育儿女。乾隆四十四年三月,崔祥柱买妾李氏③。一些贫苦人家把妻子(或女儿)卖给人家,或为妻,或为妾,她们地位低下,婚姻没有自主权。

抢婚较为盛行,主要原因有:一是贫穷单身男子因对婚姻的渴望而抢妻。抢婚的对象多是寡妇,有的是在“媒说不允”的情形下抢亲的。宿州李沅修,33 岁,“只身一人,并没父母兄弟妻子”,在无服族叔李泳才家佣工。李泳才的儿子李慎修“(道光)十七年病故,遗媳李万氏”。李泳才“因李沅修人尚勤能,欲把李万氏配他为妻”,李万氏不允,李沅修“硬要合李万氏成婚,李万氏不依争吵”。道光十八年七月十四日,李泳才“信知李万氏的父亲万泳全,并他叔子万泳怀把李万氏接回另配”,李万氏与父亲、叔父回家时,“走到半路,李沅修拿枪赶去阻拦,被万泳全们殴扎致伤”。贫困的李沅修 33 岁未娶妻,因抢李万氏而被打致伤。定远县苏开丰“年二十五岁”,“父亲苏从志,母亲宋氏,年俱七十三岁,哥子苏开来分居另度,小的并没妻子”。道光十九年,苏开丰见邻村“小郭董氏年轻,探知他丈夫郭大寅已故,心想讨娶为妻”,随即央托素好的邓怀得向小郭董氏的婆母老郭董氏媒说,但不允。于是,苏开丰“起意纠人强抢”。五月十九日黄昏时候,苏开丰邀同无服族侄苏怀人、邓怀得“帮抢”,三人破门而入“把小郭董氏背负急跑”。苏开丰“把小郭董氏背负家内要与成亲”,“小郭董氏哭闹不从”,但被“逼胁成奸”。苏开丰提亲不成而抢婚,媒人参与了抢婚行动。怀远县倪前潮,他堂叔祖母倪宫氏的母家族侄宫佩云,有“女儿韦宫氏孀守”,“倪前潮欲娶为妻”。道光二十五年(1845 年)三月间,倪前潮“央素识之田峻岐媒说”,宫家

---

① 中国第一历史档案馆藏:《刑科题本·婚姻家庭类》,河南巡抚毕沅,乾隆五十一年五月二十四日,转引自王跃生:《十八世纪中国婚姻家庭研究》,第 105 页。

② 中国第一历史档案馆藏:《刑科题本·婚姻家庭类》,江宁巡抚闵鹗元,乾隆五十二年五月十八日,转引自王跃生:《十八世纪中国婚姻家庭研究》,第 174 页。

③ 中国第一历史档案馆藏:《刑科题本·婚姻家庭类》,议政大臣英廉等,乾隆四十六年五月八日,转引自王跃生:《十八世纪中国婚姻家庭研究》,第 321 页。

“不允”，倪前潮“起意纠抢”。三月十一日，“倪前潮邀允族弟倪前源、倪前汰相帮”，“于是晚偕抵宫佩云家”，倪前潮“进内将韦宫氏抢拉上轿抬回家内”，“因韦宫氏不肯成亲，关锁空房”，十二日晚，“倪前潮将韦宫氏强行奸污”①。倪前潮求婚未允而抢婚。二是男女比例失调，女性资源相对不足，贫穷男子被迫抢婚。江苏淮安府阜宁县“光绪六年册报实存阖县人丁五十三万九千二百十八，丁口内男丁三十万九千五百七十八，丁妇女二十二万九千六百四十口”②。丁男占总数的57%强，丁妇女仅占42%强，丁男丁妇女比例相差15%。光绪十五年，江苏沛县“实存阖县民数丁人数五十万六千九百七十三，丁口内男丁二十八万四千六百九十五，丁妇女二十二万二千二百七十八”③。丁男占总数的56%强，丁妇女43%强，丁男丁妇女比例相差13%。道光二十年，山东济宁州金乡县“口二十二万一千五十七，大口男七万八百三十，女六万八千九百五十二，小口男四万一千九百五十七，女三万九千三百一十八”。大口男、小口男总和112787人，男占总数的51%强，女48%强，男女比例相差3%。道光二十年，山东嘉祥县“口十万一千九百四十三，大口男三万八千四百八十五，女三万四千三百七十三，小口男一万六千一百四十八，女一万二千九百三十七。”大口男、小口男总和54633，男占总数的53%强，女46%强，男女比例相差7%。道光二十年，山东鱼台县“口十八万一千二百八十七，大口男五万九千七百四十九，女五万六千五百十六，小口男三万四千九百二十，女三万一百零二”④。大口男、小口男总和94669，男占总数的52%强，女47%强，男女比例相差5%。明代，河南夏邑县“（丁）男一万五千五百九十一口，妇六千九百一口”⑤。丁男、妇总共22482人，丁男占总数的69%强，丁妇女30%强，丁男、妇女比例相差39%。男女比例失调，造成适龄男青年无法适时婚配。此外，淮河流域的官僚、地主、豪绅等多蓄婢纳妾造成女性资源更加紧张，加剧了贫困者娶妻的难度。明代，颍州生员喻天秩有妻王氏，有妾“梁氏、张氏、饶氏”⑥。阜阳出土的明代万历七年（1579年）《明隐君绍滨公暨配陈氏合葬墓志铭》中记载，颍州人王绍滨原配陈氏所生长子

---

① 转引自张妍等：《19世纪中期中国家庭的社会经济透视》，第184—186页。

② 光绪《淮安府志》卷一七《民赋·户口》，《中国地方志集成·江苏府县志辑（54）》，江苏古籍出版社1991年版，第259页。

③ 民国《沛县志》卷一一《田赋志·户口》，《中国地方志集成·江苏府县志辑（63）》，第134页。

④ 道光《济宁直隶州志》卷三《食货志·户口》，《中国地方志集成·山东府县志辑（76）》，第124页。

⑤ 民国《夏邑县志》卷四《田赋志·户口》，《中国方志丛书·华北地方第99号》，台北成文出版社1968年版，第478页。

⑥ 乾隆《颍州府志·人物志·列女》，第822页。

作哲“庠生,娶杨氏、继娶杨氏、朱氏,俱先卒,继娶闫氏”①。由于上述原因,淮河流域的一些男子为娶妻被迫铤而走险走上抢婚之路。

四、明清时期淮河流域民风尚武之原因

明清时期,黄河多次夺淮,淮河流域水系出现较大紊乱,自然环境发生变迁。随着自然环境的迁移,灾害频发,社会环境也发生较大的更移,经济衰退,民不聊生,民众尚武成为淮河流域较普遍的风气。对于淮河流域尚武的风气已有学者论及,如陈业新、周运中等②,但为何会形成尚武的风气,有的未能涉及,有的语焉不详,固有必要运用地方志等史料对明清时期淮河流域民风尚武的原因进行解析。

(一)民众苦难深重

南宋以前,淮河流域水道密布,通航、灌溉便利,生态基本上呈良性循环,农业生产条件较为优越,是全国重要的粮仓之一。南宋建炎二年(1128年),东京留守杜充为阻止金兵南下,人为决河,使黄河“由泗入淮”,从此黄河由北流、东流时期,进入了以南流为主的时期。

本书第一章已就黄河夺淮作了阐述,从下表也可看出,北宋以后黄河决、溢、徙平均间隔时间趋短,频率明显加快。

表7.2　　黄河决、溢、徙情况③

朝代	年代(年)	决、溢、徙(次)	平均时间间隔
秦汉	前221—220	21	26年
三国至五代	220—960	74	10年

① 韩自强主编:《阜阳亳州出土文物文字篇》,第232页。

② 陈业新:《此方文事落后,武功特盛——明清时期皖北尚武风习初探》,程必定、吴春梅主编:《淮河文化纵论:“第四届淮河文化研讨会”论文选编》,合肥工业大学出版社2008年版;周运中:《灾荒对明清皖北文化的影响》,徐东平、董庆主编:《皖北崛起与淮河文化——“第五届淮河文化研讨会”论文选编》,合肥工业大学出版社2010年版。

③ 韩昭庆:《黄淮关系及其演变过程研究》,复旦大学出版社1999年版,第39页。

续表

北宋	960—1127	165	1 年
元代	1279—1368	265	4 个月
明代	1368—1644	456	7 个月
清初至鸦片战争	1644—1840	361	6 个半月
鸦片战争至解放战争	1840—1946	229	5 个半月

上表可知,黄河决、溢、徙的间隔时间最短为 4 个月,是在元代,最长时间为 7 个月,是在明代、清代以后,间隔时间逐渐缩短。

此外,《明史》《清史稿》中的《河渠志》有关黄河夺颍、涡、睢、贾鲁河的记载[①]见下表:

表 7.3　　黄河袭夺颍、涡、睢、贾鲁河表

时间(年)	决口地点	流经地区	袭夺河流	堵塞情况
1391	原武黑洋山	东经开封,东南经陈州、项城、太和、颍州、颍上、寿州,东北经旧曹州、郓城、安山。	颍河、贾鲁河、会通河。	
1392	阳武	陈州、中牟、原武、封丘、祥符、兰阳、陈留、通许、太康、扶沟、杞县。	颍河、涡河。	冬寒役罢,未塞。
1416	开封	经怀远由涡入淮。	涡河。	
1489	开封及封丘	入张秋运河、沁河。	颍河、涡河。	次年白昂北筑堤,南分河入汴、睢、泗。
1498	归德小坝子	经宿州、睢宁由宿迁小河口入运。	睢河。	即塞。
1510	黄陵冈	入贾鲁河,抵丰沛。	贾鲁河。	1512 年因河南盗起役罢。
1540	野鸡冈	由涡经亳州入淮。	涡河。	无,浚河分流。
1616	开封	由会城大堤下陈留入亳州涡河。	涡河。	

① 韩昭庆:《黄淮关系及其演变过程研究》,复旦大学出版社 1999 年版,第 71—84 页。

续表

时间(年)	决口地点	流经地区	袭夺河流	堵塞情况
1621	灵璧双沟、黄铺	由永姬湖出白洋、小河口。	睢河。	同年塞。
1623	徐州青田、大龙口	徐州、邳州、灵璧。	睢河。	
1624	徐州魁山堤	东北灌州城,一由南门至石狗湖,一由旧支河南入白洋河。	睢河。	
1723	中牟	刘家寨南入贾鲁河。	贾鲁河。	无,六月决。
1761	中牟杨桥	大溜直趋贾鲁河。	贾鲁河。	同年十一月塞。
1778	仪封	由睢州、宁陵、永城直达亳州入涡河。	涡河。	寻塞,八月复决;十二月再塞。
1841	祥符	由归德陈州入涡,会淮入湖。	涡河。	次年塞。
1843	中牟	历通许、扶沟、太康入涡、淮。	涡河。	次年十二月塞。

灾害频发,经济逐渐衰退,而水患又得不到有效地治理,民众长期过着苦难的生活。除水患以外,淮河流域经常有极端天气发生。淮河流域是以农业为主的地区,而农业的最大特点是离不开自然环境和天气条件的恩赐。明清时期总体上气象条件较差,1400—1900 年,称为明清宇宙期(又称明清小冰期),为低温多灾的时期,中国东西部都较为明显,尤其中高纬度地区变化幅度比中低纬度地区更大。淮河流域有关寒冷的记载较多。明弘治六年(1493 年)九月、七年二月,颍州、颍上、太和、蒙城、霍邱大雪。隆庆二年(1568 年),颍州、太和、亳州冬大雪。天启元年(1621 年),颍州、颍上、太和、蒙城、亳州春大雪。清顺治十年(1653)、康熙九年(1670 年),蒙城冬大雪。嘉庆二十一年(1816 年),亳州冬大寒。道光二十一年(1841 年),颍州府冬大雪①。宿州"弘治六年,大雨雪,自九月至次年二月乃止。民间多毁屋木、器物以供燎爨"。"嘉靖十五年十二月至次年二月,雨雪交作不止。束薪十钱,六畜损伤甚众,二麦萎死者半"②。气候寒冷,各种自然灾害频率高、大面积灾害多、数灾并发多。雨水、干旱、蝗灾等不断发生,万历时期,颍上"雹伤麦苗","夏亢旱,禾苗焦槁"③。宿州"嘉靖五年正

① 刘兴华、安俊峰:《皖西北旱涝灾害研究》,中国农业科技出版社 2001 年版,第 137—155 页。
② 嘉靖《宿州志》卷八《杂志·灾祥》,第 161 页。
③ 乾隆《颍州府志》卷九《艺文志·文·明》,第 949—950 页。

月，霪雨，至于四月。湖地二麦淹浸萎死者过半”。“十五年六月、七月，淫雨不止”[①]。乾隆四年（1739年），江苏淮北15州县被水并遭蝗灾。乾隆九年（1744年），安徽庐、凤、颍3府并滁、泗2州被蝗被水[②]。

自然灾害给农业生产造成极大的影响，粮食大幅减产。道光元年（1821年）至咸丰二年（1852年）32年间，安徽夏粮收获19年是六成，12年是七成，秋粮收获5年五成，15年六成，8年七成，1年八成。同治八年（1869年）至光绪二十三年（1897年）的29年间，安徽夏粮收获每年均为五成，秋粮收获27年五成。19世纪近80年中，安徽仅有1年秋粮收获八成，其他多数年份收获仅五成[③]。农业歉收，削弱了淮河流域民众抵御自然灾害的能力。清嘉庆帝在位25年，对安徽颁布52次赈灾上谕，其中单独对皖北二府一州颁布34次赈灾上谕，占总数的66%，另外有17次上谕包括皖北在内，仅一次除外[④]。

灾害不断，导致民众生活无着。亳州人孙养粹在《五难诗》序言云：“壬（午）癸（未）两岁亳土不天，先之以回禄，继之以旱蝗，终之以疠疫兵寇。嗟此亳民，饥魄残息，几无孑遗矣。”[⑤]孙养粹分火、兵、饥、疫、寇赋诗五首，表达了对亳州民众苦难的同情，指出了灾荒、瘟疫、兵寇是民众生活艰难的原因。清代，反映苏北民众困苦的诗云：“伤心六月淫雨飞，农夫竭力齐筑围。筑围旋随湖堤决，膏血沥尽洪水肥。六年水来早禾熟，今岁水来瓮无粟。日高一日米价昂，饥殍余生形似鹄。洪涛直注东海滨，村墟出没水无垠。皎皎明月共千里，空复下照流离人。流民生计苦日蹙，纷纷卖船复卖屋。鬻妇鬻女更鬻儿，老幼同声尽一哭。”[⑥]水灾从夏至秋一直不退，没有收成，民众到处流浪，卖儿鬻女，凄惨之状跃然纸上。

水患、低温等灾害叠加使民众苦难深重，武风肆虐。明代颍州“灾祲频仍，赋役不辍，荆棘丛茂，十室九空，向之极奢者变为极陋，势使然也。培养非数十年元气难复，人既贫困，不肖之心遂生，从此，颇事告讦，然率直之性犹未尽泯，一讯终无遁情，转而移之”[⑦]。生活无着，不肖之心萌生，社会风气趋坏。清代灵

① 嘉靖《宿州志》卷八《杂志·灾祥》，第161页。

② 郭松义：《清代的灾害和农业》，赫治清主编：《中国古代灾害史研究》，中国社会科学出版社2007年版，第274页。

③ 李文治：《中国近代农业史资料1840—1911》第1辑，三联书店1957年版，第755—760页。

④ 张妍等：《19世纪中期中国家庭的社会经济透视》，中国人民大学出版社2003年版，第270页。

⑤ 乾隆《亳州志》卷一二《艺文》，《故宫珍本丛刊》第103册，第321—322页。

⑥ 李文海、夏明方主编：《中国荒政全书》第二辑第四卷，北京古籍出版社2002年版，第598—599页。

⑦ 乾隆《颍州志》卷四《风俗》。

璧县“一值凶年，散之四方，无所顾惜，或因贫而乞食，遂因乞而为匪，鼠窃狗偷，所在多有，强梁者乃越境贩盐，公行市集，酗酒打架，习为固常，北乡与徐邳接壤，此风尤甚”①。凤阳“土性耕植所宜，与江以南相近。惟壤地平衍，水无蓄泄，岁苦旱潦，民亦呰窳偷生，轻去乡里”②。崇祯年间，洪水泛滥，苏北民众罹遭水患，出外乞讨，“军民及商灶户死者无算，少壮转徙，丐江、仪、通、泰间，盗贼千百啸聚”③。黄河夺淮，淮河流域有的河、湖水暴涨，有的河、湖被泥沙淤塞，水系紊乱，自然环境发生了较大的变化。同时，政府为保漕运，长期解决不了水患等灾害，加之气候不佳，使灾害具有延续性、叠加性。民众有的饥饿而死，有的四处逃荒乞讨，诱发了民众对社会不满而尚武。

（二）尚武传统

淮河流域大致属于楚风俗区，又受中原等风俗区的影响。历史上淮河流域有的州县风俗趋于“剽轻”，司马迁已注意到风俗的差异，他说：“越、楚则有三俗。夫自淮北沛、陈、汝南、南郡，此西楚也。其俗剽轻，易发怒，地薄，寡于积聚。”“陈在楚夏之交，通鱼盐之货，其民多贾。徐、僮、取虑，则清刻，矜已诺。彭城以东，东海、吴、广陵，此东楚也。其俗类徐、僮。朐、缯以北，俗则齐。”“衡山、九江、江南、豫章、长沙，是南楚也，其俗大类西楚。”④西楚、南楚民众剽轻，“剽”则为“勇悍”“劫夺”之意。

寿州、霍邱、颍上、砀山等州县一直以来有尚武的传统。寿州位于淮河南岸，战略地位显赫，历来是政治军事集团厮杀的战场，自古民风尚武。晋朝时，寿州民风勇悍，伏滔为大司马桓温的参军，随桓温讨伐袁真至寿阳，“以淮南屡叛，著论二篇，名曰《正淮》”。上篇云：“彼寿阳者，南引荆汝之利，东连三吴之富；北接梁宋，平途不过七日；西援陈许，水陆不出千里；外有江湖之阻，内保淮肥之固。龙泉之陂，良畴万顷……水旱之所不害，土产草滋之实，荒年之所取给……其俗尚气力而多勇悍，其人习战争而贵诈伪，豪右并兼之门，十室而七；藏甲挟剑之家，比屋而发。然而仁义之化不渐，刑法之令不及，所以屡多亡国也。”⑤寿阳民风诈伪，多藏甲挟剑者，虽然有司施以仁义及刑法之令，也难以扭

① 乾隆《灵璧县志略》卷四《杂志・艺文》，《中国地方志集成・安徽府县志辑(30)》，第95页。

② 光绪《凤阳府志》卷一七《宦绩传》，《中国地方志集成・安徽府县志辑(33)》，第83页。

③ 《明史》卷八四《河渠志二》。

④ 《史记》卷一二九《货殖列传》。

⑤ 《晋书》卷九二《文苑列传・伏滔》。

转。清代,寿州“其俗尚武,稍习文辞”①。霍邱与寿州比邻,早在明嘉靖之前尚武风气已盛。嘉靖时,霍邱县教谕汪仲川在《李公去思碑记》中云:“霍邱,中都沃壤,地僻民醇,昔称易治……迩来东南多事,赋役繁扰,民用日匮。俗因以偷,而刚捍强梗之徒种种恣肆。”②颍上位于淮河北岸,与寿州隔河相望,北控河洛,南尽淮河之畔,民风尚武之习已久。蹇达在嘉靖年间担任颍上知县曾对尚武民风加以整饬,在一段时间内取得了较好的效果,陈乾为之立碑,明代颍上县教谕陈乾在《邑令蹇公去思碑记》中云:“颍上……土瘠而民贫,齿繁而用广。有淮海之徼,故多武事。”③积习既久,难以从根本上扭转过来。砀山在宋代已有尚武之风,北宋陈师道《砀山县学记》云:“霸者之余,以武为俗。”元代得到发展。明代砀山“地僻民聚,躬稼食力,好勇而尚义,木强而易使,庶几古椎朴之风焉,至稽古礼文之事,多所疏阙”④。

自然环境发生了较大的变化,灾害频发,导致民众生活困苦,使尚武之风从部分州县逐渐蔓延至全淮河流域。明代中期(嘉靖、万历年间)是淮河流域尚武风气的时间节点,大部分州县已尚武。宿州在明嘉靖以前风俗淳朴,“土旷民稀,勤于耕种,牧养蚕绩,乃其常业”。宋应奎《进士提名记》云:“地辟民聚,风淳俗美。发身于庠序者,虽未尝乏其人,而质朴少文者居多。”⑤然至万历时期,风俗已经发生变化,“妇女不事蚕织,富家大族多白丁,竞利忘义,信巫淫神,近且习于狡伪荡然”⑥。道光五年,分巡庐凤颍六泗滁和兵备道督理戴聪认为宿州“民风强劲,盗劫时有”。光绪十三年,总督漕运兼理河防军务卢士杰认为:“宿州一强悍之区……自遭兵燹十室九空。”⑦

萧县在宋代尚有浑厚之气,宋晁端中《萧县学记》云:“风俗浑厚多智虑,务农生财饶于他邑。”元之后风气趋武,张能鳞《萧邑学记》载:“俗仗义轻生,喜击剑悲歌慷慨,大略似燕赵魁梧,奇杰往往辈出。”⑧灵璧县原先“民性朴直而尚俭素”,“民直遂而易导化,士气节而薄委靡。”但明嘉靖时已露风俗变化之端倪,“然妇女不事蚕织,富家大族多白丁,见利忘害,信巫谄神,所谓淳厚之风,礼让

---

① 光绪《寿州志》卷三《舆地志》,《中国地方志集成·安徽府县志辑(21)》,第44页。
② 同治《霍邱县志》卷一一《艺文志》,《中国地方志集成·安徽府县志辑(20)》,第436页。
③ 同治《颍上县志》卷一一《艺文上》,《中国地方志集成·安徽府县志辑(27)》,第218页。
④ 乾隆《砀山县志》卷一《舆地志·风俗》,《中国地方志集成·安徽府县志辑(29)》,第38页。
⑤ 嘉靖《宿州志》卷一《地理志·风俗》,第11—12页。
⑥ 万历《宿州志》卷三《舆地志·风俗》,明万历二十四年刊本。
⑦ 光绪《宿州志》前凤颍道戴公志序,《中国地方志集成·安徽府县志辑(28)》。
⑧ 嘉庆《萧县志》卷二《风俗》,《中国地方志集成·安徽府县志辑(29)》,第263—264页。

之俗，不无渐衰”[①]。清代，灵璧县民众生活艰辛，民风强悍而难驯，乾隆灵璧知县贡震说：“吾闻灵璧之俗，俭岁则民气柔而易治，乐岁则民气悍而难驯，故乐岁之讼多，俭岁之讼少。由今验之，信然。”“农民朴愚而惰，宁忍饥寒，不勤力作，故有种田靠天之谚。前令有以南方耕织之法教之者，人皆畏难而不肯学，至沟洫园圃农家应习之业亦一切不讲，此致穷之本也。”“民居皆茅屋，衣皆疏布，仓则麦豆杂粮，虽丰年犹和以草木根叶，家有牛具什器者十不得一，故岁凶则挈家远出，毫无顾恋。亲朋往来饮食俭素，入市则相聚剧饮，往往有因醉酿祸者，近来此风少息，贫不能得酒，故尔。”[②]百姓生活贫困，民风刚劲，尚武轻文。

定远县在万历时期出现逞凶尚武之风。万历时期，定远知县诸葛升云：“频年以来，旱涝为祟，螟螣再罹，疫疠流行，道馑相继。小民萧条满目，则微乡土之思，生计无聊，则寡性命之乐。以故剽悍轻生，离乡远窜者，十之七。而迫穷为盗，偷延喘息者，十之三。”[③]贫穷为盗，剽悍轻生。诸葛升又认为：“打行之风，本县颇盛。凡愚民有报仇复怨之事，争投其党。查得此辈，皆系无家恶少，东奔西趋之徒。”“俗之弊也，讼师扛棍，互相为市。此辈多系无家穷棍。合无惩创之后，发于各区开荒，着落公正收管。”[④]定远县打行之风盛行，至晚清更为猖獗，方濬颐认为：“强悍成风，诸亡命之徒四门各有酋长，积不相能，寻仇报复，固日以械斗为事。”[⑤]

颍州在万历时期崇武之风甚笃。万历学者王士性认为：“淮扬年少，武健鸷愎，椎埋作奸，往往有厄人胯下之风。凤、颍习武好乱，意气逼人，雄心易逞。”[⑥]万历时颍州人刘廷传“家产不逾中人，尽散之以养客，所食客日尝以百数，暇则部以兵法”[⑦]。清代，颍州“士君子不以礼法自守，小民无所标准，其黠者习于讦告，戆者流于斗狠。下至无等，盗窃成风。追究事所由起，虽斗粟尺帛，皆足酿为祸阶”[⑧]。

---

① 嘉靖《宿州志》卷一《地理志·风俗》，第 12 页。

② 乾隆《灵璧县志略》卷四《杂志·风俗》，第 75 页。

③ [明]徐光启著，石声汉校注：《农政全书校注》卷八《农事·开垦》，上海古籍出版社 1979 年版，第 181 页。

④ [明]徐光启著，石声汉校注：《农政全书校注》卷八《农事·开垦》，第 200—201 页。

⑤ [清]方濬颐：《梦园丛说·内篇》卷二，中国史学会：《捻军资料丛刊(一)》，上海人民出版社 1957 年版，第 385 页。

⑥ [明]王士性：《广志绎》卷二《两都》，中华书局 1981 年版，第 28 页。

⑦ [清]金天翮：《皖志列传稿》卷一，《中国方志丛书·华中地方第 239 号》，台北成文出版社有限公司 1974 年版，第 34 页。

⑧ 乾隆《颍州府志》卷一《舆地志·风俗》，第 63 页。

亳州人原先多忠义,不尚拳勇,“仁厚之俗,勤农事,恶衣服。人皆忠义,本于张巡、许远之表率”[①]。然而,明代以后逐渐尚武。“亳自明以来,尝为凤阳府属江南文薮也……亳于古为殷汤所居之国,故其俗尚鬼;又与陈国相近,故其俗尚巫。初不闻以拳勇相尚也,后乃急疾尚气,渐染北方之强,动辄招群相斗。”亳州风俗的变化是受中原地区的影响。“亳人秉性质直,好尚稼穑……士风素称淳朴,上者负气谊、重门第;次亦束修自好,笔墨耕耘,鲜所谓武断豪夺者。惟少年习武,技勇相角,裘马相矜,既耗赀财,不无好胜之习。”[②]康熙中期,亳州“智欺愚,强凌弱。”亳州知州朱璋,“择其甚者治以法,奸愚顿而屏息”[③]。嘉庆年间亳州知州周鹤立把赌博、斗殴、为匪列为当时亳州的三大弊端:“惟是地居都会,奸宄易藏,俗竞锥刀,嚣凌杂起,总其流弊约有三端……可恨者莫如斗殴,或借睚眦以泄忿,拔剑为豪,或缘咤叱以生风,捉刀相向,轻则伤肌断骨,重则捐命忘躯,不思发肤受之父母,生我者未报,所生刑法定自朝廷,杀人者亦当拟杀,与其受诸苦楚,被阎罗驱入枉死城中,毋宁忍此须臾,效淮阴俯出少年胯下。”[④]嘉庆时期亳州武风十分强劲。

太和县风气尚武在明朝末年。明正德以前,民风较好,未建城池,“太和旧无城池,凡来令者,遭际承平,狃于无事……而好议者且曰:在德不在险。”正德年间,“流寇南犯,履邑城若平地,官与民撄其祸甚惨”[⑤]。之后,太和才建城池。崇祯年间,太和知县吴世济认为:“贼变诈叵测……地方安全首重积谷讲武。”于是下令:“有身家强壮子弟,什伍为群,或习刀棒,或习箭弹。”[⑥]由于农民起义的不断爆发,明廷的岌岌可危,明末太和尚武之风油然而兴盛。道光年间,太和知县阮文藻在《谕民诗四首》中云:“壮士虬紫须,剚刃入仇腹。誓天许头颅,斫地杂歌哭。……汝何慕侠游,相率欺茕弱。斗狗自呼朋,放鹰还啸族。屠沽杂叫嚣,酒食相征逐。嘲虐随揕胸,睚眦遂瞿目。用谕斗狠人,谁会逃讯鞫。有田且力耕,何必佩刀犊?”[⑦]呼吁民众力耕而不要佩刀剑。明代中期以后,蒙城县民风也尚武,“明末年间,荒寇频加,民风顿异,时有善佩刀剑、不愿为良民者,时有故避征徭、远弃其乡井者,时有揭竿举旗、辄敢攻略城下者,时有飞网越控、内连外

---

① 胡朴安:《中国风俗》下编,九州出版社 2007 年版,第 52 页。

② 光绪《亳州志》卷二《舆地志·风俗》,《中国地方志集成·安徽府县志辑(25)》,第 70—71 页。

③ 光绪《亳州志》卷四《营建志》,第 106 页。

④ 光绪《亳州志》卷二《舆地志·风俗》,第 71 页。

⑤ 乾隆《颍州府志》卷九《艺文志》,第 933 页。

⑥ 民国《太和县志》卷一二《杂志》,《中国方志丛书·华中地方(96)》,台北成文出版社有限公司 1970 年版,第 1099—1103 页。

⑦ 民国《太和县志》卷一《舆地志·风俗》,第 67 页。

结动倾百余家者，时有甘冒刑狱、不一完纳国税者”[①]。同治年间，蒙城知县李炳涛认为：“其民风戆直而强劲，士习质朴而果毅。”[②]凤台、怀远等县风气也较强悍，乾隆二十三年（1758年），凤阳知府项樟在《新迁凤阳府学记》中云：“国朝教泽涵濡，百有余年，而文风尚未振，寿（州）、（凤）台之俗多悍，怀（远）、定（远）之俗多诈，宿（州）、灵（璧）、虹（县）之俗积歉而疲，凤阳首邑，民风较淳，而诗书之气渐增。”[③]道光时，皖抚陶澍认为：“皖省凤、颍、泗州等属，界连徐、豫，民情好斗，动辄伤人……久沿恶习。”[④]

虽然有官员曾整饬风气、大兴教育、重视教化，民风在一段时期内发生些许变化，但并未根本扭转民风尚武之习。雍正九年（1731年）六月，两江总督高其倬上奏强调“亟须加意整顿”亳州“民间积习好斗”之风[⑤]。嘉庆年间，知州周鹤立为改变亳州斗殴之风，撰写了《励风俗示》。清代，蒙城县“民刁悍而乐讼，每以小忿饰成大事，网罗多人越告……知县田本沛力行禁止，知县竹绿漪听断明决，知县陈民怀折谳明允，越讼之风遂息”[⑥]。蒙城民风刁悍，知县田本沛、竹绿漪、陈民怀加以整饬，越讼之风才有所好转。太和县在清初风俗曾经有所好转，“国家休养生息百有余年，人情厌武事而习文教”。乾隆年间，太和知县丁文灿又建成寿山书院，“勤勤于风俗人心之本，即欲广迪师儒以整齐而化导之”[⑦]。丁文灿建书院强化文教，希冀扭转尚武之风。

（三）民众流徙不定

淮河流域是贯通东西南北的推移地带，同时，河流众多，水路发达。因水旱频仍，生活困苦，民众于是利用便捷的交通频繁迁徙。灵璧县睢河北岸的民众大多迁徙，“他如睢河北岸之三村集、陵子集、孟山集、潼郡集，元明间号称繁华，今所存者颓垣破屋，居民逃亡殆尽，即生聚亦复难言也”[⑧]。外出逃荒不断。蒙

---

① 民国《重修蒙城县志书》卷一一《艺文志》，《中国方志丛书·华中地方第244号》，台北成文出版社有限公司1975年版，第865页。

② 民国《重修蒙城县志书》原序七。

③ 光绪《凤阳县志》卷一四《艺文下》，《中国地方志集成·安徽府县志辑（36）》，第509页。

④ ［清］陶澍：《陶文毅公全集》卷二四《筹款饬缴凶器折子》，聂崇岐：《捻军资料别集》，上海人民出版社1958年版，第18页。

⑤ 《世宗宪皇帝朱批谕旨》卷一七六之一〇，《四库全书》本。

⑥ 民国《重修蒙城县志书》卷一《风俗》，第88页。

⑦ 民国《太和县志》卷五《学校》，第435—436页。

⑧ 乾隆《灵璧志略》卷一《市集》，第23页。

城县外出迁徙者更多,庄则敬《邑侯田公传》云:“邑先代为寇燹所残毁,乡民数千百家仅存数之一二,百里委荒草,人失其恒心。”①颍州民众大多流离转徙,“吾颍数年来水旱频仍,民之流离转徙从者无论,其饥而死者十之三,疫而死者又十之三。今之存者,皆凋敝之余也。田畴荒芜,道殣相望,民救死扶伤之不暇,而征科如故,困踣益甚”②。“颍地山少水多,土脉松虚,士生其间,浮动易而沉潜难。囿于方也,故厌文好武,相尚无已,以至荡析家产,弃祖父之业者,比比皆是”③。

水灾、旱灾、蝗灾等频繁侵扰,土壤贫瘠,赋役繁重,战争不断,经济发展缓慢,生活艰辛,民众被迫流徙他乡。“萧滨黄河,地多沙瘠,农不专勤苦,至蝗蝝、水涝相寻,富者无积贮,贫者不能谋朝夕,加以赋役繁重,竭蹶支持,中产尤为苦累,遭流寇后逃徙四方,俯仰无资,间有托足公门,委身行伍,以冀苟免沟壑者”④。萧县土地沙瘠、赋役繁重,民众朝不保夕,逃徙四方。怀远县水旱频仍,民众外出乞讨者甚众,“因淮、涡交通,商贾辐凑,五方逐末者居其地。服食器用多尚奢华,故人务末忘本,相习于靡,群趋于惰。兼之水旱频仍,中人荡产,且乏兼岁之储,一遇灾荒,辄鬻子女,弃故土而适他乡者,比比皆是”⑤。万历时期,定远知县诸葛升认为:“江淮岁罹灾祲,贫民糊口四方,逃窜境外,郊野几为一空。间有招集拊循,稍稍复业者。陇亩虽荒,故土犹在,惟是庐舍数椽,原系草土筑成,初无栋宇完固,岁月既久,风雨摧淋,遂成圮坏。”⑥定远县有的民众逃往外地时间较长,以至于草房垮塌。万历以后,颍上县“赋役十增其九,以故里甲之中,有一里逃尽,而举他里以充排年,他里因之亦复萧条,而不能当本里之役。至于逋欠官粮而囚于狱底者,三十有五家,盖数年于兹矣”。颍上县因赋役较重等因素,里甲之户逃离较多,税粮转嫁到留守者,他们不堪重压只好拖欠,以至于下狱。“夫下狱之始,不过拖欠一二十金,而积五年之后,则或至百金,或至二百金,此天下未有之事也”⑦。淮河流域战略地位显赫,战争多有发生,这也是民众大量流徙的重要原因之一。清代阜阳生员时光烈认为:“自宋南徙,颍为南北战争之地,戎马蹂躏。”⑧明代王士性说:“宛、洛、淮、汝、睢、陈、汴、卫自古为戎马

① 民国《重修蒙城县志书》卷一一《艺文志》,第829页。

② 乾隆《颍州府志》卷九《艺文志·文·明》,第956页。

③ 乾隆《颍州府志》卷一〇《杂志·摭史·纪闻》,第1215页。

④ 嘉庆《萧县志》卷二《风俗》,《中国地方志集成·安徽府县志辑(29)》,第264页。

⑤ 嘉庆《怀远县志》卷三《学校志·风俗》,《中国地方志集成·安徽府县志辑(31)》,第65页。

⑥ [明]徐光启著,石声汉校注:《农政全书校注》卷八《农事·开垦》,第182—183页。

⑦ 乾隆《颍州府志》卷九《艺文志·文·明》,第970页。

⑧ 乾隆《颍州府志》卷九《艺文志·文·国朝》,第1012页。

之场，胜国以来，杀戮殆尽。”①

清代安徽沿淮地区人口减少的频率加快，除战争、灾荒外，民众外出逃亡也是重要因素。1904年与1819年相比，凤阳府人口下降近六成，泗州、六安州下降五成左右，颍州府下降近四成，见下表。

表7.4　　1819与1904年安徽淮河流域各府州人口数表(单位:人)②

府、州	嘉庆二十四年(1819年)	光绪三十年(1904年)	指数(以1819年人口为100)
凤阳府	5049170	2139897	42.38
颍州府	4265758	2742664	64.29
泗州	1744399	916012	52.51
六安州	1056173	744020	49.4

尽管有外地人不断迁往淮河流域，但不少人又选择离开了。河南、山东等省民众，因多种缘由不断流入颍州。明初“天下大定，故家旧人寥寥，村落十余年间遗民稍复，又为黄河荡析，至是百年河徙患息，流民归聚”。明初颍州遗民稍有恢复，之后黄河夺淮，环境发生变迁，到正统年间外地流民才逐渐迁入。洪武十四年(1381年)，颍州有“一千七百户，分置十四里”，宣德七年，1680户。正统七年(1442年)，颍州民户为2018户，其中土民1680户，流移客民338户，编为3里。成化八年，6182户，土民2532户，客户为3650户，收编15里。成化十八年(1482年)，8900户，土民2544户，客户达6356户，增加流移客民16里，这样，成化十八年移入颍州的客民有53里，土民为22里，客民占总里数的70%左右。颍州“今地里不加少，以烟灶计，多至倍万，但其间偷生亡匿之徒不知其几。正统以后，收附流移，听其自相结识，编入图籍。官司因循，奸民影射，至凡新添之里，人户错综，五乡善恶死徙不相关，丁业兴败不相知，里粮催勾动愈旬日”③。阜阳李氏是在明初迁移而来，始祖李天籍贯山东兖州曹县固村④。民国八年修《丁氏家谱》载始祖丁齐，原籍山东兖州阳谷县，元末迁居蒙城坛城，前三代单传，第四代六子，嗣后繁衍十三门支⑤。颍州名医张小庵原籍山东枣林庄，明洪武二年，先人移居颍州城南高庄。祖父名汉，号静庵；二祖父名潮，是正德年间贡生。父福旺，业农。潮子张实，号�坞，嘉靖贡生，官辽阳断事。张小庵精心

① ［明］王士性:《广志绎》卷三《江北四省》，第43页。

② 翁飞等:《安徽近代史》，安徽人民出版社1990年版，第211页。

③ 正德《颍州志》卷三《版图》，明正德六年刊本。

④ 李熙震等编纂:《颍州李氏族谱》第五卷，2005年续修。

⑤ 蒙城县地方志编纂委员会:《蒙城县志》，黄山书社1994年版，第68页。

钻研医学，成为颍州名医[①]。清代牛瑄在《牛氏宗支源流考》中认为牛氏从河南等地迁人，“我牛氏始祖圣临公讳川，籍汴之尉氏县”。清代孙雍谷在《牛氏皖北宗支考》中说：“夫我牛氏之居于皖北也，今已数百年，各地散处所在多有，除盱眙而外，要以我颍涡为尤盛。颍州之牛氏，一为我杨桥派，其一为北苗集派。涡阳之牛氏为曹氏派”。明初“我四世祖六人来皖者四人。曰乾曰坎曰震曰巽……我皖之四祖乾公，居焦坡集，继徙于杨桥……坎公居正阳关……震公居王市集北牛家窑……巽公居亳州，后分蒙城”[②]。

然而，在灾害环境下，外地人在淮河流域很难长期定居，有的又迁往外地。明初曾强迁江南地区民众至定远县，“民户消减，洪武十四年，乃迁江南苏、松、常、杭、严、绍、金、处八府民居之”，“但性习安惰，水无潴滀，灌溉不继。一遇旱干，辄负担弃土而逃”[③]。不少人又离开了定远。乾隆时期，灵璧县“我民十岁九不登户，无储蓄饥其恒”，“岁岁逃亡，十不存五”[④]。离开灵璧县的移民也较多。

淮河流域民众流徙不定，乞讨他乡而尚武少文。乾隆五年《重建西湖书院碑记》载：“西湖旧有书院，建于前明嘉靖间，颓废已久。因急请于制抚各宪重建。”[⑤]西湖书院建于宋代，至清代多次毁坏，多次重建，折射出书院培养人才也多次停顿。明代颍上县，“景泰初郑侯来令兹邑，始锐意修学，属岁荐饥，民不可重困，第求其甚敝者，时补葺之……士风为之一变”[⑥]。景泰时，财政困难，仅对县学毁坏严重的地方稍加修葺，直到成化年间才大修。道光时，阜阳县《新建聚星书院碑记》云：“颍郡有书院，仿自欧阳文忠公，建于西湖。迨乾隆年间，改卜于城之文昌阁下，更名曰‘清颍书院’，盖数十年于兹矣。而阜为江北名区，独不以书院闻，匪惟都人士之羞，抑亦司土者之责也。”[⑦]阜阳的书院历史较悠久，但书院并不出名，缺乏学术风气，文运不昌。同时，缺乏师承和学友，学术难以承继。亳州“自明以来尝为凤阳府，属江南文薮也，然凤、庐二府在前明本属中卷，不与他府比。亳旧俗无师承，穷经者既鲜，决科者寥寥，近时虽尚无申榜而乡科

① 王襄天：《张小庵和药渣子庙》，阜阳市政协文史资料委员会编：《阜阳史话》第7辑，1987年版，第68页。

② 颍州牛氏族谱编委会：《颍州牛氏族谱》，2006年修。

③ 道光《定远县志》卷二《舆地·风俗》，第13页。

④ 乾隆《灵璧县志略》卷四《杂志·风俗》，第93—94页。

⑤ 道光《阜阳县志》卷一九《艺文志》，黄山书社2009年版，第739页。

⑥ 同治《颍上县志》卷一一《艺文·重修学记》，第218—219页。

⑦ 民国《阜阳县志续编》卷一二《艺文志》，黄山书社2008年版，第412页。

获隽，前后相接，工诗能文章者蒸蒸日起焉”①。亳州无师承，考中进士者甚少。怀远县“士之读书味道者见闻未广，多因心自用，耻于相师，以致言坊行表得轨于道者，或是之少”②。怀远学道者耻于相师，缺少学友，学风不振。乾隆时灵璧知县贡震回复凤阳知府项樟札问灵璧“士习民风、关津市集，以及豪绅学霸、衙役讼师、打降匪类”时，在《禀复本府项公(樟)咨询利弊》中说：“卑县科甲寂寥……略无武断好讼之习，民性愚朴，粗粝自甘，此俗之近于古者。无如荒歉频仍，积疲积弊……或因贫而乞食，遂因乞而为匪。”③灾荒不止，民众流徙不定，尚武少文。

（四）地方官员对策

淮河流域横跨皖、豫、苏、鲁数省，经济较为落后，统治相对薄弱。淮河流域是“政教所阻，鞭长莫及”④的地区。嘉庆时，颍州知府左辅云：“查红胡、捻匪多在两省边界者，此地称‘两不管’‘三不管’之间，离州县治较远，易起玩心，及既犯法，此拿彼窜，随处窝藏，往往漏网，遂至肆无忌惮。”⑤李应珏在《皖中捻匪兵事纪略》中认为，捻军兴起地“居天下之中”，“刑政不及”，故能猖狂一时。“捻匪一股，尤称悍劲。其众始自皖之颍、亳、凤、寿，而毗连处如江南之淮、徐、海，河南之南、汝、光，山东之兖、沂、曹、济，湖北之襄、枣、钟、随，诸奸民皆附之，随处裹胁，益以灾黎无虑数十万。盖其地居天下之中，风气刚劲，而各省视之又皆为边鄙，平时刑政不及，不轨之徒因之聚而为匪，习惯自然，由来渐矣。”⑥淮河流域居皖、豫、苏、鲁边鄙，刑政不及，政治统治薄弱。光绪初年，安徽凤颍六泗兵备道王安定比较淮河流域、江南民风时说：“安徽襟江带淮。江以南，士喜儒术，巽懦不好武，民则懋迁服贾于外，无雄桀枭猛之姿，故畏祸乱，少奸宄。独滨淮郡邑，当南北之交，风气慓急，其俗好侠轻死，挟刀报仇，承平时已然。”⑦淮河流域处在南北之交，民众好侠轻死。

---

① 乾隆《亳州志》卷一〇《风俗》，第 201 页。

② 嘉庆《怀远县志》卷三《学校》，第 65 页。

③ 乾隆《灵璧县志略》卷四《杂志·艺文》，第 95 页。

④ 民国《涡阳县志》卷一五《兵事》，《中国方志丛书·华中地方第 91 号》，台北成文出版社有限公司 1970 年版，第 584 页。

⑤ [清]左辅：《念宛斋集·官书》卷三，聂崇岐：《捻军资料别集》，第 23 页。

⑥ 光绪《皖志便览》卷六《皖中捻匪兵事纪略》，《中国方志丛书·华中地方第 224 号》，台北成文出版社有限公司 1974 年版，第 283—284 页。

⑦ [清]王安定：《湘军记》卷七《绥辑淮甸篇》，岳麓书社 1983 年版，第 87 页。

淮河流域地方官员治理社会缺少良策,亦是武风兴盛的缘由之一。乾隆十八年,灵璧知县贡震认为民风尚武与地方政府治理不力有关,灵璧县北乡武风甚烈,“盖缘远去县治,长吏积年办灾,无暇教督故也。衙门书役大率粗愚,城中居民百余家,茅屋稀疏,不啻村落。书役城居者少,县署又无吏舍、班房为朝夕供事休息之所。一有文书差遣传唤累日,以故案件率多迟误,疲玩成风,亦有作奸犯科者”①。官员疲玩成风,作奸犯科。同治年间,王则侨认为:“大淮南北,风土刚健之区也。其俗质直而好义,其人慷慨而尚气。善抚之,则贤才辈出,足备国家干城之选;不善抚之,则乘机啸聚,每遗中原无穷之患。自古两淮之地号称难治,谋国是者尤宜汲汲于此也。”②官府缺少行之有效的方法引导民众遵守礼法。涡阳张乐行捻军起义与地方官员统治方法有关,“有司者懵于抚驭之术,激使走险”③。

官员往往采取严刑峻法的方式解决尚武的问题,手段较为单一。嘉庆时颍州知府左辅针对颍州风气“嚣凌,尚勇争而弗知礼让”,“下至无赖之子,带刀而不买犊,聚博而不服田,什伯为群,披猖肆暴,遂至身遭刑戮,莫保妻孥,乃尚接踵效尤,恬不知悔”,决心整饬,而特颁《颍州府条示》。在《禁私藏抬枪炮位》条云:“居民私置鸟枪,文武官尚干失察之罪。乃乡民识见至愚,又不知例禁严峻,惟知利器可见致胜,藉之防匪保家。不知横逆猝至,暂避其锋,即可禀官究治。若此器一用,伤人必多,获罪尤重,反致破家,欲利适害。所有抬枪炮位,除自行销毁易设农器外,余即缴官,随时给予价值,限一月内尽缴;如敢私藏,照律治罪。”④严禁民众私藏抬枪炮位,限一月内尽缴,否则,依律治罪。曾在皖北任知县多年的查揆在《论安徽吏治》中尤为感慨道:“其俗之悍戾狠斗,凤阳、颍州、泗州为尤甚……不得已,严刑峻法以求震慑其心性,每年秋谳入情实者,骈首蒙诛以百十案计。而渠枭大恶、酒酣歌呼以就刑所,市人啧啧叹为豪悍者屡矣。古者辟以止辟,而彼狠戾之状,且谈笑招邀于受戮之顷,果何谓邪?天地之间,蜎飞蠕动,湿化胎卵,苟具物性,无不自爱其生,恶其死;而凤、颍、泗之民独不爱其生,岂人情哉?彼盖自知所犯之不宥,而终不悔也……顽犷跋扈之性,赴汤火如衽席。使风气日盛,一旦官府之所不能治,则大可忧矣。”⑤以严刑峻法震慑这种不爱其生的顽犷跋扈之人,难以遏制狠斗的风气。雍正十二年(1743)四月,江

① 乾隆《灵璧县志略》卷四《杂志·艺文》,第96页。
② 同治《霍邱县志》卷一五《艺文志三》,《中国地方志集成·安徽府县志辑(20)》,第510页。
③ 黄佩兰等纂:民国《涡阳风土记·序》,《中国方志丛书·华中地方第92号》。
④ [清]左辅:《念宛斋集·官书》卷三,聂崇岐:《捻军资料别集》,第23—24页。
⑤ [清]查揆:《篔谷诗文钞》,聂崇岐:《捻军资料别集》,第29—30页。

南总督赵弘恩上奏道:"上江之颍州、亳州、寿州、宿州及灵璧、凤台二县,素称'盗薮',而为商民之大害者。尤在淮河一带要略,盖缘此河夏秋水发,宽至二三十里,冬水归槽,两岸涸出十里,内外并无民居,又鲜营汛。故凤台界内之高望寺、胡家集等十数村庄,居民率多盗匪。其中邓、平、孙、刘等姓,族人尤多不法,除已添塘汛并前抚臣徐本饬设保正族长外,臣现又极力谆饬文武牟员不时稽查,并令将不事生业之辈教以耕织,免其游惰,又将盗贼窝家赌博等罪名摘叙讲解,使其咸知为匪之罪、谋生之安,以靖地方。"[①]清代地方官曾在淮河流域洪水高发地区设立塘汛兵、保正、族长,以图遏制武风、匪患的盛行,但清中后期国力日益式微,内外交困,对基层的控制已力不从心。

有的地方官提倡文举而抑制武举,借以扭转尚武之风,但效果不甚理想。"每遇岁试,与各牧令约,并质之学使者,凡有少年才品可造之士,皆抑之,不使尽应武试,亦挽回之一道也。霍邑李生,名鳌者,以武庠而入文学,食饩时,肄业钟山书院,旋登庚午贤书。夫古今来,学士而富韬略,将军而擅风雅,何可胜数?诚以文武之途虽分,而道无二也。在李子,原不足多,然得之颍地,可谓豪杰之士,不囿于方者也。古书之以为颍人劝"[②]。地方官员试图抑制武举以扭转风气,但收效甚微,惟霍邱李鳌成功地"以武庠而入文学",故被大书特书,用文字记录下来。

五、结语

淮河流域社会文化的演变受制于黄河南泛与黄泛区分布格局而形成的环境变迁。为廓清黄河南泛及黄运分布格局对淮河以北区域的双重辖射程度,凭依黄、运为参照比对标识,可划分出中心区,南泛亚区和黄运河道中心线相对变迁时空范围、特征,并以"线"和"面"区划黄淮水利地理脉络走向以及宋金以降边缘趋势下的安徽省北部文化区重心所在。黄淮文化地理,是以特定时期黄淮文化要素的地理背景为考察对象。而基于皖北文化区人文要素符号的考察,其与淮河文化地理研究主要对象和方法各异,但两者研究皆强调区域水利、地理区位的共性和差异。"因河而徙"影响之下的黄淮区域水利地理与文化地理环境的整合空间,呈现出线性分布的河道水利、堤防治理与呈条块及面状分布的行政区划之间的结构矛盾。文化地理环境的时空分布差异,促进了黄淮水利地

① 《世宗宪皇帝朱批谕旨》卷二一六之三,《四库全书本》。
② 乾隆《颍州府志》卷一〇《杂志 · 摭史 · 纪闻》,第 1215—1216 页。

理与淮河文化地理研究主要方式和对象的比对，但两者皆强调区域水利、地理区位的共性，在各自领域及体系层面可互为补充，使之成为丰富文化研究时空内涵的有效途径。

对神祈的祭祀与崇拜，既可反映生态环境，又是文化变迁的重要表征之一。对黄淮下游地区河神系，在黄河干流、淮河与其主要支流以及南北大运河沿岸的祠庙分布进行成因分析，认为该区域的祭水与祀神已成为保漕护堤的另一种方式。以乾隆年间为研究断限，首先对河神及大王与风神的崇信及其地域差异进行探讨，然后分别从乾隆南巡与祭河，对禹、天妃的崇拜以及祠祭漕河官员的地域特征为研究对象，并从人神、人地关系的视角，分析这一时期祭神的人性化差异的形成过程。祈神以佑河道安澜的事实表明，乾隆帝南巡视河，宣扬君权神授与求神禳灾、顺应天意两者间并行不悖。祭祀治水开渠之禹神，其号召力还在于传统崇禹民俗与官方的合力共构。广受漕河沿岸官民膜拜的女性河神——天妃，与其海神形象形成时空对比。主持河政的漕河官员作为祠祭前任有功之河督的主体，亦因惠政于民而被后人所祭典。这既反映出政治体制下人地关系的相互整合，同时又是其以各自独有的方式努力协调天、地、人三者关系的结果。

明清时期，黄河夺淮，淮河流域环境和社会发生变迁，婚俗出现适应性选择。贞节观虽为多数妇女所接受，但有些守寡妇女选择再婚；婚姻礼仪既有传承，又显现出适应性选择；下层民众的婚姻困难较多，导致婚姻形式有适应性取舍。明清时期，淮河流域逐渐形成民众尚武的风气。究其原因，主要是黄河夺淮造成民众苦难深重，诱发了民众对社会不满而尚武；部分州县有尚武的传统，在灾害环境下迅速向全淮河流域蔓延；民众流徙不定，乞讨他乡，尚武少文；地方官员缺少遏制尚武风气之良策，使其长时段地流行。

第八章　社会变迁

社会变迁是指人类社会不断发展、演变的过程，它是一个漫长的过程，变迁方式有渐变与突变之分，内容包括社会环境、社会制度、社会生活、社会结构以及人口等方面。整体而言，宋金之前的淮河流域尽管多次爆发战争，但经济都能迅速恢复，自然灾害也较少发生，因而该区域在这一时期的社会变迁是缓慢的，并不明显。元明之后，该区域战争与自然灾害频发，经济破坏严重，人口剧减剧增，生态环境、经济结构和社会结构也发生了明显变化，因而社会发生了重大变迁。本章主要从人口迁移、宗族、匪患和生态环境、社会环境变迁等方面探讨淮河流域的社会变迁。

一、人口迁移与淮河流域社会变迁

历史时期的中国是一个人口迁移频繁的国家。学术界对此多有探讨，并且大多肯定移民的作用，诸如增加人口、恢复和加快经济发展、繁荣文化、促进民族融合以及巩固边疆等。但对移民的作用应辩证分析，既要肯定移民的积极作用，也要看到移民在激化社会矛盾、引发社会动荡、改变经济结构以及影响风俗等方面的作用。历史时期淮河流域既是一个民众移出的地区，又是一个大规模民众移入的地区，具有一定的代表性①。从较长时段来看，人口迁移对于这一区域经济社会发展的影响主要是消极、负面的影响。

① 学界在有关移民的积极作用方面已多有论述（可详见葛剑雄等：《中国移民史》六卷本，福建人民出版社 1997 年版），本节与已有成果有所区别，主要探讨移民在淮河流域社会变迁过程中的消极作用。

（一）人口迁移情况

当今淮河流域尤其是淮北地区如阜阳、亳州、宿州、濉溪乃至凤阳一带的民众在谈及自己的祖先时，多称是从山东迁来的。这从史书记载上也可以得到验证，例如《颍上县志》记载，该县 62 个大族中，迁徙之地不详者 9 个，余下的 53 个大族中，27 个来自山东，多于 50%，其他分别来自江西、福建、江苏、湖北及皖南徽州，时间多是明代①。

1.人口移出

从史料解读以及民间传说的分析来看，历史时期淮河流域民众移出的原因多为躲避战乱。淮河流域地处我国东部平原中部，地理位置极为重要，在冷兵器时代，以及热兵器初期，常常成为各方政治军事势力对峙的分界线，因而是兵家必争之地。三国两晋南北朝时期，以及宋、金时期，这一区域都曾多次爆发大规模的战争。元末农民战争，以及明初战争也大多在这一区域内进行。

以今阜阳为例，该地古称“汝阴”“顺昌”“颍州”等，明正德《颍州志》称其“襟带长淮，控扼陈蔡，东连三吴，南引荆汝；梁宋吴楚之冲，齐鲁汴洛之道；淮海内屏，东南枢辖”。三国时期的魏国大将邓艾曾以汝阴为中心的颍水下游屯田，“以备东南，盖仓城也”。清初地理学家顾祖禹因此盛誉颍州是“邓艾之仓箱”②；唐末黄巢起义军曾攻打颍州③，宋金时期发生了著名的顺昌之战，等等。其中，三国两晋南北朝时期是淮河流域历史上战事最为频繁的时期之一，也是人口移出的一个重要时期。

频繁的战事造成了大量的人员伤亡以及财产损失，迫使这一区域的民众纷纷举家迁移。例如，东晋时期以谢鲲为首的陈郡阳夏（今河南太康县）谢氏④、以袁瓌为首的陈郡阳夏袁氏⑤、以庾亮为首的颍川鄢陵（今河南鄢陵县西北）庾氏⑥、以桓彝为首的谯国龙亢（今安徽怀远西北）桓氏⑦、以荀崧为首的颍川（今

---

① 民国《颍上县志》，黄山书社 2009 年版，第 53—61 页。

② ［清］顾祖禹：《读史方舆纪要》卷二一《江南三·凤阳府·颍州》，中华书局 1957 年版，第 1012 页。

③ 《新唐书》卷一五三。

④ 《晋书》卷四九《谢鲲传》。

⑤ 《晋书》卷八三《袁瓌传》。

⑥ 《晋书》卷七三《庾亮传》。

⑦ 《晋书》卷七四《桓彝传》。

河南许昌、临颍一带）荀氏[①]、以周𫖮为首的汝南安城（今河南汝南县东南）周氏[②]、以蔡谟为首的济阳考城（今河南民权县东北）蔡氏[③]、以刘隗为首的彭城（今江苏徐州市）刘氏[④]……纷纷南迁。另外，一些官吏在南迁时也带走包括宗族在内的大量的人口。例如，绍兴六年（1136 年）二月，宋将韩世忠从淮北退兵，民众从而南归者达万余人[⑤]；绍兴十年，宋军南撤时，民众随岳飞军"从而南者如市"[⑥]；绍兴三十一年（1161 年），崔唯夫、董臻等率万余人南迁[⑦]，从而导致包括皖北地区在内的淮河流域很多地区田地荒芜、人烟稀少。根据葛剑雄、曹树基、吴松弟编著《简明中国移民史》得知，历史时期淮河流域民众移出主要在三个时期：一是晋怀帝永嘉年间到南朝宋元嘉年间（307—453 年），主要迁至江淮之间，包括今安徽省淮南、芜湖等地，以及今江苏省扬州、淮阴和南京、镇江、常州一带。二是安史之乱后，随中原汉族下淮南、江南，经皖南、浙西进入江西，然后一支下岭南，一支翻越武夷山进入福建。三是靖康之乱后，再次随中原汉族南迁，主要在苏南、江浙一带，以及东南各省[⑧]。

据调查，上海市嘉定区马陆镇居民中，"徐"姓于宋绍兴年间自河南迁入，"周"姓于宋时为官自安徽避难于此，"金"姓来自江苏徐州，"余"姓明代自安徽迁入[⑨]……阜阳学者胡天生也曾注意到这一现象，指出："以国为姓的胡姓居民，那时都从现在的阜阳迁往皖南、江浙一带，成为那里的大姓，所以那里的胡姓居民所占人口比例反而比阜阳要高。"[⑩]

当然，历史时期淮河流域民众移出也有其他原因，如经商、做官等。据学者调查研究，上海市嘉定区马陆的"沈姓"就是从阜阳迁出的，时间大约在南宋高宗建炎二年（1128 年）。当初，沈姓就是为了经商，到了东南海边，最后定居下来。沈姓在商业经营方面多有重要人物，如元初大场沈雷奋参与海运，其族人

---

① 《晋书》卷七五《荀崧传》。

② 《晋书》卷六九《周𫖮传》。

③ 《晋书》卷七七《蔡谟传》。

④ 《晋书》卷六九《刘隗传》。

⑤ 《建炎以来系年要录》卷六八。

⑥ 《宋史》卷三六五《岳飞传》。

⑦ 《宋史》卷三二《高宗纪九》。

⑧ 葛剑雄、曹树基、吴松弟：《简明中国移民史》，福建人民出版社 1993 年版，第 499—514 页。

⑨ 陈兴龙：《马陆人姓氏小考》，上海市嘉定区马陆镇政府网站（http://www.malu.gov.cn/index.asp）的《新闻中心 · 马陆塘畔》，2008 年 10 月 13 日。该文另发表在《马陆报》。

⑩ 《胡国宗庙在阜阳》，胡天生：《阜阳考古录》，中华书局 2011 年版，第 54 页。

驾舟出国成为巨富。目前沈姓是马陆一大姓，约 2500 余人，为嘉定区各镇之最[①]。

2.人口移入

连年的战争，加上灾荒，导致包括淮河流域人口急剧减少、大片土地荒芜。自永嘉之乱(311 年)始，此后的一百多年间，阜阳一带人口急剧减少，几乎成为无人居住的真空地带。据《北魏·地形志》记载，北魏时期的颍州"领郡二十，县四十"。胡天生考证，这一时期阜阳辖区大约相当于现在的阜阳市、亳州市大部、六安市北部以及河南驻马店市东部、信阳市东北部地区[②]。然而，如此广大的区域，仅"户三千六百一，口一万三千三百四十三"。另据《明史·食货志》记载，明初"靖难兵起，淮以北鞠为茂草"。

淮河流域一带人口稀少、大片土地荒芜，吸引了众多的外地民众迁入。据明正德《颍州志》记载，明成祖永乐元年(1403 年)阜阳一带"人户一千五百五十户"，至明宪宗成化十八年(1482 年)已达到"人户八千九百户，土居二千五百四十四户，流移客户六千三百五十六户"。因此，《明史·食货志》有"其时民数反增于前"之说。显然，民众的移入对于恢复和发展淮河流域一带的经济，稳定社会秩序发挥了积极作用。

民众迁徙，一为政府组织，例如明初，"尝徙苏、松、嘉、湖、杭民之无田者四千余户，往耕临濠，给牛、种、车、粮，以资遣之，三年不征其税。……复徙江南民十四万于凤阳"[③]。二为民众自发，这应该占民众迁徙的绝大部分。例如，萧县李姓于明初从山西省洪洞县迁来[④]。明清时期，回族大量涌入淮北地区。洪武五年(1372 年)，阜阳穆氏等回民由山东枣庄迁来。洪武八年(1375 年)，凤阳宋姓由真定燕子窝迁来；蚌埠钱、李、回、忽四大姓回民由山西平阳迁来。洪武十年(1377 年)，太和县李氏回民由今北京金家胡同迁来；张氏由今北京椿树胡同迁来；马氏由河南项城迁来；哈氏由南京迁来。明初，砀山县 7 户苏姓、8 户许姓由山西洪洞县迁来；颍上县姚氏由江苏金坛迁来，王氏由江西安福县迁来，白氏由河南桑坡迁来；临泉县长官镇的马、穆、杜等回民从山东枣庄迁来；凤台县胡姓、柏姓由陕西调卫迁来。随着回汉族交往的增多，进一步促进了民族融合。

---

① 陈兴龙：《续述马陆人姓氏》，上海市嘉定区马陆镇政府网站(http://www.malu.gov.cn/index.asp)的《新闻中心·马陆塘畔》，2008 年 10 月 13 日。该文另发表在《马陆报》。

② 胡天生：《阜阳历代地域图志前 1046—2000》，《阜阳汝颍考信录》，2009 年未刊稿，第 16 页。

③ 《明史》卷七七《食货一》。

④ [日]韩敏著，陆益龙、徐新玉译：《回应革命与改革：皖北李村的社会变迁与延续》，江苏人民出版社 2007 年版，第 7 页。

例如明成化年间,郭楼(今属利辛县)一汉族青年已和邻村汉族姑娘订婚,后因战乱逃至淮河南岸贾家冲,与一回族女子结合;动乱之后,携妻返家,又娶了原定亲的汉族姑娘。回族妻生子为回族,汉族妻生子为汉族,从此一家世系两个民族,代代相传,郭楼又得以称"回汉郭楼"。此外,寿县陶店有前陶、后陶之分,前陶因与回族通婚,改信伊斯兰教,改族籍为回族,后陶仍为汉族;怀远县回汉乡李姓有前李、后李之分,也是如此①。

自发的民众迁徙又包括以下几种:

为官:为官上任自然是身不由己,但若要在为官所在地定居下来,则多半是出于自愿。他们或者本人定居下来、或者后代定居下来。欧阳修是江西庐陵(今江西永丰县)人,曾在颍州为官,被颍州民风之淳朴、物产之丰富,以及颍州西湖的美景所倾倒,"来颍爱其民淳讼简而物产美,土厚水甘而风气和……"以至于晚年定居并终老于此。其四子欧阳辨一支为"守祠"而定居阜阳,目前已繁衍成当地较大的一个宗族。据《宁氏族谱》记载,宁氏一世祖从善公,北直隶通州人,于彭城前卫所从事;二世祖宽公,明永乐四年(1406 年)官怀远将军;三世祖端公,明宣德十年(1435 年)官河南都司颍川卫,始定居颍州;明清两朝,颍州宁氏受封三品以上文武官位者 30 多人,掌管颍州军权 200 多年,素有"宁半拉城"之美誉。其他如阜阳刘姓,又称"太丘刘",因明初刘奉先系河南省归德州永成太丘人,故有此称。刘奉先由于军功升武略将军、河南卫中后所副千户。其次子刘英,于明成祖永乐十六年(1418 年)袭副千户,明宣宗宣德八年(1433 年)十二月调颍川卫,来到阜阳,从此定居下来,其后代中出了很多显赫人物,如刘九光、刘九畴、刘体仁、刘壮国等。

经商:外地人到此经商,或者经过此地,因为诸多原因,没有再返回原居住地。例如界首赵姓,据记载,该姓原籍为南京句容,明正德年间北上经商,途中一人病逝,安葬在界首,所以留一名家族成员在此守墓,从此定居、繁衍下来,成为当地一大家族。

谋生:这一部分民众是淮河流域一带移民的主流。所谓移民,"是指一定数量人口出于各种目的离开原居住地到另外一个距离较远的地方定居谋生,并不再返回原地居住地的人"②。也就是说,移民的形成要有三个要素,一是一定数量的人;二是一定距离,也就是离开原居住地到另外一个距离较远的地方;三是一定时间,也就是不再返回原地居住地。因此,前来淮河流域谋生的这一部分

① 安徽省地方志编纂委员会:《安徽省志·民族宗教志》,方志出版社 1997 年版,第 3—4 页。

② 中国百科大辞典编委会编:《中国百科大辞典》,华夏出版社 1990 年版,第 159 页。

民众才是严格意义上的移民。

从史料(含史书、谱牒等)记载,以及民间传说来分析,当前淮河流域尤其是淮北地区一带民众祖先相当一部分是从江西、山西、山东迁移来的。

江西瓦屑坝:瓦屑坝是明初移民主要集散地之一。来自这一地区的民众在淮北一带较少,主要生活在淮南一带以及皖江流域。这可从当地的方志谱牒中得到证明。据葛剑雄、曹树基等学者考证,瓦屑坝在今江西省波阳县城西南约10千米的太莲子湖滨,名作瓦燮坽。据该村现存的《朱氏族谱》《何氏族谱》等谱牒以及江西有关文献记载可知,此“燮”是由“屑”雅化而来,而“坽”意为小土沟底(鄱阳人把湖与大河、港汊连接的那段水域称为“坽”),与“坝”相对应①。

山西洪洞县:在固始的陶集、杨集一带杨姓中,流传着这样一句话:“洪洞分四野,颍水润书田。”据说这是原杨家祠堂上的一副对联,也经常在逢年过节时用。这里所提到的“洪洞”应该就是山西洪洞县。

此外,在蒙城、淮南、凤台等地,民间流传着祖籍上从山西“老关巷”迁来的说法。“老关巷”,又说成是“老鸹巷”“老官庄”等。根据史料分析,“老关巷”“老官庄”应该是由“老鸹窝”雅化而来。

“问我祖先来何处?山西洪洞大槐树。”“问我故乡叫什么?大槐树下老鸹窝。”民间流传的这些歌谣既反映出移民对故乡无限眷恋之情,也透漏出一个重要的信息,就是这部分移民当初是从山西洪洞大槐树下出发的。

山西洪洞一带,在金、元以至明初期间均无大的战争,也无严重的灾荒,倒是连年风调雨顺、社会安宁,因而人口急剧增加,人均占有土地日益减少,民众生活逐渐陷入困境。永乐十五年(1417年),山西平阳、大同、蔚州、广灵等地绅民上言,称:“本处地硗且窄,屡不登,衣食不给,乞分丁于北京广平(今河北广平县)、真定(今河北省正定县)、清河(今河北省清河县)、冀州(今河北冀县)、南宫(今河北南宫县)等县宽闲之处,占籍为民,拨田耕种。”②明王朝采纳这一建议,遂在山西洪洞县设立移民机构,专门办理移民事宜。

中国民众素有“安土重迁”之传统,因而大多数民众并不愿意离开故土。明王朝于是强迫山西民众到洪洞县广济寺大槐树前集合,然后从这里出发。民间由此留下了很多传说。

“大槐树”“老鸹窝”说法。当时迁徙的民众被强迫在大槐树下集合,所以

---

① 葛剑雄、曹树基:《江西瓦屑坝》,《寻根》1997年第2期;孔良海:《江西移民记忆中的瓦屑坝》,《寻根》2009年第1期。要说明的是,后文写作“瓦屑泠”。

② 《明实录·太宗实录》卷一八八。

他们的后代都爱吃槐花。民众被驱赶着离开故土,依依不舍、一步一回头,最终从视线中消失的是大槐树及其上面的老鸹窝,所以该情景被牢牢地刻在脑海里,“大槐树”“老鸹窝”也就成为了家乡的代称。

两瓣小脚趾甲。这里有两种说法,一说是官兵押送民众迁徙时,为防止民众逃跑,所以在每人小脚趾上砍了一刀;二说是未迁徙的民众担心今后与亲人们无法再相认,就在迁徙的亲人小脚趾上划了一刀,作为记号。正因为如此,这批移民后代的小脚趾甲都是两瓣的,所谓“谁是古槐迁来人,脱履足趾验甲形”,“举目鹳窝今何在,坐叙桑梓骈甲情”,以及“是否杨侯国里人(古时洪洞称杨侯国),脱履验甲最为真”等歌谣就由此而来。

据史料记载,明代大槐树移民可分为两个阶段:第一阶段为洪武、永乐时期,从公元 1373 年到公元 1417 年的 44 年间,共组织迁民 18 次之多,约 60 万人。第二阶段为永乐以后,不过这一阶段无论从规模还是从数量上来说,都不能与前一阶段相比。从大槐树迁出的民众,被迁往河南、北京、山东、安徽北部等 11 省 277 县(市)的地广人稀之地①。

山东枣林庄:有关这一地点的说法在阜阳流传最广。不仅如此,在很多族谱中也明确记载着这一地点,称他们的祖籍为山东枣林庄。例如倪氏家谱(倪嗣冲)、刘氏家谱(刘体仁)、掩龙刘氏家谱等等。临泉于氏族谱称:大海公于明孝宗弘治元年(1488 年)携家离山东省临淄县枣林庄来迁凤阳,弘治二年始定居于沈丘县西五里之坡;与大海公同时来自山东枣林庄之于氏者尚有多支,如凤阳、蒙城、阜阳、阜南、太和等地于氏,都是同出一支。

当然,由于当时大多移民文化水平不高,家谱、口传中的“枣林庄”名称与事实有所出入,如“枣林巷”“枣庄”“枣连庄”“枣林闸”等。

“枣林庄”现在何处?为何移民?目前有两种说法。

一种说法是,“枣林庄”就是现在山东兖州市城北谷城镇南部黄土平原,安邱府村民委员会驻地。这个说法最早由葛剑雄、曹树基提出。他们经过实地考察,并结合史料分析,认为兖州东部属丘陵地区既未受黄河决口影响,在元末明初的战乱中损失也小,因而成为人口较为密集的地区。枣林庄地处兖州府治城郊、南北交通要道,因而容易成为移民集散地。笔者曾查阅相关史料,并前往实地考察。由山东省兖州县地名委员会办公室于 1989 年 10 月编辑发行的《山东省兖州县地名志》一书第 205 页提到:“安邱府,位于县城北 3.5 公里,谷城乡南

① 段建宏、马玉山:《大槐树移民》,侯伍杰主编《山西历代纪事本末》,商务印书馆 1999 年版,第 583—585 页。

部,黄土平原。安邱府村民委员会驻地……此村历史悠久,曾有汉代文物出土。据明代石碑记载,明以前此村称枣林庄,明鲁王裔孙安邱王分封于此,故称安邱王府庄。明亡后至清康熙初年改称枣林庄,清末又称安邱王府庄,简称安邱府至今。"

这一说法有一明显的缺陷。经查,这批山东民众的迁徙并未见于明朝官方的文献记载,说明这次移民基本上是自发的、分散的。这一点,葛剑雄、曹树基等学者也持相同观点。既然兖州东部一带社会安定,未遭受战争的严重破坏,也无大的灾荒,那么民众为何要主动地迁徙?要知道,兖州在曲阜、济宁附近,这里是孔孟之乡,民众的"安土重迁"以及"父母在不远游,游必有方"的观念较山西民众更重,如果没有外在的压力,他们是不可能离开故土的。

第二种说法,"枣林庄"实则"枣林闸"。据倪氏族谱记载,颍州倪氏祖籍山东兖州枣林闸,洪武五年(1372 年)由山东兖州府会通河迁颍[①]。历史时期的鲁桥镇是京杭大运河会通河段上的一个重要码头。元至元二十年(1283 年),为便递运,"徙济州潭口驿于新河鲁桥镇"[②]。洪武十八年(1385 年),曾设立鲁桥镇巡检司[③]。枣林闸于元仁宗延祐五年(1318 年)建,"枣林闸,南至孟阳泊闸九十五里,延祐五年建"[④]。位于今山东省微山县鲁桥镇枣林村[⑤]。这一地区人口相对密集,另一方面毗邻黄河,境内有微山湖,时常遭遇黄河泛滥、微山湖涨水,洪水淹没了土地、房屋,吞噬了生命。据水利部淮河水利委员会沂沭泗水利管理局编《沂沭泗河道志》统计:元顺帝至正四年(1344 年)六月"又决金堤……济州、单州、虞城、砀山、东明、郓城、丰、沛、定陶、楚丘、武城(疑为成武)以至曹州、东明、郓城、嘉祥、汶上、任城等处,皆罹水患"。明代宗景泰三年(1452 年),"八月,徐州、济宁间,平地水高 1 丈,民居尽圮"。景泰五年(1454 年),"八月,东、兖、济三府大水,河涨淹田"。明穆宗隆庆三年(1569 年),"七月壬午,河决沛

① 李良玉等:《倪嗣冲年谱》,黄山书社 2010 年版,第 1 页。

② 《元史》卷一二《世祖九》。现在的鲁桥镇区仍沿运河两岸延伸。据史料记载,元代鲁桥镇在运河两岸之间架有一座三孔木桥,故有"泗水滔滔流青铜,鲁桥突兀跨长虹"诗句。见微山县地名委员会办公室编:《山东省微山县地名志》,1986 年版,第 88 页。

③ 《明史》卷四一《地理志二》。

④ 《新元史》卷五三《河渠志二》;《元史》卷四〇《河渠志一》。

⑤ 山东省微山县志办公室编:《微山县大事记资料》,1987 年版,第 65 页。枣林村在鲁桥镇南三千米,南阳湖东岸,为鲁桥镇的一个行政村。见微山县地名委员会办公室编:《山东省微山县地名志》,1986 年版,第 91 页。

县,自考城、虞城、曹、单、丰、沛至徐州,坏田庐无算"[①]。此外,兖州一带因为是明初靖难之役的主战场,所以遭到战争的严重破坏。可以想象,当时这一地区的民众为了生存不得不外出逃难。这种逃难是自发的、也是分散的,但是他们中的相当一部分可能就近在微山县鲁桥镇枣林村乘船,这里便成为了来自兖州、临淄、济南以及枣庄等地难民的集散地。他们沿京杭大运河一路南下,到达徐州后登岸,向西到人迹稀少的淮北一带寻找生存的地方。由于这批难民是自发、分散的迁徙,所以他们不能进入官方设立的移民安置区即凤阳府中心区域,只能在凤阳府的北部、西部等边缘地带活动。这样,他们在濉溪、利辛、蒙城、颍上、寿县、六安等地一带开荒、生存,从此定居下来,繁衍生息。尽管这批山东移民关于故土的记忆逐渐模糊,但是他们出发的地点却深深地烙在脑海中,并一直流传下来,所以有了"兖州枣林庄""临淄枣林庄""济南枣林庄"以及"枣庄"等说法。由于山东各地方言差异较大,加上难民文化水平不高,所以"枣林村"这一地点被说成"枣林庄",而且在口口相传乃至族谱记载中有了较大出入。

(二)人口迁移与淮河流域社会变迁

历史时期淮河流域的经济社会发展经历了一个从初步开发、发展水平较高,再走向衰弱的大致轨迹:先秦两汉时期得到初步发展,成为中国最早开发的地区之一;魏晋南北朝时期尽管遭到一定的破坏,但是很快得到恢复与发展;隋唐北宋时期发展迅速,达到相对较高水平。整体而言,金元之前的淮河流域经济社会发展水平尽管有时会出现衰退和迟滞,但大都能很快恢复并发展至新的高度,然而明清时期淮河流域的经济社会尽管在许多方面有所发展,但就其在全国的经济地位而言,已呈不断下降的趋势[②]。在这一个由盛到衰的过程中,淮河流域的移民起到了一个重要的助推作用。简言之,历史时期人口迁移深刻地影响了淮河流域的生产方式及民风民俗、语言,改变了原有的经济结构、社会结构,不同程度影响了该地区经济社会发展进程,加速了该地区的社会变迁,主要体现在以下三个方面。

1.易引发资源抢夺、形成流民,激化社会矛盾,破坏社会稳定

移民与迁入地土著民众之间存在诸多矛盾,矛盾的焦点就是土地。"民以

---

① 水利部淮河水利委员会沂沭泗水利管理局编:《沂沭泗河道志》,中国水利水电出版社1996年版,第32页。

② 参见吴海涛:《淮北的盛衰:成因的历史考察》,社会科学文献出版社2005年版,第11—72页。

食为天”,历史时期民众迫切需求解决的是吃饭问题,所依靠的资源主要是土地。然而,土地的承载力是有限的。历史时期北方的土地亩产量很低,“内地之田,虽在丰年,每亩所收止一二石”[①],故“农民唯图广种,一夫所耕自七八十亩以至百亩不等”[②]。另外,经过战火、灾荒破坏,很多土地荒芜已久,无法耕种。据载,明中期颍州“荒地万有千顷,可耕者仅八千余顷……谓地荒不能即垦,人死不能再生,非休养数十年,未易复旧日之盛”[③]。随着人口的大量迁入以及不断增长,人均占有土地日益减少,从而激化了移民与土著民众、移民与官方,甚至移民与移民之间的矛盾,导致冲突不断[④],引发了社会动荡。

1851至1855年间,淮北铜山、沛县土著与山东曹州流民之间因湖田纠纷发生了严重冲突,史称“湖田案”,亦称“湖团案”。1851年,黄河泛滥,淹没江苏、山东交界两个湖泊西岸的大片土地。江苏西北部的沛县和铜山县等地民众大多外出逃难。这些遗弃的土地很快被从山东逃难而来的人占用,他们开始辛勤耕作这些无主土地,并很快得到回报,“不久,移民获得大丰收”。近十年后,因1851年大水逃难在外的前居民重新返回,却发现他们的土地上已有人在居住,双方发生冲突。新居民为保护开发的资源,组织了12个防卫性团体,称为“湖团”,构筑堡垒,购买武器,成功地击退了前居民的进攻。1865年,捻军占领这一地区,并与“湖团”联合,前居民乘机得到官府支持。捻军被击溃后,前居民伙同官军围剿“湖团”,捕杀“湖团”团丁一千余人,并没收了他们的土地[⑤]。

上述事例不仅说明民众对土地资源争夺之激烈,也体现出民众强烈的恋土之情结。费孝通先生曾将中国称为“乡土中国”,“从基层上看去,中国社会是乡土性的”,他指出:“我们很可以相信,以农为生的人,世代定居是常态,迁移是变态。大旱大水,连年兵乱,可以使一部分农民抛井离乡;即使像抗战这样大事件所引起基层人口的流动,我相信还是微乎其微的。”“乡土社会在地方性的限制

---

① [清]王先谦编:《康熙朝东华录》卷八〇。

② [清]尹会一:《敬陈农桑四务疏》,《皇朝经世文编补》卷三六。美国学者裴宜理认为,淮北地区由于土地肥力较差,加上自然灾害破坏,很多地方可能需要30—100亩的土地才能维持家庭生计。参见(美)裴宜理著,池子华、刘平译:《华北的叛乱者与革命者1845—1945》,商务印书馆2007年版,第35页。

③ 乾隆《颍州府志》,黄山书社2006年版,第525页。

④ 移民以及破产、贫困的土著“为了谋生自卫,便呼朋招类,十百为群”,易导致秘密结社的产生,破坏社会秩序的稳定,引发大规模的冲突,进而加剧了社会动荡。参见蔡少卿:《中国近代会党史研究》,中华书局1987年版,第208页。

⑤ [清]王定安:《求阙斋弟子记·湖团》,转引自中国史学会:《捻军》第1册,上海人民出版社1957年版,第104—110页。

下成了生于斯、斯于斯的社会。常态的生活是终老是乡。”[①]这几段话形象地描绘了中国民众“安土重迁”的强烈观念。《淮上流民歌》中“夫担簦，妻携筐，零丁踯躅来他乡。他乡不比故乡苦，便到他乡谁是主”的歌词，不仅流露出对未来的担忧，也表达出对家乡的无限眷恋之情。因此，移民往往时过境迁后重返故里，形成流民，甚至产生新的移民潮，既扰乱了迁入地的社会秩序、经济秩序，也极易与迁出地的移民争夺资源，形成新的社会矛盾，大大不利于迁出地、迁入地经济社会的恢复与发展。历史时期淮河流域的民众流进流出，民众生活极不稳定。史书载：“民性不恋土，无业者辄流散四出，或弥年累月不归，十室而三四；其在外者又随宜逐便，营土屋，附田塍为居。”[②]在这样的生活方式、生产方式下，淮河流域一带地区的社会矛盾持续尖锐，冲突时有发生，社会状况时常处于动荡之中，民众生活无法安定，经济得不到发展，文化不能繁荣，弥年累月以后，经济社会逐渐衰落便成为必然。

2.因生产方式、经营理念、生活方式等不同，改变了原有的经济结构

历史时期淮河流域迁出的民众多为强宗大姓、社会精英，他们的南迁，导致北方家族势力日益削弱，南方家族势力则逐步增强。美国社会学家威廉·古德(WilliamJ.Good)认为：“中国的宗族制度在东南各省最发达，例如福建、广东、广西和江西，但中国其他地区则属于一般类型。”[③]

强宗大姓、社会精英家道殷实，他们多为整体南迁，不仅仅迁走了大量人口，而且携带了大量的物质财富、先进的生产方式和经营理念，有力地推动了南方经济社会的发展，但同时也改变了淮河流域的经济结构，造成流域经济社会的衰弱。与此恰恰相反，迁入淮河流域的民众除少量富户外大多为难民，不仅生产方式、经营理念落后，而且仅有的财产也在逃难途中丧失殆尽。即使政府组织的移民，无论洪武年间的苏、松、嘉、湖、杭民之无田者四千余户，还是江南民十四万，乃至“以罪徙者”[④]，也缺乏必要的生产资源，他们被迫开垦荒地，聊以度日。显然，历史时期移民进入淮河流域一带地区，只能从事农业生产，因此

① 费孝通：《乡土中国·生育制度》，北京大学出版社1998年版，第6—8页、9页。

② 光绪《凤台县志》卷四，1882年，转引自[美]裴宜理著，池子华、刘平译：《华北的叛乱者与革命者1845—1945》，第68页。

③ [美]威廉·古德著，魏章玲译：《家庭社会学》，台湾桂冠图书出版公司1988年版，第168页。

④ 《明实录·太祖实录》卷七一、卷九七记载，洪武五年(1372年)，“诏今后犯罪当谪两广充军者，俱发临濠屯田”。洪武八年(1375年)，“自今凡杂犯死罪者，免死，输作终身；徙、流罪，限年输作；官吏受赃及杂犯私罪当罢职役者，谪凤阳屯种；民犯流罪者，凤阳输作一年，然后屯种”。

政府才有“给牛、种、车、粮，以资遣之，三年不征其税”[①]之类的政策。这种生产方式、经营理念产生的效果是，官方着力“劝课农桑”，广大民众则“不事末作”[②]，充其量就是恢复到淮河流域原有的农业生产水平，工商业根本无从谈起。然而，即使农业生产，由于淮河流域持续动荡，民众生活极不稳定，想恢复到原有的农业生产水平也是奢望。

因此，历史时期淮河流域民众的迁出、迁入，对淮河流域的经济发展尤其是工商业的打击极为沉重。张研、毛立平曾根据地方志记载，将历史不同时期淮北部分地区纺织业发展状况进行了比较，认为：“这些地区历史上曾经辉煌过的纺织业18世纪中期以后归于暗淡甚或销声匿迹。”[③]实际上，淮河流域衰弱的不仅仅是纺织业，可见下表。

表8.1　历史时期淮河流域部分地区工商业发展状况比较[④]

府	前代	清末
凤阳	“凤绢寿绸，经泽可喜，犹有古之遗制”[⑤]。土壤膏沃，有茶、盐、丝、帛之利。人性轻扬，善商贾，廛里饶富，多高赀之家[⑥]。	“事杼柚寥寥，畴昔桑田阡陌，杳不复辨。”凤阳地土“宜麻宜棉”，“愚农囿于所习，艺者终鲜”。凤阳、怀远、宿州、灵璧均不产布[⑦]。
颍州	唐代颍州府贡品列有“丝布、絁”。亳州唐代贡绢在七等级中位列一等[⑧]。人性质朴，唯务农桑，今则工商交作[⑨]。	有关记载极简略，很少外销[⑩]。

① 《明史》卷七七《食货志一》。

② 乾隆《颍州府志》，黄山书社2006年版，第64页。

③ 张研、毛立平：《19世纪中期中国家庭的社会经济透视》，中国人民大学出版社2003年版，第197、198页。

④ 该表材料参考借鉴了张研、毛立平：《19世纪中期中国家庭的社会经济透视》，中国人民大学出版社2003年版，第198页的有关内容。

⑤ 光绪《凤阳府志》卷一二《食货考》《物产志》。

⑥ 《宋史》卷八八《地理志四》。

⑦ 光绪《凤阳府志》卷一二《食货考》《物产志》。

⑧ 《新唐书》卷三八《地理志二》。

⑨ 《异闻》，转引自胡朴安编著：《中华全国风俗志》（上册），上海科学技术文献出版社2008年版，第75页。

⑩ 郑昌淦：《明清农村商品经济》，中国人民大学出版社1984年版，第272页。

续表

府	前代	清末
泗州	唐代贡品列有“绢”“赀布”。其中贡绢在七等级中位列三等,赀布列二等①。	物产有棉无布。“女子不解纺织”。盱眙“女红,不知纺织”。五河“妇女惟习针凿,而不务纺织”②。

可以看出,相比于前期,淮河流域一带地区的经济结构至清末时已发生明显的变化,经济发展水平大大降低。

3.民风民俗趋于多元化、复杂化,方言出现新的特征

前文已述,金元之前的淮河流域经济社会发展较快,民众因之可以生活安定,民风、民俗也较为单一。这一时期的地方官也着意对民众进行教化,例如北宋蔡齐任颍州太守时,“奏请立学,颍之有学自此始……博之以《诗》《书》、六艺之文,而循循于君臣、父子、夫妇、兄弟、朋友之道,风俗成而人材出”③。古史对金元之前淮河流域的民风、风俗多赞美有加:

颍州:“好尚稼穑,重于礼文”④;“民淳讼简而物产美,土厚水甘而风气和”⑤;“士励诗书,民安耕凿,女子雅慕节义,殉夫者接踵”;“重义尚质”;“民庶而事简”⑥。

凤阳:“尚淳质,好俭约,丧纪婚姻,率渐于礼”⑦;“凤阳性率真直,其食秔稻,其衣绝布”⑧;“濠水之上,江淮之间,惠庄隐士昔所游处,淮南宾客集而著书,流风所被,文教并兴”⑨。

泗州:“其士子则挟任节气,好尚宾游……莫不贱商贾,务稼穑,尊儒慕学”⑩;“其人好学,尚礼义,重廉耻”⑪;“力农者多,逐末者少。学校有英俊之才,

① 《新唐书》卷三八《地理志二》。

② 光绪《泗虹合志·风俗志》、同治《盱眙县志·风俗志》、光绪《五河县志·风俗志》,转引自张研、毛立平著:《19世纪中期中国家庭的社会经济透视》,中国人民大学出版社2003年版,第198页。

③ 乾隆《颍州府志》,黄山书社2006年版,第197页。

④ 《隋书》卷三〇《地理志中》。

⑤ [宋]欧阳修:《思颍诗后序》,转引自邱少华编著:《欧阳修词新释辑评》,中国书店出版社2001年版,第15页。

⑥ [宋]黄谦好等语,乾隆《颍州府志》,第61、62页。

⑦ 《隋书》卷三一《地理志下》。

⑧ [宋]乐史:《太平寰宇记》卷一二八《淮南道二》。

⑨ [宋]钱文子:《修学记》,光绪《安徽通志》,(台湾)京华书局1967年版,第379页。

⑩ 《隋书》卷三一《地理志下》。

⑪ [宋]乐史:《太平寰宇记》,光绪《安徽通志》,(台湾)京华书局1967年版,第380页。

乡里无争斗之习"①。

民风民俗是民众一种相沿成习的东西,是文化的一个重要组成部分,体现在思维方式、生活习惯、生活方式和精神追求等方面。前文已分析了民间信仰、婚俗等风俗方面的变迁,而移民的迁入,带来了与淮河流域一带地区土著居民所不同的思维方式、风俗习惯、生活方式和精神追求等,冲击、削弱了原有文化的影响力。多种不同的文化在相同的生态环境下不断发生碰撞、融合,导致淮河流域包括民风民俗在内的文化趋于多元性、复杂化。明代已有人开始注意到这一变化。例如曾任明兵部尚书的张鹤鸣极为痛心地地指出:"然一颍(指颍州——笔者按)也,昔何旷夷质直,庞乎天地中气也;今何习狙攻谲,天地之中气销铄无余,宁独教化不行,纲纪凌迟哉。"②明万历年间进士刘九光也认为:"夫颍自癸巳(1593 年)以来,连岁荒祲,人民凋瘁,风俗颓弊。"③需要指出的是,张鹤鸣、刘九光等所提到的"连岁荒祲,人民凋瘁"应当是较为客观的,但是有关民风民俗之说似不恰当。作为社会上层的他们对于广大民众的处世、处事态度极为敏感,所谓的"习狙攻谲,天地之中气销铄无余""风俗颓弊"之说似由民众不安于现状、敢于犯上等性格而来。

整体而言,金元以后的淮河流域民风民俗呈现如下两个方面的主流趋势:其一,民风趋于剽悍。正如前文论述,在与频发的自然灾害、统治者的残酷压迫不断抗争,以及民众相互之间纠纷、冲突不断的过程中,淮河流域民风逐渐发生变化,剽悍、好勇、尚武等成为主流。民众不再相信官府,不趋炎附势,敢于反抗强权,正如史书所记载:"惟负气分子,所在多有,有时激于义愤,不诉诸法律,即诉诸武力,慷慷慨慨牺牲,死而无悔,以故械斗杀人之事数见不鲜……大抵县境沿淮一带,民风刚劲,不平则鸣,此未尝非义之感化……而扶强抑弱与趋炎附势之劣根性,为县人所鲜有,豪强者对于弱小民族如压迫太甚,必有出为代鸣不平以伸张公道者。"④这恰是张鹤鸣、刘九光等社会上层人士所感慨之主要原因。造成这种变化的原因主要有两个方面:

一是移民性格影响。淮河流域的移民主要来自山西、山东、河南等北方地区,而"北方之人直而愚,尚武力,而多神权迷信。何以知之?曰,凡山东山西河

① 《临淮记》,光绪《安徽通志》,(台湾)京华书局 1967 年版,第 380 页。

② [明]张鹤鸣:《万历〈颍州志〉序》,道光《阜阳县志》,黄山书社 2009 年版,卷首原序,第 6 页。

③ [明]刘九光:《万历〈颍州志〉序》,道光《阜阳县志》,卷首原序,第 10 页。

④ 民国《颍上县志》,黄山书社 2009 年版,第 74—75 页。

南一带，无不尊信封神之传……盖民情风俗之不同使然也”[①]。尤其是山东，“其俗刚武尚气力，人尚劲捍”[②]。移民这种性格在生存环境日趋恶化的淮河流域得到了充分的发挥和展示，进而影响了民风。

二是生存环境的日趋恶化。北宋之后的淮河流域多次遭到战争的破坏，如宋金战争、蒙金战争、蒙宋战争以及元末、明末的战乱，加上频发的自然灾害和日益加剧的社会矛盾，致使民众生存环境日趋恶化，生活日益艰难。他们不得不铤而走险、奋起抗争。正如史书所言：“省风问俗，见夫平原大陆，患在土满而沟遂弗治，夏涝常多，民力已久绌，无怪今之不逮夫昔矣。”[③]前文对此已有论述，不赘言。

其二，民俗充满迷信。多重的灾难和挫折使移民迫切渴望得到神灵的保佑，幻化出各种信仰对象作为生活的精神支柱，因而盛行“万物有灵”“礼多神不怪”。例如，阜阳一带的民众在修建新居、安葬亲人时，都要请阴阳先生勘地；订婚，需先合年命；结婚，先要择定日子；如果心有疑虑，便请星相家算命摇课；东西被偷则胡咒乱骂；还有扎草人置路口或绑树上诅咒的；当家有病人，多请神汉、巫婆，跳神下药。此外，阜阳一带农村人还迷信精、仙显灵：老树会成神，老土井、老沟塘会出仙、出精，被称爷、称奶、称仙姑[④]。生活在淮河岸边的蚌埠民众尤其敬奉水大王。他们在很多地方建有大王庙，供奉“水大王”，意在镇水。洪水季节，水上漂蛇即被认为是“水大王”，被人们“请”到庙内，置一木匣内，受人烧香叩拜。另外，民众交谈时对涉及与“水灾”相关的字音也特别忌讳。例如陈姓，则改口称“掂不动”或“耳东”，以避开沉船的“沉”音；称“帆”为“篷”，“翻舱”为“转舱”，以避开翻船的“翻”音，因为“翻船折桅”是船家最忌的咒语[⑤]。

移民还影响了淮河流域的方言。以阜阳为例，据《中国语言地图集》划分，该地区的方言大部分属于中原官话郑曹片，明显受到了山东兖州、枣庄方言的影响，与明代移民有密切的关系。学界对此已多有论述，不再赘言[⑥]。

---

① 陶成章：《教会源流考》，中国史学会：《辛亥革命》第3册，上海人民出版社1957年版，第99、100页。

② 雍正《山东通志》卷二三《风俗》。

③ 乾隆《颍州府志》，黄山书社2006年版，第64页。

④ 阜阳市地方志编纂委员会编：《阜阳市志》，黄山书社1993年版，第433页。

⑤ 蚌埠市地方志编纂委员会编：《蚌埠市志》，方志出版社1995年版，第1194、1195页。

⑥ 左玉瑢：《河南中原官话的知庄章》，中国社会科学院研究生院2009年博士学位论文。

(三)人口迁移的简要评价

淮河流域一带地区属暖温带,本是一个适合人类生存和农作物生长的地区,"淮河流域(尤其是淮北地区)成为我国古代人民最早开发的区域之一"①。因此,历史时期的淮河流域一带地区经济发展,文化繁荣,社会进步,民众安居乐业,"民淳讼简而物产美,土厚水甘而风气和"。然而,至明中期时,该地区不仅经济衰落,而且"习狃攻谲,天地之中气销铄无余","人民凋瘁,风俗颓弊",淮河流域一带地区经济社会已发生了由盛到衰的质的变化。

前述可知,历史时期移民对于淮河流域一带地区社会变迁而言,破坏了社会稳定,改变了经济结构,影响了民风民俗乃至方言。应该说,移民这一社会现象主要是战乱、灾荒的产物,但它极可能反过来进一步加剧因战乱、灾荒等导致的社会动荡。可以说,淮河流域一带的社会变迁与移民有着较大的关系,只不过移民在这一过程中起到了消极作用。

我们在此指出历史时期移民在淮河流域社会变迁过程中的消极作用,并非从根本上否定移民的积极作用。事实上,正如很多学者所指出的,移民在很多地区发挥了诸如推动经济繁荣、稳定社会秩序、促进文化发展和实现民族融和等积极作用。不过,从历史上看,移民在南方的作用要远远大于在北方的作用。其中的原因不仅仅是北方战乱频繁、灾荒频发,也与经济结构、生活方式发生重大变化有很大关联。南方持续得到北方移民带来的大量物质财富以及先进生产方式、经营理念、生活方式等,而北方缺乏这种积极的外力推动,相反被嫁接上一种更落后的方式和观念。两者比较,结果判然有别。

值得注意的是,政府的相关政策及其控制力可以对移民实施有效管理,将移民的消极作用降到最低限度,成为制约移民消极作用的重要因素。显然,政府应该充分发挥自身功能,对移民实施有效管理,以维护社会稳定,促进经济社会发展。然而纵观历代王朝政策,他们对移民或者放任自流,或者管理不力。例如,明代在有关移民与原土地所有者关系上,采用移民"暂编居住,以待原籍来取复业"。结果导致"有发遣启程至中途逃回者,有聚众打伤来人而回者,有将物卖求而回者,辗转在彼居住,又不入籍当差,至有窃人财物肆为不法者"②。因此,尽管明政权曾有组织地向淮河流域一带大批移民,但由于移民的编户问

① 王鑫义主编:《淮河流域经济开发史》,黄山书社 2001 年版,第 3 页。

② 《明实录·英宗实录》卷八九。

题、赋税负担问题等，对其效果不应估计太高，“这既不便于地方政府管理，又诱发严重的流民问题”①。至晚清民国时期，淮河流域一带地区政局进一步动荡，政府控制大大减弱，社会秩序混乱，民众大量流亡，进一步加剧了淮河流域的贫困，成为该地区经济社会衰落的重要因素之一。

二、宗族与淮河流域社会变迁

中国宗族史是学术界较为关注的一个研究领域，除整体性研究外，区域性研究主要集中在东南各省以及两广、江西、安徽徽州等地宗族上。淮河流域的宗族在北宋之前尽管遭到战争、灾荒的打击，也有不少宗族南迁，但是势力一直很强大，基本上维持了对这一区域社会局势的控制。元代以后，随着淮河流域社会变迁的加速，这一区域的宗族也几度在中国政治舞台上扮演重要的角色，甚至影响政局，成为促进这一区域社会变迁的助推力。

本节将以晚清民国时期淮河流域社会变迁为背景，以捻党为主要考察对象，探讨这一区域内宗族的特征及其对社会变迁的影响。学术界曾在捻军、淮军研究中涉及这一领域，但尚未进行较为系统的研究②。

（一）学术史回顾

《尔雅·释亲》云：“父之党为宗族。”也就是说，所谓宗族是按父系血缘关系联结而成的一个社会群体，是家、家族的延伸。有学者认为，中国的宗族有广义和狭义之分：广义的宗族是指自古以来中国人作为身边社会关系存在的出自父系的亲族；狭义的宗族则是指宋以后以复活宗法为理想所组织的父系亲族集

---

① 吴海涛：《淮北的盛衰：成因的历史考察》，第231页。

② 捻军方面，如江地：《捻军论丛》（人民出版社1981年版）、张珊：《捻军史研究》（文化艺术出版社1994年版）、马昌华：《捻军调查与研究》（安徽人民出版社1992年版），以及牛贯杰：《捻军领导层初探》（《安徽史学》2004年第6期）等。淮军方面，如冀满红：《近代皖北乡村社会统治危机与淮军的产生》和白文刚：《近代皖北乡村宗族和淮系集团的崛起》〔《乡村社会文化与权力结构的变迁——“华北乡村史学术研讨会”论文集》（人民出版社2002年版）〕，白文刚、冀满红：《皖北乡土因素与淮系集团的发展》（《安徽史学》2004年第4期）以及王良胜：《近代宗族组织与农民起义》（《怀化学院学报》2006年第10期）等。还有从捻军、淮军两方面入手的，如毛立平：《十九世纪中期安徽基层社会的宗族势力——以捻军、淮军为中心》（《清史研究》2001年第4期）。

团,这种宗族的特点是拥有族田、祭祖祠堂和族谱[①]。早在上世纪初,严复就注意到中国的宗族,并翻译了英国人 E·甄克斯所著的《社会通诠》。上世纪二三十年代后,陈独秀、李达、林耀华等对宗族的定性、定位问题作了理论探讨,而吕思勉、陶希圣、高达观、曾謇等则对中国宗族史进行了研究[②]。

中国的宗族研究也引起了外国学者的浓厚兴趣。如井上徹,大阪市立大学文学部大学院文学研究科教授,兼任国立东京外国语大学亚洲非洲语言文化研究所共同研究员,以一部研究宋代以后中国宗族形成与发展的论文而获得名古屋大学的博士学位,主要著(编)作有《中国的近代谱》(2002 年)、《宋时宗族研究》(2005 年)等。他的《中国の宗族と国家の礼制》一书,共分为三部,分别阐述了宗法主义的主要内容、明代宗法主义的普及、清代宗族的稳定状况[③]。

相比较而言,海外学者更注重分析归纳中国汉人宗族的类型。美国学者武雅士(P.Wolf)认为中国汉人宗族的规模与内部结构具有 9 个特征,分别是:(1)分支结构;(2)族人众多;(3)实质性的共同财产;(4)居住在一个或多个单姓村;(5)祠堂;(6)共同墓地;(7)共同祭祀祖先;(8)拥有表示关系的标志物如族谱、名册或牌位;(9)社会连带关系。他然后以此分为三种类型:拥有全部特征的为第一种类型,如广东、福建、杭州平原和四川大邑等地的宗族,以及波特(Potter.J)研究的香港新界的刘氏宗族和华生(Watson.J)研究的文氏宗族;拥有(4)至(9)特征的为第二种类型,如爱亨(E.Ahern)研究的台湾刘氏、陈氏李氏宗族为代表;拥有(7)至(9)特征的为第三种类型,如费孝通研究的江苏南部的开弦弓宗族[④]。哈扎尔顿(Hazelton)将中国汉族宗族分为三种类型:华南型、长江下游型、华北和西北型[⑤]。在日本学者韩敏看来,二人的观点既有相同点,也

---

① 常建华:《井上徹著〈中国の宗族と国家の礼制〉》,《中国社会历史评论》第 3 卷,中华书局 2001 年版,第 610、611 页。

② 常建华:《二十世纪的宗族研究》,《历史研究》1999 年第 5 期。

③ [日]井上徹:《中国の宗族と国家の礼制》,(东京)研文出版,2000 年版。该书中文版由钱杭先生翻译,上海书店出版社 2008 年出版。

④ Wolf, Arthur P. 1989 *The Origins and Explanation of Variation in the Chinese Kinship System.* in Kuang—Chih Chang, Kuang—Chou Li, Arthur P. Wolf and Alexander Yin eds., Anthropological Studies of the Taiwan Area: Accomplishments and Prospects, pp. 241—260. Taipei: National Taiwan University. 古迪(J. Goody)又将武雅士的三种类型概括为:(1)拥有共同财产(社团性宗族);(2)拥有祠堂和墓地;(3)拥有族谱(非社团型)。——Good. J. 1990 *The Oriental, the Ancient and the Primitive*. Cambridge: Cambridge University Press, 60—61.

⑤ Hazelton.K. 1986 *Patrilineages and the Development of Localized Lineages: the Wu of Hsiuning City Huichou, to* 1528. *In Skinship Organization in Late Imperial China*, 1000—1940, Ebrey. P. B and J. L. Watson. Berkeley: University of California Press, 137—469.

有不同点。所谓相同点，是二人都看到了汉人社会宗族因其规模、内部结构和财产运行等不同而产生的复杂性和多样性。不同点是，武雅士认为第(2)(3)类型可能出现在任何地方，没有地域性，而哈扎尔顿则强调了地域性，并以地名来命名不同的宗族类型①。

介于长江流域与黄河流域之间的淮河流域，尤其是皖北地区以及豫东、苏北、鲁南等地区，地处我国中东部地区南北之中间，并且承东启西，是多重过渡地带，因而兼具南北、东西地区特色。该地区的宗族也就兼具了南北、东西方的特色。上世纪八九十年代，日本学者韩敏深入到皖北地区宿县和萧县的四个村子调查，最终确定选择萧县北部的李家楼村作为田野调查的地点，从而开始了长达14个月的集中调查，其中对过去600年，尤其是最近50年李氏宗族的延续、变化及其在乡村治理与社会变迁中的作用进行了考察。后来，她又三次返回该村作短期补充调查。她研究发现，尽管武雅士和哈扎尔顿的宗族分类为研究者提供了一个有效地框架，但却不能很好地解释皖北地区的宗族。在韩敏看来，皖北地区的宗族具有武雅士所归纳的9个特征，应当属于第一种类型，即广东——福建的类型，但实际上皖北地区的宗族和华南地区的宗族在宗族公田的规模与经营方式上存在显著的差异。在这一点上，皖北地区的宗族更接近于哈扎尔顿的长江中下游类型，即宗族拥有少量的公田，但仅能满足一年一度的祭祖仪式以及维持祖祠和墓地等费用，同时，编纂族谱、支谱的责任由宗族内的文人和官员以及他们的直系后代来承担②。

不难理解，韩敏女士所说的皖北宗族也就是前面常建华教授所界定的广义上的宗族。然而，关于皖北地区宗族的内部结构、主要活动及其功能等方面，史书、谱牒以及研究论著大多语焉不详。

(二)淮河流域宗族的特点

晚清民国时期的淮河流域的宗族却更具特殊性，它们既具有前文所述的特征，也就是韩敏女士所说的一般特征，即拥有必要的经济基础——少量的族田，以及维系凝聚力的精神纽带——族谱、祠堂、公共墓地等，也有共同的活动——

① [日]韩敏著，陆益龙、徐新玉译：《回应革命与改革：皖北李村的社会变迁与延续》(*A Response to Revolution and Reform: social change and continuity in a village in northern Anhui, China*)，江苏人民出版社2007年版，第19页。另注，本节中有关武雅士、哈扎尔顿的理论参考借鉴了韩敏的这本著作。

② [日]韩敏著，陆益龙、徐新玉译：《回应革命与改革：皖北李村的社会变迁与延续》，第18、19页。

一年一度的祭祖，但在内部结构方面又有较大区别，同时也具有鲜明的地域特征和时代特色。

其一，从内部结构上看，晚清民国时期淮河流域的宗族内部贫富差距很大，他们大多“筑圩立寨”，成为一方割据势力。

晚清民国时期淮河流域的宗族内部存在很严重的贫富分化现象。例如涡阳张姓宗族，也即捻军首领张乐行所在的宗族，其始祖于明末自山西迁来，二世时兄弟8人，后称“老八门”，五世时已繁衍为20门，除张老家外，分居在张楼、张单庄、张小庙、张双庄、张大楼、张大庄、张瓦房、张卜楼、擂鼓张、注张庄、小梁庄、申庄、马套楼、上肘庄、梁园庄、胡庄等“九里十八庄”，人口达数千人[①]。然而，这个张姓宗族存在着很大的贫富差距。据上世纪五六十年代的调查，在已获得准确信息的张老家48户中，“占38.7%的无地少地贫农，只占有1.5%的土地，而占地200亩以上的地主，就占有70%的土地”。另外，皖北一带较为流行“拉鞭地”“赔牛地”“户下”“课地”等四种地租剥削方式，导致“占56%的农民，不仅几乎没有土地，而且连耕畜也没有了，他们都是赤手空拳，全无生产资料的”[②]。

然而，这种贫富悬殊现象并未削弱宗族的凝聚力。有学者认为：“宗族共同体的凝聚力，决定于祖先的名望、世系的清晰、祭祖的实现、聚族而居、族人生活的维持、族长的管理、共同的利益等因素”[③]。淮河流域素有“聚族而居”的风俗，也强调“家之有谱，犹国之有史”[④]，而编写族谱时讲究“遍查乡区里党，录辑编入，虽贩夫牧竖系出自一本者，亦不得故为歧视，则大宗小宗次第清晰”[⑤]。这就大大强化了族人对宗族的认同感，增强了宗族的凝聚力。如何来维系那些“赤手空拳，全无生产资料”族人的生活呢？李鸿章曾指出：“捻以走为业，蒙、亳、曹、郓之为首者，大率亲族男女偕行，穷年奔窜，练成猾劲，父兄死而弟子代，若世守家法然。”[⑥]因此，晚清民国时期皖北一带出现了诸多“贩私盐”“保运私盐”的团伙，也出现了所谓的“盐趟主”“光棍”（又称“五狼光棍”）等称号。他们大多建立自己的据点，即“筑圩立寨”，“今寨大者或周十余里，或五六里，聚数

---

① 张珊：《捻军史研究》，文化艺术出版社1994年版，第53页。

② 《捻军产生的社会背景》，安徽省科学分院哲学社科会科学研究所历史研究室编：《关于捻军的几个问题》，安徽人民出版社1960年版，第23、28页。

③ 冯尔康等：《中国宗族史》，上海人民出版社2009年版，第219页。

④ 倪嗣冲：《梁溪倪氏续修第十二巡宗谱序》，《倪氏宗谱》，民国四年（1915年）乙卯重辑。

⑤ 刘汝楷：《续修刘氏族谱序》，民国三十二年，《颍上掩龙刘氏族谱》第1卷，刘氏后人2008年续修。

⑥ ［清］李鸿章：《李文忠公朋僚函稿》卷七《复应敏斋观察》。

家生命于中,统以乡间衿富"[①]。有学者认为:"当时所谓的捻首、捻头,同时也就是寨长、围主、圩主、练首或族长",他们"以其亲族、戚党或其所统属的贫困的圩众,其中有破产农民,也杂有不少流氓无产者作为基本队伍"[②]。王安定曾较为全面地记载了这一时期淮河流域圩众的谋生方式:"初庐、凤、颍、泗之间,有贼曰捻匪,所居筑圩堡自卫,举豪猾主其事,谓之寨主。群寨互相雄长,其尤桀黠者为捻酋。每收获农暇,捻酋招集乡里无赖部署为兵,谓之装旗,所至,先是游骑四出放火,渭之边马。劫掠行旅,攻村堡城邑,归分其资,岁以为常。然无名号相统摄,恣为剽盗而已。"[③]

这些宗族大多是独立的,"彼此相距或四五里,奇零星散,从无合并"[④]。但是相互之间经常发生争斗,有的大族强迫小族依附,如丰县袁廷一的圩寨,"附从者,六十余村"[⑤],从而成为割据一方的势力。

其二,从地域特征上看,晚清民国时期淮河流域的宗族发展历史并不长,他们大多是明初从外地迁入,到晚清时期形成规模。

韩敏女士在考察李家楼李姓宗族时也发现,李姓是于大约600年前的明初从山西省洪洞县迁过来的[⑥],而该村作为宗族村,"已有大约300年的历史"[⑦]。但是,她并未探讨其中的缘由。本章第一节"人口移出"部分曾论及,历史上淮河流域的强宗大姓因战争因素纷纷迁至南方,从而导致淮河流域很多地区田地荒芜,人烟稀少。从明初开始,大量的人口迁入这一区域,经过繁衍,至晚清时期形成规模。

淮河流域宗族形成时间短极易产生两个后果:一是宗族得不到充分发展,向外地扩展不足,因而大多集中在一起。二是与其他宗族的相互渗透弱,甚至交往不多、联系不强。显然,第一个后果有利于淮河流域宗族开展集体行动,第二个后果则导致他们相互之间不会顾及地缘关系而可以放手争斗、厮杀。

其三,从时代背景上看,晚清民国时期淮河流域的宗族大都建有自己的武

---

① 光绪《萧县志·艺文志》,转引自傅衣凌:《明清时代阶级关系的新探索》,《明清社会经济史论文集》,人民出版社1982年版,第299页。

② 傅衣凌:《明清时代阶级关系的新探索》,《明清社会经济史论文集》,第300—301页。

③ [清]王定安:《求阙斋弟子记》,《剿捻》上(卷一一),中国史学会:《捻军》第1册,上海人民出版社1957年版,第13页。

④ 嘉庆《凤台县志》卷二《食货·户口》。

⑤ 光绪《丰县志》卷九《人物志》。

⑥ [日]韩敏著,陆益龙、徐新玉译:《回应革命与改革:皖北李村的社会变迁与延续》,第7页。

⑦ [日]韩敏著,陆益龙、徐新玉译:《回应革命与改革:皖北李村的社会变迁与延续》,"导论"第3页。

装，据地自保，具有强烈的防御自卫功能。

前文已述，明代以降的淮河流域宗族，多由外地迁入。他们“举族而迁”，或者按照地缘关系结伴而行；与此同时，淮河流域荒芜的土地需要民众联合起来开垦，所以在移入地形成了一个个以宗族或地缘关系为核心的村庄。韩敏女士经调查发现，萧县流传着“南张北李腰里吴”说法，也就是张姓、李姓、吴姓分别集中居住在萧县的南部、北部和中部①。他们都是以一个村庄为中心，随着人口的增多逐步向四周辐射。再例如捻军白旗总旗主龚德，他的族人分布在涡阳公吉寺和临湖铺之间的大面积地区，有龚方庄、龚楼、龚瓦房、龚碱坑岸、龚前园、龚长营、磨盘松、龚老家、龚花园、龚大庄、龚小庄、龚小桥、龚角落等 13 个村子，号称“九里十三龚”②；红旗旗主侯士维一族也有好几千人，计有侯老营、侯大庄、侯小庄、侯老楼、侯瓦房等村庄，号称“九里十三侯”③。包括皖北在内的淮河流域宗族这种居住、生活方式，不仅有利于自身的生产和发展，也为采取集体行动提供了便利条件。

晚清时期淮河流域社会再次出现动荡，而清代淮河流域的统治力量历来是很单薄的，可谓是国家政权的边缘地带。据道光三年（1823 年）安徽巡抚陶澍称，颍州府“地处省北边境，附府之阜阳县，幅员辽阔，袤延五六百里。原设兵力单薄……”亳州“接壤豫省，其西乡之减种店仅设防兵九名，东南乡之张村铺仅设防兵四名，地方旷野，离城遥远，不足以资弹压”。宿州“地方村镇，通境二百一集，周围六百余里……近城尚知畏法，余则旷悍成风。……分汛武职又仅止西之百善驿设有把总一员，东南之湖沟集，正东之大店集，各设外委一员，其东北数十集并无营弁专驻……吏目既有鞭长莫及之虞，而营弁声势亦未联络”④。同一时期的南方各地，大多已得到开发，早已人满为患，有的地区也陷入动荡不已的状态。淮河流域的民众已无法再像历史上那样“举族而迁”，他们或者成为流民，更多的是组建武装，实行自保，于是出现了三种现象。

一是“结捻”现象。该现象在嘉庆年间便已出现，晚清时期发展至整个皖北地区以及豫东、江北地区。正如时人所称：“一村有捻一村安，一族有捻一族幸。村有捻，外捻不入，曰：‘某某我们都是混家子。’族有捻，则曰：‘某某叔也、兄也，

① ［日］韩敏著，陆益龙、徐新玉译：《回应革命与改革：皖北李村的社会变迁与延续》，第 30 页。

② 张珊：《捻军史研究·捻军的组织》，第 53、54 页。

③ 《杀侯莽》，安徽省阜阳专区文学艺术工作者联合会编：《捻军故事集》，上海文艺出版社 1962 年版，第 24 页。

④ ［清］陶澍：《颍亳宿三营添设官兵移驻文武折子》，《陶文毅公全集》卷二二，聂崇岐编：《捻军资料别集》，上海人民出版社 1958 年版，第 1—4 页。

虽及第之荣不若是其赫赫也。’由此,庄族有稍悍者,众怂曰:‘何不出头混着!’即或帮以资粮,纠众而捻矣。”①

二是“圩寨”现象。圩寨,又称圩子、围子、寨、砦、堡,是一种具有防御功能的村落。以太和县为例,该县在道光年间仅有圩寨1个,咸丰年间则新筑圩寨157个,同治年间修筑圩寨40个,光绪年间4个,宣统年间4个,民国年间8个,修筑时间不明有58个,也即是说晚清民国时期仅太和一地,就先后修筑了至少271个圩寨②。在萧县,“圩寨”也不在少数。

这种“圩寨”大小不一,结构也不尽相同,有的“一小村落,围以土墙,南开一门,吊桥以木版为之,仅通行人;贾姓居大半,故呼曰贾家围子”③;有的“规方百丈,堑地以为濠,因土以成垒,穴垣以居炮,峭楼以阚敌”④;还有的“圩大不过四里,小以二三里为度。门留二处,须安吊桥,枪炮宜二百根……安设炮台,定须出角,可打三面……外濠宽宜一丈五六尺,深一丈,底宽丈许”⑤。

三是“团练”现象。中国民间素有组建武装的传统,被称为“乡勇”“乡团”或“民团”“团练”等。该武装以农民为主体,不脱离生产,农闲时训练,战时出征,主要是为了御匪,组织者多为地方豪绅或其他有声望之人,属于据地自保、守望相助的民间自卫武装组织,备受统治者的重视,成为国家或地方正规武装力量的重要辅助力量。晚清时期统治者积极在淮河流域推行团练。例如,咸丰四年(1854年)五月二十六日“着照所请安徽灵璧县团练,着翰林院庶吉士张锡荣总办江苏萧县团练,着翰林院编修段广瀛总办”⑥。再如,咸丰八年(1858年)八月二十九日,“上谕袁甲三请留办理团练人员等语,直隶候补知府段广瀛因公现在徐州,着其暂留该处办理团练,钦此”⑦。咸丰三年(1853年)初,李鸿章与吕贤基一同回到安徽,翌年,李鸿章之父李文安也回乡,都是为了举办团练。

就现有的地方志分析,晚清团练的组建大致按照下列标准:“以县境四乡分为四团,每团设一团总团副,每村设一练长,发给条款,无论绅庶士富大小乡村一律团练,一律设局。平时操演不得一日间断,每月各归各局会操一次,又赴总局会操一次。”⑧

---

① [清]鸿蒙室主人(方玉澜):《星烈日记汇要》卷三二《捻逆述略》。
② 民国《太和县志》卷一《舆地·区堡》。
③ [清]柳堂:《蒙难随笔》,中国史学会:《捻军》第1册,第350页。
④ [清]张瑞墀:《两淮戡乱记·苗逆叛迹本末》。
⑤ [清]方朔:《枕经堂集》卷一。
⑥ 同治《续萧县志》卷九《兵防志·团练》,《中国地方志集成·安徽府县志辑》,第640页。
⑦ 同治《续萧县志》卷九《兵防志·团练》,《中国地方志集成·安徽府县志辑》,第641页。
⑧ 同治《续萧县志》卷九《兵防志·团练》,《中国地方志集成·安徽府县志辑》,第641页。

不难看出，团练的主干成分也是宗族。例如刘铭传在组织团练时即是如此，“同先君（即刘盛藻）各募团勇二三百人，以族中子弟为最多，训练成军，旗帜鲜明，纪律严整，纵横扫荡六、合、舒交界三百里以内，不特粤、捻畏威，即土匪亦闻风敛迹”①。

（三）宗族与淮河流域社会变迁

伴随着捻党的起事，淮河流域陷入剧烈的社会动荡之中，这既是社会矛盾日益激化的必然结果，也与南方太平天国农民战争的兴起有直接的关联。学术界多认为捻党兴起、发展的主要因素是民众生活的困苦，而民众生活之困苦又主要归因于土地兼并和自然灾害的频发。这固然有一定的道理，但并非是最直接的因素，直接的因素应该就是太平天国农民战争的爆发。江地先生认为，捻党早期活动（1853 年前）并未受到太平天国农民战争的影响；随着太平天国农民战争的迅猛发展，特别是攻占安庆、南京后，捻党迅速活跃起来，开始了向捻军转变；至北伐太平军到达皖北后，捻党完成了向捻军转变的过程，性质发生了质的变化②。我们认为，捻党应该较早地受到太平天国农民战争的影响，正如时人所称：“间尝博观载籍，考之往古：盗贼之发，或困于饥寒，或迫于征敛，畏死幸生，铤险啸聚，少者数百，多者累千，负固山梁溪壑之间，剽掠数十里而已；其甚者，如前明流寇，众常数万，非一乡一邑之人，处无定巢，毕岁狂奔，无所留恋，加以天灾岁歉，千里蒿蓬，择地焚屠，苟延喘息，并无室庐孥贿之乐也。今之皖匪不然，起于皖北颍（州）、寿（州）、蒙（城）、亳（州）之间，有庐旅，有妻孥，不饥寒而抗征税。国家因用兵粤匪，挞伐稍稽，遂乃子弟父兄相率为盗，私立名号，曰堂主，曰先锋，或数百人为一捻，数千人为一捻，故当时号曰捻匪。恒于春秋二时，援旗麾众，焚掠自近及远，负载而归。饱食歌呼，粮尽再出，有如贸易者。”③

上述史料说明，捻党的起事是由于“国家因用兵粤匪”而导致的赋税增多和控制减弱，这发生的时间应该是太平军占领安庆、南京之前了。上述史料同时也说明，捻党是以宗族力量为主干的。所以捻党首领张乐行被称为“宗贼”，其

---

① 《刘氏宗谱》卷一六《书先阁学公轶事》，转引自姚永森：《刘铭传身世及家世诸问题考辨》，《社会科学战线》1984 年第 3 期。

② 《论太平天国和捻军的关系》，江地：《捻军论丛》，人民出版社 1981 年版，第 297—300 页。

③ 《山东军兴纪略》卷二上《皖匪一》，中国史学会：《捻军》第 4 册，上海人民出版社 1957 年版，第 28 页。

族人参加捻军之多由此可见[1]。侯士伟(又写作"侯实为、侯十、侯世伟、侯树伟、侯士维"等)以南距张老家十里许之侯老营为中心,将"九里十三侯"等村的侯姓宗族发动起来,组织了红旗捻军,因此"捻军众各旗核心力量,就是其族居地方的宗族、亲戚、乡里。同族、亲戚、乡里成员愈多,则势力愈大。红、黄两族的领旗范围以外,西南是白旗领旗范围,东南是蓝旗领旗范围,西北是黑旗领旗范围"[2]。

捻党起事后除与清军如八旗、绿营及后期的湘军作战外,还与另外两支以宗族为主干力量、皖北地区土生土长的武装激烈对抗。一是团练。捻党与团练一攻一守,其对抗是持续、决烈的,造成了双方严重的损伤。淮河流域的地方志对此有大量的记载,试举几例:

捻党方面,"是年(同治元年)游击田玉率练总钟凤翔、吴崇贤等收复苗逆胁从各圩,诛其头目朱学礼及余党数人"[3];"(咸丰)六年春正月,捻逆李意等西窜鹿邑,练总生员李承谟率众于卞家铺截击之,斩获甚众,练丁李承善等四人阵亡。三月丙戌晦,捻匪龚得王贯三屯亳州之五马沟,为豫军总兵邱联恩等所败,斩捻首张栓、张裕隆"[4];"本年(咸丰四年)二月间有捻匪宋万率党在永城一带焚劫,九月间复盘踞永宿交界地方经办理团练之段广瀛等带领兵勇剿捕将巨匪宋万擒获"[5]。

团练方面,"迎敌被害各姓名开具清折,禀呈仰鉴核俯赐酌给恩恤,计阵亡团长:王星、王星煌、王司基;练丁,共计一百四十七人"[6];"(咸丰四年二月)十二日,贼由保安山王家集何家寨窜入萧境,抵西北黄家口,练长王星兄弟阖家殉难,被杀共百数十人"[7];"(咸丰)五年春二月甲辰,捻匪窜涡河北岸,千总齐东兴阵亡,练丁死者百余人"[8]。

另一支武装就是淮军。这是一支从团练演变而来的清军,也是捻党后期最重要的对手。淮军最初是在五个家族势力所组建的团练基础上形成的,它们分

---

① "宗贼"又叫宗部或者宗伍,以同族人为主而结伙的盗贼,"即《后汉书》所谓豪家屯聚宗贼者也"。民国《涡阳县志》卷一五《兵事》,民国十四年(1925年)铅印本。

② 《侯士伟传略》,政协安徽省涡阳县委员会文史资料委员会编:《涡阳史话·捻军史料专辑》第3辑,1986年,第121页。

③ 光绪《五河县志》卷七《武备志·兵事》,《中国地方志集成·安徽府县志辑》,第477页。

④ 顺治《亳州志》卷八《武备志·兵事》,《中国地方志集成·安徽府县志辑》,第221页。

⑤ 同治《续萧县志》卷九《兵防志·团练》,《中国地方志集成·安徽府县志辑》,第646页。

⑥ 同治《续萧县志》卷九《兵防志·恤案》,《中国地方志集成·安徽府县志辑》,第651—652页。

⑦ 同治《续萧县志》卷九《兵防志·被兵事略》,《中国地方志集成·安徽府县志辑》,第656页。

⑧ 顺治《亳州志》卷八《武备志·兵事》,《中国地方志集成·安徽府县志辑》,第220页。

别是：合肥东乡李文安、李鸿章父子李氏家族，合肥西乡三山周公山张荫谷、张树声父子张氏家族，大潜山刘铭传刘氏家族，紫蓬山周盛华、周盛传、周盛波兄弟周氏家族以及三河潘璞、潘鼎新父子潘氏家族。因为“寿州盗起”，“入掠”肥西周公山，张荫谷遂率族人“以兵法击之走”。太平天国兴起后，张认为“天下将乱”，故“广纳豪健材武之士，与诸子往来相习，谆谆以忠孝大义譬晓之”，并“大出资，赈贫户”，“倡率团练，为官军声援”，“从剿巢、英、霍、太、潜诸邑，所向有功”，后又于周公山下殷家畈筑堡，阻河环山以为险，“远近归者万计”。刘铭传、潘鼎新、周盛波、周盛传及董凤高等“诣公奉条约”，“均相率筑堡坞峙糗粮储械”，“百里之内，互为声援”，“屹立贼薮”中凡四五年[①]。咸丰三年（1853年），李鸿章奉命回籍倡办团练，就是在上述五大团练中集勇编练，因此，有“淮军之兴，自张氏始”之说[②]。

捻党、团练之所以以宗族为主干，主要是它们以地域活动为主，突出血缘关系不仅增强了内部凝聚力，也大大提升了族人积极参与的动力与信心。实质上，李鸿章等官员在组建军队时也考虑到诸如血缘、地缘和业缘等因素。有学者根据《淮系人物列传》《淮系集团武职人员表》46个表[③]进行统计得出：淮军中的武职人员共516人，除259人出身不明外，已知出身者257人，其中太平军、捻军降者28人，占10%；湘军22人，占8.6%；其他83人，占32%；而出身于皖中团练的达到124人，占48%，从中可以看出以宗族势力为主干的团练仍是淮军的骨干力量[④]。程文炳，“皖北人也。所部亦皆皖北之人，号曰皖军。……一军之中，上自统将，下逮兵卒，非其父兄子弟，即其乡党邻里。故各军之号皆以籍贯冠之是即兵籍之嚆矢也”。他曾较为详细地阐述了这样做的好处：“查核新章招募制略‘入伍制略’，其注重在就地招募，此与中兴诸军用意相同也。其大不同者，新章之所规定惟限于下级兵卒，若上级官长则未限定以本省之人。……今以易结团体之兵卒，临之以无甚感情之长官，势必兵与官不相习，将与士难一心。融洽既难，猜嫌易起。”[⑤]

晚清民国时期淮河流域宗族的发展及其活动加快了这一地区社会变迁，主

---

① 《合肥张氏族谱》卷五，李鸿章《张公荫谷墓表》；《皖志列传》卷七《张树珊传》；《张靖达公（树声）奏议》卷首。

② 《清史列传》卷五一《张树珊传》。

③ 周焘：《周盛波家世与轶事》，《肥西淮军人物》，黄山书社1992年版，第109页。

④ 毛立平：《十九世纪中期安徽基层社会的宗族势力——以捻军、淮军为中心》，《清史研究》2011年第4期。

⑤ 《程文炳遗折》，［清］程文炳著，李兴武整理：《程文炳文集》，黄山书社2012年版，第141—142页。

要体现在以下四个方面。

其一，社会经济方面，宗族武装之间激烈对抗及其长期的社会动荡，造成该地区大量的人口伤亡，并沉重打击了宗族势力，严重破坏了该地区的生态环境，阻碍了该地区社会经济的发展。

晚清时期捻党与团练、淮军连年作战，造成淮河流域一带大量的人口伤亡，“受太平天国的捻军战争蹂躏最烈的地区是安徽全省、江苏南部……安徽是双方必争之地，受创最烈”①。而安徽又以皖北地区受创尤甚，正如时人所称：“且自粤逆交横以来，亘十余年。皖北丁壮，非从贼而死，即杀贼而死，消磨几尽，人心久厌乱矣！”②与此同时，各方为了有效防御、消灭对手，还普遍地采取坚壁清野政策，人为地破坏甚至扼杀社会经济的发展。“坚壁清野政策也在淮河流域和华北地区推行……而在淮河流域是官兵和捻军共同的策略”，例如捻党就曾在自己的活动中心地区以外半径200里的范围内实行坚壁清野政策，到1857年已完全清除安徽与河南交界地区人口，在亳州和豫东之间造成了一片宽300里、长200里（约6000平方英里）的无人区③。

晚清时期淮河流域连年战争也沉重打击了该地区的宗族势力。例如，张氏一族“一门百余口仅存不孝大典、大章、大壮、大赓、维星、思濬、嘉祚、永祚等数人，各被刃伤，垂死再生。四朝恩给、四代诰命、蟒玉、恩荫咨文及宅第悉成灰烬，同宗守备张士锳、生员张嗣轸、张师詠、张师载、张伟汇、张廷宰、张家相等数十余家，数百余口，悉皆焚杀”④。刘铭传也称“咸丰年间烽火连天，蒿莱满目，吾乡巨富大族，家破人亡，不可胜数”⑤，以至于再也无法组织有力的自卫武装。民国时期淮河流域出现了极为严重的匪患，而该地区匪患一个很显著的特征就是“客匪”强大、土著土匪弱小。所谓“客匪”就是来自外省外地、而非本省本地的土匪。民国时期淮河流域一带的“客匪”主要来自苏、鲁、豫、赣几省，如1912年山东悍匪王金妮、徐州萧砀匪，以及白朗、黄二成、老洋人、孙殿英、范明新等

---

① [美]何炳棣，葛剑雄译：《明初以降人口及其相关问题1368——1958》，生活·读书·新知三联书店2000年版，第279页。

② [清]程恩培：《程文炳事略》，李兴武：《程文炳述论》，《皖北文化研究集刊》第1辑，黄山书社2009年版，第174页。

③ Chiang, S. T. *The Nien Rebellion*. Seattle 1954. pp68—69，转引自何炳棣著，葛剑雄译：《明初以降人口及其相关问题1368—1958》，葛剑雄译，生活·读书·新知三联书店2000年版，第279页。

④ 张大赓、张大壮：《司马公殉难事略》，民国《张氏族谱》卷一，张勋栋、张筱庵等纂修，民国二十四年（1935年）刊刻。

⑤ [清]刘铭传：《义庄序》，光绪五年八月，转引自姚永森：《新发现的〈刘氏宗谱〉中有关刘铭传的史料》，《历史档案》1985年第3期。

等,都曾活跃在淮河流域一带地区[①]。这显然与该地区人口减少、宗族势力弱小有直接的关联。

晚清民国时期淮河流域剧烈的社会动荡严重破坏了该地区生态环境,阻碍了该地区社会经济的发展,正如民国时期的报刊所分析的:"历年战乱,皖北无不殃及,无纪律之军队,每至一处,肆行征发,敲剥良善,无微不至,社会经济颇受挫折。"而匪患"烧杀淫掠,无恶不作,匪区人民痛苦备至","驯至田园荒芜,庐舍丘墟,经济窘迫,不堪言状"[②]。

其二,乡村结构方面,由于宗族势力进一步受到冲击,国家权力乘机渗透到乡村,打破了原有的乡村控制格局。

众所周知,历代封建王朝大多将政权建在县一级,而将基层社会交予乡民,实行乡民自治,实际上是以宗族为基础,由地方精英士绅或族长(二者常常合为一体)行使管理权。整体而言,晚清民国时期淮河流域一带的宗族力量针对时局的变化做出了三种不同的反应:一是"筑圩寨",据地自保;二是"倡率团练,为官军声援";三是"援旗麾众,焚掠自近及远"。然而,在持续、剧烈的社会动荡状况中,欲实现真正的"据地自保"是不可能的,最终演变成敌我之间你死我活的厮杀,其结果是导致宗族自身力量严重削弱。不仅仅如此,清王朝在捻党过程中深刻认识到淮河流域统治的薄弱,以及基层社会控制的重要性,随后进一步加强了保甲制度,并增设基层政权。例如,同治三年(1864年)一月,清王朝划阜阳东北四集、亳州十三保、蒙城西十五保以及宿州南十九集,设涡阳县,以雉河集为治所,隶属颍州府[③]。民初,(阜阳)"全县分十九镇乡,近则县以下设区……每区设区长一人,职员若干人,秉承县长处理一区之政务"[④]。进入民国时期,淮河流域宗族遭到进一步的冲击,大批的精英人物或者走向国家政治军事舞台,或者进入城市,导致乡民社会经济、文化进一步衰微,国家权力乘机渗透到乡村社会,乡村的社会结构、政治结构、经济结构、文化教育结构逐步发生变化,乡村自治格局被逐步破坏了。

其三,社会文化方面,晚清民国时期包括宗族文化在内的淮河流域文化发展,遭到严重摧残,导致该地区曾一度繁荣的社会文化出现衰败。

剧烈的社会动荡不仅导致人口锐减,还严重摧残了各种文化设施。据民国

---

① 蔡少卿:《民国时期的土匪》,中国人民大学出版社1993年版,第130、131页。

② 《中央日报》1933年1月27日。

③ 阜阳市地方志编纂委员会办公室编:《阜阳大事记》,中国发展出版社2010年版,第46页。

④ 民国《阜阳县志续编》卷八《秩官职》,黄山书社2008年版,第235页。

时期安徽省教育厅调查,至 1930 年安徽省六十个县(含皖北地区)“大部分县份则因政局之频变,天灾匪患之流行,仅仅能维持现状。尤为甚者,则并现状则不能维持,全县教育陷于停顿或破产状态”①。

晚清民国时期淮河流域的族谱及宗族文献大量流失、毁坏,这在各族谱重修、续修序言中多有记载。例如,宁氏“大股豫匪犯颍,竟陷城,向各处纵火,万家屋宇皆焦土焉,书籍多沦于火窟……归检族谱已被散弃尘埃,尚无缺,然元义(宁氏族人——笔者注)已庆幸莫名也”②;再如徐氏“虽旧有谱牒,而兵燹屡遭,失散无存,即欲从事编辑,无如文献不足,每痛心而末由”③。

前文所述阜阳刘姓,又称“太丘刘”,因明初刘奉先系河南省归德州永成太丘人,故有此称。刘奉先由于军功升武略将军、河南卫中后所副千户,其次子刘英,于明成祖永乐十六年(1418 年)袭副千户,明宣宗宣德八年(1433 年)十二月调颍川卫,来到阜阳,因此又有“颍川刘氏”之称。该姓于明清时期出了很多显赫人物,如刘九光、刘九畴、刘体仁、刘壮国等,成为显赫一族。晚清民国时期刘氏宗族受创甚巨,族谱及宗族文献遭毁坏。该族后人在续修族谱时记录了这段艰辛的历史:“清咸丰年间,捻匪扰颍,四乡警烽火,有族人避居于御书楼下,偶不慎,族谱及先考功《七颂堂诗文集》版悉毁。兵燹连年,谱本亦所存无几。”④“我太邱刘氏族谱,不续者近八十年,曩岁家族会议,亟急进行,费煞经营,需多时日,始克告竣。付诸石印馆,成期一年为限,其概略已详前序。凡我族人,莫不拭目以俟新谱之出现,讵料印刷刚半而遭匪劫(甲子九月豫匪陷颍),稿本悉毁无余,垂成功败,可叹!可惜!即令着手再办,族大散处,调查实匪容易,茫茫前途,殊不可知之数。善幸匪焚满城,余西南一隅,族孙永兴宅屋无恙。恩溥私祝,祖宗呵护,草稿若存,或可有继续之希望。劫后诸郡。彼此永兴、世彬相继早殁,家属逃难甫归,空屋狼藉,不堪寓目,觌面无他,惟泣述乱离情状而已。亟问草稿,旋于破竹篓中寻出麻绳一束,乃世彬最后之手续也。”⑤

此外,各宗族为保持“世系的清晰”,不至于“世系不明或支派紊焉”⑥,会定期续修族谱,从前后两次纂修间隔时间的长短,可以看出所处社会之状况。晚

---

① 程天放:《序》,安徽省政府教育厅编译处:《一年来安徽教育》,1930 年 3 月。

② 宁元义:《续修宁氏族谱序》,民国《颍州宁氏族谱》卷首,宁氏后人 2005 年整理本,第 10 页。本部分各族谱信息为江西省社会科学院历史研究所王涛助理研究员提供,特此说明,谨致谢忱。

③ 徐绍虞:《徐氏宗谱序》,民国《徐氏宗谱》卷首,徐溥保等纂修,民国九年(1920 年)刊刻。

④ 刘恩溥:《颍川刘氏续修族谱序》,《太邱刘氏族谱》,刘氏后人 1998 年续修本,第 4 页。

⑤ 刘恩溥:《族谱后序》,《太邱刘氏族谱》,刘氏 1998 年续修本,第 5 页。

⑥ 刘汝楷:《续修刘氏族谱序》,民国三十二年《颍上掩龙刘氏族谱》第 1 卷,刘氏后人 2008 年续修。

清民国时期淮河流域社会动荡，族人流离失所，因此这一时期族谱的纂修相对于前一次一般都经历了很长的时间。

表 8.2　　晚清民国时期阜阳族谱相关信息一览表

谱　名	始纂年代	纂修人员	续修年代	续修人员
颍州宁氏族谱	康熙三十八年		民国十五年	宁继潘、宁元义等
太邱刘氏族谱	崇祯三年	刘体谦	民国九年	刘恩溥、刘世荣、刘尧田等
张氏族谱	民国二十四年	张大典、张效安	民国二十四年	张勋栋、张筱庵等
徐氏宗谱	光绪二十六年前		民国九年	徐溥保等
掩龙刘氏族谱	光绪初年	刘鸿仪	民国十三年	刘汝楷
倪氏族谱			民国八年	倪嗣冲
颍东程氏支谱	同治九年	程上达	民国二十五年	程文焕、程传厚等

其四，社会习俗方面，恶劣的生存环境严重影响了该地区的社会习俗，文事日衰，剽悍、好勇、尚武等逐渐成为主流。

正如前文所言，史书对元代之前的淮河流域社会习俗多赞美有加，元明之后，淮河流域的社会习俗逐渐发生变化，“昔何旷夷质直，庞乎天地中气也；今何习狙攻谲，天地之中气销铄无余，宁独教化不行，纲纪凌迟哉”①。促使这一区域社会习俗发生变化的主要原因是民众生存环境的日益恶化，在世事多变、岁月无常、朝不保夕，加之官吏贪腐的社会状况下，包括强宗大姓在内的民众不再贪恋亲人、声望、家产，而是纷纷铤而走险，这在晚清民国时期表现得尤为突出。例如颍上、寿州，“捻匪啸聚，动辄累万，主之者多绅宦旧族。始以团练召集豪强，既而资粮不给，又闻皖宁皆陷，遂谓江南无长吏，纵之大掠，有十大帅主、十三天尊之号。掠四轮车数千，叠架为垒，借河为壕，官兵至则枪炮出自车隙，兵不能渡”②。袁甲三也认为：皖北人“总以能聚众为强，不怕死为荣，每遇行刑，谈笑歌舞，既不畏朝廷之法，并不恋骨肉之情”③。

可见剽悍、好勇、尚武等逐渐成淮河流域一带地区社会习俗的主流。这些尚武之人凭借宗族力量，“族中子弟亦多奋起行伍”④，他们组建军队、建功立业，成为叱咤风云的著名人物。如晚清时期的刘铭传、程文炳、马玉昆等淮军将

① ［清］张鹤鸣：《万历〈颍州志〉序》，道光《阜阳县志》，黄山书社 2009 年版，卷首原序，第 6 页。

② ［清］方江：《家园记》卷二，《安徽史学》1986 年 1 期。

③ ［清］袁甲三：《袁端敏公集·奏议》卷二。

④ 倪嗣冲：《三修族谱序》，《倪氏族谱》，民国八年（1919 年）续修。

领，再如民国时期的倪嗣冲（阜阳人）、姜桂题（亳州人）、张敬尧（霍邱人）、臧致平（界首人）、高士读（亳州人）、倪毓棻（阜阳人）等北洋人物，他们走出安徽、淮河流域，一定程度上影响了中国的历史进程。

从根本上讲，宗族是一种社会现象，是社会发展到一定阶段的产物。也就是说，宗族取决于社会发展状况，二者是相辅相成的关系。但从另一个方面看，宗族并非被动、消极地接受社会发展状况的制约，它可以发挥自身维持地方社会秩序的功能，最大限度地减弱社会动荡的烈度。然而，正如前文所述，晚清民国淮河流域一带地区宗族的发展及其活动，却加剧了社会动荡，成为该地区社会变迁的一个重要助力之一。

学术界基本认定有两个因素是导致淮河流域尤其是淮北地区由盛到衰的重要或决定因素，一是灾荒，二是战乱。殊不知，一个健全、富有效率的权力运行机制下，发生灾荒可以实施赈灾，爆发战乱可以迅速平息，从而最大限度地减少社会危害，不至于引发社会动荡。元明以来淮河流域民众素以民风剽悍、"尚勇争"而著称，统治者对此深有感受，"其俗质直而好义，其人慷慨而尚气。善抚之，则贤才辈出，足备国家干城之选；不善抚之，则乘机啸聚，每遗中原无穷之患。自古两淮之地号称难治，谋国事者尤宜汲汲于此也"[①]。稍有不慎，极易引发严重的"匪患"[②]。然而，晚清民国时期淮河流域官员贪腐享乐、横征暴敛、草菅人命，"有司者懵于抚驭之术"[③]，致使良好的制度遭到破坏、惠及民生的措施得不到落实、缓和社会矛盾和稳定社会秩序的意旨得不到实现，最终迫使民众铤而走险。蒋湘南，清代河南固始人，曾游幕四方，对捻党作过较为深入的调查，他曾写道：

> 江淮间有所谓"捻子"者，数百人为一群，抬炮、鸟铳、刀、矛各杀人器皆具，蚁拥蜂转，地方官莫敢谁何。余尝问其魁，下中人尔，而所在阛门呼曰"响老"。响老者，人有不平事辄为之平，久之，赴诉者众，赞口洋溢轰远近，如风鼓雷鸣，则成响捻子也。因问其土人曰："国家为民设官，你等有事，胡不之赴官而必之捻子为？"土人颦蹙曰："难言也，官衙如神庙然，然神不可得而见。司阍之威，狞于鬼卒，无钱不能投一辞也。投矣，而官或不准；准

① 同治《霍邱县志》卷一五《艺文志三》。

② 中国水利水电科学院水利史研究室编校：《再续行水金鉴·黄河卷》，湖北人民出版社2004年版，第2018页。

③ 民国《涡阳风土记·序》。

矣,而胥或不传;传矣,而质或无期;质矣,而曲直又不能尽明。然已胥有费、吏有费、传卷有费、铺堂有费;守候之费又不可以数计。故中人之产,一讼破家者有之。何如诉诸'响老'(捻首),不费一钱,而曲直立判,弱者申,强者抑,即在一日之间乎?"余于是喟然曰:"捻子其汉代之游侠耶?当其闻难则排,见纷则能,不顾其身,以殉人之急,合于太史公所谓'救厄镇赡有仁义行'者。"①

上述一段文字记载非常形象地再现了晚清淮河流域民众生存环境之恶劣。在这种环境中,广大民众都有可能是受害者,这不仅包括那些内部结构松散、生活大多贫困的宗族中的族人,也包括那些强宗大姓。那种具有一定组织、领导能力,并且勇于担当的人自然得到民众的拥护,而这种人即是德国社会学家马克斯·韦伯(MaxWeber)所称的"卡利斯玛"型的人物,也就是"因个体人格的一定品质与普通人区别开来,并被看做是具有神奇的、超人的或至少是特别具有卓越能力或品质的人"②。一旦时机成熟,这些人便一呼百应,与官府分庭抗礼,进而干起一番惊天动地的事业。可以说,晚清民国时期官吏的贪腐、机制的失效进一步加剧了因灾荒、战乱等因素所导致淮河流域的社会动荡,成为加速淮河流域社会变迁的一个重要因素。

三、匪患与淮河流域社会变迁

匪患是中国尤其是近代中国一个严重的社会问题,学术界对此已多有研究。然而,相关研究仍存在很多不足之处:从研究的时间跨度上看,主要集中在民国时期,尤其是民初;从研究的地域范围来看,主要集中在东北、湘西、山东、西北及豫西等地区。此外,有关匪患治理的研究也有待进一步深入。相对而言,有关淮河流域的匪患与治理的研究尚很薄弱,研究成果主要散见于一些学术专著之中,专题性的研究成果尚未形成。

---

① [清]蒋湘南:《读汉书游侠传》,《七经楼文钞》卷三,李书毅等点校,中州古籍出版社1991年版,第83页。

② [德]马克斯·韦伯:《社会组织和经济组织的理论》,载[美]托马斯·F.奥戴编《宗教社会学》,中国社会科学出版社1990年版,第43、44页。

本节将以捻党为中心，对元明之后尤其是晚清淮河流域的匪患与治理作一梳理，从中理出匪患与这一区域社会变迁的内在联系。

（一）淮河流域匪患状况

元明以降，淮河流域一带社会、政局时常陷入动荡之中，民众纷纷揭竿而起，“匪患”日益严重。晚清时期，这一区域匪患更加严重，社会持续动荡。以五河县为例，该县地处安徽省东北部、淮河中下游，因境内淮、浍、漴、潼、沱五水汇聚而得名。晚清以来，该地区有关匪患的记载不绝于史书，试举几例：

> 道光十二年岁大饥，盗贼充斥，官道皆梗。
>
> （咸丰三年）四月十一日，粤匪分别陷凤阳、临淮，游骑至五河之张家沟，留数日，始西北窜。
>
> （咸丰）八年三月蒙亳捻首张隆李允等东犯，初七日至袁宅集，十八日至双河集，十九日知县孙超率练御贼，练溃，超潜遁，城遂陷，附城市庐及西南乡尽遭焚掠。二十日贼逾东湾，练总张佩珂率练与战，练败珂死之，同遇害者童生黄锦泰、乡约张士恒、练丁许九功、刘元礼、沈绍虞、张天来、曹玉林等。二十五日邻近土匪遂乘机劫掠衙署，民居街市荡然一空。①

在中国词语中，“匪”的含义极为丰富，不仅仅是指那些采取暴力手段掠夺物质财产的群体，即“盗”或“强盗”，也常常成为攻击政治对手的指代词。上述有关“匪”的记载中就有这类现象，例如“粤匪”“粤逆”“发逆”“江宁匪”（即太平军——笔者注）等。本文所指的土匪，是指“他们的存在和活动不为国家的法律所允许”，“他们的行为虽然是对现实的抗议，在客观上具有反社会性，但他们又缺乏明确的政治目的”②，“以暴力从事抢劫和袭击活动的人”③。显然，太平军不在“匪”之列，而“捻匪”即捻党，应在此列。

匪患严重危及民众的生命财产。柳堂是河南吕潭人，他曾回忆家乡遭土匪洗劫的过程：咸丰九年（1859 年）二月，捻党攻入河南吕潭后，烧毁大量房屋，很

---

① 光绪《五河县志》卷七《武备志・兵事》，《中国地方志集成・安徽府县志辑》，第 475—477 页。

② 蔡少卿：《民国时期的土匪》，中国人民大学出版社 1993 年版，第 3 页。

③ ［英］E.J.E.霍布斯鲍姆著，李立玮，谷晓静译：《匪徒》，中国友谊出版社 2001 年版，第 38 页。另外，从字面讲，土匪中“土”字就是“本地”之意，土匪原意应该是“本地或在本地活动的盗匪”。事实上，土匪并不限于本地人，也不仅仅在本地活动，因此，国外称之为“盗匪”“匪帮”似乎更为恰当。

多家庭由此破产,例如柳家商号遭强劫,柳堂家境便一落千丈[①]。当然,土匪中也不乏“侠盗罗宾汉”式的人物。民间有很多这样的传说,如淮北地区尤其涡阳一带就广泛流传捻党“机智、灵活、英勇、顽强地打老财、打官府、打洋人的英雄故事”[②]。在文人笔记中也有对这类土匪的记载,例如捻党在吕潭就没有烧柳堂的家,因为“有贼首传令曰:‘此柳善人家宅,毋得焚烧,器物亦毋得损坏。’”[③]

匪患也严重冲击了晚清王朝在淮河流域的统治秩序,引起了统治者的极大恐慌。例如,光绪二十一年(1895年)三月六日,清政府电寄山东巡抚李秉衡:“电奏已悉,兖、沂、曹、济等处盗匪啸聚,若不及早扑灭,恐致酿成巨患。”[④]至辛亥革命爆发时,“盖山东盗贼,其始南境数处而已,近则蔓延全境……东省盗贼日盛,大局可危”[⑤]。再如安徽“会匪啸聚成群,纠党滋扰”[⑥],而江苏枭会“声势浩大,党羽众多”[⑦],从而引起了晚清统治者的极大恐慌。

(二)晚清淮河流域匪患形成的原因

土匪由哪些人构成?土匪因何而形成?学术界对此已有研究,认为土匪主要成员是下层民众,为匪的原因主要是生活贫困,如民间曾流传的“与其饿死,不如去做土匪”说法[⑧]。该说具有一定道理,但是并非全面、准确。

“捻”为淮北方言,一捻就是“一群”的意思,民间称为“捻”或“捻子”。小捻子数人、数十人,大捻子一二百人不等,主要成员为贫困农民、手工业工人及其他下层民众,分布在淮河流域的淝水和涡河流域,经常在安徽、江苏、河南、山东

---

① 柳堂为晚清官吏,曾遭捻党掳掠,著有《蒙难追笔》,参见[清]柳堂:《周甲录》卷二,光绪三十一年(1905年)刻本。吕潭在河南扶沟县城东北九公里处,位于贾鲁河边,而该河流是淮河最大支流颍河的一个支流。

② 安徽省阜阳专区文学艺术工作者联合会编:《捻军故事集》,上海文艺出版社1962年版,编者前言。2009年,捻军研究学会对《捻军故事集》重新审定,冠以《捻军传说故事大观》之名,由香港天马出版有限公司出版发行。

③ [清]柳堂:《周甲录》卷二,光绪三十一年(1905年)刻本。

④ 山东师范大学历史系中国近代史研究室选编:《清实录山东史料选》(上),齐鲁书社1984年版,第1903页。

⑤ 《掌云南道监察御史王宝田奏山东党会日盛请调劲旅剿抚折》,宣统三年五月十一日,第一历史档案馆、北京师范大学历史系编选:《辛亥革命前十年间民变档案史料》(上),中华书局1985年版,第186—189页。

⑥ 中国第一历史档案馆:《宫中朱批奏折》,光绪十六年九月七日安徽巡抚沈秉成奏。

⑦ 中国第一历史档案馆:《军机处录副奏折》,光绪三十二年十一月十日江苏巡抚夔龙奏。

⑧ [英]贝思飞著,徐有威、李俊杰等译:《民国时期的土匪》,上海人民出版社1992年版,第32页。

等地,以及湖北边界地区贩运私盐,属于民间秘密结社中的会党,道光末年后逐渐发展为以打家劫舍甚至与官府对抗的土匪武装①。捻党首领,道光年间被称为“响者”或“响捻子”②,他们在起事前有相当一部分家境较为富裕。

表 8.3　　捻军领导层经济状况一览

序号	姓名	职位	起事前经济状况
1	张乐行	盟主、黄旗总旗主	家有三四顷地③。
2	张宗禹	黄旗,捻军主要首领	家有十多顷地④。
3	龚德(又名龚得、龚得树)	白旗总旗主	最初一亩二三分,连同后来购得,共计十六亩左右⑤。
4	孙葵心	白旗旗主	一二十亩地⑥。
5	江台陵	白旗旗主	家有两顷多地,弟兄五人,可到分几十亩⑦。
6	侯士维	红旗总旗主	一百多亩地⑧。
7	韩老万	蓝旗总旗主	分得一百八十亩地⑨。

① 秘密结社与土匪的关系极为密切,前者很容易演变成后者,即“间有入会而不为匪者,断无为匪而不入会者”(中国第一历史档案馆藏军机处录副奏折档案,光绪二年七月二十五日文格奏折)。

② 有关“捻”字的解释和捻党的产生时间、组织形式,学术界还存在争议,参见张珊:《捻的名称由来及特点》(张珊:《捻军史研究》),文化艺术出版社 1994 年版,第 38—48 页;《捻军的产生及其初期活动》,马昌华:《捻军调查与研究》,安徽人民出版社 1992 年版,第 48—53 页;翁飞等:《安徽近代史》,安徽人民出版社 1990 年版,第 109—113 页。另外,“捻党”与“捻军”既有联系,又有区别,江地先生认为“捻党是捻军的先驱,捻军是捻党的发展”,“从 1808 年即嘉庆十三年起,到 1853 年即咸丰三年止,这四十五年是捻党时期;从 1853 年起,到 1868 年即同治七年止,这十五年是捻军时期,合计约共六十年,是为捻史的全部里程”。见《论捻党》,江地:《捻军论丛》,第 1 页。

③ 马昌华:《捻军调查与研究》,第 11 页。另一说认为张乐行有地“70 余亩”,见张珊:《捻军产生的社会背景》,张珊:《捻军史研究》,第 23 页。

④ 《捻军调查记》,马昌华:《捻军调查与研究》,第 19 页。

⑤ 张珊:《捻军白旗总旗头——龚德历史调查记》(未刊),1958 年 9 月,转引自牛贯杰:《捻军领导层初探》,《安徽史学》2004 年第 6 期。

⑥ 《捻军调查记》,马昌华:《捻军调查与研究》,第 33 页。

⑦ 《捻军调查记》,马昌华:《捻军调查与研究》,第 29 页。

⑧ 张珊:《捻军红旗总旗主侯士维历史调查记》(未刊),1958 年 7 月,转引自牛贯杰:《捻军领导层初探》,《安徽史学》2004 年第 6 期。

⑨ 《捻军调查记》,马昌华:《捻军调查与研究》,第 24 页。

续表

8	任柱(任化邦)	蓝旗旗主，捻军主要首领	家里很穷，小时给人家放猪①。
9	张朝阶(又名张老丹)	黑旗旗主	家有三顷地②。
10	刘玉渊(刘狗、大老冤)	黑旗旗主	给别家打工。

由捻党领导层起事前的经济现状的分析可以看出，捻党成员不仅有家境贫寒的下层民众，也有家产不菲的富农乃至地主。显然，土匪现象本质上反映的是一个社会问题。英国社会史专家霍布斯鲍姆曾将土匪称为“社会土匪”，是因为“作为个人，他们往往并没有太多的政治理念，没有太多的侠义心肠，更不用说什么革命精神了。作为农民中的一员，他们只是不愿意像其他人那样逆来顺受而已。作为民众，他们只是整个社会将要发生危机的征兆，反映着那里的饥荒、瘟疫、战乱或其他一切打乱社会平静的事件。匪徒活动并非是农民社会里的一种必然程式，而是一类在特殊情况下的自救方式”③。

结合霍布斯鲍姆的观点加以分析，晚清淮河流域匪患的形成主要有以下三个方面的原因。

其一，灾荒的时常发生是晚清淮河流域匪患形成并日趋严重的根本原因。前文已述，淮河流域是全国有名的灾荒高发区。灾荒不仅使贫者愈贫，也极易使富者破产，从而走向土匪的道路。例如，灵璧县“一值凶年，散之四方，无所顾惜，或因贫而乞食，遂因乞而为匪，鼠窃狗偷，所在多有，强梁者乃越境贩盐，公行市集，酗酒打架，习为固常，北乡与徐、邳接壤，此风尤甚”④。捻党更是如此，据调查，他们起事前“水灾连年，庄稼歉收，摊一场麦还打不出几升。甚至连百亩地之家的韩老万，把粮都吃完了，家无隔宿之粮，起先还能向亲戚借粮，后来连亲戚家的粮也吃光了，就开始向富家大户‘磨弯’(方言，又叫‘打捎’，即‘盗抢’)”⑤。

---

① 《捻军调查记》，马昌华：《捻军调查与研究》，第 27 页。

② 《捻军调查记》，马昌华：《捻军调查与研究》，第 42 页。

③ [英]E.J.E.霍布斯鲍姆著，李立玮，谷晓静译：《匪徒》，第 38 页。

④ 乾隆《灵璧县志略》卷四《杂志·艺文》，《中国地方志集成·安徽府县志辑》，第 95 页。这一点不仅为封建王朝的统治者所认识，也成为新中国领导人的共识。据钱正英回忆：“当时中央要治理淮河的时候，我们听到传达，说毛主席数了中国的历史，讲到淮河流域这一带，历来是农民起义的地方……为什么会农民起义？就是因为这个地方特别穷，灾难特别多，在灾荒饥饿之下，农民就要起来搞起义。”参见《中国水利》1990 年第 9 期，转引自高峻：《新中国治水事业的起步 1949—1957》，福建教育出版社 2003 年版，第 69 页。

⑤ 《捻军调查记》，马昌华：《捻军调查与研究》，第 25 页。

其二,晚清王朝吏治败坏导致淮河流域匪患最终形成。从政治学角度看,政府不仅要维持社会秩序、维护自己的统治,还要履行社会保障、促进社会公平正义之职能。事实上,后一种职能对于政府的统治而言更为重要,因为只有社会公平、民众安居乐业,才能实现社会稳定。晚清时期王朝政治昏聩,官吏贪腐。地方官吏、恶霸平日里对民众敲骨吸髓,每当灾荒发生时,地方官员更是不顾百姓死活,乘机侵吞赈灾粮款、敲诈勒索灾民,营私舞弊、中饱私囊手段花样百出,导致民不聊生,迫使民众干起土匪的行当。曾任怀远知县、宿州知府、安徽按察使、河南巡抚等职,并参与"剿捕"太平军的周天爵对当时的吏治之坏深恶痛绝:"现在州县官无一不是罪人,书役之毒,民间醉骨痛心,再加地方刁徒、凶棍,互相朋比,计一日之所行暗,不知损害多少生灵。重以赋敛之横暴,以弟所处,只觉功少而罪魁也。"①

显然,晚清吏治之败坏成为包括捻党在内的淮河流域匪患日益严重之外因。时为曾国藩幕僚的薛福成曾深刻地分析了吏治与捻党兴起之间的关系:"自来制寇之术在任将,而治捻之道在任吏。昔日之治捻,宜先任吏而后任将;当今之治捻,宜先任将而后任吏。方捻寇之初起也,不过饥穷乌合之徒,所至遮略剽杀,过城寨不攻,遇大军则走。斯时得一骁将,属以劲兵,虽数十百万之众,立可摧散。然今日散为民,明日复起为捻矣。即击其众而尽灭之,而莠恶民之弄兵者,复接踵以起。盖捻寇之难治在此。此其故何哉?山东、河南数省,吏治疲薾已久。民贫俗悍,习于为非。善抚之则皆民也,不善抚之,则皆捻也。故绝捻之源,首在吏治。"②

其三,民众关系紧张导致社会矛盾不断激化,是晚清淮河流域匪患形成的又一重要原因。

民众紧张的关系缘于人口膨胀、人均土地减少。特别在战事不断的历史时期,造成人口急剧减少,如北魏时期的颍州仅"户三千六百一,口一万三千三百四十三"③,明初由于"靖难兵起,淮以北鞠为茂草"④。人口的减少、土地的荒芜必然吸引外地民众迁入。前文已有详述,此不赘言。经过移民,淮河流域的人口迅速增加,但随着人口的大量迁入、不断增长,人均占有土地日益减少。据统计,嘉庆二十五年(1820年)的皖北地区人均占有耕地仅有一亩五分六厘,比嘉

---

① 《周文忠公尺牍·与同年王柳溪书》,聂崇岐:《捻军资料别集》,第208、209页。

② [清]薛福成:《庸盦内外编·治捻寇》,丁凤麟、王欣之:《薛福成选集》,上海人民出版社1987年版,第15页。

③ 《魏书》卷一〇六中《地形志中》。

④ 《明史》卷七七《食货志一》。

庆十七年(1812年)全国人均占有耕地二亩三分六厘低了七分八厘,“如按每四亩耕地才能养活一人计算,则皖北已有五百九十九万人没有土地供养,即占皖北全部人数的百分之六十点五的人没有了土地”①。这种人地矛盾的日益紧张进而激化了移民与土著民众,甚至移民与移民之间的矛盾,加上这一区域官方控制薄弱,致使民众关系紧张,民风彪悍、尚武风气盛行,社会矛盾不断激化。美国学者裴宜理指出,由于淮北地区“绅士甚少”,冲突的解决办法相应欠缺,仇杀便成为一个广泛采用的方式,“仇杀的目的不仅在于攫取贫乏的资源,而且还要消灭对手”。“安徽的淮北就是这种仇杀成风的地区”②。因而,当遭遇天灾人祸时,这一区域的民众很自然铤而走险,成群结伙,打家劫舍,甚至公然与官府对抗,走上了土匪的道路。

此外,元明以降淮河流域生态环境的日益恶化导致了该区域社会环境的恶化,而社会环境的不断恶化,如在灾害面前无所作为、土地抛荒、水利设施废弃,以及“人民凋瘁,风俗颓弊”等,又进一步加剧了该区域生态环境的恶化。显然,二者之间形成了一种螺旋累积的恶性关系,最终导致该区域生态环境、社会环境发生重大变迁,社会矛盾复杂、尖锐,社会经济和文化发展全面倒退。捻党就是在这样的一个生态环境和社会环境之下兴起、发展起来的,可谓生态环境、社会环境日益恶化的结果。学界尽管认为捻党兴起于“1808年,即嘉庆十三年”③,但实际上明代时有关淮河流域“盗”“匪”的记载已屡屡见诸方志,如嘉靖年间的“其民皆呰窳轻訬”④,万历年间的“即探丸窃钩之徒伏其中”,隆庆年间的“民瘠且偷,称难治焉”⑤,等等,清代嘉庆年间“江南之颍州府、亳州、徐州府;河南之归德府;山东之曹州府、沂州府、兖州府一带地方,多有无赖棍徒,拽刀聚众,设立顺刀会、虎尾鞭、义和拳、八卦教名目,横行乡曲,欺压良善”⑥。捻党的兴起只不过是其中一个较为突出的事例罢了。

人们较早就认识到生态环境对民风民俗的影响。中国著名社会学家杨开

---

① 徐国利:《清代中叶皖北的自然政治经济和社会——捻军产生的更广泛的原因》,张珊:《捻军史研究》,第276页。

② [美]裴宜理著,池子华、刘平译:《华北的叛乱者与革命者1845—1945》,商务印书馆2007年版,第86—92页。

③ 江地:《论捻党》,江地:《捻军史论丛》,人民出版社1981年版,第1页。江地先生同时指出:“捻党的产生,最早可以追溯到清朝康熙年间,即十七世纪中叶。”见该书第2页。

④ [明]张瀚:《松窗梦语》卷四《商贾纪》,中华书局1985年版,第83页。

⑤ 同治《霍邱县志》卷一一《艺文志》。

⑥ 中国第一历史档案馆编辑部编:《义和团档案史料续编》(下),中华书局1990年版,第1886页。

道认为:“天然环境的势力,不惟影响及农民的经济和生活,并且还深入他们的心理。”[①]然而,生态环境与社会环境哪个更具决定性作用?美国学者裴宜理肯定生态环境的重要作用:“当我们回顾历史,叛乱通常集中在某些特定的地区,自然环境的重要性就立即凸现出来。”她指出,在特定的环境下,为了求生存而采取的最具有适应力的策略也许是集体暴力。这种人类攻击行为的实用意义已被许多人类学家和人类生态学家所证明。他们指出,在饥荒条件下,用暴力对待同类竞争者往往成为一种合理的策略。那些资源短缺和供应无法稳定的环境可能孕育着成为一种生活方式的冲突。对他人的拒绝被视为对自身的生存直接有益[②]。

这段文字实则提出了两层意思,一是“资源短缺和供应无法稳定的环境”,二是“集体暴力”。可以看出,第一层意思是“因”,第二层意思是“果”。尽管内涵上存在广、狭之别,但从本质上看,裴女士的这两层意思与本文中的“生态环境”“社会环境”是一回事。由此加以推理,可以看出,裴宜理女士更强调生态环境的重要性。笔者认同裴宜理女士的观点,认为在捻党的兴起、发展这个事例中,“生态环境”日益恶化是一个间接因素,却是一个决定性因素,是“因”,而“社会环境”不断恶化是一个直接因素,是“果”,最终这个“果”又酿成了捻党兴起、发展这个“果”。

从本质上看,捻党等反封建王朝是一个社会问题,它的兴起、发展是诸多因素共同作用的结果,除生态环境、社会环境外,也与官吏的贪腐、社会控制的弱化,特别是南方太平天国的发展等因素有着密切的关联[③]。可以说,后者是诱因,起到了催化剂的作用。因此,要根除捻党这类社会问题,不仅要肃清吏治、强化社会控制,还要营造一个良好的生态环境和社会环境。

(三)晚清淮河流域匪患的特点

晚清淮河流域的匪患处于清王朝由衰弱到灭亡的过程,既有土匪传统的特点,又具有鲜明的区域性特征,同时又具有明显的时代特色。概括而言,这一时期该地区的匪患主要呈现以下四个特点。

---

① 杨开道:《农村社会学》,(上海)世界书局1929年版,第62页,转引自池子华:《中国近代流民》,社会科学文献出版社2007年版,第84页。

② [美]裴宜理著,池子华、刘平译:《华北的叛乱者与革命者(1845—1945)》,导论第4页。

③ 梁家贵:《晚清淮河流域匪患与治理》,《淮北师范大学学报》(社会科学版)2012年第2期。

其一,活动频繁、规模大,有的甚至组建成近代化的军队。晚清淮河流域匪患,“大伙以数千计,小者二三百为群……凡安徽之颍、亳、庐、凤,江苏之徐、邳,河南之南、光,山东之曹州……红胡、教匪、捻匪、会匪以及粮船水手,皆其党类,处处充斥,阻坏盐法,扰害地方”①。“当是时,皖匪大股跨踞长淮,盘踞临凤怀远等处,南与庐桐舒之贼为声援,北则蒙、亳、颍、寿之贼听其号召,东出则灵、泗、邳、睢以达清淮,西出则沈、项、鹿、柘,而至归陈、永、夏、丰、砀诸邑,又为直趋曹、济要路,模糊千里一片贼氛”②。可谓“无时不有,无地不有”。

据不完全统计,在整个晚清和民国时期,“淮北地区成千上百的土匪结帮,是一种普遍现象。……他们丛簇结集在鲁、豫、苏、皖四省的边界线上”③。随着社会矛盾的进一步激化,匪患逐渐演变成大规模与清王朝的武装对抗。例如,1901 年 11 月宿迁、睢宁等地,龙华会首领夏也城、赵开业等人率领会众起义,被镇压;1906 年 12 月,曹州郑四妮等率众起义,1907 年 2 月郑四妮被捕获,3 月,余部江苏沛县,又进入河南境内,后失败;1910 年春,苏北一带杨长恺率领的农民起义军活动频繁④。

有的土匪还组建成近代化军队。所谓近代化军队,不仅使用近代化武器,还应具有统一、严格的编制,以及严明的纪律。捻党向捻军的转变是这类武装的典型事例。1855 年秋,各路捻党在安徽蒙、亳交界的雉河集举行会盟,共同推举张乐行为“大汉盟主”(又称“大汉明命王”),设立红、黄、蓝、白、黑五旗军制,大量使用洋枪洋炮,统一指挥,制定行军条例“十九信条”,标志着捻军的形成,成为太平军失败后一支重要的反清武装。

其二,与反清斗争结合在一起,具有了一定的政治目标。晚清淮河流域一带的匪患还演变成政治问题,他们不再单纯地追求经济目标,还明确地反对社会不公,斗争矛头直指当权者。例如,捻党会盟后祭旗盟誓,建号“大汉”,并将自己的主张公布于世。《盟主张乐行告示》声称:“是以大起义师,救我残黎,除奸诛暴,以减公忿。”⑤而《张洛行(张乐行——笔者注)檄文》则大声疾呼:“众兄弟誓同生死,共推我为盟主,协力同心,共诛妖魃。”⑥

---

① [清]王赠芳:《请更定盐法疏》,盛康:《皇朝经世文编序》卷五。

② 同治《续萧县志》卷九《兵防志·团练》,《中国地方志集成·安徽府县志辑》,第 644 页。

③ [日]长野朗:《土匪、军队、红枪会》,东京,1931 年,转引自蔡少卿:《中国近代会党史研究》,中华书局 1987 年版,第 25 页。

④ 乔志强:《辛亥革命前的十年》,山西人民出版社 1987 年版,第 29—77 页。

⑤ 中国人民大学中共党史系、中国近现代政治思想史教研室编:《中国近代政治思想史参考资料》(上),1981 年印刷,第 97 页。

⑥ 中国科学院近代史研究所近代史资料编辑组编:《近代史资料》1963 年第 1 期,第 24 页。

一些土匪还与资产阶级革命党联合。辛亥革命前,资产阶级革命党人采取种种措施,力图与包括土匪在内的民间秘密结社联合,以进一步壮大革命力量,推翻清王朝的反动统治。资产阶级革命派联络土匪、秘密结社的政策,受到了他们的欢呼和响应,淮河流域的资产阶级激进分子更是走在这一行动的前头。1904—1905年间,安徽资产阶级革命党人柏文蔚、陈独秀到寿县,与当地革命党人、秘密结社联合,"从此与淮上诸同志深相契合,革命思潮遍于乡里","会党兄弟、绿林豪杰,群相附翼"[①]。1905年,太和会党首领、已革武举郭其昌在狱中命其弟郭老三率众潜入省城起事。辛亥革命爆发后,资产阶级革命党人联合安徽青红帮攻占大通[②]。

包括土匪在内的民间秘密结社与资产阶级革命党的联合,实现了自身发展史的一次重大转变。同时,极大地壮大了资产阶级革命党的力量,对辛亥革命的成功发动以及清王朝的推翻起到了极其重要的作用。

其三,仍以区域性活动为主。受地域观念的影响,土匪习惯于在本地活动,一个"土"字在某种程度上也反映了中国土匪的地域性特征。晚清淮河流域的土匪也同样具有这些特征,只不过更加鲜明而已。早期捻党在各自的家乡周围赌博、酗酒、争"光棍"("光棍"为方言,意为有头有脸、出人头地的人),甚至贩运私盐。到了捻军阶段,对家乡的留恋也是他们挥之不去的情结。1857年,张乐行率领捻军南下渡淮河,配合太平军作战。但是,以蓝旗将领刘饿狼(刘永敬)为首的部分捻军坚持要回到家乡所在的淮北地区,捻军于是分裂,大部分旗主返回了淮北。张乐行对此深感痛心,指出:"……迩际,正可同心激励将士,整率士卒,北取宿、灵、蒙、亳、颍州,直抵黄河,开创疆宇,以图王霸之业。斯时论勋酬功,裂土建封,光耀门间,坐享无穷之福,岂不美哉!乃各思苟安之计,回家固守土圩,徒知抢掳。利己之私,久则足以自毙……惟今之际,尔等安坐土圩,扪心自问,于心安乎不安乎。檄文到日,早决定见,有志成大业者,整顿兵马,同心一气,会兵北剿,共建基业;其固守土圩者,亦听其自便。"[③]

晚清淮河流域土匪这种以区域活动为主的特点,却导致该区域经常处于社会动荡之中,破坏了正常的社会生产,阻碍了经济社会发展。

其四,宗族色彩鲜明。晚清淮河流域土匪的这一特色,与多种因素有关。

---

① 陈紫枫:《柏烈武先生革命谈话》,沈寂:《辛亥革命时期的岳王会》,辛亥革命史研究会编:《辛亥革命史论文选》(上),生活·读书·新知三联书店1981年版,第392页。

② 胡珠生:《清代洪门史》,辽宁人民出版社1996年版,第462、510页。

③ 《张洛行檄文》,中国科学院近代史研究所近代史资料编辑组编:《近代史资料》1963年第1期,第25页。

首先,移民的大量涌入为这一区域宗族的发展提供了必要的前提。正如前文已述,移民多“举族而迁”,或者按照地缘关系结伴而行,所以在移入地形成了一个个以宗族或地缘关系为核心的村庄。与此同时,淮河流域荒芜的土地需要民众联合起来开垦,动荡的社会状况、疏松的社会控制,也需要民众团结自卫,从而为宗族乃至宗族武装的发展提供了有利的空间。前文已述,捻党是晚清淮河流域“匪患”中最具有代表性的一个例子。他们最初以宗族成员为核心进行走私贩盐,后来在组建武装、反清中也是如此。“当时所谓的捻首、捻头,同时也就是寨长、围主、圩主、练首或族长”,他们“以其亲族、戚党或其所属的贫困的圩众”作为捻军的基本队伍[①]。从他们的军制上看,总旗下设大旗、小旗;每一旗主周围都有一个以宗族、亲戚、乡里关系结合起来的核心集团。

宗族势力的强大,尽管有强化自身武装凝聚力的一面,但在内部形成了集团林立的现象,极易激化矛盾、产生分裂,而且也使他们不愿意离开家乡,固守待毙,极易被消灭。

(四)封建王朝的对策及影响

针对淮河流域日益严重的匪患,清王朝不得不予以高度的重视。自1853年至1868年间,清王朝统治者为剿灭捻党这股异己力量曾频繁更换统帅,竟达到33位,主要有僧格林沁、曾国藩、李鸿章、周天爵、胜保、袁甲三、西凌阿、毛昶熙、曾国荃、翁同书、李世忠、刘长佑、伊兴额、滕家胜、英桂、徐宗干、毛鸿宾、吴棠、贾臻、傅振邦,等等。这既体现了清王朝对剿灭捻军的重视程度,也说明清王朝相关策略的不确定性。总揽历代各种剿匪的策略,不外乎三种:一是剿,二是抚,三是剿抚兼施。事实上,在清王朝内部就如何剿灭捻军,一直存在剿、抚的分歧。主剿派以曾国藩的湘军系为代表,如曾国藩、彭玉麟、李续宜等等,“皆以为断无抚理”[②]。主抚派以胜保为代表,这部分在与捻军、太平军实际作战中切身体会到“剿”之不易,如胜保在给清廷的奏折中说:“臣熟思审处,窃谓仍以抚之为宜……果能受抚,则以后之事由臣一手经理,驾驭得宜,总可保全,不致别生枝节。”[③]薛福成也曾较为系统地阐述了剿灭捻党的策略:“论今之所以平捻者,岂更无当务之策乎哉?……而略举其要则有四:一曰汰冗营。……一曰

① 傅衣凌:《明清时代阶级关系的新探索》,《中国史研究》1979年4期。

② 江世荣:《曾国藩未刊信稿·复毛寄云中丞》,中华书局1959年版,第14页。

③ 《钦定剿平捻匪方略》卷一一八《胜保折》。

用铁骑。尝闻贼所惮者，在南有水师，在北唯铁骑，此实地势使然。曩者大军在光固间，因山谷沮泽，碍于驰骋，以致失利。今贼已离其巢穴，而突齐、鲁、豫、燕之境，此皆平原旷野，非冲逐不为功。宜广调劲骑，每与贼遇，纵骑蹂之，贼虽众，可歼也。……一曰离逆党。……特使内相疑忌，腹心自溃。然后势分力弱，而不至为大患。……一曰招降附。"①

概括而言，晚清王朝对淮河流域的匪患主要制定和采取了以下四种策略。

其一，派兵进剿。一般而言，统治者与被统治者之间有着不同的经济诉求乃至政治诉求，因而存在一种天然的对立心理。显然，这种对立心理的产生主要来源于利益的冲突，一旦发生冲突则极易相互残杀、毫不留情。前文已述，土匪这一行当实则是下层民众迫于生计而从事的一种自救方式，是对社会现状、统治者不满的一种粗暴表达方式，因而遭到统治者的残酷镇压。晚清王朝治理淮河流域匪患政策的基调就是如此，例如，柳堂就任曹州后，因"每二更后，即在关厢外结伙成群，放火为戏，队出则去，队归又来"。为杀一儆百，遂将架人勒赎的二强盗，以站笼处死②。对于土匪武装，朝廷更是要求"相机迎击，勿留余孽"③，很多王朝官员也是不敢怠慢，"所至捕盗魁，无漏网者"④。

晚清王朝在派兵围剿的同时，还针对土匪的流动性特点广泛采用坚壁清野的策略，最大限度地减少甚至杜绝土匪的粮、水，使之得不到必要的休养，从而大大削弱其战斗力。咸丰三年(1853 年)正月三十日，清王朝"令各直省督抚仿照嘉庆年间坚壁清野之法实力举行"⑤。坚壁清野策略的落实，必须有相应的配套措施，其中一个就是建立抗击土匪的据点。清王朝官员对此严加督促，"令民间各自筑寨为坚壁清野之计，先后筑成昌山、灵山、所里、永固四寨"⑥。咸丰八年(1858 年)六月，奉督办理三省剿匪事务袁札饬令各乡民仿照坚壁清野之法，"联村筑堡共资保卫，嗣经各乡绅民在县陆续禀请筑寨，所有团练各寨名具列于后:北乡各寨十七处、西乡各寨十八处、南乡各寨十九处、东乡各寨四十四处"⑦。应该说，这一策略取得了明显的成效，如有的官员在奏折中称:"臣前于五月间

---

① ［清］薛福成:《庸盦内外编·治捻寇》，丁凤麟、王欣之编:《薛福成选集》，上海人民出版社 1987 年版，第 16、17 页。

② ［清］柳堂:《周甲录》卷五，光绪三十一年(1905 年)刻本。

③ 《寄谕周天爵等派兵驰往颍州剿捻并着张亮基饬属迎击入楚零股》，咸丰三年七月初九日，吕坚主编:《清政府镇压太平天国档案史料》第 8 辑，社会科学文献出版社 1993 年版，第 413 页。

④ 《清史稿》卷三九三《周天爵传》。

⑤ 同治《续萧县志》卷九《兵防志·萧营兵制》，《中国地方志集成·安徽府县志辑》，第 640 页。

⑥ 同治《续萧县志》卷九《兵防志·团练》，《中国地方志集成·安徽府县志辑》，第 641—642 页。

⑦ 同治《续萧县志》卷九《兵防志·团练》，《中国地方志集成·安徽府县志辑》，第 643 页。

到徐,因捻匪屡次蔓扰即经分派委员会同各地方官督率乡团赶紧筑堡寨以资捍卫,是以此次贼扰北路铜萧两境均获免遭蹂躏,实属著有成效。”①

其二,组建团练。前一节“宗族与淮河流域社会变迁”已论及,团练这种武装以农民为主体,不脱离生产,农闲时训练,战时出征,主要是为了御匪,组织者多为地方豪绅或其他有声望之人,属于据地自保、守望相助的民间自卫武装组织,因而备受统治者的重视,成为国家或地方正规武装力量的重要辅助力量。在晚清统治者看来,团练的组建还可以更好地落实坚壁清野策略,因此强力推行。

应该说,晚清王朝组建团练的策略取得了明显成效。这在地方志中有很多的记述。不妨举两例:

> (咸丰)六年春正月,捻逆李意等西窜鹿邑,练总生员李承谟率众于卞家铺截击之,斩获甚众,练丁李承善等四人阵亡。三月丙戌晦,捻匪龚得王贯三屯亳州之五马沟,为豫军总兵邱联恩等所败,斩捻首张栓张裕隆。②
>
> 本年(咸丰四年)二月间有捻匪宋万率党在永城一带焚劫,九月间复盘踞永宿交界地方经办理团练之段广瀛等带领兵勇剿捕将巨匪宋万擒获。③

其三,抚慰收编。这策略实则是派兵进剿的辅助,在治理匪患中处于次要地位。一般而言,剿匪的具体指挥者喜欢采用这种策略,原因也不外乎有三个方面。一是兵力、军饷有限,例如安徽巡抚领兵部侍郎衔帮办安徽团练事务大臣周天爵虽挂着剿捻统帅的头衔,但“无兵无饷”,只好采取剿抚兼施,以抚为主的策略。在这一策略指导下,周天爵先后招抚了豫涡之间各县捻军首领冯金标、张凤山等“十八铺”和张乐行捻军。二是土匪具有一定的战斗力,一味剿杀会造成自身损失。三是一旦收编可以壮大自身力量。关于后两个方面,胜保奏折中就为何招降李昭寿之解释,就是很好的说明:

> 李昭寿一股凶焰尚炽,查其所领二十四军,海军实有二千五百人,以二十四军计之,众以数万,贼中推为劲卒。前扰江浦即其余党。现又为发逆所逼,窜踞全(椒)滁(州),势极浩大。臣若徒以力争,恐难遽操胜算。幸

---

① 同治《续萧县志》卷九《兵防志·团练》,《中国地方志集成·安徽府县志辑》,第641页。

② 顺治《亳州志》卷八《武备志·兵事》,《中国地方志集成·安徽府县志辑》,第221页。

③ 同治《续萧县志》卷九《兵防志·团练》,《中国地方志集成·安徽府县志辑》,第646页。

经臣前次设法羁縻，故李昭寿顿格顽梗之心，现欲输诚纳款，查其禀中所称先献滁州，后图他策，若能尽如所言，则其党羽数万，不为我敌，转为我用，即粤逆之势愈孤，捻逆之气亦夺，淮南皖北指顾肃清，是李昭寿之向背，实为全局之转关。①

众所周知，传统的中国下层民众对官吏拥有一种极为复杂的心理，他们一方面痛恨官吏的胡作非为、横征暴敛，另一方面又羡慕他们耀武扬威、光宗耀祖，期盼能够成为其中的一员。以下层民众为主体的土匪同样渴望跻身统治阶层之中，因此也乐于被收编。1857 年，胜保招降苗沛霖时，封官许愿，给银 400 两。1859 年，胜保竟然派属员大摇大摆地进入捻军控制的临淮和凤阳城内，召开招降纳叛会议，其结果是捻军首领张元龙、韩秀峰等，以及受太平天国册封的捻军首领薛之元等投降。

土匪大多放荡不羁、散漫成性，很难改造，一旦有变，立即重操土匪旧业。例如，苗沛霖曾数次降清、反清之间反复，被称为“最无原则的军阀”；李昭寿也是先结捻造反，继而降清，然后投靠太平军，最终又降清。清统治者对此已有清醒认识，如薛福成在“招降附”一策中分析道：“夫贼中渠魁，皆必死之寇，固决不肯就降。国家亦决无赦之之理，赦之亦必为变。若其余，固胁从耳，诖误耳，急之则为贼死，赦之则可以散其党而孤其势，此易见者也。且招降之所以不易言者，惩其诈也，惩其降而复判也。诈不诈，明者能辨之。其诈也，暂羁縻之，乘其懈击之，虽歼之可也，其非诈也，则固纳之矣，犹虑其叛也，归其老弱，籍其强壮者，分隶各营，以古者以一隶五之法治之。其不从也，廉得其为首者，诛之可也。此所谓以剿为体，而以剿抚互施为用者也。”②

清统治者频繁使用“诱降”实际上就是上述策略的具体落实。例如，“（咸丰四年）冬十月永亳民相仇杀，辄以搜捕匪首苏天福为名，时张乐行，持两端与土匪阴相结，匪众由豫间皖。袁甲三饬乐行捕苏天福以表心迹，而密饬弁兵诱擒乐行未获”③。

在实施抚慰收编的同时，晚清王朝还频繁使用离间计，借以分裂对手力量，削弱对手战斗力。例如，胜保曾用离间计成功招降李昭寿，其奏道：“如该逆能思自拔，力赎前罪，再当设法羁縻，奏明请旨。设彼枭狡成性，全无顾恋，被逆党

① 《钦定剿平捻匪方略》卷四六。

② ［清］薛福成：《庸盦内外编 · 治捻寇》，丁凤麟、王欣之编：《薛福成选集》，第 16、17 页。

③ 顺治《亳州志》卷八《武备志 · 兵事》，《中国地方志集成 · 安徽府县志辑》，第 220 页。

闻知,必疑该逆心存两地,亦可离间逆众之心。”咸丰帝批道:“枭狡之性难以理喻,必须专意离间,使其自相残杀。”①

其四,赈灾济民。这是解决匪患的最根本途径。平心而论,清王朝对灾荒不可谓不重视,相关制度也很健全,如《大清会典》《户部则例》等对官方救济作了详细规定,务求“宁使国家多费帑金,断不可令闾阎一夫失所”②。光绪十三年(1886年)八月,黄河从郑州决口,“口门宽三百余丈”,黄水自“口门正南折向东南,出郑州境,入中牟之市王庄,趋向东南,历祥符县之朱仙镇,由贾鲁河流入沙河,直达周家口,经行尉化,鄢陵、扶沟、西华、太康等县,流入涡河,东趋安徽亳州、太和县,出境”③。刚刚接任河南巡抚仅三个月的倪文蔚即上达朝廷,并自责疏于防范,请求朝廷议处。清廷担心江皖受灾,财赋受损,加之黄水流经颍亳等向为“匪徒”出没之地,恐引发严重的“匪患”,所以行动迅速并且积极④。皇太后下罪己诏,一面“着即督饬所属,将漫口赶紧堵合,以免续塌”⑤,一面拨银赈济灾民。河南巡抚倪文蔚一面会同河道总督成孚立即组织民工抢修河堤,堵筑溃口,一面带头捐款赈灾。然而,正如前文所述,晚清官员们贪腐享乐、结党营私、跑官卖官、贿赂公行、草菅人命,整个王朝体系已从整体上腐烂,致使王朝良好的制度遭到破坏,赈灾济民的措施得不到落实,缓和社会矛盾和稳定社会秩序的意旨得不到实现。因而,所谓赈灾济民不过是官员们获取巨额利润的一个途径。有学者曾对晚清河务作了深入分析,指出:“尽管清朝政府在淮北地区投入了巨额的治水经费,却没有真正地消除淮北的水灾问题,反而使淮北地区的水利条件越来越恶化,并造成这一地区整个生态系统的崩溃,使淮北从鱼米之乡变成了灾害频仍的贫瘠之地。其重要原因就是治水事务中的各种腐败层出不穷,许多巨灾或是官员们精心策划、或无意防范所致。维持淮北地区频繁的灾害,是河务官员向中央政府钓取巨额资金的主要手段。”⑥

(五)匪患的社会影响

1868年8月,西捻军全军覆没,标志着捻军的彻底失败。从统治者的角度

---

① “录副奏折”,咸丰八年二月初五日胜保奏。

② 杨景仁:《筹济篇》卷二,转引自李向军:《清代荒政研究》,中国农业出版社1995年版,第102页。

③ 水利电力部水管司、水利水电科学研究院:《清代黄河流域洪涝档案史料》,中华书局1988年版,第759页。

④ 中国水利水电科学院水利史研究室编校:《再续行水金鉴·黄河卷》,第2018页。

⑤ 中国水利水电科学院水利史研究室编校:《再续行水金鉴·黄河卷》,第2020页。

⑥ 马俊亚:《“河务习气”:清代官场政治与淮北的治水成效》,《皖北文化研究集刊》第1辑,黄山书社2009年版,第14页。

来看,捻党从形成、发展到失败经历了一个较长的时期,可谓晚清淮河流域最严重的匪患。它的失败,标志着晚清以太平天国为中心的大规模的农民反抗运动的结束。自此至辛亥革命爆发前十年间,淮河流域尽管盗匪依然不断,但是再没有发生像捻党一样大规模的匪患。其中的原因,主要有三个方面:一是大规模的农民反抗运动高潮已经过去,中外政治势力暂时达成和解,在清王朝的高压政策下,国内政局、社会进入一个相对稳定时期①。二是清王朝开始的洋务运动,从整体上提升了国力,增强了控制包括淮河流域在内的全国各地的实力。三是清王朝采取了一系列恢复发展经济的措施,取得了一定的实效。就第三个方面的原因而言,清王朝很大程度是不得已而为之。淮河流域是清军与太平军、捻军殊死搏斗的最主要战场之一,经过战争的严重破坏,淮河流域各地再次出现土地大片荒芜、人口急剧减少等现象。据史料记载,皖北地区的一些州县,"田地荒芜,耕种无人","终日不过行人,百里不见炊烟"②。咸丰五年(1856年),太平军攻打颍上,"南北城外积尸累累",撤围后,城中"疾疫大起,未周两月,死者不下三千余人"③。在此情况下,清王朝不得不实行招抚流亡,鼓励垦荒,淮河流域一带的经济有所恢复,社会矛盾有所缓和。

然而,我们也应该看到,捻党后的清王朝并未从根本上解决下层民众的生计问题,也未能、实际上也是不可能彻底整顿吏治,扭转贪腐的政治风气,因此,各种社会矛盾依旧存在,并在逐步地累积能量,寻找下一次释放的时机。晚清末年,洋务运动宣告破产,"新政"也未能挽救清王朝的颓势,内忧外患交相煎迫,社会矛盾进一步激化。正如前所述,这一时期淮河流域一带的匪患再次严重起来,并与全国其他地区、其他行业的反清斗争相呼应,是辛亥革命时期"民变"的一个重要组成部分,致使清王朝惊惧异常,以致哀号"应接不暇","失所之民,穷而思乱,止无可止,防不胜防。沸羹之势将成,曲突之谋已晚"④。成为辛亥革命高潮形成的重要推动力。

晚清淮河流域匪患问题没有能够有效解决,至民国时期更为严重,战乱频仍,灾荒不断,民不聊生,不仅危及晚清王朝的统治,也严重阻碍了这一地区的

---

① 捻党的失败对于淮河流域的家族势力打击甚重,导致该地区社会结构的再调整,这也是导致民国时期淮河流域客匪强大、土著土匪弱小的一个重要原因。蔡少卿:《民国时期的土匪》,第130—133页。

② 中国史学会:《太平天国》第4册,神州国光社1952年版,第474页。

③ 《璞山存稿·颍上城守日记》卷一〇,太平天国历史博物馆编:《太平天国史料丛编简辑》第3辑,中华书局1962年版,第16页。

④ 程德全:《宣统三年九月初一日致电内阁》,扬州师范学院历史系编:《辛亥革命江苏地区史料》,江苏人民出版社1961年版,第45、46页。

经济社会发展,加速了这一地区社会变迁,成为这一地区长期以来经济社会发展滞缓、文化凋敝的一个重要原因。

四、结语

元明以降,淮河流域出现了广泛而深刻的社会变迁,这种社会变迁是综合因素共同、长期作用的结果。它不仅受到前文所论及的自然环境变迁的影响,更取决于人口迁移、宗族、匪患以及生态环境、社会环境变迁等社会因素。

由于战乱和灾荒等原因,淮河流域是移民多发地。其民众移出的原因多为躲避战乱,主要是前往南方。该地区出现的人口稀少、土地荒芜,又吸引了众多的外地民众迁入,主要是山西、山东等地的民众。无论是迁出还是迁入,历史时期的淮河流域移民都对当地经济社会发展产生了重要而深远的影响。历史时期的人口迁移一定程度上影响了淮河流域经济社会发展进程,加速了该地区的社会变迁,主要体现在:一是易引发资源抢夺、形成流民,激化社会矛盾,破坏社会稳定;二是导致财富逐步减少以及生产方式、经营理念、生活方式等日渐落后,改变了原有的经济结构;三是促使民风民俗趋于多元化、复杂化,方言出现新的特征。可以说,在淮河流域的社会变迁过程中,人口迁移起到了部分消极作用,是该地区经济社会由盛到衰的重要因素之一。

淮河流域的宗族既有宗族所共有的特征,但其内部结构又有特殊性,同时具有鲜明的地域特征和时代特色。晚清民国时期淮河流域宗族的发展及其活动加剧了该地区的社会动荡,深刻影响了该地区的社会经济、社会文化和社会习俗,改变了这一地区的乡村结构,成为该地区社会变迁的重要推力之一。

晚清时期,淮河流域匪患严重,社会持续动荡,主要原因是灾荒不断、官府腐败、民众关系紧张等。这一时期该地区的匪患主要呈现四个特点:一是活动频繁、规模大,有的甚至组建成近代化的军队;二是与反清斗争结合在一起,具有了一定的政治目标;三是仍以区域性活动为主;四是宗族色彩鲜明。针对日益严重的匪患,清王朝主要采取派兵进剿、抚慰收编、组建团练、赈灾济民等措施,但是成效甚微。晚清淮河流域匪患问题没有能够有效解决,至民国时期更为严重,严重阻碍了这一地区经济社会发展,加速了这一地区社会变迁,成为这一地区长期以来经济社会发展滞缓、文化凋敝的一个重要原因。

余　论

一、淮河文明变迁与世界其他大河文明的比较及启示

淮河文明和其他大河文明一样，其出现得益于优越的自然环境，其衰落与外力入侵和人类过度开发与破坏自然有很大关系。与其他文明相比，淮河文明有两大不同点，一是其发生发展深受黄河和长江文明的影响，二是它的衰落与黄河的南侵直接相关。大河文明兴衰的比较对目前淮河的治理和环境保护有重要的启示。

淮河流域，与黄河流域、长江流域等同为中华文明的发祥地之一，依托淮河兴起与发展起来的淮河文明和尼罗河流域的古埃及文明、两河流域的苏美尔文明、印度河流域的哈拉帕文明一样，为人类早期文明的代表之一。上述文明的起源和发展都和大河有密不可分的关系，所以学术界又称这些人类早期文明为大河文明。

大河文明的出现与水和河流有着天然的联系。水是人类生产和生活不可或缺的基本元素，而大河恰好能够给人类提供充足的生活用水和灌溉用水。河流除了给人类提供充足的水源外，还是交通运输的重要通道，因此可以说，人类是在蒙受河流的恩惠中从蒙昧走向文明的。然而，河流在泽被于人类的同时，还常常带来可怕的洪涝灾害，给河流沿岸的人们造成惨重的损失。为了自身的生存与发展，人类又必须治理河流，改变河流及其流域的生态系统。

大河文明的起源和发展，既是一部人类适应自然环境，顺应自然环境的历史，又是一部改变自然环境，影响大河生态，人类与河流生态相互博弈的历史。

淮河流域文明的环境变迁史，与世界其他大河流域文明的历史演变相比，既有共同性，又有独特性。

(一)淮河文明与尼罗河文明、两河文明以及印度河文明的比较

1.文明起源的比较

淮河文明的产生，一如其他大河文明的产生，首先得益于大自然为人类造就了较为优越的地理环境，为文明的诞生奠定了较好的基础。淮河文明的出现首先是淮河流域的先民适应自然环境的产物。据现有研究，淮河大约诞生于100万年前，为发源于桐柏山的一条小溪，蜿蜒曲折向东流入海湾，约在50万年前，淮河已经粗具规模，河道延伸到江苏北部。据考古资料证明，淮河流域的文明曙光最早始于公元前7500—前5000年间，以裴李岗早期文化为代表，到公元前2600—前2000年间，先民开始在淮河沿岸定居，将房屋建筑在高台上，以防止洪水的侵害，利用流域气候比较湿润，降水较多的水利条件，普遍种植水稻，稻米开始成为淮河流域人们的主要食粮。据考古专家考证，在距今7000年之后，淮河流域民众已经普遍掌握了稻作栽培技术①。稻作农业的出现标志着淮河流域进入了早期农业文明时代。

时间先于淮河文明的古埃及文明、苏美尔文明以及印度河文明，也是人类利用优越的气候和地理条件，适应自然环境的产物。公元前4500年左右，两河流域和尼罗河流域的下游地带，气候湿润，河流水量比较大，水位较高，于是这些地方的先民利用河水泛滥后留下来的一层肥沃泥土，开始从事小麦、大麦农作物的种植，从而进入了农业时代。公元前3000年左右，印度河流域气候湿润，印度洋季风强大，降水充足，河流密布，土地肥沃，自然条件优越，发展农业非常有利，因此印度河流域的先民首先种植了棉花，此外还种植小麦、大麦、椰枣等，进入了农业时代，出现了哈拉帕文明。

由此可见，淮河等大河文明的出现是与大自然提供的优良的自然环境，如气候、土壤等地理条件有十分紧密的联系。在大河文明起源时期，先民的知识有限，改造自然的能力非常微弱，虽然出现了灌溉农业，但规模比较小，技术比较粗糙，因而大河流域的人们主要是利用大自然的馈赠，顺应自然环境，发展农业生产。因此在文明兴起后的一段时期中，淮河流域的生态环境和生态系统是

---

① 王象坤、孙传清主编:《中国栽培稻起源与演化研究专集》，中国农业大学出版社1996年版，第19页。

一种原生态,人类无力破坏自然生态系统,人与自然环境的关系比较和谐,呈良性态势。

2.文明衰落的比较

世界各地的大河文明,除了中国文明延续至今外,其他大河文明都过早地衰落了。公元前12世纪时,埃及国力大衰,频频遭受野蛮民族的入侵,公元前525年被波斯人征服,文化从此一蹶不振,古埃及文明绝灭①。两河流域的苏美尔文明,到公元前539年,迦勒底人的帝国被波斯人灭亡,这就是两河流域文明的告终标志②。印度河流域的哈拉帕文明大约在公元前1500年退出历史舞台,其灭亡原因至今还是个谜,学术界对此看法不一,有的学者认为它是被蛮族征服,有的认为是由于哈拉帕人破坏自然环境所致,还有人认为是洪水和其他天灾的因素叠加所致。

虽然中华文明没有像其他三大文明过早绝灭,但作为中华文明重要组成部分之一的淮河文明却经历了由唐宋时期的繁荣到宋以后的严重衰落,其严重衰落的余绪一直延续到现代。淮河文明衰败的一些原因与世界其他大河文明的衰亡因素有一定的相似性。

据现有研究,历史上淮河流域的社会经济发展繁荣的顶峰是在唐宋时期。当时的淮河流域处于以长安、开封为中心的首都经济文化圈内,与首都有着非常密切的经济和交通联系。淮河流域土地肥沃,农产丰富,是当时中国重要的商品粮基地;淮河流域河网密布,与首都有运河等多条水道沟通,水上交通十分便捷,东南和江南的人员和物品通过长江、淮河水道到达首都。因此淮河流域是当时中国重要的粮食生产基地、重要的交通要道和文化发达地区。

学界认为,淮河文明由盛转衰的主要原因,是由于黄河的南犯,夺淮入海,对淮河的生态环境系统造成了无以复加的毁坏而造成的。历史上黄河多次决口,南侵淮河河道,不过在宋以前,黄河泛滥侵蚀淮河河道都是小规模和局部的,没有对淮河的生态环境造成致命的威胁。1194年,黄河在河南原武又一次决口,南流的黄河水在淮阴注入淮河,淮河的入海通道完全被黄河占据,黄河夺淮局面完全形成。由于淮河失去了入海口,致使上游的来水到中下游后水流缓慢,中下游河床被沉淀的泥沙淤塞,抬高,以致淮河中下游水系紊乱,河水横流,地貌、地形都发生很大改变,流域内水旱蝗灾频发。淮河流域成为中国的重灾区,淮河中下游地区的生态环境遭受无可挽回的破坏。这种局面一直延续到

① [美]伯恩斯等著,罗经国等译:《世界文明史》第1卷,商务印书馆1995年版,第43页。
② [美]伯恩斯等著,罗经国等译:《世界文明史》第1卷,第70页。

1855年黄河再次改道北徙为止。在这700年的时间里，淮河流域社会经济发展严重滞后于江南和其他地区，直到现在，淮河流域的经济社会发展水平还整体上处于欠发达水平。

淮河文明的衰落与埃及文明、两河文明和印度文明的衰亡有共同之处，都是由于自身无法掌控、外界因素的强力介入而衰败，其衰落的主要原因都不在于内因。淮河文明固然严重衰败，但它与上述三大文明不同之处在于并没有灭亡，尽管落后还是延续到了今天。时至今日，淮河这一古老文明又出现了复兴的兆头。

除外力介入是淮河等大河文明严重衰败的主要原因外，大河文明繁荣时期人们对自然的过度开发和掠夺也是造成它们衰败的重要原因。

大河文明发展到高峰，一方面是先民善于利用自然，因势利导的结果，另一方面也是他们积极应对自然，改造自然环境的产物。尼罗河的定期泛滥为古埃及人从事农业生产提供了肥沃的土壤资源，但为了让农作物获得丰收，埃及人还要修建一些沟渠，将河水引入到农田中去，对地势低洼，积水过多的田地需要开挖渠道，或制作一些排水工具。两河流域下游的地形与尼罗河的河谷不太一样，水利条件不如埃及优越，因此两河流域的人们兴建了更多的水利设施，制作了更多的灌溉工具，因而两河流域人们改造自然的技术比古埃及人高，更能应对自然的挑战。随着历史的发展，各大文明的改造自然的能力都在提高和加强，这就使得原初那种人与自然生态和谐的状态逐渐遭到破坏，人类为自己的一些无知的行为终究付出了代价。

随着文明的繁盛，人口急剧增加，为了养活更多的人口，大河流域的人们兴修了更多的水利设施。例如，两河流域的人们兴修了更多的堤坝和沟渠，引水灌溉农田，长此以往，使土地出现了盐碱化，利用价值降低。为了弥补土地的不足，他们开始砍伐周边的树木，开垦草地，这些对自然界的滥垦滥伐，破坏了当地的生态环境，致使土地沙化和荒漠化，继而引发洪水和干旱等自然灾害。印度河流域的哈拉帕文明的人们也有过度砍伐森林的行为，再加上气候由湿润转向干旱的趋势，就越发使得大河文明的继续发展非常困难，最终在各种因素作用下衰亡而不能复振。

唐宋时期，人们在淮河流域修建了非常多的水利设施，进行围湖造田。曹魏时期，曹操出于军事等需要，在淮河中游实行屯田制，为了养活士兵和其他人口，大兴水利陂塘工程。唐朝前期，仅在淮北地区修建的水利工程就达数十项之多①。大量的兴修水利，围湖造田，破坏了当地原有的生态平衡，一时得利，却会招致大自然的报复，后患无穷。有研究者指出："淮北地区地势地平，以蓄水为主要功能的陂塘，既淹没大量的土地，也阻滞了河水的流通。"②

淮河流域的生态环境，与其他大河流域的生态环境一样，历史上遭受了人们的极大破坏。大河文明的繁荣建立在人们改造自然，兴修水利工程等基础上，但这些改变自然生态的行为也为大河文明埋下了衰败的种子。各个大河文明衰落的具体因素有多种，而人类对于自然的破坏致使河流域的生态系统受到严重损坏是文明衰落的重要的相同因素。

3.农业生产技术的比较

淮河文明与世界其他三大文明比较，淮河文明的农业生产技术与古埃及文明的农业生产技术特征类似，都是在一两千年内技术发展缓慢，处于停滞状态。尼罗河定期泛滥且水量稳定，因此尼罗河没有大的水灾，泛滥留下的沃土使埃及的农业发达，由于有便利的水利灌溉条件，农业丰收不需要过多的技术，只靠大自然的馈赠就能获得较好的收成。古埃及人尽管兴修了一些水利设施，但由于自然条件优越，所以古埃及人的水利设施技术和农业生产技术发展缓慢，长时期处于停滞状态。古埃及农业文明更多是适应自然地理环境，而不是过多改变它。同样，淮河流域的农业技术长期缺乏变化，持续了一两千年之久，如春秋时期出现的牛耕技术在战国时代的淮北地区得到普遍应用，直到中华人民共和国建立后仍在淮河流域农村普遍使用。美国学者伯恩斯认为，中国的某些农业技术的长期持续并不意味着中国人没有能力研发技术，而是由于已有的这些技术非常适合中国社会的客观实际，适应于中国的自然环境③。

4.外部因素影响的比较

淮河文明介于两大文明之间，发展既有独立性，又有兼容性，不像其他三大文明，以独立发展为主。

与世界其他大河文明相比，淮河文明位于黄河文明与长江文明之间，其文明的发生发展明显地受到了它们的影响，自发性与外来性相互纠缠。虽然古埃及文明与古巴比伦文明在发展过程中有交流和影响，如有的学者认为，埃及城市的建设模式受到了两河流域文明的影响。大约在公元前3500—公元前3000年，苏美尔人的人口激增6倍，城市占地1000英亩，相比之下，埃及城市出现的

① 吴海涛：《淮北的盛衰：成因的历史考察》，社会科学文献出版社2004年版，第83—88页。

② 马俊亚：《被牺牲的"局部"》，北京大学出版社2011年版，第243页。

③ [美]伯恩斯等著，罗经国等译：《世界文明史》第1卷，第174页。

非常突然，也就是说埃及城市的出现受到了苏美尔人的影响①。尽管埃及文明和巴比伦文明有些方面相互影响，但学界一般认为，两大文明基本还是各自独立发展的。印度河流域的哈拉帕文明是否受到了外来文明的影响，学术界还有争论，在没有确凿证据证明印度的哈拉帕文明受到外来文明的情况下，目前可以认为是独立发展起来的。

由于淮河介于黄河与长江之间，距离两者都不远，因此淮河文明受到长江和黄河文明的影响特别大，淮河文明的发生发展呈现出既有独立性又有兼容性的特点。考古证明，目前在淮河流域发现了中国境内最早的碳化水稻，也就是说，淮河流域是中国最早种植水稻的地区之一，由此可知淮河流域的稻作技术与文化呈现独立发展的态势。另一方面，从淮河流域发掘出土的青铜器等分析，这些青铜器的制作技术和风格带有黄河文明和长江文明青铜器技术的一些特点，也就是说淮河流域的青铜器制作受到了中原文化和长江文化的影响，因此淮河文明具有兼容性和丰富性的特征。

正是由于淮河处于黄河和长江两大水系之间，淮河的生态和环境变迁也就与这两大河流的活动有着千丝万缕的联系，尤其与黄河的关系更加密切。历史上黄河多次夺淮入海，给淮河流域的生态环境施加了重大影响。宋以前的淮河流域，处于周期性的破坏和恢复发展之中，由于没有大的环境破坏，生态系统处于良好状态。宋以后由于黄河夺淮入海，给淮河的生态系统，尤其是中下游的生态环境造成了致命性的损伤。黄河等大河水道的变迁是导致淮北社会生态环境走向衰落的直接原因。

（二）启示与建议

21 世纪的今天，保护环境，维护地球家园的健康与人类的可持续发展已经成为世界各国的共识。水资源短缺是一全球性问题，即使在大河流域附近的人们，也面临着水荒。如何保护和合理利用河流水资源、如何合理分配水资源、如何更好地保护流域内的生态环境成为跨区域河流的主要问题之一。

通过梳理淮河文明与其他大河文明的兴衰，我们对于当前淮河流域的经济社会发展和环境保护提出以下五点建议：

第一，优越的地理环境是大河文明的诞生、发展与繁荣的前提，只有保护好

---

① ［美］威廉·麦克高希：《世界文明史》，新华出版社 1996 年版，第 142 页。

区域的自然环境,人与自然和谐相处,文明才能得到可持续发展。历史上一些大河文明的衰败乃至灭亡,除了有不以人类意志为转移的气候和地质变化等特殊情况外,很大程度上与人类过度开发自然,无知的行为破坏自然生态系统平衡有密切关系。淮河文明要想复兴和获得新的繁荣,流域内的民众和治理者必须树立敬畏自然,尊重河流,保持人与自然生态系统良性发展的观念,使淮河与人类自然和谐相处,淮河流域的环境问题才有可能得到彻底的改观。

第二,在保护和治理淮河生态问题时,需要构建“大淮河”的观念和治理思路。历史上淮河的环境问题深受长江、黄河,尤其是黄河的影响,因此在今日治理淮河时,必须将其与长江、黄河的治理有机联系,统筹规划。无论是淮河流域修建大型水利工程和大规模工厂等项目,还是长江、黄河建设水利项目和大型企业等工程,都要进行环评,特别是对临近大河有什么样的影响,一定要给予科学、客观的说明。这样做不但有助于淮河生态环境的治理与保护,而且有利于其他大江、大河、大湖等的保护和可持续发展。

第三,治理淮河要以人为本,尽可能以淮河流域的民众利益为核心。中央政府要切实转变观念,改变自明朝以来中央政权牺牲淮北人民福祉的做法,不能一味主张“舍小家顾大家”,因为大家是由一个个小家组成,应该一视同仁。即使有必要、不得已这样做,也需要建立一种补偿机制,让那些因此受益的地区和部门给予被牺牲的“局部”以补偿,这样才公平合理。

第四,除了原有的淮河水利委员会外,可以尝试引入第三方组织协调解决沿淮各省区之间的矛盾与冲突以及资金技术等问题,使得淮河问题尽量脱离利益各方的牵制,寻求更妥善的解决之道。

淮河作为一条省际河流,流域涉及鄂、豫、皖、苏、鲁 5 省,上中下游各省就淮河的水资源利用和保护存在矛盾和争执。为了管理好淮河,国家在 20 世纪 50 年代成立了专门机构——淮河水利委员会,具体负责淮河水资源的开发利用、调配和保护。沿河各省有关淮河方面的矛盾和争议,可以由淮河水利委员会对各省的利益进行沟通、协调和均衡。淮委解决不了的问题,还可以上交给中央政府进行处理,必要时由中央政府通过行政手段解决。

淮河水利委员会虽然是一个协调机构,但是它更带有官方机构的色彩,在协调时往往以中央政府的利益为重,对沿淮各省的利益和要求可能会考虑不周,其拿出的解决方案并不一定令各方都满意,有时因此还可能激化矛盾或积累矛盾。为了缓解或解决类似问题,可以借鉴国际上的做法,引入民间或国际组织,与淮河水利委员遥相呼应,共同推动淮河的治理。20 世纪 90 年代以来,在国际社会的参与下,尼罗河沿岸国于 1999 年成立了尼罗河流域倡议组织,实施尼罗河流域行动计划。21 世纪初年,相关国家在开发利用水资源,维护各自“水安全”和保护尼罗河等问题形成了一定的共识,就尼罗河的水资源分配和兴修水利工程等达成了一些协议。

尼罗河沿岸国由于受资金、技术等限制,对尼罗河的保护和利用有力不从心的行为,1997 年,它们引进世界银行的资金或技术,加强对尼罗河的治理和开发,取得了较好的效果。淮河的保护和开发也可以学习这种做法,寻求国际金融组织和环保组织给予资金和技术上的支持,以便更好地保护淮河,使淮河流域的经济社会发展具有更好的可持续性。

第五、在治理淮河污染上需要建立补偿机制。补偿机制的第一个做法是,上游省份应该给予中下游省份一定的污染补偿,以便更加有利于治理淮河的水污染问题。沿淮各省市都对淮河环境的恶化负有责任,相对而言,由于污水顺流而下,地处中下游的省份受到的危害更加严重,而淮河河道的特殊性决定了地处淮河中游的安徽沿淮地区受到危害最重,治理难度也最大。为了综合治理和合理分担治污费用,处于上游的河南省应该补偿给安徽省和江苏省一定的污染费用。

建立补偿机制的第二个做法是,中下游的省份付给处于淮河源头的河南省一定的经费,以便更好地保护河水源地,尽可能减少源头污染。在保护全流域生态环境的做法上,尼罗河下游的埃及给予上游国家埃塞俄比亚积极保护河源的活动资金上的补偿。这种做法值得淮河中下游的省份学习,江苏、安徽等省份可以无偿提供部分资金给处于上游的河南省,以使河南省更加积极采取措施,保护淮河上游的生态环境,使得中下游地区的用水更有可能洁净与卫生。

相信只要随着国人环保意识的逐步增强,逐渐摒弃人类中心主义思想,在借鉴国内外河流保护的有益做法的同时,伴随着淮河的生态环境保护政策和措施进一步加大,淮河流域水污染和环境恶化的问题有望进一步被遏制,淮河流域生态环境的整体状况会逐步好转。不过随着淮河流域经济社会的加速发展,淮河流域水资源短缺的状况会更加严重,淮河的水污染问题虽已得到有效地遏制,但距离构建淮河流域人水和谐的局面,还淮河流域水清天蓝的理想状态,还有很多工作要做,还有一段较长的路要走,还需要社会各界做出更大的努力。

二、淮河航运历史、现状及对策

淮河自古就是北通中原、南下东吴的通道,其流域是我国航运发达的地区之一。淮河航运在不同的历史时期对社会经济的发展起到重要的促进作用,淮河航运是商品流通的载体,便捷的水运业带动沿淮商业城镇的发展。随着新式交通的兴起,虽然受到来自铁路运输的冲击,但是淮河航运仍发挥重要作用,迈出近代化的一步。目前,淮河航运存在着一定的问题,如规划失当,缺乏合作机制;标准化程度低;资金投入不足等。结合这些问题,我们也提出一些发展淮河航运的建议。

淮河发源于河南桐柏山区,自河南固始县三河尖东流,横贯安徽后至五河县经洪泽湖入江。历史上淮河经苏北独流入海,明永乐十四年(1416 年),黄河夺淮入海,致使改流今道。淮河与长江、黄河、济水并称四渎。淮河支流众多,中下游可保持常年通航,是皖北地区重要的水上交通干道。

(一)传统交通模式下的淮河航运

在传统交通模式下,淮河航运在不同的历史时期对社会经济的发展起到重要的促进作用,淮河航运是商品流通的载体,便捷的水运业带动沿淮商业城镇的发展。

1.不同历史时期淮河航运概况

古淮河及其主要支流汝水、颍水、淝水、沙水、涡水、濉水、泗水、沂水等河道的通航,应早于人工运河,但究从何时开始,未见明确记载。《尚书·禹贡》记载禹“导淮自桐柏,东会于泗、沂,东入于海”。禹沿汝水南下,治水,娶涂山氏女,会诸侯于涂山,又命人“开九州,通九道”。这表明淮河流域是禹治水的重要地区,开辟了淮河流域的水道。商代水上交通已达于淮河流域。商周王朝需要长江流域的铜锡资源,必然取道淮河流域。因此有“金道锡行”之类的贡道贯通之[①]。据《史记》《左传》等古书记载,公元前 960 余年的周穆王时代,居住在淮河下游北岸的徐堰王“欲舟行上国,乃通沟于陈蔡”,而开挖的陈(今河南省淮阳

---

① 李修松:《西周时期淮河流域工商业及交通简论》,《安徽史学》1999 年第 3 期。

县)蔡(今河南省上蔡县)运河,是我国最早的人工运河。由此推测,淮河干支流天然河道的通航当更早于西周时代,其航运历史就相当悠久了。

公元前486年,吴国为北上争霸,大兴徒役,自邗城(今扬州)凿邗沟向东北通至射阳湖(今江苏宝应),又由射阳湖西北通至末口(今淮安境)入淮,后来又挖掘菏水通航于商鲁之间,沟通了泗水与济水。邗沟和菏水的开凿,不仅沟通了江、淮、河、济,而且客观上促进了运河沿线航运、水利事业的发展。战国时期,魏国开凿鸿沟,连接黄、济、淮、泗、汝五大水系,构成淮北平原的水运交通网。秦统一中国后,进一步沟通并发展了由淮河至鸿沟入黄河,直达关中地区的漕运干线运输。

魏晋南北朝时期,黄淮地区作为一个传统的农业区和南北对峙的重要地带,在各个政权的漕运和军事行动中占有重要地位。其水上交通在自然河道通航的基础上,经过拓展修治,呈现出全新的面貌。水上交通路线与秦汉相比,有了很大的延展与开辟,形成颇为稠密的水运网。曹魏多次南下,都曾利用淮河水上行军,或由颍口东至寿春,或由涡口东至淮阴,西至寿春。曹操曾于209年"自涡入淮,出肥水,军合肥"①,之后还三次沿涡河南下进攻东吴。司马氏平定淮南三叛及邓艾在这一地区修渠通漕更多的是利用汝口、颍口至寿春的淮河水道。在邓艾的努力下,水运畅通无阻,史称"东南有事,大军兴众,泛舟而下,达于江、淮"②。东晋南朝时期,淮河长时间作为南北政权统治的分界线,水上交通在军事战争中发挥着极大作用,淮河干流水运开始向上游和下游发展。383年,前秦伐晋,"水陆并进,运漕万艘,自河入石门,达于汝、颍"③。这是利用"汝水——颍水——淮河"的水运通道进行运输的。淮河下游通海的水道这一时期被频繁地利用。由长江可自广陵经中渎水至淮阴进入淮河,但由于这条水道有时不太畅通,南方政权向北方进军经常自长江口走海道转淮河入海口,然后溯淮西上。如刘宋元嘉二十八年(451年),拓跋焘围攻沿淮重镇盱眙,"京邑遣水军自海入淮"相救即走此道④。

隋唐的统一,为淮河航运发展带来新的机遇。隋朝开大运河,沟通南北,这使淮河航运更为通达,从而形成淮河流域水运网络,并与全国内河航运相连。唐代的通济渠,又称汴渠,成为南北水上交通的干线,运漕商旅,往来不绝,承担

① 《三国志·魏书·武帝纪》。
② 《三国志·魏书·邓艾传》。
③ 《晋书·苻坚载记下》。
④ 《宋书·臧质传》。

了南北物资运输的主要任务，在全国有一定的地位。淮河航运的发达促进造船业的兴盛与发展。唐代的扬州是著名的国家造船基地，船只除军用外，还用于漕运。这一时期，民间造船业也占有重要地位。唐懿宗时期，曾下诏向民间“和雇舟船”，即雇佣私人船只，帮助国家运输紧急军用物资①。说明唐代民间造船业十分发达兴盛。

北宋时期，淮河流域经济发达，是全国经济重心所在。“淮水虽有涨溢，不为大患，而交通之利特著”②。统治者重视对汴河及下游入淮口的疏浚，保持其航运的畅通。宋金对峙，以淮为界，淮河航运受到严重阻滞，南北难以畅通。元代，黄河决口或涨水泛滥达50余次，黄河夺泗、涡、濉入淮。在较长的历史时期内(近770年)没有改变，对淮河航运系统带来严重的危害。明代疏浚了汴、濉、颍等水道，一定程度上保障了淮河航运的基本通畅。清统治者对交通的开发和管理极为重视，在大力开发淮河流域航运的同时，注意加强淮河流域航运的管理，在管理机构、疏浚管理、闸坝管理和水源管理等方面建立起一套严密而有效的管理制度。在这一管理制度的正常运行下，淮河流域航运的开发取得了很显著的成绩。

2.淮河航运——商品流通的载体

在长期历史发展过程中，淮河流域形成了以淮河干支流水运为主导，陆路驿道为补充的交通格局。淮河成为商品流通的通道。特别是在国家统一，经济发展的历史阶段，淮河航运所发挥的经济价值更为显著。

隋唐的统一，为淮河航运的发展带来了机遇。经济兴盛，使市场扩大，要求有便捷的交通网络行销商品。当时颍、寿、濠所产的绝，亳、宿所产的绢，以及颍、濠的锦，寿州的丝都行销全国，颇有名声。北宋改进漕运制度，漕粮从东南六路经淮河水运至汴京。此外，食盐、茶叶、金银等也经漕运北上，北方特产由此南下。元代，淮运系统仍发挥作用。元初一部分漕粮“由江入淮，由淮入涡，溯流而至中滦陆运，至淇门入御河，以达直沽”③。

明清时期，淮河流域虽受黄河影响，但航运仍有发展，商品流通比较畅通。淮河沿岸设有凤阳关，商品主要是粮食、盐、棉布、绸缎、木材、茶叶等。粮食是经过凤阳关的转运至各地的最主要商品。“凤关税钞米豆居十之七八，杂货止十之二三，全赖上游豫省陈州、汝州、光州、固州等处出产米豆以及凤阳、颍州、

① 马茂棠：《安徽航运史》，安徽人民出版社1991年版，第93页。

② 郑肇经：《中国水利史》，商务印书馆1993年影印本，第134页。

③ 《河渠纪闻》，转引自马茂棠：《安徽航运史》，安徽人民出版社1991年版，第140页。

泗州各属所产粮食。年岁丰稔,客商运往江苏货卖,而下江杂货亦借回空船只顺便贩运,往来纳税,上下流通,钱粮始能丰旺”①。至于粮食具体运量,有学者估计清代淮河水系每年运粮1100万石左右,其中经过正阳关的粮食就占一半以上②,这足见其在淮河流域商品转运中的重要地位。豫东、皖北一带民众主要食淮盐。盐主要来自海州、板浦、临兴等盐场,由水路运至淮安,入洪泽湖,经淮河干支流运至各地销售。木材等主要来自河南的光山、鲁山、舞阳以及安徽的六安等地。这些地区的木材、竹器等沿淮河支流进入淮河,经正阳关交税后,再运往江苏等地销售。六安盛产茶叶,主要由史河、淠河运入淮河,一部分东运,经运河北上或南下销售,大部分由颍河经颍州转运至河南周口,再经山陕商人运至天津、山西、内蒙古等地销售。

3.淮河航运与沿淮城市的发展

随着淮河航运的开发,沿淮交通便利的地方逐渐发展为城市。春秋战国时期,沿淮都邑、都会出现。其中比较著名的有钜阳(在今阜阳市北,位于泉河与颍河交汇处)、焦(位于涡河中游,为商业重镇)、夷(在今亳州东南城父)、寿春(为战国后期的楚都)等。特别是寿春,南控江淮,北通淮北,交通中原,是当时的政治经济中心。魏晋南北朝时期,从总体上看,南北对峙给城市带来严重破坏,城市的军事、政治成分重于经济,但其经济成分明显增长。这一时期淮域安徽境内的城市主要有寿春(今安徽寿县)、谯(今安徽亳州市)、钟离(今凤阳临淮关)。

隋唐时期,淮河、运河畅通,航运发达,城市发展迅速,主要城市有泗、寿、颍、濠、宿、庐等州。寿州早在历史上就是淮上大都。隋文帝建寿州总管府,其地位如同扬州总管府,大业初改为淮南郡,是淮西地区沟通淮阴和淝水鸡鸣冈水道的重要城邑。唐代,在寿州建置中都督府。境内瓷器、丝绸、茶叶、粮食等出产著名,对外交易蜚声南北。颍州、亳州地处颍水、涡水冲要,交通发达。唐后期开凿淮颍水运线,设置淮颍道使职加强控制,成为国家漕运的重要运输线。商业运输和贸易随之繁荣兴盛,成为淮西名城。颍州丝绸纺织工艺精良。丝、棉等产品被选为贡品,在市场很受好评和欢迎。濠州(今安徽凤阳)阻淮带山,“为淮南之险”③。州西有涡口,即涡水与淮水交汇处。涡口对岸有两城,是唐

---

① 乾隆四十八年六月二十四日管理凤阳关税务庐凤道王懿德折,《宫中档乾隆朝奏折》第56辑,第565页。转引自许檀:《清代河南的商业重镇周口》,《中国史研究》2003年第1期。

② 廖声丰:《清代前期凤阳榷关的征税制度与商品流通》,《淮南师范学院学报》2005年第1期。

③ [唐]李吉甫:《元和郡县图志》卷九〇《河南道》。

后期建造的防守淮河要道的军事重镇,也是淮河上的重要港埠,有利于濠州向外经济交流。濠州随之迅速繁荣起来。

明清时期,淮河沿岸的城镇发展迅速,主要有凤阳、颍州、亳州等州府以及正阳关、临淮关等商业市镇。凤阳府因政治契机带动区域经济发展。其管辖淮河两岸诸州县,成为皖北地区政治、经济中心和淮上首府。明成化初年(1465年),设凤阳钞关,包括正阳、临淮二关。凤阳府又成为淮运系统中枢,每年向政府上缴10万两税银。明清时期,凤阳府一直是经济繁荣的淮上大都①。

明中后期的正阳关,"东接淮颍,西通关陕,商贩辐辏,利有鱼盐,淮南第一镇也"②。清代正阳关水路西通三河尖、信阳州,北连朱仙镇、周家口,南接霍山、六安州,下达临淮关、淮安府,舟楫如梭,商贾云集,为沿淮中游水路交通的总枢纽③。水陆交通的便捷,也给正阳关自身的经济带来繁荣。清末民初,先后有山西、浙江、江西的商人在镇上设立会馆,共有8家。这足见外地客商在正阳关经营队伍比较庞大。英法等国商人在此开办洋行,收购土货,还开设药房。本地工商业也发展迅速。据统计,全镇比较有影响的工商行业:交通运输业17家,工业14家,百货业21家,什货业19家,盐行12家,粮行8家,金融业3家,医药业4家,浴池业8家,旅馆业13家,饮食业22家,合计141家④。该地银钱业也比较发达,钱庄约有十三四家,主要有:性成、庆太、豫大、义源荣、万源通、德平、仁记、信成、泰生、春生等,资本各五六千两⑤。

临淮关在凤阳府城东18里,位于淮河右岸的濠水河口,与正阳关同为沿淮商业重镇,明朝中后期,临淮关"商贾云集,百货辐辏"。乾隆年间,虽屡遭水患,但"西北南关厢贸迁如故"⑥。临淮关还是沿淮重要的商埠之一,是豫东、皖北土货外运和江南棉纺织品、绸缎等北上的中转站。"向来河南货物由颍河、涡河舟运至此岸,陆路至浦口,发往苏、杭;绸缎、杂货,由浦口起岸,至长淮雇船,运赴颍、亳、河南等处"⑦。这里码头众多,"民船碇泊常数百只,街市沿河屈曲,长约数里"⑧。

---

① 马茂棠:《安徽航运史》,第163页。
② 嘉靖《寿州志》卷一《舆地纪·坊乡》。
③ 周德春:《清代淮河流域交通路线布局与变迁》,复旦大学2011年硕士论文。
④ 戴戒华:《历史名港——正阳关变迁》,《志苑》1990年第4期。
⑤ 龚光朗、曹觉生:《安徽各大市镇之工商现状》,《安徽建设月刊》第3卷第2号,1931年2月。
⑥ 光绪《凤阳县志》卷三《市集》。
⑦ 光绪《凤阳县志》卷三《市集》。
⑧ 龚光朗、曹觉生:《安徽各大市镇之工商现状》,《安徽建设月刊》第3卷第2号。

（二）新式交通兴起背景下的淮河航运

在津浦铁路未修通之前，皖北地区形成了以淮河干支流水运为主导，陆路驿道为补充的交通格局。随着津浦铁路通车，冲击着皖北水运主导的传统交通运输模式。作为豫、皖、苏三省水运通道的淮河运输地位下降，“货运大半舍河道而改由铁路。淮河在运输上的价值减少到只是对铁路起些辅助作用而已”①。铁路以其速度和运力优势改变了皖北传统交通运输格局，将大量货物吸引到铁路沿线，这使皖北贸易路线发生了根本的变化。但是，淮河航运仍发挥一定的作用，也迈出近代化的一步。

1907 年，正阳关商务总会董事李德琪等人，集资 15 万两白银，在蚌埠成立“利淮河工小轮有限公司”，这是淮域首家商办轮船运输公司。该公司有利淮、皖北、正阳三艘小轮，航行于正阳关经蚌埠至清江浦一线，客货运输生意兴隆。之后，通达、福淮、振淮等轮船公司相继成立。至 1933 年，已有大小公司 10 余家，具体情况见下表。

淮河航运轮船公司情况一览表（1933 年）

公司名称	船名	船身质料	机器种类	制造时间	航线	吨位
裕淮	裕华	柚木壳	蒸汽机	1929 年	蚌埠—正颍	5.40
	裕淮源	柚木壳	蒸汽机	1925 年	蚌埠—正颍	4.50
	新裕淮	柚木壳	蒸汽机	1914 年	蚌埠—正颍	11.91
	新裕安	柚木壳	蒸汽机	—	蚌埠—正颍	12.09
	同森	柚木壳	蒸汽机	1918 年	蚌埠—正颍	28.08
兴淮	通江	柚木壳	蒸汽机	1928 年	蚌埠—正颍	8.40
	同济	柚木壳	蒸汽机	1928 年	蚌埠—正颍	7.50
	仁昌	柚木壳	蒸汽机	1928 年	蚌埠—正颍	4.10
振淮	兴昌	柚木壳	蒸汽机	1928 年	蚌埠—正颍	5.20
	三新	柚木壳	蒸汽机	1921 年	蚌埠—正颍	12.00
	豫大	柚木壳	蒸汽机	1928 年	蚌埠—正颍	6.50

① 宓汝成：《帝国主义与中国铁路（1847—1949）》，上海人民出版社 1980 年版，第 599 页。

续表

通达	天 益	柚木壳	蒸汽机	1929 年	蚌埠—正颍	4.50
	飞 龙	柚木壳	蒸汽机	1929 年	蚌埠—正颍	4.00
	宝 平	柚木壳	蒸汽机	—	蚌埠—正颍	—
利淮	泰 来	柚木壳	蒸汽机	1921 年	蚌埠—正颍	6.00
	裕 顺	柚木壳	蒸汽机	1922 年	蚌埠—正颍	11.50
便商	江 宁	柚木壳	蒸汽机	1917 年	蚌埠—正颍	19.80
裕五	福 泰	木 壳	蒸汽机	1923 年	蚌埠—正颍	—
	华 顺	木 壳	蒸汽机	—	蚌埠—正颍	—
	都 梁	木 壳	蒸汽机	—	蚌埠—正颍	—

资料来源：安徽省政秘书处：《安徽省概况统计》，1933 年，第 235、236 页。

据此表，可以看出，无论船只数量还是吨位，足以说明轮船公司规模较小，大多拥有轮船两三艘，最多的裕淮公司也仅有 5 艘。而且，所有轮船公司均航行于蚌埠至正阳关、颍州一线，因客源有限，彼此间形成一种恶性竞争。各公司权衡利害，经过多次协商，成立长淮轮船运输公司合组公票处，参加的公司有利淮、兴淮、裕淮、振淮四家。在公票处的统一调度下，淮、颍、泉、涡、淝等河航运畅通，淮河航运事业有了新发展，客商往来频繁，业务量大增①。随着小轮公司的创办与新航线的增辟，淮河航运初步形成以主要城市向外辐射的小轮航运网络。主要航线有蚌埠—正阳关、蚌埠—阜阳、蚌埠—亳州、蚌埠—三河尖、蚌埠—怀远等多条。行驶在这些航线上的小轮，以客运为主，也运货物。输入之物以洋布、煤油、食盐、杂货，输出货物多为茶、麻、禽、牛羊皮等。

蚌埠因津浦铁路通车，加之水运优势，迅速成为皖北重镇和农产品集散和工业品推销的商业城市。蚌埠先后开挖两口船塘，铁路和公路可直达塘边，为船舶停靠、装卸、避险提供方便。随着码头港区的不断扩大，大大小小的船行增至 217 户，拥有木船、驳船 2000 余艘，往来于此的船只常在千条之多②。昔日的蚌埠古渡已发展为拥有装卸码头、可供客货轮船出入的近代化大港。一些商号纷纷将仓库、货栈、钱庄设于港区附近，居民、商店、酒馆日益增多，千里长淮第一港的地位和美誉由此奠定。正阳关作为淮河中游的最大的商业港口，是小轮通航的终点港。皖北、豫东货物均由此起运输出、输入商品，如煤油、洋布、食盐等在此分运各地。每年货物吞吐量达 30 万吨，货运码头有 7 个。每日除了小

① 政协阜阳市文史资料研究会：《阜阳史话》（第 7 辑）1987 年版，第 113、114 页。

② 郭学东：《蚌埠城市史话》，新华出版社 1999 年版，第 67 页。

轮来往不绝,还有民船千条泊于港区,桅帆林立,十分繁忙。临淮关也是淮河中游水运中心之一。每月进出的船只都在1000至3000只之多,水运相当兴旺。

新式的轮船运输虽然给木帆船业带来挑战,但木帆船因自身灵巧,运输成本低廉,仍顽强支撑,在淮河航运中占有一席之地。在利益趋高原则的驱动下,农副产品的运输多由木帆船承担。如五河,地处淮河中下游,县境内淮、浍、漴、潼、沱五河交错,是"沟通南北、互通有无的天然的粮食集散地"。每到夏粮上市季节,仅小麦交易量就达一亿市斤,"河下每天有几千条船只停靠,上起郜台子,下至五里坟,十余里长的水面船桅林立,真有千帆竞发、百舸争游的气势。夜晚,登高处极目河下,桅灯闪烁,一片灯火辉煌,恰似一座海上不夜都市,又犹如十里长龙,蔚为壮观"①。除了运粮外,运盐也是木帆船的主业。供应皖北、豫东的食盐,用木帆船从板浦顺沿河运至淮阴西坝再行转运。板浦盐官在极盛时,每天出关盐船多达80艘,运盐在500吨以上。这些食盐经淮河运至蚌埠或正阳关,再运销各地。

之所以木帆船业能够坚持下去,主要因为淮河轮船运输业发展不充分,为木帆船业提供存在空间。虽然轮船航运兴起,但轮船数量少,船龄长,吨位小,航程短,运能低,不能满足淮河航运需求,木帆船仍旧是淮河航运不可或缺的交通工具。另外,淮河干支流航道屡遭淤塞,许多河段水浅且窄。木帆船可以满足不同航道、不同货物运输的需求,对航道要求低。这也是木帆船业不可能短时间退出历史舞台的因素。

(三)淮河航运存在的问题

1.规划失当,缺乏合作机制

在交通基础设施建设中,存在较为明显的"重陆轻水""重桥轻船"的倾向。国家大力发展公路和铁路运输,兴修农业水利,往往忽视了淮河航运的发展,在淮河上乱建桥梁和水闸现象严重。由于缺乏统一规划,桥梁高度较低,大型船舶难以通过,限制航运的发展。还有省际缺乏沟通合作。如淮河最大支流颍河,上游河南五六十年代修建水闸没有预留船闸,致使航道阻断,只能分段通航。通航数百年的颍河航运本是沟通河南、安徽的通道,现在要恢复起来,难度就增大了。淮河流域水位浅,航道窄,吊拖运输航行难度大,速度低,严重阻碍了淮河航运事业的发展。

---

① 蚌埠市政协文史办公室等:《蚌埠工商史料》,安徽人民出版社1987年版,第283页。

2.淮河航运的标准化程度低

首先,淮河航道连续性与通航性差。长期以来,河道维护的人力和物力不足,再加上兴修农业水利,淮河水的乱开采,造成了部分航道吃水较浅,已经成为季节性航道,对水运的发展十分不利。其次,淮河流域船型技术落后,标准化程度低。淮河流域运输船舶船型繁多,机动船船型各异,还有部分航段还留有水泥船和木船;船舶平均吨位小、航速慢、效率低,影响了基础设施的利用率,同时造成船舶运营成本居高不下;船型结构不合理,专业化船舶以及高性能、高技术含量的船舶比重非常低,船龄老化,市场急需的具有广泛前景的特种专用船舶(液化气船、化学品船)和集装箱船数量少、等级低,有一些特种专用船型尚属空白,这些问题亟待解决①。再者,港口功能不全与港口间竞争失序。目前淮河流域港口装卸能力差,港口结构不够合理,杂件码头多,集装箱、液化气、散装水泥等专业化码头几乎没有;港口基础设施薄弱,管理混乱,许多码头机械化程度低,仍然采用简单机械和人力作业方式。

3.资金投入不足

长期以来,资金投入不足一直困扰着淮河水运的开发。有关资料显示,1949—1979年的30年间,国家对内河投资12亿元,占国家总投资的0.2%;1981—1990年,对内河投资约34亿元,占国家总投资的比例也是0.2%,这些投资当中,淮河流域的投资就更少了。这些投资,远远不能满足淮河流域经济发展对淮河航道建设的需要,在这个问题上,应该引起国家的重视。

(四)发展淮河航运的建议

1.建立淮河流域内外合作机制

首先,要推进淮河流域航运主管部门之间的合作,打造淮河内河航运的“绿色”通道,构建现代、统一的区域性航运服务体系;其次,推进淮河流域与海港区域的通关合作,将“出海口”搬到“家门前”,在淮河沿线的大型港口积极试行“属地申报、口岸验放”的通关模式,提升淮河航运的综合竞争力;第三,推进淮河流域环保合作,探索构建有效的淮河流域环保工作机制。同时积极与江苏合作,结合苏北盐河水道整治,淮河由盐河至连云港出海,大大缩短航线,提高航运效率。

---

① 高中武:《试论淮河流域船舶标准化推行的必要性》,《交通科技》2006年第5期。

2.加强基础设施建设

今后一段时间内,要进一步加大淮河干流航道的疏浚和整治力度,尤其要重点加强薄弱段、瓶颈段的整治,同时大力推进淮河支流航道的疏浚和整治,以及与淮河干流航道的对接,努力提高航道的等级和通航能力。统筹淮河港口建设,大力推进现有港口的功能提升和完善,努力形成以望岗港、阜阳港、淮南港、凤阳港、蚌埠港等为重点的功能互补的港口群,同时加快推进集装箱、件杂货、液散货、危险品等专业化、现代化的码头建设。推进船型标准化和环保化建设,大力发展适应淮河内河航运、环保功能强的集装箱、液散货、危险品等专业化船舶,以及江海联运型、江河联运型船舶。加强安全监管和水运支持体系建设,设立淮河交通安全指挥中心和水运信息系统、水上安全监控系统、船舶防污染系统,充分运用电子商务、3G 技术等现代化手段,畅通信息渠道,提高水运服务水平和效率。

3.加大资金的投入

要拓展融资渠道,加大资金投入,这是航道、港口建设的关键。一是积极争取国家对淮河内河航运发展的支持,建立淮河水运发展专项资金;二是积极争取在国家层面上协调各大银行共同参与开发,组团投放贷款,获取强大的金融支持;三是通过市场化运作拓展融资渠道,尝试采用股份制、利用外资、吸纳民资等措施,为实现淮河内河航运的健康、持续、快速发展提供有力的资金支撑。

4.调整产业沿淮布局

围绕港口建设,重点推进港口物流园区和临港工业区建设,推进现有产业发展。园区向港口延伸、拓展。立足水运、农产品和矿资源等优势,结合淮河的环境治理,重点布局现代物流业、内河造船业、机械装备制造业、非金属材料、农副产品加工业、精细化工产业、矿产资源深加工产业、节能环保产业以及高技术等产业,实现淮河内河航运与沿淮产业发展的良性互动。

三、新中国治淮成就与流域可持续发展

历史时期淮河流域灾害频发,淮河几乎成了灾害的代名词。新中国成立后,在党和人民政府带领下,开始了对淮河大规模的治理。经过 60 多年的努力,淮河治理取得了显著的成效。由于种种原因,淮河治理还存在着许多问题,

治理的任务仍很艰巨，必须根据新的治理淮河的基本方针，不断提高流域抗御水旱灾害的能力，搞好水资源的开发利用和节约保护，以水资源的可持续利用促进淮河流域经济社会的可持续发展。

（一）新中国治淮成就

由于历史上黄河的频繁决溢，并夺淮入海，破坏了淮河流域原有的生态环境，使淮河水患"隔三差五"频繁光顾，导致淮河流域内灾害频发，在过去的数百年间，淮河几乎成了灾害的代名词，而淮河儿女期盼淮河安澜已久的美好愿望也一直难以实现。

新中国成立后，淮河成为党和人民政府全面治理的第一条大河。1951 年，毛泽东主席四次对淮河的治理和救灾作出指示，并发出了"一定要把淮河修好"的号召。从此，党和人民政府带领人民向淮河宣战，开始了对淮河的大规模治理。经过 60 多年对淮河的治理，淮河流域基本建成了防洪、除涝、灌溉、供水、水产、航运、发电等多方面综合利用的水利工程和非工程体系，流域减灾兴利能力得到了显著的提高，治淮也取得了令世人瞩目的成就，并获取了流域灾害治理中宝贵的经验。这一切又为流域经济、政治、文化的发展和社会稳定奠定了坚实的基础。

1.防洪除涝体系建设成效显著

淮河流域灾害治理的首要问题是防洪除涝，新中国成立 60 多年来，流域内发生的几次重大灾害主要就是由洪水引起的。在防洪除涝方面，60 多年来，淮河流域按照"蓄泄兼筹"的方针，通过兴建加固水库、扩大和整治淮干河道、建设行、蓄（滞）洪区、巩固和扩大淮河下游洪水出路、建设堤防水闸、提高平原地区防洪治涝标准、治理水土流失等进行了大规模的治理。

（1）兴建加固水库

兴建加固水库是有效拦截洪水的方式之一。60 多年来，流域内共修建大中小型水库 5700 余座，总库容 300 亿立方米。其中，大型水库 38 座，总库容 200 亿立方米，控制流域面积 2.7 万平方公里；中型水库 184 座，总库容 60 亿立方米①。其中河南南湾、鲇鱼山，安徽佛子岭、梅山等水库在历次防洪中都发挥了重要作用。为确保水库安全运行与效益发挥，还有计划地进行了水库复建和病险水库除险加固，目前已完成板桥、石漫滩水库复建和列入全国一、二批规划的

① 水利部淮河水利委员会：《新中国治淮 60 年》，《光明日报》2010 年 12 月 13 日。

20 座病险水库除险加固任务;2007 年起对现有 175 座大中型病险水库实施除险加固,此项计划已于 2010 年底全面完成。

(2)扩大和整治淮干河道

扩大和整治淮干河道,能够有效地促使洪水的下泄。60 多年来,通过加高加固堤防、退建束水堤段、清除阻水障碍、切滩疏浚河道、建设行蓄洪区等一系列措施,提升了淮河干流上中游排洪能力。通过开挖新汴河、茨淮新河和怀洪新河等河,部分分担了淮河干流防洪的压力。通过兴修加固淮北大堤等重要堤防及淮南、蚌埠等城市圈堤,大大提高了这些工矿城市保护区防洪的标准。尤其是以临淮岗洪水控制性枢纽工程为代表的一大批防洪工程的建成,使得洪水调度、防控的手段和能力得到了明显地增强。同时,在合理地运用治淮行蓄洪区的情况下,淮河中游主要防洪保护区和重要城市防洪标准已达到 100 年一遇①。

(3)建设行、蓄(滞)洪区

建设行、蓄(滞)洪区可以减轻下游洪水的压力。60 多年来,流域内利用原有的湖泊洼地已建成濛洼、城西湖、城东湖、瓦埠湖等蓄滞洪区和洪泽湖、南四湖、骆马湖等综合利用型湖泊工程 16 处,总库容 359 亿立方米,滞蓄洪库容 263 亿立方米。其中淮河中游 4 个蓄洪区可滞蓄洪水 66 亿立方米,接近正阳关 100 年一遇洪水 30 天洪量的 20%②。为保障行蓄(滞)洪区内群众安全,还兴建了庄台 520 万平方米、避洪楼 18 万平方米、保庄圩 37 处、撤退道路 1600 公里以及预警报警系统,废弃了部分行洪区。2003 年、2007 年淮河大水后,国家对淮河干流行蓄洪区和滩区实施了“退人不退耕”式的居民迁建工程,累计安置了 49 万人③,使他们远离了洪水威胁,过上安定的生活。这也显现出国家在治淮理念思路转变上实现了突破。

(4)巩固和扩大淮河下游洪水出路

巩固和扩大淮河下游洪水出路是解决水灾的根本措施。60 多年来,流域内整治了淮河入江水道,扩大了淮河入江的能力;开挖了分淮入沂、苏北灌溉总渠河道和新沭河、新沂河两条排洪入海河道;整治了射阳港、黄沙港、新洋港、斗龙港四条独流入海河道,结束了沂沭泗河洪水遍地漫流的历史,提高了里下河地

---

① 赵树丛:《推进治淮事业,加快安徽崛起——2003 年以来安徽省治淮工作回眸》,水利部淮河水利委员会:《治淮 60 年纪念文集》,第 18 页。

② 水利部淮河水利委员会:《新中国治淮 60 年》,《光明日报》2010 年 12 月 13 日。

③ 赵树丛:《推进治淮事业,加快安徽崛起——2003 年以来安徽省治淮工作回眸》,水利部淮河水利委员会:《治淮 60 年纪念文集》,第 18 页。

区的防洪除涝防潮标准。同时,开工于1998年底的淮河入海水道一期工程也于2003年完成,结束了淮河长达800多年没有直接入海出路的历史,洪泽湖的防洪标准也得以提高。淮河入海水道建成当年,就发生了1954年以来最大的一次流域性洪水。刚刚建成通水的淮河入海水道及时投入运用,行洪33天,分泄的洪水相当于两个洪泽湖的正常蓄水量,避免了洪泽湖周边地区滞洪带来的人口、耕地的巨大损失。

(5)建设堤防水闸

建设堤防水闸既可以防灾,又可以调节水势。60多年来,流域内兴修加固了各类堤防5万余公里,重要堤防1.1万公里,其中,淮北大堤、洪泽湖大堤、里运河大堤、南四湖湖西大堤、新沂河大堤、苏北灌溉总渠右堤等Ⅰ级堤防1716公里,保护区内约1.36亿亩耕地和1.22亿人口。建成各类水闸6600多座,其中包括三河闸、高良涧进水闸、运东河水闸、新洋港闸等大中型水闸600多座,初步提高了防洪除涝控制能力,为有效利用水资源创造了条件。建成大中小型电力抽水站5.5万处,总装机300多万千瓦。沿海地区建成近800公里海堤,保护面积2万平方公里、耕地1000余万亩、人口860余万①。

(6)提高平原地区防洪治涝标准

提高平原地区防洪治涝标准是防灾的重要手段之一。60年来,流域内重点对黑茨河、包侩河、奎濉河、汾泉河、洪汝河、涡河、沙颍河等淮北跨省骨干支流河道以及焦岗湖、瓦埠湖、里下河湖洼易涝地区进行了治理。这些跨省骨干支流河道的防洪能力提高到10—20年一遇,除涝3—5年一遇。此外,在沂沭泗河水系南四湖湖西地区还开挖疏浚了洙赵新河、东鱼河、复兴河等骨干排水河道。这些平原地区河道的治理和配套工程的建设,使流域内1亿亩易涝耕地的排水条件得到不同程度的改善,近2290万亩盐碱地已改良90%以上②。

(7)水土保持

水土保持是流域治理的目的和根本。60多年来,流域内水土保持投资累计32.68亿元,完成水土流失治理面积3.9万平方公里,其中水平梯田105万公顷,塘坝114多万座,拦沙谷坊25万座,水土保持林草220万公顷,经济林约80万公顷,林草覆盖率增加27.3%。利用中央财政预算内专项资金和地方财政经费重点治理小流域水土流失1000多平方公里。上述治理成果增加了涵蓄水能力

① 水利部淮河水利委员会:《新中国治淮60年》,《光明日报》2010年12月13日。

② 水利部淮河水利委员会:《构建淮河安全屏障——治淮重点工程建设综述》,中国水利网2010年10月22日。

约20亿立方米,每年减少和拦蓄了泥沙约1亿吨。比较20世纪80年代初和90年代末的两次遥感调查结果,区域土壤侵蚀面积在近30年的时段里减少27000平方公里,中度水土流失面积减少了12000平方公里,强度以上侵蚀面积减少了4000平方公里①。水土保持生态建设成效显著,土壤侵蚀状况明显好转。

(8)推进水利信息化

推进水利信息化是新时期防灾减灾的重要科技手段。20世纪80年代以来,中国政府开始实施流域防汛自动化系统建设,目前已建成以微波通信、移动通信和卫星通信为支撑的流域骨干防汛通信系统。通过流域防汛通信网和公用网,构成了连接流域内各重要水利工程和国家防总的计算机广域网,保证了流域防汛信息传输的需要。建成了淮河正阳关以上流域、沂沭泗水系水文自动测报系统。各种水情信息和流域内的天气预报、云图、雷达等系统提供的气象信息构成了流域各级防汛信息来源,为各级防汛部门进行洪水调度和防汛决策提供了科学依据。

总之,经过60多年的不懈努力,淮河流域防洪除涝体系建设成效显著。随着治淮19项骨干工程全面建成,由水库、河道堤防、行蓄洪区、控制枢纽和湖泊等防洪工程措施与防汛调度指挥系统等非工程措施共同组成的流域防洪除涝减灾体系基本形成,淮河流域总体防洪标准得到明显提高。

2.水资源开发利用效益巨大

水资源是可循环再生的,经开发即可利用,可以除害兴利,如不开发,只能白白付之东流,还要带来水旱灾害。水利水电枢纽如一旦建成,可以年复一年持续运行下去,这是水利和水电可持续发展的基本条件。

新中国成立60多年来,伴随着淮河流域防洪减灾工程的实施,水资源的开发利用也取得重要成就,产生了巨大效益。这主要表现在灌区、城乡供水、农村饮水安全、调水工程、水电、内河航运等一系列建设方面。

(1)灌区建设改造

灌区建设改造是确保农业生产条件改善,保证粮食产量的重要对策。60多年来,淮河流域初步建成了以水库塘坝灌区、河湖灌区、机电井灌区、引黄灌区等为主的四大灌溉体系,总设计灌溉面积1.7亿亩,实际灌溉面积由20世纪50

① 张旸等:《防治水土流失,打造淮河流域秀美山川》,水利部淮河水利委员会:《治淮60年纪念文集》,第299、300页。

年代的不足1500万亩，增加到目前的近1亿亩，万亩以上灌区共有600处[①]。水库塘坝灌区主要分布在山丘区，其中淠史杭灌区是新中国成立后兴建的全国最大的灌区，工程自1959年开始发挥效益，累计引水1429亿立方米，累计灌溉3.6亿亩，增产粮食440亿公斤；城市供水60亿立方米[②]。河湖灌区主要分布于淮河及沂沭泗河中下游平原区，其中茨淮新河灌区有效灌溉面积为165万亩；机电井灌区主要分布于淮河以北广大平原区，建有配套机电井113万眼，有效灌溉面积达到4500万亩；引黄灌区分布于豫东、鲁西南黄河以南地区，建成三义寨等大型引黄灌区13处[③]。近年来实施灌区续建配套与节水改造工程，使灌溉面积得到恢复扩大，用水效率和效益明显提高。灌区建设与改造极大改善了农业生产条件，农业生产结构不断优化，粮食产量大幅度增加。

（2）城乡供水建设

城乡供水建设与农业、工业生产、居民生活息息相关。从新中国成立到如今，淮河流域城乡供水建设已经走过由单纯向农村供水，转向向农业、工业、城乡生活和生态供水的过程。60多年来，流域内已经建成蓄、引、提水等各类供水工程无数，如江苏扬州市利用淮水资源在沿运河地区建成了江都、高邮、宝应、邗江沿湖等大中型灌区，干支渠总长200多公里，灌溉面积近200万亩[④]。盐城市上世纪90年代末以来，先后实施了大中型灌区续建和节水改造项目，完成投资2.1亿元，配套面积192万亩，实现节水1.9亿立方米[⑤]。总计60年来流域城乡设计供水能力达823亿立方米，是新中国成立初期的9倍。以2009年为例，流域总用水量572亿立方米，其中农业用水377亿立方米，林牧渔畜业用水43亿立方米，居民生活用水50亿立方米，工业及城镇公共用水96亿立方米，生态环境用水6亿立方米[⑥]。淮河流域城乡供水能力不足的情况大大得到了改善。

（3）农村饮水安全管理

农村饮水安全管理是以人为本治理观念的重要体现。60多年来，在关涉流域农村饮水安全管理方面，各地坚持把解决农村饮水安全问题作为改善民生的

---

① 水利部淮河水利委员会：《母亲河乳汁更加甘甜——水资源开发利用综述》，中国水利网2010年10月22日。

② 同上。

③ 水利部淮河水利委员会：《新中国治淮60年》，《光明日报》2010年12月13日。

④ 王燕文：《盛世治淮60年，惠泽扬州铺新篇》，《治淮60年纪念文集》，第199页。

⑤ 史长森等：《盐城水利事业60年发展纪实》，《治淮60年纪念文集》，第371页。

⑥ 水利部淮河水利委员会：《母亲河乳汁更加甘甜——水资源开发利用综述》，《治淮60年纪念文集》，中国水利网2010年10月22日。

一项重要内容，编制了农村饮水安全工程建设规划，加强了农村饮用水水源地建设与管理，建立了多元化投入机制，完善了饮用水源地质量安全保障机制和饮用水水源保护区管理制度，启动实施饮水解困工程和饮水安全工程，如沿淮阜阳市2009年以来两年间大力实施农村饮水安全民生工程，已建集中供水工程218处，解决89.9万农村群众的饮水安全问题①。蚌埠市投资1.79亿，建成69处自来水工程，解决了63万农村人口饮水安全问题，自来水源水质和入户水质均达到饮水标准等②。这使得农村居民饮水条件有了极大改善，农村饮水工作取得明显成效。

（4）调水工程建设

调水工程建设可以缓解淮河流域水资源的短缺。60多年来，流域主要实施了江水北调工程、引江水灌溉苏北东部低产田工程、泰州引江河工程、引黄工程等。江水北调工程从20世纪60年代初开始兴建，现状是引水能力达1100立方米每秒，目前已建成有江都水利枢纽，设计抽水能力400立方米每秒，经9级提水北上可送入南四湖下级湖，还可抽排里下河地区涝水。引江水灌溉苏北东部低产田工程就是通过兴建245公里的通榆河中段工程，引长江水100立方米每秒。泰州引江河工程主要是引300立方米每秒的长江水到苏北里下河地区。引黄工程主要是在豫东、鲁西南地区，通过虹吸工程每年引黄河水20亿或30亿立方米。此外还有南水北调工程、引江济淮工程。目前南水北调工程东、中线工程已于2002年、2003年相继开工建设，工程建成后，不仅能有效缓解北京、天津等华北地区缺水现状，并将进一步提高淮河流域水资源配置能力。而统筹解决沿淮淮北地区干旱缺水问题的引江济淮工程前期工作也正在进行之中。

（5）水电建设

水电建设是促进流域经济社会发展的重要动力来源。淮河流域水能资源主要分布在支流上游、中游山丘区，水能资源技术可开发量为81.6万千瓦。目前已经建成的大中小型水电站数量众多，如上游河南省淮河流域内已建成的小水电站有213座，总装机容量6.9万KW，开发率达到31.0%③。中游安徽省淮河流域内已建成的水电站有佛子岭、梅山、响洪甸、磨子潭等4座大中型水电站，它们的水库大坝分别是亚洲第一座钢筋混凝土连拱坝，世界最高的钢筋混

① 宋卫平：《阜阳市治淮60年光辉历程回眸》，《治淮60年纪念文集》，第166页。

② 陈启涛：《蚌埠市治淮60年回顾与展望》，《治淮60年纪念文集》，第174页。

③ 河南省水利厅：《河南水利资源概况》，河南水利网2019年8月10日。

凝土连拱坝,国内第一座重力拱坝,国内第一座大头坝①。此外,还有毛尖山、琅琊山、响水涧等抽水蓄能电站以及即将上马的白莲崖、郑家湾、流波水等电站。而下游江苏省上世纪 60 年代初期全省就已经兴建了农村小水电站 200 余处,装机 5500 千瓦。70 年代又陆续兴建了一批小水电站,其后,小水电虽多数关停,但当前仍在运行的小水电站仍有 26 座,其中 2000 千瓦以上的 6 座,2000 千瓦以下的 20 座。总装机容量 2.7 万千瓦,年发电量 1.09 亿千瓦/时②。而这些电站主要就分布在徐州、淮阴、宿迁等淮河流域。小水电的建设和发展,缓解了大电网难以顾及的偏远山区用电困难,促进了当地经济社会发展。

(6) 内河航运

内河航运作为一种绿色运输方式,运量大、成本低。中部地区依托淮河航运发展外贸型经济,作为与长三角、珠三角、山东半岛经济联动的新动脉,充当中部地区走向世界的新窗口,不失为一种最佳选择。60 多年来,流域已形成以京杭大运河和淮河干流为架构的内河航道体系,在煤炭、建材等大宗货物运输中发挥着重要作用。如 2005 年底,淮河最大支流沙颍河周口段正式复航;2007 年,河南投资近 1.5 亿元,建设淮河淮滨至三河尖(豫皖界)航运基础设施;2011 年,淮河第二大支流涡河航运河南段二期建设开工,沱、浍河航运一期工程相继启动。“十二五”期间,安徽省计划完成水运投资 240 亿元,加快建设淮河黄金水道、大力发展蚌埠水运,蚌埠新港,二期扩建工程宣布正式开建;2012 年 3 月,沙颍河安徽段阜阳闸复建完成并投入试运行③。截至 2005 年底,全流域已有各类港口码头及装卸点近 2000 个,货物年吞吐量 2.67 亿吨;年货运总量达 2 亿吨,货物周转量 400 亿吨公里。年货运量比新中国成立初期增加 20 倍④。

总之,经过 60 多年建设,淮河流域水资源配置格局逐步建立,江、淮、沂沭泗水资源跨流域调水体系初步形成,跨省、跨水系、跨流域水资源调配能力显著增强,基本满足了经济社会发展对水资源的需求。

3.水资源保护及水污染防治成效显著

淮河流域是我国经济文化开发较早的地区,但同时也是我国水资源短缺和水污染严重的地区。“50 年代淘米洗菜,60 年代洗衣灌溉,70 年代水质变坏,80 年代鱼虾绝代。”这句民谣真实地刻画出曾经美丽的淮河水质饱经沧桑的历史

---

① 《安徽省水电的历史与现状》,中国电力网 2008 年 1 月 18 日。

② 姚俊琪:《江苏农村水电发展现状及技术改造初探》,《江苏水利》2012 年第 7 期。

③ 田育臣:《淮河航运的复兴之路》,田育臣博客 2012 年 8 月。

④ 水利部淮河水利委员会:《母亲河乳汁更加甘甜——水资源开发利用综述》,中国水利网 2010 年 10 月 22 日。

过程。

新中国成立后，治淮事业翻开了新的一页，淮河水资源保护工作也逐步展开，并经历了水质保护、水功能区保护和河湖生态保护的不断发展历程，取得了显著成效。这一成效主要体现在以下方面：

（1）水污染防治持续推进

淮河流域水污染始于上世纪 70 年代后期。进入 80 年代，随着经济快速发展和城市化进程加快，水污染逐步加重，一些流域性水污染事故时有发生，水污染的日趋加重对治淮工作提出了严峻的挑战，这就将水污染防治推向了前台。

1987 年，淮委经协商获得流域四省人民政府的同意，提出成立淮河流域水资源保护领导小组的请示。1988 年 1 月，领导小组由国务院环境保护委员会批复成立。领导小组成立后，先后召开了 7 次会议，领导、专家纷纷献计献策，研究流域水资源保护与水污染防治重大问题，每一次会议的召开，对淮河流域的水资源保护和水污染防治工作都是一次推动。

1994 年 5 月，国务院环境保护委员会在安徽省蚌埠市召开第一次淮河流域环境保护执法检查现场会，提出了实现淮河水体变清的目标。1995 年 8 月，国务院颁布了我国第一部流域水污染防治法规《淮河流域水污染防治暂行条例》，标志着淮河流域水污染防治工作步入法制化轨道。1996 年，全流域关闭了严重污染的小造纸、小化工、小制革等“十五小”企业 5000 家，1997 年底日排废水 100 吨以上的企业多数实现了达标排放，日排废水 100 吨以下排污单位也进行了治理整顿[①]。短短两年时间，水污染防治取得了显著成效。

继第一次淮河流域环境保护执法检查现场会召开和《暂行条例》发布之后，国务院先后批复了淮河流域水污染防治“九五”“十五”“十一五”规划，明确了各阶段水污染防治目标和任务。2004 年，国务院召开淮河流域水污染防治现场会，并与流域四省人民政府签订了水污染防治目标责任书。同时，为指导淮河流域水污染防治工作，国务院还先后批复河南、安徽、江苏、山东四省按照规划要求持续加大污染治理力度，将水污染防治工作纳入国民经济发展计划，落实治污责任制，通过对重点污染单位分别实施关闭、停产、改造、转产，禁止新建污染严重的企业，积极调整产业结构，加快工业污染治理、城镇污水处理厂建设等举措，污染源治理取得良好成效。2009 年，国务院又批复实施了《重点流域水污染防治专项规划实施情况考核暂行办法》，进一步强化了淮河流域水污染防治

---

① 姜永生：《与治淮 60 年同行——记淮河流域水资源保护工作历程》，《治淮 60 年纪念文集》，第 255 页。

责任制。

现今,不仅淮河流域干流水质有了很大的改善,一些支流水质改善也显而易见。像河南的洪汝河、沙颍河,阜阳的颍河、泉河等河水已见清澈,多年治淮成效已经显现。

截至2009年,淮河流域全流域已建成城镇污水处理厂253座,形成处理能力约965万吨/日,城镇污水集中处理率达到70%以上,全流域入河排污总量显著减少。据监测,2009年淮河流域主要污染物COD入河排放量为55.08万吨,比治污初期1995年的150万吨削减了63.3%;省界断面水质明显改善,2009年淮河流域省界断面水质为Ⅴ类和劣Ⅴ类的测次占44.2%,比1995年的75.3%下降了31.1个百分点;流域内重大水污染事故明显减少,2005年以来淮河干流未发生重大水污染事故①。

(2)水资源保护监督管理不断加强

随着水资源保护工作的不断加强,以水功能区管理为核心的水资源保护监督管理制度逐渐建立,并不断完善,淮河流域水资源监测和保护工作得到不断发展,水资源保护监督管理成绩显著。

首先,按照水利部的统一部署,淮委组织流域四省水利部门积极开展全流域水功能区划工作。这项工作共划定河流、湖泊、水库等水域水功能区889个,目前流域四省水功能区划已经由相关省人民政府批准实施,为实施水功能区管理提供了保障。在此基础上,进一步核定了水功能区纳污能力,向环境保护主管部门提出了流域限制排污总量意见,作为流域水污染防治的重要基础依据。水功能区确定的水质目标和限制纳污红线已经成为建设项目水资源论证和入河排污口论证的重要依据。

其次,以省界缓冲区为重点的水功能区水质监测和通报工作不断强化,对推动流域水污染防治工作和改善跨省河流水质发挥了积极作用。

2008年下半年,淮河支流大沙河发生水体砷污染,淮委立即开展了应急处置,并有效避免了更大范围重大水污染事件的发生。在整个处置过程中,淮委有关部门24小时坚守岗位,密切追踪污染水体下泄过程,加密监测断面和测次,强化水质水量同步监测,水质测次最高时达到每小时一次,水量测次最高时达到每3小时一次,累计监测水质断面530个(次),取得水质监测数据1300余个,监测水量312次,发布《大沙河砷污染水质专报》13期,为大沙河、涡河应急

① 姜永生:《与治淮60年同行——记淮河流域水资源保护工作历程》,《治淮60年纪念文集》,第255页。

防污调度决策提供了科学支撑，为社会稳定和群众饮水安全提供了坚实的技术保障①。

2009年1月，邳苍分洪道再次发生砷污染事件，正是因为淮委及时启动水污染联防机制，并将有关情况向山东省和临沂市环保部门进行通报，才为地方政府应急处置赢得了时间，赢得了主动权，确保了骆马湖、京杭运河等下游饮用水水源地的水质安全。同时，淮委加强应急防污调度，通过科学利用水利工程调水释污，安全处置滞留的污染水体，有效避免了更大范围水污染事件的发生。

再次，开展了城市饮用水和农村污染严重地下水源地有毒有机物监测工作，饮用水源地保护工作不断加强。

2008年以来，淮河流域四省组织了四省水利部门开展了淮河流域地表水饮用水源保护区入河排污口整治方案的编制工作。这项工作以江苏省宿迁市为流域工作试点，完成了宿迁市饮用水源地、南水北调东线工程调水水源保护区入河排污口综合整治工作。与此同时，大力建设农村饮水安全工程，解决了淮河流域受污染影响严重的农村地区群众饮水问题。

成绩源自决策和部署，更得益于淮委多年来不断加强的水质监督监测，开展监测信息发布和水污染预警预报工作。截至目前，淮河流域管理机构、省、市三级监测体系基本形成，建成29个水环境监测中心和分中心，实施监测项目100多项，全流域889个水功能区和1400多个重点入河排污口全部纳入监测范畴②。这项工作的开展为淮河流域水资源保护提供了重要的技术支撑，彰显了流域机构在流域水污染事件处置中不可替代的重要作用。

(3)水生态环境得到很大改善

只有尊重自然规律，不断提高认识自然、把握自然的能力，正确处理好水资源开发利用与节约保护的关系，在满足人类合理用水需求的同时满足维护河湖健康的基本需求，才能促进人与水、人与自然的和谐相处，以水资源的可持续利用支撑和保障经济社会健康发展。

60多年来，在淮河流域的治理中，人们对淮河的认知也在不断丰富和完善，并用他们的智慧完美地诠释了人与自然的和谐之美。如今的治淮人改变了过去“重功能、轻外观”“重工程、轻环境”的观念，从工程设计到施工都力求人与

① 水利部淮河水利委员会：《重焕淮河美丽容颜——水资源保护综述》，中国水利网站2010年10月22日。

② 水利部淮河水利委员会：《重焕淮河美丽容颜——水资源保护综述》，中国水利网站2010年10月22日。

自然、工程与生态环境的和谐相处,工程建设与自然景观相结合,注重工程的美化与景观营造,在发挥工程原有作用的同时,还保护和改善了周边生态与环境。淮河流域内一批已建成或即将验收的水利工程,就宛如一颗颗耀眼的明珠,在淮河两岸熠熠生辉,处处体现着构建人、水、工程的和谐美的崭新理念,并将改善水生态环境的意识注入其中。例如:

河南省信阳市通过综合治理流经市区和各县城的城镇河道中心城区浉河、潢川小潢河、淮滨东西湖等形成了一道道穿城而过的靓丽风景;通过整修和改造农村沟渠塘堰,农村塘变深了,水变清了,岸变绿了,水流畅了,信阳也先后跻身"国家生态示范市""中国优秀旅游城市"和"全国十佳宜居城市"之列①。颍河畔的古城阜阳以颍河、泉河为主轴,三区四片的城市整体规划不断完善,水在城市间、城市在水中的城市发展格局基本形成;东城河、中清河、西清河护坡、截污、绿化建设先后实施,城市进一步绿化、亮化、美化;泉河风景带、三角洲公园等一批城市景观相继建成,城市品位进一步提升,城市面貌焕然一新,一个具有现代化气息兼具地方特色的滨水园林城市在皖北大地上呼之欲出②。江苏省淮安市多年来坚持水安全、水生态、水文化统筹发展,从保障城区防洪安全着眼,大力组织实施城区河道疏浚、护坡改造、岸边绿化等工程,不断改善水质及岸边环境。如今,"城在水中、水在绿中"的"碧水生态城市"景观风貌逐步显现③。也为淮安创建国家卫生城市、国家园林城市、国家环境保护模范城市作出了贡献。山东省临沂市重视发挥水利修复改善生态环境的作用,依托水系发达的得天独厚优势,以沂沭河为骨架,以祊河、汶河、蒙河等河流为脉络,对全市河道进行统一规划,积极建设"大水城、大水网、大水利"④。目前沿沂河两岸已经建起融防洪、交通和景观于一体的滨河大道和沿线近 30 个绿化景观工程,优美的城市环境成为对外开放、吸引外资的载体,带动了当地经济的迅速发展。

总之,淮河水资源保护工作经历了水质保护、水功能区保护和河湖生态保护的不断发展历程,完成了流域水功能区划和水功能区纳污能力核定工作,明确了水功能区限制纳污红线,提出了流域限制排污总量意见,全面落实了入河排污口监督管理,持续开展水污染联防,实施水利工程防污调度,处置突发水污染事件能力显著增强,全流域入河排污总量和重大水污染事故明显减少,有效

---

① 王铁:《信阳市辉煌治淮 60 年》,《治淮 60 年纪念文集》,第 134 页。

② 宋卫平:《阜阳市治淮 60 年光辉历程回眸》,《治淮 60 年纪念文集》,第 167 页。

③ 刘永忠:《淮水安澜泽民生》,《治淮 60 年纪念文集》,第 195 页。

④ 连承敏:《建设完善的水利体系,铸就临沂跨越发展的基石》,《治淮 60 年纪念文集》,第 212 页。

保障了城乡用水安全。

4.水利管理与改革得到加强

实施严格水资源管理和保护，不断推进依法治水、管水，加大改革创新力度，努力提高社会管理和公共服务水平对于促进淮河流域地区经济社会科学发展、创新发展、和谐发展意义重大。

新中国治淮60多年，始终坚持流域管理与区域管理、统一管理与分级管理相结合的原则，健全组织管理体系，加强水利法治建设，强化涉水事务管理、规划计划管理和工程建设与管理，积极推进各项改革，确保了淮河治理各项工作有序进行。

（1）组织管理体系逐渐健全，为淮河流域治理开发与管理提供了保障

治淮作为新中国大规模治水事业的开端，与新中国一路高歌同行，它不仅见证了我们伟大祖国气势如虹的历史进程，也见证了时代的进步和经济社会的发展轨迹，这一切得力于组织管理体系建设的成就。

1950年，成立了直属于中央人民政府的治淮领导机构——治淮委员会，并在河南、安徽、江苏、山东四省设立了治淮分支机构，统一负责淮河流域治理开发与管理工作。1958年治淮委员会撤销后，各省治淮机构仍在履行职责。1969年国务院成立治淮规划小组，1971年设立治淮规划小组办公室，1977年恢复成立治淮委员会，1990年更名为淮河水利委员会，为水利部派出的流域管理机构，在淮河流域和山东半岛区域内依法行使水行政管理职责，而流域内地方各级水行政主管部门则按分工职责在所辖区域实施水管理。这些组织管理体系为淮河流域治理开发与管理提供了保障。例如：

1950年淮河流域发生大水，政务院即作出《关于治理淮河的决定》，确定了“蓄泄兼筹”的治淮方针。1954年淮河发生特大洪水后，治淮委员会于1956年4月编制完成《淮河流域规划报告（初稿）》。1957年，沂沭泗流域发生大洪水，水利部组织治淮委员会和苏鲁两省修订规划，于12月提出《沂沭泗流域规划初步修正成果及1962年以前工程安排意见（草案）》。1969年10月，国务院成立治淮规划小组，领导、组织淮河流域规划工作，并于1971年2月编制了《治淮主要骨干工程规划意见》。1977年治淮委员会恢复成立。1981年12月，国务院治淮会议提出了治淮纲要和十年规划设想。1982年2月，水利部下达《淮河流域修订规划任务书》，其后治淮委员会于1984年提出以恢复巩固、发挥现有治淮工程效益为主要内容的《淮河流域修订规划第一步规划报告》，1991年底完

成《淮河流域综合规划纲要》[1]。可以说,没有60多年来淮河流域各时期的组织规划,就没有淮河流域治理的成就。同样,没有各级政府(组织)的高度重视,也没有淮河流域治理的成就。2003年淮河发生大洪水后,按照中央的决策部署,水利部会同国务院有关部门,精心组织淮河水利委员会和沿淮四省,开展了大规模、高强度的水利工程建设,如期全面建成了治淮19项骨干工程,工程质量优良。这都体现出组织管理体系的健全在淮河流域治理开发与管理中的保障作用。

(2)水利法制建设的不断完善,使流域内水事活动逐步纳入法制化轨道

实行最严格的水资源管理制度,不断完善并全面贯彻落实水资源管理的各项法律、法规、标准和政策措施,是着力解决制约淮河流域发展的水资源保障问题的关键。

60多年来,淮河流域涉水法律法规从无到有,不断完善;水行政执法队伍由弱到强,逐步壮大,水法制建设取得了长足的进展。根据国家颁布实施的涉水法律法规,水利部和淮河流域各省制定出台了一系列水利法规,初步形成多层次、相互配套的水法规体系,各项水事活动逐步纳入法制化轨道。流域管理与区域管理相结合的水资源管理体制基本形成,流域管理机构的法律地位得到确立,在流域规划、流域水资源综合管理和防汛抗旱等方面发挥了重要作用。覆盖省、市、县的流域水行政执法网络基本建立,执法体制逐步理顺,执法保障持续加强,依法行政能力不断提高。建立并实施淮河流域省际边界水事协调工作规约,有效维护了省际边界水事秩序。例如:

在水资源管理方面,安徽淮北市2000年以来,突出以强化执法手段为重点,着力提升水资源管理水平;不断加强计划用水管理,加大对无证开采地下水的检查执法力度;依法加大对水费的征收力度,由2000年的年度征收不足500万元,提高到目前年均征收3000万元以上的水平,其中水资源费征收率达97%以上[2]。在依法治水方面,江苏省盐城市形成了比较完备的水行政执法体系,建立了1个支队、11个大队、55个中队、202个水政监察站,共有专兼职水政监察员262人。新《中华人民共和国水法》实施后,编制和修订了《盐城市城市河道管理实施办法》《盐城市通榆河管理暂行办法》等57个规范性文件。《中华人民共和国行政许可法》实施后,市级水行政许可项目通过清理共保留16个,依法

① 顾洪:《新中国治淮历次规划与实施历程》,《治淮60年纪念文集》,第104—111页。

② 毕美家:《加快治淮事业发展,促进淮北城市转型》,《治淮60年纪念文集》,第152页。

办结14类行政许可项目342件等①。

如今,流域内各类水事活动基本做到有法可依,流域管理的每一项职责都有法律法规为依据,各项工作逐步纳入法制化轨道。依法防洪,保证淮河防汛抗洪政令畅通,指挥有力;依法进行建设和管理,保证水利工程的安全与效益;依法实施水资源管理,保证水资源的合理利用和有效保护;依法行政,保证水行政主管部门行为规范、效率提升,有力地维护了广大人民群众和涉水利益相关方的合法权益。

(3)全面的涉水事务管理,越来越成为治淮重要领域

改革开放以来,治淮已不再只是传统意义的建设防洪除涝工程,水资源的配置、节约和保护,生态环境修复,水行政管理等涉水事务管理,成为治淮越来越重要的领域。

按照《中华人民共和国水法》规定,淮河流域水资源实行流域管理与行政区域管理相结合的管理体制,淮河水利委员会和流域各级水行政主管部门开展水质、水量和水环境评价,制定水资源中长期供求计划,实施水资源有偿使用制度,定期发布《淮河流域水资源公报》。从1994年起,按照国务院《取水许可制度实施办法》,全面实施取水许可制度,强化水资源论证和取水许可管理,确保流域水资源合理开发、利用与保护。从1992年起,全面实施河道范围内建设项目审查,着力做好涉河建设项目监督管理。不断加强河道采砂行政审批和监督管理,依法打击非法采砂活动,有力维护了水利工程和防洪安全。按照《中华人民共和国行政许可法》和《中华人民共和国政府信息公开条例》,流域各级水行政主管部门不断深化水利行政审批制度改革,规范行政审批行为,提高行政审批效率,大力实施政府信息公开,提升了水利社会管理和公共服务水平。例如:

淮河水利委员会水政部门自20世纪90年代起即相继组织开展沂沭泗直管地区水资源状况摸底调查并进行研究,2002年组织实施南四湖应急生态补水,实现淮河流域第一次成功跨省调水。2001年、2005年两次实施“引沂济淮”,增强了跨省、跨水系的水资源调配能力。2006年,在七大流域机构中率先圆满完成流域跨省地下水超采区划定工作。2007年底,对涡河支流大沙河砷严重超标进行及时监测和防污调度处理,避免了重大水污染事故,充分体现出淮河水利委员会在流域涉水事务管理中的重要作用②。

① 朱臻国:《盐城水利60年发展纪实》,《治淮60年纪念文集》,第372页。

② 肖劲:《立足新起点,再创新佳绩——淮河水利委员会水政工作回顾与展望》,《治淮60年纪念文集》,第86页。

淮河水利委员会以及各省、各地水政部门作用的加强，凸显了淮河流域管理对经济建设重大布局的决定性作用。尤其是参与对淮河流域四省水污染防治工作目标年度考核评估，有力地促进了流域水污染防治工作的进展。随着水利功能的拓展，流域涉水事务管理的职责必然扩展，治淮正在为提高人们的生活质量和环境质量日益发挥不可或缺的作用。

(4)先进的工程建设与管理，有力促进了水利基础设施的良性运行

江河治理工程浩繁，离开先进的工程建设与管理几乎不可想象。近年来，淮河治理的实践也充分证明了这一点。

工程建设管理主要由流域管理机构和各省水行政主管部门组织实施，淮河流域工程建设管理改革始终走在全国水利行业的前列。1985 年治淮工程实行投资包干。1986 年板桥水库复建工程是全国水利建设中第一个进行公开招标的项目。1995 年开始推行项目法人责任制，2001 年起全面实行项目法人责任制、建设监理制、招标投标制和合同管理制。创建和推广专业化建设管理机构，探索实践项目法人直管、代建制、联合组建项目法人等多种建设管理模式。认真开展治淮工程建设领域突出问题专项治理。由于治淮工程建设管理的不断规范与强化，工程进度、质量、投资得到有效控制，建成了一大批优质工程，实现了工程安全、资金安全、干部安全和生产安全。例如：

2005 年，淮委沂沭泗水利管理局根据《水利部直属水利工程管理体制改革试点方案》要求，完成了水管体制改革试点工作。2006 年，在总结试点工作的基础上，全面开展水管体制改革，通过定岗、定编、定职、定责，落实岗位责任，实行目标管理，组建了维修养护企业，实现了水管单位与维修养护企业在职责、机构、人员经费等方面的分离，初步形成了新的水利工程管理体制和运行机制①。安徽省宿州市根据国务院和安徽省政府的部署，于 2005 年启动水利工程管理体制改革工作，解决水利工程受计划经济和“重建轻管”思想影响而存在的管理体制不顺、维修养护经费和专业技术人员不足等突出问题，在调研摸底，对水管单位进行分类定性及人员和经费测算的基础上，科学制定改革实施方案。截至 2008 年年底，市直和 5 个县区完成改革任务并通过省级验收，初步建立起体制顺、机制活、人员精干、服务优质、运行高效的水利工程管理体制和运行机制②。

目前，淮河流域水管体制改革工作取得明显成效，职能清晰、权责明确的流

① 郑大鹏：《沂沭泗，行进在治水新思路上》，《治淮 60 年纪念文集》，第 259 页。

② 李宏鸣：《构筑经济社会发展的安全屏障——宿州治淮 60 年》，《治淮 60 年纪念文集》，第 159 页。

域水利工程管理体制框架已经形成,推行管养分离,水利工程维修养护全面实行市场化、社会化和专业化,有力促进了水利基础设施的良性运行。

(二)淮河流域可持续发展问题

毋庸置疑,60 多年来淮河流域治理的成就巨大,2003 年淮河汛情超过 1991 年,但受灾损失远低于 1991 年,主要原因就是其后十年间所兴修的水利设施发挥了巨大作用。但淮河毕竟是一条极其特殊的河流,特殊的气候条件和地貌条件决定了淮河的治理是一项长期而艰巨的工程,尽管投入了大量的人力、物力、财力,淮河治理仍在防洪、除涝、干旱缺水、水土流失、水污染等方面存在诸多问题。2010 年 12 月新中国治淮 60 周年纪念大会在蚌埠举行时,时任国务院总理温家宝就曾强调,要牢固树立人与自然和谐相处的理念,始终坚持"蓄泄兼筹"的方针,组织动员各方面力量,统筹规划,科学治水、依法管水、合力兴水,进一步加快淮河综合治理步伐,让淮河成为一条安澜之河、清澈之河、富庶之河,促进流域经济社会发展,造福淮河两岸人民①。温家宝总理这一讲话不仅仅表明治淮是一项全局性、战略性的问题,是长期而艰巨的任务,而且指示着我们要站在全局的高度,从流域可持续发展的视角看待淮河治理问题。

1.当前淮河治理存在的主要问题

2007 年汛期,一场仅相当于 20 多年一遇的洪水就损失惊人。为抗御这场洪水,河南、安徽、江苏三省军民合作奋力,主动使用 7 个行蓄洪区,在多项骨干工程发挥作用的情况下,全流域受灾农田仍达 3748 万亩,受灾人口 2472 万人,倒房 11.53 万多间,直接经济损失 155.2 亿元②。2007 年这场大水造成的淮河流域的损失足以反映出淮河抗灾能力仍然十分脆弱,治理的任务仍很艰巨。

当前淮河治理中还存在着不少的问题,这些问题是我们进一步考量淮河流域可持续发展问题的关键。淮河治理中存在的问题如下:

(1)淮河流域防洪除涝标准低,防洪体系尚不完备,防洪防涝仍是今后治淮的重中之重

淮河流域目前达到的防洪标准是:淮河干流 100 年一遇,沂沭泗河水系 50 年一遇,淮北主要跨省支流 20 年一遇,除涝 3—5 年一遇。这样的防洪除涝标准较之以前虽有了较大提高,但要想根本达到防洪除涝的目的并非易事,因为

---

① 《新中国治淮 60 周年纪念大会在蚌埠举行》,《光明日报》2010 年 10 月 24 日。

② 李良义:《淮河治理,应由"修好"迈向"根治"》,《治淮 60 年纪念文集》,第 443、444 页。

流域内洪水是否出现、出现时规模的大小等远非人们的设计、想象、预期，当前淮河的入江入海水道一样又是在洪泽湖高水位下运行，这对淮河中游排泄洪水阻力非常大。淮河防洪也严重依赖行蓄洪区，在行蓄洪区充分使用后才能达到规划标准，行蓄洪区的频繁使用与区内300万人民的生产、生活产生矛盾，又成为淮河防洪的一个困难问题。此外，病险工程多，平原洼地排水困难，非工程措施比较薄弱等，都有待解决。

（2）淮河流域水资源短缺，配置能力不足，用水效率不高，供需矛盾大，成为流域经济发展的主要困难

淮河流域人均、亩均水资源占有量分别约为全国平均水平的五分之一，不但水资源严重短缺，而且时空分布极不均衡，沿淮及淮北地区经常出现连枯连旱或涝旱急转。水资源的配置能力不足，开发利用的效率也不高，干旱缺水经常困扰工农业生产和人民生活，有些年份甚至还造成了重大损失，加剧了水资源的供需矛盾，成为流域经济社会发展的一个主要制约因素。

（3）淮河流域水污染严重，实现淮河水体变清的任务仍然艰巨

20世纪80年代以来，淮河流域水污染严重，水质恶化，河湖水体大多低于Ⅲ类标准，地下水水质也遭受不同程度的污染。水污染形势严峻，水污染事故频发，危及人民健康和安全，影响经济社会的发展，已成为这一地区的一大公害。经过90年代以来的治理，淮河水体的污染虽有所减轻，但问题并没有解决，甚至受制地方经济快速发展的冲动，随时可能爆发新的问题，对治淮工作的影响很大。

（4）淮河流域水系复杂，跨行政区域河流多，历史上遗留水事故问题多，水管理存在的困难也较多

淮河流域平原面积大，受黄河南泛影响时间长，水系复杂；跨行政区域的河流多，流域面积20平方公里以上的跨省河流就有169条，涉及5省26地（市）70县（市、区）；在洪涝的治理和水资源开发利用方面，历史上都遗留了一些问题，使淮河流域水事矛盾和纠纷比较多，给流域水管理增加了难度。

总之，淮河流域治理存在的问题在各方面仍比较突出，也比较复杂，这就要求我们必须站在全局的高度，从可持续发展的角度看待治淮问题。

2.淮河流域可持续发展问题

可持续发展是人类社会发展的新阶段、新模式，是对过去传统经济发展模式的挑战和创新。可持续发展比较公认和广泛性的定义是："既要满足当代人的需要，又不对后代人满足其需要的能力构成危害的发展"。这个定义有两层

含义:其一是首先满足当代人的需要,即满足当代人衣食住行和受教育、就业、社会保障等基本生存权利的需要;其次是在生态环境可以维持的前提下满足人类目前与长远的需要,即发展经济,提高人们生活水平,保护生态环境基础,为后代人生存发展创造条件,使人类社会永续地发展下去①。从可持续发展的角度而言,淮河的治理应重点考虑的是如何在流域生态环境可以维持的前提下,满足淮河流域,乃至其他地区更多人口永续地发展。治淮走可持续发展之路,现在已经成为人们的共识,并也将成为今后治淮必然选择之路。

(1)坚持"蓄泄兼顾",实行兴利除弊结合、开源节流并重、防洪抗旱并举的治水方针

在实践中逐步深化对淮河的认识是治淮不断发展的前提。60 多年治淮历程是一个实践、认识,再实践、再认识的过程。新中国治淮一开始就编制和实施了以"蓄泄兼顾"为方针的流域综合规划,指导淮河治理,取得了显著的成就。经过持续的治理,淮河流域已经初步建成防洪除涝工程体系。上游以蓄为主,修建了 156 座大中型水库,小流域水土保持工作也同时进行;中游蓄泄兼筹,安排了行蓄洪区,开辟了茨淮新河、淮洪新河,拓宽了行洪通道,减轻了中游防洪的压力;下游修建了灌溉总渠、入江水道、分淮入沂工程,扩大了洪水的出路,藉此防洪工程体系,有效地防御了历次大洪水。但治淮也曾偏离了这一方针,经历了曲折,遭受了挫折,如 20 世纪 60 年代以蓄为主搞河网化,搞平原蓄水,70 至 80 年代在湖、河盲目圈圩,任意设障。这些错误做法都使治淮付出了沉重的代价。

随着淮河流域经济社会快速的发展,制约流域经济社会发展的资源、能源、环境等瓶颈问题日渐显现,水资源短缺、水环境恶化、生态灾难成为我们面对的重要问题。对此,坚持"蓄泄兼顾",同时实行兴利除弊兼顾、开源节流并重、防洪抗旱并举的治水方针再次被提出。这一新的治水方针要求解决好治淮水利建设与流域经济社会协调方针问题,统筹考量洪涝灾害、水资源短缺、水环境问题以及协调不同治水措施之间的关系。按照这一要求,在新一轮治淮建设中,修建了中运河、临淮岗水资源控制工程;修建了新的入海通道,并专门修筑了排放污水的通道;适时启动了南水北调东线和中线工程;利用洪水资源成功实施了"引沂济淮"工程,从长江引水向南四湖实施应急补水,修复生态等,这都是新的治水方针的具体体现。

(2)进一步加强和完善防洪除涝体系建设

① 冯尚友:《水资源持续利用与管理导论》,科学出版社 2002 年版,第 1 页。

20世纪90年代以来新一轮淮河治理在防洪除涝体系建设方面应该说成就巨大,但淮河流域特殊的气候条件和地貌条件决定了淮河防洪除涝体系建设非一日之功可以完成,也是一项长期而艰巨的工程,不会有最后的终结,因为流域范围内大规模洪涝灾害的发生远非人能够预测和控制,这就要求必须进一步加强和完善流域范围防洪安保、除涝减灾的工程体系和非工程体系建设。通过这一体系建设确保在一般洪水或较大洪水发生时,工程与非工程体系能有效发挥作用,流域经济活动和群众生活秩序不受影响,社会和谐稳定;遭遇大洪水或特大洪水时,有可能的应急方案和措施,流域经济活动和社会活动不发生动荡。同时要坚持以人为本,着力解决好沿淮群众最为关心的洪涝旱灾问题和行蓄洪区人民群众生存和发展问题,改善生存生活条件,实现安居乐业。

关于防洪除涝体系建设的加强和完善当前及今后关键要做的有以下几个方面工作:

其一,加快淮河入海水道二期工程建设,进一步增强下游泄洪能力。据新华社2007年7月16日报道,淮河入江入海水道持续保持高水位、大流量泄洪。从江苏省防汛抗旱指挥部获悉,7月16日8时,淮河入江入海4条水道泄洪总流量为每秒10920立方米。其中入江水道泄洪流量为每秒8200立方米,入海水道为每秒1860立方米①。淮河入海水道的不畅可以说是流域洪涝灾害的主因。目前虽说淮河入海水道一期工程已经建成,但给人的印象仍是“标准偏低”,“不像是真正意义上的入海水道”②。同时,洪泽湖水位高,对淮河中游排泄洪水阻力大,因此要加快淮河入海水道二期工程建设。

其二,调整淮河干流和重要支流行蓄洪区,扩大中游河道泄洪能力,实现洪水分得进、蓄得住、退得出。淮河流域洪涝灾害严重,时常又发生严重的旱灾,加上行蓄洪区多,直接影响的人口多(近100万)。因此治淮要结合地域的经济发展,采取综合措施,逐步解决这些问题。当前对于标准低,应用频繁的行洪区,政府采取“迁民”“让路与水”的对策,不失为一项明智的选择,也有人主张在淮河中游库区造湖,即在行蓄洪区移民迁出后,将行蓄洪区全部连通,挖地筑坝,截流造湖,建成“淮湖”③,以此来达到洪水分得进、蓄得住、退得出的目的。

其三,根据“人与自然相适应”的治水原则,加快沿淮湖泊洼地、里下河地

① 转引自黄敬林:《从资源管理的视角分析淮河的治理》,见徐东平等主编:《第六届淮河文化研讨会论文选编》,合肥工业大学出版社2012年版,第218页。

② 袁国林:《治淮永不能停——再论治淮没有终极目标》,《治淮60年纪念文集》,第390页。

③ 苗蔚:《重新确立治淮方针》,《江淮时报》2003年11月4日。

区、邳、苍、新等重点平原洼地治理力度,使涝灾严重的平原湖洼地排涝标准基本达到5—10年一遇,改善区域排涝条件,全面提高除涝减灾能力;着眼于水资源的开发利用,加快对灌区进行续建配套和节水改造,进一步改善沿淮湖泊洼地、里下河等重点平原洼地农业生产基础条件,提高农业综合生产能力,为保障国家的粮食安全作出更大的贡献。

(3)水资源开发利用更合理和配置更优化

目前,淮河流域已初步形成了水资源开发利用体系,对促进流域经济、社会的发展发挥了重大作用。但淮河流域水资源既缺少,分布又不均匀。缺少即总量不足,当前,流域人均水资源占有量不足500立方米,仅为世界平均值的1/20,全国平均值的1/5①,分布不均,不仅指时空分布不均,而且水资源与其他资源和生产力布局不协调,对流域经济社会的发展产生一定的制约作用。随着人口的增加和小康社会建设的加快,流域水资源状况更加严峻。要满足未来流域经济社会可持续发展的需要,搞好水资源开发配置已成为淮河水利的核心问题。

淮河流域水资源开发利用要坚持开源节流并重的原则。以流域为原则,根据水资源分布特性,山丘区可以利用水库和蓄水工程挡蓄径流,充分利用地表水;平原区合理开发地下水,平水和丰水年以利用地表水为主,枯水年加大地下水利用比例,严重缺水年需加大抽江补源;大力发展节水灌溉、工业用水、城镇生活节水和污水处理回收;重视生态环境用水,调整用水结构;在充分利用当地水的前提下统筹考虑抽江(即当前正在实施中的南水北调东线、中线工程和按计划实施的安徽引江济淮工程)调水工程建设;充分发挥水库、湖泊、水闸拦蓄地表径流的功能,提高地表水利用率,提高丰水年洪水资源化比重。

实行最严格的水资源管理制度,逐步形成节水型社会。要制定各地区、各行业的用水标准和定额,在工业企业的建设和布局时,要充分考虑当地水资源的条件,限制高耗水企业在缺水地区发展。农业节水一方面要加快灌区节水改造,提高利用系数,另一方面要调整种植格局,在湿润区发展高产喜水作物,在半干旱区发展节水增产作物,提高单方水的产出效益。积极推进水价改革,逐步实现成本加微利计算收费,用价格杠杆促进节约用水。

(4)坚持把水环境治理和保护提高到重要的战略地位

当前,淮河流域的水环境治理和保护工作应该说取得了很大的进展,尤其是20世纪90年代以来开展的流域水污染治理成就十分突出,意义重大。但淮

---

① 冯尚友:《水资源持续利用与管理导论》,第153页。

河流域水环境容量十分有限，随着人口的增长和经济的发展，淮河流域水环境治理和保护工作仍然面临着严峻的形势，这一形势主要表现为：一些地区和部门为盲目追求短期效益和局部利益，以牺牲环境为代价，无节制地开发水土资源，人与水争地、围垦湖泊、河道设障、乱垦乱伐的现象仍然没能得到有效的制止；一些地区、行业、企业和个人只顾眼前利益，以邻为壑，无视中央三令五申和法律法规，肆意向河流、湖泊、洼地和水库排放污水、倾倒垃圾的行为仍然严重的存在。当今淮河流域经济仍处高速度低科技发展期，水污染还难以根本解决；城市污水处理厂建设进展缓慢，运行非正常。水土流失面广，水土流失严重的地区经济又欠发达，治理任务重，难度大。因此，淮河流域水环境治理和保护仍然必须引起各级领导和社会各界的高度重视，将其摆到战略位置，动员全社会力量，依法进行治理和保护。具体应抓好以下三方面工作：

一是依法加强淮河流域水资源统一管理和保护。在加大城镇污水处理力度的基础上，一方面建立水质监测模型，依法加强水质监督，保护水环境；另一方面通过加强取水许可管理，推动节约用水和水污染防治工作。

二是加强治水改土，促进区域经济发展。在搞好山丘区水土保持的同时，积极探索平原区水土保持的新路子，尽快解决沿淮行蓄洪区人民的脱贫致富奔小康问题，逐步改造淮北1.1亿亩中低产田，变土地资源优势为经济优势，充分发挥治淮整体效益。

三是严格控制面污染。调整产业结构，特别是缺少水地区，要限制耗水、排水大的行业发展，制定政策，鼓励采用清洁生产工艺；依靠农业科技进步，提倡使用生物农药、低毒化肥和有机肥料，降低面污染。

(5)构建可持续发展战略的保障机制

构建流域可持续发展战略，必须使其在宏观决策、中观管理和微观技术三个不同层次上充分体现。可持续发展战略重在过程。淮河流域可持续发展战略的构建关键在于构建与市场经济相适应的可持续发展战略机制，按照可持续发展的原则，规范和约束社会活动主体的自我行为。这一机制的构建主要包括如下方面的工作：首先是构建决策与协调机制。淮河流域在行政区域上分属豫皖苏鲁四省，流域的经济发展、资源利用及环境保护由流域各段所属的行政区域管辖决定，淮河水利委员会虽被赋予统管全流域水利的权利，但实际执行过程中权力有限。从可持续发展战略角度而言，淮河流域目前尚缺少一个统管全流域经济、社会、资源、环境综合发展的权力机构。建立全流域可持续发展综合决策与监督机构，打破行政界限，是真正贯彻、落实面向全流域可持续发展战略决策、组织与管理的客观需求。对此有人提出可以通过建立流域综合特区，统筹淮河流域的防洪与水资源短缺治理①，这是个值得考虑的建议与对策。

其次是构建激励与约束的机制。在市场经济条件下，具有独立民事责任和独立利益的公司、企业及各类法人的经济社会行为，对可持续发展的实施具有基础作用。从淮河流域的情况看，若要充分发挥各类法人的这种基础性作用，必须运用法律、经济和行政的手段，逐步构建起以法人为对象的激励与约束机制。如逐步建立和完善可持续发展的法律、法规体系及法律监督与司法体系；建立和完善资源有偿使用制度和生态补偿制度，尤其是对土地资源、水资源、森林资源、矿产资源等的有偿使用制度和对环境破坏的生态补偿制度；建立考核和评估流域及流域各区域实施可持续发展的程度和进度，根据考核、评估结果调整流域的发展重点，同时对有关责任单位和责任人给予不同程度、不同方式的行政激励与处罚。

同时，还需构建公众参与的机制。要从整体上推进可持续发展，需要社会公众从意识到行动的全面积极参与，逐步构建社会公众的参与机制。可持续发展的公众参与，不仅指公众接受可持续发展的原则，参加可持续发展的行动，更重要的是要求公众改变自己的传统思想、习惯，建立可持续发展的世界观，用符合可持续发展的要求改变自己的行为方式。可以说，实施可持续发展是一场深刻的革命，它关系到每一个人的切身利益。当前，淮河流域社会公众的可持续发展意识还不高，个体意识与群体意识差距很大，而且公众参与可持续发展行动的渠道不畅，有必要利用各种方式推进社会对可持续发展的主动参与，构建公众参与的有效机制。

以上从坚持"蓄泄兼顾"等方针、加强和完善防洪除涝体系建设、水资源的开发利用和优化配置、水环境治理和保护保障机制或非工程措施构建等方面探讨了淮河流域可持续发展问题。值得注意的是，研究探索和妥善处理洪泽湖与淮河的关系，适度调整中游河道比降，尽可能消除黄河夺淮带来的后遗症，使淮河上下贯通支流入海、入江也是治淮的一个非常重要话题，不少领导和学人对此也多有关注②。一旦处理好洪泽湖与淮河的关系，淮河上下贯通支流入海、入江，淮河水环境就能实现良性循环，治淮也就能达到根治的目的。

---

① 黄敬林：《从资源管理的视角分析淮河的治理》，徐东平等主编：《第六届淮河文化研讨会论文选编》，合肥工业大学出版社 2012 年版，第 221 页。

② 参见王三运：《坚持科学治水，实现淮河安澜》，《治淮 60 年纪念文集》，第 5 页；袁国林：《治淮永不能停——再论治淮没有终极目标》，《治淮 60 年纪念文集》，第 390 页；黄敬林：《从资源管理的视角分析淮河的治理》，徐东平等主编：《第六届淮河文化研讨会论文选编》，第 218—220 页。

综上可知,经过60多年的不懈努力,新中国淮河治理取得了举世瞩目的成就,但同时淮河治理也面临着新的问题,治理的任务仍很艰巨,需要继续努力。今后应继续按照党中央和国务院的有关部署,在国家有关部委的具体指导下,根据新的“蓄泄兼筹”的原则和统筹规划,科学治水、依法管水、合力兴水的基本方针,不断提高流域抗御水旱灾害的能力,搞好水资源的开发利用和节约保护,以水资源的可持续利用促进淮河流域经济社会的可持续发展,让淮河更好地造福于淮河人民,造福于全中国人民,造福于全世界人民,为人类社会进步和经济的发展作出更大的贡献。

参考文献

一、历史文献

[汉]司马迁:《史记》,中华书局 1973 年点校本。

[汉]班固:《汉书》,中华书局 1962 年点校本。

[南朝宋]范晔:《后汉书》,中华书局 1965 年点校本。

[晋]陈寿:《三国志》,中华书局 1959 年点校本。

[唐]房玄龄等:《晋书》,中华书局 1974 年点校本。

[北魏]郦道元:《水经注》,陈桥驿注释,浙江古籍出版社 2001 年版。

[梁]沈约:《宋书》,中华书局 1974 年点校本。

[唐]姚思廉:《梁书》,中华书局 1973 年点校本。

[梁]萧子显:《南齐书》,中华书局 1972 年点校本。

[唐]姚思廉:《陈书》,中华书局 1972 年点校本。

[北齐]魏收:《魏书》,中华书局 1974 年点校本。

[晋]阚骃:《十三州志》,《丛书集成初编》本。

[唐]魏徵等:《隋书》,中华书局 1973 年点校本。

[后晋]刘昫等:《旧唐书》,中华书局 1975 年点校本。

[宋]欧阳修等:《新唐书》,中华书局 1975 年点校本。

[唐]杜佑:《通典》,中华书局 1984 年点校本。

[唐]李林甫等:《唐六典》,陈仲夫点校,中华书局 1992 年版。

[宋]王溥:《唐会要》,中华书局 1955 年版。

[清]董诰等辑:《全唐文》,中华书局1982年影印版。

[清]彭定求辑:《全唐诗》,中华书局1960年版。

[唐]李吉甫:《元和郡县图志》,中华书局1983年《中国古代地理总志丛刊》本。

[唐]陈伯玉:《陈伯玉文集》,《四部丛刊》本。

[唐]白居易:《白氏长庆集》,《四库全书》本。

[唐]元稹:《元氏长庆集》,《四部丛刊》本。

[唐]韩愈:《昌黎外集》,《四部丛刊》本。

[元]脱脱等:《宋史》,中华书局1977年点校本。

[宋]司马光:《资治通鉴》,中华书局1956年点校本。

[宋]李焘:《续资治通鉴长编》,中华书局1985年点校本。

[明]冯琦:《宋史纪事本末》,中华书局1955年点校本。

[清]徐松辑:《宋会要辑稿》,中华书局1957年据1935年影印本。

[宋]王应麟:《玉海》,江苏古籍出版社1987年据清嘉庆刻本影印。

[宋]李心传:《建炎以来系年要录》,中华书局1988年点校本。

[宋]李心传:《建炎以来朝野杂记》,1937年商务印书馆据孙星华刻本排印。

[宋]欧阳修:《欧阳文忠公文集》,《四部丛刊》本。

[宋]苏舜钦:《苏舜钦集》(《苏学士集》),中华书局1961年排印本。

[宋]苏辙:《栾城集》,《四部丛刊》本。

[宋]苏轼:《东坡七集》,《四部备要》本。

[宋]秦观:《淮海集》,《四部丛刊》本。

[宋]宋祁:《景文集》,《湖北先正遗书》本。

[宋]范镇:《东斋记事》,中华书局1980年排印本。

[宋]司马光:《涑水记闻》,《学海类编》本。

[宋]庄绰:《鸡肋编》,《琳琅秘室丛书》本。

[宋]洪迈:《夷坚志》,吴兴陆氏十万卷楼刊本。

[宋]王明清:《玉照新志》,《宝颜堂秘笈》本。

[宋]岳珂:《金陀续集》,《四库全书》本。

[宋]陆游:《老学庵笔记》,中华书局1979年排印本。

[宋]赵升:《朝野类要》,《知不足斋丛书》本。

[宋]楼钥:《北行日录》,《知不足斋丛书》本。

[宋]周密:《齐东野语》,中华书局 1983 年点校本。

[宋]许亢宗:《奉使行程录》,载《三朝北盟会编》卷一七、二 O。

[宋]孟元老:《东京梦华录》,《四库全书》本。

[宋]罗大经:《鹤林玉露》,中华书局 1983 年点校本。

[宋]佚名:《两朝纲目备要》,《永乐大典》辑出,《四库全书》本。

[宋]王溥:《五代会要》,上海古籍出版社 1978 年版。

[宋]薛居正:《旧五代史》,中华书局 1976 年点校本。

[宋]李昉:《太平御览》,中华书局 1960 年影印本。

[宋]徐梦莘:《三朝北盟会编》,1908 年刻本。

[元]脱脱:《金史》,中华书局 1975 年点校本。

[金]宇文懋昭:《大金国志》,中华书局 1986 年版。

[金]王若虚:《滹南遗老集》,《四部丛刊》本。

[金]王庭筠:《黄华集》,《辽海丛书》本。

[金]王鹗:《汝南遗事》,《四库全书》本。

[明]宋濂等:《元史》,中华书局 1976 年点校本。

[元]阎复:《静轩集》,《元人文集珍本丛刊》影印《藕香零拾》本。

[元]元明善:《清河集》,《元人文集珍本丛刊》影印《藕香零拾》本。

[元]王恽:《秋涧集》,《四部丛刊初编》影印明弘治刊本。

[金]元好问:《遗山集》,《四部丛刊初编》影印明弘治刊本。

[金]元好问:《中州集》,《四部丛刊》本。

[元]姚燧:《牧庵集》,《四部丛刊》本影印武英殿聚珍本。

[元]郝经:《陵川集》,《北京图书馆古籍珍本丛刊》影印明正德刊本。

[宋]苏天爵:《元文类》,《四部丛刊初编》影印元至正刊本。

[宋]陈梦雷:《古今图书集成》,中华书局 1988 年影印本。

《元典章》,1976 年台北《故宫博物院》影印本。

[元]完颜纳丹等:《通制条格》,年国立北平图书馆影印本。

[元]乃贤:《金台集》,《四库全书》本。

[元]权衡:《庚申外史》,任崇岳笺证本,中州古籍出版社 1991 年版。

[元]陶宗仪:《南村辍耕录》,中华书局 1980 年《元明史料笔记丛刊》句续本。

[明]陈邦瞻:《元史纪事本末》,王树民点校本,中华书局 1979 年版。

[元]苏天爵:《元朝名臣事略》,《四库全书》本。

[元]司农司:《农桑辑要》,《四库全书》本。

[元]孛术鲁翀:《菊潭集》,《四库全书》本。

[明]潘季驯:《河防一览》,《四库全书》本。

[明]黄汴:《天下水陆路程》,杨正泰校注本,山西人民出版社 1992 年版。

[明]王圻:《续文献通考》,《四库全书》本。

[明]孙承泽:《春明梦余录》,《四库全书》本。

[明]陈子龙等:《明经世文编》,中华书局 1962 年影印本。

[清]俞超:《见闻近录》,年海昌俞氏丛刻本。

[清]张金吾:《金文最》,清光绪二十一年江苏书局本。

[清]张廷玉等:《明史》,中华书局 1974 年点校本。

[清]谷应泰:《明史纪事本末》,中华书局 1977 年版。

[清]胡渭:《禹贡锥指》,邹逸麟整理,上海古籍出版社 1996 年版。

[明]徐光启:《农政全书》,《四库全书》本。

[明]吴世济:《太和县御寇始末》,四川省图书馆藏。

[明]傅凤翔:《皇明诏令》,明刻本。

[清]顾炎武:《天下郡国利病书》,《四部丛刊三编》影印昆山图书馆藏原稿本。

[清]顾炎武:《日知录》,商务印书馆,1934 年铅印本。

[清]康基田:《河渠纪闻》,《中国水利要籍丛编》第二辑,台北文海出版社年版。

[清]王昶:《金石萃编》,扫叶山房石印本。

[清]顾祖禹:《读史方舆纪要》,中华书局 1957 年重印原刊本。

[清]郑廉:《豫变纪略》,《三怡堂丛书》。

[清]潘永因:《宋稗类钞》,《四库全书》本。

[清]王夫之:《读通鉴论》,中华书局 1975 年版。

[清]靳辅:《治河方略》,《中国水利珍本丛书》第二辑。

[清]田文镜:《抚豫宣化录》,张民服点校,中州古籍出版社 1995 年版。

[清]傅泽洪:《行水金鉴》,商务印书馆《万有文库国学基本丛书》本。

[清]黎世序等:《续行水金鉴》,《中国水利要籍丛编》第二辑,台北文海出版社。

中国水利水电科学院水利史研究室编校:《再续行水金鉴》,湖北人民出版社 2004 年版。

武同举:《淮系年表》,民国十七年铅印本。

水利电力部水管司、水利水电科学研究院:《清代淮河流域洪涝档案史料》,中华书局1988年版。

赵尔巽等:《清史稿》,中华书局1977年点校本。

[清]张应昌:《清诗铎》,中华书局1960年版。

《明实录·太祖实录》,台北,“中央研究院”据国立北平图书馆红格钞本微卷影印。

《明实录·英宗实录》,台北,“中央研究院”据国立北平图书馆红格钞本微卷影印。

《清世祖实录》,伪满洲国务院影印本,日本大藏株式会社出版。

《清圣祖实录》,伪满洲国务院影印本,日本大藏株式会社出版。

《清高宗实录》,中华书局1986年版。

明弘治《中都志》,明嘉靖三十年补刊本。

明天启《凤阳新书》,明天启元年刻本。

明正德《颍州志》,《天一阁藏明代方志选刊》,上海书店出版社1982年影印本。

明嘉靖《宿州志》,《天一阁藏明代方志选刊》,上海书店出版社1982年影印本。

明嘉靖《夏邑县志》,《天一阁藏明代方志选刊》,上海书店出版社1982年影印本。

明嘉靖《兰阳县志》,《天一阁藏明代方志选刊》,上海书店出版社1982年影印本。

明嘉靖《许州志》,《天一阁藏明代方志选刊》,上海书店出版社1982年影印本。

明嘉靖《寿州志》,《天一阁藏明代方志选刊》,上海书店出版社1982年影印本。

明嘉靖《通许县志》,《天一阁藏明代方志选刊续编》,上海书店出版社1990年影印本。

明嘉靖《太康县志》,《天一阁藏明代方志选刊续编》,上海书店出版社1990年影印本。

明嘉靖《怀远县志》,《天一阁藏明代方志选刊续编》,上海书店出版社1990年影印本。

明嘉靖《沈丘县志》,《天一阁藏明代方志选刊续编》,上海书店出版社 1990 年影印本。

明嘉靖《永城县志》,《天一阁藏明代方志选刊续编》,上海书店出版社 1990 年影印本。

明嘉靖《颍州志》,《天一阁藏明代方志选刊续编》,上海书店出版社 1990 年影印本。

明嘉靖《归德志》,《天一阁藏明代方志选刊续编》,上海书店出版社 1990 年影印本。

明嘉靖《沛县志》,《天一阁藏明代方志选刊续编》,上海书店出版社 1990 年影印本。

明嘉靖《真阳县志》,《天一阁藏明代方志选刊续编》,上海书店出版社 1990 年影印本。

明嘉靖《鄢陵县志》,《天一阁藏明代方志选刊续编》,上海书店出版社 1990 年影印本。

清康熙《蒙城县志》,清康熙十五年刻本。

清康熙《上蔡县志》,清康熙二十九年刻本。

清雍正《怀远县志》,中国书店出版社 1992 年影印本。

清乾隆《灵璧县志略》,江苏古籍出版社 1998 年影印本。

清乾隆《泗州志》,江苏古籍出版社 1998 年影印本。

清乾隆《杞县志》,清乾隆五十三年刻本。

清乾隆《江南通志》,《四库全书》本。

清乾隆《颍州府志》,清乾隆十七年刻本。

清乾隆《凤阳县志》,清光绪二年刻本。

清嘉庆《怀远县志》,1937 年铅印本。

清道光《阜阳县志》,江苏古籍出版社 1998 年影印本。

清光绪《亳州志》,江苏古籍出版社 1998 年影印本。

清光绪《凤台县志》,江苏古籍出版社 1998 年影印本。

清同治《颍上县志》,江苏古籍出版社 1998 年影印本。

清同治《徐州府志》,清同治十三年刻本。

清同治《中牟县志》,清同治九年刻本。

清光绪《江苏通志》,清光绪三十二年铅印本。

清光绪《泗虹合志》,江苏古籍出版社 1998 年影印本。

清光绪《宿州志》,清光绪十五年刻本。
清光绪《重修五河县志》,清光绪二十年刻本。
清光绪《续修睢州志》,清光绪十八年刻本。
清光绪《祥符县志》,清光绪二十四年刻本。
民国《涡阳风土记》,江苏古籍出版社 1998 年影印本。
民国《重修蒙城县志》,江苏古籍出版社 1998 年影印本。
民国《太和县志》,江苏古籍出版社 1998 年影印本。
民国《江苏通志稿》,抄本,南京大学图书馆存。
民国《沛县志》,商务印书馆 1920 年铅印本。
民国《铜山县志》,1926 年刻本。
民国《宿迁志》,1935 年铅印本。
民国《通许县志》,1934 年铅印本。
民国《淮阳县志》,1933 年铅印本。
[清]鹿祐:《鹿氏族谱》,红格钞本。
[清]袁汝亮:《暨阳浣东袁氏宗谱》,清光绪三十三年活字本。
[清]应正禄:《应氏先型录》,清同治五年活字本。
[清]张其烈:《重修张氏族谱》,清光绪二十二年活字本。
[清]贾春泉:《贾氏家乘》,清道光二十六年刻本。
[清]宋筠:《商丘宋氏家乘》,清乾隆四年刻本。
[清]《金华阮氏宗谱》,清乾隆四十二年活字本。
陈春藻:《萧县陈氏族谱》,民国二十四年铅印本。
张拱宸:《项城张氏族谱》,民国二十五年印本。
袁昌寿:《重修上虞小越袁氏宗谱》,民国十五年活字本。
袁衡五:《江阴袁氏宗谱》,民国三十八年铅印本。
袁熙沐:《吴门袁氏宗谱》,民国八年石印本。

二、今人著作

谭其骧:《长水集》(上),人民出版社 1987 年版。
谭其骧:《黄河史论丛》,复旦大学出版社 1986 年版。

史念海:《唐代历史地理研究》,中国社会科学出版社 1998 年版。

史念海:《中国古都和文化》,中华书局 1998 年版。

史念海:《河山集》(二),三联书店 1981 年版。

史念海:《河山集》(三),人民出版社 1988 年版。

史念海:《河山集》(五),山西人民出版社 1991 年版。

邹逸麟:《黄淮海平原历史地理》,安徽教育出版社 1993 年版。

邹逸麟:《中国历史人文地理》,科学出版社 2001 年版。

冀朝鼎:《中国历史上的基本经济区与水利事业的发展》,朱诗鳌译,中国社会科学出版社 1981 年版。

王鑫义:《淮河流域经济开发史》,黄山书社 2001 年版。

马俊亚:《被牺牲的"局部":淮北社会生态变迁研究(1680—1949)》,台湾大学出版中心 2010 年版。

吴春梅等:《近代淮河流域经济开发史》,科学出版社 2010 年版。

李修松:《淮河流域历史文化研究》,黄山书社 2001 年版。

吴海涛:《淮北的盛衰:成因的历史考察》,社会科学文献出版社 2005 年版。

武汉水利电力学院等:《中国水利史稿》,水利电力出版社 1979 年版。

姚汉源:《中国水利史纲要》,水利电力出版社 1987 年版。

陈业新:《明至民国时期皖北地区灾害环境与社会应对研究》,上海人民出版社 2008 年版。

胡惠芳:《淮河中下游地区环境变动与社会控制(1912—1949)》,安徽人民出版社 2008 年版。

唐元海等:《淮河水利简史》,水利电力出版社 1990 年版。

唐元海等:《淮河综述志》,科学出版社 2000 年版。

马茂棠:《安徽航运史》,安徽人民出版社 1991 年版。

张秉伦、王成兴:《淮河和长江中下游旱涝灾害年表与旱涝规律研究》,安徽教育出版社 1997 年版。

张宁等:《阜阳通史》,黄山书社 1998 年版。

孟昭华:《中国灾荒史》,中国社会科学出版社 1999 年版。

葛剑雄等:《中国移民史》,福建人民出版社 1997 年版。

葛剑雄:《西汉人口地理》,人民出版社 1986 年版。

韩昭庆:《黄淮关系及其演变过程研究》,复旦大学出版社 1999 年版。

宋豫秦等:《淮河流域可持续发展战略初论》,化学工业出版社 2003 年版。

韩茂莉:《辽金农业地理》,社会科学文献出版社 1999 年版。

王社教:《苏皖浙赣地区明代农业地理研究》,陕西师范大学出版社 1999 年版。

马雪芹:《明清河南农业地理》,中华发展基金管理委员会、洪叶文化事业有限公司联合出版 1997 年版。

吴宏岐:《元代农业地理》,西安地图出版社 1997 年版。

程民生:《河南经济简史》,中国社会科学出版社 2005 年版。

王玉德、张全明:《中华五千年生态文化》,华中师范大学出版社 1999 年版。

陈正祥:《中国文化地理》,三联书店 1983 年版。

金其铭:《中国人文地理概论》,陕西人民教育出版社 1990 年版。

中国社会科学院考古研究所编:《新中国的考古发现与研究》,文物出版社 1984 年版。

中国社会科学院考古研究所编:《新中国考古五十年》,文物出版社 1999 年版。

张文彬:《简明河南史》,中州古籍出版社 1996 年版。

张秉伦等:《安徽科学技术史稿》,安徽科学技术出版社 1990 年版。

吴德增:《汉代画像石》,文物出版社 1984 年版。

郑欣:《魏晋南北朝史探索》,山东大学出版社 1989 年版。

王仲荦:《隋唐五代史》,上海人民出版社 1988 年版。

张家驹:《两宋经济重心的南移》,湖北人民出版社 1957 年版。

胡阿祥:《六朝疆域与政区研究》,西安地图出版社 2001 年版。

邓云特(邓拓):《中国救荒史》,上海书店 1984 年版,据商务印书馆 1937 年版。

邓拓:《中国救荒史》,北京出版社 1998 年版。

萧正洪:《环境与技术选择》,中国社会科学出版社 1998 年版。

鲁西奇:《区域历史地理研究:对象与方法》,广西人民出版社 2000 年版。

王育民:《中国历史地理概论》,人民教育出版社 1985 年版。

复旦大学中国历史地理研究所:《历史地理研究》,复旦大学出版社 1990 年版。

复旦大学历史地理研究中心编:《自然灾害与中国社会结构研究》,复旦大学出版社 2001 年版。

张德生:《安徽省经济地理》,新华出版社 1987 年版。

赵文林、谢淑君:《中国人口史》,人民出版社 1988 年版。

丘刚:《开封考古发现与研究》,中州古籍出版社 1998 年版。

河南省交通厅交通史志编审委员会:《河南航运史》,人民交通出版社 1989 年版。

中国古都学会:《中国古都研究》,浙江人民出版社 1985 年版。

周宝珠:《宋代东京研究》,河南大学出版社 1992 年版。

刘会远:《黄河明清故道考察研究》,河海大学出版社 1998 年版。

安徽省地方志办公室:《安徽水灾备忘录》,黄山书社 1991 年版。

吴福桢:《中国的飞蝗》,上海永祥印书馆 1951 年版。

余谋昌:《文化新世纪——生态文化的理论阐释》,东北林业大学出版社 1996 年版。

池子华:《中国流民史》(近代卷),安徽人民出版社 2001 年版。

陈高傭等主编:《中国历代天灾人祸表》,暨南大学 1939 年版,上海书店出版社 1986 年影印本。

朱保炯、谢沛霖编:《明清进士题名碑录索引》,上海古籍出版社 1979 年版。

鲍彦邦:《明代漕运研究》,暨南大学出版社,1995 年版。

安徽省水利厅编:《安徽水旱灾害》,中国水利水电出版社 1998 年版。

喻本伐、熊贤君:《中国教育发展史》,华中师范大学出版社 1999 年版。

曹树基:《中国人口史》第四卷(明时期),复旦大学出版社 2000 年版。

黄宗智:《华北小农经济与社会的变迁》,中华书局 2000 年版。

李琳琦:《徽商与明清徽州教育》,湖北教育出版社 2003 年版。

邓洪波:《中国书院史》,东方出版中心 2004 年版。

朱汉民等著:《长江流域的书院》,湖北教育出版社 2004 年版。

李世瑜:《清代科举制度考辩》,沈阳出版社 2005 年版。

王凯旋:《明代科举制度考论》,沈阳出版社 2005 年版。

毛礼锐、沈灌群主编:《中国教育通史》(第三卷),山东教育出版社 2005 年版。

李琳琦:《徽州文化全书·徽州教育》,安徽人民出版社 2005 年版。

李兵:《书院与科举关系研究》,华中师范大学出版社 2005 年版。

陈宝良:《明代儒学生员与地方社会》,中国社会科学出版社 2005 年版。

倪玉平:《清代漕粮海运与社会变迁》,上海书店出版社 2005 年版。

刘海峰、李兵:《中国科举史》,东方出版中心 2006 年版。

“新京报”主编:《科举百年》,同心出版社 2006 年版。

赵连稳、朱耀廷:《中国古代的学校、书院及其刻书研究》,光明日报出版社 2007 年版。

黄仁宇:《十六世纪明代中国财政与税收》,三联书店 2007 年版。

江庆柏编著:《清朝进士题名录》,中华书局 2007 年版。

郭培贵:《明代科举史事编年考证》,科学出版社 2008 年版。

梁方仲:《中国历代户口、田地、田赋统计》,中华书局 2008 年版。

杨学为等编:《中国考试通史》(卷三),首都师范大学出版社 2008 年版。

刘玉才:《清代书院与学术变迁研究》,北京大学出版社 2008 年版。

田建荣:《科举教育的传统与变迁》,科学出版社 2009 年版。

陈学恂主编:《中国教育史研究 · 明清分卷》,华东师范大学出版社 2009 年版。

Elizabeth. J. Perry, *Rebels and Revolutionaries in North China, 1845—1945*, Stanford Colifornia: Stanford University Press 1980.

后 记

今人提及淮河流域,第一印象应该是经济欠发达、河流众多、水灾频发;第二印象应该是地处我国东部之中、交通枢纽多、人口稠密;第三印象应该是……历史上,淮河流域多次扮演政治腹地、王畿之地、运输生命线的角色,是中国传统文化老学、儒学、玄学的发源地,是名人辈出、兵家必争之地。自金元明清以来,淮河流域辉煌不再,逐渐沦为灾害频发、战乱不断、政治边缘化、经济发展迟滞、文化教育落后之区。我们正是出于对此问题的关注,爬梳史料,力寻根源,进而体现历史学者经世致用、心系桑梓的人文情怀。

近年来,学界对淮河流域历史的研究,无论是成果的数量和质量,还是研究的深度和广度,都取得了一定的成绩。研究领域涉及经济开发、航运水利、自然灾害、文化和历史地理等方面,然而关于淮河流域生态环境变迁的研究仍显薄弱。本书以专题形式考察中国历史上原本相对发达的文明之地演变为相对落后地区的主要原因,主要有:历史上淮河流域社会与环境变迁的主要表现及其根源;元明清时期封建政府决策行为对淮域的影响;社会与环境变迁对该区域生产方式、人地关系、产业结构、交通地位、城镇建设等方面的影响;社会与环境变迁而致该区域民众心理、民风民俗、民间信仰以及基层社会组织方式等社会深层方面的变迁;淮河流域灾害对当时政局的影响等。专题研究可突破仅限于个别方面的表述,有利于探讨深层次的原因。

本书是国家社科基金项目“淮河流域环境变迁史”(立项批准号:10BZS052)的成果。在本课题的申报论证过程中,得到南开大学李治安教授和安徽师范大学王世华教授的悉心指导。全书由我策划统稿。本书写作的分工为:吴海涛,绪论、第一章、第四章部分;王大庆,第二章、第三章、第五章、第七章部分;张邦建,第四章和第七章部分;于文善,第一章和第四章部分;王国栋,第六章;梁家贵,第八章。在我的整体思考下,余论部分由吴修申、李强、于文善分别执笔撰写。我还对全书各章进行了全面的修改加工。

本书肯定还存在诸多不足,真诚希望本书对关心淮河流域历史及社会经济可持续发展的研究者、决策者能有所启发,并提出宝贵意见!

吴海涛

2015 年 4 月于阜阳师范学院西清苑